U0330600

MILLENNIUM丛书

T·R·哈姆扎和杨经文建筑师事务所：

生态摩天大楼

[英] 艾弗·理查兹 著
汪芳 张翼 译

中国建筑工业出版社

著作权合同登记图字：01－2003－4475 号

图书在版编目(CIP)数据

T·R·哈姆扎和杨经文建筑师事务所：生态摩天大楼/(英)
理查兹著；汪芳，张翼译．—北京：中国建筑工业出版
社，2005
(MILLENNIUM 丛书)
ISBN 7－112－07104－6

Ⅰ.T… Ⅱ.①理…②汪…③张… Ⅲ.建筑设计－作品集－
英国－现代 Ⅳ.TU206

中国版本图书馆 CIP 数据核字 (2004) 第 142275 号

T. R. Hamzah & Yeang: Ecology of the Sky By Ivor Richards

本套图书由澳大利亚 Images 出版集团有限公司授权翻译出版

责任编辑：程素荣
责任设计：郑秋菊
责任校对：关　健　孙　爽　赵明霞

MILLENNIUM 丛书
T·R·哈姆扎和杨经文建筑师事务所：生态摩天大楼
[英] 艾弗·理查兹　著
汪 芳 张 翼　译
*
中国建筑工业出版社出版、发行(北京西郊百万庄)
新　华　书　店　经　销
北京嘉泰利德公司制版
北京顺诚彩色印刷有限公司印刷
*
开本：787 × 1092 毫米 1/10 印张：25 字数：650 千字
2005 年 6 月第一版　2005 年 6 月第一次印刷
定价：188.00 元
ISBN 7－112－07104－6
TU · 6337(13058)

本社网址：http://www.china-abp.com.cn
网上书店：http://www.china-building.com.cn

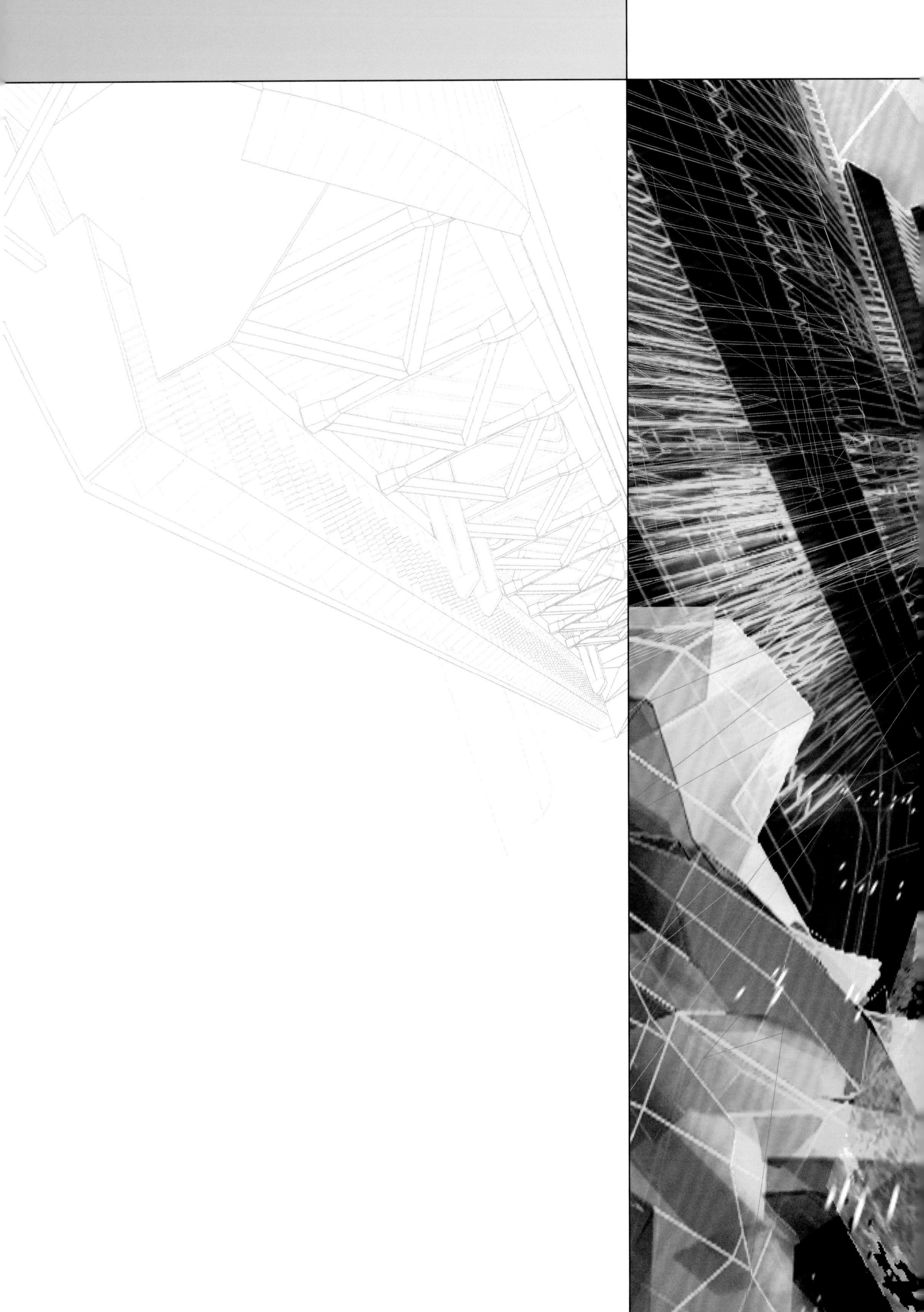

vertical circulation
solar buffer
wind buffer
emergency refuge zone
communal places
vertical urban linkages
events spaces

	L11	L12
(LP) = （生态设计）	L21	L22

杨经文 1995 年：分块矩阵

在详细讨论杨经文的建筑作品之前，有必要全面深刻地了解他的整个设计思想、哲学观念和理论体系的本质，这构成了他的所有实践成果——即"绿色建筑"的基石。

杨经文的最新论著《绿色摩天大楼》[1]（*The Green Skyscraper*）很清晰地表达出他的立场和方法，这些都源于1970年代在剑桥大学开始的研究工作以及后来涉猎广泛的开发和改造实践活动。

杨经文并不是一位只注重形式的建筑师，这一点完全不同于其他建筑师。对于生态和可持续系统的深刻理解，使得建筑形式的存在、发展和变化成为了他关注生态设计过程的有机组成部分。同时，随着生态学家在这一领域研究的深入，他的生态知识也日益增进，并悉数运用到实践和研究之中。

杨经文的研究成果融入到建筑设计之中主要出自两方面的考虑。第一是对自然环境普遍恶化的深刻认识，并意识到支撑现在整个建筑环境的廉价能源和不可再生材料的供应将受到时间的限制，如果需要为后代保留一定的自然资源的话，那么目前这种大量消耗的状况将不能持续下去。

杨经文这样总结到：

> **"因此，很明显，在设计中本着以'绿色'或生态作为目标的理念是至关重要的。事实上，这种理念应该成为当今设计界的首要目标[2]。"**

这些论述很自然地涉及到杨经文整个工作的第二个方面。这关系到一种设计理念，即在建筑设计的各个层面应用生态原则，通过运用综合性手段来建造一种完全意义上的"绿色建筑"，从而为未来的可持续发展作出显著的贡献，[3]同时，他尤为关注的是如何使这种理念运用到高层建筑以及其他大型建筑上，就像他目前在新加坡国家图书馆的设计过程中所做的工作一样。

由于本书仅是关注杨经文运用他自己开创的生物气候学所设计的高层建筑及相关领域里的建筑作品，因此，这并不能取代他的理论专著。不过，把这些作品作为对杨经文建筑设计理论评论的组成部分也是非常重要的。这些理论都包含在他的各种著作之中，如《绿色摩天大楼》[4]。

以生态设计的理念来作为一种处理高密度、高强度建筑的方法，如果从资源和废弃物的总输入、总输出的角度进行衡量将更为合理有效。在给定的城市土地经济节约利用的条件下，在世界各大城市扩张强度加大的同时，城市中主要建筑物[5]的开发强度也必然持续增加。因此，杨经文以生态标准来设计高层建筑和城市其他主要建筑类型的有关思想对于解决未来可持续发展所面临的困境意义重大。但是，也应该充分认识到他的局限所在：

> **"……对于高强度开发的建筑类型，全面、整体的生态设计所面临的问题和技术创新仍未解决或者有待研究。但我们并不能说技术'修正'是设计问题的最佳解决途径，也不能期望所有的环境问题在一夜之间全部得到解决[6]。"**

杨经文正在全体设计师中倡导一次设计态度上的变革，他称之为应用技术的"一个明智开端"，并且确信：这种理念将促使绿色建筑设计作为一个基本目标。

在这一作品集中，关于高层建筑项目中所取得的进展，重要的是要阐明一个基本观点。用杨经文自己的话说就是：

> **"为了避免混淆生物气候学设计和生态设计，我们需要清楚它们之间的区别所在。总体来说，生物气候学设计是一种被动的低能耗设计方法，它利用周围的区域性气候能源来为建筑使用者创造出舒适的环境……作为一种面世不久的生物气候建筑形式，它为现有的高层建筑提供了一种可供选择的可行方案，并形成了一种新的建筑类型。然而，必须清楚的是，生物气候学设计并不完全就是生态设计，而只是处于这一工作方向的中间过程。生态设计是一个更为复杂的努力方向[7]。"**

杨经文关于"生态设计"的理论和其他建筑师相关理论之间的重大区别也是本书需要澄清的关键问题。

1 *The Green Skyscraper*：*The Basis for Designing Sustainable Intensive Buildings*, Ken Yeang, Prestel Verlag, 2000, 此书完全涵盖了杨经文对于生态设计的论述，并对大型建筑设计有着特别关注。该文是涵括生态设计理论精华的基础文献，可作为本书的内容扩展和进行讨论的读物。

2 同上。p7

3 同上。《绿色摩天大楼》是杨经文论述生态建筑设计原则的专著。

4 同上。

5 同上。p10，杨经文给出了城市中无法回避的高强度建筑连续开发的案例。

6 同上。p11

7 同上。pp 11 & 12

《2000年及之前的建筑作品》
2000年5月
著：查尔斯·詹克斯

内在相互联系

艾弗·理查兹

借用杨经文自己的话，从根本上说，生态设计就是关于“内在相互联系”的理论：

“……，这里要强调的是生物圈和生态系统的相互依存和相互联系……，生态设计至关重要的属性是所有活动之间的关联性，无论是人类活动还是自然活动；这种联系意味着生物圈内没有哪个部分不会受到人类活动的影响，并且所有活动之间都相互影响……简而言之，所有的建筑系统都与它们所在的具体环境以及生物圈内的其他部分都必定存在互相作用的关系”。[8]或者就是说，“越遵守应用生态学的原则……生态解决方案就越能够发挥效用。”[9]

和这一经典描述相关的是杨经文的“相互作用矩阵”理论（参见标题页）和生态设计法则，两者都值得特别关注。作为记录杨经文理论核心思想的序言部分，需要特别提到以下几个问题。

第一个问题是在建筑的设计过程和之后的施工过程之间不可避免地会产生“时滞”效应，在这一时间内，设计思想和理论水平都会提高，技术解决方案也会发展。与此同时，杨经文也承认，总体上讲，生态设计仍然处于起步阶段：

“……，当今生态设计的策略，如果理解正确，实际上只是一个朝着生态思想的过渡阶段。”[10]

其次，同样需要明确杨经文的生态设计所涵盖的范围：

“生态设计……不仅包括建筑设计和工程设计，同时还包括其他一些看起来迥然不同的学科，比如景观生态土地利用规划、具体能源研究、循环利用实践、污染控制等……”[11]

与所有其他相关联的系统相互作用。杨经文的综合方法中有非常重要的一点，即“聚集并整合”的方法观。对此，他如下描述：

“……把这涉及多方面内容的环境保护和控制方法（以前分别被认为是独立的规律）聚到一起并加以整合，就把单一的方法融入到了生态设计之中。”[12]

紧接下来就是杨经文总结出来的“分块矩阵”，这一矩阵将他的4个关于相互作用的理念统一到“一个简单的表格”[13]之中，并且涵盖了建筑与自然环境最基本的相互作用。具体讲，它们是发生在系统中的过程（内在联系）和环境中的活动（外在联系）。这些相互作用因为系统/环境和环境/系统的物质能量交换而被统一起来。借用杨经文自己总结的话：

“……内在、外在联系和相互影响的关系都得到解释。”[14]

高层建筑就像一叠糕点，也像是一系列发生在空中的事件

“从一开始起，杨经文的建筑就将一些互不相关的传统元素综合到一块儿，形成一种令人难以置信的混合体、一种混合技术。通过应用这种技术，新型的高层建筑拔地而起，可以从5个方面来审视这一新的建筑形式。首先，是源自对过去建筑的提炼，他称之为“阀门”的一种活动装置，它可以迅速地对气候变化做出反应，甚至可作为高层建筑放置在可开启窗户内的一种时间标识装置。第二，是“过滤”装置，这也是对传统建筑元素（如外天窗）的一个创新版本。第三，是将电梯和服务核心区布置在建筑体量四周的设计构思。由于四周较热，这样就减少了热量获取。第四，是布置天井或中庭，种植植物来降低建筑的温度，这显然是为了让建筑看起来更绿意盎然、更为舒适。如果这些中庭绿化和庭院种植被广泛应用到大多数建筑当中，也能够给我们温度过热的城市降降温。最近由卫星观测到了“温室”效应，许多城市地区（如亚特兰大）的温度都升高了5℃之多。如果推广这种方法，热岛效应可完全消失。第五，是同时采用遮阳棚架和透明玻璃（这里既保留了良好景观，同时阳光也无法直射进来）。

通过运用这些技术措施使杨经文成功摸索到一种崭新的、清晰的、动态的高层建筑形式。这代表着开创了生态建筑的新理论，就像柯布西耶在1920年代提出的现代建筑五要素一样，也在世界范围内被大家总结和采纳。正如杨经文所指出的，非生态的高层建筑将不会延续太久，在21世纪建筑将是“生物气候学”的，或者说，建筑将更像其他生命体一样，成为全球经济的一部分。”

……工程。他发现在城市上空形成了巨大的温室顶棚，它可以引发雷雨暴风，增加破坏臭氧层的物质，并使地表温度上升了10°F（5.5℃）之多。“在亚特兰大，热岛正使得城市形成自己的小气候”，他……

植被被道路和屋顶所代替，这就意味着热量在白天被城市吸收，而在夜晚又释放出来。这额外的热量使得城市变得不适宜居住，于是空调被迫满负荷使用，这便增加了破坏臭氧层的污染物质的生成。

THE TIMES WEDNESDAY FEBRUARY 23 2000

Giant cities are creating their own weather

Nigel Hawkes reports from the American Association for the Advancement of Science in Washington

8 同上。p12
9 同上。P9
10 同上。P14
11 同上。P15
12 同上。P15
13 同上。P65
14 同上。P65

我们承认，逻辑上难以对杨经文广泛多样的理论用简要的概括作全面的评价。不过，必须要指出的是：作为一个建筑师，这些理论使他显得那么与众不同。

(LP)=	L11	L12
	L21	L22

杨经文 1995：分块矩阵

关键词：LP = 分块矩阵　　L11 = 内部相互依赖
1 = 建筑物系统　　L22 = 外部相互依赖
2 = 环境　　L12 = 系统 / 环境的交换
L = 相互依赖　　L21 = 环境 / 系统的交换

“分块矩阵本身就是一个具体涵盖了所有生态设计因素的完整理论框架。设计者可以利用这一工具来考察即将构建的系统和它所处的环境整体之间的相互作用，其中应该考虑到环境所有元素相互依赖的关系。”[15]

包括在这图表中的 4 个部分之中。

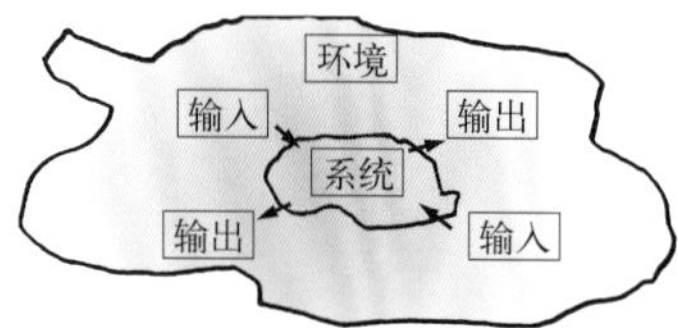

杨经文 1995：
系统及其所处环境以及两者之间的各种交换模型

在对杨经文涉及全球环境的建筑设计观做出概要性图示结论时，他提出的“整体系统设计框架”是那么一针见血而且简单明了（参见上面的系统模型）。关于这一基本框图，他曾经说过：

“为了发展这一理论，也就是生态设计理论，我们可以将建筑看作是一个系统（比如一个设计系统或一个建成系统），它存在于环境当中（包括人造环境和自然环境）。这一普遍的系统观是生态学中生态系统观的根本所在，……，因此，设计的核心任务——在任何理论中都与之类似——就是要选取设计过程中对我们的决策起实质作用的、必须包括在内的适宜变量。”[16]

显然，这一总体框架并不能涵括营造一个良好系统的所有需求。杨经文一直强调这一过程正在发展之中，并且认为各种混合的元素才是更为本质的：

“……（分块）矩阵也存在不能做到的方面，比如不能表达一旦建筑物建成之后环境对它的反馈……”[17]

这又将需要一个更综合、更复杂的模型来进行说明。

对杨经文来说，“分块矩阵”构建了他描述的“生态设计法则”的基础。[18]

“在生态设计中，这一法则需要设计者将他所设计的系统分解为各个组成部分，审视这些部分如何与其他部分之间发生相互作用（包括静态的和随时间动态的相互作用，这就构成了分块矩阵的 4 个组成部分）。”[19]

这一矩阵让设计者可以评估出各种生态影响，并能整合所有必需的调整措施，以形成一个综合、平衡的设计方案。用杨经文的话：

“……任何设计系统都可以在概念上基于（矩阵的）这 4 个相互作用进行分解和分析……”[20]

杨经文运用自己的理论进行了涉猎广泛的实践，本书收集的作品主要是有关高强度建筑的可持续设计——包括高层建筑和其他建筑类型，比如商业购物广场、体育馆等。因此，在结合设计理论和建筑项目这方面，本书独具特色。关于这一关系，以下两段更深入的描述表达得愈加清楚：

“……整体的生态设计考虑了当地和全球环境的相互作用；具有预见性的设计则具有前瞻性，同时也具有环境意义，它考虑到建筑结构在环境中对整个生命周期的影响……绿色设计也在自我反省……它总在审视自身对于环境的影响，并在努力消除对生态系统和陆地资源的负面影响……生态设计师采用了一种“平衡约束”的方法，衡量环境成本，尽可能以产生最小的破坏并获取最大利益的方式来利用全球资源。”[21]

对于这一叙述，一方面说明：设计的本质是作为背景的整体环境中发生的一个过程。

但在另一方面，这些原则的应用需要根据建筑工程实践给出更详细的阐释：

“从应用生态学的观点来看，生态设计本质上是对集中在一个特定局部环境内（如建筑场地）的能源和物质进行管理。从这种意义来说（杨经文），地球环境内的能源和物质资源（包括生物的和非生物的）就被设计者有效地管理和组织在一个临时的人工环境内（用作专门用途，被称之为‘可利用生命周期’），在这段时期之后被销毁或分解，或者在建筑环境内部循环再利用，或者被自然环境的其他某个部分所吸收。”[22]

通过这两段叙述，最重要的是应该看到：生态设计远不只是对能源和物质的管理，并且杨经文的方法也决不是传统意义上对“既有建筑形式”的革新。而且，与早期赖特、康和其他建筑师的工作中对大型建筑确立的严格设计规则相比较，他的分析立场有了较大变动。显而易见，在杨经文的设计作品中，一种对建筑的更广阔的视角、对资源的利用、建筑生命周期中产生的所有影响都被考虑进来，同时还包括最初建造过程的投入以及对环境的外部影响——既有立竿见影的影响，也有后续影响。

15 同上。p65
16 同上。pp59—60
17 同上。P70
18 同上。P65-67
19 同上。P65—66
20 同上。P66
21 同上。P67
22 同上。P68

杨经文是这样来概括他的设计方法的本质：

“……被设计的系统必须创造一个由生物元素和非生物元素共同构成的平衡的生态系统，或者甚至可以更好一些，在区域或全球尺度上创造一种具有生产能力甚至可再生能力（即恢复能力）、与自然环境之间的协调关系……此外，还必须考虑到在建筑（在这里指的就是高层建筑）设计中其他常规的方面：如设计流程、成本、美学以及场地等等。”[23]

在杨经文的理论中反复讨论的主题就是关于设计的广泛性，当他谈到建筑行为时，我们总是会听到这样的声音：

“……环境适应性和这些原则面临的真正考验是在于人为行动层面（即大地已经破碎化），并且这个模型（即杨经文的‘相互作用框架’）通过建立一个涵盖广泛、可用来理解建筑系统和生态系统之间相互关系的研究框架，使得各种领域的人员都能够共同努力，为生态设计哲学作出贡献。”[24]

杨经文也充分强调了“相互作用框架”的理论结构可以用来揭示：

“……现在作为这一领域的设计实践和理论研究的突破口……绿色设计，一旦成为广泛地追求，就需要形成量化的数据标准，这虽然难度很大但必须被建立起来。”[25]

无疑，后者需要在大量有关数据的评价、收集、分配等方面有长足进步，并且保证能够进行有规律的、系统化的更新。无论如何，随着信息技术革命以及系统科学的普遍实用性的进展，意味着这一目标现在是完全可以达到的，而在这之前却是非常困难。杨经文理论中更深层次的涵义以及实践应用通常也反映在教育方面的意义，即与这种理念相适应的建筑设计教育。同时，也需要强调：学术研究的这一重要领域应该基于全球角度展开研究，这既能对建筑理论本身，也能对全球环境产生显著的贡献。

在这些概要评论之外，还有一些更深层次的观察，这又返回到关系本书的中心主题，即杨经文理论的实践活动：

“……虽然分块矩阵是一个综合的工作框架，但它不仅仅是口号性的。也就是说，它包括了所有可能的问题，但不包括……详细的情形和案例。它可以作为‘生态设计的原则’，而且是作为设计师应当遵循的原则。这里可以预言的是，当建筑师遇到类似‘绿色’大楼和其他大型建筑的设计项目，尤其是在与生态系统相互作用和影响的敏感区域……相互作用模型和分块矩阵提供给建筑师在面临设计问题时应用绿色原则的一个宏观的全景式图画。简而言之，这一幅图画在认识问题和解决问题的两方矛盾之间建立了多座桥梁……重要的是，在将建筑系统融入到自然环境之中时，设计者不能够忽视分块矩阵中描述的任何相互作用，而如何具体实施这一原则则是个人的创新能力。”[26]

23 同上。P68
24 同上。P71
25 同上。P71
26 同上。P73

高层建筑不能够被如此“包装”

高层建筑不能够被孤立成为城市中的城堡或孤岛

高层建筑的设计不应当是如此形式

高层建筑设计不应当是单纯地将楼板看作碟子一样垒叠起来

高层建筑就像是一个信息集合体

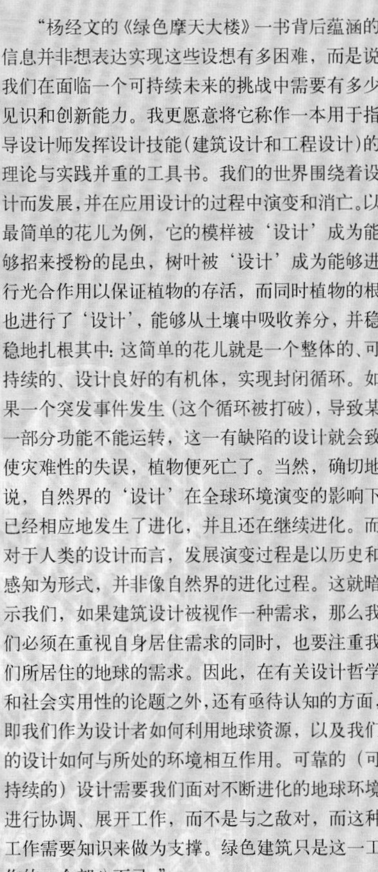

“杨经文的《绿色摩天大楼》一书背后蕴涵的信息并非想表达实现这些设想有多困难，而是说我们在面临一个可持续未来的挑战中需要有多少见识和创新能力。我更愿意将它称作一本用于指导设计师发挥设计技能（建筑设计和工程设计）的理论与实践并重的工具书。我们的世界围绕着设计而发展，并在应用设计的过程中演变和消亡。以最简单的花儿为例，它的模样被‘设计’成为能够招来授粉的昆虫，树叶被‘设计’成为能够进行光合作用以保证植物的存活，而同时植物的根也进行了‘设计’，能够从土壤中吸收养分，并稳稳地扎根其中；这简单的花儿就是一个整体的、可持续的、设计良好的有机体，实现封闭循环。如果一个突发事件发生（这个循环被打破），导致某一部分功能不能运转，这一有缺陷的设计就会致使灾难性的失误，植物便死亡了。当然，确切地说，自然界的‘设计’在全球环境演变的影响下已经相应地发生了进化，并且还在继续进化。而对于人类的设计而言，发展演变过程是以历史和感知为形式，并非像自然界的进化过程。这就暗示我们，如果建筑设计被视作一种需求，那么我们必须在重视自身居住需求的同时，也要注重我们所居住的地球的需求。因此，在有关设计哲学和社会实用性的论题之外，还有亟待认知的方面，即我们作为设计者如何利用地球资源，以及我们的设计如何与所处的环境相互作用。可靠的（可持续的）设计需要我们面对不断进化的地球环境进行协调、展开工作，而不是与之敌对，而这种工作需要知识来做为支撑。绿色建筑只是这一工作的一个部分而已。”

托尼·麦克劳克林
（布罗·哈波尔德咨询工程师事务所）

早期的标志性建筑
帝国大厦

克莱斯勒大厦

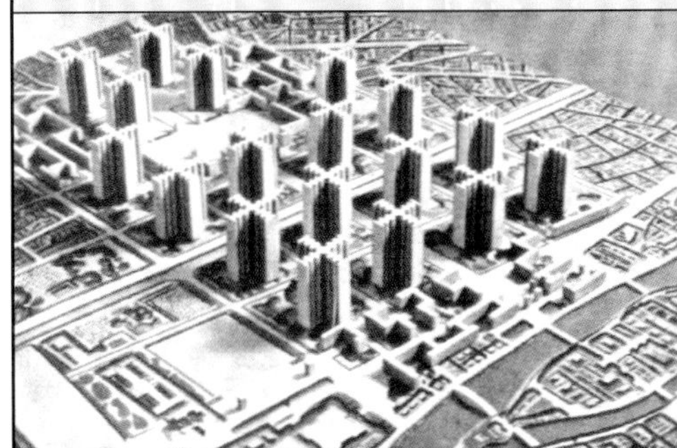
柯布西耶设计的十字形平面的摩天大楼

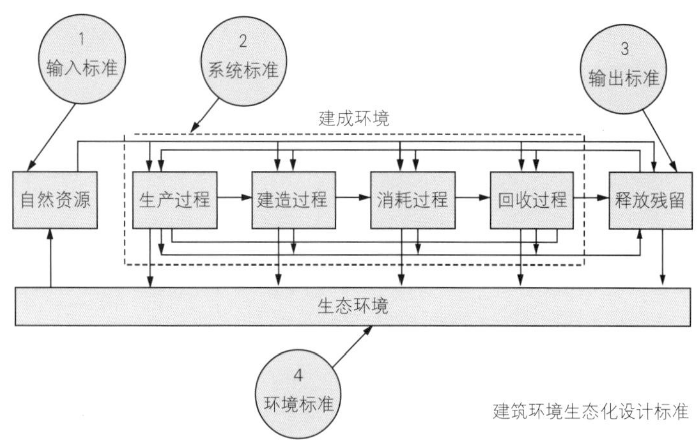

建筑环境生态化设计标准

杨经文的理论叙述总是通过插图的方式来进行详尽表达，例如反映出“建筑环境”**相互作用**模型的概要图式（见上）。用他自己的话说，这些模型与分块矩阵关系密切，包括：

• 对输入物质的管理（L21）

• 对输出物质的管理（L12）

• 对建筑物周围环境的管理（L22）

• 与其他三个因素相关的高层建筑内部运作系统的设计与管理（L11）

——为此，杨经文还增加了一项关键的条件：

• 所有以上元素的相互作用组成一个整体，与自然系统（以及其他人工系统）在生物圈内共同发展。[27]

对于相互作用理论的概括，杨经文还有一个结论性的陈述：

> **“要实现这一最终（并且是最广泛的）目标，即能够让以上提到的关于高层建筑的所有方面（包括它的输入、输出、运转过程以及环境效应）与生物圈内的自然循环以及生物圈内其他人工结构、种群、活动相衔接。这乍听起来似乎是一种浪漫理想主义的念头，然而实现绿色设计和可持续发展的想法确是至关重要的，它需要借助这一工作范围之外的经济——政治决策以及数字技术领域的突破性进展来进行支持。”**[28]

这一综述性的描述概括了杨经文设计哲学的目标、范围和理念，他要求作为一个生态设计师必须全面理解与遵守这一理念并承担起这一历史使命。在《绿色摩天大楼》对其设计核心思想的说明中可以看到：通过总结到目前为止的工作成果，在仔细审视建筑建造过程中所有的标准和条件之后，杨经文扩展了他的设计理念，作为对核心理论的补充，这些包括：

• “评价什么将是被建造的

• 建筑周边的环境关系如何

• 设计可以被理解成对能源和物质的管理

• 设计高层建筑的运转系统，以及

• 生态设计的相关讨论”[29]

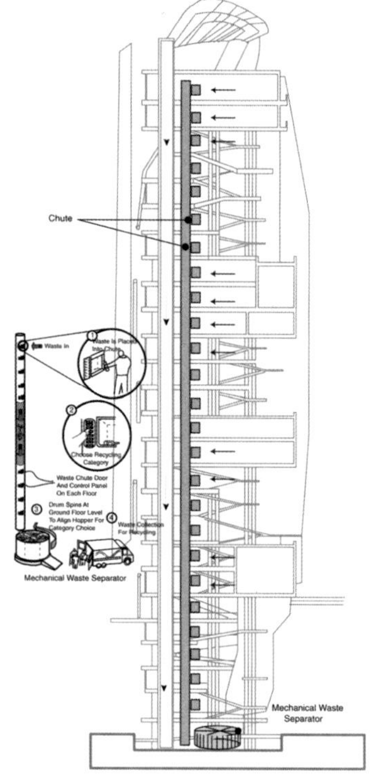

固体废弃物的循环利用系统

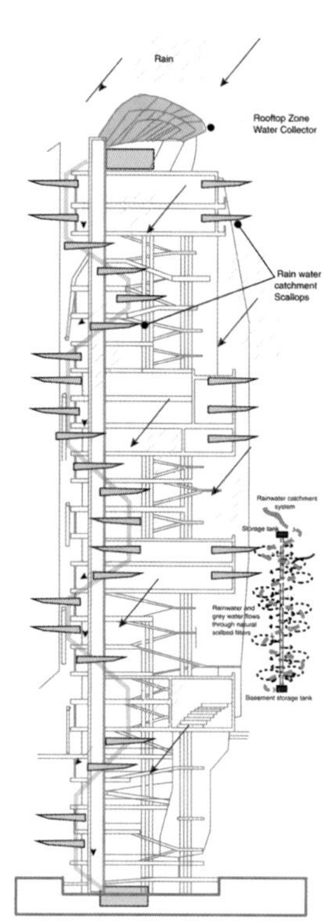

EDITT 大厦（参见 p110）

雨水收集和循环利用系统

这些方面的论述和分析都分别通过他的各种图表组合起来进行表达。这些图表中许多内容都是来自对他自己的项目和实例中建筑图纸的延伸。

对杨经文涉猎广泛的论著进行更深层的思索，从而揭示了与高层建筑相关、非常有价值的两个观点，这需要做比粗粗浏览而更全面地研究。其一是关于**模式**。在这一关键问题中，杨经文将每个项目和建筑都看成是这一领域中系列研究的进展，并说：

> **“在工作过程的最初阶段，即设计大纲的阶段，首先应当明确是否能够通过一种包含被动模式的设计方法，当然是具有直接的效用，来满足高层建筑的舒适度的需求。在任何案例中，设计都应该从优化被动模式策略开始……”**

（这些内容在本书中所包含的杨经文早期高层建筑项目中有所展示）

> **“其次，设计师必须尽力运用那些具有可行性、并可接受的混合模式系统。其余的能量需求，像供热、冷却、电能、通风等，应该由那些活性系统来满足，而它们是以可持续的生态能源形式作为动力。”**[30]

其后，杨经文对关于模式和系统的核心问题作了进一步的论述：[31]

> **“对高层建筑或其他高强度建筑类型的运作系统的效用水平**

27 同上。p74，包括表“建成环境”。
28 同上。p75
29 pp5，77—89，127，197 & 279—287
30 p84
31 p85。杨经文认为这样的分类来自于对 J · 沃辛顿的研究成果的改进。

加以分类，是非常有益的。换言之，将其内在环境的维护系统的值域分为三个层次：

- 被动模式
- 混合模式
- 完全模式
- 生产性模式

如果所有的居民都接受的话，那么，在被动模式水平下对系统最基本需求的供应是一种生态化的理想状态。它则是针对特定场所的所有可能的被动模式系统的最优化。传统的系统维护水平在这里被当作特殊标准或者完全模式进行参照。而内在的或混合模式的标准则是系统维护的基础。生产性模式是将系统作为能源生产设备（如光电板）使用的状态。在开始阶段，设计师就需要确定在建筑实际的运行系统中将提供这些标准中的哪一个层次。”[32]

但是，无论是对高层建筑还是其他大型建筑，在确定供给标准这个决策性的问题上，杨经文又回到了作为一名设计师的角色这个核心问题上，并再次涉及“内在联系”和分块矩阵：

“我们可以得出结论，在生态化的途径中，设计师的工作面临一个前提，就是在满足基本水平之后，居民对居住的舒适性需求逐渐增加，系统对环境的破坏也会增加。在设计之前需要弄清楚的一个问题是：‘我们到底要建造什么？’，并且对它的合理性与将带来的后果作一般性的评估。在准备设计纲要的阶段，设计师必须弄清建筑作为一种庇护物的实质所在，并为使用者提供舒适性……

从分块矩阵中的4个要素对生态设计进行全面考虑，很显然，它并不是仅仅围绕着建筑设计、工程设计和生态科学展开，还包括涉及环境控制与保护的其他方面的内容，如资源保存、循环利用技术、污染控制、能源供给研究、景观生态规划、应用生态学、气候学等等。在这里，分块矩阵展示了这些复杂学科之间的连通性，而涉猎多学科也必须被整合到生态设计的统一体系中去。”[33]

在纲要所涉及的范围中，杨经文最终明确将自己的观点落足于美学、经济学以及它们在市场体系中的应用。

“……在这，我们或许会认为，在满足生态设计的各个方面要求之外，具有生态取向的高层建筑或其他大型建筑的形式也必须具有审美价值，并在经济上具有竞争力且拥有良好的实用性。如果达不到这些标准，则很可能无法被公众接受。如果想要市场承认绿色设计所带来的利益，那么生态设计经济学（或生态经济学）需要给出合理的解释。”[34]

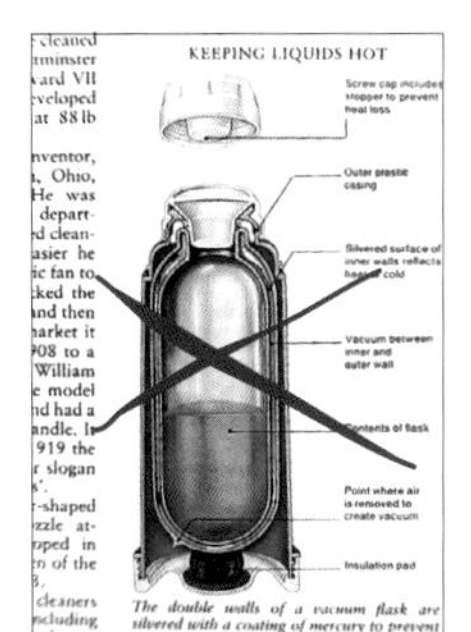

高层建筑不应该有一个密封的外壳，从而使自己像是处于一个保温瓶中一样

高层建筑不应该是一个多层冰箱

高层建筑不应该是一个重重叠叠包裹的堡垒

高层建筑作为一种多活性的塔状物

32 同上。pp 85& 86
33 同上。pp 86& 87
34 同上。p287

"如果不考虑建筑风格，低能耗设计和生态设计是可接受的形式。因为改善建筑对环境影响的最好机会在于设计的最初阶段，所以，如果要让绿色设计成为一种具有持久生命力的建筑主张，我们必须从一开始就设法使我们的高层建筑和其他大型建筑既能够符合生态观念，又在审美上让人们感受愉悦。"[34]

将杨经文所有关于生态建筑的思考综合起来，我们将发现他关于**内在联系性**和**全面广泛性**的重要观点是处于绝对核心地位。在实践中运用杨经文的理论，对建筑师和设计师而言，在设计过程中遵循相应的原则与在现实工程中真正实现生态建筑同等重要。由此，在全球尺度上，我们都可以获得一种理想的建筑和居住品质，它既能满足人类的需求，同时也有助于形成一种**可持续发展**的环境。

杨经文的简要总结讲述了他持续至今的理论研究工作情况：

"……一整套生态设计的理念或者意图，完全付诸现实可能会需要额外的建设成本（超出通常的建筑成本），或者面临社会观念的变革（如居住的舒适标准），或者是现行技术和设计方法的革新。很多生态目标在现在的科学和技术水平上是难以实现的，这个框架体系……仍然代表着一个起点，那么，从它开始，所有的目标都有望最终完全实现。"[35]

理解了最后这段陈述，我们则有可能将杨经文的研究进展或者他的建筑作品看作一整套体系的研究课题，在现实任务和商业市场的约束下，这些项目正引领他向着生态目标迈着坚实的脚步。

在对杨经文的高层建筑和大型建筑作品的介绍中我们看到，它们都追寻着如前文所述不断发展的轨迹，向着生态化目标迈进，而这些都很自然地反映在建筑自身的性质上——新颖的造型成为这个时代真正代表绿色建筑流派的标志。从1980年代早期开始，20多年间杨经文毫无松懈地坚持研究，而在他的吉隆坡工作室中，逐渐规范和设计精到的建筑项目就像产品一样源源不断地被生产出来。

总而言之，杨经文的理论研究和实践工作在建筑设计和可持续能力这个研究领域具有世界领先水平，同时也占据着重要的地位。

任何对杨经文最近20年的高层建筑作品的回顾都不可避免地会提及他对生态设计的不懈追求，这种追求体现在他数量不断增多的作品、他的类型学研究以及他不断发展的混合形式中。

城市高层建筑是杨经文成果的核心，这是不讲自明的，但除此之外，他创造性的研究活动在其他两方面同样具有主要意义。其一是他的理论，在实践过程中的**研究、设计和理论发展**（R，D & D）；其二是他在高层建筑的框架中生物气候学的运用，形成**竖直城市主义的开创性理念**。

向更早期进行追溯，杨经文基本思想的雏形在他的博士论文**《一个关于建筑环境的生态设计与规划的理论框架》**[36]中可以看到。1971～1975年在剑桥大学求学时，杨经文就开始了在生态设计及其理论研究方面的工作，并且关注的重点一直针对整个建成环境，包括建筑和城市。他的基本论点在于可持续发展，而1974年在一篇具有开创性的论文中如实阐述了他的生态设计理论：

"……这并不是一个建筑学的理论，但是理论的主体却是关于建筑。地球生态系统具有内在联系和有机综合的本质属性，因此，生态设计理论可以影响到与自然环境相冲突的人类活动的方方面面，从而它可以包括除建筑学外看似迥异的一些领域，如能源生产与高效利用、废弃物回收与利用等。"[37]

1970年代中期，杨经文在吉隆坡开始了自己的建筑实践生涯。从那时开始，他就一直强调理论需要系统运用并通过项目实践来进行检验，从而不断完善、获得发展。而这种态度成为了他整个创造性工作的基础，无论是技术上还是建筑形式上都是如此。

在回顾自己的理论和实践时，杨经文强调：

"对我们的工作和课题至关重要的一点是集中了研究、设计和发展的方法论。这里面包括了建筑的技艺与实践，它需要作为设计的基础来进行研究，更重要的是，我们需要坚持用实体的方式来表现，就像在试验田上实现我们的想法，使得各种浪漫的描述具体化。"[38]

在最近20年里，杨经文在研究、设计和开拓方面（R，D & D）的进展，尤其是在高层建筑上的运用，已经在新的建筑类型——生物气候学高层建筑上取得了创新。反过来，这种类型与**竖直城市主义**的设计原则和空间发展相结合。

在挑选出来的杨经文建筑中，有一系列独特的作品可以展示出这种发展的轨迹。

对杨经文建筑思想的回顾需要放在整个建筑学发展的历史背景中进行分析，涉及包括早年赖特、诺伊特拉、辛德勒的工作以及近年来福斯特、罗杰斯和皮亚诺的作品。同样，像维克托·帕帕内克一样的设计师和像弗里茨·舒马赫一样的经济学先知早已提出过一些与杨经文研究有关的见解和原理[39]。当然，发明家型建筑师巴克敏斯特·富勒带来的启发性的影响也是不可否认的。相对于可持续性的研究而言，杨经文对区域、程序、气候以及人文背景的关注无不包含这些前辈的理念与原则。如果说是在**生物气候**与**生态设计**领域坚持不懈的踏实工作使得杨经文的建筑如此熠熠生辉，那么，与具有创造力的工程师的默契合作则使他这些不同凡响的作品最终得

34 同上。p287

35 同上。p287

36 同上。已出版的"Design with Nature：the Ecological Basis for Design，Ken Yeang，McGraw-Hill 1995"基本脱稿于杨经文在英国剑桥大学的博士论文，在1971～1975年间写作完成。

37 同上。p.viii

38 同上。"Bioclimatic Skyscarapers"，Ken Yeang，Artemis 1994，参见论文"Theory & Practice"，Ken Yeang，p16

39 同上，参见"The Tropical High-Rise'，Professor Ivor Richards，pp9&10"

以实现。

在20世纪建筑学的历史进程中，杨经文的工作应该在全球背景下进行准确定位。同样，他那些高层建筑作品也应该被视作一个连续发展的系列，而并非孤立的、宏伟的作品。就杨经文而言，他的建筑在设计理念和表现形式所达到的高度，是得益于整个东南亚欣欣向荣的经济形势，甚至超越了这种形势。

即将出现的是一种面向21世纪的适宜建筑形式——以生态原则为基础的可持续建筑。

作为这种建筑取向的例证，我们选出了一组（4个）高层建筑组成杨经文近期作品中比较有代表性的一个系列，当然，这只是本书收录的大量作品中的很小一部分。

这4个项目包括1993年完成的东京-奈良超高层塔楼、1998年的新加坡EDITT大厦、1997～1999年的吉隆坡BATC（商务及高技术中心）大厦以及最近完成的槟榔屿UMNO大厦（1995～1998年）。不过，为了给这些项目在杨经文所有作品中找到正确的定位，我们首先要提到的是他的代表性高层建筑作品——梅纳拉大厦。它于1989～1992年在吉隆坡建成，是作为IBM马来西亚分部的公司大楼。

梅纳拉大厦是一栋15层的标志性办公建筑，基本形式为一个环形平面，它代表了杨经文"太阳轨迹"建筑系列的最高峰。一组连续的空中庭院切入到圆柱体的体量里，在上部楼层中，它逐渐演化成为带露天平台的高3层的外庭。从底部的斜向坡道向上，螺旋状的楔入体表面覆盖了厚厚的植被，而斜坡底部下方正好布置着建筑入口与计算机设备间。空中露天平台和庭园的设置使得凉爽的气流穿行于办公室之间的过渡空间，而植被造就了阴翳的环境并提供了充足的氧气。在东面，遮阳窗下的空间集中布置了服务设施核心筒，而西面则被遮蔽阳光的百叶窗保护起来。核心筒，包括电梯、楼梯间和休息室，有着良好的自然通风与采光。空中庭园和露天平台也设置着向外的出口及自然通风的路径，以备不时之需。

北面和南面的外墙采用大面积玻璃，是为了适应热带强烈的自然光，能够缓解太阳辐射，并提供更多的自然采光空间。它环绕在平面外围，而中间区域包含了会议设备等组成的核心空间。

屋顶的游泳池和健身房上设有架空顶棚，它为泳池和露天平台提供遮阳，并为未来加装光电太阳能电池留下了空间。同时，这个项目也运用了系统管理，以减少建筑所有设备的能耗，其中包括空调系统的安装。

波凯蒙摩天大楼
（Pokemon Adventures，卷2）

特洛伊木马型的摩天大楼

高层建筑不应该是空中的一叠盘子

高层建筑不应该是一个多层棚架

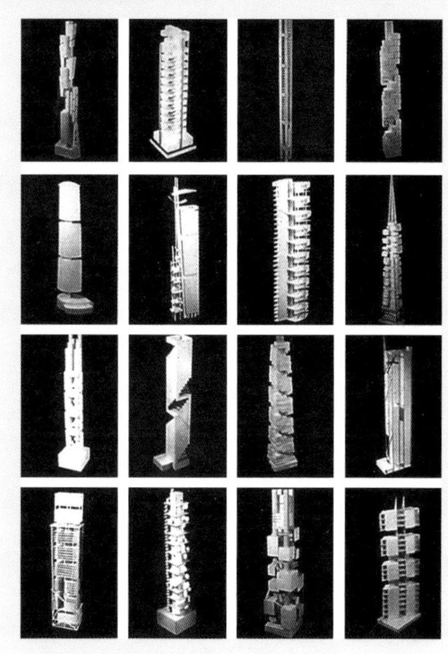

高层建筑形态学研究
（在香港大学与埃里克·莱教授合作）

圣经中的塔楼

炎热的湿地中，蚂蚁修建的生物气候学高层建筑

一组相互依存的模块堆栈形成的高层建筑

不断生长的高层建筑

奥利奥曲奇高层建筑

尽管在杨经文更早期的工作中也有这样的例子，但是梅纳拉大厦可以说是对运用生物气候学的“太阳轨迹”系列设计的建筑原型的总结，它展示了自然光遮挡和选择方位的原则，而外形上也因有覆盖植被的空中庭园和凹入外庭而显得与众不同。在细节设计上，遮阳拱廊、空间尺度和起防护自然光作用的百叶窗剖面设计都根据太阳高度角和光线运行路径作了精确的几何布局，而全部材料的规格也是取决于对具体能耗要求的研究。外立面的形式受制于螺旋型的植被庭园和外庭空间，这也使得在实际使用中能耗相当低，而这正是杨经文建筑作品的典型风格。同时，建筑设计改善了热带气候，使之更加宜人，而办公室工作人员感觉完全与自然融为一体。

这栋融入了生物气候学的高层建筑给我们提供了一个范本，它与北美那些处处可见、大同小异的高层建筑形成了鲜明的对比。与杨经文的建筑作品相比，它们显得那么呆板，离不开空调，采用集中式布局，且能耗巨大。

以下4个高层建筑作品代表了杨经文生物气候学系列建筑作品的革新性进展。

东京-奈良的超高层塔楼实质上也是采用螺旋形式，它围绕一个起控制作用的**环形**几何体进行旋转。这个建筑深化了理论内涵。新加坡EDITT大厦和吉隆坡BATC（商务及高技术中心）大厦都具有标志性的造型，它们展现了一种更自由的**有机**空间布置，并包含了**竖直城市主义**的理念。1998年，当这3个项目还没有建成的时候，第4个项目槟榔屿UMNO大厦已经完成，它的实质是在受到约束的直线型方案布局中运用**引入气流的翼形墙形式**，这是其创新思想的核心部分。

这个建筑系列作品也说明了杨经文的设计如何从普通的几何形式转变为自由的有机形式的过程。事实上，正是在发展过程中，传统的建筑形式与不断延伸的生态理念、城市规划的研究成果相互融合。

东京-奈良超高层塔楼 1993

这个项目是对早期工作中建立的一些理念的延伸与实践，特别是延续了1993年吉隆坡梅纳拉大厦中的一些想法。梅纳拉大厦和奈良大厦在形式上都局限于一个圆形的外轮廓，并且它们都包含了对无边界空间维度的竖向螺旋元素的运用。当然，吉隆坡的梅纳拉大厦仅仅15层，而奈良大厦则延伸至210层，880m高，在竖向高度上几乎是吉隆坡西萨·佩里设计的石油大厦(Petronas Towers)双塔高度的两倍。

奈良大厦这个项目给了杨经文实践并验证自己理论的机会。一定程度上，甚至可以说这个作品涵括了他1993年之前的研究成果：

“……面向未来的高层建筑的实质和创新……”[40]

这个方案设计的核心思想和理念在于螺旋形的盘状楼板结构和竖直的景观绿化，它环绕外围并切入外壳及其竖向的空间序列中。这是对梅纳拉大厦理念的直接发展，而大量的植被以同样的方式帮助冷却整个建筑小环境。同样，楼层周边区域的植被和外庭空间对控制整个体量中的空气流动非常有益。在这个方案中，精确计算并配置的植物种植数量平衡了整个生物系统和机械系统，使之和谐共生，并创造出一种稳定的环境——**一个满足生物气候学要求的惯性机器**。

为了满足美化竖直景观带、维护玻璃幕墙和饰面系统的需要，杨经文引进了一种创新技术——**自动控制机械手**，它就像安装在可移动的格架上的自动采摘工具一样。这些移动的设备在建筑外墙轨道上运行，而轨道就像一条条美丽的竖带环绕着整个大楼。

结构系统**令人拍案叫绝**：一个等边三角形确定出三段式的蜂窝状细胞结构框架，连接并固定在外围的环形机械轨道系统中。这是一种**放射状／螺旋状**的布局支撑体系（被描述为琴拨式的形态）。

因为在不同的楼层，楼板是处于旋转体的不同位置，则上下重叠的空间就形成了一个自然的遮阳系统。这种不断转换的结构形式使得设置空中花园和楼板间支撑结构、并引入通风冷却系统成为可能。主体结构的中央穿入一个起中枢作用的悬索支柱，而这个构件和外部的三段式V型结构共同为竖向交通的电梯筒留出了空间。同时，螺旋状的楼板布局也创造出形式丰富的外部空间，进一步划分为露天平台、室内庭园、私人花园和空中庭院。

在整个设计过程中，杨经文意识到了**竖直城市主义**理论的一些基本原理。这包括：办公空间、公寓式酒店、公共服务设施**共存于一个建筑**之中；**空中庭院自动系统**等价于地面的绿色公园；作为公共领域的**外围空间**，它容纳了活动、景观、空气和阳光。竖向等距分布的空中庭院系统是对建筑体量的最大突破——它就像建筑的肺一样，以悬浮的空中公园形式引入新鲜空气，通过外庭空间与气流管道进行分配，同时又与下部的城市元素隔绝。网格状的外庭环绕于建筑之内，提供了一个受庇护的衔接空间，将步行道、桥梁和楼梯间联系起来——共同构成一个步行系统，完全向自然环境开放，在建筑低层更是如此。这些建筑元素和中央核心部分一起，创造出一个**自然通风**的整体系统，通过可调节的阀门将自然风导入建筑内部。在槟榔屿UMNO大厦的设计中，通过使用引入气流的翼形墙体系统，从而进一步推进了这些原理的发展。

类似于梅纳拉大厦，此栋建筑的**电梯和服务核心筒**被保护起来，布置在东西轴向上，这是光线的主要方向，可以最大程度地接受太阳照射。而更凉爽的南北轴向的立面形式当然是采用大尺度的明亮玻璃和外庭空间，这种手法也和前者相似。基于同样的生物气候学传统，**遮阳与窗体系统**都放在阳光照射较少的方向。东西向的立面更加坚硬而光滑，上面覆盖有穿孔金属板和涂料——这是根据反光性能、重量与结构负荷选择的材料。同样，南北向的外立面因布置有大面积的开窗、阵列式遮光板和高品质的玻璃幕墙而显得轻盈通透，同时也最小程度地暴露于自然光之下。

这个巨大的螺旋状生物气候学超高层建筑是为了远离下部深受污染的城市环境而实现一个适宜居住的上层空间，借用杨经文的话说，“**……在天空的边缘**”。相对封闭的遮阳系统和开放系统能够引进自然通风，整体空间构成以及功能多样性使得一种新的城市生活方式

40 Tokyo-Nara 大厦，杨经文，Project profile and notes，1993

成为可能。

不管是否能够实现，无疑杨经文将在以后的工作中加入更多的设计理念，如雨水清洗、生态系统等级结构、循环利用及具体能量估算等。

作为对以往作品（1993年）形式的延伸，它是一个标志性的转折点，同时也是杨经文近期设计的一系列大型高层建筑与较小体量的梅纳拉大厦之间的切合点。随着建筑尺度的增加，**生态设计议程**也得以扩展。

新加坡EDITT大厦 1998

EDITT大厦的设计采用一种混合模式，它位于新加坡的一个城市街道的转角，是用于城市更新的一块场地。最初为了迎合业主的项目需要，它被做成一个**展示性建筑**，但从设计本质而言，将来它有可能被**改建**成为办公楼或公寓。

这栋26层的建筑坐落在中央大道和沃特卢大街的交汇处，它在两方面具有重要意义。其一，设计发展了杨经文关于**竖直城市主义的理念**——将街区生活向摩天大楼高层建筑空间不断扩展。其二，杨经文在这个项目中探索并论证了他的高层建筑**生态**设计的综合方法。这比他以前在各个项目中运用过的范围更加广泛。最后，这个设计及其内在的**几何形态**表现为一个自由的、有机的合成物——同时关注公共空间与交通需求——因此它也标志着从吉隆坡梅纳拉大厦和东京-奈良大厦形式中脱离出来，两者都严格地采用圆形平面，而它则更具生态的美学属性。

整个方案各种手法的运用取决于项目作为世界博览会场的性质，它包括商业零售区、展示空间和观众席，同时也包括上层开放的办公空间，这具有多种适应性。

在设计中，明显可以看到从地面一层开始、起控制作用的V型几何结构形式，但到了第十二层，这种三维形式表现得就不甚清晰了。这很大程度上是因为建筑内部的**步行坡道**，它在南北立面之间交替上升。在第二十至二十三层，步行系统扩展得很大，甚至占据了南北立面之间的整个平面的西边部分。它强化并表达重视公共交通的设计原则，这在底层的引导性空间中已有所表现，而第一至三层也是如此。

此外，方案组织形式也表现出杨经文设计作品的标志性特点。这包括更加强化竖直景观的美感，并运用空中庭园、外庭空间和广场、东立面厚重的防晒外皮、包含有楼梯间、电梯间和公共厕所的曲形墙等多种元素。

建筑中体现了**场所创造**与公共交流两个中心主题，并且加上内涵不断延伸的**生态议程**，从而创造出具有表现力的元素。它们是整个建筑形式的源泉与核心内容，而最终形成像泥土一样自由的美妙形态。

此外，杨经文在这里取得的进展证实了他之前的论断，即：

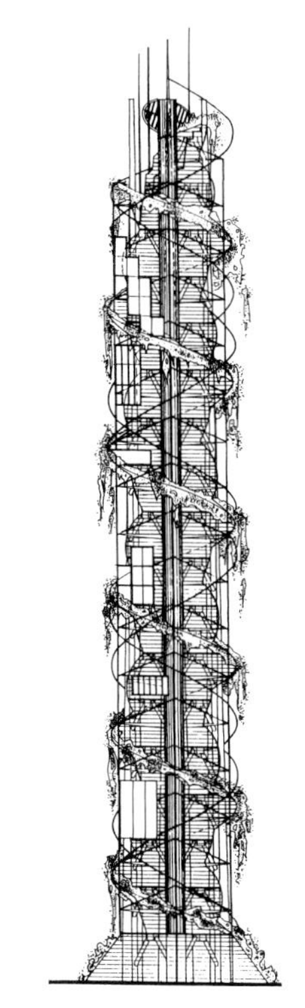

东京-奈良大厦（参见p 068）

一幅关于通风的建筑外表皮的版画，此结构冬暖夏凉（1877）（选自：Dupre J，1996，p 54）

"我很尊敬杨经文先生在探求可持续的建筑形式上作出的持续而卓绝的努力，他的建筑像有生命的物体一样，能对气候和环境的作用做出反应。我认为他的尝试是有意义的，同时也是鼓舞人心的。"

何弢
(FHKIA，HonFAIA)
1997年世界经济论坛水晶荣誉获奖者

EDITT大厦

"……高效节能的封闭体设计,具有将建筑设计从一种不确定性、看起来反复无常的技艺转变为一种精确科学的潜力。"[41]

同时，它诠释了现代主义游戏规则中的一种新颖的、对环境负责的说法。在这里，社会交往的开放氛围表现出空间的实质。

在杨经文进行EDITT大厦的设计中有一点至关重要，那就是高层建筑在城市设计中面临的主要问题：

"……街道层面的活动与城市摩天大楼的高楼层的活动之间的空间连续性是很弱的……"[42]。

传统的高层建筑就像在一个密封的盒子上重复机械地划分出楼层。

杨经文的核心理念是：城市设计也应该包括"场所创造"。在EDITT大厦中，他坚定地执行了这一原则：

"……为创造'竖直的场地'，通过源自街道的启发，我们设计中宽阔的景观步行道将街区生活引入到建筑的上部。步行坡道和街道的活动连在一起：货摊、商店、咖啡厅、表演场所和眺望空间，它们一直延续到底层以上的6层。坡道创造了一个连续的空间序列，从公共到半公共，就像是'街道的竖向延伸'，因此，解决了所有的高层建筑类型中固有的随楼层而分层的问题。此外，高空的连接天桥将联系延伸至周围的建筑，造就了更广泛的城市连通性。"[43]

在考虑公共空间和交通空间之外，杨经文还加入了视线分析，使得较高的楼层看起来与周围环境具有更好的连续性。在新加坡，它拥有极佳的滨海区位，这是一个很重要的因素，而他也将这个优势进行了淋漓尽致的发挥。

但是，这是在建筑形式与功能的限制下对**步行坡道**的处理和整合，因此，它表现为一种建筑的基本概念以及一种公共空间的使用形式。与早期的勒·柯布西耶和近期的理查德·迈耶的共同之处在于，坡道在这里再次成为一种具有象征意义的著名符号，也是表达**步移景异的建筑景观**的一种可视化的手法。

大量的本土植被形成一种螺旋状盘旋向上的景观形式，同时帮助降低建筑立面的温度，此外，在确定形式的过程中，另外两个建筑元素也极为重要，即曲线型屋顶**雨水收集器和扇贝状立面集水器**，它们共同组成了雨水收集和利用系统。同时，还设有大面积的光电板，它是东立面的主要结构，这在整个生物气候学原则中增添了具体的技术措施，目的在于减少能量消耗。

在这个建筑作品中，杨经文的生态策略从对**场地生态系统**的全面分析开始。经过对生态系统层级的详尽分析，确定了这个场地是一个城市"**零文化**"区域。当然，这是一个至关重要的判断，使得设计方向集中在对城市组织的有机恢复。在目前遭到破坏的城市状态下，这使得**生态进程**的演替来取代场地的混乱状态成为可能。

从建筑覆盖植被的立面和露天平台中，可以很明显地看到对生态策略的运用。这是从地面层开始，倾斜向上一直延续到建筑的最高层，在可用的楼层面积中占据了很大的比例。杨经文对一英里范围之内的植被进行了调查，以此来选择不会和当地已有的植物产生竞争的物种。**可持续性**强调每一种迁移。

另外，在生态设计方法的运用中，杨经文还进行了一些非常有意义的分析。也许，至关重要的一点在于使建筑形式趋于"**松散的组合**"，这种哲学思想使得建筑物能够接受各种变化而持续100年或150年的寿命。总之，这让建筑从展示功能转换为办公用途成为可能，从而实现土地利用的高效率。其中包括可移动的隔断和楼层、多次使用的空中庭园以及对机械焊接技术的运用，使得在将来的材料回收成为可能。所有这些都组织在一个系统之中，同时，这个系统则建立在**随机弹性**——一个很重要的条件上。

此外，杨经文还引入了一系列的方法和评估体系来强调高层建筑的生态设计。除了对**雨水的回收利用与净化**以及对中水的重复利用，方案还包括对**污水的循环利用**、**太阳能的利用**、**建筑材料的回收利用以及自然通风和"混合模式"的维护**。后者优化了对机械电子系统的维护，从而使得机械的空调系统和人工照明系统得以简化，而更加适应当地的生物气候环境。安装在**顶棚**的风扇和除雾器用于低能耗的适度冷却。"导风墙"引入**自然风**，来创造宜人的室内环境。它们排列在平行于主导风向的方位上，将自然气流引入室内空间与空中庭院，以促进空气流动而实现降温。

最后，对整个建筑的材料与结构的选择将通过对**具体能耗与二氧化碳**产生量的估算，以此来衡量方案对环境的影响，并进一步确定实际操作中具体的能耗平衡。

当然，这些方法都不是在各个方面彼此剥离的创新手段。它们组合起来，应用到杨经文的建筑中来，产生了整体的积极效果。这标志着杨经文在生态设计上达到了一个前所未有的高度，同时也为他在以后一些案例的进一步发展创造了基础。

吉隆坡BATC（商务及高技术中心）标志性塔楼，1997

为更充分地描述吉隆坡BATC（商务及高技术中心）标志性塔楼，我们需要将它放在整个开发项目的背景中讨论，并将其作为一个关键的组成部分。

商务及高技术中心是一个大规模、综合性的城市开发项目，甚至包括马来西亚科技大学塞马拉克校区的一些院系。同时，场地位处吉隆坡的中央商务区。因为多媒体超级走廊（MSC）和吉隆坡城市中心（KLCC）都坐落在校区2公里范围内，所以在发展战略上的地位很明显。这块区域的潜能将得到大规模释放并最终开发成为MSC的卫星城，并与MSC之间将存在相互促进的协调关系。原则上，这个项目包括了专业教育、研发以及电子商务的相关活动。

41 Yeang 'Bioclimatic Skyscrapers'（论文'Theory and Practice'），op. cit. p.17

42 'EDITT Tower', Ken Yeang, project profile and notes, 1998

43 同上，'Place Making'

项目将通过协调大学、土地所有者和地产开发商之间的关系来得到最终实现。

作为一个综合性的城市总体规划，这个项目表现出杨经文设计中最明显的取向，并创造了一个机会让他在高层建筑设计中运用的生物气候学原理，其成果形式就是一个带有交通基础设施的高科技的城市村落。

这块47英亩的场地被视为一个景观公园，在其中，所有建筑布局都由位于中央的公共广场序列、林阴步行道以及受到控制的车行道来组织。快速交通系统在零售区、商业和学校设施用地的中心交汇处形成了一个核心节点。

因此，整块用地被分为3个部分。中央南北向区域是主要的公共活动空间，而东西侧则是两个可改变用途的公共草地，其中插入布置建筑设备，并依附于中央的V形脊轴。作为整体的组成部分，60层的标志性办公塔楼和5座30层的高层建筑写字楼就坐落在公共草地的区域内。

因为整个项目都考虑了景观美化因素，因此，从周边道路看过来，整个庞大的项目就像一个美丽的大公园，分布其间的建筑则完全融入到周围的自然环境之中。建筑入口由景观化设计的场地平面铺地进行引导，而水池、花园和软性景观的引入则烘托出遍及整个场地的步行道系统。很多道路都设有半遮蔽的适应恶劣天气的步行道，这也让行人免受车辆的打扰。这体现一种原则——建筑适应热带气候，在杨经文早期的工作中我们就看到了这种思路的痕迹，如1987年他为热带城市走廊提出的概念性方案。[44]

基于景观理念的总体原则，布满绿化植被的阶梯状空中庭园等距地分布在办公楼的楼层之间，为人们提供了一个舒适的休憩环境，还形成连续的视觉和体量的联系，让所有的楼层都紧密结合起来。在这个建筑作品中，**竖直城市主义**与竖直上升的公共**花园和公园**的概念是一致的。这种理念在杨经文引入**空中公共空间**后得到了强化，在传统的城市中，它就是一种令人心仪的景观，而现在则形成了以高层建筑形式的竖直布局。因此，BATC（商务及高技术中心）大厦的总体规划中，6栋高层建筑的每一例都是对生物气候学运用的展示，这些原则杨经文曾经在新加坡的EDITT大厦运用过，而这里得到了具体的实现。再者，这些高层建筑都具有综合管理系统，以此来控制室内的环境状态，通过安装在屋顶的环境传感器来监测即时的外部环境——这被称为杨经文式的、**高效的生物气候气象站**。

BATC（商务及高技术中心）大厦群的意义在于：它们作为一个更宏观的理念的组成部分而存在，以协调生物气候学为中心，并内化于整个城市总体规划的框架之中。BATC（商务及高技术中心）大厦和UTM分校包括一个5000人的学校，它为学员提供高科技技能的高等教育。此外，还包括20个事务所的产业、研究与开发中心，它们

BATC（商务及高技术中心）大厦

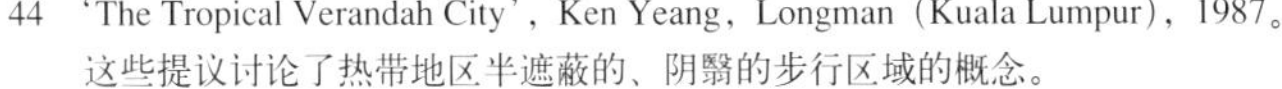

44 'The Tropical Verandah City'，Ken Yeang，Longman（Kuala Lumpur），1987。这些提议讨论了热带地区半遮蔽的、阴翳的步行区域的概念。

共同在研究活动中寻求提升商业价值的机会。联合性质的高科技办公园区容纳了一些从事高科技产业的公司，包括IT和多媒体企业等，并且为使用者提供了共享的高容量的计算机设备，以此作为创新中心的基础。总体规划中还包括了会展中心、信息与资源中心以及一所多媒体与IT学院。这些设施或者位于区域的边缘地带，或者作为脊轴序列的组成部分。更多的公共设施包括：中心体购物广场，用多媒体的手段满足购物休闲与娱乐需求；学生、研究者和办公人员的居住区；为参观者和旅游者服务的四星级酒店，带有设备完善的商务中心。

通过对场地里的公园绿地系统加以强调，并借助郁郁葱葱的草木和人工景观美化等手段创造出宜人环境，维持着高强度的商业活动和高消耗的研究工作。林阴主干道系统的设置将使得整个场地没有机动车的穿行，鼓励公众使用有遮阴的人行道或者是带空调的内部快速交通系统，这使得场地内部的移动变得便捷，同时又与场地之外的吉隆坡快速交通系统相连接。

60层的办公塔楼是这个地段的独特地标，它是总体规划在竖向上的延伸，在形态上正好与水平延伸的体块以及中央广场大厦脊轴位置上布置的设施相平衡。

标志性塔楼占据了西边公共用地的中心位置，其南北侧立面稍长，平面为弯曲的折线形式，而东立面则由遮蔽阳光的外墙包裹着服务核心、电梯间和集中布置的休息室，这也是杨经文的典型风格。凹陷的底部楼层中设有自动扶梯系统，它为楼层中心提供服务，并延续至第四层。从三十二层开始，两个体系的**步行坡道**相互交替出现在南北立面外部空间，并延续至第四十层，而在第四十八到六十层则只在南立面设置。就如新加坡EDITT大厦一样，这种坡道的组成是建筑对于公共交通和**竖直城市主义**的理念的表达，看起来就像是高层建筑里一个层次分明的结构体系。另外，具有支配作用的组成元素还包括位于上部楼层的两个巨大的竖向景观公园，它们占据了大面积的外庭空间和空中庭园。此外，底部的坡道公园和分布于建筑物不同高度的10个小公园进一步扩大了整个公园系统。

整个开发项目中最负盛名的是设置了中央灵活性办公设施，这种创新的生物气候学设计为业主提供了一流的日常生活环境。间隔分布的餐厅、空中广场和专用走廊空间，加之全面开发的竖向花园、公园和宽广的空中庭园空间，一起成就了杨经文当前作品系列中最炫目、最具代表性的一个。另一个方面，在新加坡EDITT大厦中的很多技术创新有望在这个项目最终建成时得以实现。

这栋标志性塔楼总结了杨经文将**摩天大楼看作竖直的天空之城**的意象。这主要通过竖向多重空间的组合来实现，当然这也包括在整个高层建筑空间架构的整体骨架。这个理念在之后的三级交通系统中得到了更多的强调，当然还有在竖向上分布的、各楼层中横切整个外立面的景观、公园与广场系统。在杨经文创造的三重视觉意象中，绚丽多彩的正立面是传达这种理念的最佳诠释。

除开建筑本身，总体规划所产生的最大影响在于：无论何种建筑类型，BATC（商务及高技术中心）大厦群在城市设计中所采用的生物气候学设计原则。

槟榔屿UMNO大厦 1995～1998

UMNO大厦是杨经文1992～1998年开发建设的系列项目中的一个，这个系列作品采用轻盈的线性平面来适应场地的高密度。这些项目还包括中央广场大厦和布达亚塔楼，它们都位于吉隆坡，并在1992～1996年之间建成。这些高层建筑的设计都是运用杨经文的生物气候学方法的框架，不过，位于槟榔屿市区的UMNO大厦较为特别，它更多地是关注**自然通风**，并在这种理念指导下开发出一种**引导气流的翼形墙**。

这个建筑规划方案的狭长形场地位于扎因阿比大街和麦卡利斯特大街的交汇处，这导致了延展的纵向立面暴露在东南与西北两个方向。这也是高地价的城市土地区位中一种常见的建筑形式。

与杨经文其他运用生物气候学的建筑一样，这栋21层的高层建筑设计考虑设置一个带有阳光防护墙的核心服务区，包括电梯间、楼梯间和休憩空间。在这个建筑作品中，阳光防护墙不仅保护东南交角处的立面不受太阳辐射，而且延伸到南北向的末端形成两个引导风向的翼形墙体，这是为了适应整个建筑的自然通风策略和办公空间的特殊要求而设计的。

UMNO大厦的底部包括一个凹进较深、跨越两层层高的金融大厅，上覆玻璃天棚的主要入口由一个矮墙支撑，它通向主要交通干道——麦卡利斯特大街。底部还包括一个植被种植区以及倾斜的车行坡道，直接通向第二到五层的停车场。第六层基本由高管人员使用，包括一个为会议及大型集会服务的会堂。这层以上的14层都是出租用写字楼。很多楼层，如第三层和第十二层，有着宽阔的延伸出去的屋顶平台，而屋顶层则被高架钢结构天棚所遮蔽。

遮蔽阳光墙体调节下的电梯间与休息厅拥有良好的自然通风与采光，这显然吻合了杨经文的低能耗理念。类似的情况是，虽然在设计中安装了空调，所有的办公楼层同时也拥有良好的**自然通风**。每一楼层采用狭长的平面形式，使得到每个办公桌在6.5m的范围内就有一个可开启的窗户，这保证了每个工作人员都能拥有自然光照和通风。虽然，最初的设计中打算给每一个承租者提供安装空调的空间，但是因为预期中槟榔屿的出租率较低，最后的方案则采用了一个中央空调系统。设计中**自然通风**的实现，为建筑提供了一个能源贮备的支持系统，以应对能源供给瘫痪的突发事件。

曲线型的西北立面上布置了办公空间，其墙体上加装向阳的遮阳设备，同样，在这个方向的停车场也加装了带外伸支架的遮阳篷。

然而，在这个建筑作品中，成就UMNO大厦革新品质的建筑形式还是**引导气流的翼形墙体系统**，杨经文将建筑的竖向尺度与一个典型的喷气式飞机的机翼长度做了长时间的对比，在等长还是1.5倍于它的长度的选择中反复权衡，从而使得这个建筑的意义更加丰富。从建筑——气流——飞行器的象征意义上进行推论以及对精密复杂的维护型外墙做出论证，这些研究课题很早就出现于杨经文的文章与某些项目中，而在本案例中，将两者结合起来，形成了这种可传递的视觉意象。

就像描述自己的研究与应用体系一样，对发展翼形墙体设计，建筑师自己给出的注解是极具意义的：

> “这个建筑的翼形墙体将气流引导至楼层中特定的厅堂空间，它们就像带有气扣的小口袋一样，设置有可调节的门洞与楼板，并可控制窗户开启比例，从而更好地保证自然通风。这个建筑可能是第一个将自然风引入建筑内部以创造舒适的室内环境的高层建筑……为了保证建筑室内的舒适度，需要实现单位时间更高的空气交换率。在这里，我们试图在迎风面引入自然气流，而不是去背风面安装一个抽气机。为达到在入口处的空气压力要求，我们引入了一个能‘抓住’各种可能的上风向的自然风的翼形外墙系统。翼形墙依附于阳台构件，设置有跨越楼层净高的推拉门。楼板之间的翼形墙和空气锁的布局是基于建筑师对当地风力数据的估算而获得的。当然，翼形墙和空气锁设备是经过实验论证，并且通过CFD分析，在这个场地上得到了检验，结果表明它们的运作相当良好。从这个建筑作品所获取的经验让建筑师有可能为其他的项目开发出更多的此类设备。”[45]

事实上，这在项目中已经有所体现，新加坡EDITT大厦的设计中就曾运用到相同的原理，通过引入“导风墙”整套设备，来实现自然通风的策略，创造出舒适的室内环境。这些实例不仅各自论证了杨经文的R，D&D策略，而且强调了这种方法所表达的他个人的建筑意象——通过低能耗设计将精致的形式运用到传统意义上普通的写字楼中。通过这些**生物气候学高层建筑**，杨经文不仅创造出一种新的建筑范式，同时也发展了低能耗建筑与**竖向城市主义空间**。

而且，关于杨经文的工作，还有如下的说法：

> “就像他在吉隆坡、槟榔屿或者胡志明市设计的高高耸立塔楼一样，将秩序与梦想不可思议地混合起来，形成一个综合体，准确地与东南亚文化相吻合。它们斗士般的姿态正好体现出新世纪的经济革命。”[46]

“事实上，杨经文带来了他的可持续建筑，并在严苛的商业环境中取得了一系列令人注目的成绩，这本身就是值得可圈可点的。然而，更重要的是，他的工作以及他的建筑带来了环境的改善，已经使得无数业主的生活质量得到提高。”

艾弗·理查兹

建筑、规划与景观学院，

纽卡斯尔大学

英国

2001年5月

UMNO 塔楼

45 ‘MENARA UMNO’，Ken Yeang，project profile and notes，1998.

46 Yeang，‘Bioclimatic Skyscrapers’（论文‘Architecture for a New Nation’. Alan Balfour) op. cit. p.8.

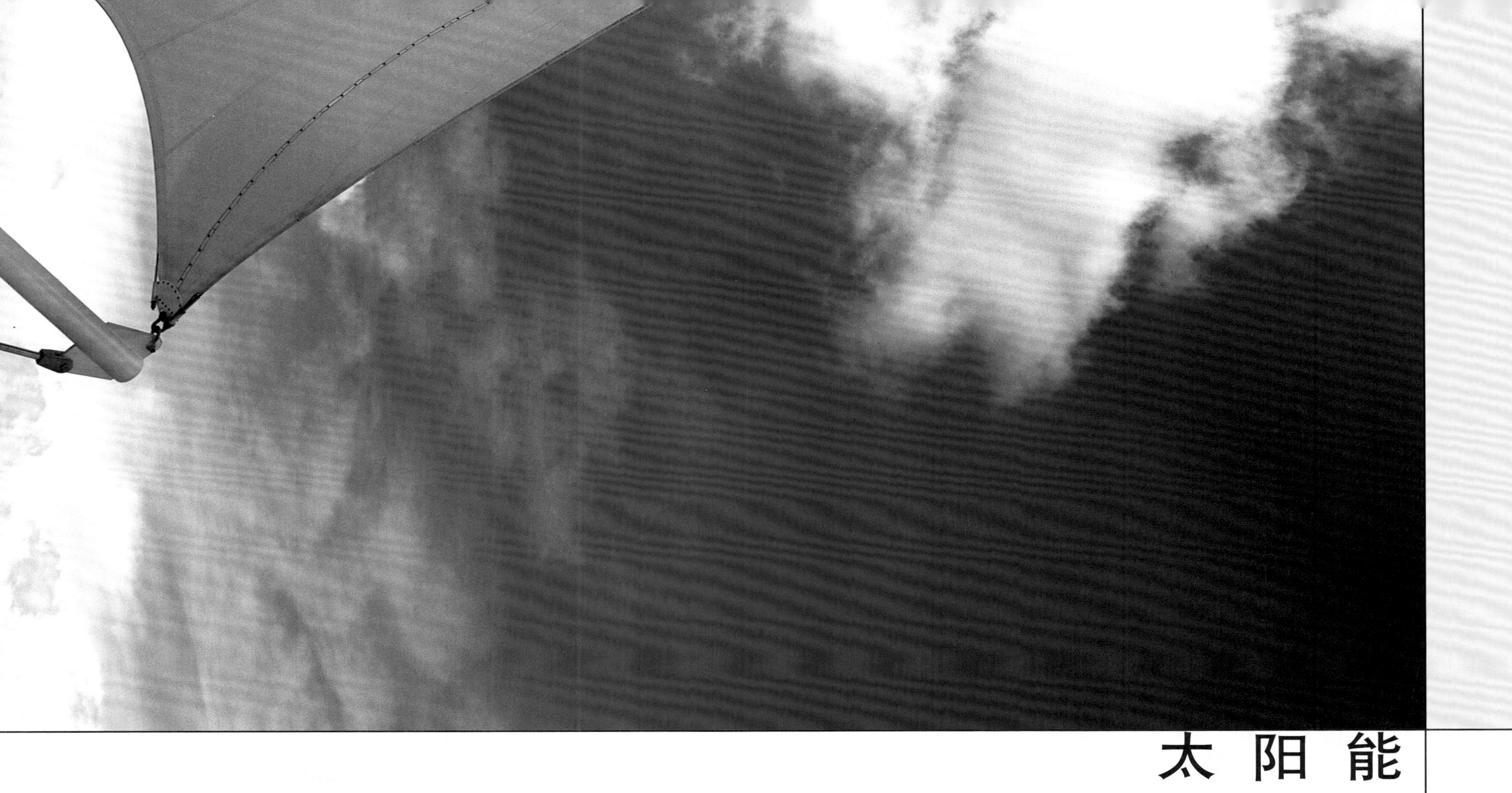

太 阳 能

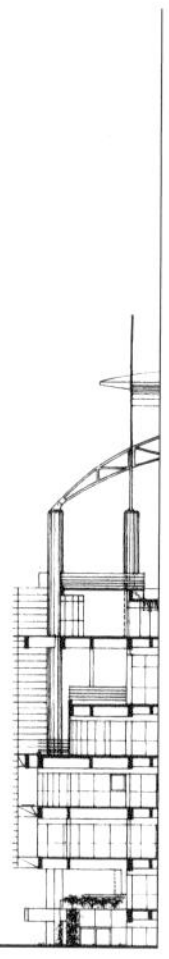

从严格意义上讲，发展任何一种新类型的**建筑形式**，其中运用的重要原则都需要通过一些具体的项目实践来体现并进行总结，从而形成一种独特的、成熟的形态范式——梅纳拉大厦正是一个具有如此特征和意义的项目。

虽然只有15层，这座塔楼——以梅纳拉-鲍斯特德大厦的左右交错式体量为设计的显著特征——能够作为一种类型而延伸内涵，在尺度上形成跳跃式的发展，就像杨经文设计的另外一栋高层建筑项目——80层的东京-奈良超高层塔楼。

这种被动式低能耗的“太阳轨迹”系列建筑作品的最核心原则是遮蔽阳光与方位选择，以及运用逐层分布的空中庭园与凹陷的外庭空间连接形成的优美的螺旋形式，这些元素组成起来成为一种纯粹的圆形几何构图。附加的遮阳拱廊和起防护自然光作用的天窗细部设计都依据于具体的光线角度与路径，达到了微妙精确的程度，并吻合整体设计理念与构造措施的实现。

这座屹立在吉隆坡城市外部入口的建筑，已经多次成为舆论关注的对象，来论证并衡量它的重要性。同样值得关注的是它独特的建筑形式得到了全世界的称颂。[1]

梅纳拉大厦实际上是一个公司地区总部办公建筑，即IBM公司的马来西亚代理处的办公楼。除了满足作为地标建筑之外，这栋建筑还考虑了当地典型的热带气候环境特征，并利用场地周围的山地景观来营造独特的街景。

最初，在1994年，杨经文对这个项目保持很低调的态度，甚至掩饰了项目作为生物气候学建筑原型的本质问题。

而且，如果不考虑后来的设计成果中出现的种种建筑元素，即1995～1998年建成的UMNO大厦——它那富于表现力的形式以及独创的“**导风翼形墙体**”，可以说，梅纳拉大厦本身就是作为一种极为重要的建筑表达形式而存在：

“……设计中最具震撼力的特征就是引入到立面与空中庭园中的植被，它从底部一个3层高的覆盖植物的土堆（一个土坡）开始，沿着建筑表面盘旋而上，建筑上部3层高的凹进露天平台也是种满植被。这些中庭使得凉爽的自然空气能够自由地穿行于建筑中的过渡空间，而植被则提供了足够的阴翳和富氧的室内空气。仅在南北立面使用了玻璃幕墙来缓和太阳辐射。面向温度较高的东西向的立面窗户都装有外伸翼片与百叶，以此来遮蔽自然光。玻璃窗安装的技术细节处理使得淡绿色玻璃具有自然空

1 梅纳拉大厦是同时代作品中第一个获得阿卡汗奖的高层建筑，获奖的时间为1995年。

梅纳拉大厦

雪兰莪州，马来西亚

气过滤器的作用，在保护室内环境的同时也避免其与外界完全的隔绝。所有的办公楼层都设有露天平台，并且带有落地式玻璃门，用于控制自然通风的程度（在需要时）。电梯间、楼梯间和洗手间都有良好的通风与自然光。电梯间也并不需要为防火要求而加压。” [2]

杨经文这些关于建筑的描述构成了低能耗设计的主要基础，同时这也极大提高了办公人员的生活质量。这些方法与附加内向空间的利用理念联系在一起，影响着平面布局，会议室被布置在了平面中心位置，而工作间则环绕于外围，这保证建筑室内具有良好的采光与开阔的视野。露天平台提供了一个面向外部环境的延展式空间——作为一种特殊设施使得日常工作压力倍减而感觉轻松活泼。

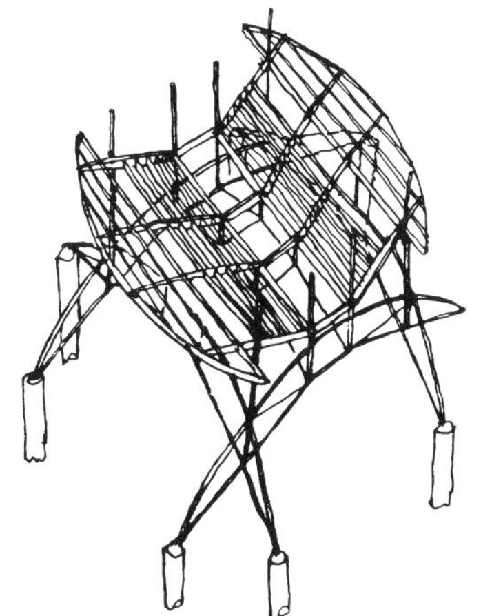

建筑纯粹的圆形平面被4对主要结构柱环绕，在建筑上部则演变为屋顶支架。集中式电梯间与服务空间布局在东侧立面的外围，而层叠的空中庭园则顺时针盘旋而上，使得每一楼层都具有不同的平面形式。组合而成的形式大体上是一个圆柱体，上方环绕着一个由松散组合的拱廊和百叶隔板构成的外壳。同时，圆柱体底部的斜坡衔接自然，屋顶则安装了一些特殊设施。整个设计成果的概念简单，但解决思路清晰——杨经文的**生物气候学高层建筑**类型包含的所有原理都在他的第一个标志性的作品中得到了体现。

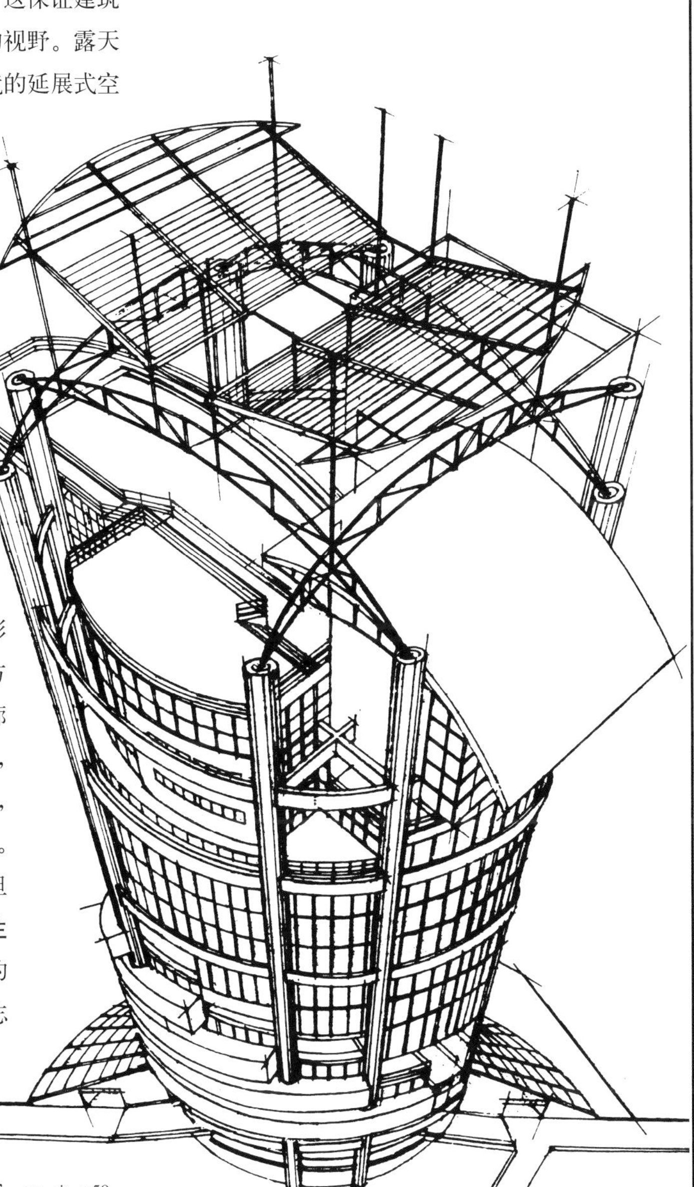

2 Yeang，‘Bioclimatic Skyscarpers’，op. cit. p 59

业主 梅纳拉大厦开发公司
（IBM公司的马来西亚代理处）
“梅纳拉大厦”＝商务机器

位置 苏班杰亚大街，雪兰莪州，马来西亚

纬度 3.7°N

总层数 15层（包括地下1层）

开工时间 1989年6月

竣工时间 1992年8月

面积

总办公面积 6741 m²

非办公用总面积（例如：健身房、咖啡厅等）476 m²

阳台、空中庭园和游泳池 981 m²

交通空间与卫生间 2318 m²

设备间 1424 m²

停车场（地下室）（145车位）404 m²

场地面积 6503 m²

容积率 1.6

设计要点 • 这个建筑融合了杨经文10年来在高层建筑设计中运用生物气候学方法的研究进展。具体分析，这个建筑有如下特点：

• “竖直景观设计”（绿化）引入到建筑立面与空中庭园之中。绿化从地面层的土堆开始，在建筑的一侧尽量往上延伸。而后，利用凹进的露天平台（作为空中庭园），绿化在建筑的表面盘旋而上直至顶层。

• 此外，还包括一些低能耗的设计特征：在温度较高的方位（如东西向），建筑立面上都带有外伸的百叶窗，以此减少太阳光热对室内的辐射。没有太阳直射的方位（南北向）则采用无遮蔽式的大面积玻璃幕墙，以此提供良好的视野以及最大量的自然采光。

• 电梯间拥有自然通风、自然采光以及良好的外部视野。并且它们不需要特别的防火增压（如低能耗休息厅）。所有的楼梯间与卫生间也拥有良好的自然通风与采光。

• 建筑顶棚为将来安装太阳能电池的预留空间搭起了骨架，可满足能源储备的需要。BMS（建筑自动控制系统）中采用主动式建筑智能节能设备。

1995年阿卡汗建筑奖

评语引用

“大胆设计了一个适应热带气候的高层建筑，其意义重大。它摒弃了普通的商业办公建筑采用的类似幕墙结构的传统框架，而诠释出一种新的建筑语言，将部分结构穿插于外立面之中，并沿建筑中心区域形成了系列螺旋型的交错式空中花园。它引发了建筑上的争论。在杨经文的建筑里，大众生活的世界与具有独特性质的穆斯林世界能够充分地融合起来。”

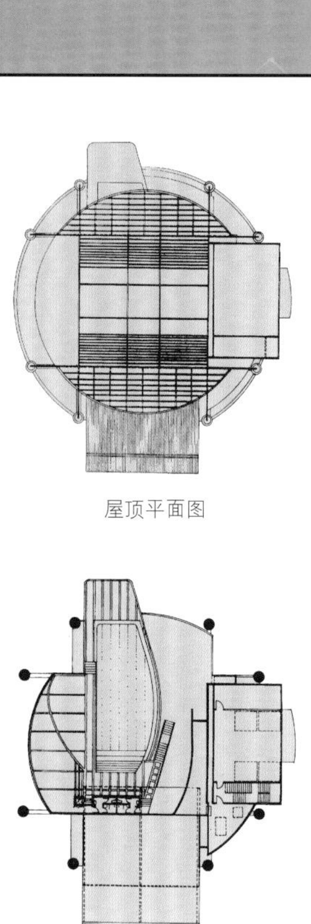

屋顶平面图

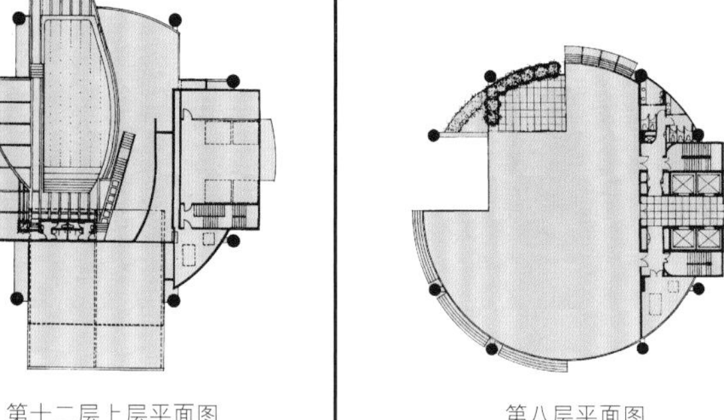

第十二层上层平面图

第十二层下层平面图

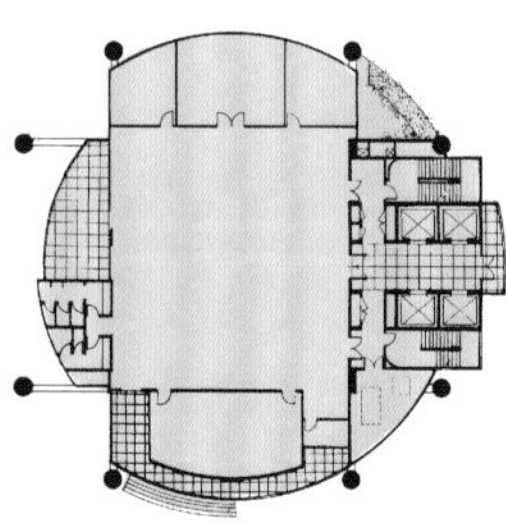

第十一层平面图

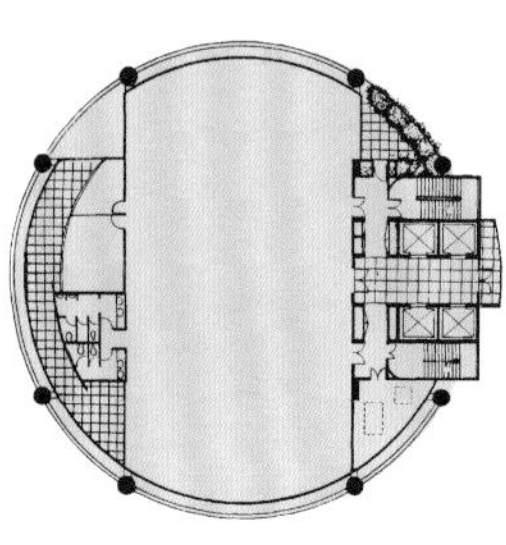

第十层平面图

第九层平面图

第八层平面图

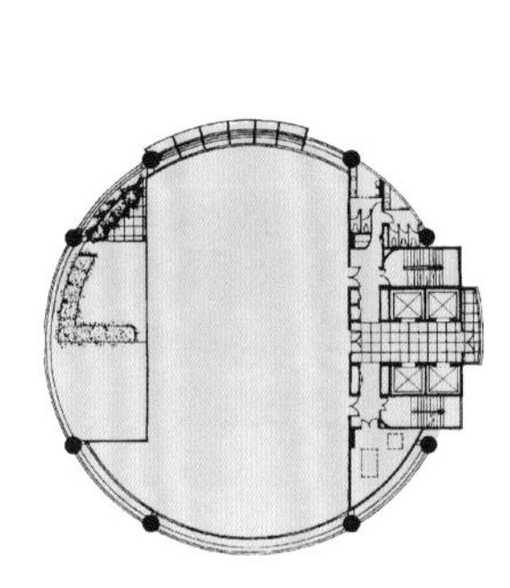

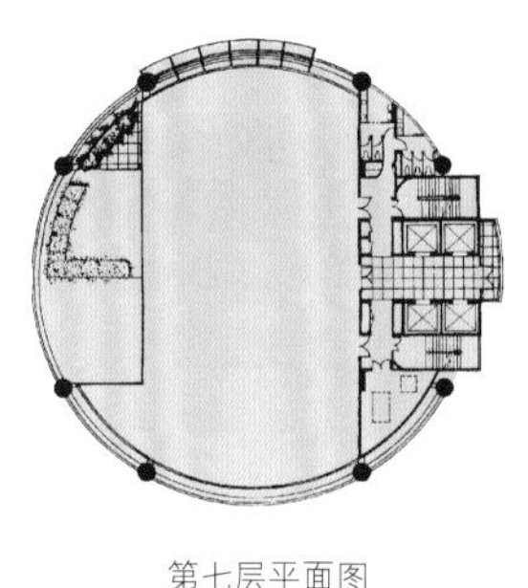

第七层平面图

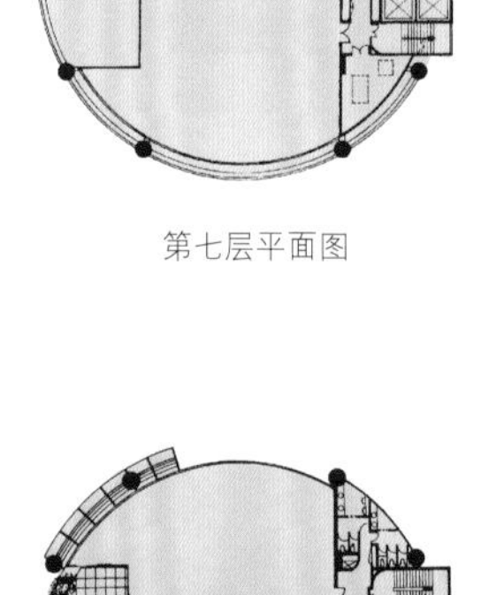

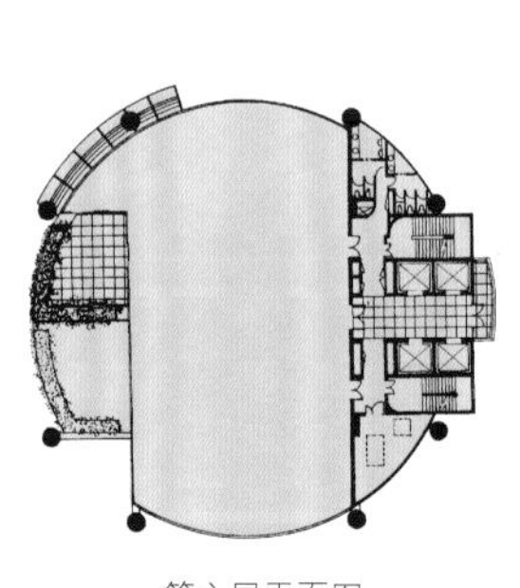

第六层平面图

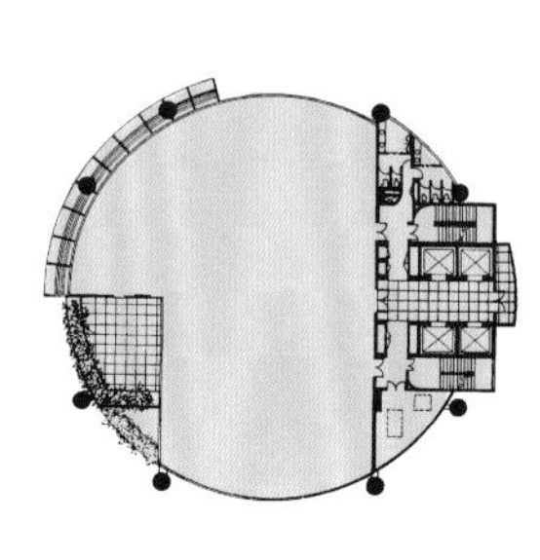

第五层平面图

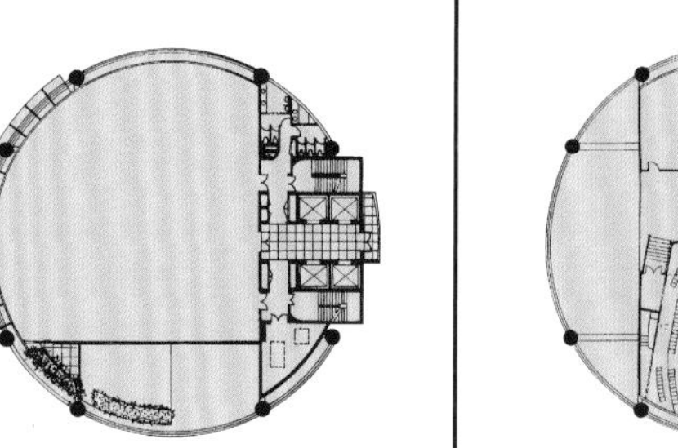

第四层平面图

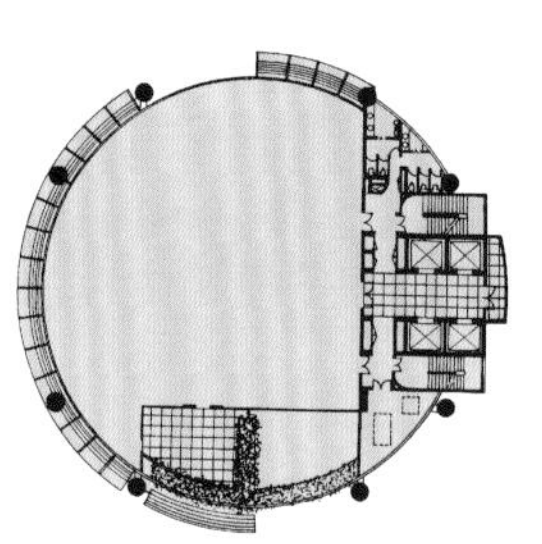

第三层平面图

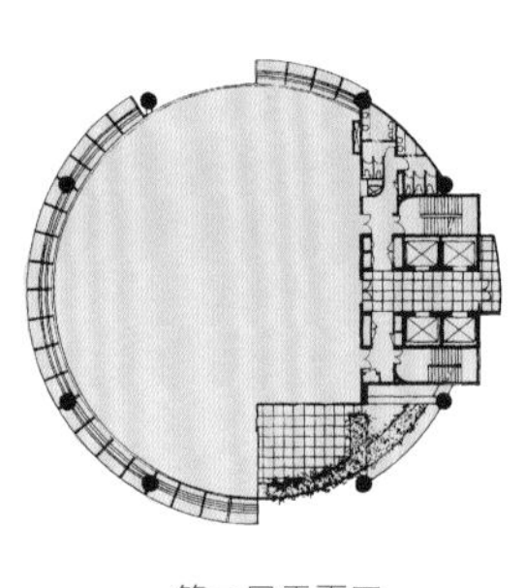

第二层平面图

第一层平面图

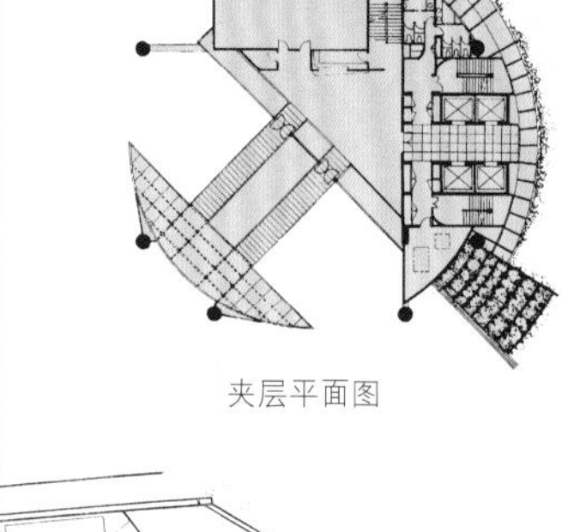

夹层平面图

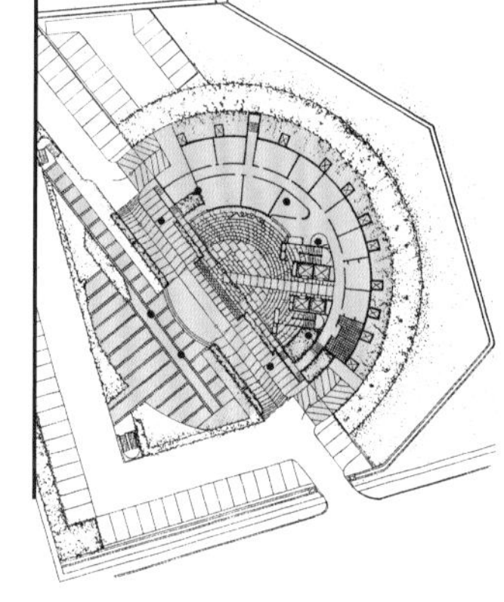

底层平面图

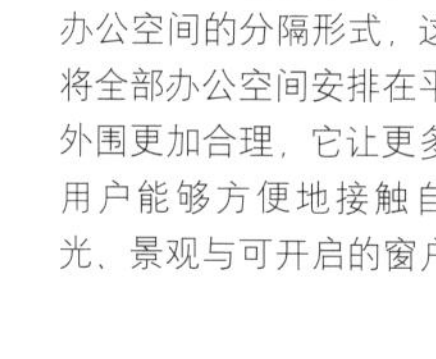

此图说明了楼板中心位置的办公空间的分隔形式，这比将全部办公空间安排在平面外围更加合理，它让更多的用户能够方便地接触自然光、景观与可开启的窗户。

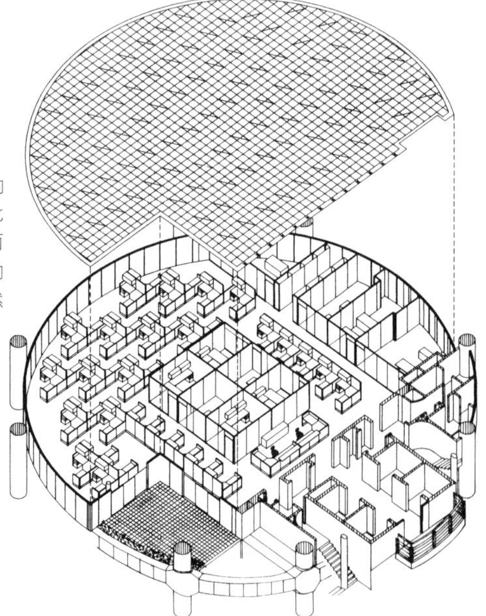

底部3层种满植被的斜坡状台地是影响建筑外观的一个主要因素，它覆盖了入口大厅、计算机设备以及地下停车场。在建筑顶部，由钢铁与铝合金构成的桁架支撑起顶棚，覆盖着整个屋顶阳光平台。在当地，这种遮阳顶棚被称为“捕蝇器”，它滤去了白天照射到屋顶游泳池以及顶层健身房弧形屋顶的阳光。这种金属结构也为未来安装光电蓄电池留下了空间——电池作为建筑的能源需求的一种灵活储备。此外，建筑还安装了一系列的自控系统，以减少设备与空调设施的能源消耗。

这个项目也关注了审美趋向与建筑形式表达的问题。在受到明确的结构限定下，最终的建筑形式来源于纯粹的设计原则与几何构图——没有任何痕迹显示它受到实用型建筑外观形式或者马来西亚传统建筑形式的影响，它只是适应当地气候与地理位置：

“……建筑的时代精神通过技术与材料来传达，艺术化的思潮与见解加之场地气候与生活方式等原则的引入共同造就了时代转化的背景……对传统材料与形式的感情化的沿袭被摈弃了，一种源于现实主义立场的思潮取而代之，它带来了一个面向21世纪的马来群岛建筑，与其历史上的雏形风格迥异。这是一种开放性的、能接受改变的观念。同时它也是对多元文化的一种敏感的反映。通过抽象的时代形式，这种多元文化确立了一种集体性的积极特质。”[3]

3 Professor Ivor Richards, ‘The Tropical High-Rise’, op. cit. p14

位于十二层上部的游泳池

中心区服务设施布局方案的OTTV值及其比较评估

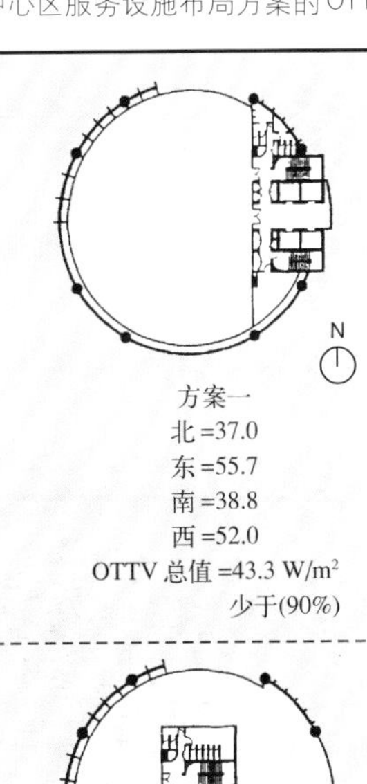

方案一
北=37.0
东=55.7
南=38.8
西=52.0
OTTV总值=43.3 W/m²
少于(90%)

N

方案二
北=37.0
东=61.7
南=38.8
西=52.0
OTTV总值=47.5 W/m²
少于(99%)

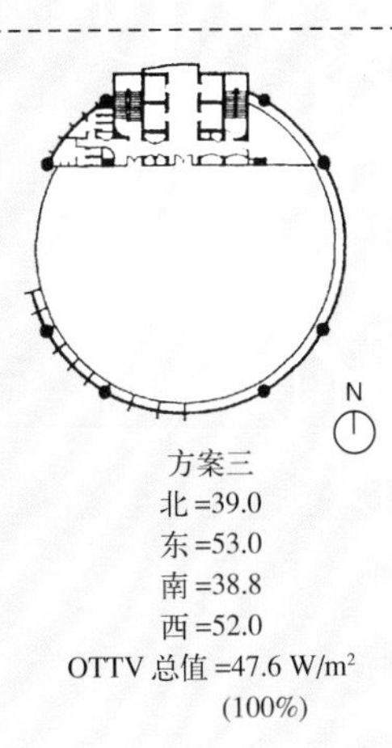

方案三
北=39.0
东=53.0
南=38.8
西=52.0
OTTV总值=47.6 W/m²
(100%)

OTTV = 全部热量传输值

上图说明了如何利用建筑的平面布局（如选取中心位置布局服务设施）的调整来优化无能耗模式策略，最终实现低能耗的设计。

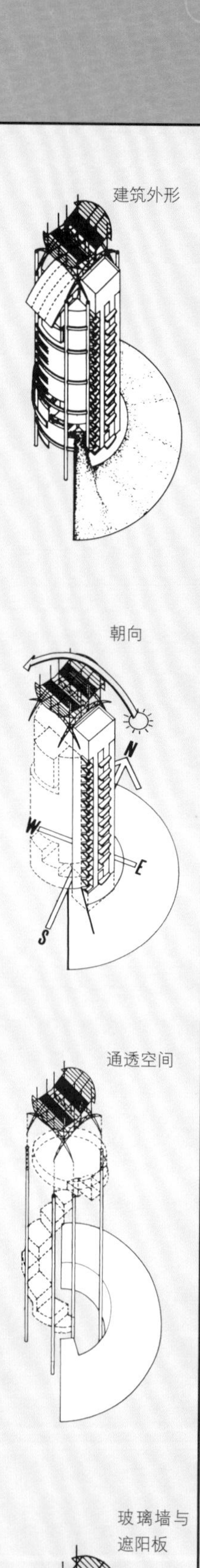
建筑外形
朝向
N
W
E
S
通透空间
玻璃墙与
遮阳板

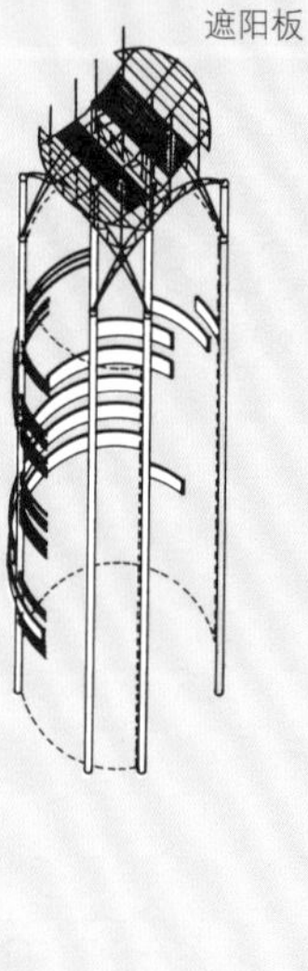

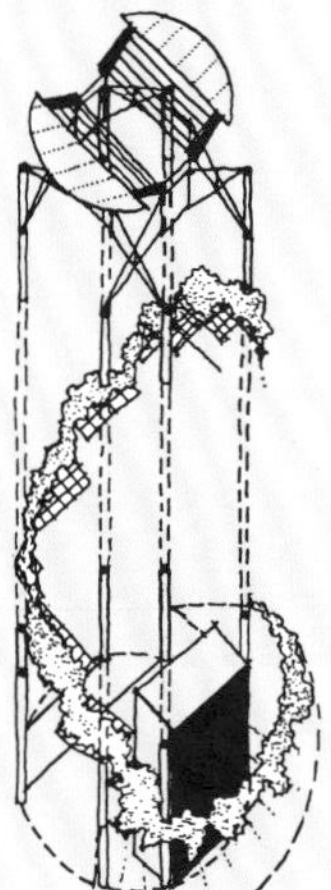

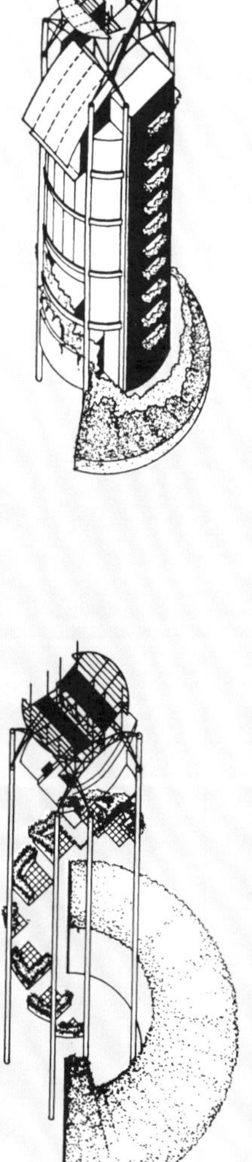

屋顶装配

像维纳斯捕蝇器一样的建筑

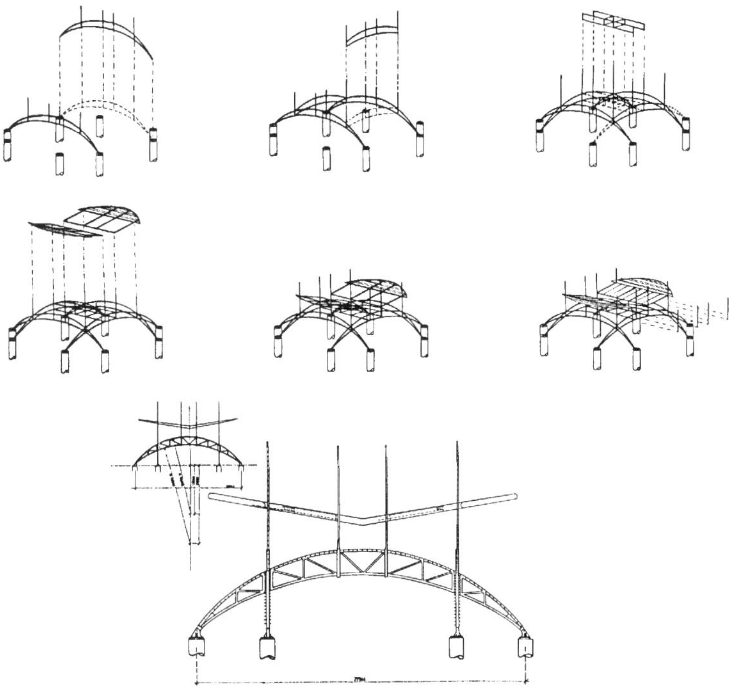

屋顶广场

游泳池

分隔的办公空间，具有落地式的玻璃隔断，无障碍接触外部景观

花园露天平台

3层高的空中庭园

3层高的覆盖植被土坡

未来的光电太阳能接收器

健身房

铝质隔板与百叶来遮蔽阳光

办公层

向外的视野

接近窗户、自然光与外部景观的工作间

向外的视野

向外的视野

三层高的入口大厅

跳出玻璃盒子

选自月刊《亚洲的墙与街》（1994年7月）
苏珊·贝费尔德

"……杨经文相信，揣度城市精神的种种方法之中最有效的是关注同类型的城市。一个城市所在的纬度决定了它的气候。而气候，依据杨经文的说法，是一个地域最持久性的特征，同时也是设计中第一需要考虑的因素。如果做到了这点，则设计就实现了本土化并能忠于场地本身……公司最近完成的项目——马来西亚梅纳拉大厦（IBM公司的马来西亚代理处）就是最好的例子。这个15层的建筑是到目前为止公司最具探索性的作品，它具有一种特殊的合理性。一个不具专业素养的普通观察者在一分钟之内就能弄明白这个8根圆柱支起来的、由钢材和玻璃构成的巨大圆柱体是如何运作的。最令人震惊的是，梅纳拉大厦的外墙既非封闭的，也不是连续统一的。杨经文在建筑中插入了一系列覆盖植被的露天平台，他称之为'空中庭园'。露天平台盘旋于建筑的外立面，提供了阴翳的户外休息空间，并吸收部分的太阳辐射热量。他同时改造了建筑的'皮肤'，在设计中使用了铝质的外屏与隔板，从而使得在某些节点，阳光对建筑的影响达到最小；而在另外的一些地方，则让更多的阳光渗入室内。同时，杨经文也对室内空间进行了试验性改造，他将工作间布置在建筑每层的外部边缘，而将私人的、以玻璃分隔的办公室放置在中心区域，这样就使得每个人都能在自然采光的环境中工作，并且拥有宽阔的外部视野。"

位于十二层的健身房

超越建筑的建筑

学术出版社，伦敦（1995 年）

辛西娅 · 戴维斯

“这个标志性摩天大楼极具震撼力的形式为时下华而不实的建筑形式开创了一个崭新的方向。相对于跨国公司常见的专横的、封闭的建筑形式，IBM 办公塔楼是对新兴技术的一种健康的、非正规的、开放型的表现。建筑师呼唤这种‘生物气候学高层建筑’的新形式，并赋予它敏感的、节能的气候控制。最值得注意的是建筑表面盘旋而上的两组螺旋形绿色‘空中花园’，它们提供了阴翳空间，并与钢质及铝质的建筑表层形成强烈的视觉对比。强化的混凝土构架不时地被两种类型的遮光屏玻璃和钢化幕墙所打断。这些元素加上斜坡状的底层以及金属顶棚，使得原本高科技化的建筑意象显得更具有机性，一位评审人员甚至将它称为‘有机建筑’。更多的生态策略包括将核心功能布置在建筑东面这个最热的方位，以及建筑中对自然通风、自然采光与绿色植物的广泛使用。

杨经文的生物气候学建筑类型让人回想起1950年代的气候型建筑以及弗兰克 · 劳埃德 · 赖特的高层建筑作品，这是一种对 1990 年代的新建筑的趋近形式。结果，在占统治地位的商业建筑和一种综合性崭新的建筑形式之间作出选择，这种适应给定地区的气候特征的建筑形式脱颖而出，从无垠的宇宙力量之中为创新建筑语言找到了灵感。

对热带气候下的高层建筑设计如何运用生物气候原理，建筑师杨经文进行了长达 10 年的研究，梅纳拉大厦终于使他的理念得以实现。

建筑表现出一种强烈的空间组织秩序，并且具有特殊的层次结构。建筑整体上分为三段——凸起的绿色基底、螺旋状的主体（带有水平阶地状的花园阳台以及为办公空间提供遮阳的外伸屏板），还有就是最上部的楼层，容纳着休闲设施、游泳池和屋顶天棚。强化混凝土与钢架结构完全暴露在外，而整个高层建筑的制冷由自然通风和空调共同承担。顶棚与众不同的管状构造为将来太阳能面板的安装提供了空间，这还为建筑日后减少能耗带来帮助。

杨经文沉迷于与生态环境相协调的高层建筑——生物气候学高层建筑的实践。他试图通过减少能耗来降低建筑的成本，同时通过强调生态价值来使用户获得更多的利益，这就是设计结合自然气候的理念。杨经文相信适应气候的建筑是成功的建筑，而梅纳拉大厦的业主与用户都证明了他这种理念的成功。

这栋建筑的设计特色是大胆的，它并不试图去调和周围的物质环境，尽管与气候相适应是需要优先考虑的因素。这个高层建筑已经成为了一栋标志性建筑，并且带来了周边土地的升值。”

梅纳拉大厦的能量研究

诺曼 · 迪斯尼 & 杨设计公司

咨询工程师事务所

在这里，我们对这栋按照传统不遮阳的幕墙系统来建造的建筑进行能量分析，以此说明其隐含的结论。我们对建筑的各种情况假设做了仔细地核查，并且对以下情况建筑的制冷负荷做了相应的计算：

1 去除所有的遮光屏
2 用玻璃幕墙取代遮光屏后的低矮砖墙
3 去除全部阳台上的遮蔽措施

我们并没有将对照明系统的影响列入考虑的范围，因为经过预测，我们发现那是微不足道的。

经计算，建筑的制冷负荷总量大约增加 125kW，相应地，需要增加设备的发动机动力大约为 15kW。

根据我们的分析，安装与运行成本的估算增加值如下：

1 安装 / 一次性成本 $160000.00
2 每年的运行成本 $42000.00

并且，这种假设的基础在附加的计算中可以看到。

在后面的表格中没有包括间接成本，这是由额外使用造成的设备维护费用增加所引起的。

我们可以应用简单的“偿还原理”来计算收回建筑遮阳系统成本所需时间，即将每年的节能费用分摊到遮阳系统的成本中。这种计算并不包括能源与材料成本的通货膨胀趋势，但它以单纯的研究为目的，而简单的偿付公式就能支撑这种研究。

在研究报告的准备过程中，我们发现以下节能要素也应该在梅纳拉大厦的设计中被考虑到：

1 利用建筑自控系统来节约能耗，它具备如下功能：
- 工作完成后的照明转换 / 控制。
- 在设备运作历史记录基础上确定最优的空调设备开机时间。
- 夜间“净化”以减轻建筑中过度的热量留存。
- 冷却器控制以优化其运行特征并减少运行成本。
- 设备定时开关以防止其过度使用。

2 当户外的自然光水平足以满足照明需求时，利用边界照明转换系统来弱化或者关闭界面上的照明。

3 利用可变的空气容量系统来减少正常工作日的换气机械马力的总需求量。

第 1 和第 3 项是 NDY 的设计标准元素，而第 2 项通常作为建筑业主的附加成本被引入。我们认为，这种倾向或许能明确：在办公、工业与酒店项目中安装并合理使用节能设备的行为，都应该由政府发起相应的激励计划给予奖赏。

制冷负荷增量与空气流通需求的计算（包括去除阳台的遮阳系统）

楼层	保留遮阳系统		去除遮阳系统		去除遮阳罩		制冷负荷增量	空气需求增量
	TC(W)	Q(L/S)	TC(W)	Q(L/S)	TC(W)	Q(L/S)	TC(W)	Q(L/S)
2F	74572	4404	93386	6444	98072	6391	23500	2040
3F	63985	3779	84121	5516	83035	5364	20136	1737
4F	60606	3505	81634	5312	80010	5061	21026	1807
5F	76948	4778	91124	5867	90493	5814	14176	1089
6F	70107	4929	81109	5831	71731	5093	10002	902
7F	72758	5180	87724	6381	73144	5240	14966	1201
8F	73293	5255	86080	6281	-	-	12787	1026
9F	72245	5091	79257	5852	-	-	7012	761
10F	77561	5486	-	-	-	-	-	-
11F	67070	4837	-	-	-	-	-	-
						总增加量：	124000	10563

全部采用幕墙形式的建筑（没有遮阳系统）运行成本增量的计算公式

公式运用如下：

年度运行成本增量（冷却设备）

此处

A ＝制冷负荷增量

F ＝正常一年中太阳高度与角度变化的差异因素

H ＝每天平均运行时间（12）

Dw ＝一周中运行天数（5.5）

Wy ＝一年中星期数（52）

Et ＝电费（$0.24/kWh）

Ce ＝制冷设备功效（0.21 kW/kWR）

年均运行成本增量（鼓风机 / 抽气机）

此处

PFp ＝鼓风机 / 抽气机功率增量

H= 同上

Dw= 同上

Wy= 同上

Et ＝同上

因此，我们计算如下：

制冷设备节约	=125 × 0.8 × 12 × 5.5 × 52 × 0.24 × 0.21	=$17297.28
鼓风机功率节约	=15 × 12 × 5.5 × 52 × 0.24	=$12355.20
抽气机功率节约	=15 × 12 × 5.5 × 52 × 0.24	=$12355.20
		=$42007.68

班尼斯特·弗莱切先生的《建筑的历史与未来》

建筑出版社（第12版1996年）
D·克鲁克香克

"……梅纳拉大厦（1992年）是建筑师研究进展的最好例证，它是坐落在吉隆坡国际机场附近的一个高层建筑写字楼，当然，MBf大厦（1994年），一个位于槟榔屿的居住及其他功能混合的建筑，也是典型的例子。两栋高层建筑都极负盛名，因为采用暴露的'巨型结构'框架、凹进的空中庭园、自支持结构的形态、自然通风的服务中心以及多种多样的遮蔽阳光设备，它们将国际流行与地区特征所带来的影响以一种自由的创造性方式组合起来……"

遮光板

大不列颠百科全书，《科学与未来年鉴》

大不列颠百科全书公司，美国（1995年）

"……作为一个环境感应型的建筑实例，它通过表达自身的内在属性而获得了一种从容的美丽。建筑形式源自对热带强烈自然光影响的合理反映，同时也源于对建筑拥有者需求的尊重与考虑。它的圆柱形体量的丰富性来源于多种立面元素的巧妙混合，这包括凹窗、遮阳板、锯齿状的花园露天平台与阳台，它们共同构成了外立面爬升的螺旋形状，此外，体量的丰富还来自于垂直方向的外部核心服务系统。更具人情味的是，建筑师杨经文为电梯间、楼梯通道、休息室都提供了自然采光与通风……"

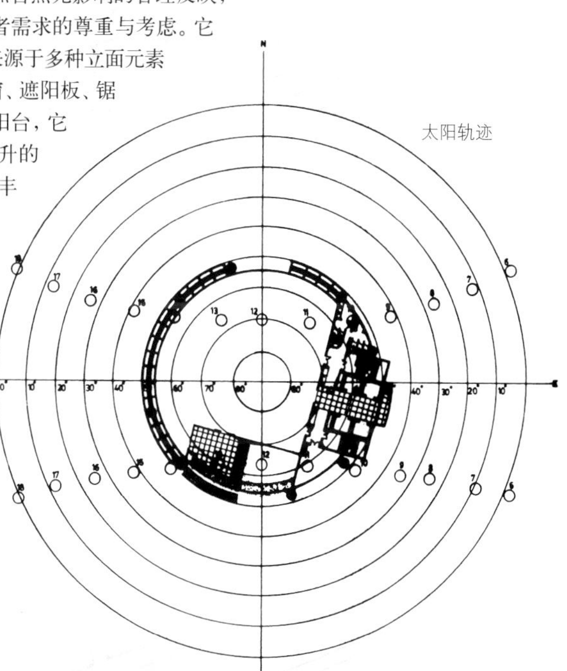

太阳轨迹

一层接待大厅

遮光板系统

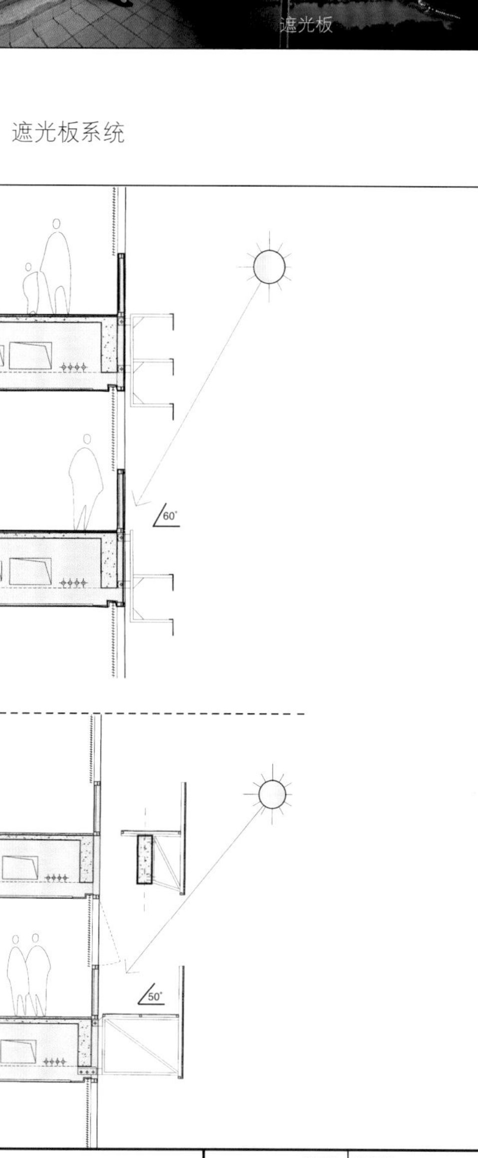

1992年完成梅纳拉大厦之后，杨经文着手在吉隆坡和槟榔屿进行了位于城市中心的生物气候学建筑的系列实践活动，这其中包括共同坐落在吉隆坡“金三角”地带的梅纳拉TA1大厦和中央广场大厦以及位于槟榔屿市中心的UMNO大厦。UMNO项目中的处理措施比较特别，开发出一种具有创新意义的自然通风系统——引导气流的翼形墙体，并因此而与众不同，但这三者都受到了一些共同的限制条件的影响，并有着相似的外形，在这个意义上，它们也构成了一个系列。

三个建筑具有几乎相同的标志性特征，但就场地与朝向而言，三者的情况又各不相同。但是，这几个本质上相似的建筑也面临着相同的问题，狭长的板状高层建筑必然会带来两个完全暴露对外的狭长立面，这是一个固有难题。在可行性研究概要中，杨经文将这种情形描述为**“……香烟盒状的……狭长单薄的形式。”**

这些高层建筑都设有位于建筑基底的停车层、具有良好通风的入口庭园，以及一些相应的商业零售设施，如在地面层的银行大厅和餐馆等。在停车层之上的独立办公空间中，所有的结构柱都位于平面边缘，以保证楼层最大的灵活使用面积。每个建筑的屋顶层都有一些公共设施，如梅纳拉TA1大厦顶部的带布质顶棚的露天平台和中央广场大厦的屋顶游泳池。

在这两个建筑作品案例中，平面形式和设计决策对整体形态秩序的影响都有着特殊的注解。两个建筑都在一个狭长的边缘区域容纳了所有的服务辅助设施、电梯以及主要的交通空间。从功能角度出发，在梅纳拉TA1大厦中这被称为“东北向的盾”，而在中央广场大厦中则称为“南向的衬面”。梅纳拉TA1大厦的平面类似于胶囊的形状，即两端是圆形的——这是场地的不规则以及与太阳轨迹相适应而进行几何构图的结果。这种形式在几何体量上减少了南北端与东西端外墙之间的距离，因此，也减少了它们之间的直接间隔。中央广场大厦的方案则别具一格，在狭长平面两端的东西立面上布置着交叉状的V型结构柱，西立面的玻璃窗安装在这个结构框架内侧，以此遮蔽阳光，而附于东立面上方的则是带植被的空中庭园。中央广场大厦的北立面在整个设计区域内包含了阶梯状空中绿化，而在东北角外墙呈曲面形式，表面是反射率较高的玻璃，这让视线能够到达远处的安庞山脉。梅纳拉大厦的南立面设置有外伸的中庭、两根暴露于外的承重柱以及穿插其间的空中庭园的钢质阳台，这些元素使这栋建筑格外醒目。

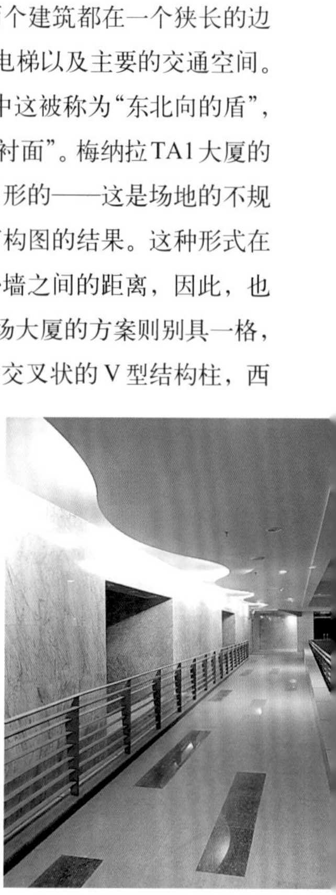

夹层平面图

梅纳拉 TA1 大厦

雪兰莪州，马来西亚

梅纳拉 TA1 大厦和中央广场大厦的方案是杨经文最严格的极简抽象主义的系列作品中的两个。本质上，中央线状区域是空旷而具弹性的，它与方案中各个立面一道，经过精心地设计来综合容纳所有的功能与生态要素。

建筑的朝向、多变的形式和结构上的创新很大程度上来自于对当地气候背景的考虑，方案在充分证实了这些设计原理的同时，也考虑到了对楼板的高效使用。同时，杨经文的生物气候学方法的原则也与他的竖直城市主义的理念联系在一起——将对生活与偶发事件的体验提升高度，并融入到实践行动之中。

作为一个系列，这些建筑不仅确立了一个崭新的基本**类型**，而且还带动了日益精密复杂的材料工艺与设计，这其中包括大理石和片状的浮法玻璃。此外，杨经文还实践了一系列的整体建筑的色彩形式，从中央广场大厦的粉红到梅纳拉 TA1 大厦的白色。在严酷的商业市场环境中，杨经文不仅开发出一种形式严格控制的建筑类型，而且提供了一种具有良好市场的产品。

随着这些建筑的完成，已经有足够的证据证明杨经文的建筑不仅仅可以获得商业上的认可。梅纳拉 TA1 大厦和中央广场大厦就概括了这种价值提升效应，它们共同构成了之后的一系列更复杂精密的关联性建筑作品的良好开端，并首度实践证实竖直城市主义与生态建筑的可能性。

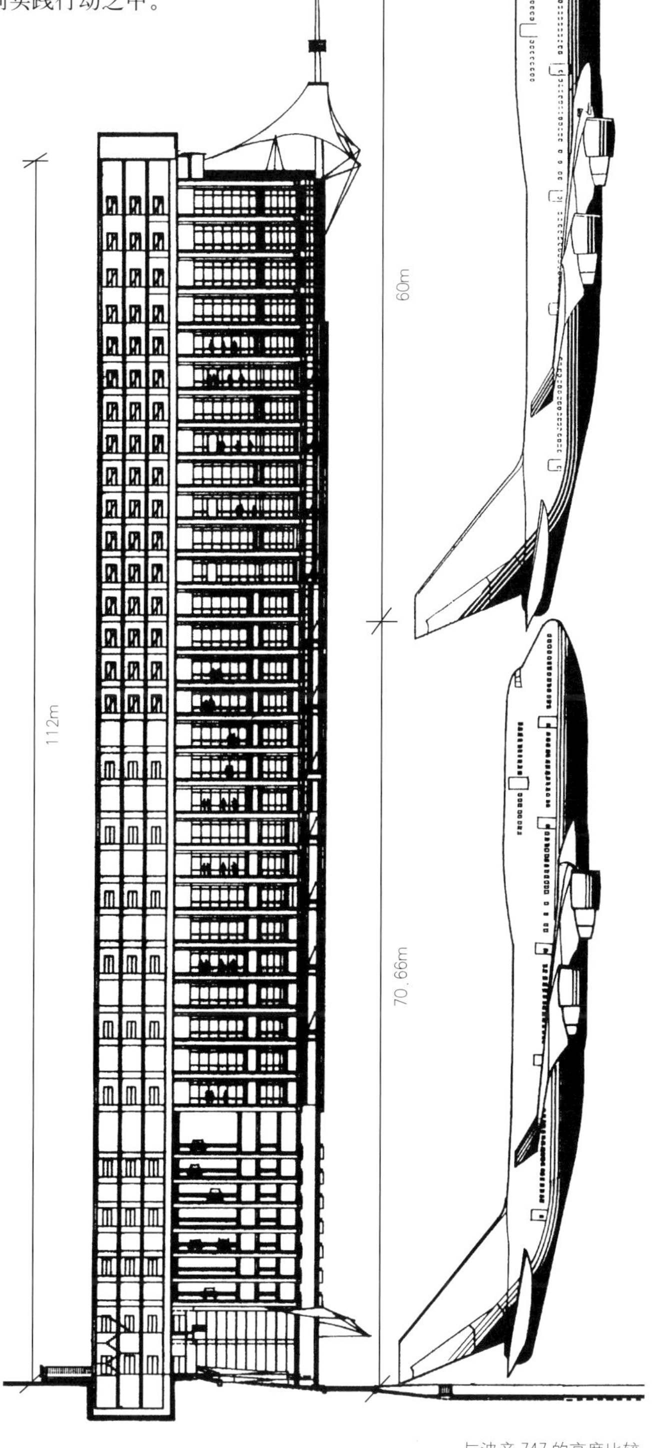

与波音 747 的高度比较

业主 ERF 房地产开发公司
地址 劳瓦耶瓦斯温大街 1 号，吉隆坡，马来西亚
纬度 北纬 3.7°
层数 37 层
开工时间 1992 年
竣工时间 1996 年
面积
总办公面积 36719m²
服务区面积 14699m²
总使用面积 51418m²
停车场面积（458 个车位） 15024m²
总建筑面积 66442m²
场地面积 4868.5 m²
容积率 10.6

设计要点 • 这块矩形用地朝向为正南北，在赤道附近不是一个理想的朝向。在这里，场地条件表现为地块的几何形状及与太阳轨迹的不协调。

• 西立面的表皮安装了百叶遮阳系统，而南北角则保持原状（因为这些地方有最小量的太阳辐射）。

• 核心服务区（由电梯间、卫生间、防火通道、机械及电器设备间组成）布置在楼层东面，这使得早晨的阳光不能照到办公空间，同时让自然光线与气流自由地进入核心区。

• 标准层的室内办公空间中看不到柱子，而且每两层就设有外向的过渡空间，开口向西南面，并形成一个中庭。

• 中庭一定距离之外是作为过渡空间的"钢质空中庭园"，它随建筑楼层的向上而交替出现。

• 高达 13m 的最大跨度因为采用预应力梁而成为可能。

• 楼顶的公共空间是规划局设计任务书中要求的一部分。

在楼顶天台为公司员工提供了休憩空间。顶部可拉伸的薄膜天棚使得人们免受曝晒之苦，同时也使这个高层建筑成为了标志性建筑。

• 地面的入口大厅向内凹进，并保持开放，获得自然通风。

结构系统 • 钢筋混凝土框架结构采用预应力钢筋混凝土梁，用砖块填实。

外立面 • 回火浮法玻璃

屋顶构造 • 屋顶天台采用 RC 屋面板，表面覆聚氯乙烯膜。

面层处理 • 外立面的承重柱和入口大厅的饰面材料采用坚固的铝合金，电梯间用白色大理石，地面与夹层休息厅则采用绿色花岗石，办公层采用灰色石板，办公室的墙面则用石膏和油漆处理，卫生间采用陶质瓷砖，办公室用矿石纤维板作天花板，而休息厅则采用彩色的石膏板。

能耗 • 以年平均工作时间 2288 小时与总使用毛面积 51418 m² 为依据，计算得出制冷总负荷（设备容量）为 0.155 kW/m²。建筑的空调系统的估计能耗为 97.5 kWh/m²/ 年，而总能耗为 1571 kWh/m²/ 年。

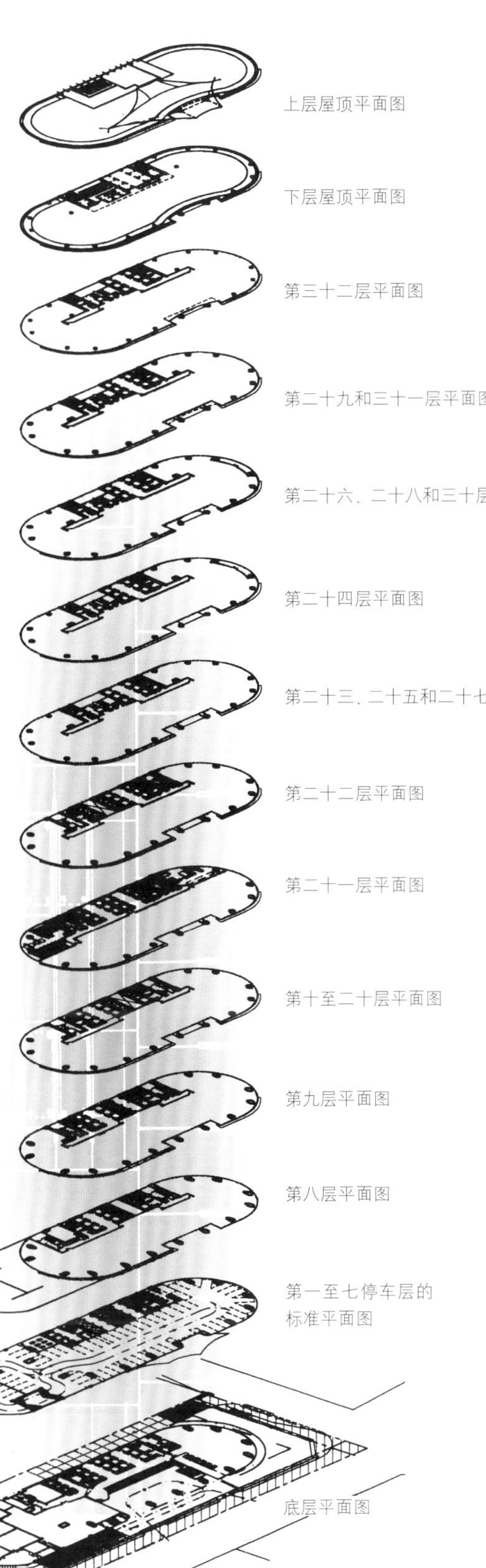

室内空间分隔方案

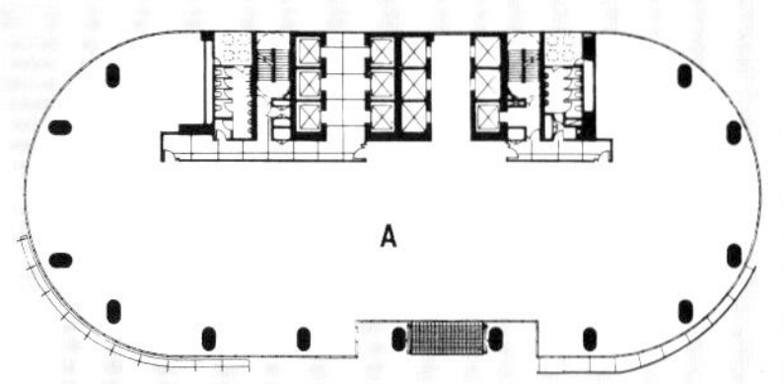

一个承租单元

总面积：1544m² (100%)
净面积：1196m² (77.5%)
服务面积：348m² (22.5%)

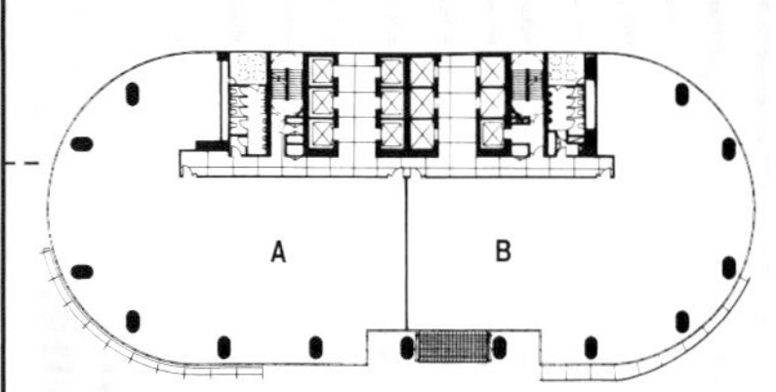

两个承租单元

总面积：1544m² (100%)
净面积：每个承租单元583m² (38%)
净面积总计：1166m² (76%)
服务面积：378m² (24%)

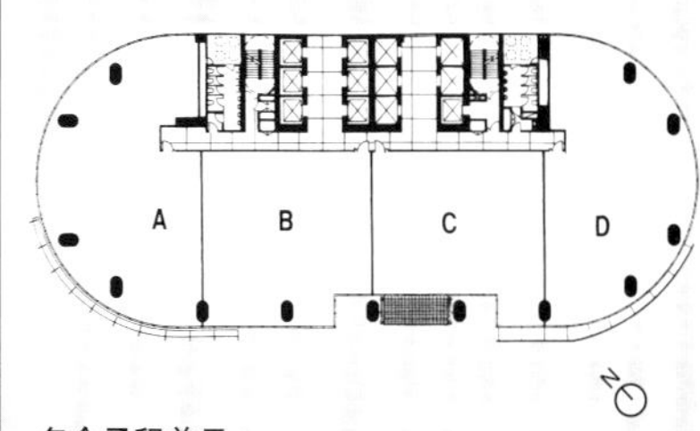

多个承租单元

总面积：1544m² (100%)
净面积：A/D = 每个承租单元363m² (23%) &
B/C = 每个承租单元220m² (14%)
净面积总计：1166m² (76%)
服务面积：378m² (24%)

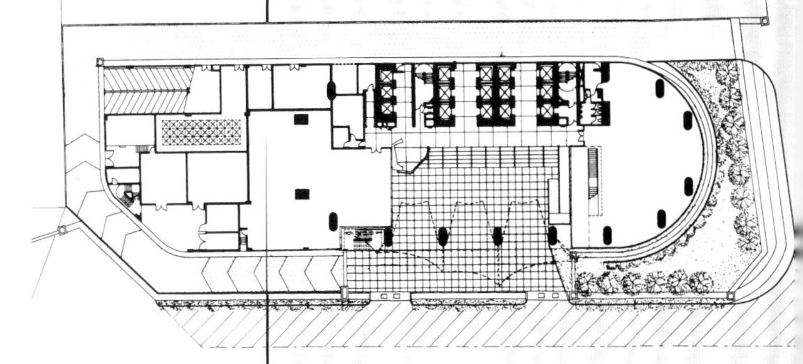

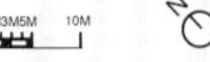

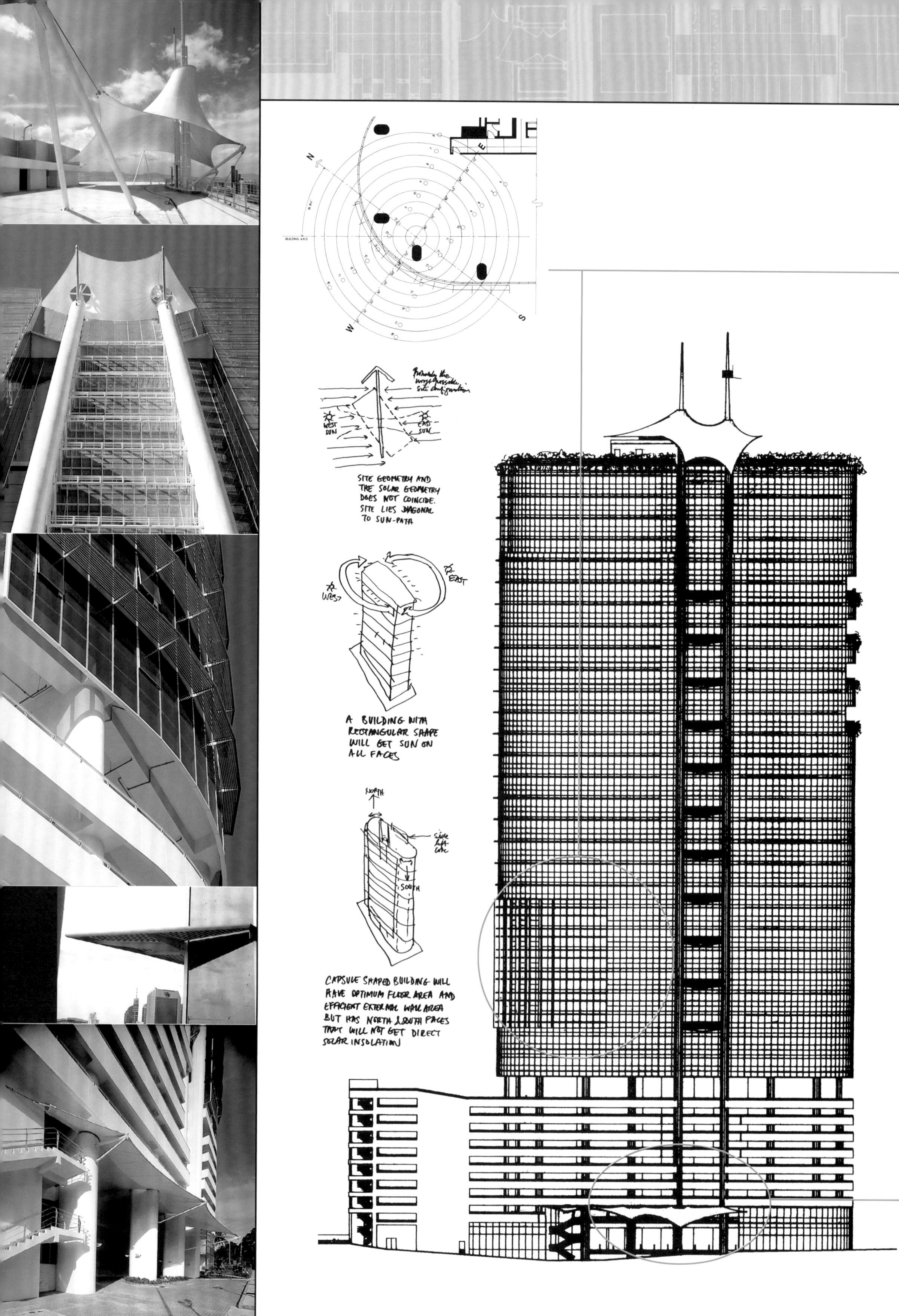
N
E
S
W
BUILDING AXIS
WEST SUN
EAST SUN
SITE GEOMETRY AND THE SOLAR GEOMETRY DOES NOT COINCIDE. SITE LIES DIAGONAL TO SUN-PATH
WEST
EAST
A BUILDING WITH RECTANGULAR SHAPE WILL GET SUN ON ALL FACES
NORTH
SOUTH
CAPSULE SHAPED BUILDING WILL HAVE OPTIMUM FLOOR AREA AND EFFICIENT EXTERNAL WALL AREA BUT HAS NORTH & SOUTH FACES THAT WILL NOT GET DIRECT SOLAR INSOLATION

入口处薄膜顶棚详图
韦德·雷斯特咨询公司

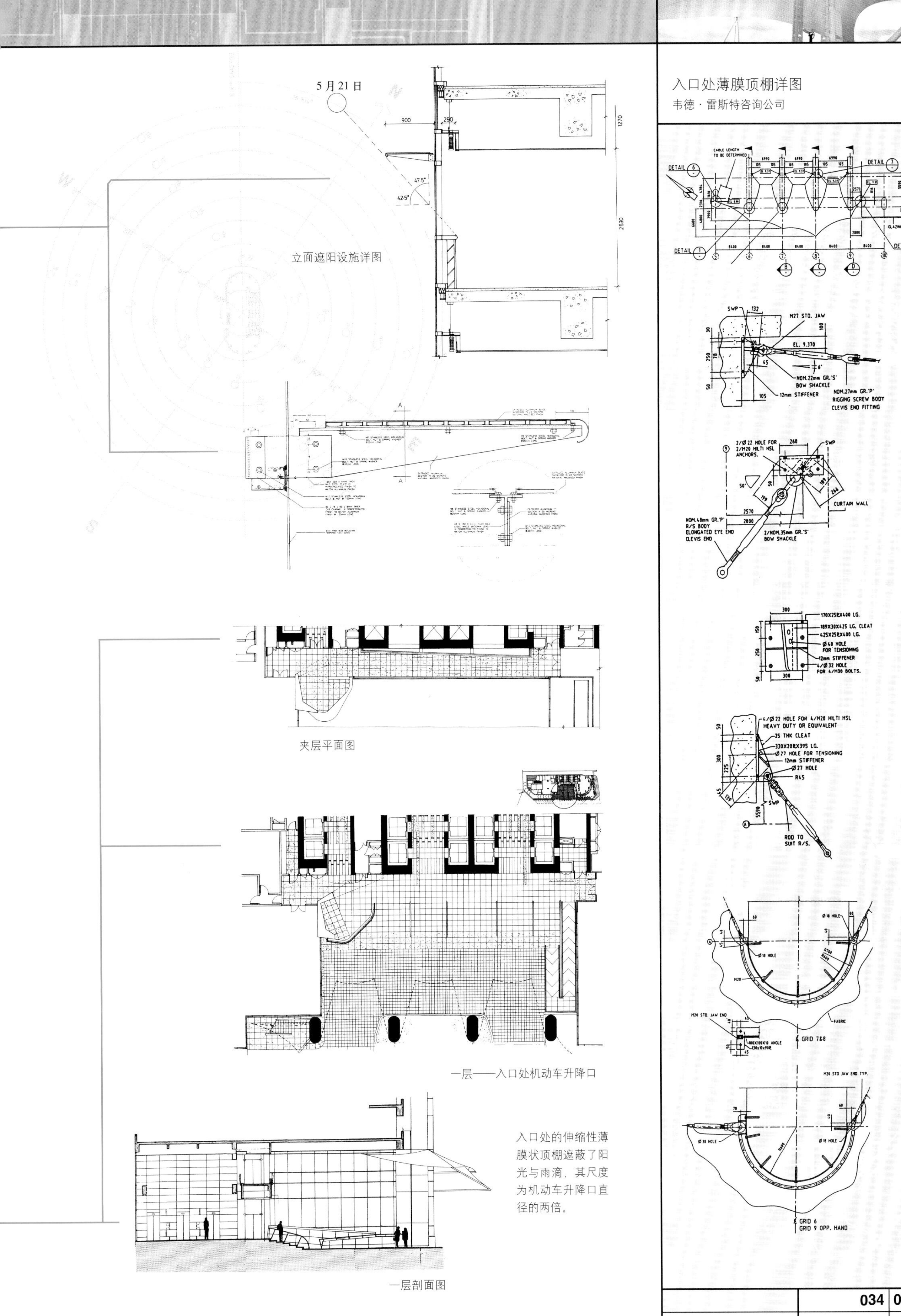

立面遮阳设施详图

夹层平面图

一层——入口处机动车升降口

入口处的伸缩性薄膜状顶棚遮蔽了阳光与雨滴，其尺度为机动车升降口直径的两倍。

一层剖面图

竖向景观

摘自《建筑评论》（1996年9月）

艾弗·理查兹

“……坐落在吉隆坡‘金三角’地带的梅纳拉TA1大厦和中央广场大厦（分别为37和27层）以及位于槟榔屿中心的UMNO大厦（25层）组成了一个系列：三个建筑具有几乎相同的标志性特征，但就场地与朝向而言，三者的情况又各不相同。

这些高层建筑都设有高达7层的停车层、具有良好通风的入口庭园，以及一些相应的商业零售设施，如在地面层的银行大厅和餐馆等。在停车层之上的独立办公空间中，所有的结构柱都位于平面边缘，以保证楼层最大的灵活使用面积。每个建筑的屋顶层都有一些公共设施，比如露天平台花园或者游泳池。同时，每个建筑都带有不同形式的竖向中庭和空中庭园。

……梅纳拉大厦、中央广场大厦以及槟榔屿UMNO大厦都具有多种使用功能，建造在狭长的、局促的城市用地之上，承受着高昂的土地成本，遵循着严格的建设预算控制。实质上这些建筑都代表着对杨经文的设计哲学以及他面临的在高度竞争的市场环境中创造建筑附加价值的严峻考验。

杨经文的生物气候学方法带来的功能多样性是使得这些办公建筑让用户感觉愉悦的至关重要的因素。建筑朝向的巧妙设计策略构成了这些功能的基础，例如，用电梯间区域（通常有着自然通风与采光）来遮蔽阳光；以平面形式的调整来减少自然光；办公空间的自然通风策略，这又涉及到采用狭长的平面形式（是因为场地形式的影响），并引入彩色的阳台、凹进外庭和条格状、百叶状的遮阳板。北立面全部是通透的玻璃，以此与景观策略相呼应，提供直至远处山脉的宽阔视野。

建筑的朝向、多变的形式和结构的创新很大程度上来自于对当地气候背景的考虑，所有这些设计原理同时也考虑了对楼板的集约使用。同时，杨经文的生物气候学方法的原则也与他的竖直城市主义的理念联系在一起。作为一个系列，这些建筑带动了日益精密复杂的材料工艺设计，这其中包括大理石和片状的浮法玻璃。此外，还展示了一系列的整体建筑的色彩形式，从中央广场大厦的粉红到梅纳拉TA1大厦的白色。

综上，这三栋建筑证明了杨经文在开发一种严谨的建筑结构的同时提供一种极具市场竞争力的建筑产品。或许同等重要的是，市场逐渐意识到他的建筑不仅仅带来了商业价值的认可。杨经文工作室的墙上有一个醒目的标语‘事事在于躬行，幻想于事无补’。某种程度上，他的生物气候学实践也是一种梦想，然而，它却持续地为现代建筑的诸多问题提供了解决方案。”

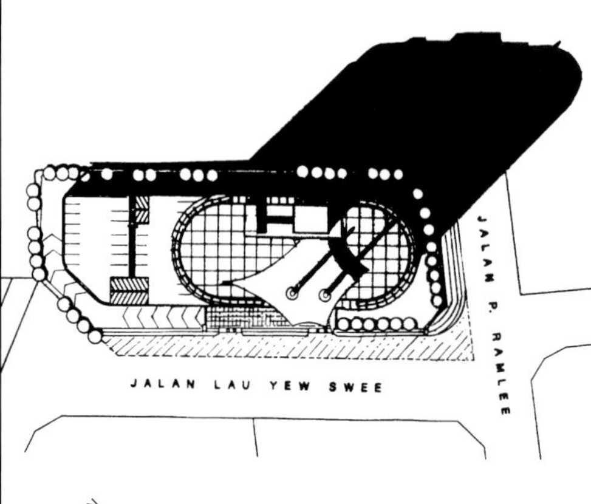

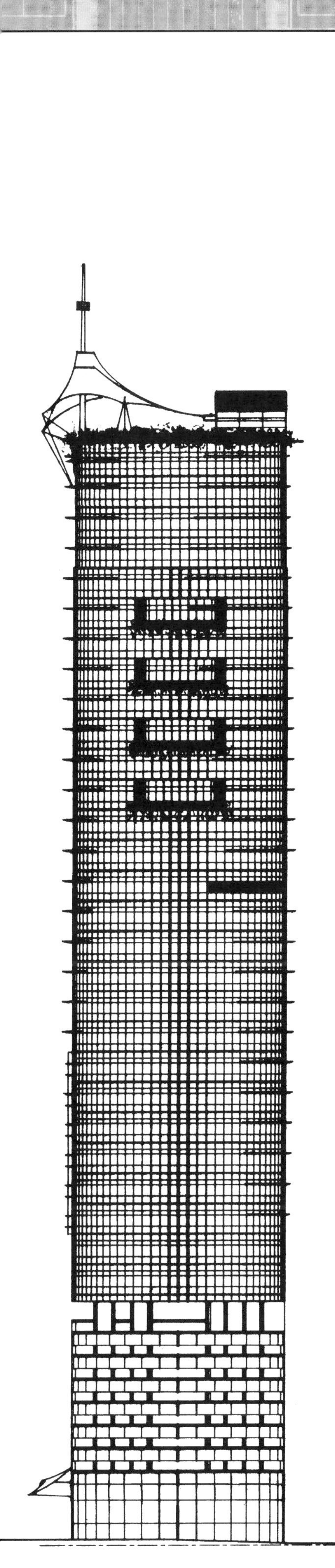

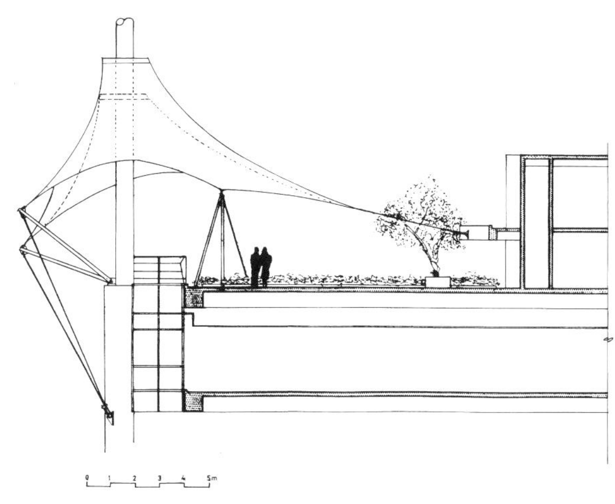

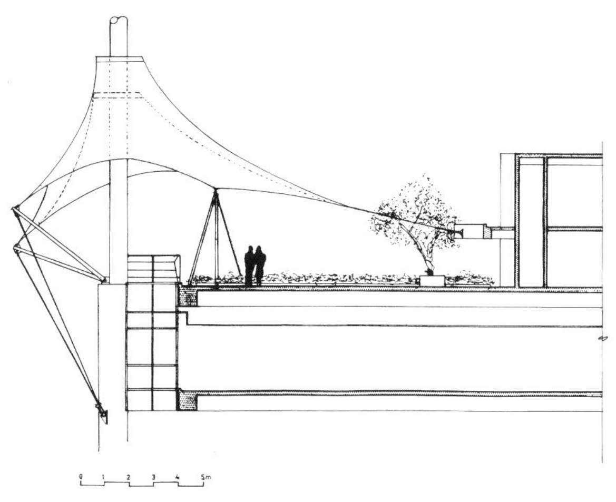

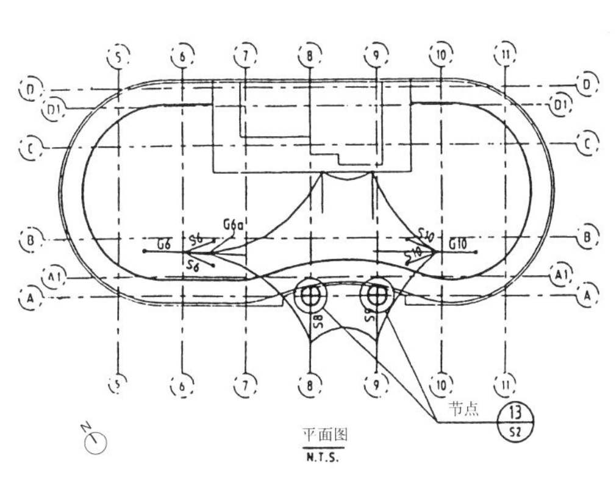

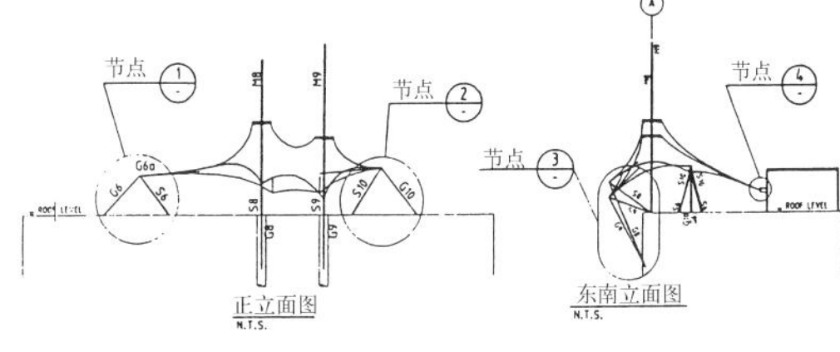

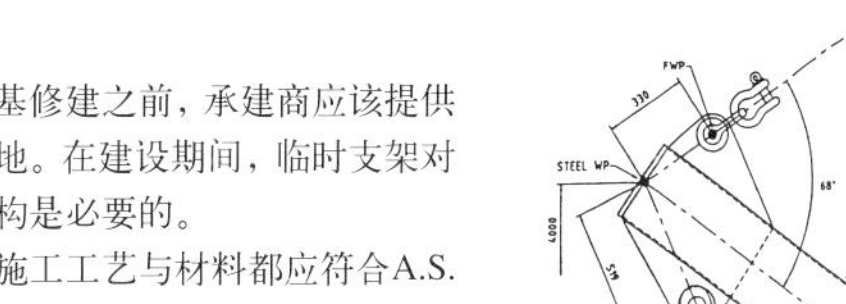

注释

1 在地基修建之前，承建商应该提供临时用地。在建设期间，临时支架对稳定结构是必要的。

2 所有施工工艺与材料都应符合A.S. 4100。

3 焊接必须在符合A.S.1554的条件下保质保量完成，使用E48XX或WS8X电极。

4 排气管末端应用正常厚度的板材密封，并采用UNO连续带状焊接。

5 所有的RHS和CHS配件材料使用UNO350 Mpa级，其他所有钢材使用250Mpa级

6 此外，焊缝为6mm的连续搭起。

7 所有的螺钉、螺母和垫圈都应镀锌。

8 螺钉型号4.6/5——AS1111中长度等级为4.6的商用螺钉

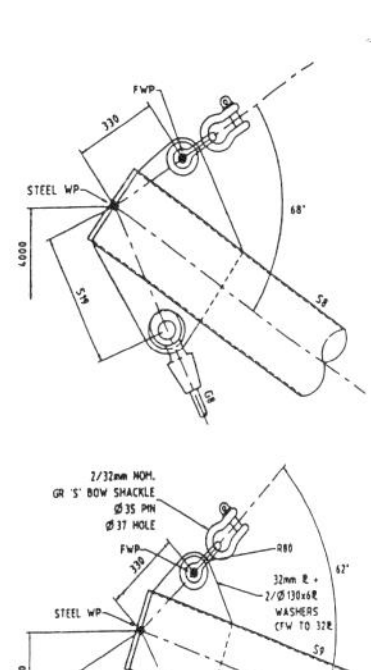

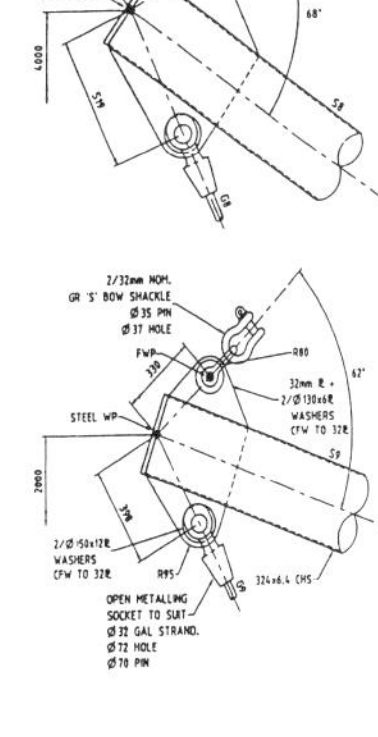

屋顶天棚

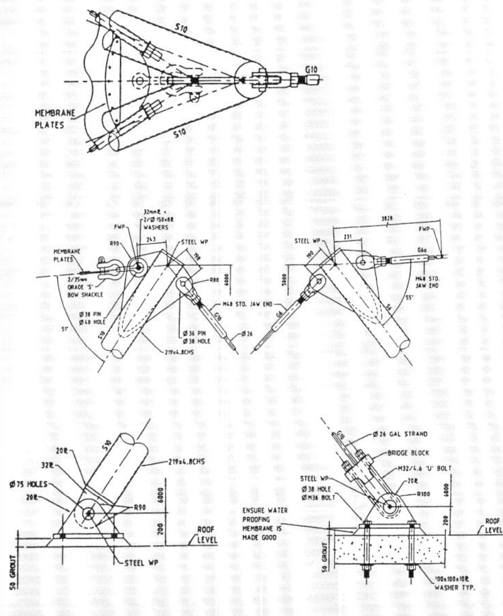

场地中心

《世界建筑》（第 51 期，1996 年 11 月）
尼古拉·特纳

“其业主常氏集团是香港的一家上市公司（它在马来西亚的子公司称为马尔菲韦公司），是通过杨经文以前的业主介绍而来的。事实上，在这次的设计方案正式实施之前，这个地块有三个不同的业主。常氏集团希望拥有一座享有盛名的建筑，它能提供最大量的出租空间，从而为集团带来可观的收益——他们相信以‘高科技’为主题的外观最能表现鲜明的公司形象。杨经文叙述了在香港与业主见面的经历。他们凝视着窗外的诺曼·福斯特的作品——香港汇丰银行大厦，并告诉杨经文，‘那就是我们想要的’。但杨并不习惯于被他的业主所左右，他的设计哲学只是问问业主‘总预算、总面积是多少？建筑本身就留给我吧’。但实际上，福斯特的银行大厦对杨经文也有相当的影响，东西立面上具有强烈视觉吸引力的交叉型支柱，以及建筑室内高品质的细节设计，都带有香港那个作品的影子。

然而，这种交叉支柱并不仅仅是形式上对‘西方建筑’的引用，在功能上，它是作为建筑的基本承重结构。为了增大楼层的尺寸并提供一个无柱子分隔的室内空间，原来设置在楼板中间的一排钢筋混凝土的承重柱被取消了，用两边支柱取而代之，并防止建筑左右摇晃。在马来西亚，绝大多数高层建筑仍然使用混凝土——相对于钢结构而言，这归因于实用性以及钢材的高耗费，不过这种情况已经在缓慢改变。中央广场大厦也不例外，但它在外立面镀上了一层坚固的铝板，同时使用了一种碳氟化合物油漆，使得整个建筑染上了一层与众不同的玫瑰红色。外墙玻璃也镀上了颜色，以与之相配。结构框架一直延伸到屋顶之上，这在理论上满足了建筑扩展的需要——假定建造与维护的费用仅仅相当于加建一层所需要的成本，不过，这样的可能性也很小。两个典型的杨经文式的‘长钉’结束了整个构架——严格意义上讲，它们只是装饰的需要。屋顶被游泳池占据，这里是镶嵌着灰色瓷砖的冰桶状巨大楼板，可以经过一个曲线形钢质楼梯到达。环绕泳池的地板被加高至两层，可作为长椅使用。旁边的棕榈树更给人以海市蜃楼的感觉。”

中央广场大厦

雪兰莪州，马来西亚

业主 马尔菲韦公司，常氏集团上市公司（香港）子公司
地址 苏丹伊斯梅尔大街34号，吉隆坡，马来西亚（吉隆坡"金三角"地带）
纬度 北纬3.7°
总层数 27层（包括半层地下室）
开工时间 1992年6月
竣工时间 1996年6月
面积
总办公面积 17099 m^2
服务区面积 5272 m^2
总使用面积 22371m^2
停车场面积（344个车位） 13121 m^2
总建筑面积 57863m^2
场地面积 2982m^2
容积率 7.5

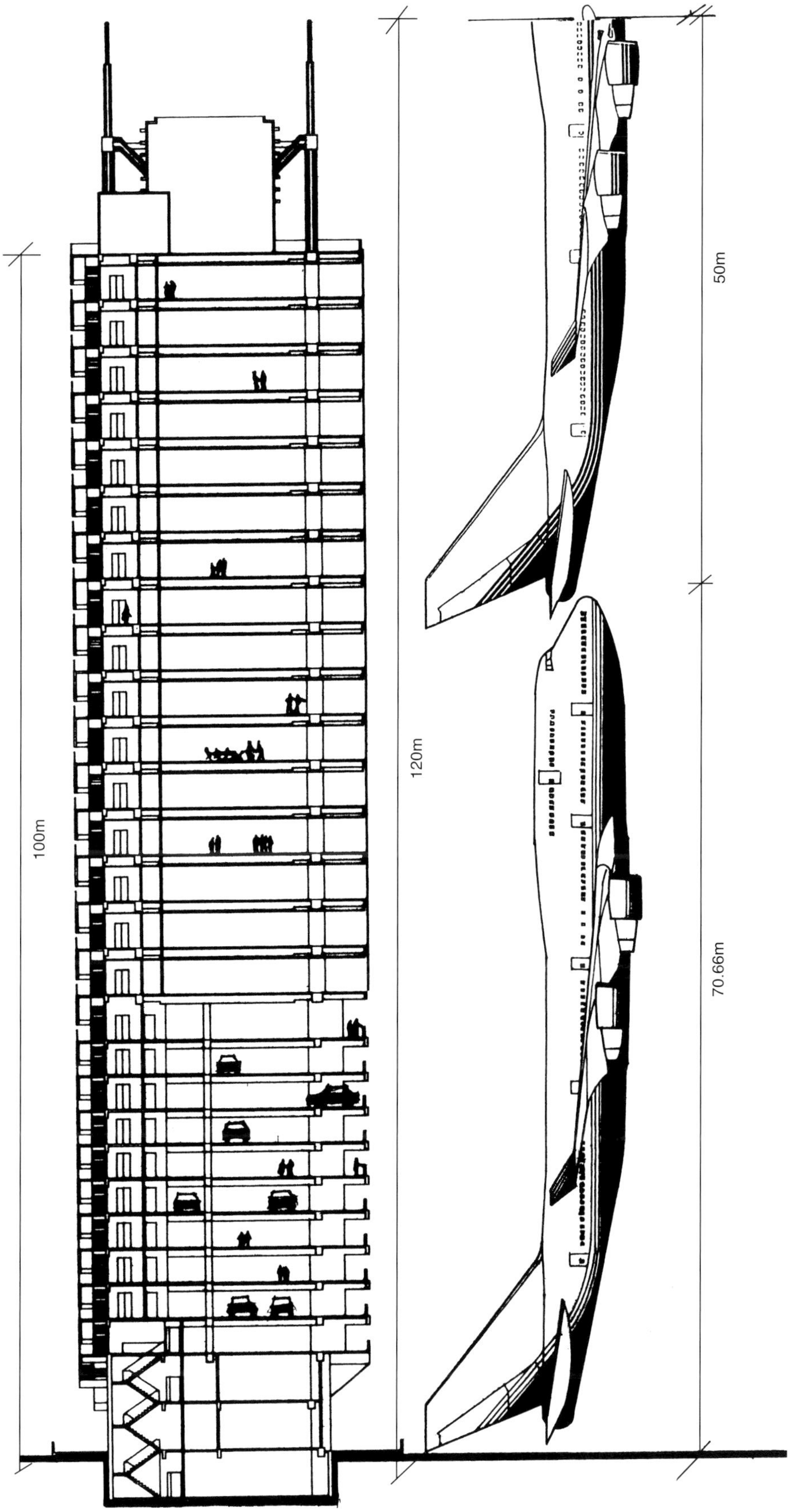

设计要点·在这个"像薄饼一样纤细"的高层建筑中，标准办公空间室内采用无柱子支撑结构（为了满足业主的销售需求）。为了达到这个要求，结构方面在东西立面的承重柱上加上了交叉支柱。

· 竖直绿化在建筑的北立面沿对角线攀升直至屋顶的游泳池旁边。

· 百叶窗与阳台系统设置在温度较高的西立面。

· 由电梯间、楼梯间和洗手间组成的核心服务区拥有良好的自然通风与采光。

· 覆盖整个北立面的曲面玻璃幕墙提供了宽阔的视野直至远处的山脉（即：安庞山）。因为这一方位没有受到阳光的直接照射，所以外立面没有采用遮阳系统。这种形式也形成了地理正北向的一种标识。

· 东西立面的窗户藏于结构构架之后以躲避阳光。

· 安全梯是一个"向天空开放"的楼梯。

· 主楼梯拥有自然通风。

· 卫生间拥有自然通风。

· 东面外墙装有阳台以遮蔽阳光。

· 电梯间部分拥有自然通风。

· 一层大厅拥有自然通风。

结构系统· 钢筋混凝土框架结构加上预应力梁，以砖块填实。

外立面· 薄片状浮法玻璃

· 铝质饰面

屋顶构造 · 屋顶天台使用RC面板

面层处理 · 休息厅地面与墙面采用花岗石

· 入口顶棚采用玻璃。

· 室内墙面采用石膏与油漆。

· 触水区域采用陶质瓷砖。

· 办公室顶棚采用矿物纤维板。

· 大厅顶棚采用含纤维的石膏板。

100m
120m
50m
70.66m

与波音747的高度比较

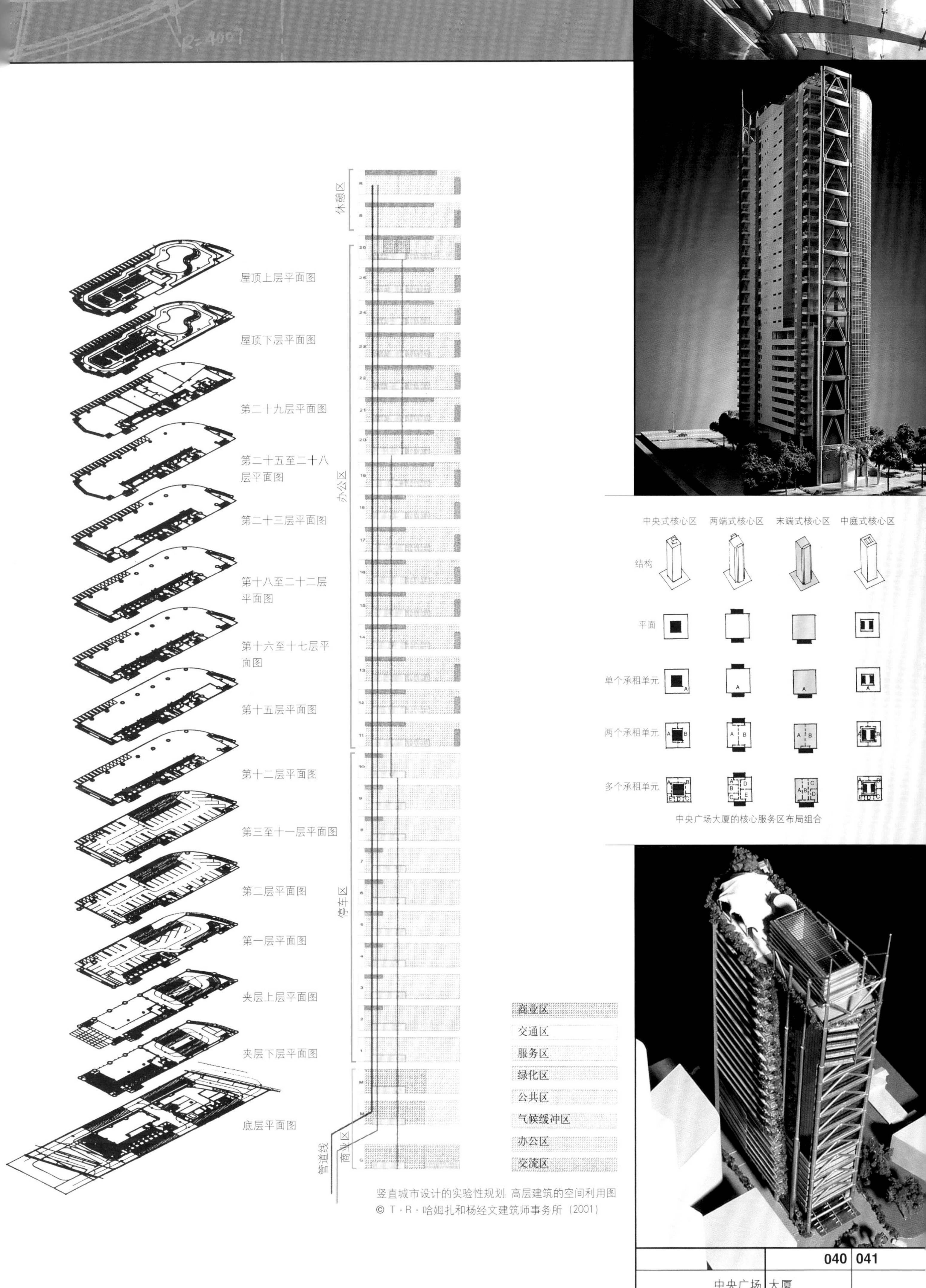

竖直城市设计的实验性规划：高层建筑的空间利用图

© T·R·哈姆扎和杨经文建筑师事务所（2001）

中央广场大厦的核心服务区布局组合

场地中心

《世界建筑》(第51期，1996年11月)

尼古拉·特纳

"对细节的关注

在东南亚主要的大城市中，高层建筑的细节设计经常都被忽视。而杨经文对材料与建设品质的关注使得他的建筑显得与众不同。首先，自然通风的大厅会立即给来访者一个"高品质"建筑的印象。北立面的玻璃幕墙使整个监控室变得通透，在通常情况下它都是封闭不可见的。一组电视墙与闪光灯使得建筑更富高科技的意味。监控室的对面，由钢质螺钉固定的喷砂玻璃"鱼鳞"般漂浮在电梯门之上。从大厅往外看，玻璃的主题通过一个透明的入口天棚得到延伸，自然光线渗透进来，映射到花岗石的地板与墙面上。

在电梯里面，更大面积的磨砂玻璃——它们的照明来自上层——以及弯曲的穿孔金属板屏使得狭小的空间显得不那么压抑。一共15层的办公楼层中，走廊的顶棚上都有椭圆形的凹处，里面装有照明设备，其外是悬浮着的磨砂玻璃罩。每一个主要办公室的门都装有菲利普·斯塔克设计精密的触摸系统。"

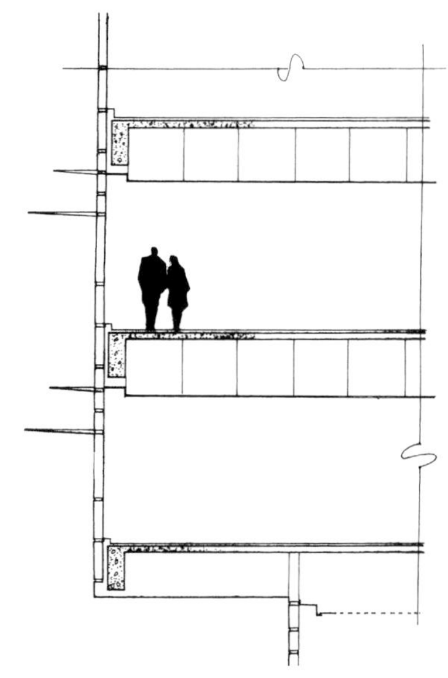

……以玻璃为主体的大厅，玻璃砖墙包裹的监控室，以及漂浮在电梯门之上的玻璃"鱼鳞"……

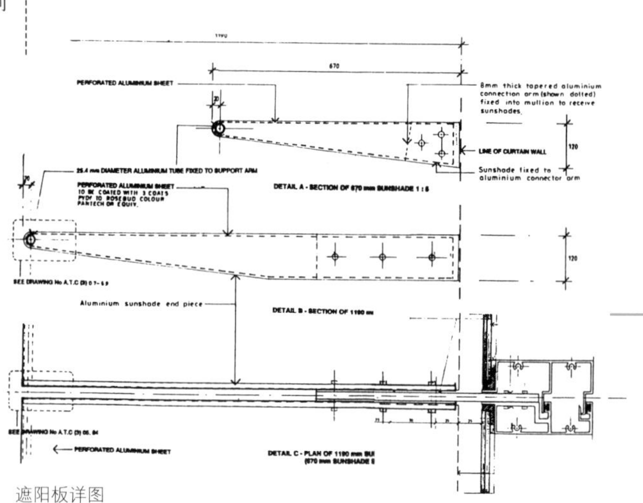

遮阳板详图

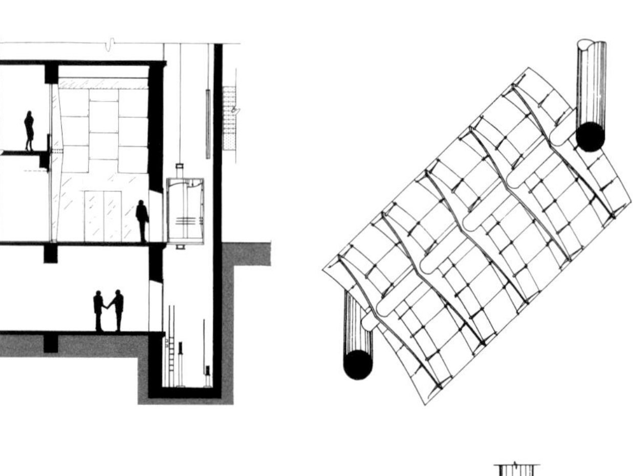

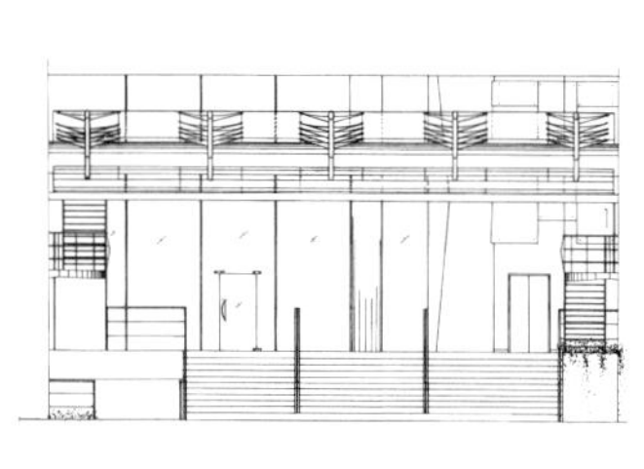

入口天棚详图

顶棚支臂详图

绘制：MERO Raumstruktur GMBH & Co.Wuerzburg

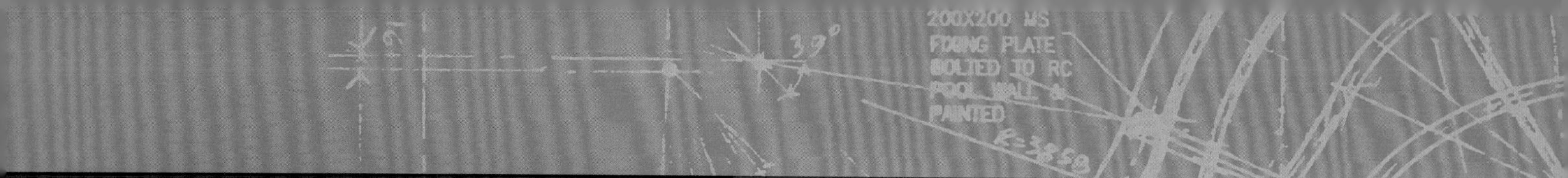

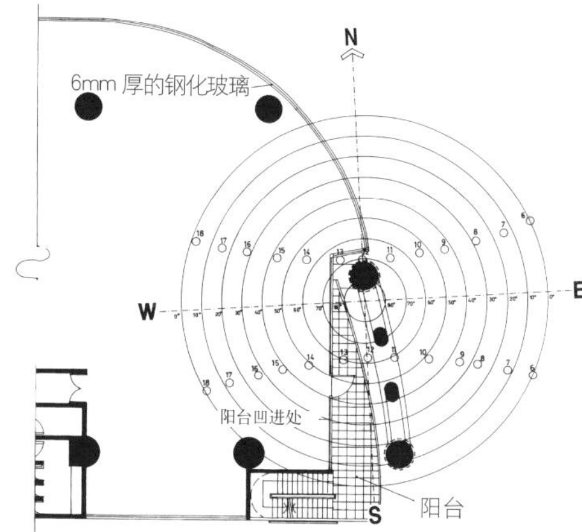

场地中心

《世界建筑》(第51期，1996年11月)
尼古拉·特纳

"……杨经文对生物气候学的思索开始于他在1972年的博士论文'设计结合自然：设计的生态基础'。到目前为止，这种设计方法发展到何种程度了？他解释到，自己的建筑工作大致可以分为四个阶段。第一阶段（至1988年）大体上是实验性的，主要解决单体建筑中一些整体理念，如外部绿化和自然通风。第二阶段（1989～1992年）是对这些理念的综合，包括梅纳拉大厦以及位于吉隆坡市郊的'维纳斯捕蝇器'热带高层建筑，后者获得了阿卡汗奖。第三个阶段（1992～1995年）更关注建筑形式美学，例如金茂大厦和UMNO大厦。第四个，也就是目前这个阶段，则聚焦于高层建筑的用地规划，即创造'天空之城'。

因为高层建筑从方案设计到完工需要漫长的时间，所以中央广场大厦被列为杨经文第二个阶段的作品，这或许会令人感觉有些奇怪，尽管杨经文将它和梅纳拉大厦一起称为'过渡性'。它引入一种'绿色'元素，即在北立面沿对角线阶梯状攀升的竖直绿化，一直延伸至屋顶的泳池。休息厅与卫生间都拥有良好的自然通风，而南边的安全梯则'向天空开放'。西立面被一个百叶与阳台的组成的系统遮蔽，东西面的窗户都退隐于结构构架之后以遮蔽阳光。由电梯间、楼梯间和卫生间组成的核心服务区布局在南面。覆盖整个北立面的曲面玻璃幕墙提供了宽阔的视野直至远处的山脉，这种无遮阳措施的创新形式也形成了地理正北向的一种标识。

如果该业主接受杨经文的建议，将整个项目的2/3开发为写字楼，另外1/3开发为酒店，则整个设计将会有很大的不同。这两个区域将被一个游泳池分隔，同时在2/3处也切断了通往建筑上部楼层的道路。这本该反映出杨经文目前对'竖直城市'用地规划的研究。但中央广场大厦本身却并未在这方面取得创新——这一定程度上归因于业主最终的选择，同时也是因为它的设计属于不太纯粹的'第二阶段'。当代绝大多数的亚洲建筑都是东西向的，并将核心服务区布置在一侧以获得最大的楼层空间。尽管保留了这些特征，中央广场大厦仍然是一个明显的哈姆扎＆杨经文式的建筑，它居于城市之巅，并不是在高度上，而是在品质与设计上。"

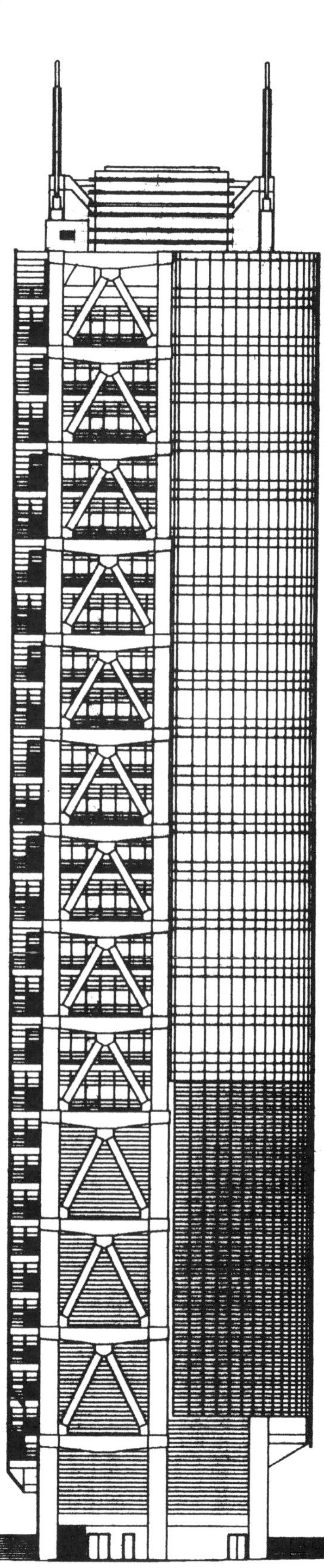

自然光研究

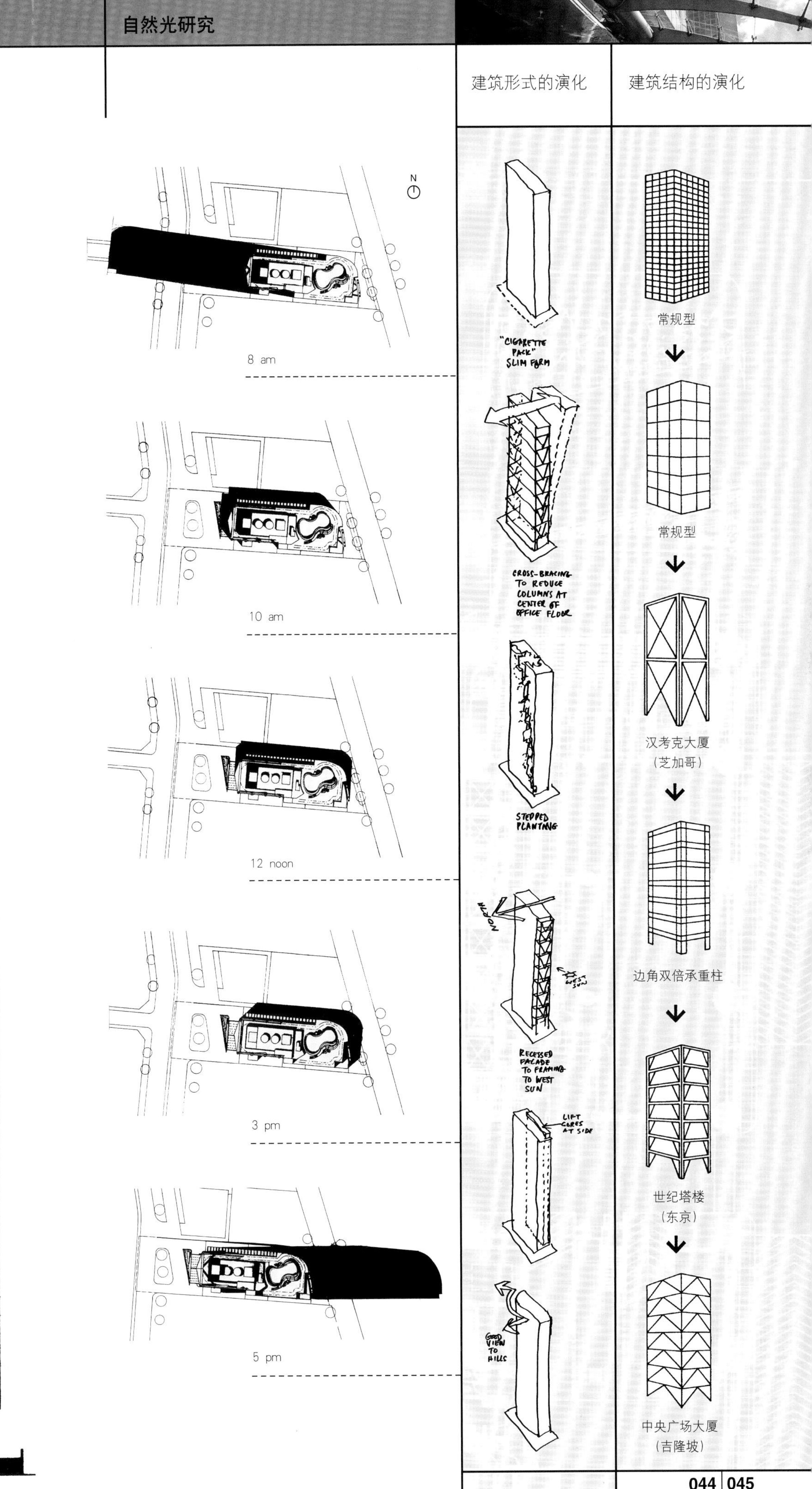

N
8 am
10 am
12 noon
3 pm
5 pm
建筑形式的演化
"CIGARETTE PACK" SLIM FORM
CROSS-BRACING TO REDUCE COLUMNS AT CENTER OF OFFICE FLOOR
STEPPED PLANTING
NORTH
WEST SUN
RECESSED FACADE TO FRAMING TO WEST SUN
LIFT CORES AT SIDE
GOOD VIEW TO HILLS
建筑结构的演化
常规型
常规型
汉考克大厦
（芝加哥）
边角双倍承重柱
世纪塔楼
（东京）
中央广场大厦
（吉隆坡）

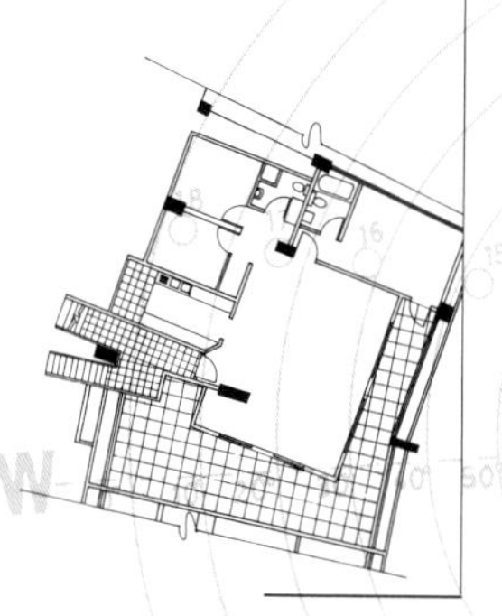

卡萨德索尔公寓是杨经文的**生物气候学**建筑类型中相对特殊的一个，它本质上是一个高层板楼，在类型意义上不属于点式或者块式的分类。平面构思采用**半环形**，使其成为了一个追踪“**太阳轨迹**”的完美建筑。这个项目包括了160个居住单元以及一个公共会所和游泳池。

总体设计取决于两个关键问题——西立面带状的人行走廊保护了居住单元，它们与主体结构之间用**空气带隔开**，而公寓的东立面则拥有直至远处山谷的宽广**视野**。

因此，这个**自然通风**的、单独承重的交通走廊就像一个有效的缓冲器，弱化了午后西晒的炙热阳光，并且帮助公寓内部实现**空气对流**。整个建筑设计有覆盖植被的、阶梯状的空间庭院，它们在空间上相互联系，从建筑中心区位置开始在立面上沿对角线逐步外推。这些外部空间的出现不仅为特定的单元提供了**自然通风与采光**的机会，也给邻近的居住单元带来了更为舒适的条件。

此外，主电梯与楼梯布置在整个半环形平面的中央，从而成为一个具有**自然通风与采光**的开放空间。

卡萨德索尔公寓

雪兰莪州，马来西亚

就像他之前的勒·柯布西耶的作品一样，从整体形象上看，杨经文的作品不可避免地表现为一种**板状形式**。

作为一种**典型形式**，卡萨德索尔公寓代表了杨经文对线性板状布局的组织结构与形式可能性的独特思考，在这个项目中它明显表现出对**自然通风**与**景观环境**的实践。

在第一眼看到时，感觉卡萨德索尔公寓是将太阳轨迹的原则直接运用于线性居住空间的布局。然而，如果这种**类型**包括的一些内在考虑能够持续体现在杨经文的工作中，肯定会表现出与他以前的系列高层建筑**完全不同的对城市的思考方式**。在这个实例中，在公共空间的考虑上，卡萨德索尔公寓的环状花园庭院以及会所与游泳池，就相当于在高层建筑项目中的竖向外庭空间。

在这个感觉上，卡萨德索尔公寓的**线性**形态标志着一个开端，它的一些特征在杨经文的作品中有着很强的延续感，总之，与花园城市的形态有关。

业主 梅特勒克斯公司
地址 武吉-安泰拉邦萨大街，雪兰莪州，马来西亚
纬度 北纬3.7°
总层数 11层
开工时间 1992年
竣工时间 1996年
面积 总居住面积 22115 m²
总使用面积 26903 m²
场地面积 18288 m²
容积率 总共：160个住宅单元
密度 1∶3.5

设计要点·建筑整个形态表现为一个半环形的板楼，具有以下特征：

·系列空中庭院（带植被与露天平台）提供了阶梯状的露天平台空间，并为其周围的居住单元带来了自然通风与采光。

·建筑的西面温度较高，设有一个单独承重的走廊，连接起每一个居住单元，让人们能够方便到达。走廊与建筑的楼板之间设空气隔离带，这保证了住宅单元的私密性。连通的走廊同时也起到了缓冲和遮蔽的作用，弱化了午后西晒的炙热阳光。

·连通的走廊拥有自然通风与采光。

·主电梯与楼梯布置在楼层的中央，也拥有自然通风与采光。

·所有的住宅单元在设计中都注意实现空气对流。

·整个弯曲的楼板被分为两段，中间是电梯升降井与楼梯间，从最底层开始设置，并在那里形成一个小型的广场平台，而平台通向会所、泳池以及中央的公共空间。

策划·业主计划在绿地上建造160个居住单元用以出售。场地面向一个山谷，因此，半环形的平面使得每一个住宅单元都能看到远处的山谷。中央的开放空间中布置了一个游泳池和一个公共的俱乐部会所。

结构系统·钢筋混凝土框架结构。水泥砂浆与黏土砖填实墙体，石膏抹灰墙面。

外立面·砖石与玻璃窗

屋顶构造·金属屋顶平台加绝缘层

面层处理·墙面采用石膏灰浆与油漆，主要楼面采用细碎的大理石，顶棚采用薄渣面层。

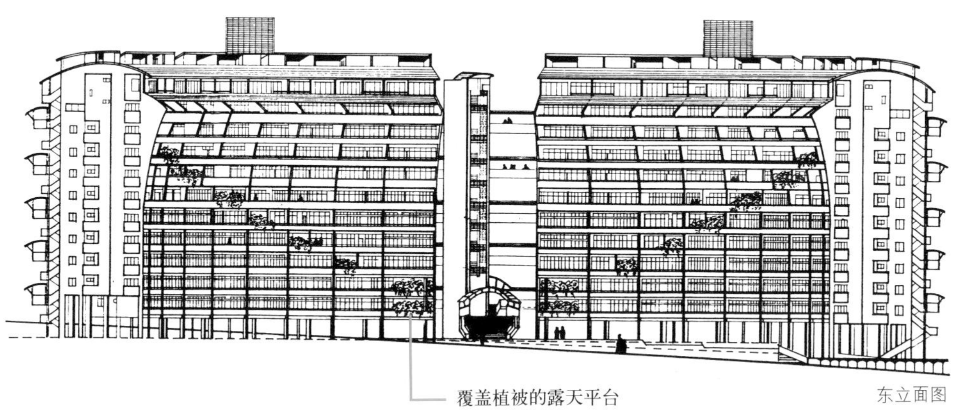

东立面图

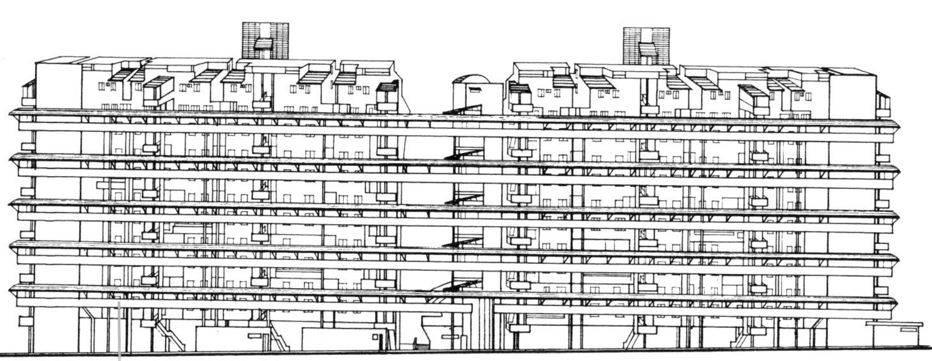

西立面图

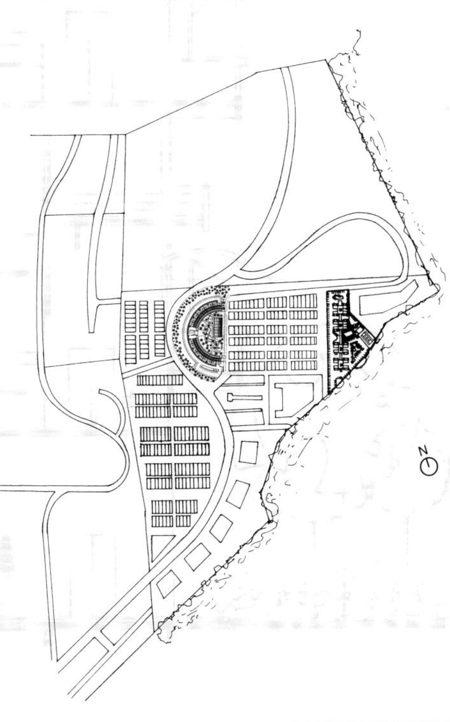

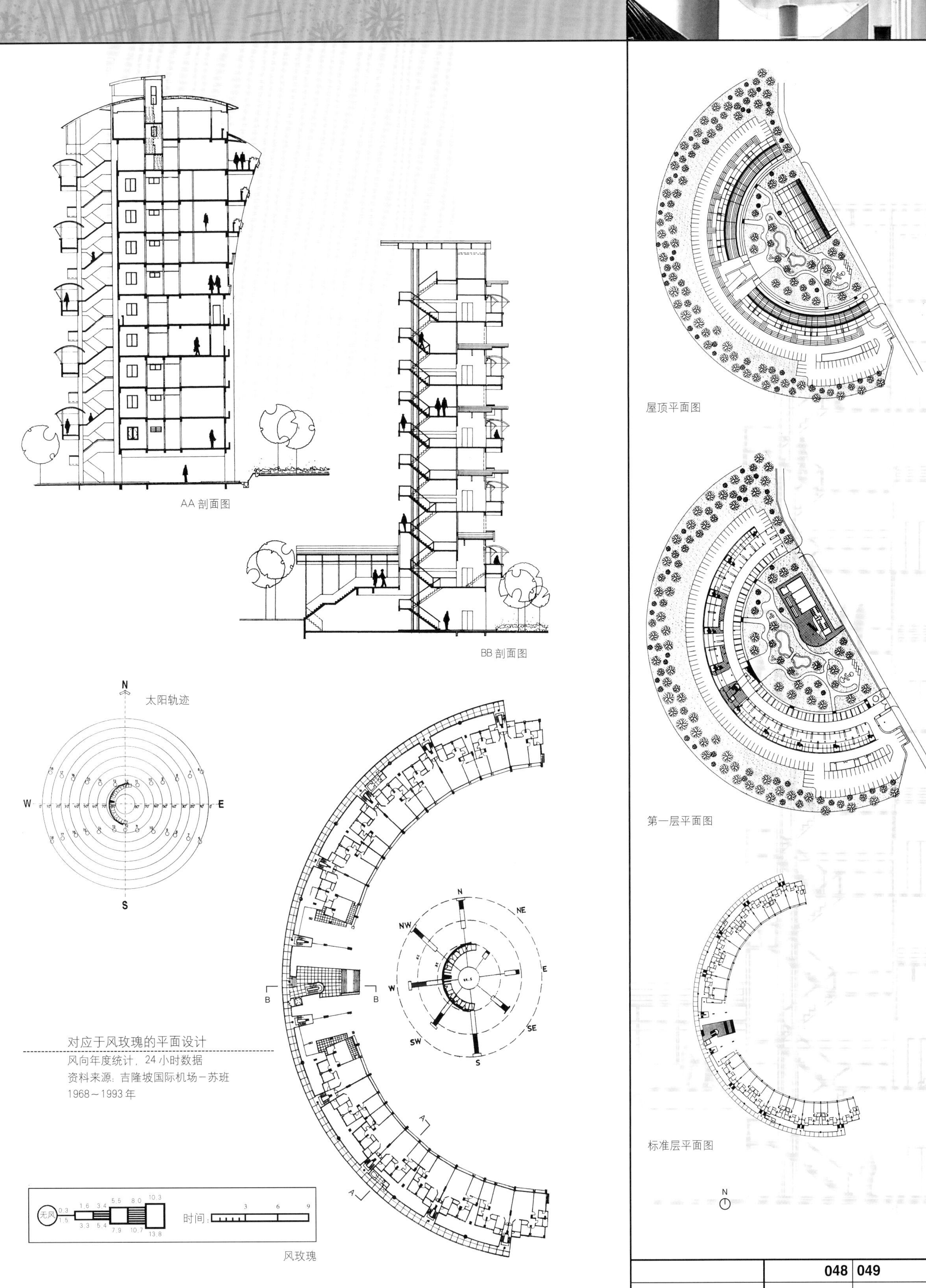

AA 剖面图
BB 剖面图
N
太阳轨迹
W
E
S
对应于风玫瑰的平面设计
风向年度统计，24 小时数据
资料来源：吉隆坡国际机场－苏班
1968～1993 年
NW
NE
SW
SE
B
B
A
A
无风
时间
风玫瑰
屋顶平面图
第一层平面图
标准层平面图
N

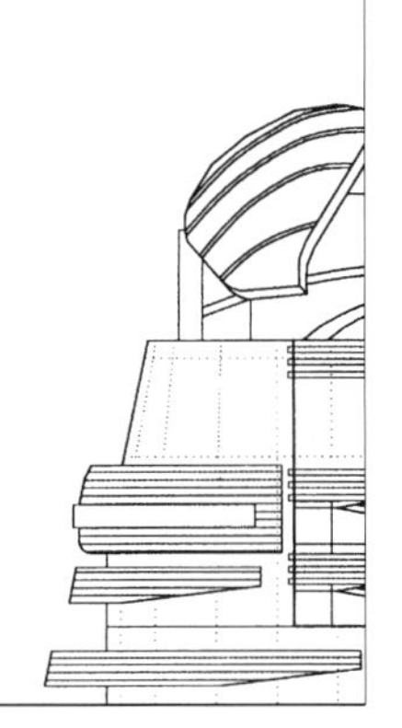

广场中庭大厦（1986年）和梅纳拉大厦（1992年）都是代表了杨经文生物气候学建筑类型发展与转变的转折点式的标志性项目。同样的，希特赫尼加大厦也标志着一个新的发展阶段的开端，这个阶段包括了金茂大厦（1997年）和EDITT大厦（1998年）——新一代拥有极具表现力的建筑创新形式，它们推进了**生态建筑美学**的发展，同时例证了杨经文的**竖直城市主义**理念。

本质上，希特赫尼加大厦反映了杨经文在超越严格受限的建筑体量所取得的进展，他开始尝试将平铺直叙性的形式发展成为更富于表现力的形态。杨经文潜心研究，并在其后的工作中保持了这样的趋向。

第一眼看到这个建筑，竖直的束状建筑形式与攀升的中枢竖向交通及服务空间形成强烈对比，这让人想起日本1960年代以来的新陈代谢派的作品，以建筑师黑川纪章为代表。但是这种外形的类似是表面现象，掩盖了杨经文很多对竖向空间的弹性处理的慎重考虑。整体形式由两个截然不同的部分构成：底部7层的停车楼层以及包含了培训室与礼堂的附属建筑。上部系列办公层则为大楼中的电脑与软件公司提供了活动空间。引人注目的是，上部楼层在被第十和第十三层的大型**空中庭园**切开，实现了大范围的景观绿化。在这之上，第十六层的表演厅和会议厅与十七、十八、十九层的希特赫尼加大厦管理层通过东立面上**往返的坡道**联系在一起，这些坡道是对西面电梯与楼梯的补充。这是杨经文将高空的步行坡道引入高层建筑交通空间的第一个实例。

东向侧面的坡道以及西面的核心服务区都在太阳辐射较强的高温区设置有遮阳设施，这依据了生物气候学原理——这是杨经文低能耗建筑的典型特征。同时，空中庭园和连接的露天平台提供了**"自然通风区域"**，也为上部楼层的使用者提供了一个室外放松空间。

此外，还使用了系列的穿孔金属**"防护板"**，如同主体结构向外挑出的支架一样遮蔽着建筑，使其免受阳光直射。但在这个建筑作品中，这些构件的尺度及其弯曲的扇贝形式都远远超出了单纯的功能要求，这也标志着在运用生物气候学原理的高层建筑实践中，杨经文开始从美学角度来追求更加清晰的结构形式。这

1 参见介绍性短文（'Interconnectedness, Sustainability and Skyscrapers'）46页，脚注。

希特赫尼加大厦

吉隆坡，马来西亚

些装置在遮蔽阳光的同时也具有象征意义。在如此高的楼层上用绞结的方式连接在一起，整个建筑看起来就好像具有“战士一样的姿态”，[1]建筑屋顶支撑起高高的遮阳设施，这则是从早期的梅纳拉大厦的设计原则中继承而来。

尽管希特赫尼加大厦至今仍然停留在方案阶段，但很显然它将实现两方面的目标。其一，它的形式准确地吻合了业主所要求的具有超前性的建筑形象，个性鲜明的HQ公司表现出电脑与软件行业所特有的创新本质，它植根于吉隆坡文脉之中——一个新兴国家的首都。再者，它被视为一个标志性的事件，代表了杨经文在探求**生物气候学高层建筑**的理想中融合各种构成元素所取得的进展。

另一方面，希特赫尼加大厦成为日后一个完整工程系列的开端，在1995～1997年之后的几年中杨经文承担了这些项目。

业主 希特赫尼加公司
地点 斯哈尔塔马大街，吉隆坡，马来西亚
纬度 北纬3°
总层数 19层
开工时间 未定
面积 办公面积 6374m²
总使用面积 8623 m²
场地面积 1308 m²
容积率 1∶6.6

设计要点•项目选址距离吉隆坡市中心20分钟车程。

业主需要一个与众不同的HQ公司办公大楼，以吻合公司的产品形象（电脑与新型软件开发）。

场地位于较为显著的街角地块，与一系列集聚的4层出租写字楼（待建）相邻。

这块用地所采用的建筑方案是一个19层大楼，在首层中包含有接待厅与计算机数据中心。第二至六层是会议室，并带有一个礼堂。它们可由单独的楼梯到达（远离建筑的主电梯）。在这之上是14层的办公空间。

这个建筑的特色如下：

•生物气候学的低能耗特征，如：所有的电梯间、楼梯间与卫生间都拥有自然采光与通风，这使得整个建筑能耗降低，而且在使用（例如，楼梯与门厅在电力系统瘫痪和其他紧急情况下可获得自然采光）与运转的过程中更为安全。

•建筑上部的所有楼层都带有空中庭园与“通风区域”，它们由附于外立面的楼梯与坡道相连接，以增强可达性。

•用穿孔的金属“防护板”遮蔽建筑外表面，来塑造建筑形式，并以此增加建筑形态的变化。

0 5 10M

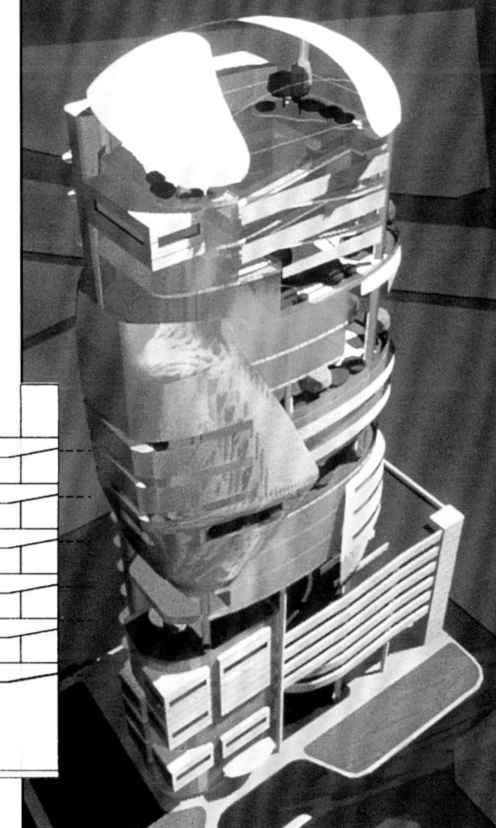

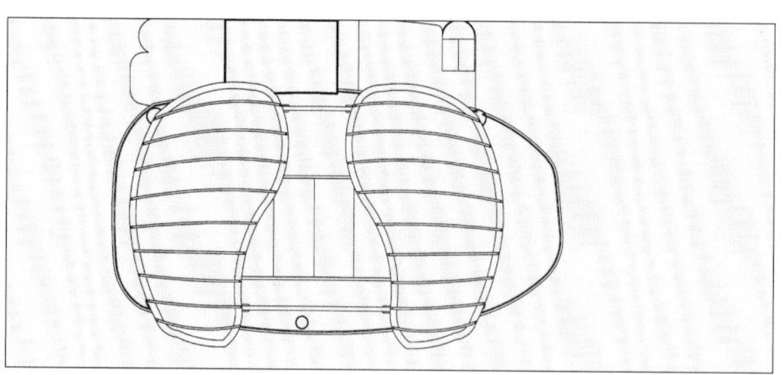

屋顶平面图

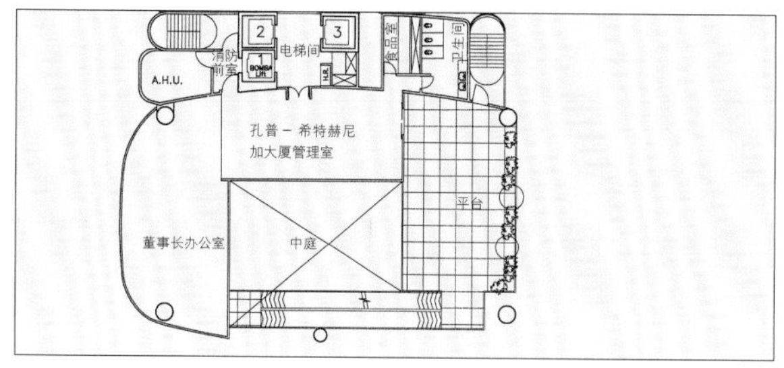

第十九层平面图

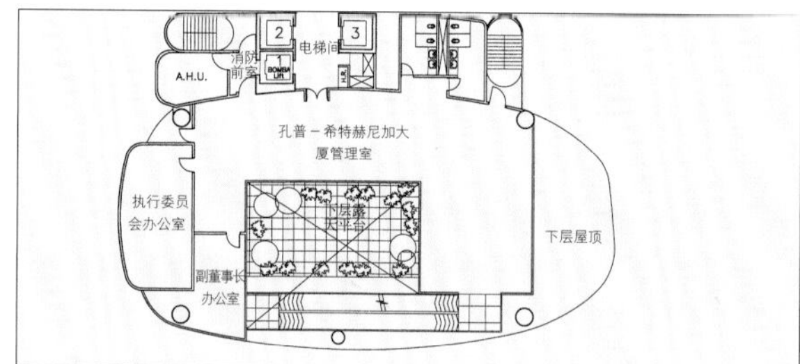

第十八层平面图

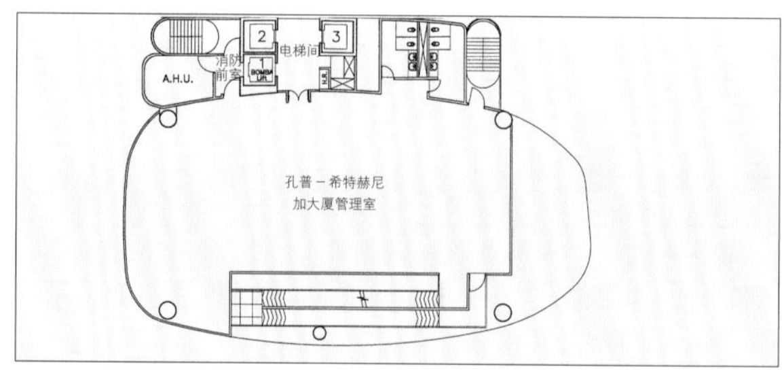

第十七层平面图

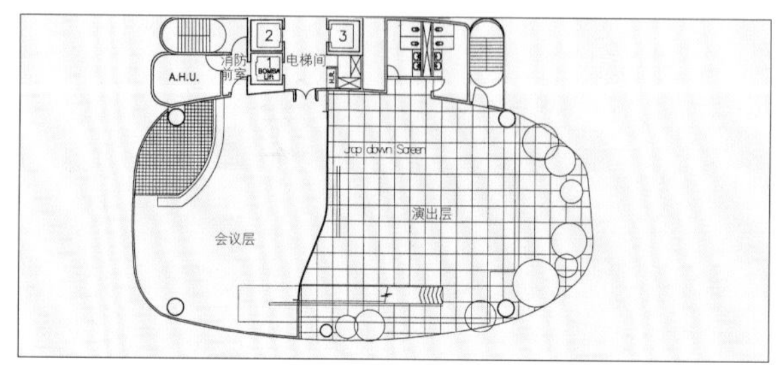

第十六层平面图

0 5 10M

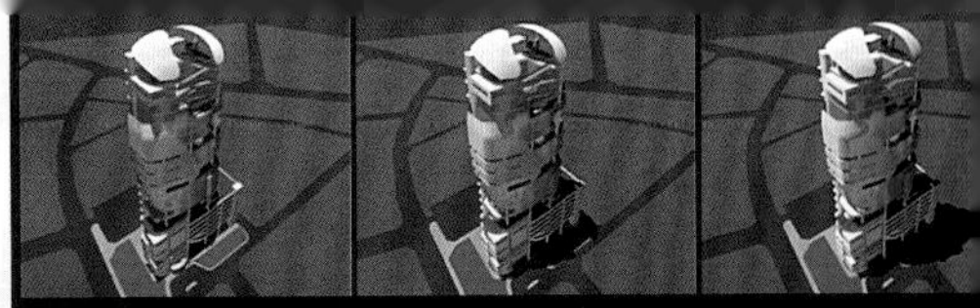

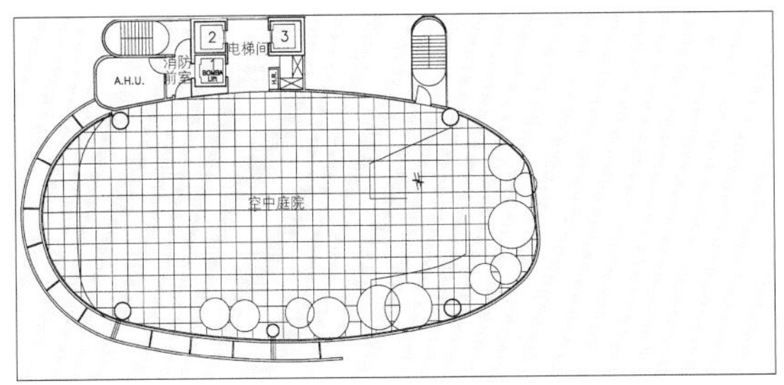

第十三层平面图

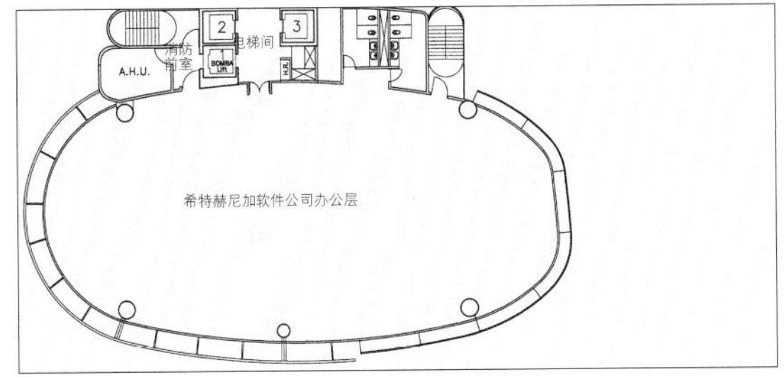

第十一和十二层平面图

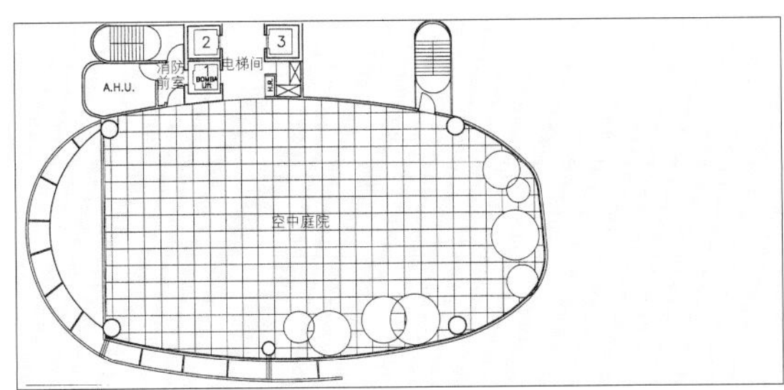

第十层平面图

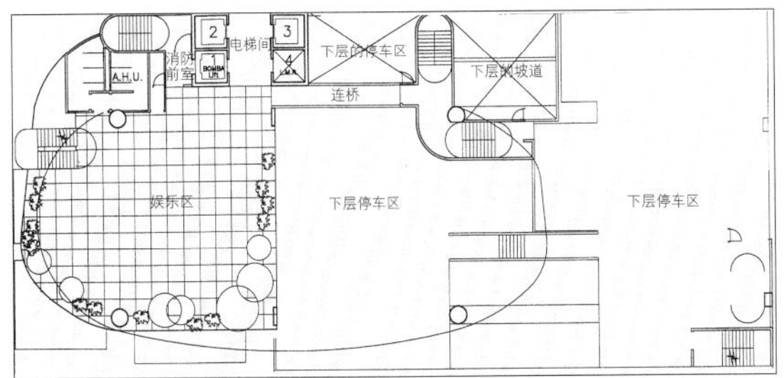

第六层平面图

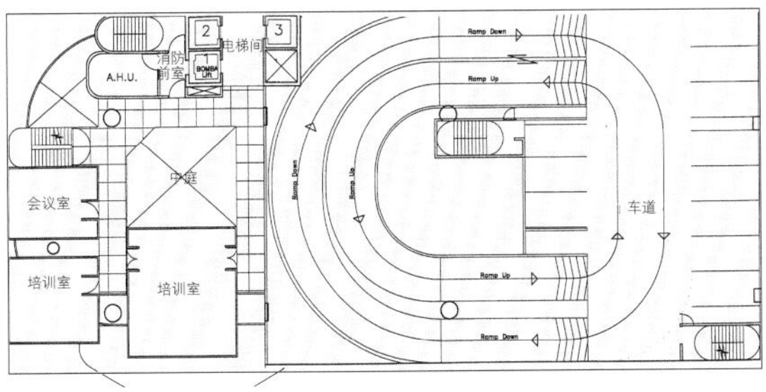

第二层平面图

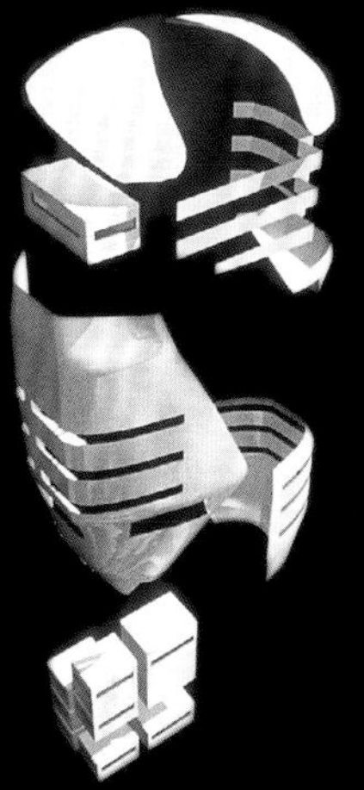

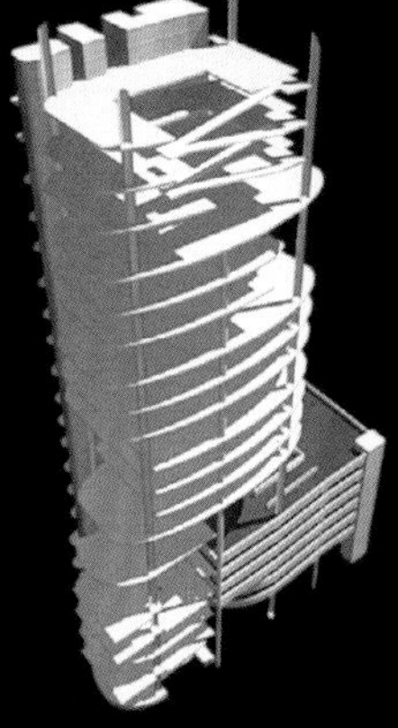

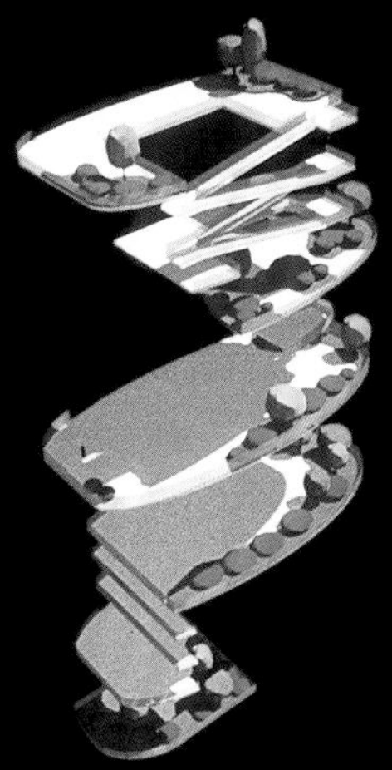

槟榔屿，马来西亚

MBf 大厦

业主 MBf 公司
地址 苏艾沙大街，槟榔屿，马来西亚
纬度 北纬 5.24°
总层数 31 层（68 个居住单元）
开工时间 1900 年
竣工时间 1993 年
面积 总建筑面积 17538 m²
停车位数 94 个
场地面积 7482 m²

MBf 大厦标志着进入了一个前所未有的崭新阶段，独特之处是其中占主导地位的居住单元以及它所提供的具有潜在分隔能力和**开放性**的空间。它开启了杨经文的“ ¿ fi‡”的主题思想，同时也是**自然通风**与竖直景观原则的直观表现。

场地东邻大海，位于槟榔屿的东北部。美丽的风景和葱郁的热带环境赋予建筑以独特形式——局部的“阶梯退台式楼层”和切片状开放的平面形式——前者给大型居住平台提供观景视野，而后者则实现了空气对流。整个建筑的外部形式融合在暴露对外的混凝土巨大框架中，而全部面层都用了**白色**——这使得建筑成为杨经文“白色立方体”系列作品中的一员。

底部六层的裙房容纳了一些商业设施，其顶部是一个奢侈的带泳池的露天平台。在它一侧布置着公寓层，共有68个住宅单元，面积各异。建筑下半部的阶梯状楼层布置着一些大户型豪宅，同时也提供了一个邻近泳池的中庭开放空间。

设计要点 • 这个建筑是对热带高层建筑的设计理念的一个发展，它的上部楼层带有多个跨越两层的大尺度“空中庭园”，这是建筑能够提供良好的自然通风、绿化植被与露天平台空间的关键因素。

• 电梯间拥有自然通风，并由连桥式的步行道通向公寓单元。

• 阶梯状的绿化植被被布置在建筑的主立面上。

场地 • 由槟榔屿沿苏艾沙大街的一个规则地块构成。场地邻近佩萨兰-格尼大街，并面向槟榔屿北部滩头。用地距离城市中心大约 2km，位于连接较远处丹戎本加地区的海滨旅馆与槟榔屿之间的大道旁。

• 东西两侧相邻地块都是规划中的商业区。整个场地大体为南北向，并且在北边界设有主要的入口通路。东南边则是由萨尔温大道延伸而来的尽端路。

策划 • 场地中原本由另一个建筑师设计了一个多层住宅，但因为基础的缺陷在建设过程中被市政府停掉拆除。随后，T · R · 哈姆扎和杨经文被指定为新的建筑师，但前者选择退出了这个项目。

• 建筑由包含带办公室与银行大厅的裙房以及容纳高档公寓（68 个住宅单元）的高层部分所组成。

结构系统 • 结构框架采用钢筋混凝土，容纳升降机井的核心服务区则采用滑动模板铺筑。标准层在设计中实现了无柱隔断。底部公寓则采用钢筋混凝土框架结构及砖砌墙体。

• 高层建筑的承重柱位于公寓单元的外部并过渡到底部裙房的承重柱上。

主要材料 • 使用材料包括花岗石、大理石、瓷砖以及在其他墙体上使用的喷漆砖。

机械系统 • 办公层采用中央水冷空调系统制冷，实现可变的空气流量控制。而公寓单元采用自然通风。

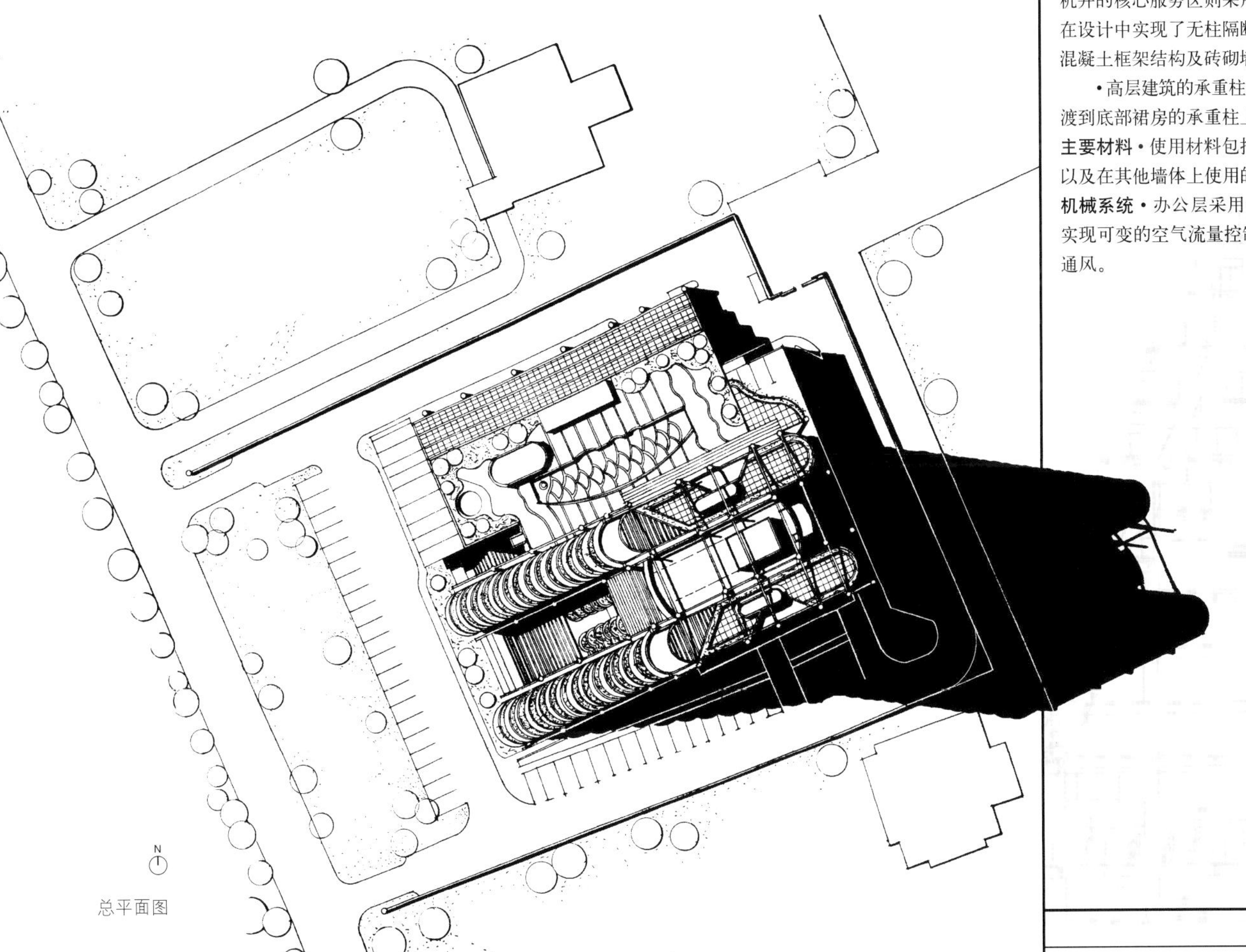

总平面图

这个项目中最值得关注的是平面连接方式以及居住公寓层的分区，这是对自然通风、景观与绿化等相关基本原则的印证，这些在杨经文的前期草图中都能看到。

居住层大体为南北朝向，它们布局在最靠近东西轴线的直线上，这可能受到场地规划的影响。西向面海的公寓拥有高高悬挑的覆盖植被的露天平台，以创造自然的荫翳。

三分式的带状平面上每一层都设有4个公寓单元，放置在南北边缘。它们被位于中间区域的走廊、电梯间与楼梯间隔开。反之，所有的元素在平面与竖向上都被楼层的缝隙隔开。此外，建筑上部楼层拥有大型的、跨越两层的**空中庭园**——贯穿于整个楼体的**“切掉”**的开口部位。总体上，这些元素的组合在平面与空间上强调创造出一个流动贯通的室内三维空间。交通通道引入凉爽的空气，像饰带一样镶嵌在建筑之上，同时也降低了交通与住宅部分的热负荷。所有这些元素因为竖直景观的加入而得以美化，让空中庭园、露天平台与花园生机盎然，并且拥有充足的自然荫翳。

感受住宅露天平台上的开放性的和欣赏外向景观是一个难忘且珍贵的经历——西向海景使它更具魅力。

直至今日，在杨经文所有的设计中，这个高层住宅是最成功作品的之一。它的形式代表了英雄主义与未来主义，而在实际使用中它提供给业主一个乌托邦式的理想规范，同时却带有圣殿般庄严肃穆的感觉。

触及云天

摘自《建筑设计要览》(No 116, LONDON. 1993)

马吉·托尼

“这个多层建筑坐落在佩夏拉-格尼大街附近——面向槟榔屿北部海滨——在这之前场地上曾经建造了一个类似的建筑，因为基础的缺陷而被政府停工拆除。两个元素用以区分建筑不同的功能区，即底部裙房的办公空间与高层部位的高档住宅。

这个建筑极大地发展了建筑师关于热带高层建筑的设计理念，并尝试着使这些建筑与自然环境和谐共处。为实现这个目标，他利用跨越两层高的大型空中庭园获得自然通风，并为绿化与露天平台提供平面空间。甚至电梯间都拥有自然通风，通过悬空的步行道连接到住宅单元，而阶地状的绿化单元布置在建筑主立面上。”

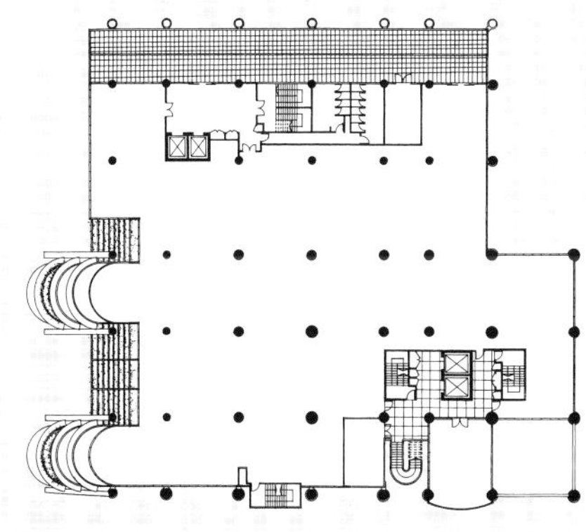

标准层平面图（裙房）

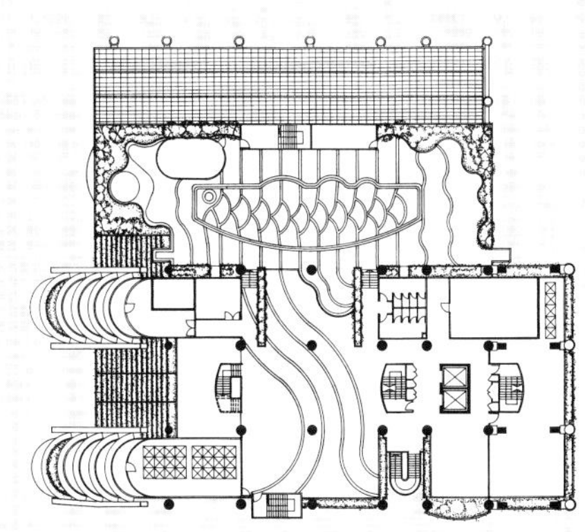

裙房屋顶平面图

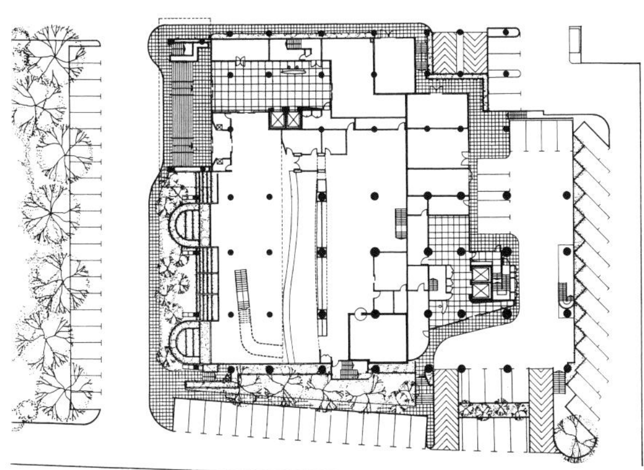

底层平面图

标准层平面图（塔楼）

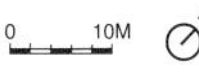

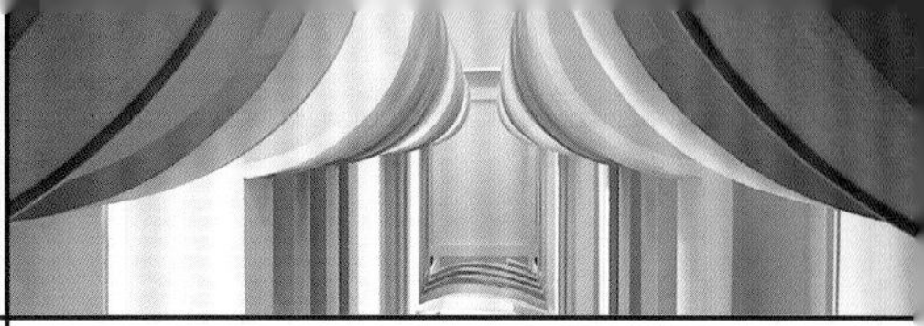

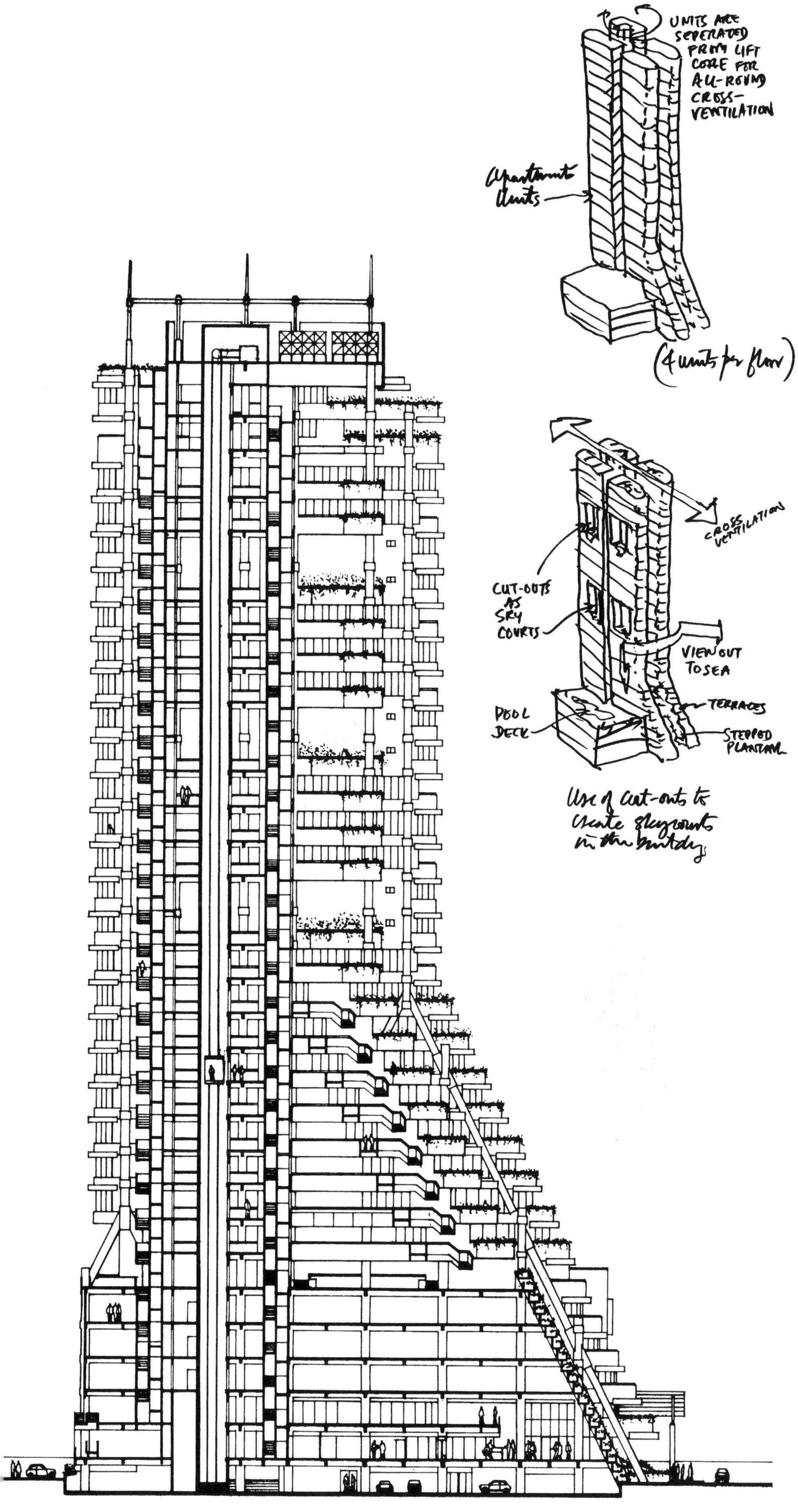
UNITS ARE SEPERATED FROM LIFT CORE FOR ALL-ROUND CROSS-VENTILATION
Apartment Units
(4 units per floor)
CROSS VENTILATION
CUT-OUTS AS SKY COURTS
VIEW OUT TO SEA
TERRACES
POOL DECK
STEPPED PLANTING
Use of cut-outs to create skycourts in the building

班尼斯特·弗莱切先生的《建筑的历史与未来》
建筑出版社（第12版1996年）
D·克鲁克香克

“……MBf大厦是建筑师采用高度原创性设计方法的最好例证，它是位于槟榔屿的一个居住与办公的综合性建筑……因为暴露的‘巨型结构’框架、凹进的空中庭园、独立支撑结构、自然通风的核心服务区、多种多样的遮阳设施而独具盛名。它以一种自由的、独创性的方式将国际风格与地域元素的影响结合起来。”

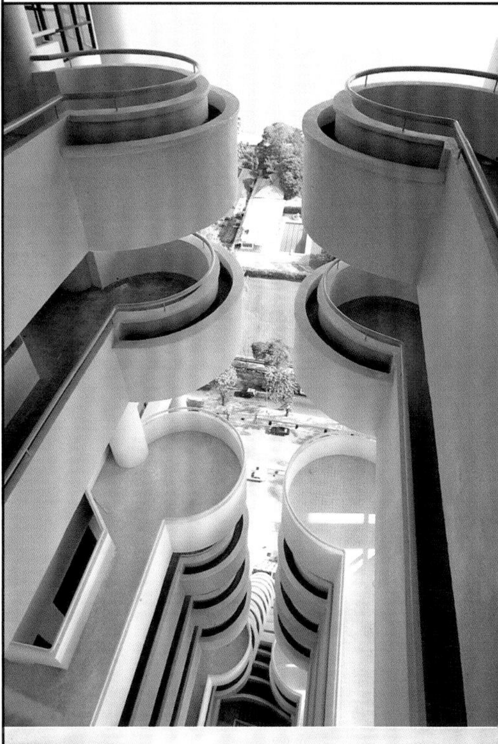

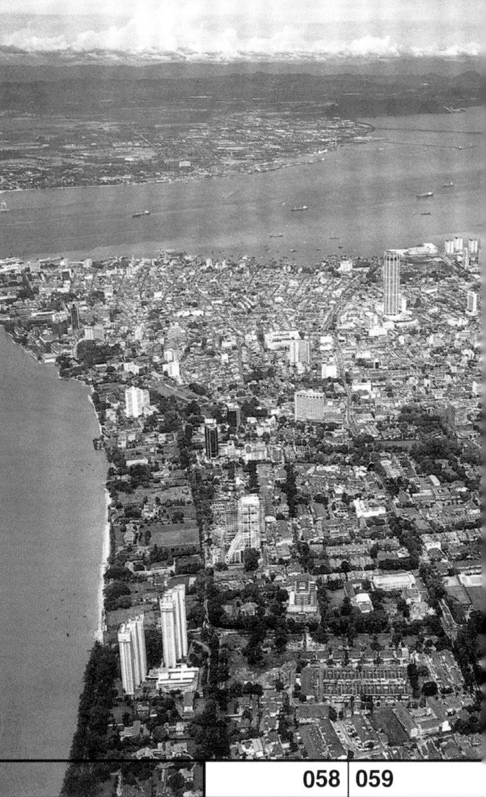

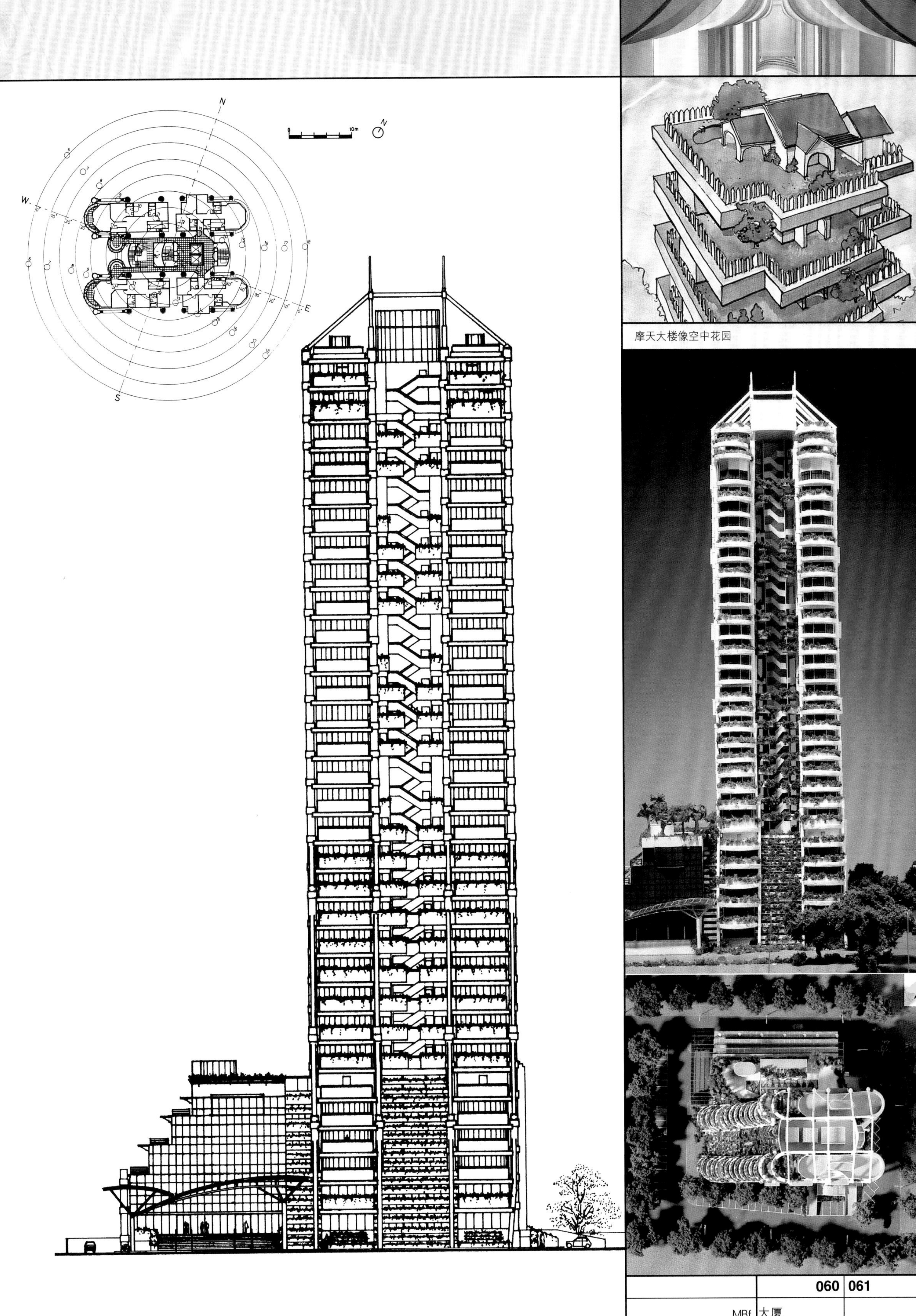

摩天大楼像空中花园

广场中庭大厦是杨经文早期作品之一，是一栋用于出售与出租的标志性商业建筑。它的完成时间属于杨经文的生物气候学建筑系列的开端阶段，其锯齿状厚重的白色石质形式并不符合杨经文后来成熟期的典型建筑风格，后者通常采用可拆卸的轻质外墙饰面。

底层空间为零售商店和银行，与停车场相连。从第二层开始为办公空间。

钝三角形的平面形式是对受限制场地的直接表现。带遮阳设施的楼梯组、电梯和卫生间布局在南北主要立面的位置，这同样也不符合杨经文后来的生物气候学建筑类型的典型风格。还有区别之处在于采用暴露的西立面，尤其是东南立面贴上了厚厚的石材，同时深深嵌入水平的带状玻璃。

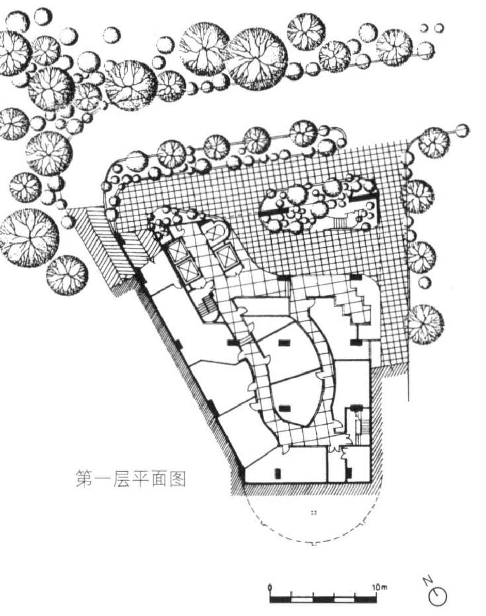

第一层平面图

广场中庭大厦

雪兰莪州，马来西亚

不过，整个建筑采用的弯曲造型严格地受到一个完整的被动式环境调控设备的影响——一个引导自然通风上升的中庭布置在总平面的东北部分，为整个办公空间提供服务。办公层的层层叠落的、覆盖植被的阳台都与这个重要的内部狭长空间相连，发挥着一个巨大风洞的作用，这使其区别于同时代的一般办公建筑的形式。尽管在这个项目中风洞并非主要概念，但事实上它预示了杨经文其后对导风翼形墙体的使用，如槟榔屿的UMNO高层建筑以及后来的一些项目。在这些项目中，对自然通风空间的使用已是驾轻就熟。

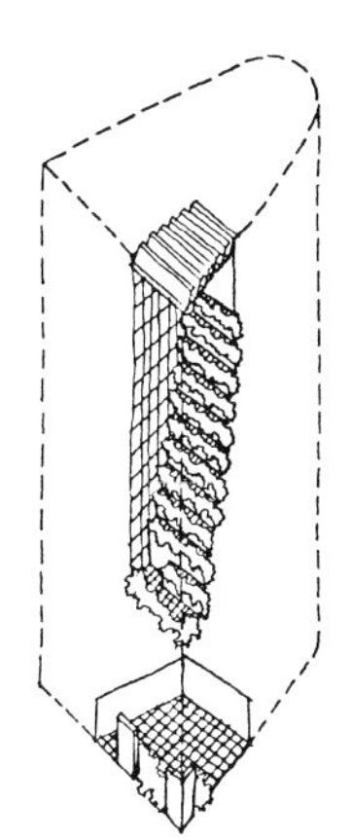

对广场中庭大厦，杨经文曾经评价：

> “……区别于大多数的中庭，这个空间并非被建筑包裹而是布置在内外过渡空间之间。中庭上方的屋顶带有Z型剖面的百叶。它能够滤去雨水，排出中庭里的热空气，并引入自然光。整个中庭好像一个巨大的风洞，能够吸入建筑高处的气流并引导至上部的标准层，通过面向中庭空间的露天平台设置推拉门进行控制……面向中庭的办公层是逐层向后缩进的，并随景观露天平台做线性排列，向下就能看到中庭空间。”[1]

因此，在杨经文这个早期运用生物气候学的高层商业建筑中，被动模式环境调节器的使用是十分明显的，这也是建筑整体造型的标志性特征。

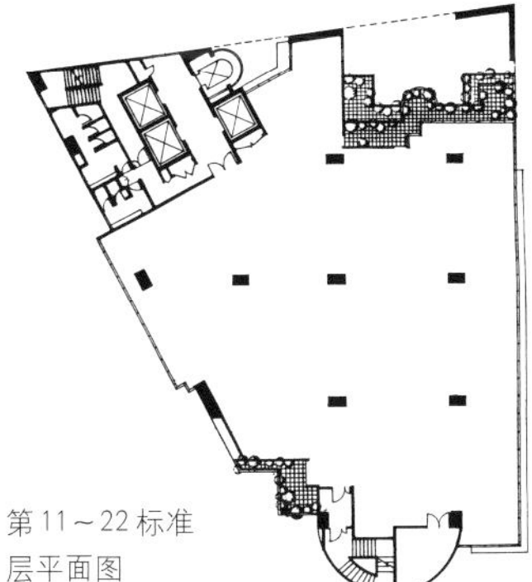

第11～22标准层平面图

1 杨经文，‘Bioclimatic skyscrapers’, op. cit. p55.

业主 班森开发公司
地址 帕拉姆利大街，吉隆坡，马来西亚
纬度 北纬3.7°
总层数 34层
开工时间 1981年
竣工时间 1986年
面积 建筑面积 10700 m²
场地面积 2024m²
容积率 6.5

设计要点 • 这是一个高层建筑，处于有着多个限制条件的场地中。

• 建筑最主要的特征是采用一个不完全封闭的巨大中庭，所有的办公层都通过层层叠落的露天平台朝向它。这个空间并不是处于整个建筑的包裹之中（如普通建筑的中庭一样），而是布置在建筑内部与外部的过渡空间中，即连接外部的“灰”空间之中。

• 中庭顶部是带Z型剖面百叶的屋顶，它像一个过滤器，能滤掉雨水，排出中庭中的热气流，并发散阳光使其进入到下部空间。

• 整个中庭像一个巨大的风洞，将高层建筑上部区域的气流直接导入立面表皮。面向中庭的楼层向后缩进，沿着景观露天平台线性排列，往下则能看到整个中庭。

策划 • 业主策划提供一个标志性商业建筑，用以出售或出租，并达到允许的最大容积率6.5，这使得地块能够得到充分利用。地下层和第一层提供给商业和银行使用，并带有与建筑主体相连的停车场，一层以上均为办公空间。

结构体系 • 钢筋混凝土的框架结构与桩基。升降机机井采用滑动模板铺筑的混凝土结构。中庭的百叶屋顶采用现浇混凝土。

主要材料 • 外饰面抛光——墙体表面贴石材，并用树脂喷雾涂料磨光。所有的窗户都使用有色玻璃，面向中庭则为玻璃幕墙。其他朝外的窗户采用凹进形式以遮蔽阳光。楼层地面覆瓷砖，而底层的电梯厅采用大理石。室内空间——采用乙烯基瓷砖覆面、悬浮的吸声顶棚、混凝土板，上覆地毯，卫生间用陶质瓷砖。

机械系统 • 停车层：被动调节的通风系统

• 办公区：空调系统

• 升降系统：三个普通的高速电梯以及一个外部的玻璃墙电梯

班尼斯特·弗莱切先生的《建筑的历史与未来》
建筑出版社（第12版 1996年）
D·克鲁克香克

“广场中庭大厦（1983年）位于首都的金三角地区，是设计师哈姆扎和杨经文的系列实验作品中的一个。他们试图以对气候变化的合理控制作为基础，来开发一种适合热带的生物气候学高层建筑。一定程度上是受到了商业空间的拱廊的启发，广场中庭大厦的上部楼层一角设计成为屋顶天棚遮蔽下的系列退台，使来访者就像置身于一个巨大的拱廊之中。梅纳拉大厦（1992年）是体现建筑师高度原创性设计手法的最好例证，它是位于吉隆坡国际机场附近的一个办公建筑。同样的情况还有MBf大厦（1994年），这是位于槟榔屿的一个具有复合功能的居住建筑……”

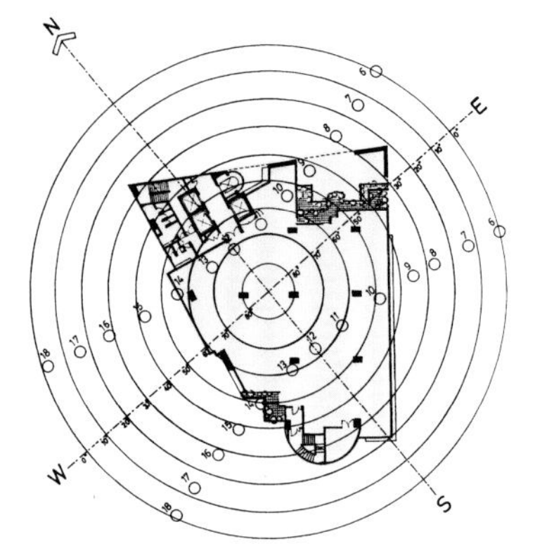

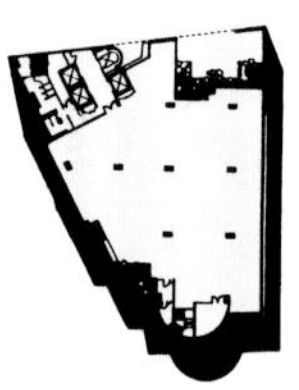
11 am

12 pm

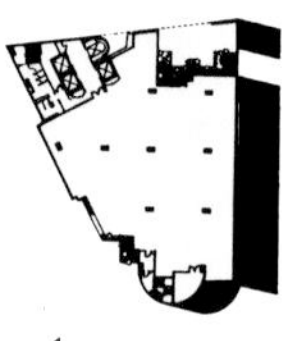
1 pm

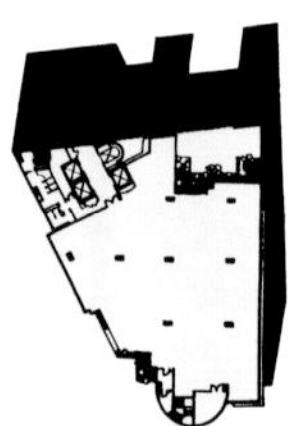
2 pm

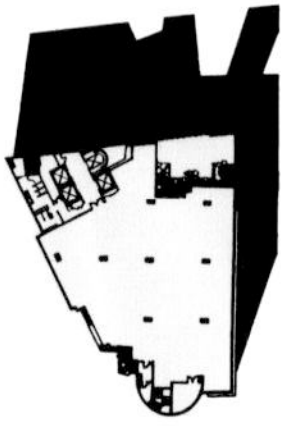
3 pm

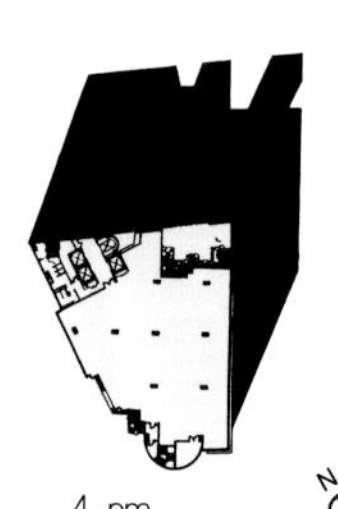
4 pm

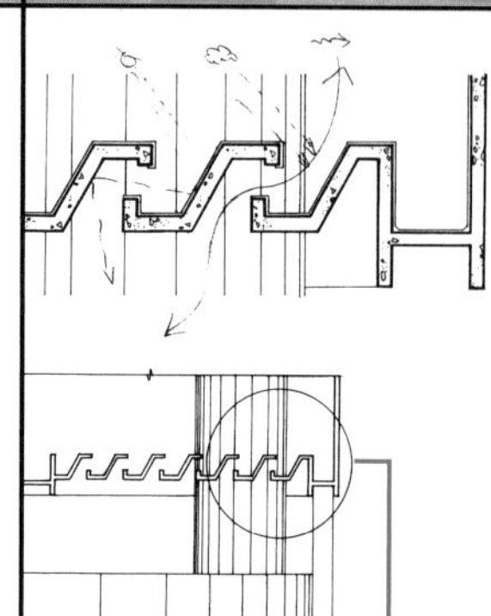

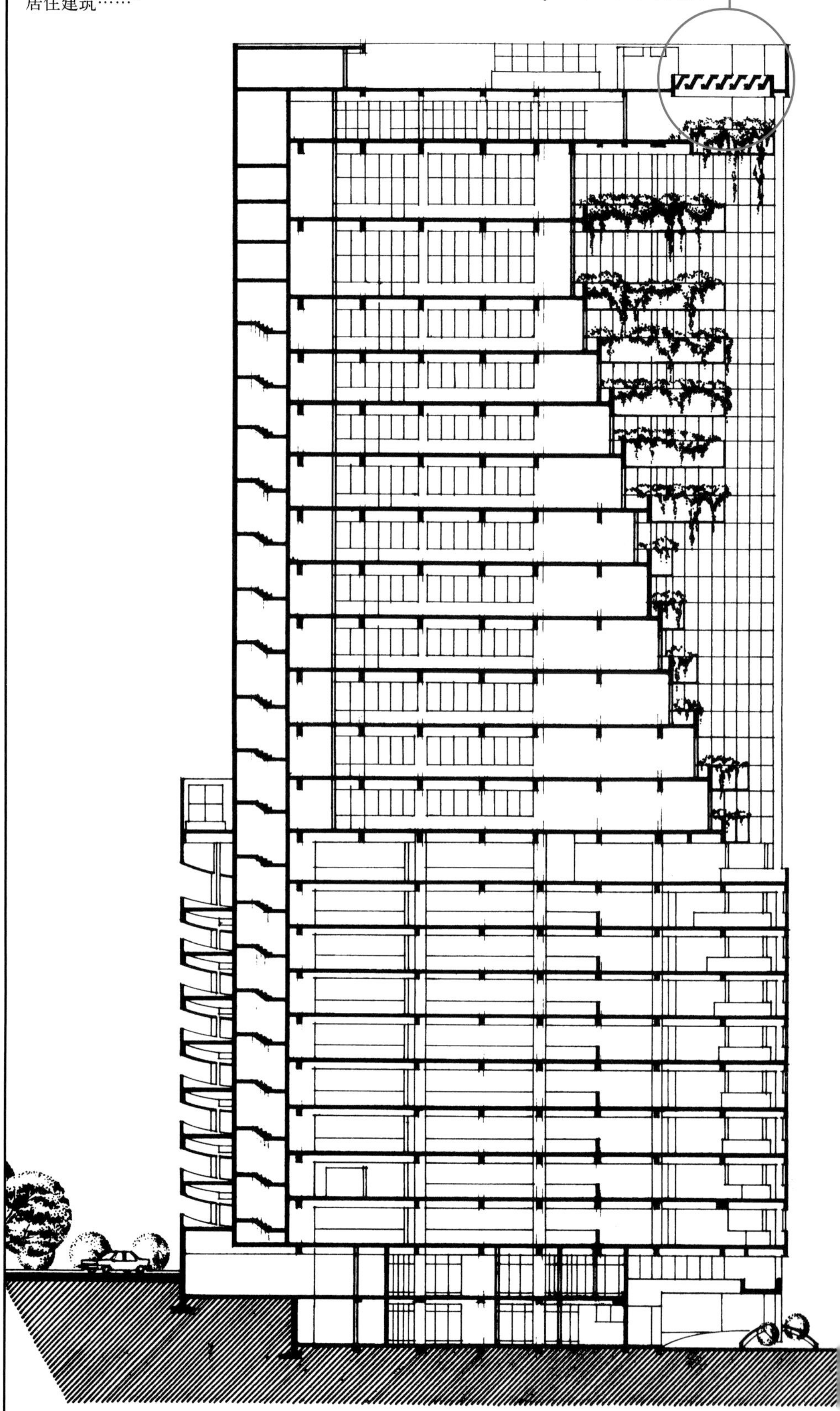

通风中庭

多层建筑的中庭不应该位于建筑的内侧，这使得它需要较多的能源来维持

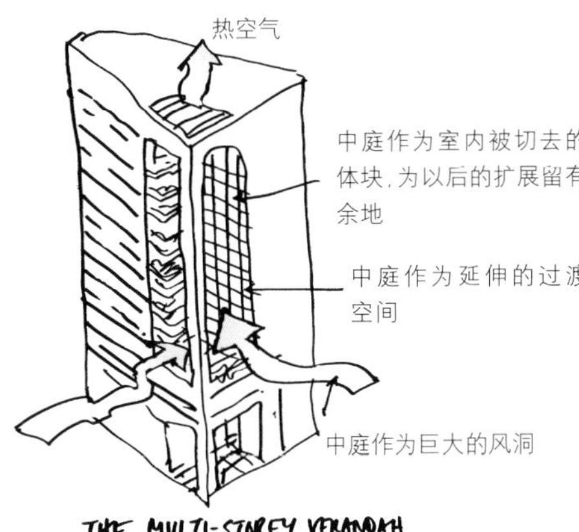

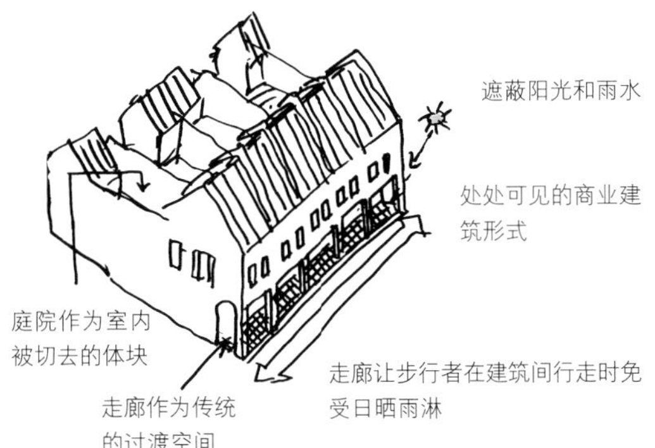

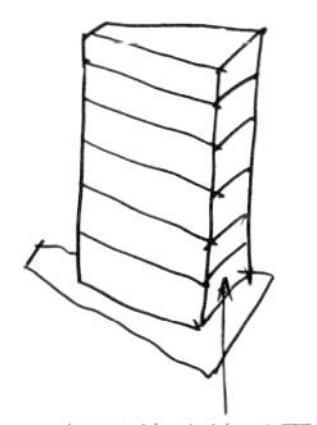

当建筑没有切去的体块时，容积率为6

相同的建筑毛面积

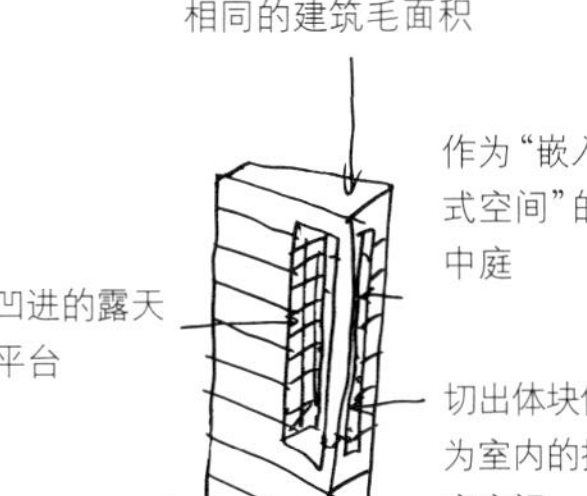

当建筑切出一定体块作为室内的掏空空间，并为未来的扩展留下余地时，建筑的高度可以增加，容积率仍保持为6

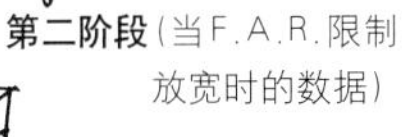

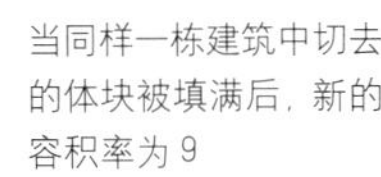

当同样一栋建筑中切去的体块被填满后，新的容积率为9

- 在吉隆坡金三角区的一栋22层的塔楼
- 这个设计方案为吉隆坡这样一个典型的高密度建成区提供了一种城市设计原型
- 设计试图借用我们的建筑文脉来重新界定巨型门廊元素的运用方式

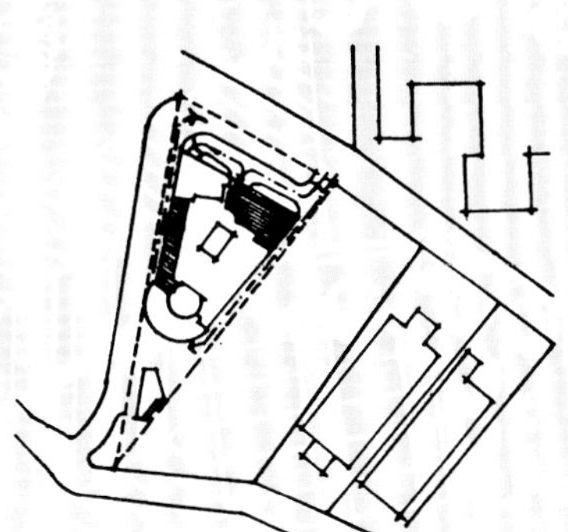

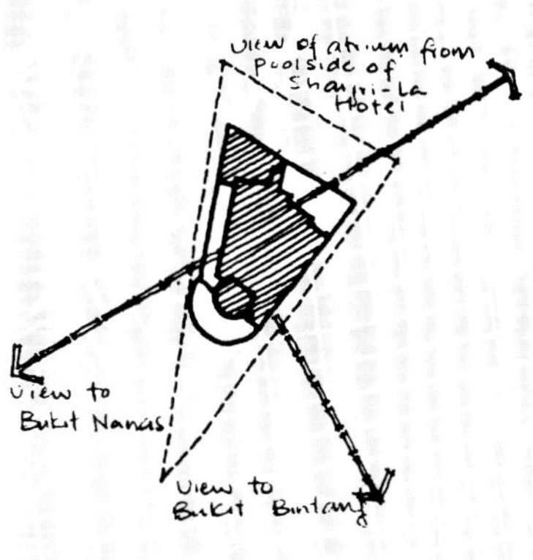

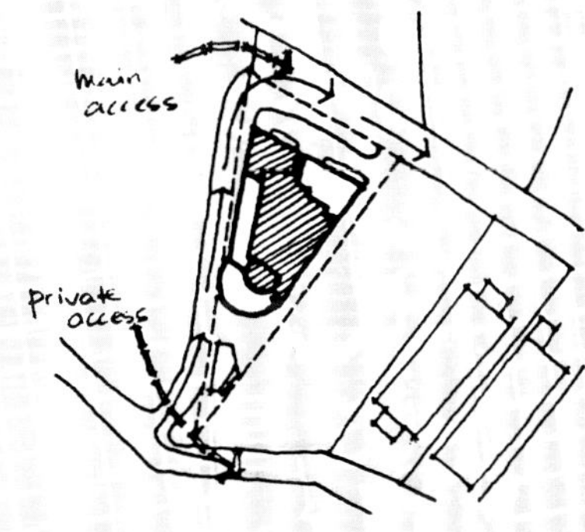

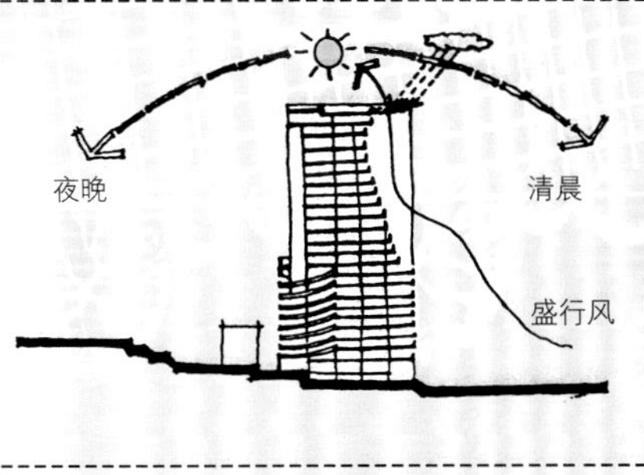

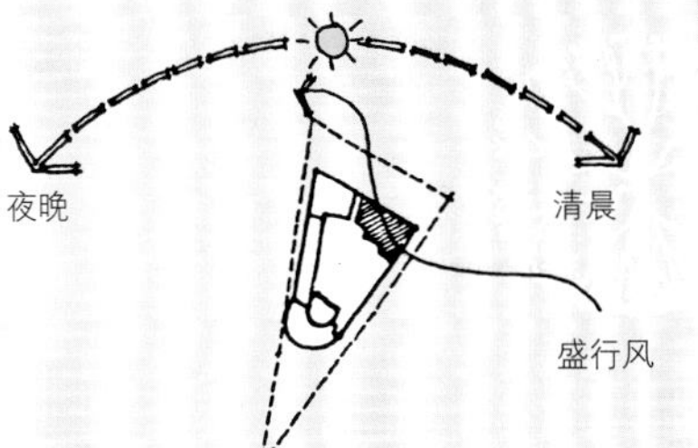

竖直景观绿化

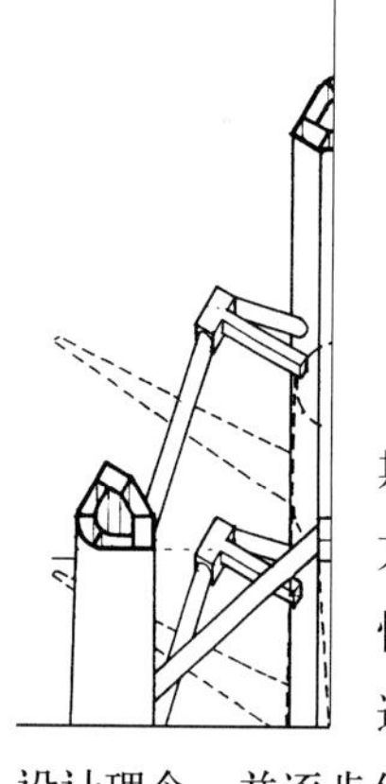

令人无法理解的是，杨经文1990年代中期运用生态气候学理论最重要的作品——东京-奈良大厦却是一个未曾付诸实施的实验性设计。在持续不断的高层建筑设计活动中，这让建筑师有机会系统研究不断涌现的一些设计理念，并逐步付与实践。

本质上，这个设计可以概括为一个**中空的、旋转的螺旋体**。尽管它的理念与梅纳拉大厦在基本点上有一些雷同之处，但另一方面它又是一个完全自由的、充满创造力的有机形式，杨经文以后的很多作品都带有它的影子。

这个理想化的平面朝向为东向，东西立面上采用带遮阳设施的垂直核心交通空间。它们为旋转的楼层提供服务，每层的位置按照层数而形成有规律的变化。杨经文将这个设计方案描述为**"拔片状的"**——是一个分裂的三角形形式，自由地固定在栅格状的柱列中。现在看来，其结构好像是初期工作中余留下的一些未完形式，它在后来的设计中被一个三角形的三轴交通核心系统所取代，进一步地采用了承载交通系统的中心柱，并用悬臂支撑楼层——整个形体外围环绕着拉杆和线形服务设施轨道。

如果这个最初的概念在21世纪的今天被重新设计并建造，毫无疑问，运用当代的机械原理与分形几何学设计原则将给出一个更为复杂且完整的结构系统，以支撑整个空间构造。

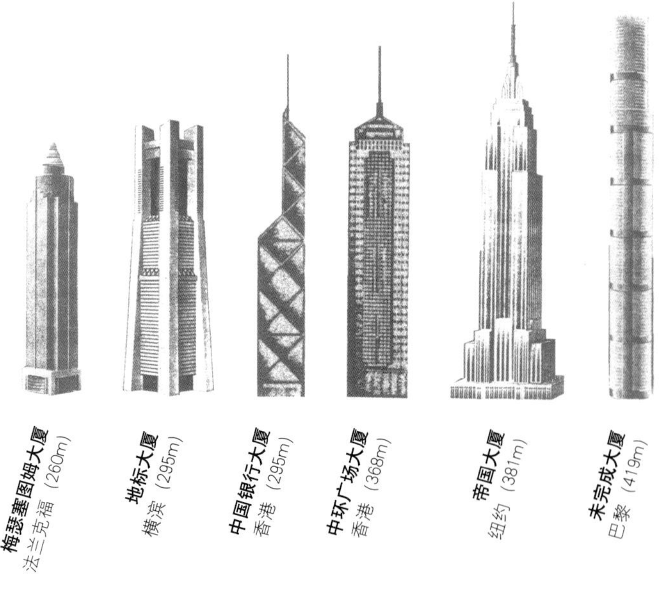

东京-奈良，日本

东京-奈良大厦

然而，和所有伟大的设想一样，所有这些支持系统都服务于一个全新的建筑观。在这个建筑作品里，最重要的是**螺旋状竖直绿化**这一核心原则。

杨经文的原创性、具有启发的草图比文字更能简洁生动地描述这个建筑的一些属性，它们包括：

- **阶梯状的露天平台与植被——包括交流空间与屋顶花园，服务于一个包括商业、办公和居住等复合功能的空间。**
- **花园和空中庭院概念的扩展。**
- **带可调节闸门的通风管将自然风引入建筑内部。**
- **旋转的、可移动的遮光板与挡风板。**
- **环绕大楼的维护轨道装载着可移动的“自动采摘器”设备，以养护大量的螺旋状分布的植被。**

综合起来，所有这些理念以及它们给业主带来的便利——如植被提供给中庭和室内空间的自然阴翳、凉爽气流——标志着杨经文对一种生态系统平衡而且空间完整的**生态建筑**的追求。在这个项目中缺少的一些元素在他后来的一些实践中都有所体现，如非正式的交通用步行坡道以及每层之间的连接方式。

但是，除此之外，东京-奈良大厦中包含的其他每一个考虑元素都是对杨经文**竖直城市主义**理念的首次清晰反映。从这个角度来说，它的意义重大。

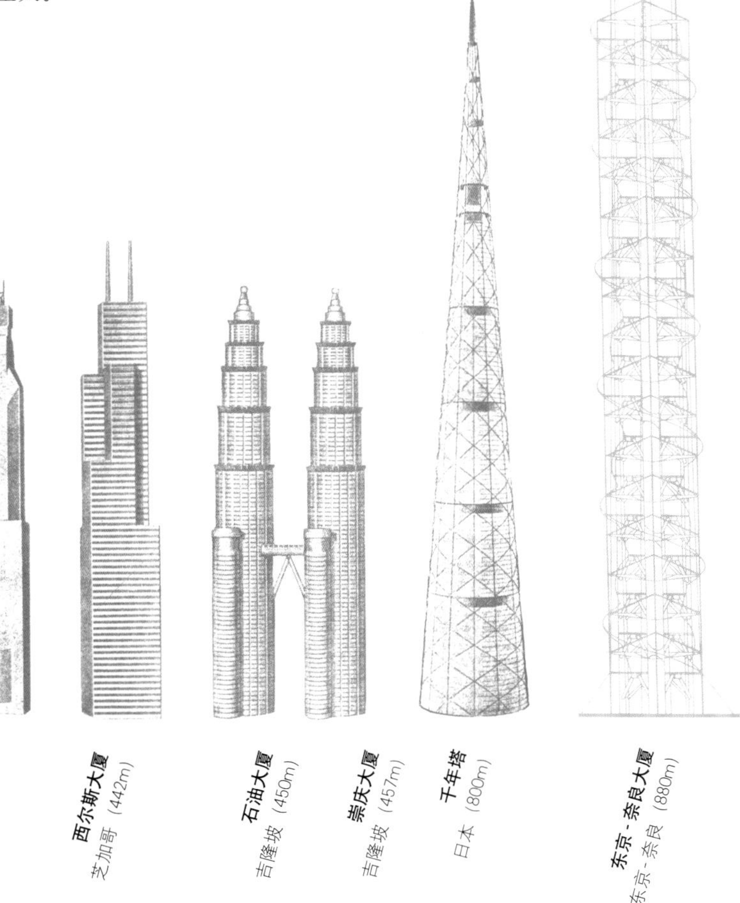

业主 奈良三年展，奈良市政办公室
地址 东京、奈良的城市之间
纬度 北纬35.42°
总层数 180层（约880m）
面积 总办公面积 4603603 m²
总建筑面积 4838160 m²
场地面积 基底面积 122500 m²
容积率 40

设计要点 • 这是为日本奈良的世界建筑博览会准备的一个概念性项目，用以展示与气候相适应的高层建筑的理念。建筑本身实现了杨经文曾经描述过的很多理论上的设想，它代表了建筑师对自然的持续深入研究以及在高层建筑实践进展中的一个重要阶段。在概念之后隐藏的思想可以概括如下：

• 视觉上最明显的特征是采用竖直景观绿化——环绕、穿过甚至融入到建筑形体之中。这个元素提供了很多种重要功能：

——绿色植物通过制造阴翳以及光化学反应的作用使建筑降温。

——楼层的边缘空间以及外庭空间使得布局精确的植被能够控制建筑结构内部的空气流动。

——植被量相对于整个建筑结构而言是合理的，因此，保证了生态系统与机械系统共同作用，以形成一个和谐的建筑环境。

• 竖直绿化的养护，同外立面的设备、玻璃、面板的维护一样，有专门化的机械设备作为保障。这些设备，类似于“自动采摘器”的多用途机械手的形式被安装在一个可移动的架子上，并能够方便地运行在环绕楼体的外部轨道中。

• 放射/螺旋状的楼层布局创造出一个独特的建筑，它使得：

——盘旋向上的楼层遮蔽了下部楼层。

——不断变换的形式能够更有效地利用空中花园、楼层间柱列以及自然通风冷却系统。

——持续变换的外庭空间，由露天平台、内部庭院和私家花园连接起来。

• 空中庭院在竖向做等距分布，在建筑结构上为居民提供了完美的生态“隔断”，这些绿色公园高悬于城市上空，受益于清新空气，并作为建筑自身系统的一部分得到持续养护。它们好像是东京-奈良大厦的肺一样，为上下层与室内外空间提供新鲜空气。

• 通讯配楼布置在东京-奈良大厦的上部楼层中，提供卫星系统连接以及其他能够优化“地球村”的通信设备。

• 环绕于东京-奈良大厦的外庭空间，是楼层之间相互联系的主动脉。露天平台与庭院是半公共空间，都在相互的视野之中，且有清新的气流从中穿过。外庭空间网络由步行道相连，其侧面为楼梯间，它们共同构成了建筑室内一个精致的活动空间，并与外界的喧嚣城市（但却向自然环境开放）相隔离。

• 建筑内核心服务空间的朝向依照自然光的情况而定：

——沿东西轴坐落，电梯及服务设施吸收了自然光热量中的绝大部分。

——较为凉爽的南北轴向立面则采用玻璃幕墙和外庭空间，因此，它们是开敞形式。

• 遮光系统与窗户朝向则是依照自然光的情况而定。

——建筑的东西轴向更多地使用硬质外饰面，即穿孔金属板贴面（一种能反光的，具有优良重力与结构性能的首选材料）。

——建筑的南北轴采用可打开的百叶窗、成排的遮阳篷和玻璃窗。这使得建筑较少地暴露在阳光之下。

• **注释**：世界建筑博览会，日本奈良。

这个博览会持续了9年，由系列活动组成。首先是奈良会展中心的一个设计竞赛。然后是一些世界著名建筑师的作品展览，最后则以奈良城市的永久建筑博物馆的奠基活动而告终。这些独立的活动以3年为间隔举行，整个计划于1998年完成。

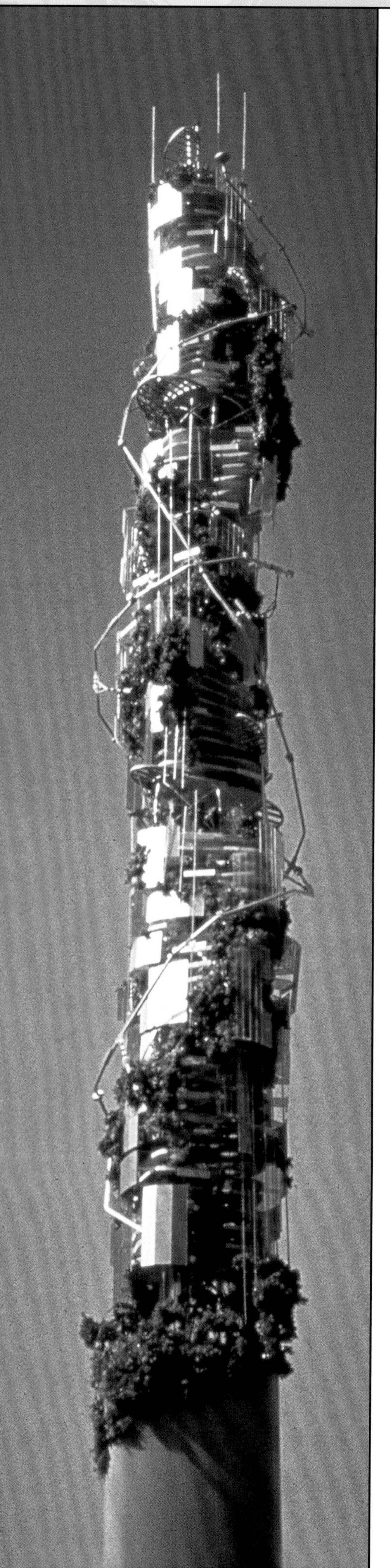

结构图

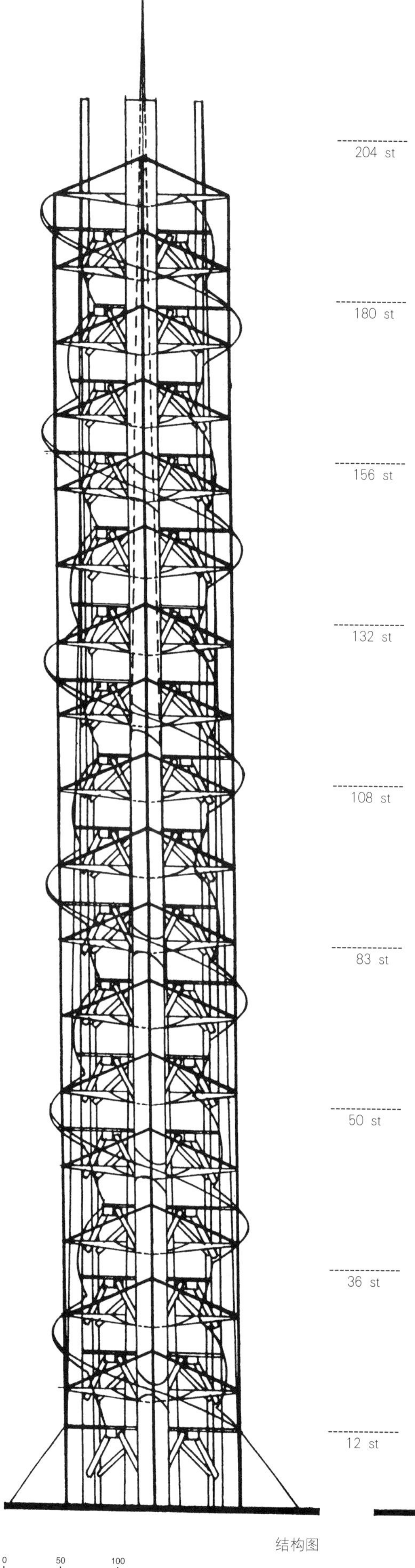

正立面图

204 st

180 st

156 st

132 st

108 st

83 st

50 st

36 st

12 st

0 50 100

结构图

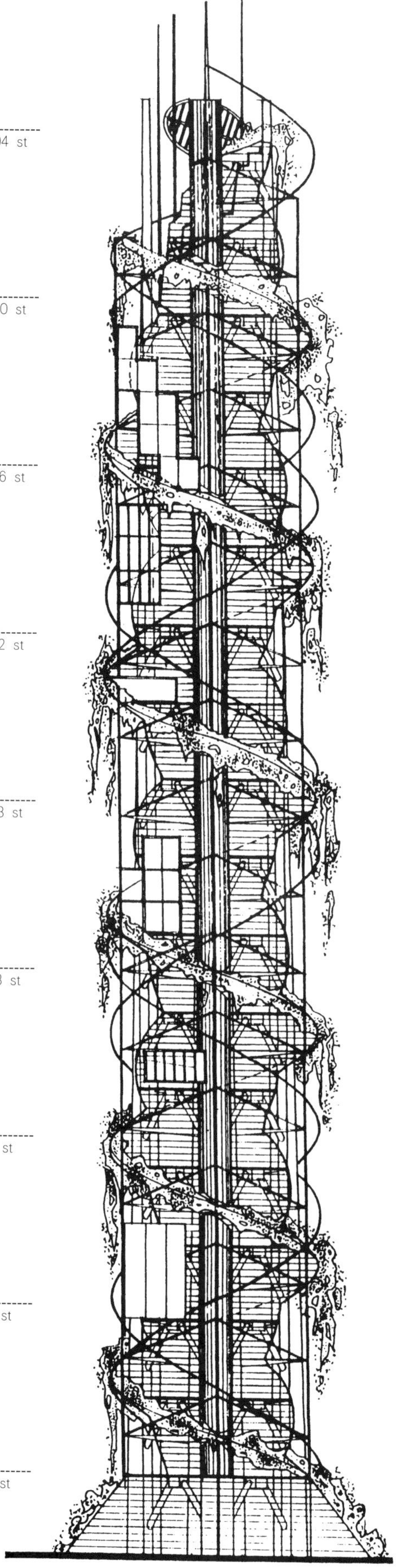

植被与轨道

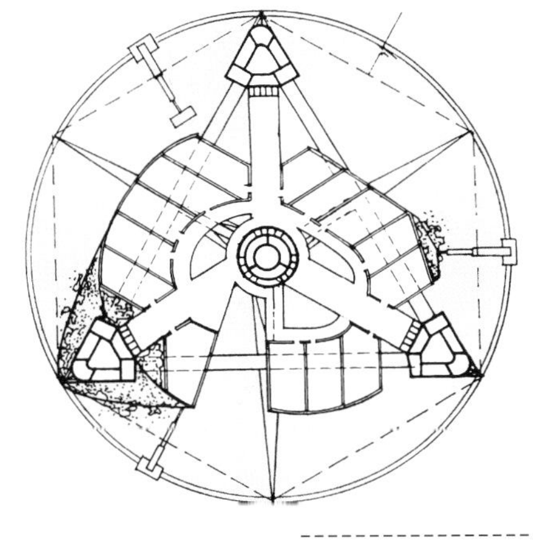

公寓层

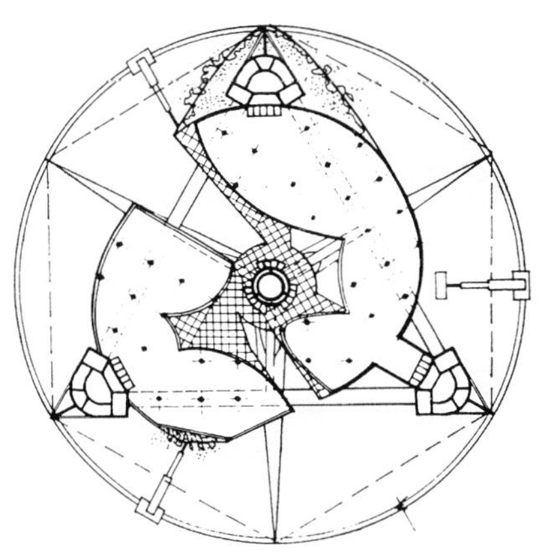

公共设施层

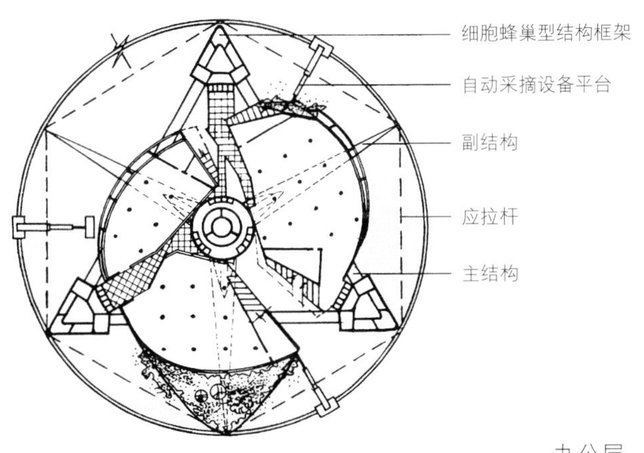

办公层

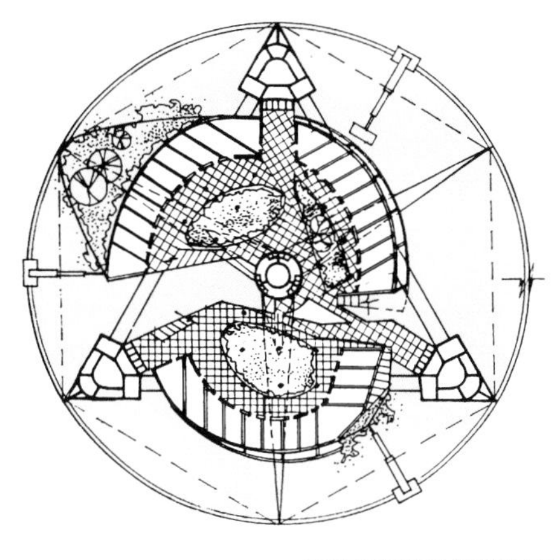

酒店层

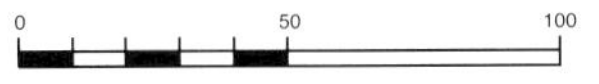

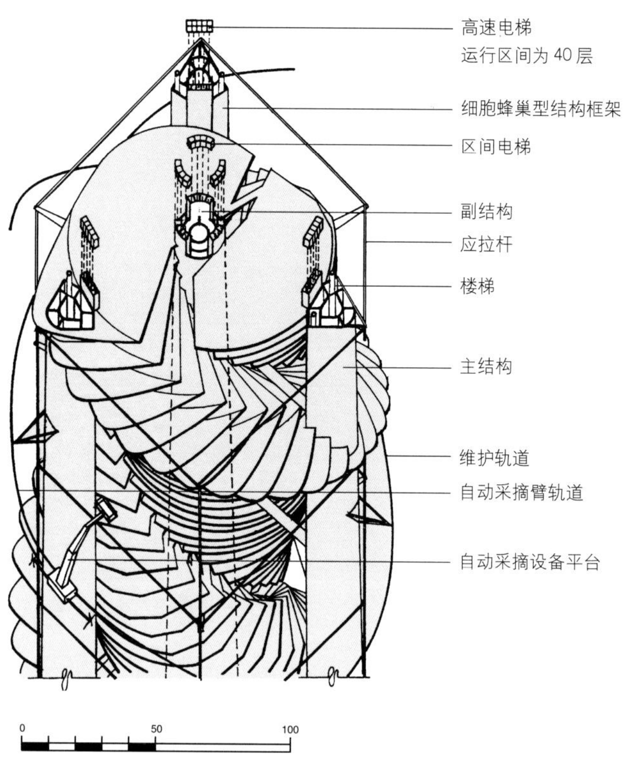

主结构

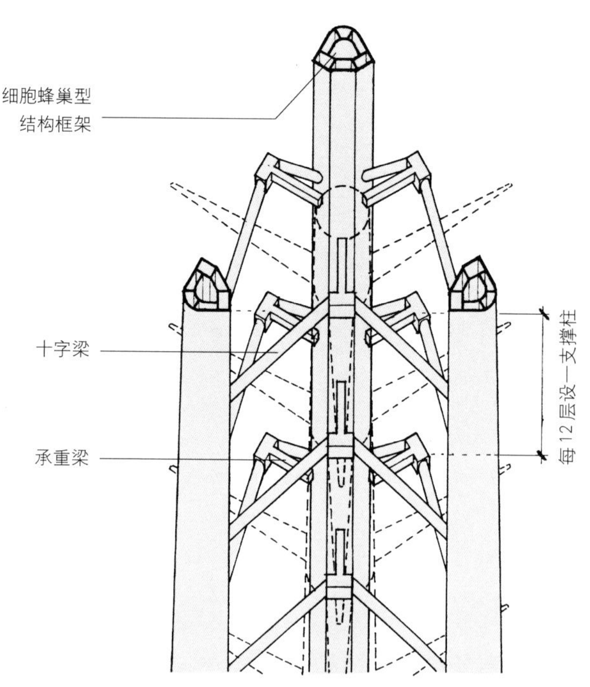

盘状楼板与结构

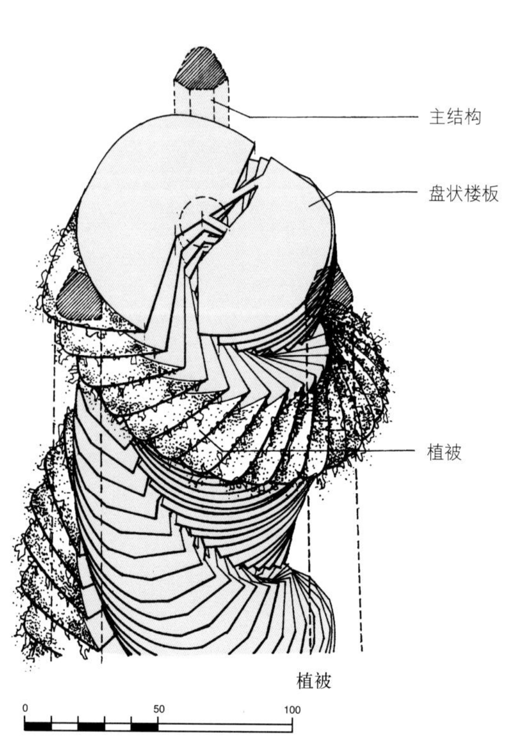

植被

副结构

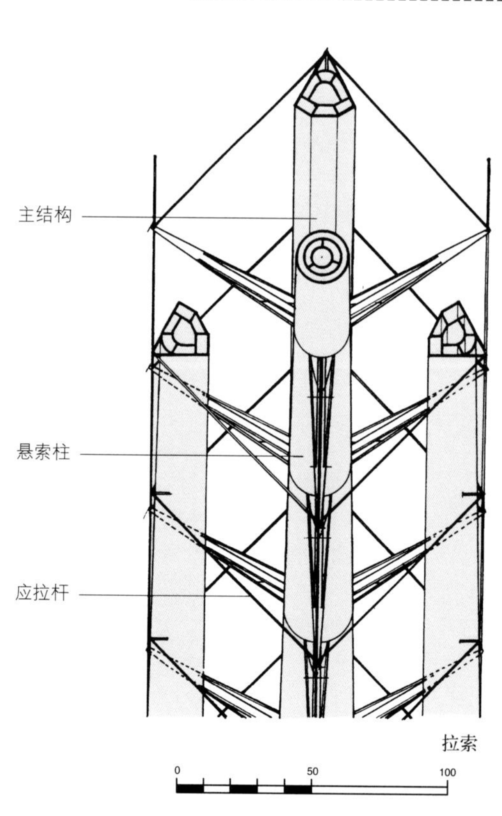

拉索

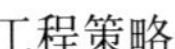

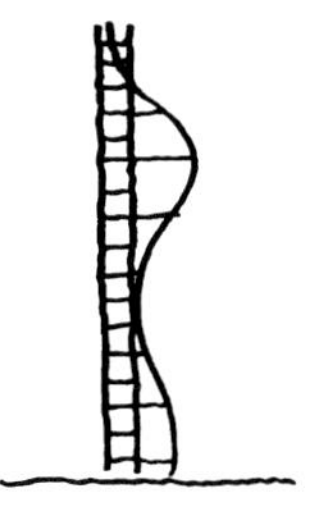

季节性变化

湿度

湿度变化贯穿全年，但在底层和有云层湿度最大。

风速

地球表面的摩擦以及建筑物的作用使得气流减慢。

风速

地球表面的摩擦以及建筑物的作用使得气流减慢。

气候预报

气候是大气热力、空气流动及大气压力的复杂相互作用。靠近太阳表面，微气候因素作用更强，而地球上对其的认知可预见性更小。

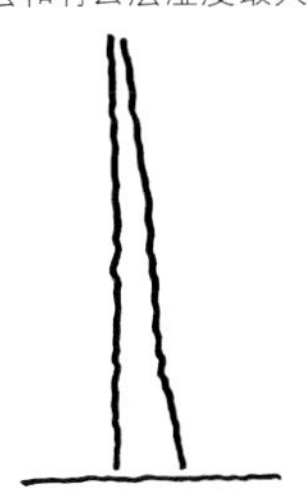

大气温度

大气温度随高度下降而降低

大气压力

大气密度随高度减小，因此，压力也减小。

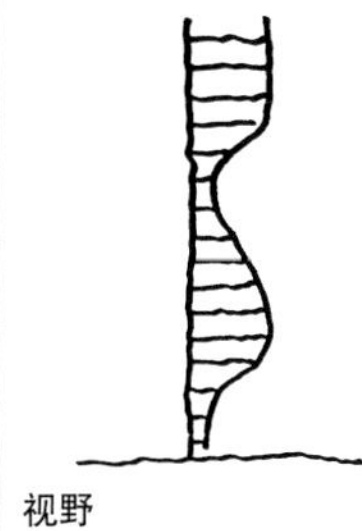

视野

底部周围的建筑会阻隔视线，而高处的云层也会减弱可见度。

太阳辐射

太阳光通过大气层时其能量逐渐减小。不过，当它碰到云层时会发散，因此，增强了对低楼层的辐射。

空气密度

空气密度随高度增加而减小。

转距和风力

气流环绕建筑，底部楼层受到限制，气流转距最大，并随高度增加而减小。

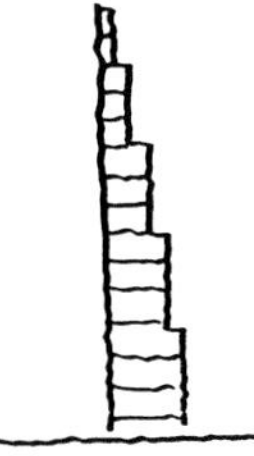

竖向活动

越靠近楼层底部的入口，人们的竖向活动越多。

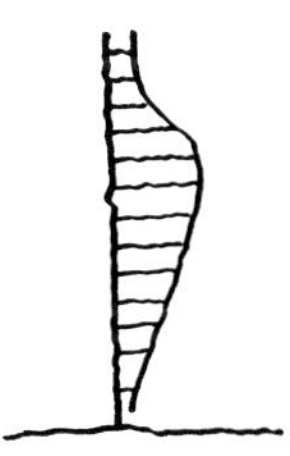

降雨

云层凝为水滴并降至地面。当它下降时，其中一些会被上升气流抬起，另一些则会蒸发，因此，它的强度随高度下降而减小。

地面噪声

例如，街道上的噪声在第5层基本就消失了。

地面风力载荷导致的扭曲力

风力使建筑弯曲。建筑底部受限制，扭曲力最大，并随高度上升而减小。

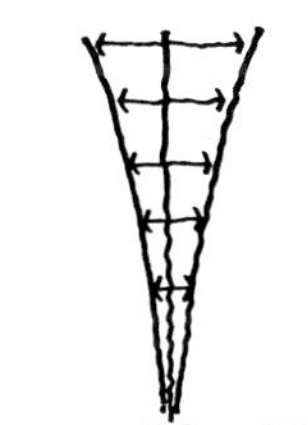

水平晃动

当气流通过建筑时，压力的不均衡使得建筑晃动。

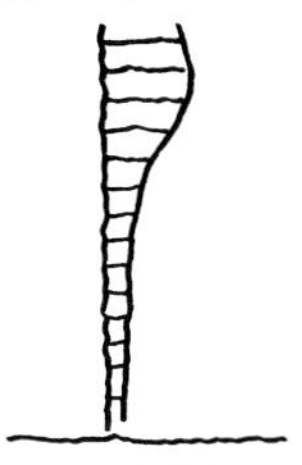

气候变化的速度

地面能提供一定的热量储备，以缓和天气的突然变化

污染的集中

主要污染源来自于交通工具和工业。交通工具产生的污染大多聚集在地面层，而工业产生的污染则漂浮在高处。

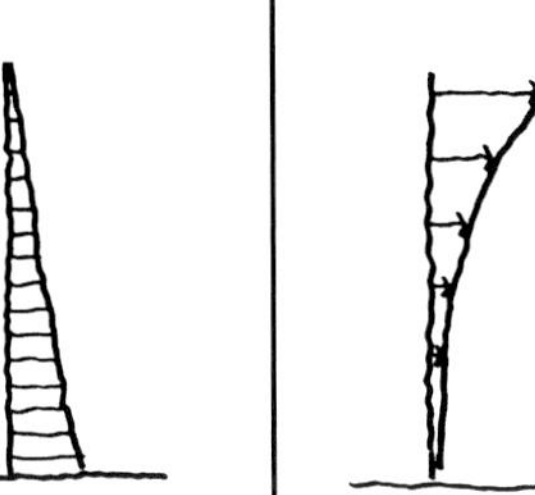

风力负荷产生的水平切力

气流产生切力，建筑会朝向基础部分作出调节，在底部切力最大。

水平偏转

当气流撞击建筑时会产生偏转。偏转最大处位于离地面基础最远的点。

工程策略

咨询工程师 克里斯 · 麦卡锡
贝特 · 麦卡锡咨询工程师事务所

人们一般认为，板楼的进深是很大的。这个设计将此规律打破，让每个楼层的进深不超过12～15m，否则建筑在白天就不能获得自然采光，而且在一年中间的一些季节也不能够得到自然通风。

方案将建筑视为由825个单元相互堆积而形成的，每一个都支撑着它上面的体块，但是每个体块都具有不同的气候条件，如温度、太阳辐射、阳光、噪音、风速与频率、空气质量、密度以及湿度。

体量中开发的最高一个单元鹤立鸡群，能够与在槟榔屿或英国萨里的最高居住点相媲美。

结构设计

建筑被分为8个可互相支撑的体块，轴向负荷由对角线布局的支柱与拉索来承载，拉索带有节气闸，能够使得压力的峰值最小化。整个结构采用地基与桩基相结合作为基础。主要结构的强度随着高度的增加而分段减小。拟使用的合成材料具有高硬度和轻质高强的性能。

环境设计

所有的工作空间都采光良好，且在一年的夏秋季拥有自然通风。夏季里凉爽的夜风将冷却整个结构系统。而在冬季整个建筑则通过蒸汽泵获得机械通风，新鲜空气通过太阳能接收器来预热。

能源、水和废弃物

8个体块中的每一个在能量、水和废弃物上的处理都是可持续的。每个体块都设有一个能源中心，同时也带着一套水处理设备。低能耗建筑的有计划的能量需求主要由风力、水力、太阳能和废弃物（包括植被的废弃物）转化能提供。

建造

当建筑在施工时，每一个分体块完工后，人们马上就能使用。建筑将成为一个持续的工地，当最顶层完工的时候，下部的楼层即将开始翻新。

一般来讲，建筑单元离地面越高，受到季节变化的影响就越小，并且它将处于一个更宽松的、更凉爽的气候环境中，并得到更多的太阳辐射。不过，即使是发生在较小的边缘区域，天气变化也会比我们在地平面上所习惯的情况要迅速得多。

建筑高处的体块需要获取最多的太阳辐射能以赢得热量，开放空间需要一定的遮蔽设施以阻挡气流，而建筑立面的处理则需要倍加小心，来适应天气在几分钟之内的变化，这比它在一年中的改变更为重要。

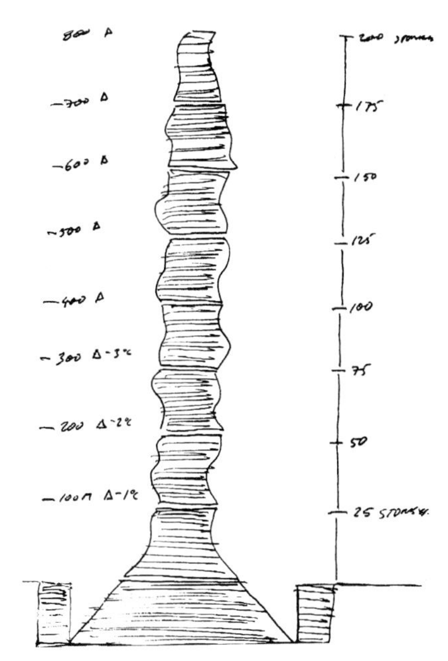

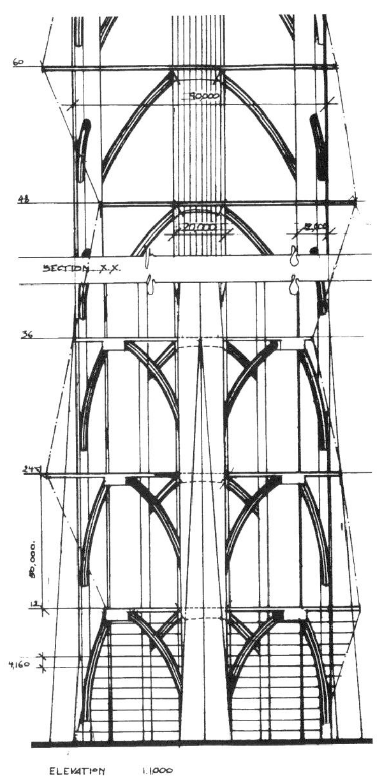

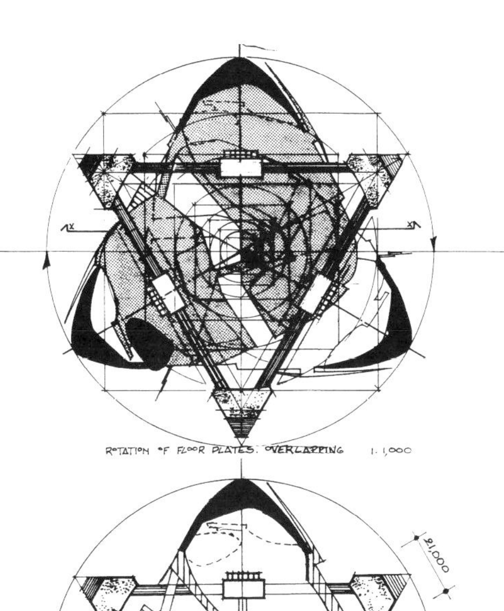

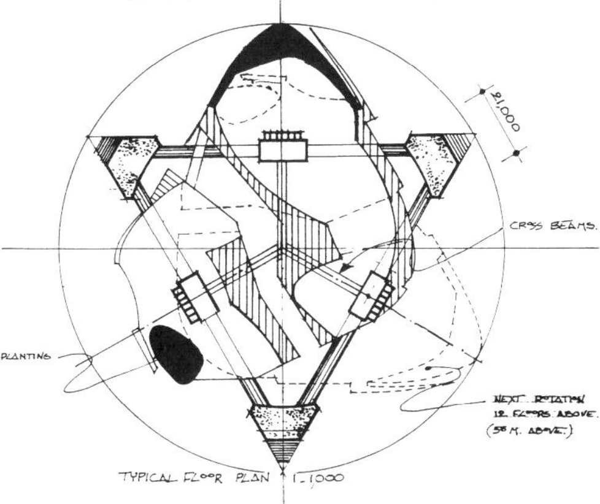

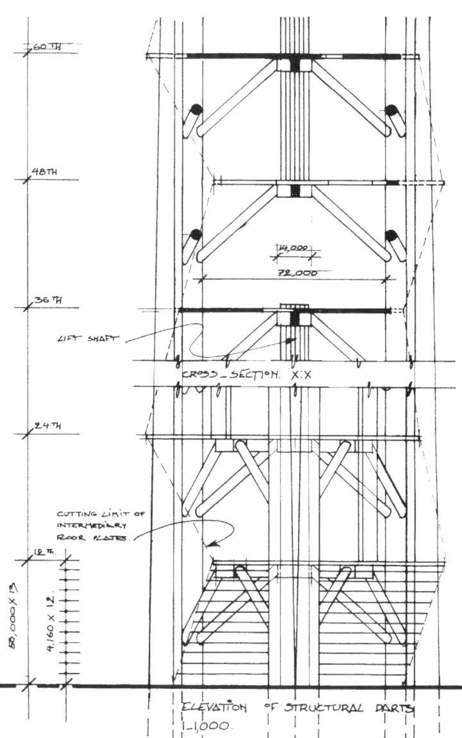

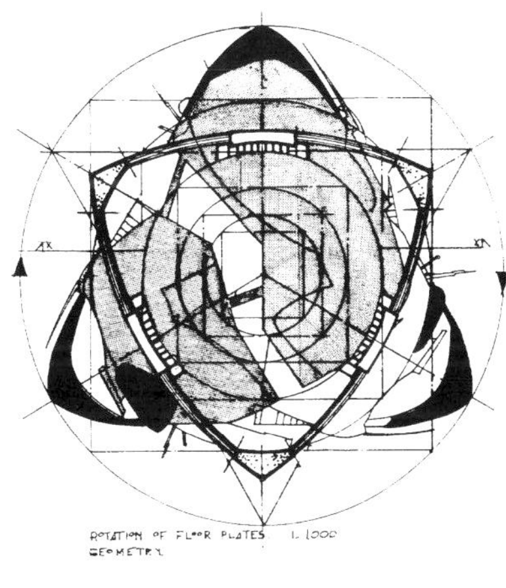

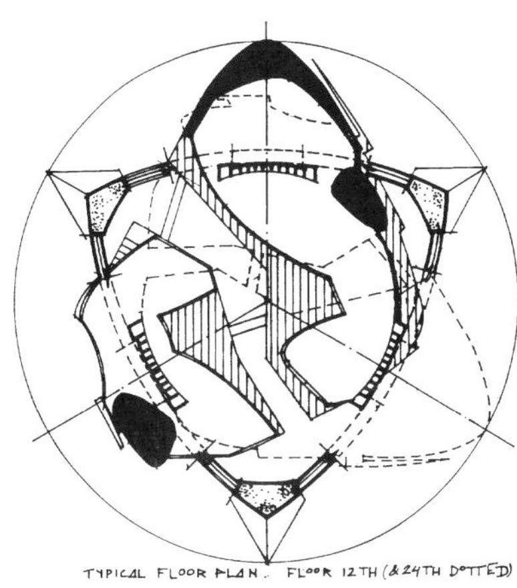

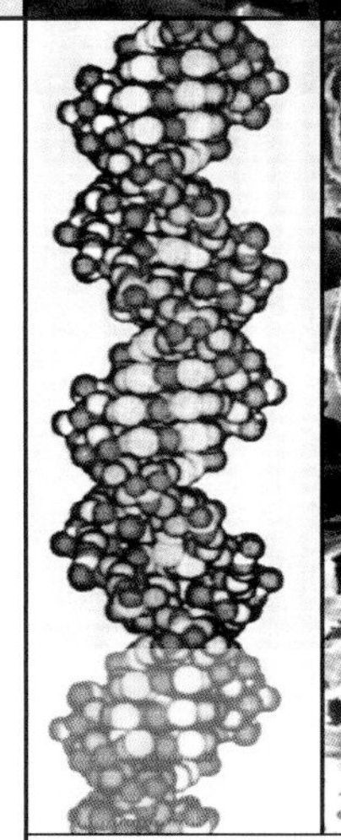

DNA 塔楼

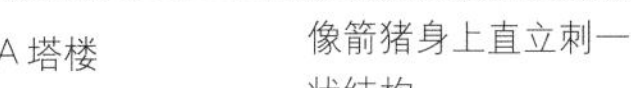

像箭猪身上直立刺一样的蜂窝状结构

高层建筑不应该是一系列的同样的混凝土楼板堆积起来

类似于生物气候学高层建筑的蚁丘

类似于螺旋状的杂志堆砌

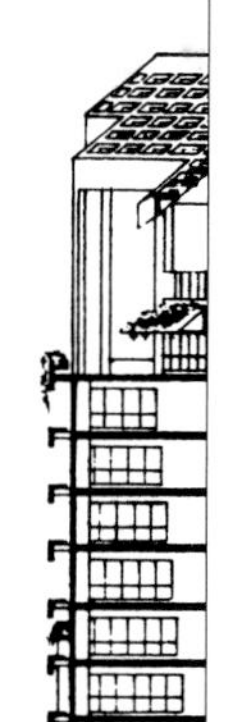

和广场中庭大厦一样，IBM广场大厦也是杨经文早期的“**白色立方体**”系列的高层建筑作品，与他以后成熟期典型的设计风格有所区别。不过，它仍然带有一些运用生态气候学建筑的基本特征，较为明显的是朝向选择、自然光防护、立面绿化等。这个复合体也有一些城市层面的内容，它融入了杨经文早期关于**竖直城市主义**的初步设想——在这建筑作品中体现了一些片断——如中间半开放的通道层以及上部楼层中带屋顶的露天平台。

整个设计试图展现业主公司的进取精神，它包括两个部分——高层建筑本身（包括停车设施、办公空间）以及附属的两层餐厅（通过一个曲线型过道与主楼相连）。整个连接体位于地面的广场之中，并通过带硬质铺地的步行道与周围的商业设施相连。

建筑的总平面形式对应于两个几何元素——倾斜的太阳轨迹、规则的场地以及周边的道路网。建筑平面实际上是一个分为9个单元的正方形，对应于太阳轨迹而朝向正南北，在温度最高的东西立面外侧布置密集的服务设施，用来遮蔽阳光的同时，并与场地的几何形状相对应。另两个特点则是出于对热带气候的考虑：地面层电梯厅为开敞形式而且拥有良好的自然通风，架空的柱列清楚可见，大厅则通往室外广场。同样，建筑最顶层是一个巨大的带有开启式百叶的滤光器。它采用的形式是带地域特色的倾斜构件，试图唤起人们对传统马来建筑的记忆。

IBM广场大厦

雪兰莪州，马来西亚

这两个**开放性**的元素——底部大厅和建筑屋顶，由竖直的立面绿化相连：

> **"……当地的景观与植被以一种创造性的方式被引入，一个植被盒与格架构成的竖直攀爪的绿化系统从地面层的一个土墩开始，并沿着建筑立面的对角线方向上升。在中部楼层，绿色植被在水平方向横贯半开放的楼层——霍克斯中心区——并在建筑的另一个立面上沿对角线上升一直到屋顶的露天平台。"[1]**

竖直景观绿化的大尺度对角线的几何形构成了一种螺旋型的自然环绕，这种形式在杨经文以后的一些项目，如奈良大厦中，发展得更加成熟。

在这个建筑作品中，对角线形式的景观绿化由悬挑的楼板拱檐支撑，向楼内深深凹陷，并由此形成了自然的遮阳篷。在上部楼层，楼板和拱檐是倾斜的。并以一种翻转的阶梯状形式向外延伸，这提供了额外的凸出空间以及更多的遮阳面积。

在建筑形式适应气候的同时，总体设计中出现的种种变化也试图宣告对现代主义办公楼的常见形式的抛弃，而提出一种更加自由的、对环境更敏锐的、可供选择的形式。

尽管在杨经文所有的运用生态气候学建筑系列中，IBM广场大厦并不是很重要的一个作品，但它仍然代表了这种类型在全面演进中的一个组成部分，包括朝向、遮蔽、阴翳以及自然通风等要素。

1 Yeang 'Bioclimatic Skyscrapers', op. cit. p 49

业主 TTDI 开发公司
地址 塔曼通-伊斯梅尔大街，吉隆坡，马来西亚
纬度 北纬 3.3°
总层数 24 层
开工时间 1983 年
竣工时间 1985 年
面积
总建筑面积（不含停车场） 26057 m²
总建筑面积（包含停车场） 41885 m²
停车场面积 15838 m²
霍克斯中心区 52 m²
场地面积 8096 m²
容积率 4.1

设计要点・整个建筑由一个高层办公楼和一个两层的餐厅构成，它们通过一个曲线型的过道相连。两个体块并列在一个广场之上，周围是人行道，并通过硬质铺地与邻近的商业设施相连。

设计中考虑了两个几何形式的限制：一是阳光（即光线的几何路径），另一个则是对应于道路的场地（即场地的几何特征）。对应于光线路径和场地特征，标准层朝向选择正南北。服务设施集合（电梯、楼梯和卫生间）则布置在建筑温度较高的侧面（即东西两面），并对应于场地的几何形状。在规划与布局中采用这样的结构形式，建筑就能够较为适应当地温暖湿润的热带气候了。

倾斜屋顶是对当地传统建筑形式的追忆。而当地的景观与植被也巧妙地引入到这个高层建筑中来，以"植被盒"构成一个新颖的竖直上升的绿化系统，在建筑立面沿对角线攀升。在中部楼层，植被横贯整个楼层，之后在建筑的另一个立面上同样地沿对角线上升直至建筑顶部的露天平台。连接广场的底层入口大厅向室外开敞，并且拥有良好的自然通风。上部楼层以不规则的形式向外延伸，形成一个凸出空间。建筑体量为不规则形，抛弃了原来现代主义追捧的纯粹几何体块的高层形式。

策划・塔曼通-伊斯梅尔公司的开发商们需要一个标志性的公司总部建筑，来折射出公司进取的时代精神，同时还要保持当地建筑的一些传统特征。容积率的最大限值为3。而建筑的主要部分将租给 IBM 公司。

结构系统・钢筋混凝土的框架结构，桩基，滑动模板铺筑的混凝土电梯井，带基础的墙体。

外立面・预制排水遮阳篷
・彩色玻璃加厚镶板
・外墙贴面砖
・建筑最高层采用预制玻璃-钢筋混凝土的百叶窗屋顶

室内装饰・面砖贴面、石膏顶棚、悬浮的吸声板、混凝土楼板、上覆地毯及乙烯基石棉瓷砖。

机械系统・地下停车场：被动调节的通风系统
・办公空间：空调系统

种植盒细部，带重力作用的灌溉与施肥系统

植被

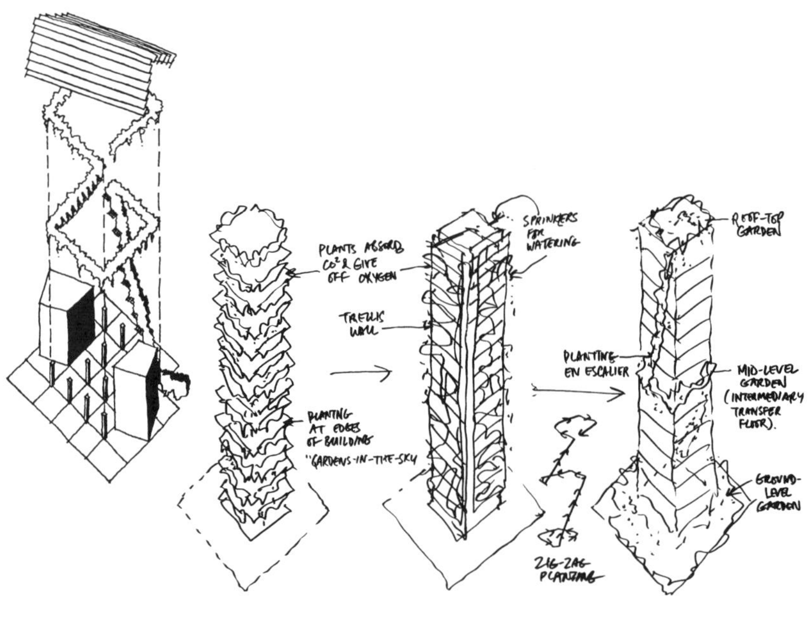

阴影研究

5月1日	5月21日	6月22日
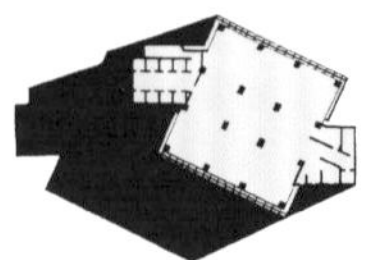 11 am	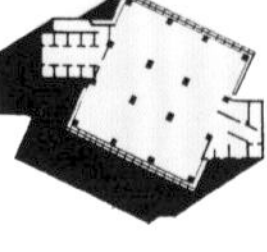 11 am	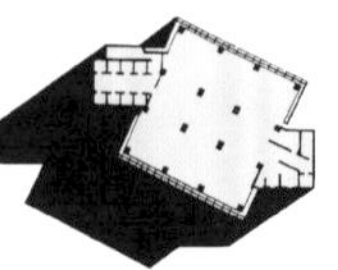 11 am
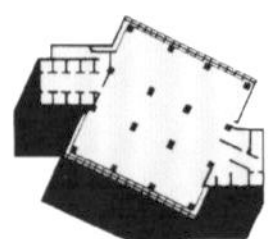 12 pm	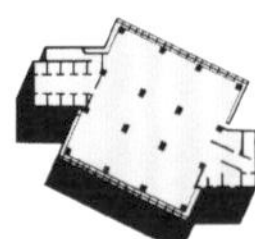 12 pm	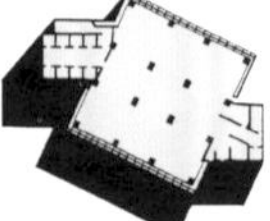 12 pm
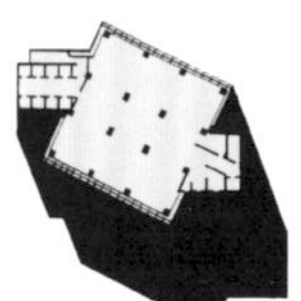 1 pm	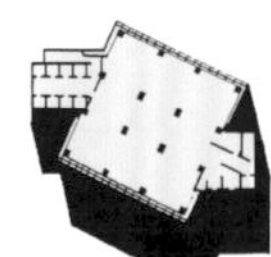 1 pm	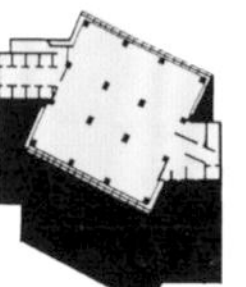 1 pm
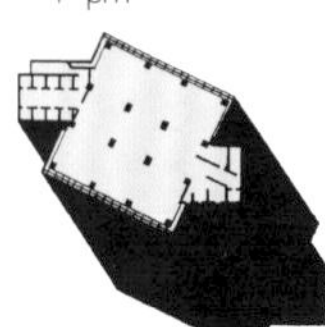 2 pm	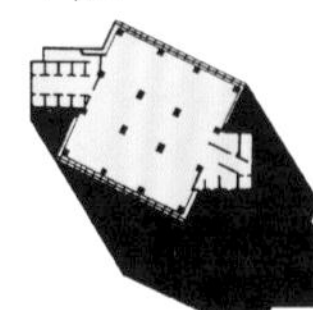 2 pm	 2 pm
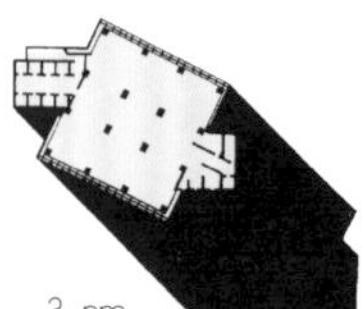 3 pm	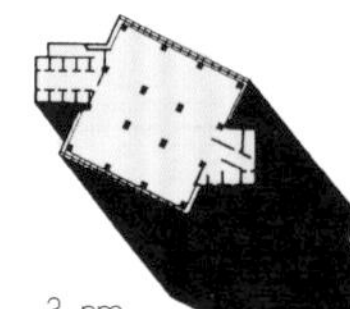 3 pm	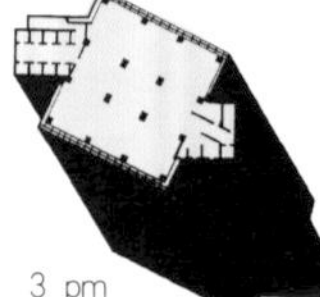 3 pm
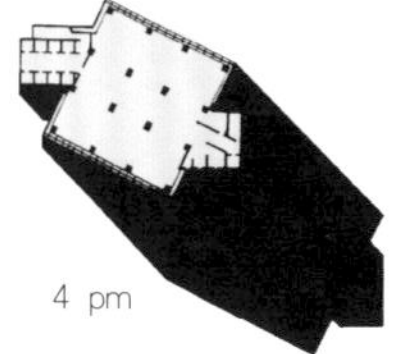 4 pm	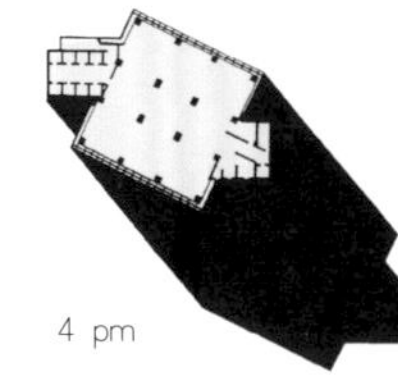 4 pm	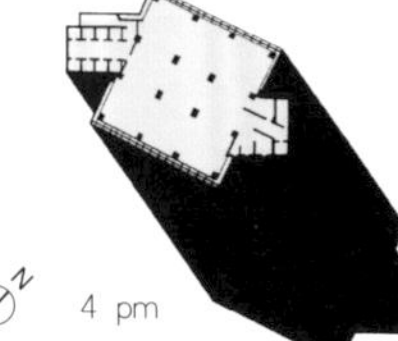 4 pm

遮阳设计

高密度办公层平面图

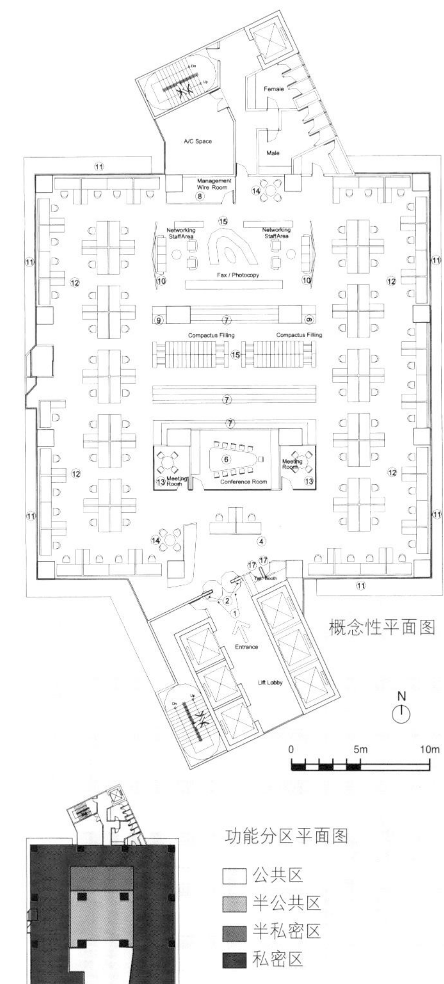

概念性平面图

功能分区平面图

- 公共区
- 半公共区
- 半私密区
- 私密区

提供的工作站数-76

需要的职员数-40

建议的机动分配量-76/140

要点

- 分组排列工作站
- 工作组中提供会议桌
- 在网络状布置的员工工作区域中引入开敞性的概念以促进交流
- 碎纸机固定设置，靠近可移动柜及档案柜
- 工作组接收自然采光

分区

- 公共区：布置在接待处附近的会客厅与会议厅
- 半公共区：碎纸机，可移动柜，档案柜
- 半私密区：职员网络工作区 ，传真和影印
- 私密区：工作组

自然光渗入（标准层）

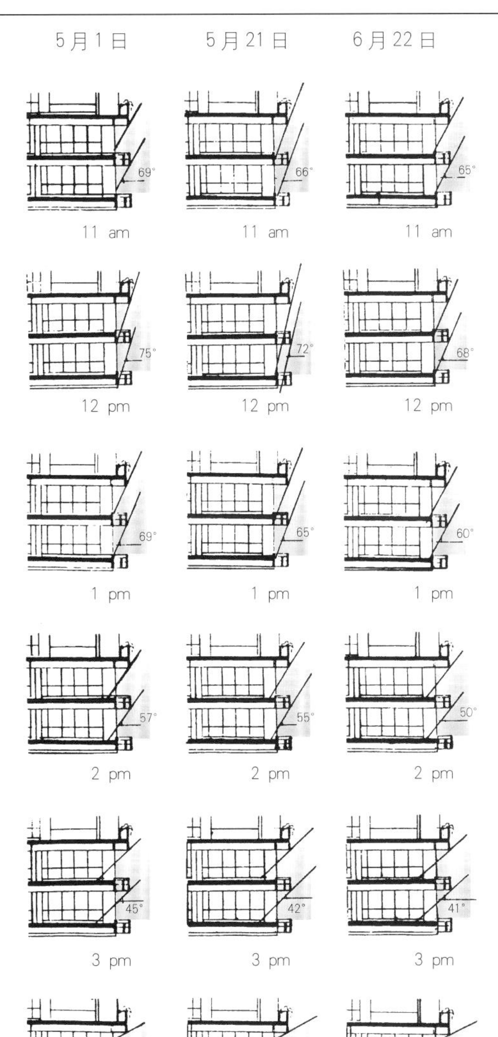

自然光渗入（屋顶层）

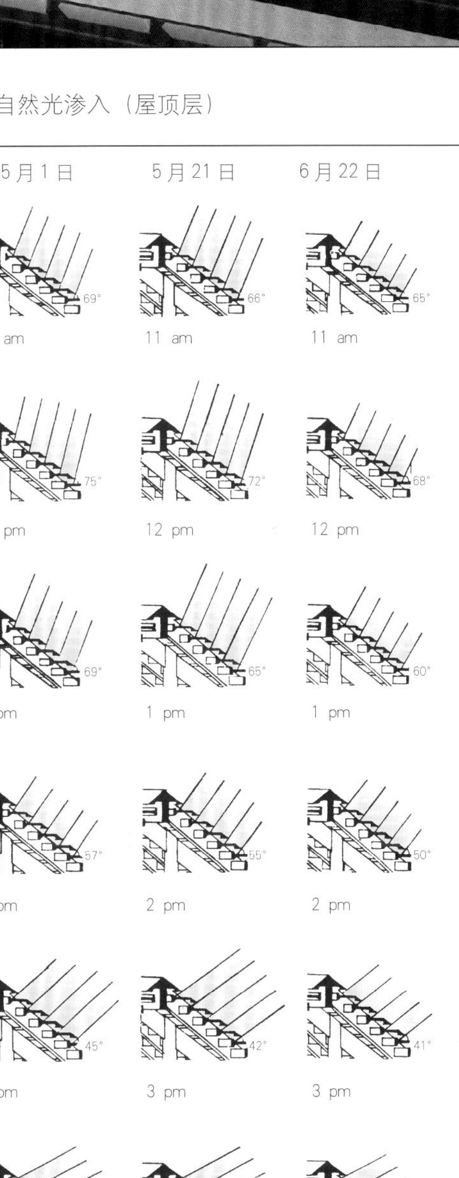

梅纳拉-鲍斯特德大厦实际上是杨经文早期的**生态气候学高层建筑**系列中的一个过渡性作品，它界于最初的“白色立方体”的广场中庭大厦（1981）以及其后的“银色圆柱体”的梅纳拉大厦之间。

尽管按照合同，这个高层建筑的基本功能是作为公司总部大楼，仅包括办公空间与停车场，但是杨经文的设计意图则要超越常规的标准办公层中不断重复的模式。因此，这个项目中包含了很多杨经文在以后工作中反复出现的重要的创新元素——主要有空中庭院的引入、带遮蔽阳光的核心服务区、防雨及隔热的铝质面层。

方案的平面形式以方形为基础，但是一侧稍微凸出，且被外围的转角空间所环绕。这样的形态构成使得在外围拐角处引入**空中庭园和露天平台**成为可能，从而使得建筑的整体形式从上到下显得别具一格。这些外部的过渡空间同时还承担着一些环境功能：阳台上有可灌溉的植被，它们提供的阴翳为整个建筑的玻璃窗的开启提供条件，这让自然光线与气流都能进入室内空间，从而提高了空间使用的品质与舒适度。

覆盖植被的露天平台在局部切入到建筑的圆柱体的形态中，它最重要的作用是在结构清晰的体块中加入一些绿色条纹，并以丰富多彩的植被来美化建筑的立面。考虑到建筑高度及其所处的高度城市化的区位，这个要素增加了使人轻松的元素。空中庭园作为一种建筑设备，成为杨经文以后设计中至关重要的元素。而关于深深凹切的立面、阳台、植被、隔热层以及整体的遮阳结构之间的基本组合原则，在梅纳拉-鲍斯特德大厦的设计中都形成了良好的基础。

梅纳拉-鲍斯特德大厦

吉隆坡，马来西亚

在最终的总平面设计中，梅纳拉-鲍斯特德大厦的朝向安排与热带的太阳轨迹相适应，这对建筑形式产生了一系列显而易见的影响：大体量的电梯服务中心、卫生间与楼梯则布置在温度较高的东西方向以遮蔽阳光。此外，电梯中心布置在平面的周边区域，这使得自然光线和气流能够很容易地进入到这些空间。与常见的中心布局相比，这种转换不仅使得交通空间更加舒适，而且在电源切断的特殊情况下也更加安全。

除了在东西立面的开窗设计中采用了遮阳设施以及利用植被的降温作用之外，这个建筑结构的面层处理也是值得注意的。它由悬挂的双重外层构成，表面是防雨的铝质外壳，同时具有隔热与散热的功能，在热量传导至主要的内部结构之前就能将其滤去。

建筑顶部是一个屋顶天台——这也是一个在杨经文后来的作品中得到充分发展的特色。

梅纳拉-鲍斯特德大厦项目受到严格的控制，但仍然有很多的创新之处，同时还保持了商业价值。它的低能耗的、甚至无能耗的模式特征，增强了使用效能与美学属性。1986年，梅纳拉-鲍斯特德大厦的建成为杨经文设计理念留下了一个总结性的表述。

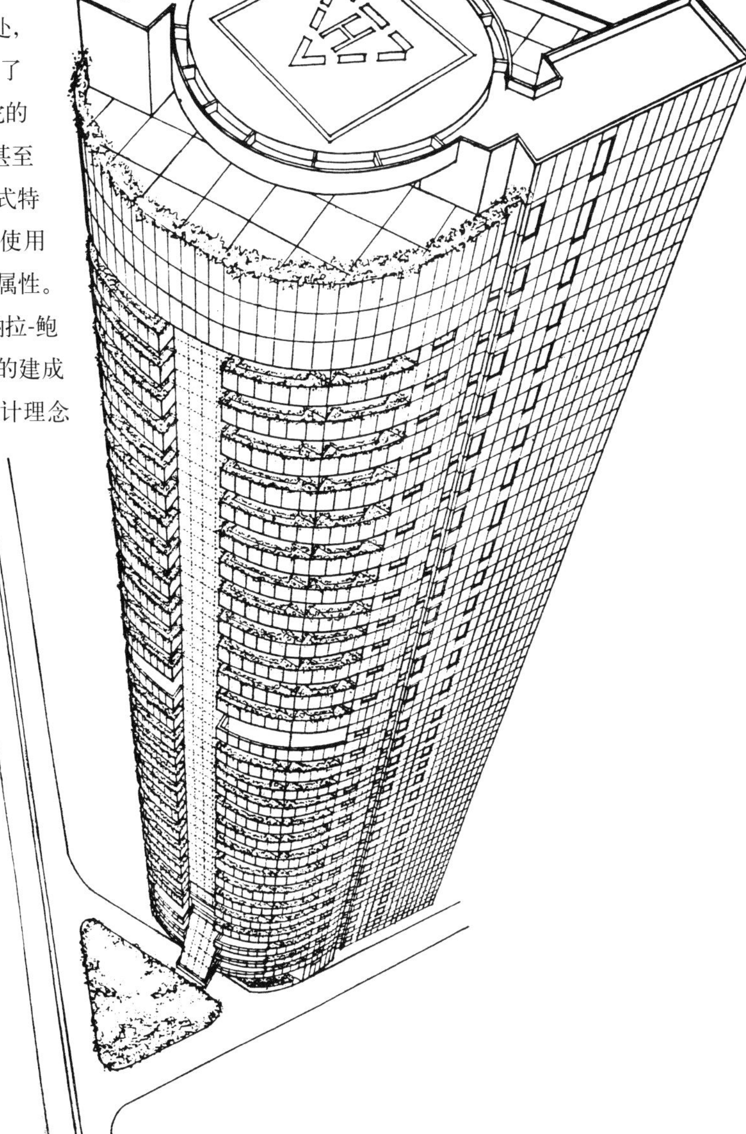

业主 鲍斯特德公司
地址 拉贾-丘拉大街，吉隆坡，马来西亚
纬度 北纬3.2°
总层数 31层
开工时间 一期（第一期16层的办公楼以及8层的停车场） 1986年（5月）
二期（办公楼的第十七层，地下层，停车楼的顶层） 1986年10月
竣工时间 1986年
面积 总建筑面积 29840 m²
停车场面积 15630 m²
停车位数 400个
场地面积 1920 m²
容积率 6.97

设计要点 • 设计目标是使办公建筑摆脱作为矗立在空中的系列混凝土楼板堆积而成的体量。在这个建筑的每层中都引入了“拐角露天平台”，布置在建筑中向上通道的所有拐角处。这些空中庭园型的露天平台具有以下功能：

- 上部楼层中引入植被与景观。
- 形成一个灵活的空间，为以后增加卫生间等设备留出余地。
- 充足的阴翳使得采用落地式的玻璃窗成为可能，从而保证了办公空间的采光质量。
- 为附加的空调设备留出空间，这在目前的绝大多数建筑中都是不可能的。

• 这个建筑的总体理念适应热带的强烈自然光。建筑面层覆盖通风的铝质外壳，它能隔热并散热，使得热量不能进入到建筑的主要结构中去。

• 作为典型的高层建筑，标准层平面最好地诠释了这些理念。其特征如下：

- 升降机和卫生间布置在建筑温度较高的侧面，即东面和西面。
- 电梯厅拥有自然采光与通风。
- 所有的窗户都有遮阳防护。
- 拐角处布局大进深的阳台作为空中庭园。

场地 • 由位于吉隆坡中心商业区（称为金三角地区）的两个相邻地块组成。这是高档写字楼与商业开发的一流区位。

场地西侧是一个空白地块，规划中也是一个办公建筑，而东侧是一个已建成的办公楼，并为同一个业主所有。

周围建筑都是高层办公楼与酒店。

策划 • 业主需要一个能作为集团公司总部的办公建筑，公司在种植业（橡胶和棕榈油）、工程、海运、保险等领域均有涉猎。业主需要一个非凡的高品质设计作品，并在尽可能短的时间内建设完工，以便在竞争激烈的房地产市场中获得一席之地。因此，最终决定压缩整个项目从设计到实施的工期。整个建设周期为18个月。

结构系统 • 结构框架采用钢筋混凝土，设计能抵抗里氏6.5级地震(此书不确，原文如此——本书责任编辑注)。预制的钢筋混凝土梁用来承载大跨度（柱间）的办公层楼板（最大跨度为111英尺）。所有电梯井都采用滑动模板现浇铺筑。建筑外立面覆盖铝质框架及铝合金板，并采用碳氟化合物油漆处理表面（共14563m²）。门厅采用深玫瑰色的花岗石与深褐色的大理石，顶棚用铝合金。店面和窗框则采用天然的阳极氧化铝。

主要材料 • 使用的材料包括花岗石、大理石、面砖以及其他墙面使用的喷涂式面砖。

机械系统 • 办公层使用中央水冷式空调系统：通过控制空气量的变化来调节每单元的温度。安装了一个“清洁的”电力供给线以满足灵敏的电子设备（计算机）的需求，同时安装了一个专门的天线系统来接收电视信号。

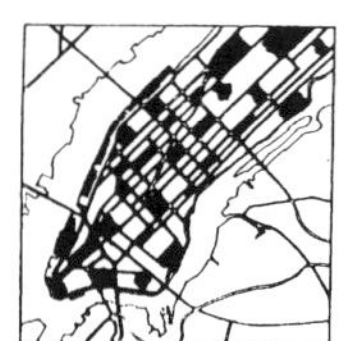

分散的种植

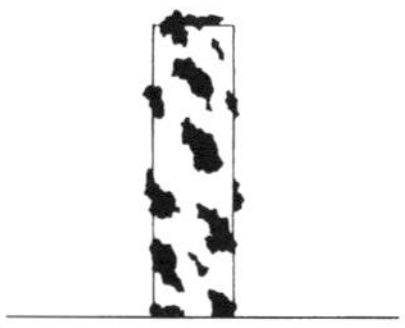

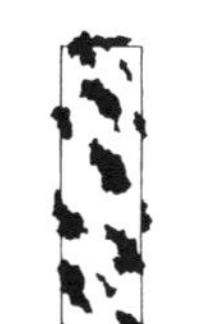

混合

Scotiabank

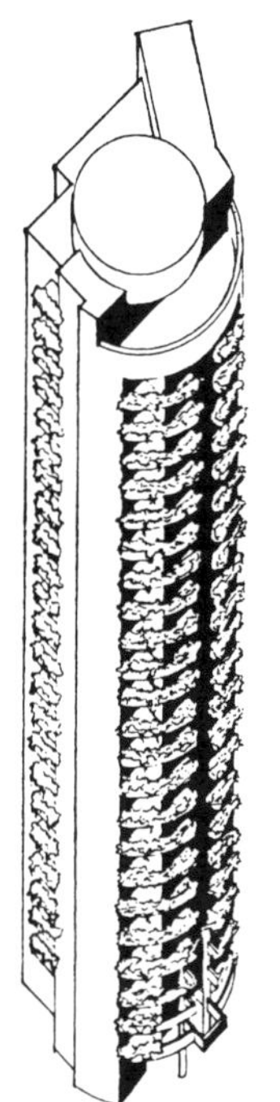

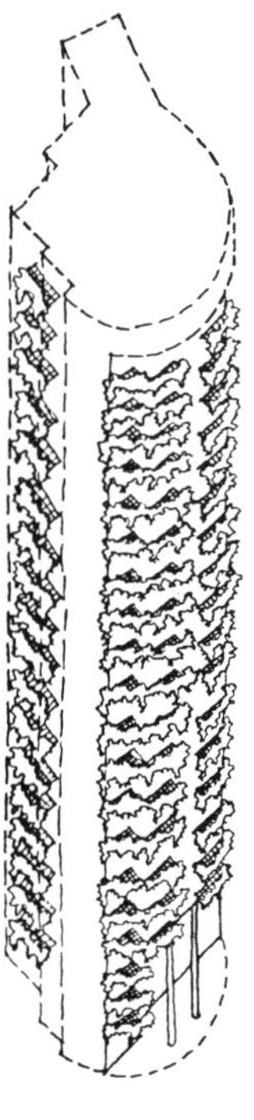

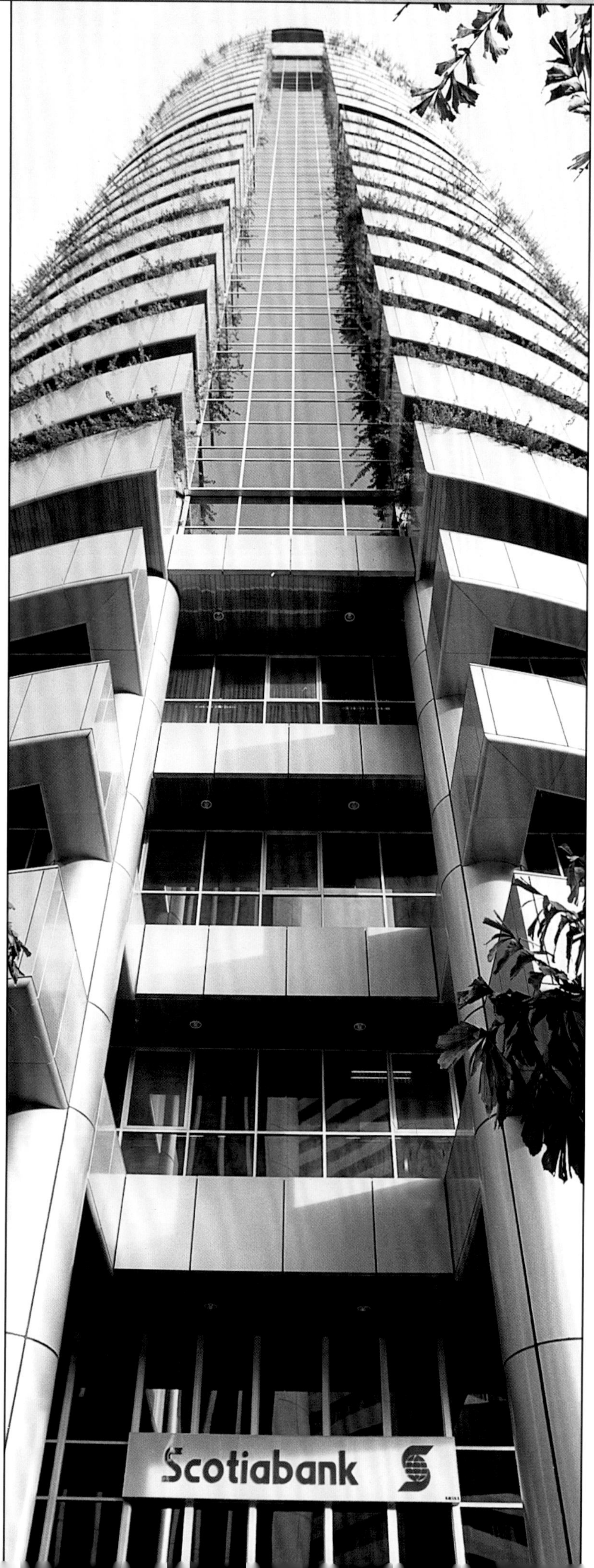

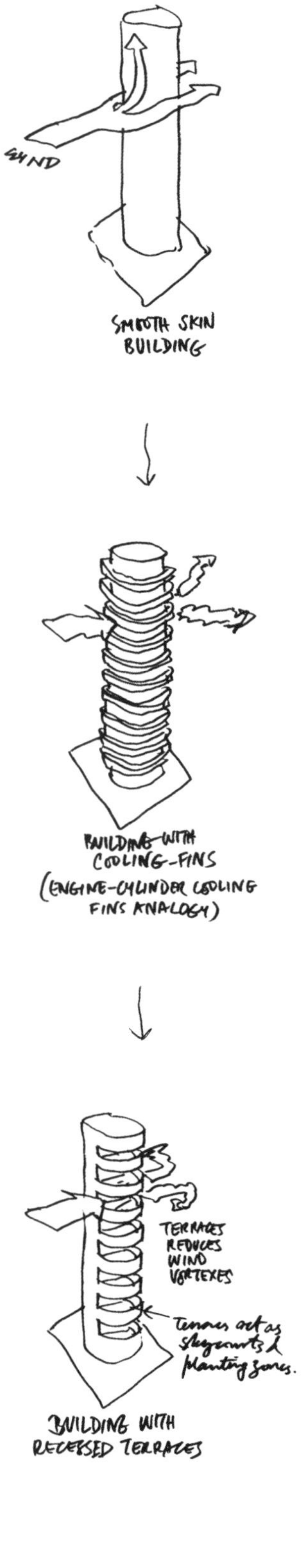

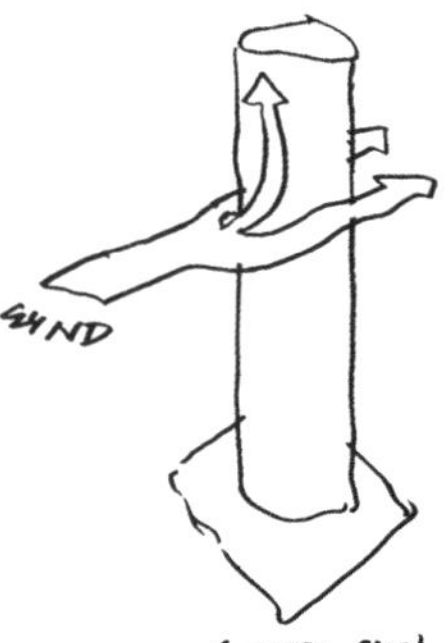

WIND
SMOOTH SKIN BUILDING
BUILDING WITH COOLING-FINS (ENGINE-CYLINDER COOLING FINS ANALOGY)
TERRACES REDUCES WIND VORTEXES
Terraces act as skycourts & planting zones.
BUILDING WITH RECESSED TERRACES

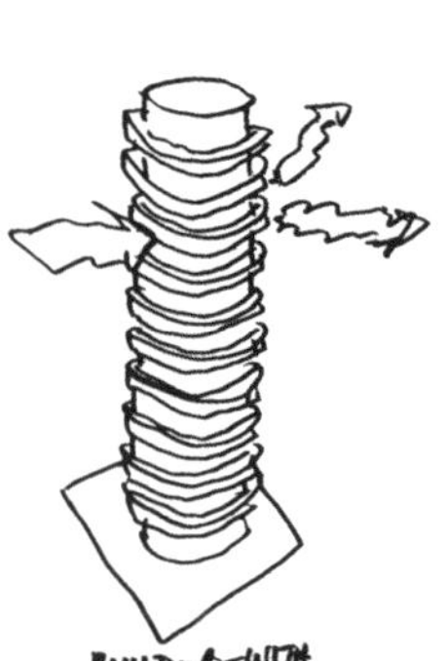

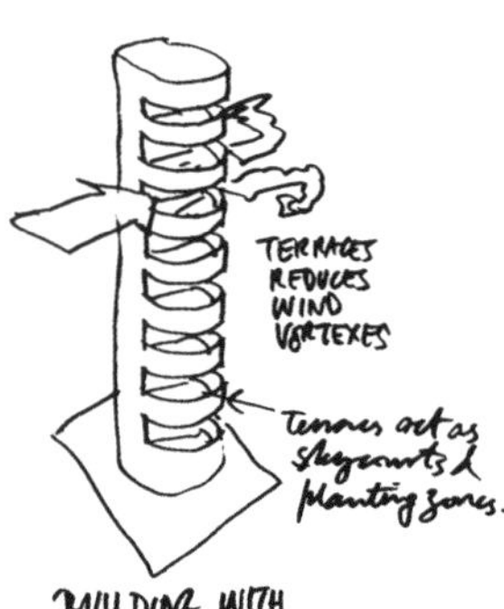

1 无遮阳系统的玻璃幕墙

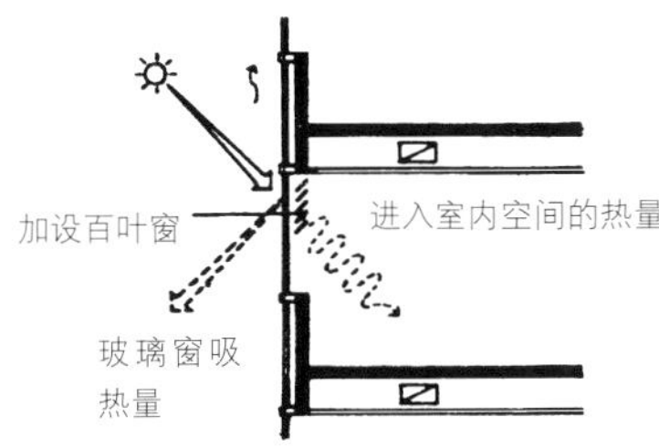

2 大进深的凹进与阳台

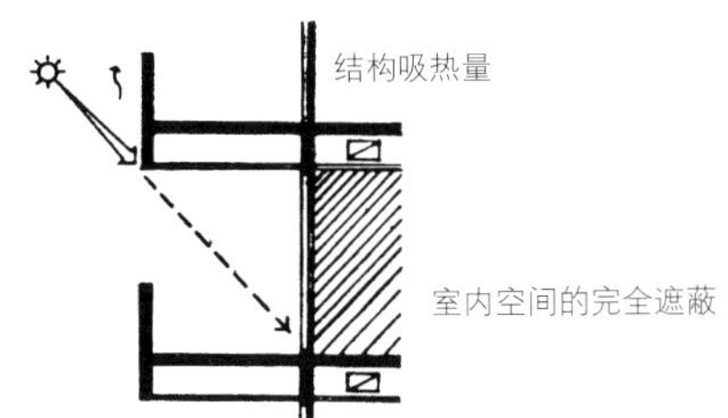

3 凹进的玻璃窗

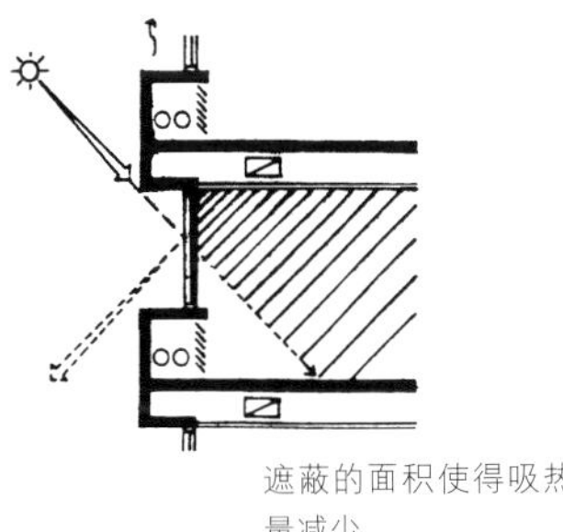

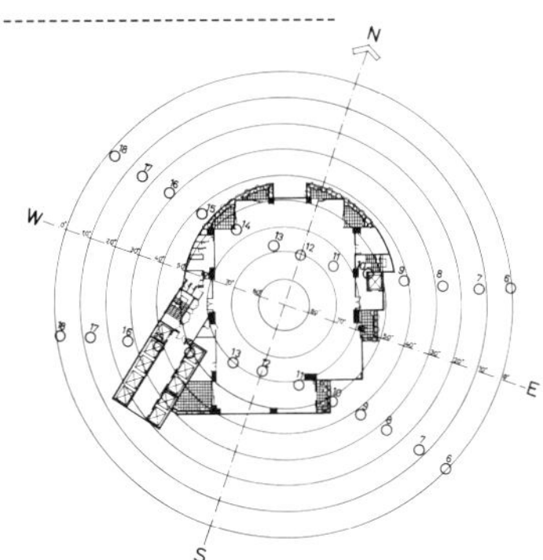

4 水平的遮阳板

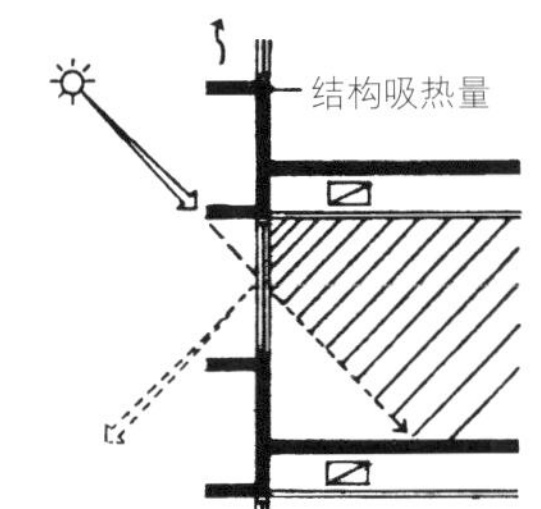

5 垂直的遮阳板

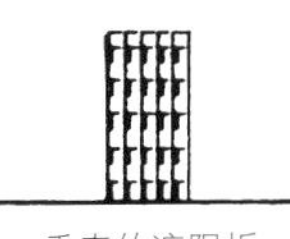

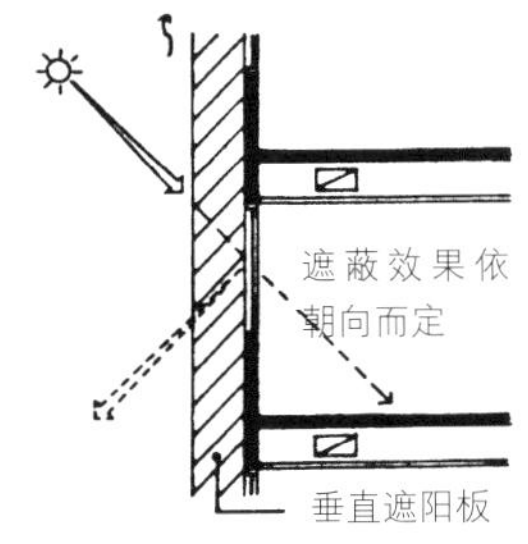

6 大进深的凹进与阳台、植被、吸热饰面层相结合

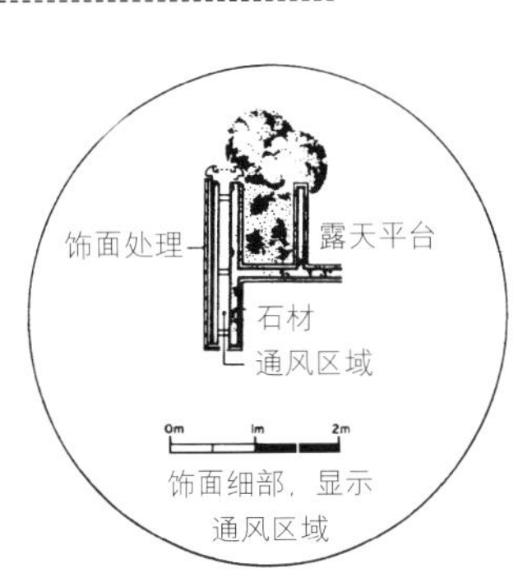

饰面细部，显示通风区域

场地总平面图

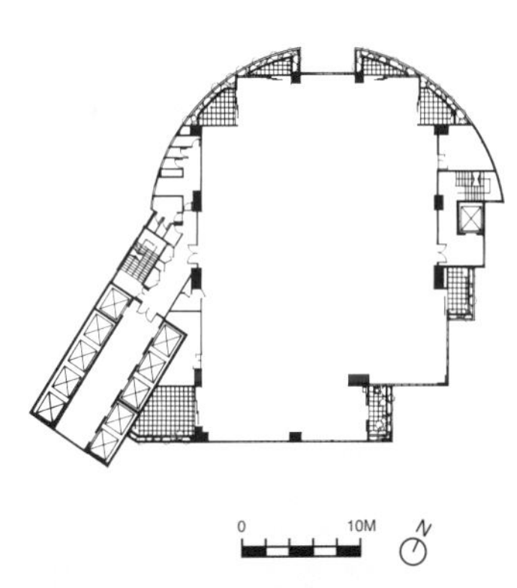

标准层平面图

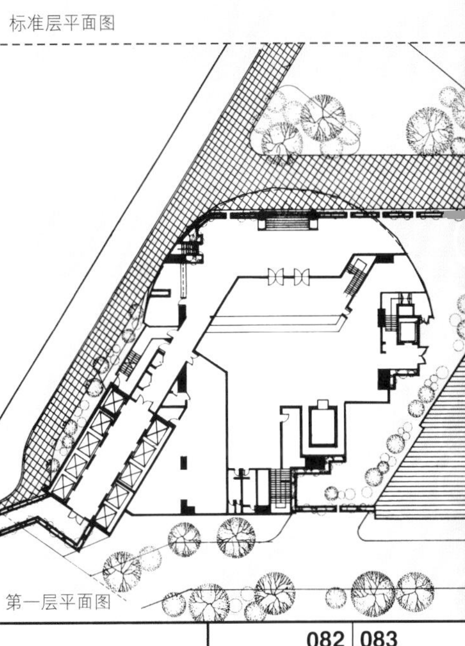
第一层平面图

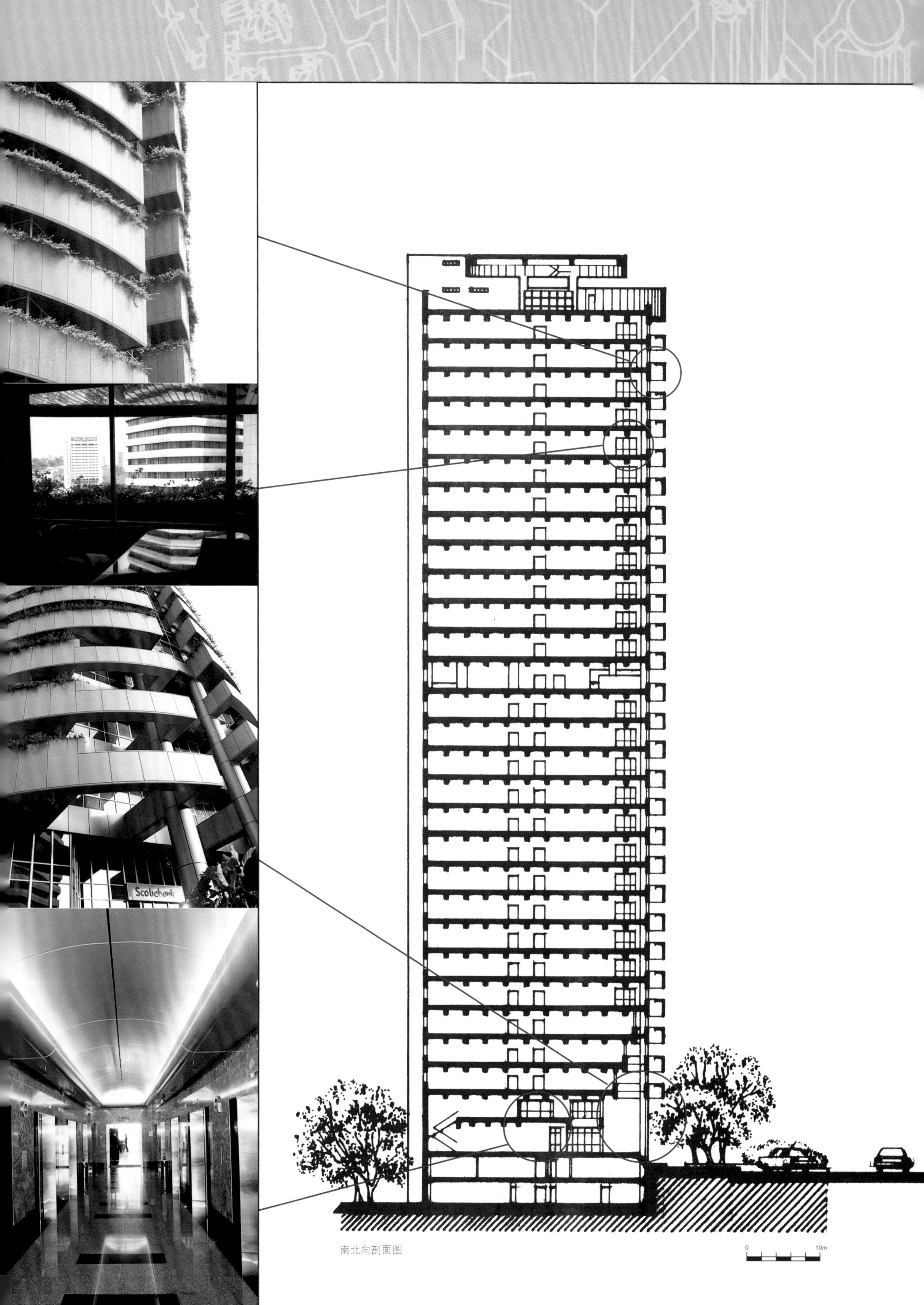

南北向剖面图

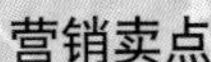

设计特色

特色 2
空中庭园
a）遮蔽办公区域并降低能耗使用
b）景观与植被
c）附加的空调单元
d）主管人员盥洗室
e）小厨房

特色 1
主管人员工作区
a) 为盥洗室（管道间与厕所）提供空间
b）开阔的视野
c）带景观绿化的庭园
d）为附加的分体式空调冷凝器提供空间

滑动门

特色 3
多入口的盥洗室门厅，从一单元租赁的办公空间中能够直接进入

特色 9
可扩展的 AHU 能承受额外的负荷，可作为未来的电脑房与会议厅

特色 4
卫生间／服务中心位于西侧面，保证出租的办公空间接收到最少的太阳辐射量

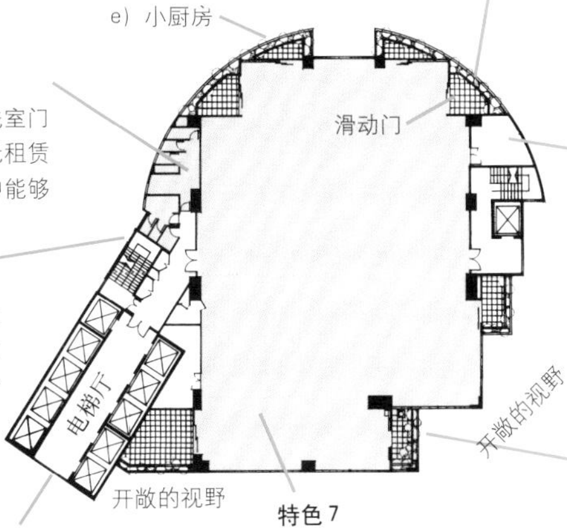

电梯厅

开敞的视野

特色 5
高速电梯使得等待时间最短（25～31 秒）

特色 6
电梯厅向外的视野

特色 7
无柱列间隔的办公层使得灵活的空间分隔与划分成为可能

特色 8
连接的拐角使得此处办公空间的外部视野开阔

灵活的单独租赁层平面图示意

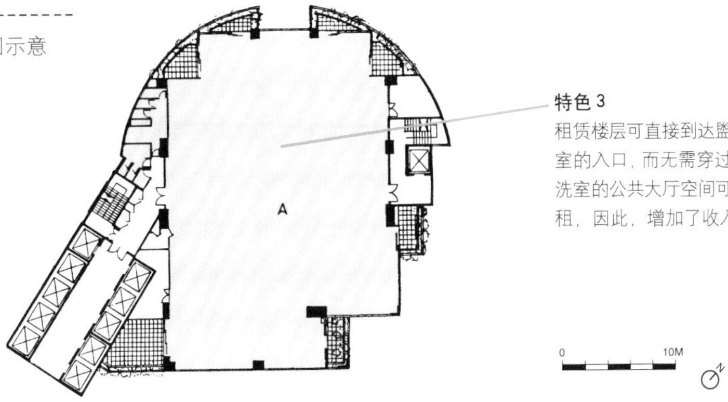

A

特色 3
租赁楼层可直接到达盥洗室的入口，而无需穿过盥洗室的公共大厅空间可出租，因此，增加了收入

0 10M

灵活的两单元租赁层平面图示意

A

B

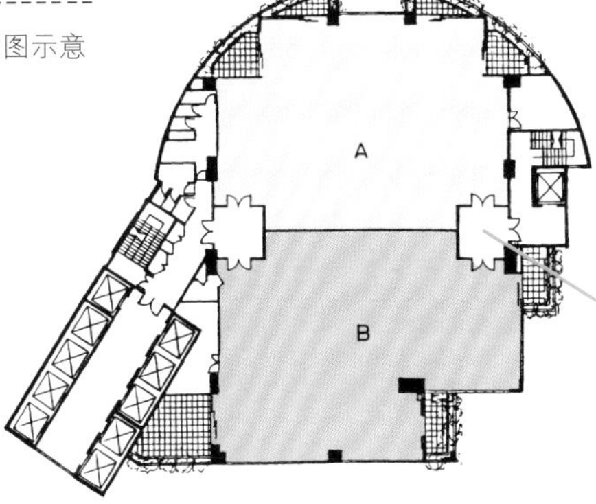

特色 10
楼层的南北朝向可以吸纳较少量的自然光，并降低能源消耗

两单元租赁时的吸烟区

灵活的多单元租赁层平面图示意

A B C D

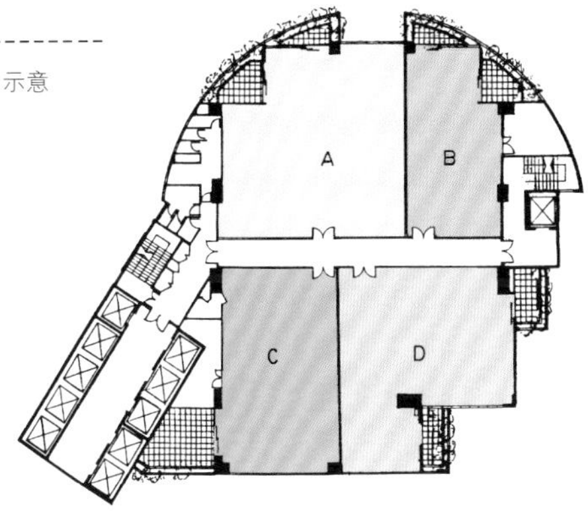

楼层利用效率

	FT^2	%	
－办公净面积	8225	76.6	82.1%的使用率
－庭园面积	600	5.5	
－服务面积	1970	17.9	
－总面积	10995	100	

各种朝向选择的 OTTV 研究

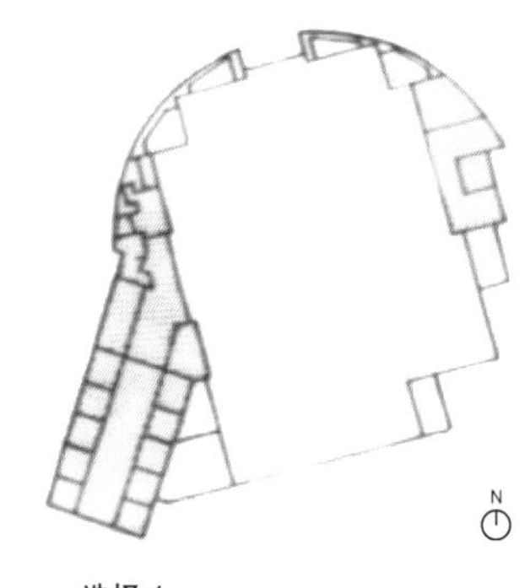

选择 1
$OTTV_N$ = 34.40 W/m²
总量$_S$ = 35.57 W/m²
总量$_E$ = 51.01 W/m²
总量$_W$ = 7.48 W/m²
OTTV 总量 = 30.49 W/m²
（少于 40%）

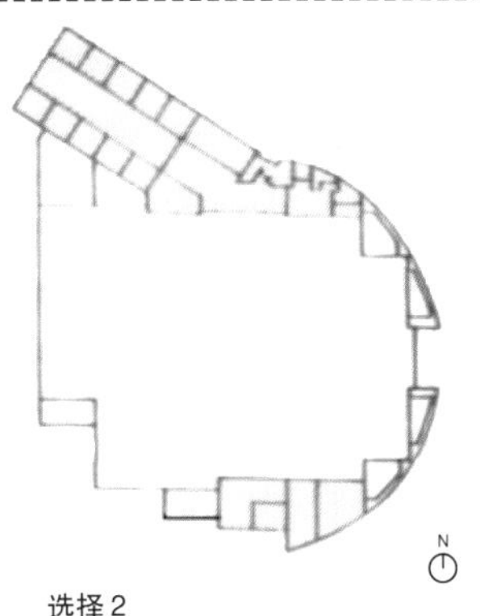

选择 2
$OTTV_N$ = 11.96 W/m²
总量$_S$ = 33.36 W/m²
总量$_E$ = 41.63 W/m²
总量$_W$ = 47.92 W/m²
OTTV 总量 = 32.89 W/m²
（少于 64%）

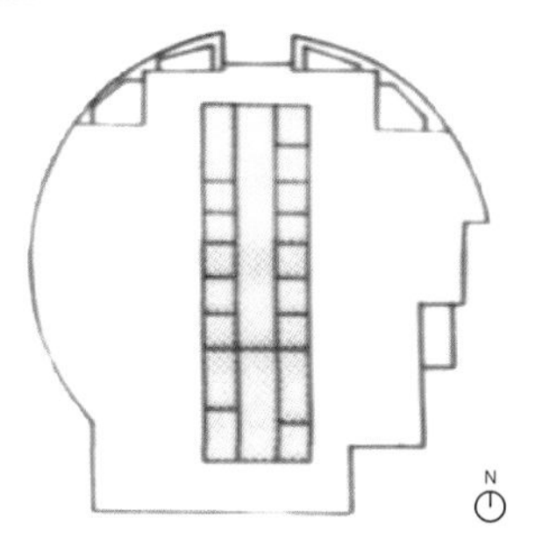

选择 3
$OTTV_N$ = 41.23 W/m²
总量$_S$ = 45.07 W/m²
总量$_E$ = 52.71 W/m²
总量$_W$ = 65.17 W/m²
OTTV 总量 = 51.57 W/m²
（少于 100%）

假设
玻璃遮蔽阳光系数 =0.80
不透光墙的吸收率 =0.50
墙体 U 值 =0.1989

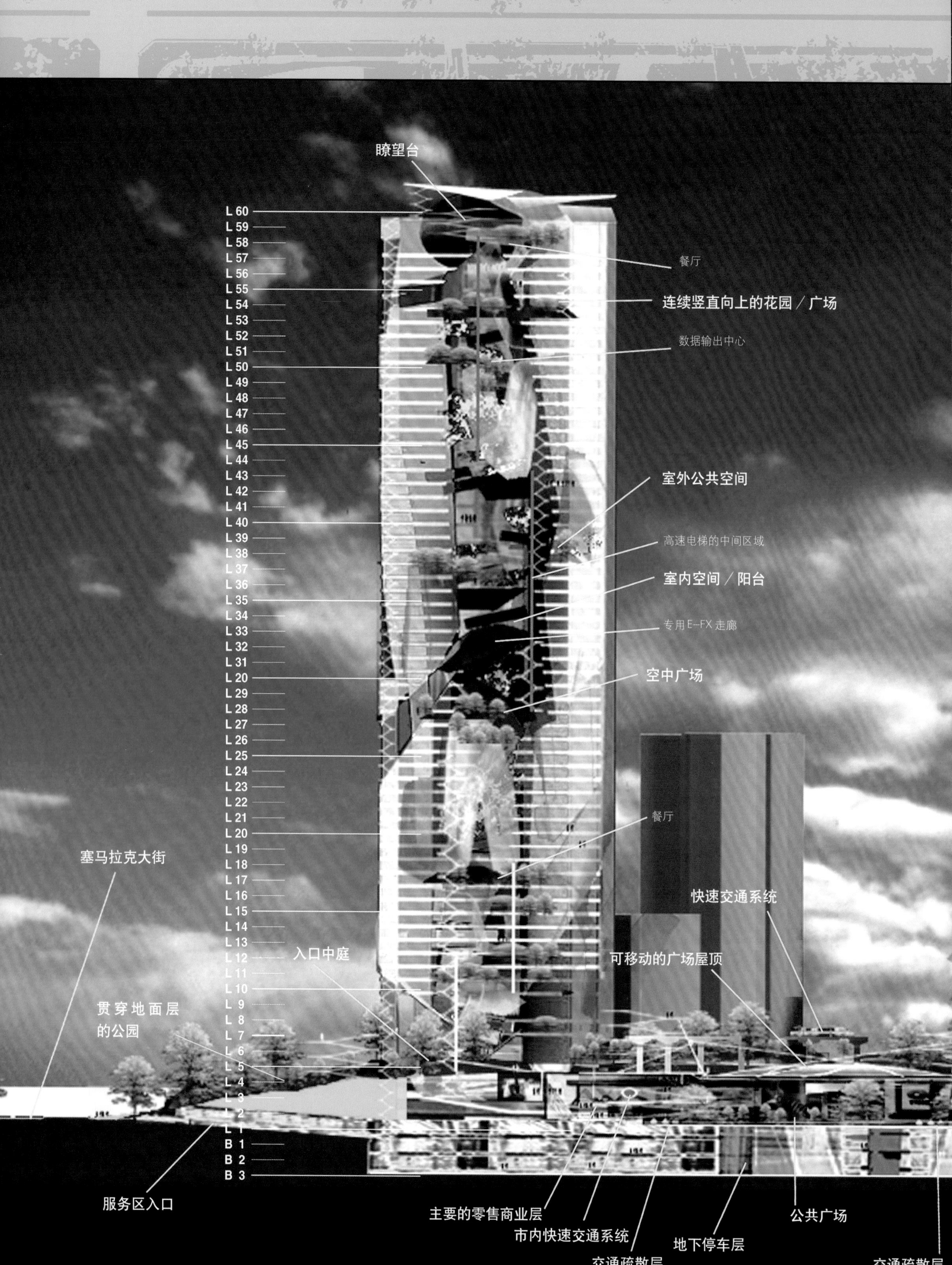
瞭望台
L 60
L 59
L 58
L 57
L 56
L 55
L 54
L 53
L 52
L 51
L 50
L 49
L 48
L 47
L 46
L 45
L 44
L 43
L 42
L 41
L 40
L 39
L 38
L 37
L 36
L 35
L 34
L 33
L 32
L 31
L 20
L 29
L 28
L 27
L 26
L 25
L 24
L 23
L 22
L 21
L 20
L 19
L 18
L 17
L 16
L 15
L 14
L 13
L 12
L 11
L 10
L 9
L 8
L 7
L 6
L 5
L 4
L 3
L 2
L 1
B 1
B 2
B 3
餐厅
连续竖直向上的花园／广场
数据输出中心
室外公共空间
高速电梯的中间区域
室内空间／阳台
专用E-FX走廊
空中广场
餐厅
塞马拉克大街
快速交通系统
入口中庭
可移动的广场屋顶
贯穿地面层的公园
服务区入口
主要的零售商业层
市内快速交通系统
交通疏散层
地下停车层
公共广场
交通疏散层

(BATC)商务及[illegible]术中心(大厦)

吉隆坡，马来西亚

业主 TRC 开发公司
地址 地块 4582，塞塔帕克区穆基姆大街，吉隆坡，马来西亚
纬度 北纬 3.2°
总层数 60 层标志性的办公建筑
5 座 30 层的办公建筑
开工时间 未定
面积 总建筑面积 708178 m²
总使用面积 530669 m²
场地面积 167286 m²
容积率 4

设计要点

• 整个规划包括：一个 47 英亩的天然公园以及分布其中的建筑；中央区域布局的系列公共广场、林荫大道以及车行道为整个建筑群提供服务；LRT 系统被纳入场地之中，并与位处中心区域的车站以及零售、商业和学校等设施相连。

• 这些建筑综合了公司10年来在高层建筑设计及城市设计中摸索到的一些生态气候方法的基本原则。尤其值得指出的是，这个方案有如下特征：

• 景观绿化运用在整个开发之中。建筑入口通过地面景观引导而到达。水景花园等柔化景观元素使得遍布场地之中的步行道更加宜人。

• 场地内的每一处都由一个完整的人行系统相连，隔离机动车的带遮蔽的通道能通往场地内的任何设施。

• 带露天平台及景观绿化空中庭园被引入办公建筑的楼层之中，让使用者有机会在宜人的室外环境中休憩。为保持楼层之间的连通性，这些空中庭园形成一个连续的组合，在视觉上及体量上与所有的楼层连接起来。

• 建筑综合管理系统通过安装在建筑屋顶的环境传感器来监测建筑的外部环境，并进而控制整个建筑的内部情况。

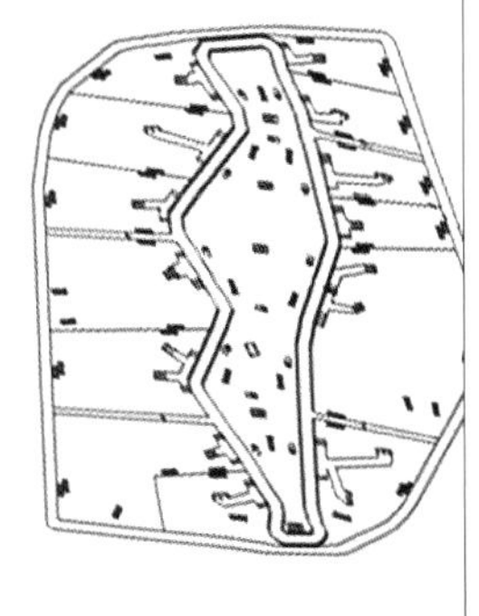

BATC（商务及高技术中心）大厦是一个待开发的**标志性高层建筑**，它在吉隆坡的大型的开发策划中占据重要的中心地位。

在城市设计的层面来看，这个项目是杨经文曾涉足过的一个最大的综合性开发规划。这个方案包括：一个47英亩的天然公园以及分布其中的建筑；中央区域布局的系列公共广场、林荫大道以及车行道为整个建筑群提供服务；LRT系统被纳入场地之中，并与位处中心区域的车站以及零售、商业和学校等设施相连。

除了BATC（商务及高技术中心）大厦，这个开发项目还包括5栋30层的办公楼，它们都是依据**生态气候学方法**的一般原则而设计，并引入了杨经文有关**竖直城市主义**的理念。

在所有的开发中，BATC（商务及高技术中心）大厦以及UTM子项目将包括高等教育设施（马来西亚技术大学）以及一个综合性研发联合体，它将容纳20个研究所与中心。此策划类似于一些综合性大学的开发建设，如剑桥大学（英国）以及其他一些具有全球基础的学校。除此之外，杨经文还提出了：一个高科技办公中心、会展中心、多媒体的IT学院、容纳零售与娱乐的大型商场；具有文化功能的室外公共空间；大学生、研究生以及研究员公寓；为游客及当地居民提供服务的四星级酒店、副商务中心及相关设施，以及一个公共公园和贯通场地的林阴道。其中心理念是以**自然景观**作为背景，营造一个不受机动交通干扰的宜人环境。

开发方案的中轴线贯通南北，并由周围的高层建筑环绕，包括西面的BATC（商务及高技术中心）大厦。

公共瞭望台
植被覆盖区 ④
餐厅
研讨室
数字输出中心
渲染图制作间／放置出租用的大型计算机的房间
数字化的公共剧场
植被覆盖区 ③
生产单元
编辑组
空中游憩空间
专用E-FX走廊
餐厅
植被覆盖区 ②
室内／室外健身房
游泳池／健康中心
剧场2
家庭服务中心
植被覆盖区 ①
步行坡道

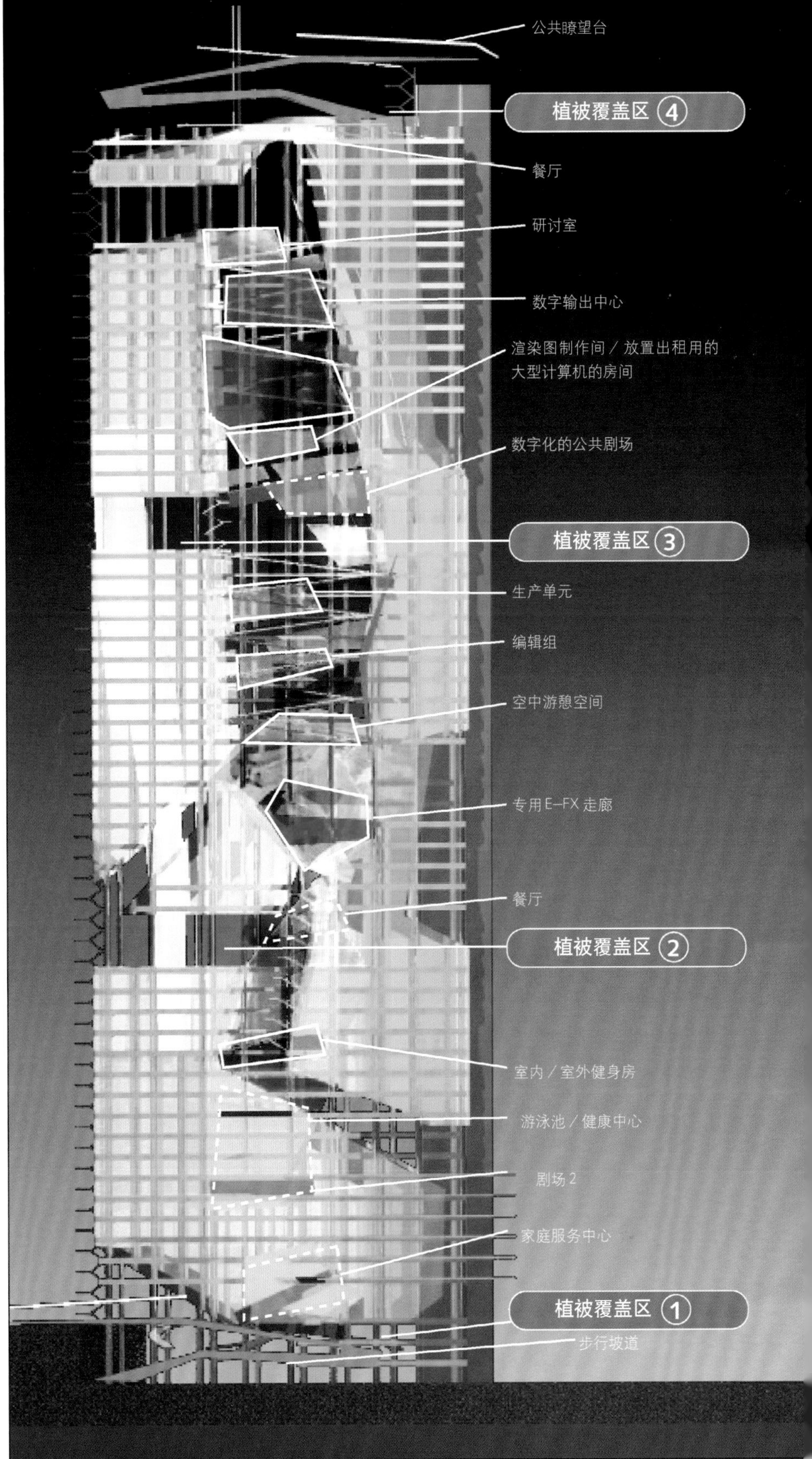

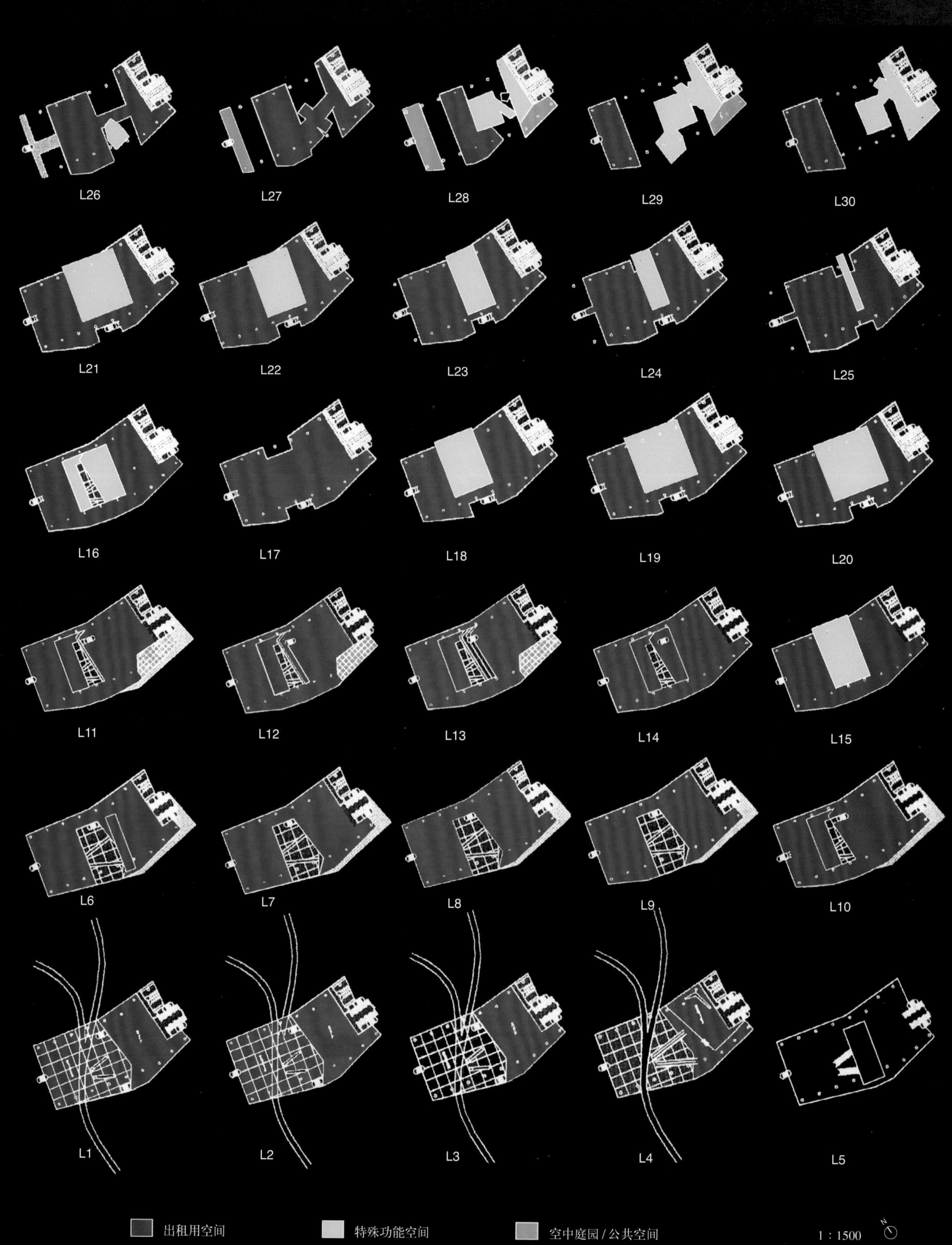
L26
L27
L28
L29
L30
L21
L22
L23
L24
L25
L16
L17
L18
L19
L20
L11
L12
L13
L14
L15
L6
L7
L8
L9
L10
L1
L2
L3
L4
L5
出租用空间
特殊功能空间
空中庭园 / 公共空间
1 : 1500
N

BATC（商务及高技术中心）大厦是杨经文的**生态气候学高层建筑**系列方案中最重要的之一。与主体形式相连的是两个主要元素：其一是**阶梯状的空中庭园**引入连续的竖直景观绿化；第二则是**竖直城市主义**理念的运用。杨经文将其描述为**“天空之城”**——城市之中的乐土，它垂直分布在建筑体之中。当这演化为杨经文工作中的经常性、目标性的主题时，BATC（商务及高技术中心）大厦就成为了他在此领域完成的一个最具内涵的设计作品。BATC（商务及高技术中心）大厦同样也运用了**气候开放性空间**。

当我们来审视高达60多层的BATC（商务及高技术中心）大厦的平面时，一些特征清晰地显现出来。下部楼层因其入口和交通的联系而显得很特别，而上部楼层则是大面积的出租空间，其间点缀着一些特殊功能空间、空中庭园及公共空间。间隔布局的步行坡道贯穿于整个竖向的空间中，将各个楼层连接起来，它是作为电梯系统的补充而出现，这让人们在活动中能够更强烈地感受到空间流动性。

特殊功能空间包括位于上层各个位置的餐厅、一个E-FX走廊以及一个数据输出中心。而空中广场、室外公共空间、室内中庭及连续竖直分布的花园则为前述的特殊空间提供服务。整个空间上方是一个平坦的翼形屋顶，它遮蔽了上部楼层的瞭望台。

整个高层建筑有4个竖向分布的植被遮蔽区，它们界定出了出租空间及其包含的公共用途空间。底部楼层除健身房、游泳池、健康中心外还带有一个剧场及家庭服务中心。同样，在上部楼层，会议室、机房和服务性单元也与出租空间、空中庭院以及数字化的公共剧场混合在一起。这些空间仅仅对维护和使用功能进行延展的例证，杨经文已经在高层建筑框架内加入了这些内容——一个持续向上的**城市空间**。

特别值得一提的是，建筑温度较高的东立面的自然光受到垂直方向的服务空间及电梯间的遮蔽，而较长边的正立面则朝向正南北。弯曲型平面被等间距地切开，让自然气流可以进入到办公与公共空间之中。加之空中庭园、结构工程和综合建筑管理系统（通过安装在屋顶的环境传感器来监控建筑的外部环境并控制其内部状况），整个建筑成为运用**生态气候学的系列项目**的组成部分，而这个项目覆盖了策划与场地开发的全过程。

尽管到目前为止仍停留在策划阶段，但总体说来，BATC（商务及高技术中心）大厦及与其相关的总体规划是对杨经文工作一个重要阶段的概括，其中的很多创新之处对其将来的开发都有积极意义。

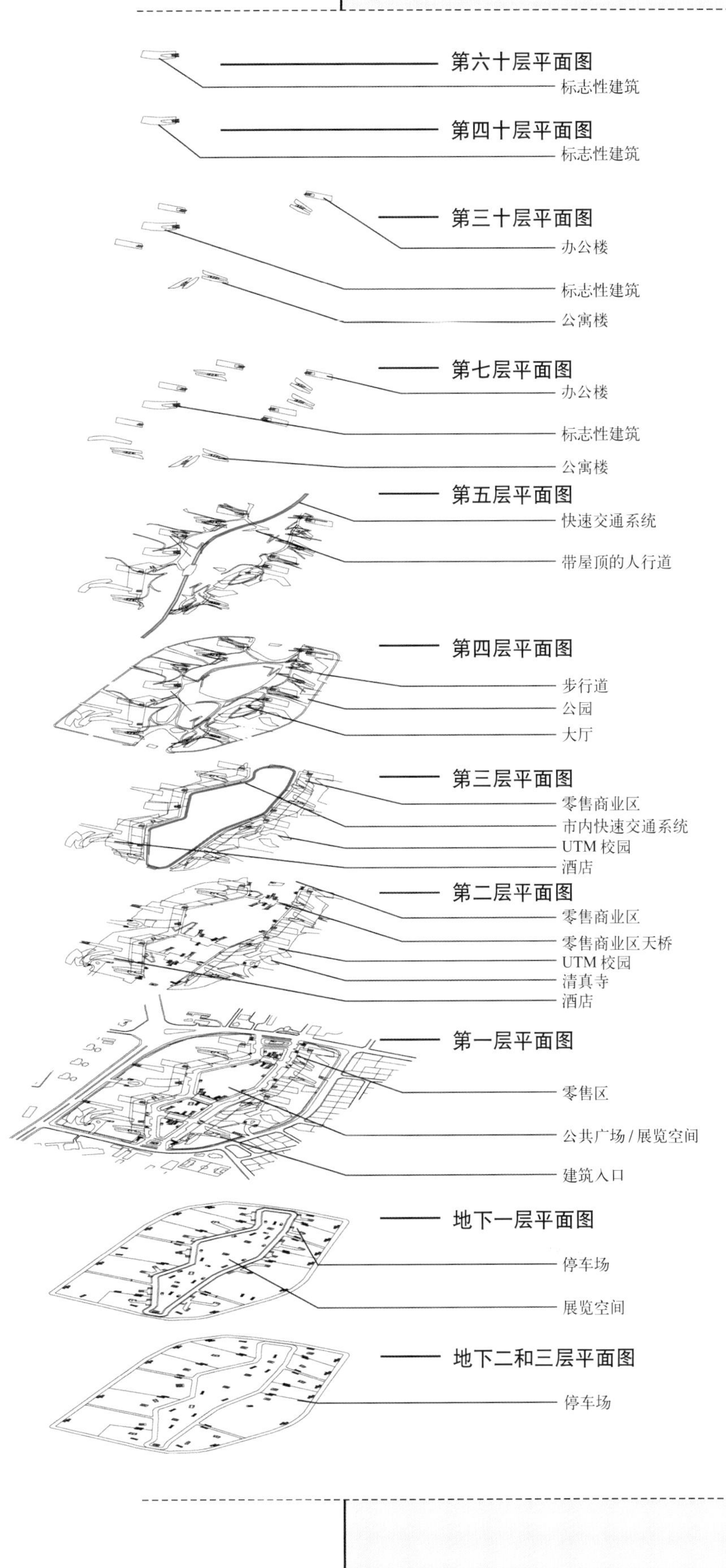

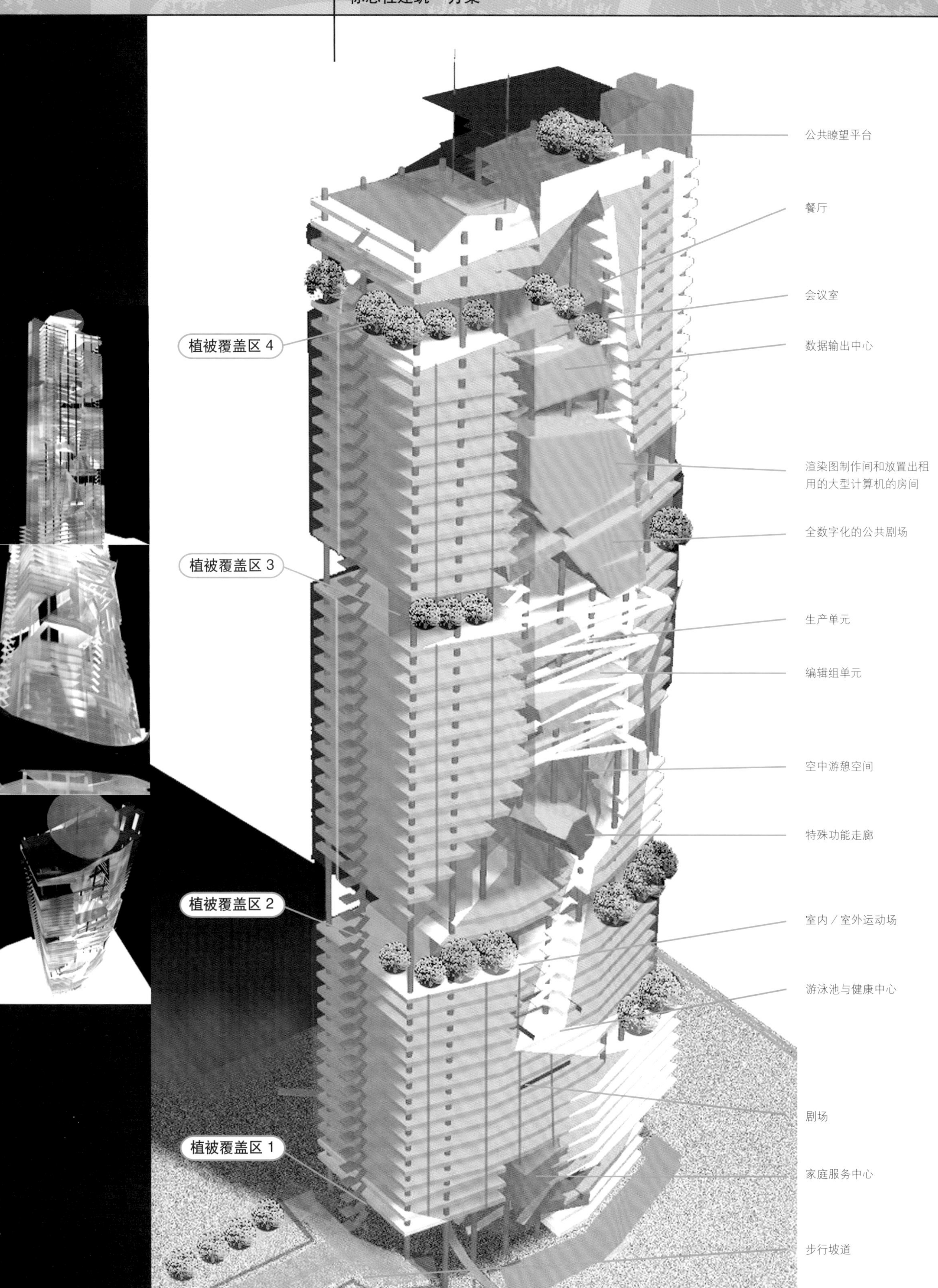
公共瞭望平台
餐厅
会议室
数据输出中心
渲染图制作间和放置出租用的大型计算机的房间
全数字化的公共剧场
生产单元
编辑组单元
空中游憩空间
特殊功能走廊
室内／室外运动场
游泳池与健康中心
剧场
家庭服务中心
步行坡道
植被覆盖区 4
植被覆盖区 3
植被覆盖区 2
植被覆盖区 1

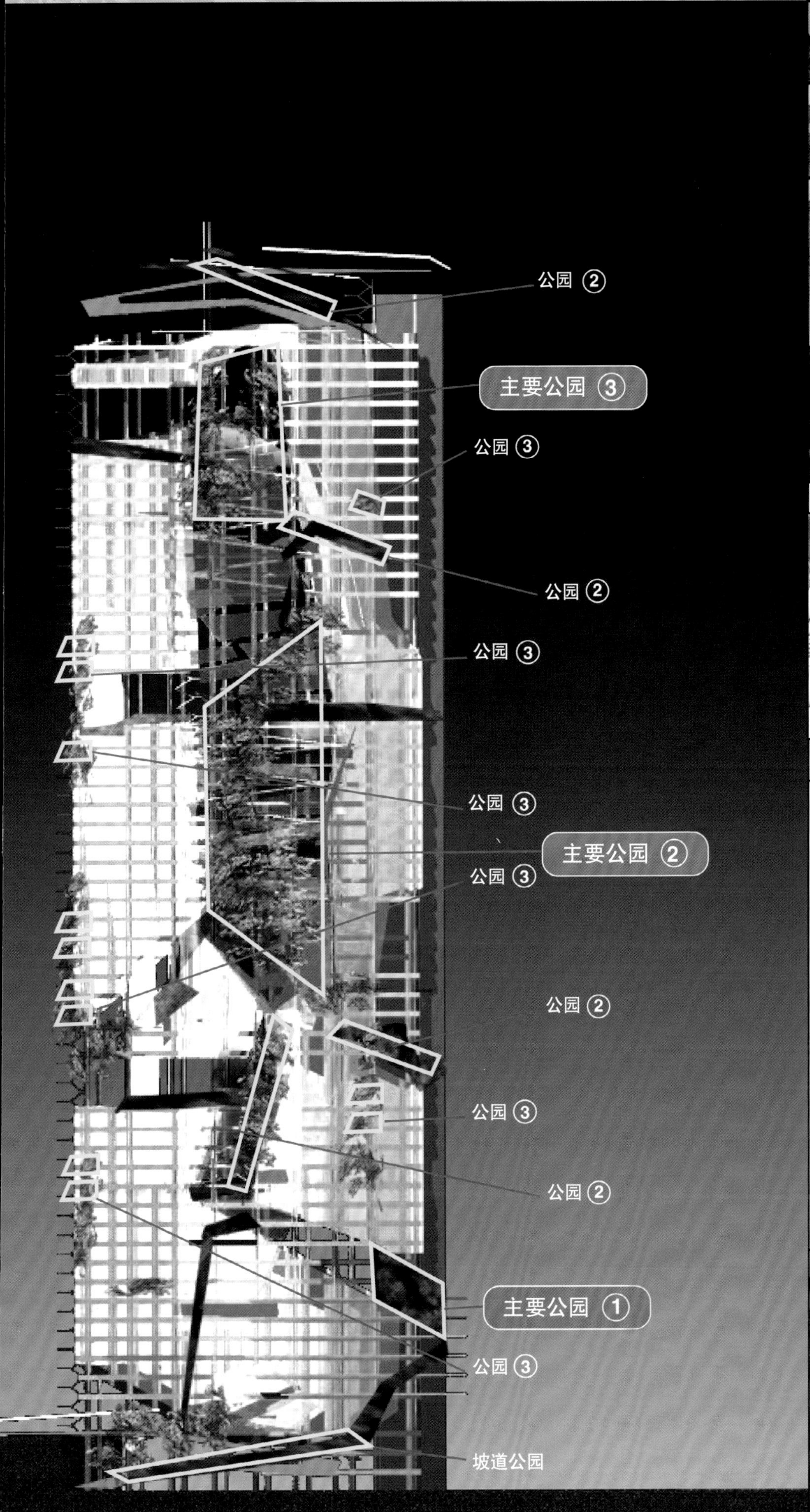

公园 ②

主要公园 ③

公园 ③

公园 ②

公园 ③

公园 ③

主要公园 ②

公园 ③

公园 ②

公园 ③

公园 ②

主要公园 ①

公园 ③

坡道公园

保证生态多样性以增加连通性

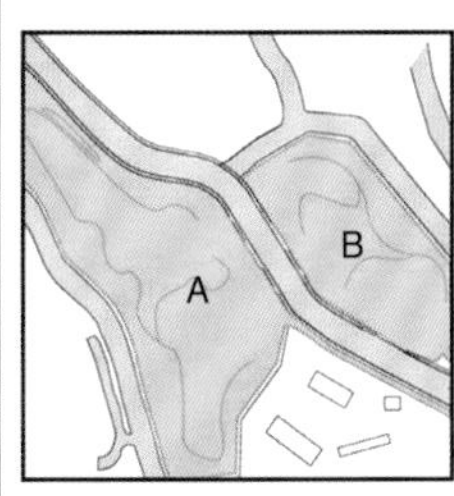

被道路分割的两块用地

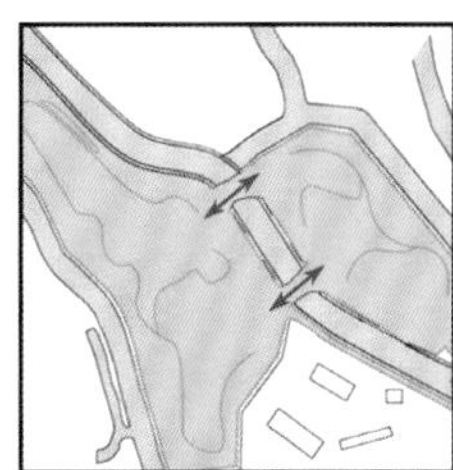

跨越道路的景观走廊

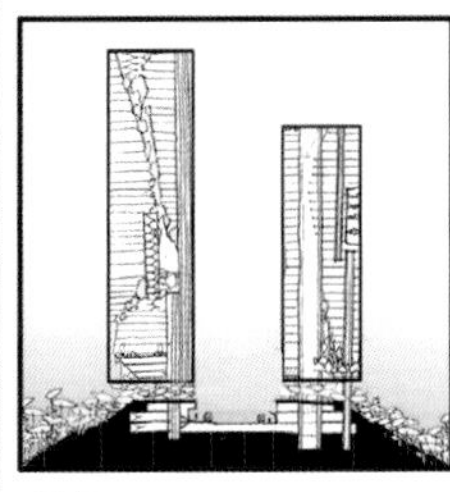

已有

景观走廊以增加生态系统的连通性

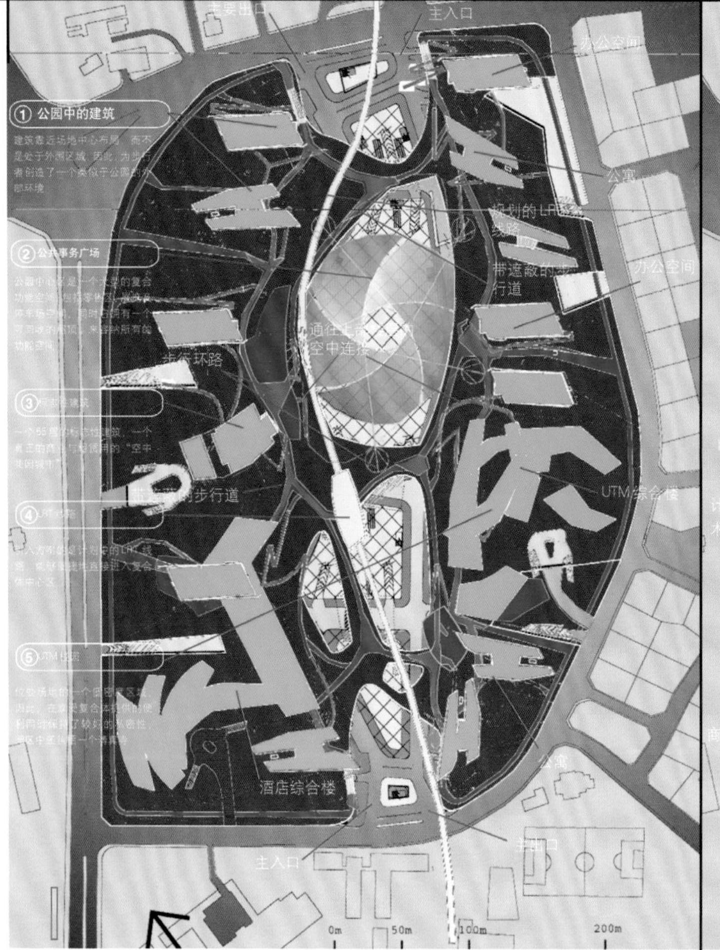

特色

第4层平面图

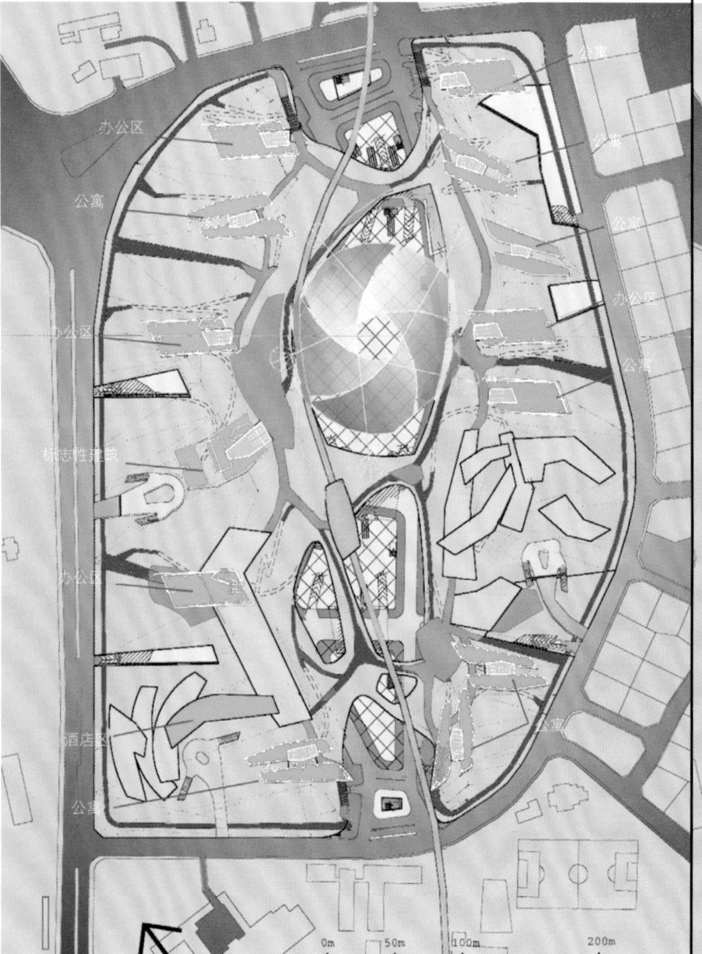

第七层平面图

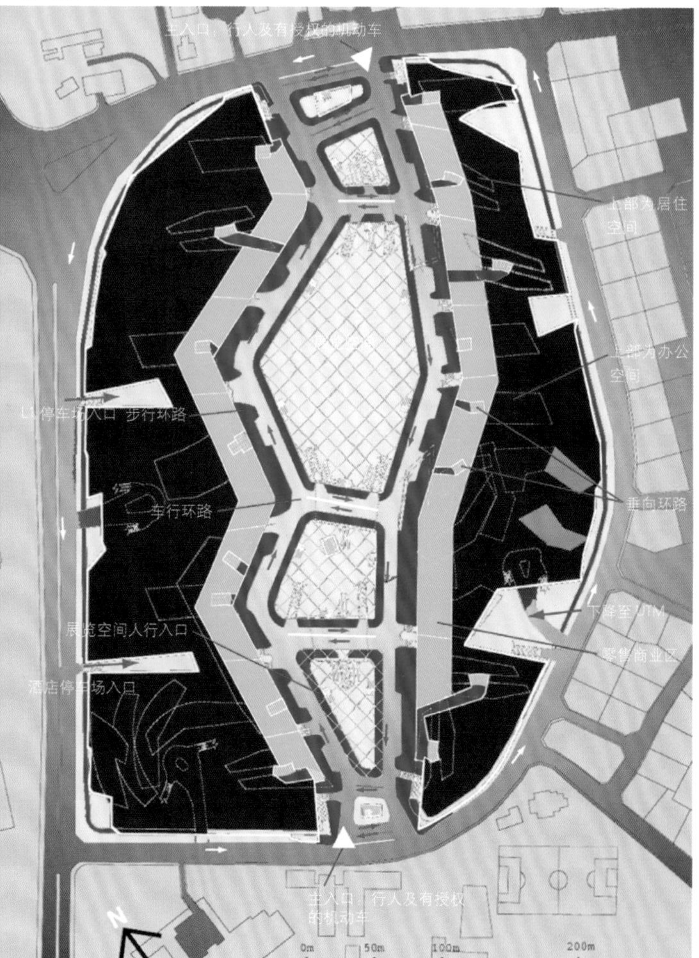

第一层平面图

多用途公共广场

带有可伸缩的“相机快门”式的顶棚

标志大厦

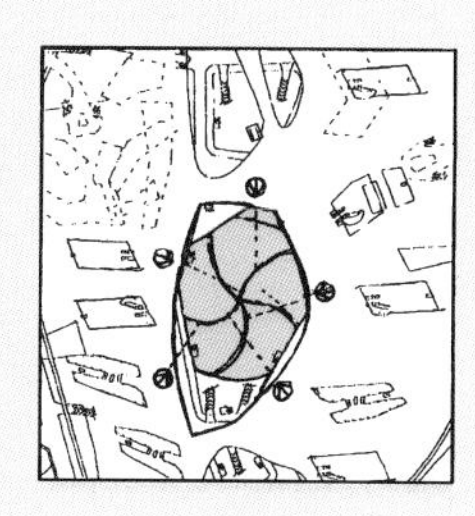

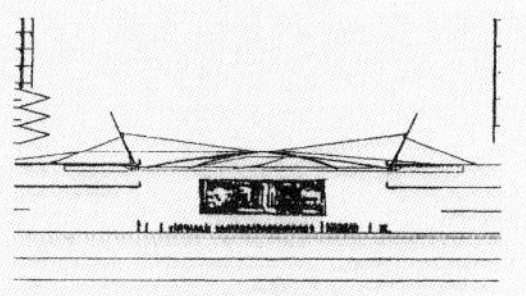

文化功能

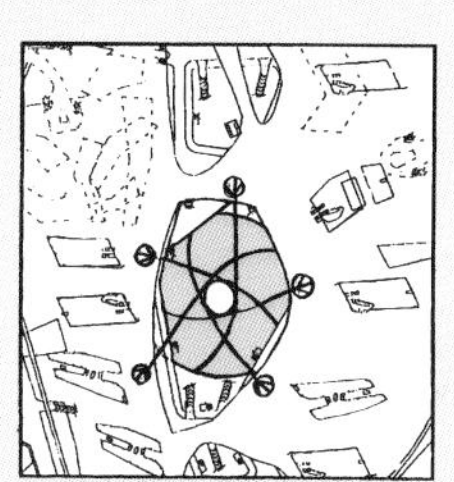

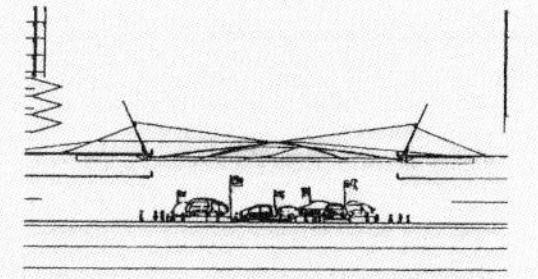

展示功能

广场

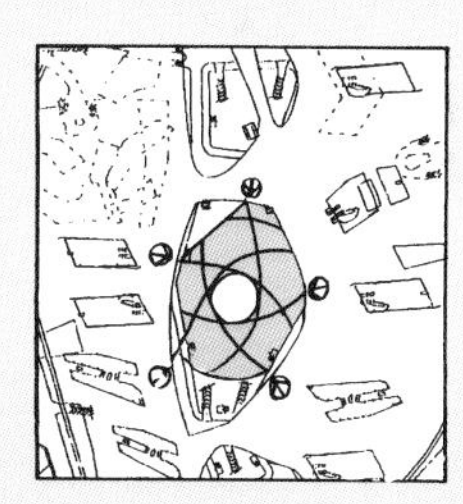

娱乐功能

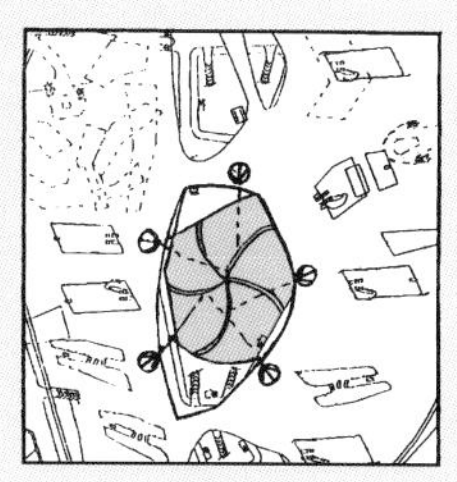

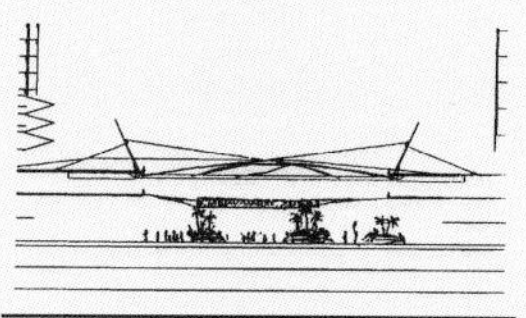

常规功能

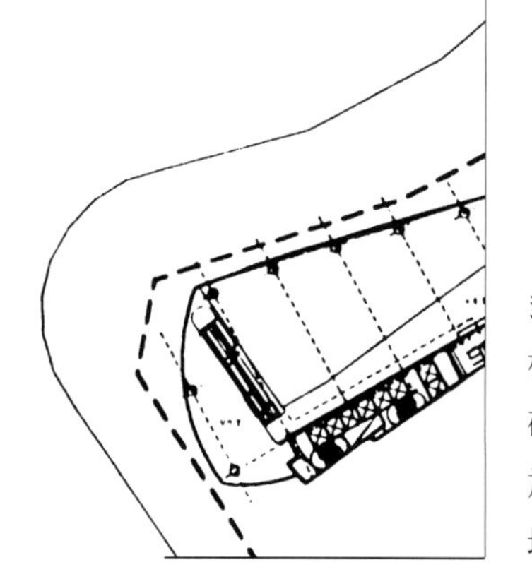

科威特城的阿海拉利大厦是一个大型综合性**多功能**开发项目。一个多用途广场、零售区综合楼、小型酒店以及城市俱乐部构筑了项目的基础，此外还有一个公共广场和一个多层的停车设施，其覆盖植被的屋顶形成一个小型的高尔夫球场。这些丰富的基础设施为一个20层的办公建筑提供了独特的优良条件。

杨经文提出的设计解决方案是以一个宽泛的“环境设计纲要”作为基础，并为设计团队的每一个成员提供了一套清晰的目标组合。和杨经文所有的**绿色高层建筑**项目一样，这栋建筑的重点在于整合所有子系统，以确立一个与环境和生态互动的设计，其生态气候方面的因素考虑与措施落实将直接与科威特的地理区位相关。因此，这个设计被寄予厚望成为杨经文生态建筑的代表作，同时也成为其关于城市化理念的里程碑式的作品。

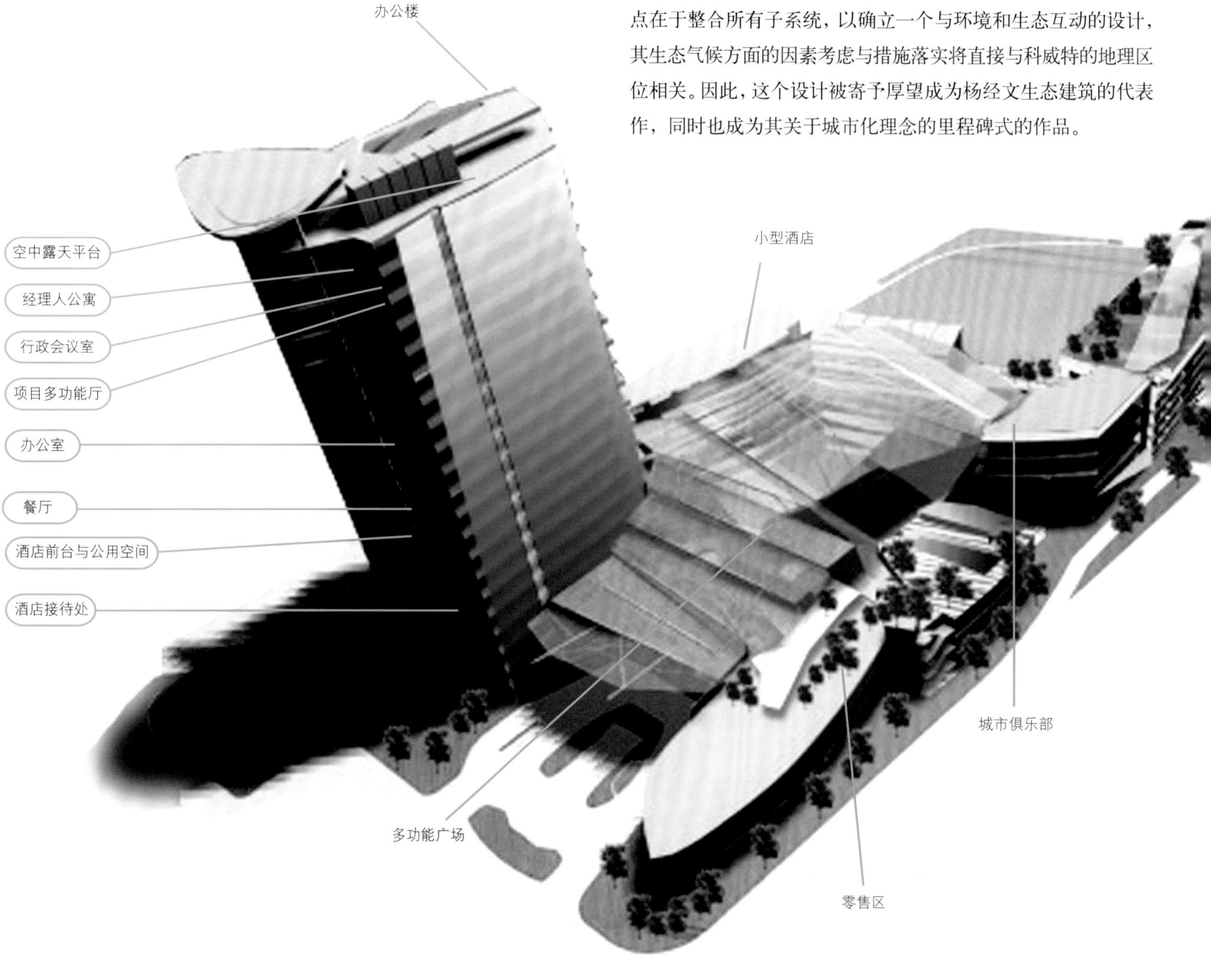

办公楼
空中露天平台
经理人公寓
行政会议室
项目多功能厅
办公室
餐厅
酒店前台与公用空间
酒店接待处
小型酒店
城市俱乐部
多功能广场
零售区

科威特城

阿海拉利大厦

业主 科威特房地产公司
地址 科威特城
纬度 北纬29.3°
总层数 20层+1个夹层
开工时间 -
竣工时间 -
面积 总面积 32044 m²
使用面积 24755 m²
场地面积 共13000 m²
其中4000 m²用作商业综合设施

设计要点 • 业主的要求是开发整块用地，提供：

• 一个混合商用建筑，包括三层的购物广场及其上方的办公楼层

• 一个多层的停车设施

• 地面停车设施及公园

设计策略在于遵循纲要，并给出一个适应当地气候及生态特征的解决方案。设计力图塑造成为当地一个可识别的标志性建筑，并成为特定场地设计方案的典范。设计的独到之处在于停车场覆盖植被的楔型屋顶，它覆盖在购物广场的屋顶之上。楔型屋顶上有一些风洞，使得自然光线及气流能进入封闭的停车区域中。

被采用的设计策略方案如下：

• 封闭空间与过渡空间的分离（通过外墙变化而形成开敞的或是半封闭的空间，而外墙的变化依赖于季节）。在方案中，以下列区域作为过渡空间：

——中央广场大厦，它有一个可开启的玻璃屋顶，可根据天气状况或开或闭

——办公楼中的空中庭园

——通往小型酒店房间的半封闭的过道。

• 空中庭园作为室内与室外空间的缓冲区而存在。除提供阴翳之外，还让使用者能够走出封闭的楼层区域，并直接体验与感受外界环境。

• 对应于太阳轨迹，建筑综合体布置在东西轴向上，以此减少建筑长边的自然光强度。服务中心作为自然光的缓冲区而布置。玻璃窗体区域则被安排在需要最少自然光的方向上。

• 在广场和庭园中引入水和植被，有助于创造一个更凉爽的环境。

• 东西立面则设有双层外皮的孔穴状墙体作为通风空间，其体量随高度增加而增大。这些孔穴状墙体使得立面能够排出废气，就如同引入气流一样，同时还能将阳光辐射热量减至最小。

• 通过调整建筑楼板的形状，并采用能够自然通风与降温的外墙，使得每天的通风条件最优化，以此减少对机械通风及空调系统的需求。核心服务区（即电梯厅、楼梯和卫生间）布置在周边区域，以利于接受自然通风和采光。

• 穿孔金属板构成的遮阳设施提供了大量阴翳。

• 楼层的狭窄进深以及使用透明玻璃窗减少了对人工照明的需求，因此，也缩减了照明成本。

• 立面与屋顶（停车场）的植被平衡了场地的无机物和有机物的组成，并使局部的微气候趋于稳定。

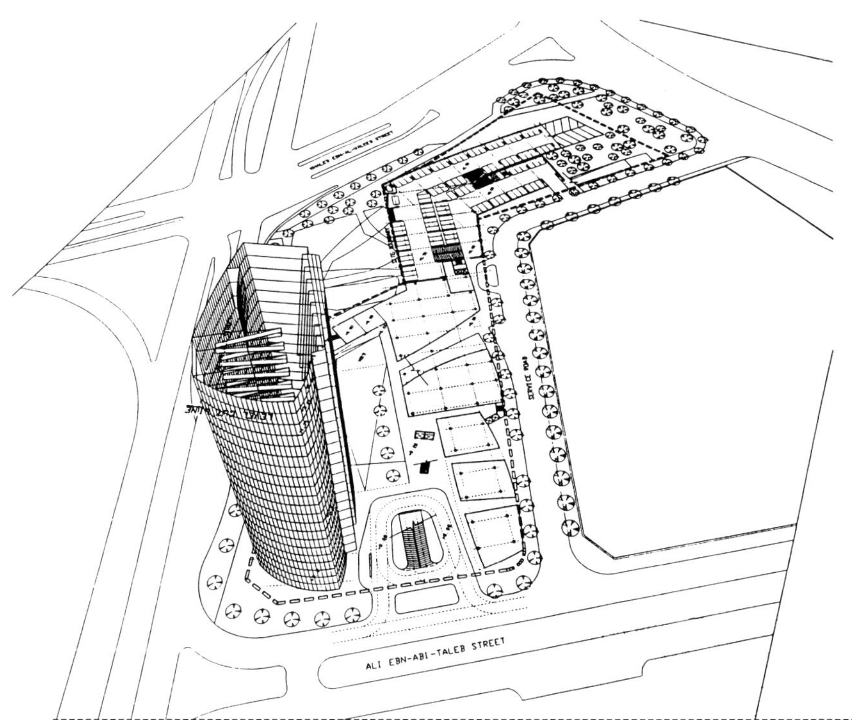

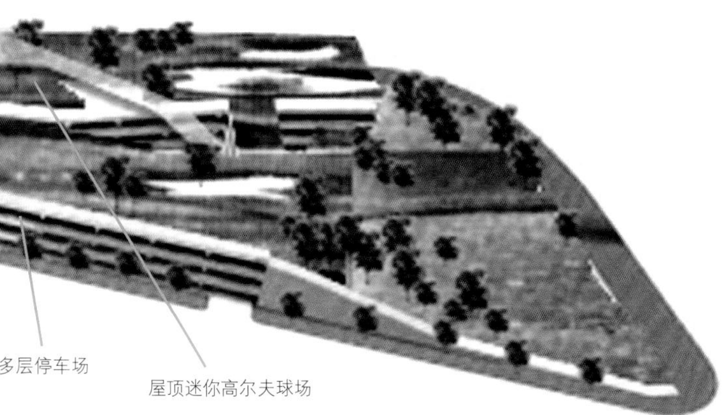

杨经文的环境设计纲要中融入了许多有关**绿色设计理论**的内容，并为他所有的设计活动提供了一个深入全面的基础，以实现可持续的高强度的建筑综合体。这个**转换空间**体系从过渡空间的一般原则到半封闭空间再到**封闭空间**，它关系到整个项目的方方面面，例如，在办公建筑的设计中，涉及到对**建筑构造**的细节分析、与周围环境之间的关系及其解决方案的确定。

关于**转换空间**的一个主要案例是包含了大型购物综合体的中央广场大厦，这种空间满足不同季节的活动要求，包含为周边人流提供的主要坡道。最关键的元素是一个**可开启的玻璃屋顶**，一个分层的透明遮盖物，其开启或关闭依季节和天气情况而定。例如，在炎热的夏季，屋顶完全关闭作为遮阳设施来使用，而在其他季节则一般是开启的。它在晚上也能够打开，使得室内空间能够散热。

第十七至二十层的顶层公寓，带室内/室外的花园

直升机起降平台

建筑北立面

带遮阳设施的孔隙状墙体使得温度较高的西立面自然光防护能力最强

建筑西南立面

东立面拥有双层的孔隙状墙体作为空气流通空间

遍布于东立面的遮阳设施将提供足够的防护以减少早晨的自然光

建筑北立面

南立面的光电电池能接收最大量的太阳辐射能

建筑南立面

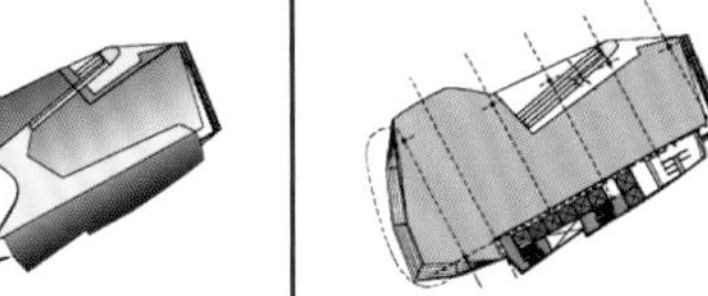

屋顶

- 公共交通/空间
- 办公室
- 电梯/楼梯

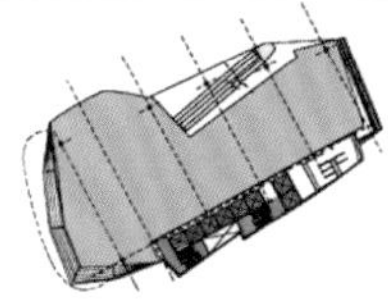

第二十层平面图

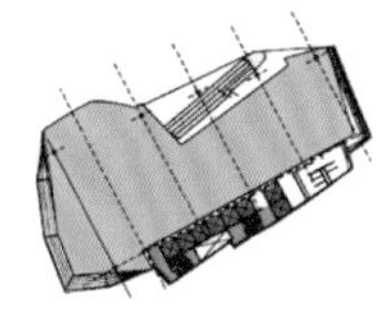

第十九层平面图

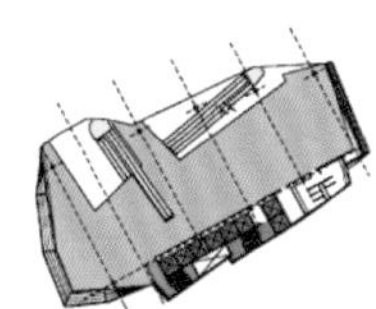

第十八层平面图

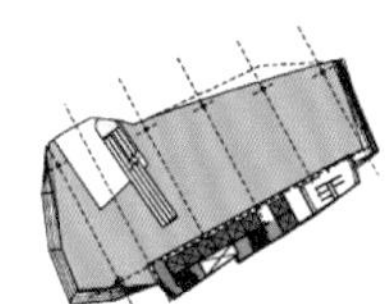

第十七层平面图

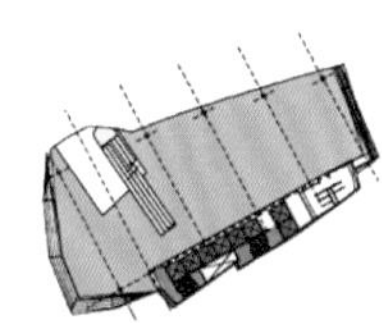

第十六层平面图

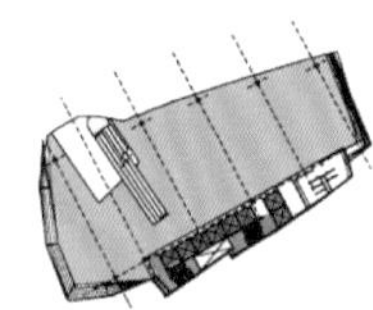

第十五层平面图

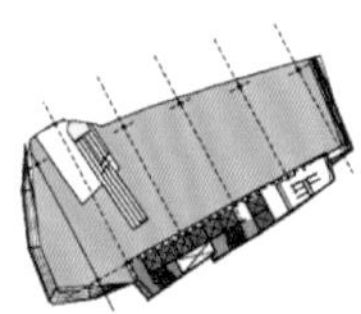

第十四层平面图

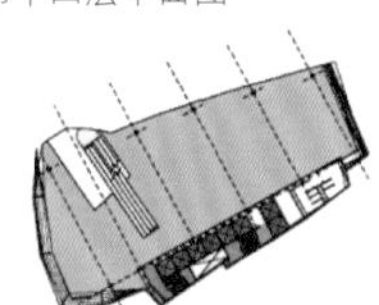

第十三层平面图

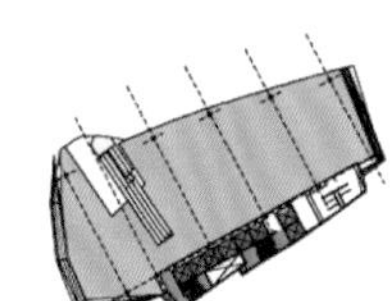

第十二层平面图

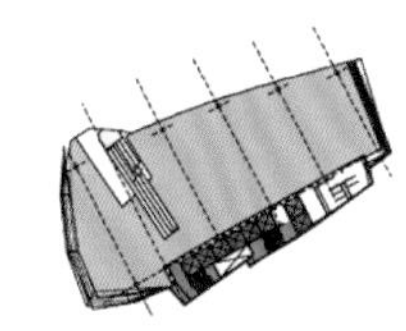

第十一层平面图

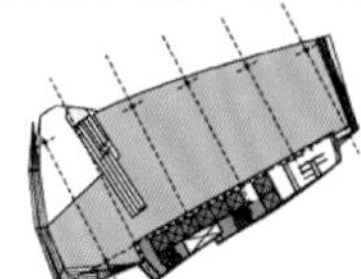

第十层平面图

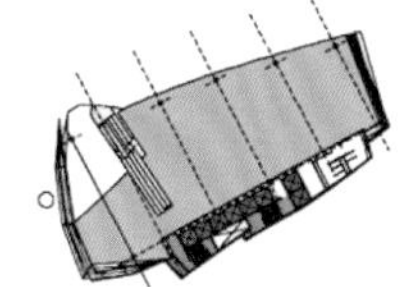

第九层平面图

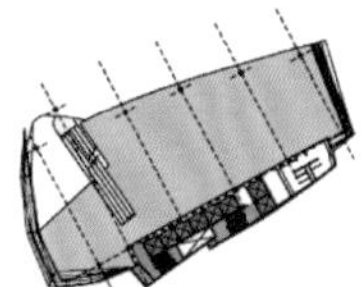

第八层平面图

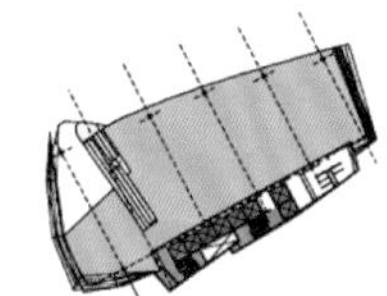

第七层平面图

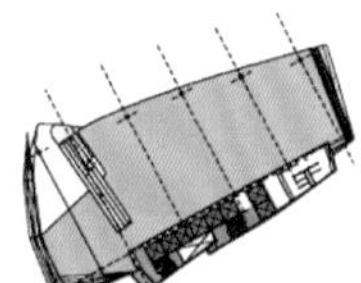

第六层平面图

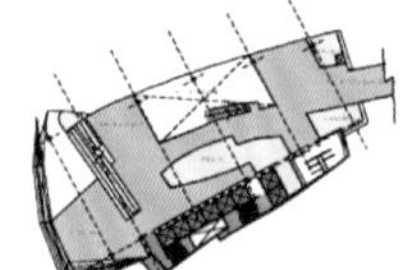

第五层平面图

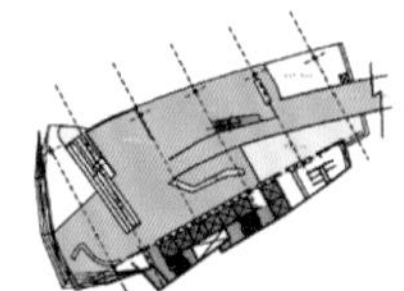

第四层平面图

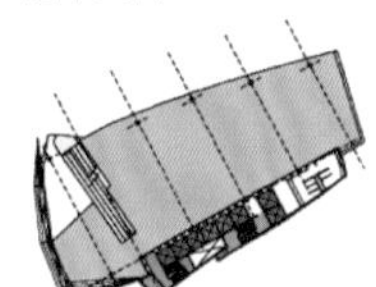

第三层平面图

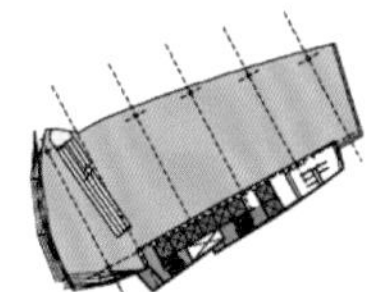

第二层平面图

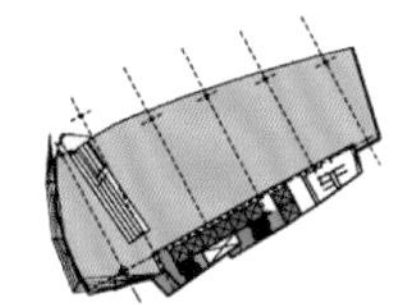

第一层平面图（夹层）

类似的情况是，办公楼中也带有一系列作为过渡空间的**空中庭园**，这同时也符合杨经文关于在室内外空间之间设置缓冲区域的设计原则。它在提供遮阳功能的同时也为覆盖植被的景观露天平台留出了空间。

多层的零售大楼带有一系列的垂直空心杆，或称为**排气管**，它可以让底层空间中的废气从屋顶上排出——这是一个类似于迪拜塔楼群中的“风塔”一样的系统。

总体上看来，杨经文正试图在一个大规模的建设项目中界定出一个明确的空间类型序列，并确定出低能耗原则带来的益处，然后采用系列措施来减少建筑能耗，并保证封闭式服务空间的可持续性。

这种综合的、集中式设计方法的一个重要元素体现在**办公建筑**的**外墙选择**及其外饰面的处理上，同时还包括对**建筑构造**的改善，以使其适应当地环境，即阿海拉利大厦位于北纬29.3°的地理区位。

根据太阳轨迹，办公楼将带遮阳系统的平面形式布置在东西轴向，以此减少建筑长边的阳光辐射的影响。平面布局的关键要素在于**服务中心设施**的线性组合——南面的电梯、楼梯和服务空间，来作为太阳辐射的缓冲区域，或者是**高温墙面的防护墙**。每一个立面都经过仔细地考虑与推敲，以减少室内空间的**太阳辐射热量**并使得**新鲜空气自然流通**——同时还作为噪声的屏蔽物，并强化了杨经文的生态型高层建筑的美学**表达**。

在这个连接形态中，东西立面都带有孔隙状的双层**墙井**作为通风空间，其外部转角部分的体量随着高度增加而增大。这种布局使得室内外空气能通过立面构造而自然流通，同时与外部的遮阳设施一起让太阳的辐射热量降到最低。其后，杨经文研究了立面复杂的通风设备及其柯恩达效应，与夜间的自然通风一起，提供给室内空间稳定的自然气流，而后者使得温度极限的范围大大拓展。此外，在夏天，这种孔隙型**墙井**通过空气流通来保护整个建筑，而冬天在关闭的情况下，是作为一个隔离体发挥作用。

与之相反，建筑北立面则采用落地式的全玻璃幕墙，而起防护自然光作用的南立面带有光电电池，它能收集并储备最大量的太阳能。

建筑的整体**有机形态**被确定为有利于自然通风与降温的形式——这是可持续设计的基础。在内部空间中，建筑的楼层平面因为连接各楼层的坡道而别具一格。坡道可作为升降机系统的辅助手段。而在外部空间中标志性的形式则是四层的屋顶公寓以及北立面的屋顶花园，它还带有一个挑出的直升机起降平台。

在整体性能的考虑中，杨经文再次使用了具体的能耗估算标准以及低能耗的措施——例如“瘦型”楼层平面的使用，它能减少人工照明并优化自然采光；此外，还考虑循环使用建筑材料。

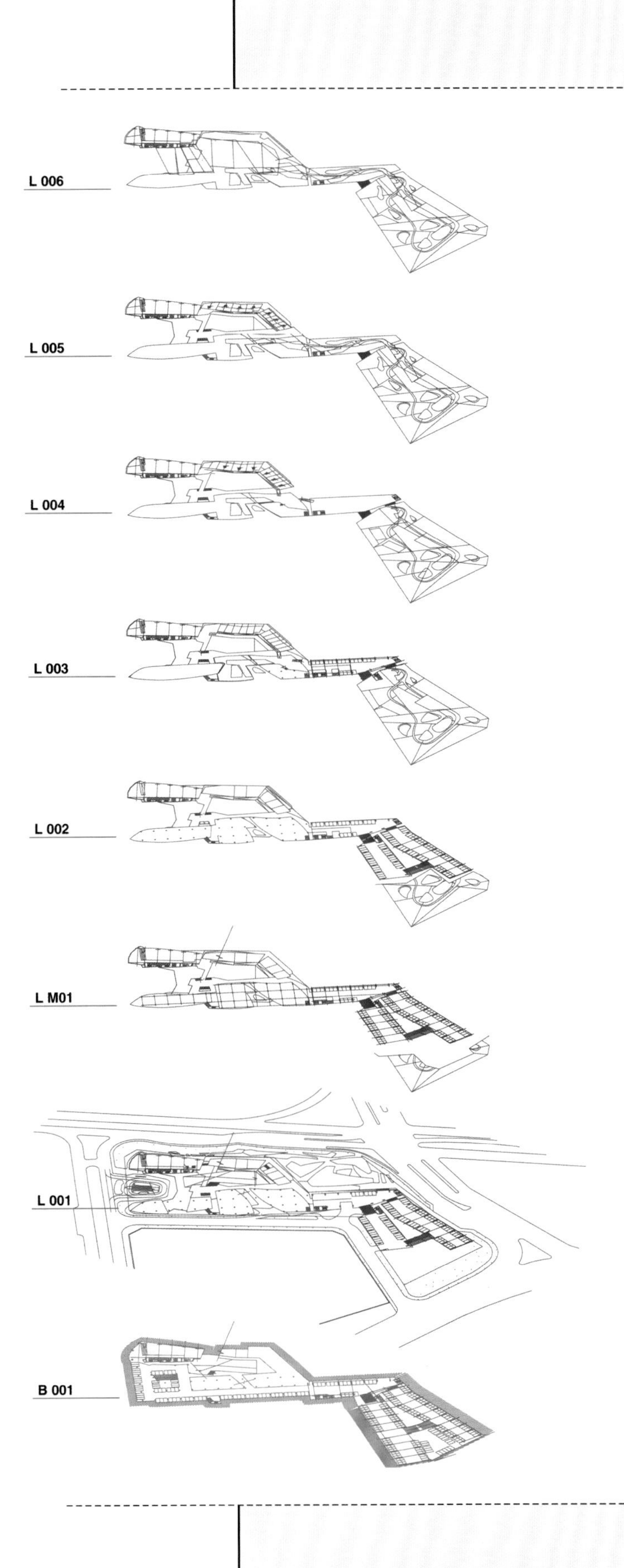

建筑标准层平面图

出租使用方式备选方案

带坡道的使用方式 | 不带坡道的使用方式

单个承租单元

两个承租单元

三个承租单元

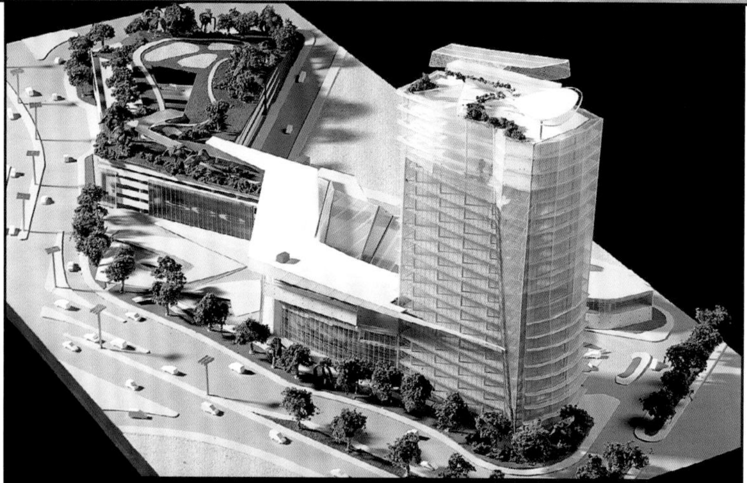

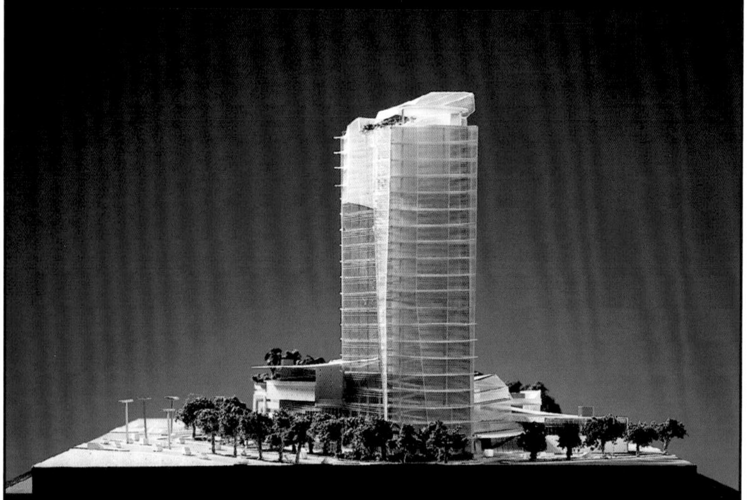

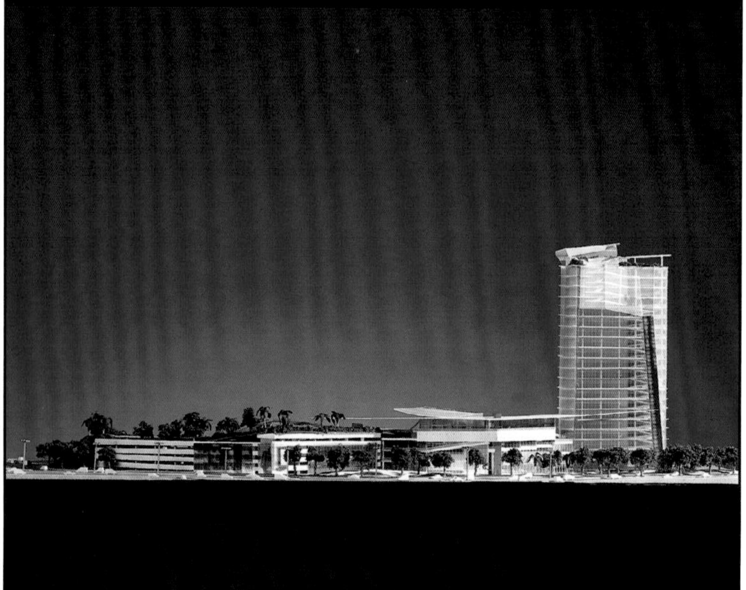

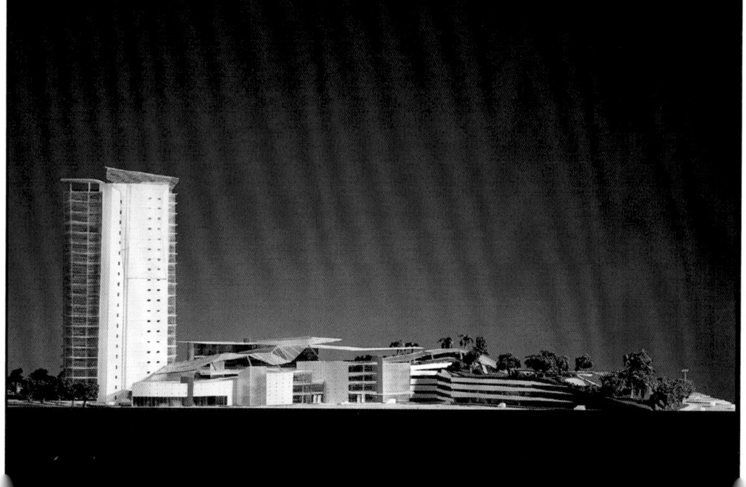

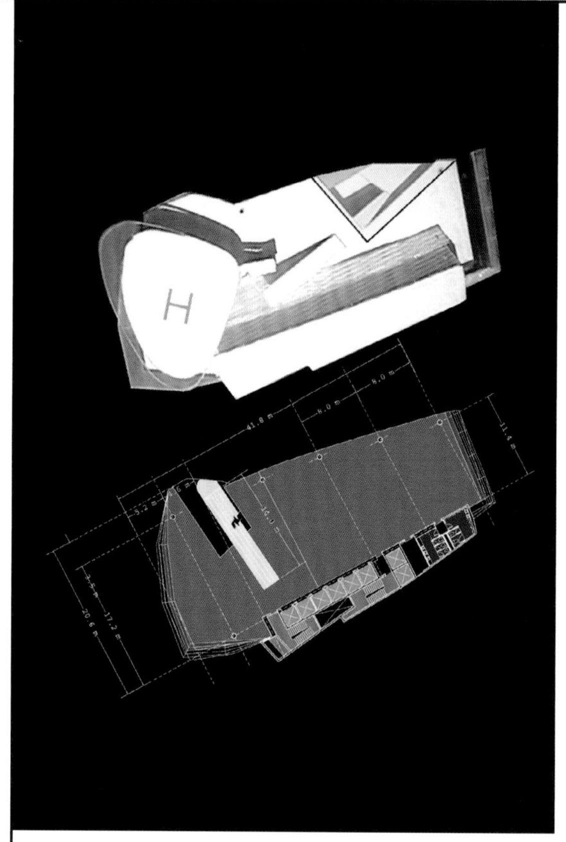

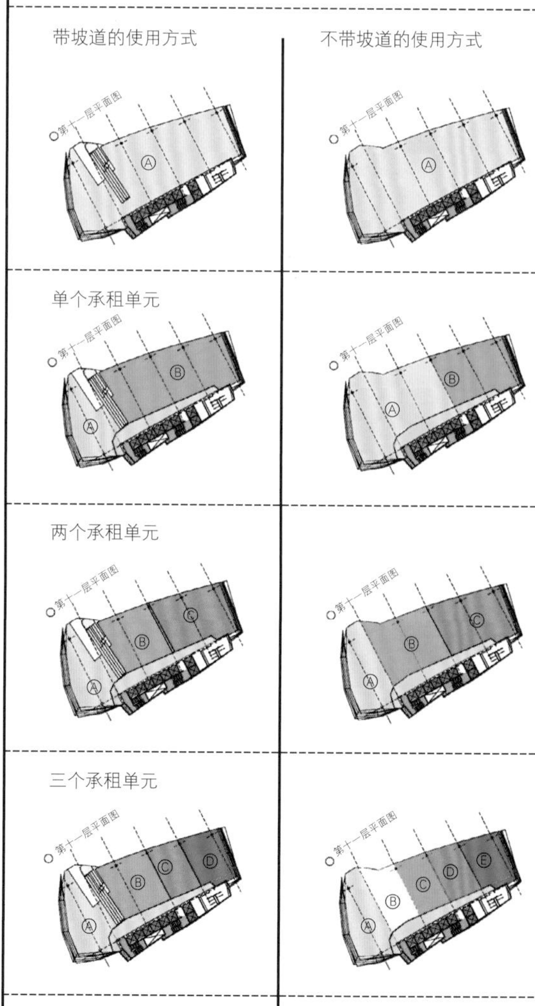

多个承租单元

如杨经文所有的项目一样，高层建筑生态设计的最重要因素是对其形态上的**无机**和**有机元素**之间的**平衡**——这通过引入多样的、大面积的竖直景观绿化而得以实现。在这个建筑作品中，竖向景观借助底层的水平绿化而加以强化。

这同时也是建筑作品的另一个典型特征，即设计的目标和标准及其实施都有**正式文件**的记载，使得**业主**能够充分理解并参与到整个项目的实施过程中来。

考虑到科威特的相关背景，杨经文使自己的建筑具备了特殊的**属性和质量**，从而获得一个**可持续**的前景。

总平面图

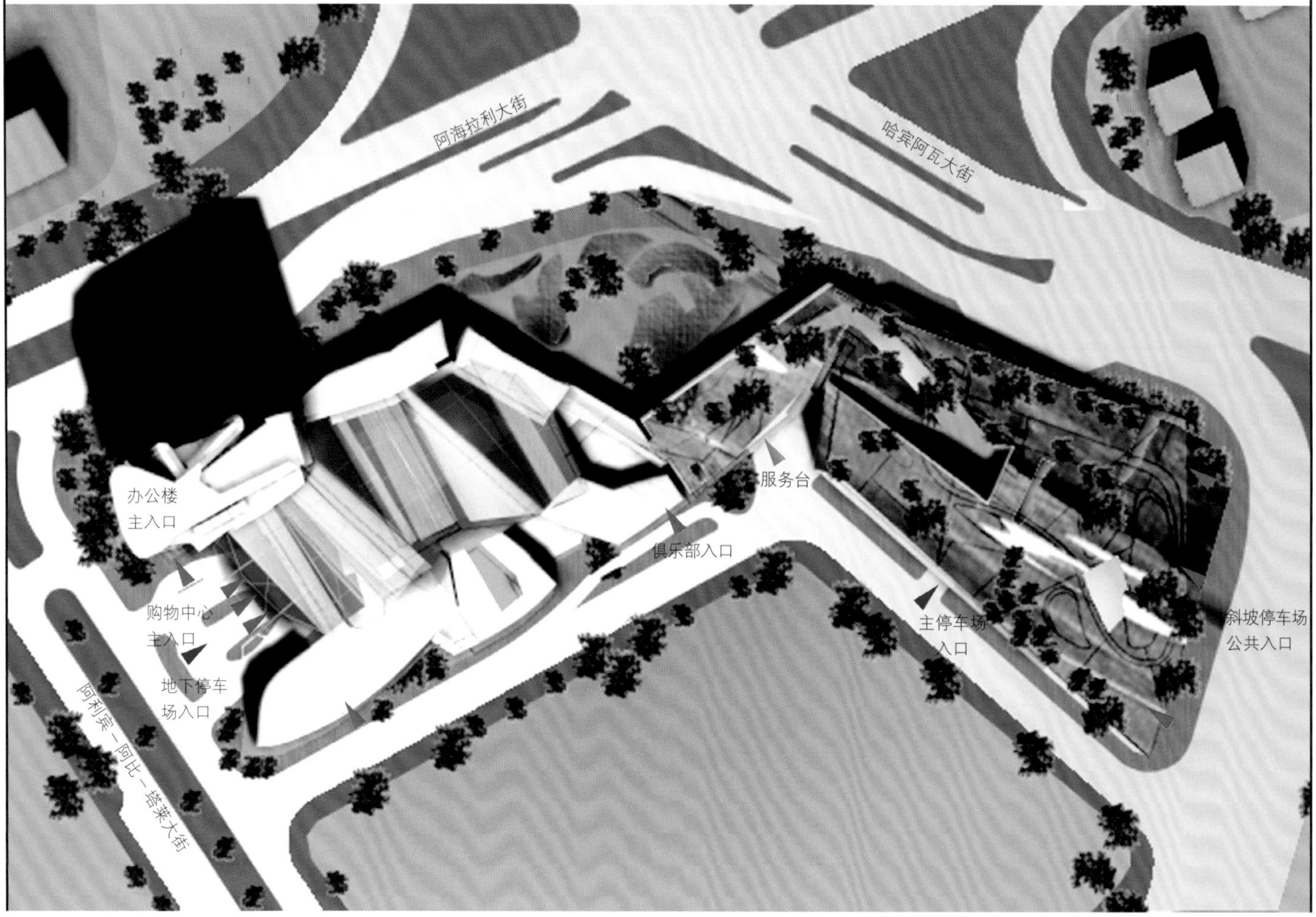

阿海拉利大街
哈宾阿瓦大街
办公楼
主入口
服务台
俱乐部入口
购物中心
主入口
地下停车
场入口
主停车场
入口
斜坡停车场
公共入口
阿利宾－阿比－塔莱大街

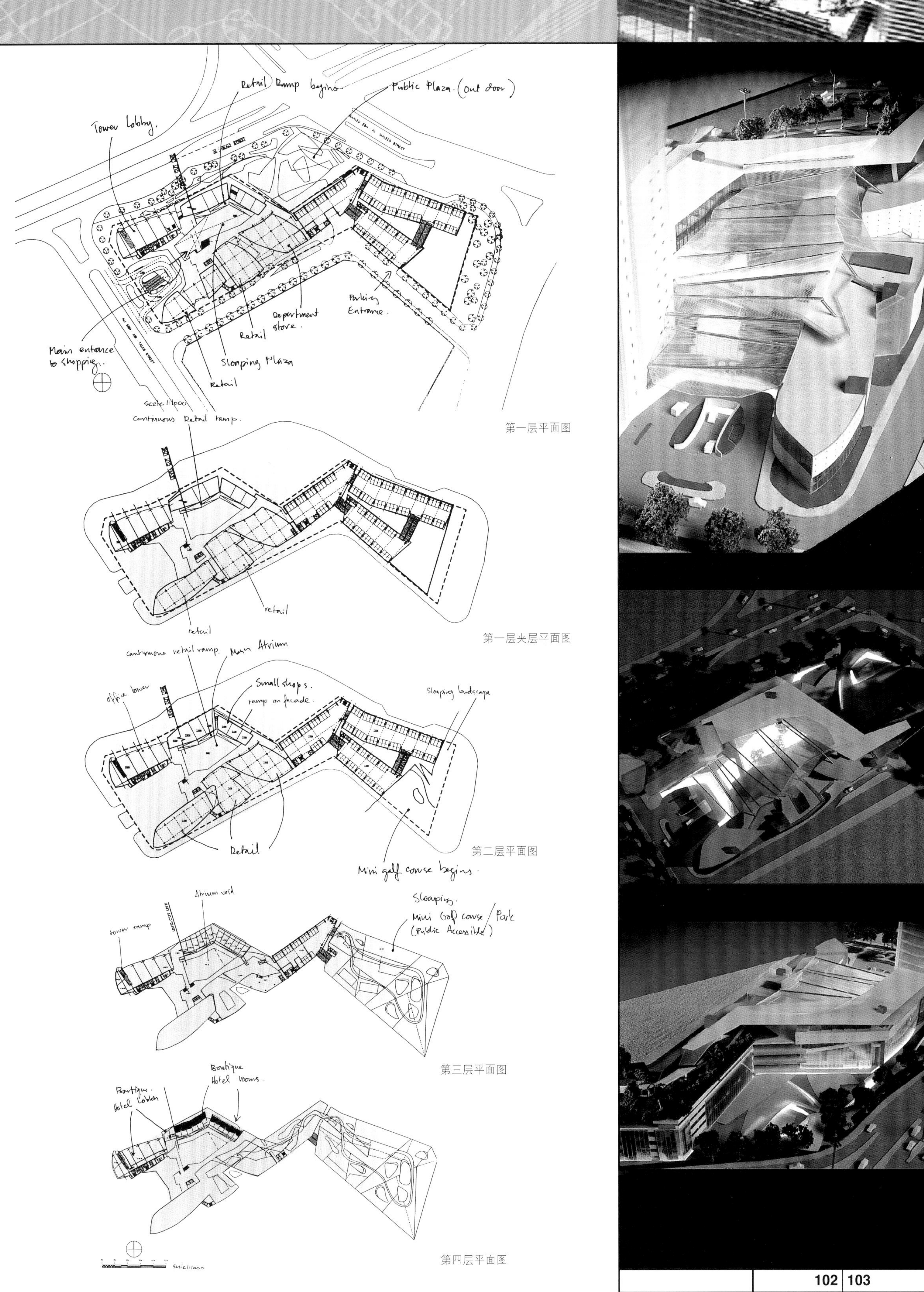

第一层平面图

第一层夹层平面图

第二层平面图

第三层平面图

第四层平面图

百叶式的屋顶系统，保证广场区的采光与凉爽

可开启的滑动门，打开时给人以不同的环境体验

L1 层零售商业区

到小型酒店的通道，
能俯瞰整个主体广场
办公楼
购物坡道走廊
L1 夹层零售商业区
商业广场，通往
地下零售商业区

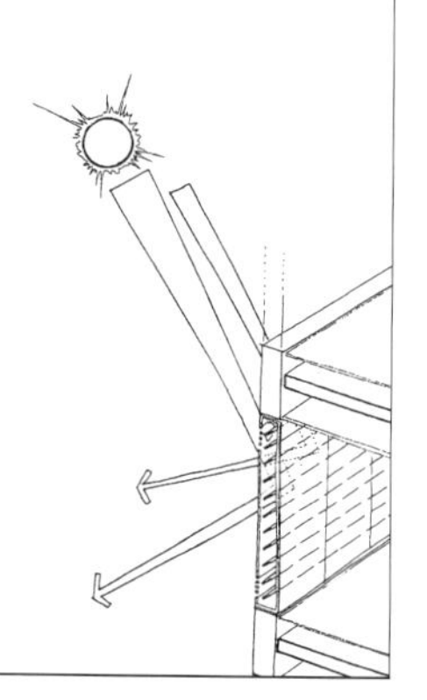

这个建筑项目本质上是一个办公楼，带有一个**线形中庭**以及一个附属的停车设施。

下部楼层是香港银行的**营业大厅**，带一个主入口及中庭。在营业大厅之上，是一些满足银行业务活动需要的楼层，分布在中庭空间的东西两侧。在购物广场跨越2层的主要入口下方是一个地势较低的凹进楼层，容纳着一些公共设施，如托儿所、健身房及小卖部，此外还带有一个下沉式的花园平台。这个下部楼层中包括了综合出纳台、独立设置的现金出纳台以及到停车设施的入口。

跨越两层高的银行大厅占据了主入口处的主体空间。除此之外，**中庭**则是此方案的主要核心空间，其高处有一系列相互连通的天桥，此外还有玻璃墙体的电梯及自动扶梯系统。透过中庭，地面层景观被融入到一个连续退台的阶梯状的**花园平台**中，而后者同时也在视觉上遮蔽了整个停车设施。

杨经文的场地分析及与之呼应的设计直接产生了一个综合性解决方案。整个评估过程中还包括风水的分析，找出了最好的开口方位与角度，并由此确定了主入口与中庭空间。其次，佩塔宁—贾亚大街的交通与步行环路汇集到与建筑相连的一个步行区域，垂直升降口以及用来隔离机动交通的公共空间扩展部分一直延续并穿越中庭。最后，对**太阳轨迹**及**风向**也作了相应的研究，这都对建筑设计有着相当重要的影响。在总体形式上，遮阳设施遮蔽了东西侧双层玻璃的立面，隔离早晚的自然光并呈现出一种复杂的条纹状图案。风向研究则决定在自然通风与采光的中庭顶端设置百叶隔板，以此引入西北与南向的穿堂风。中庭提供了充足的光线以及观看周围办公楼的清晰视野，而在上部楼层的外立面则引入了空中庭园。

中庭由入口处一个悬挑的顶棚进行引导，在较高处则搭配一个平整的屋顶天棚。

整个方案中，尤其是公共广场及上部楼层的公共空间，采用了大量的**植被**来创造一个宜人的环境，使得建筑和与之相连的停车设施之间的过渡更加柔和——从停车场屋顶倾斜向下的**悬挑空中花园**。

很明显，这些典雅**简洁**的形态是直接源于杨经文的设计原则——其绿色高层建筑的设计方法以及在高度商业化的环境中对低能耗的、适应生态与气候的追求。

香港银行大楼

雪兰莪州，马来西亚

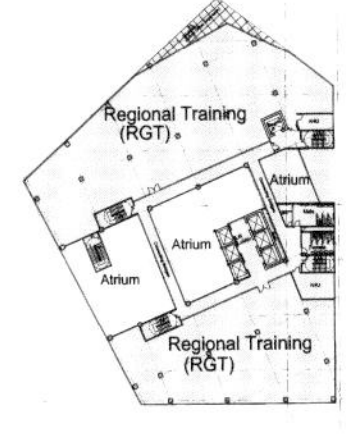

第十三层平面图

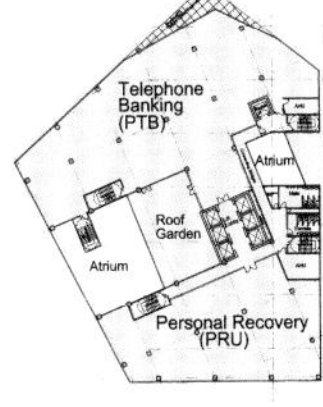

第十二层平面图

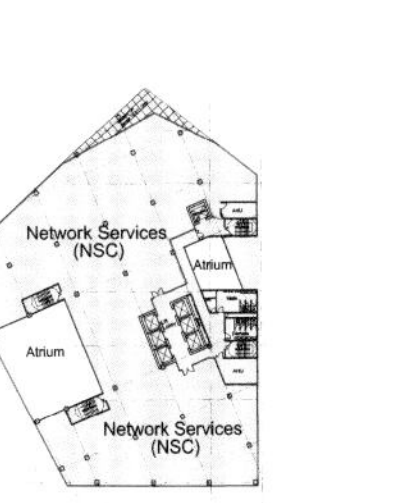

第九至十一层平面图

第八层平面图

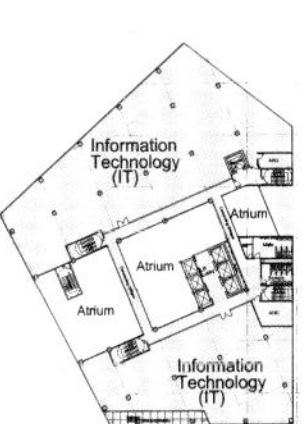

第七层平面图

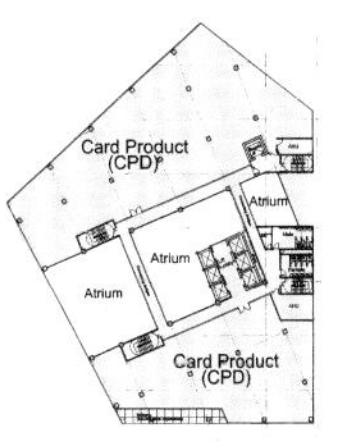

第六层平面图

02m 10m 20m

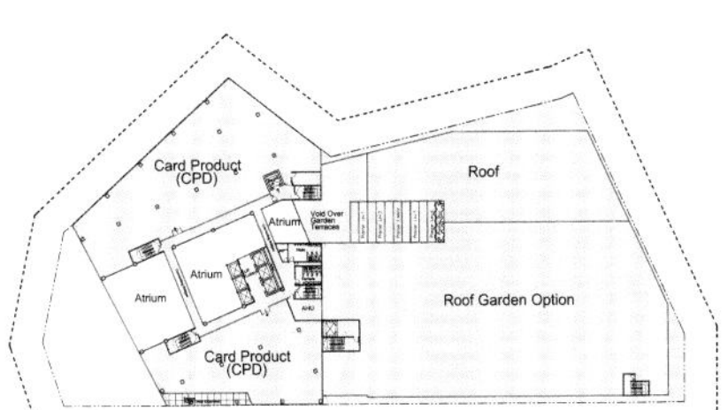
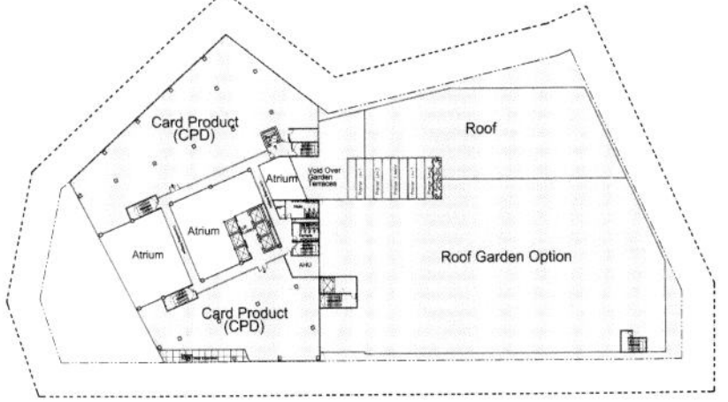

第五层平面图

第三层平面图

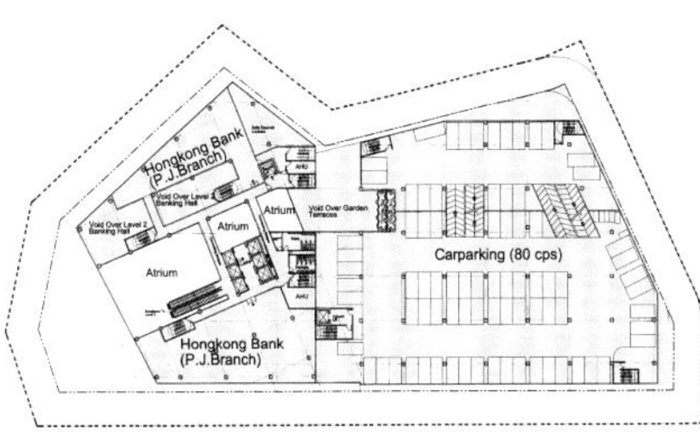

夹层平面图

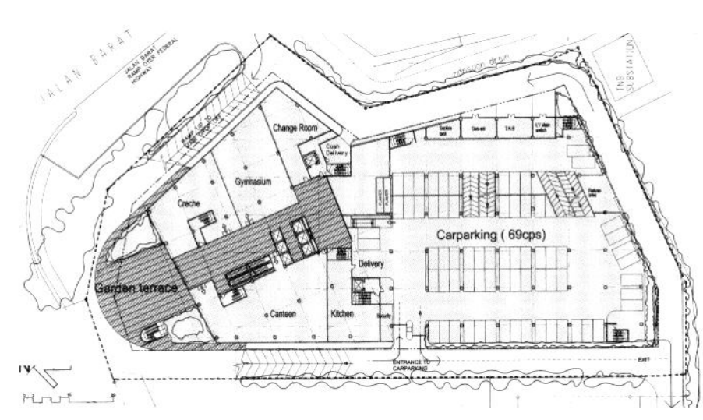

第一层，地下一层，地下二层平面图 02m 10m 20m

（绘制：瓦特·利姆）

业主 香港银行马来西亚分公司

地址 佩塔宁－贾亚大街，马来西亚

纬度 北纬3.07°

总层数 13层＋1夹层

开工时间 设计中

竣工时间 未定

面积

总建筑面积 79248 m²

总使用面积 59436 m²

停车场面积 54559 m²

场地面积 23099 m²

容积率 5.2

设计要点 •整个建筑体块被中庭空间分为两个部分，其间是互相连通的天桥，此外则是附属的停车区。

•中庭拥有自然通风和采光，并能清楚地看到办公室的内部。

•建筑外表面包裹着遮光百叶，同时也是太阳能吸收装置。

•植被被用于创造一个宜人的室内环境，使得停车场与建筑之间的过渡区域显得更加柔和。一个阶梯状花园从地面层的中庭一直延续到停车场的屋顶，这是设计中的一个重要特色。

设计反应

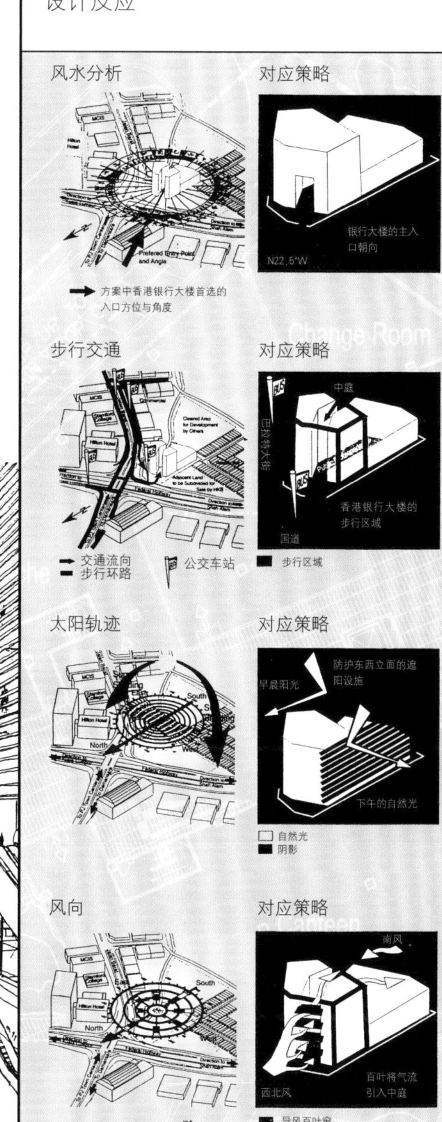

带百叶的三层玻璃的通风墙（东西立面）

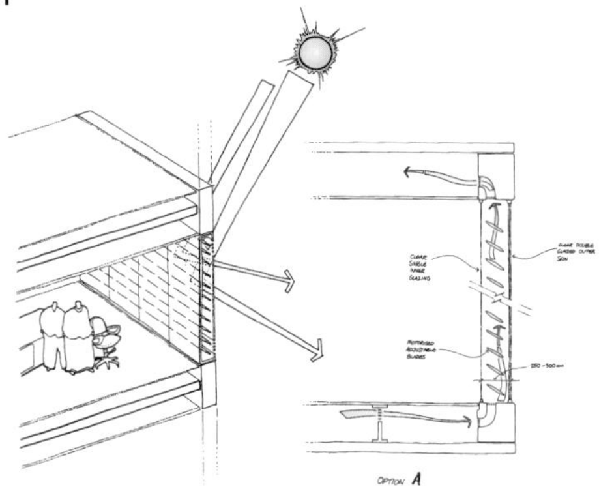

双重墙体选择（东西立面）

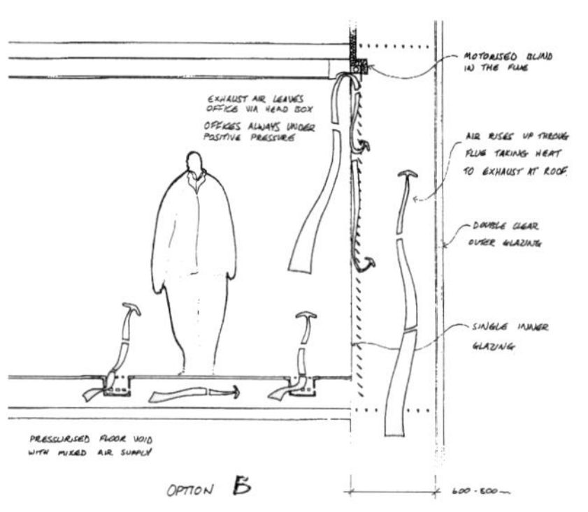

轻质隔板与百叶，及透明的双层玻璃

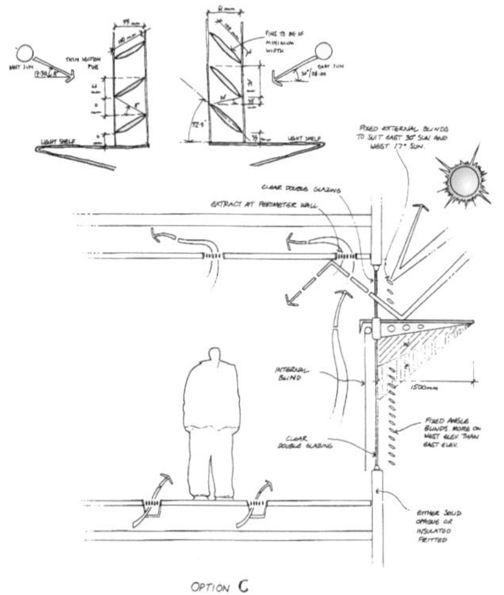

带轻质隔板的落地式玻璃幕墙

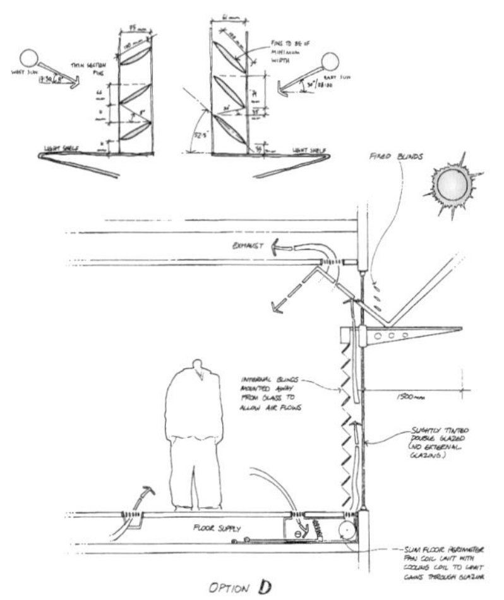

落地式的玻璃窗，外带可调节的百叶及周边盘绕单元（东西立面）

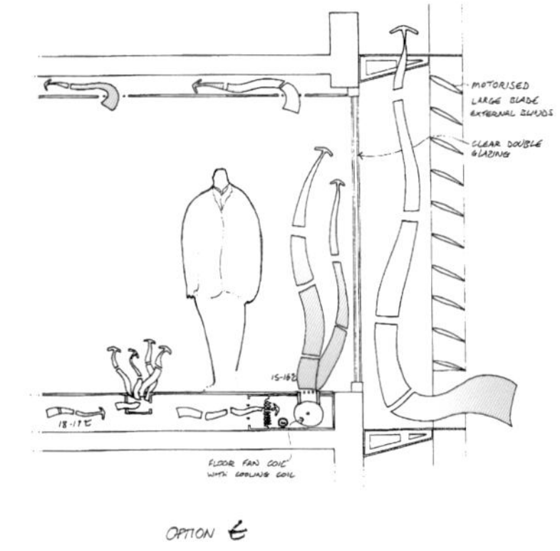

潜在的用水平衡策略

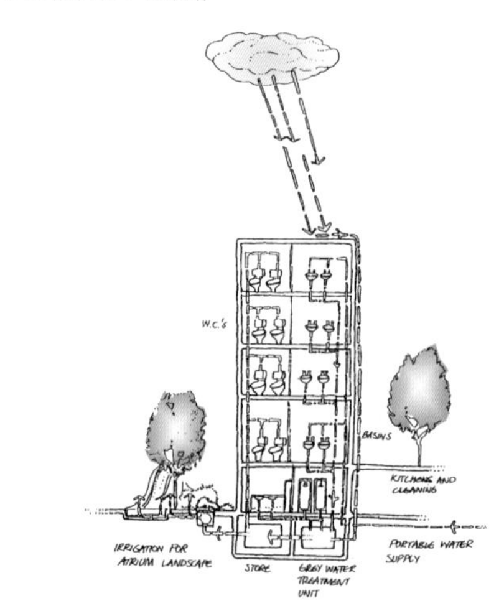

用水平衡策略

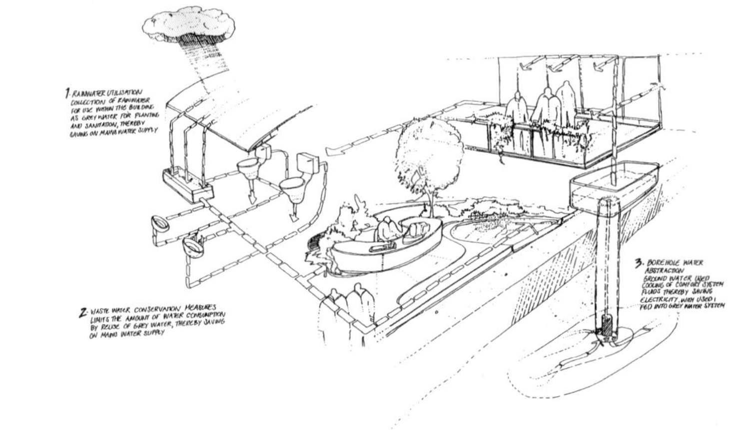

太阳能吸收系统示意

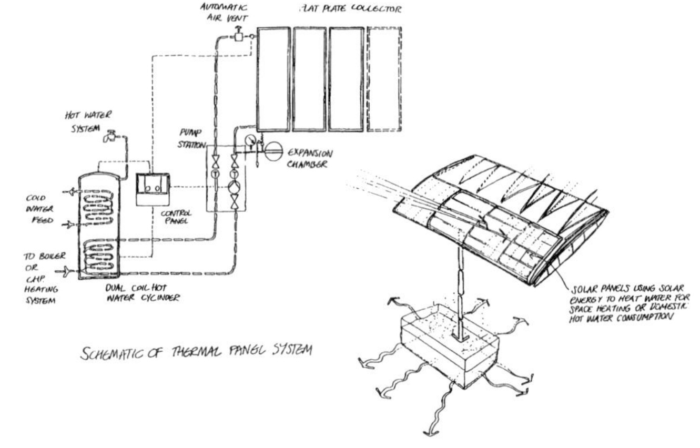

风力涡轮系统示意

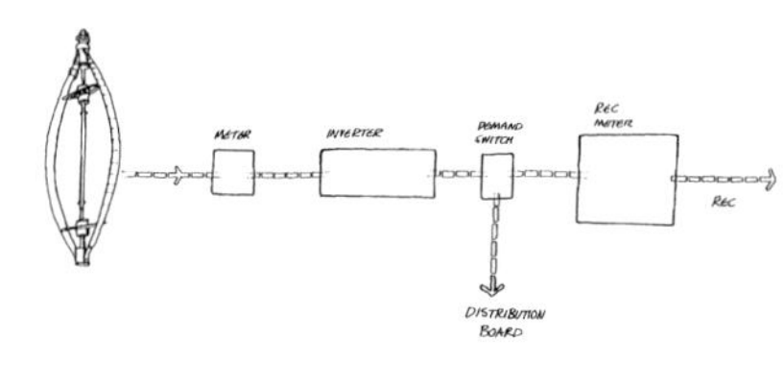

风力涡轮

从银行大厅向中庭看

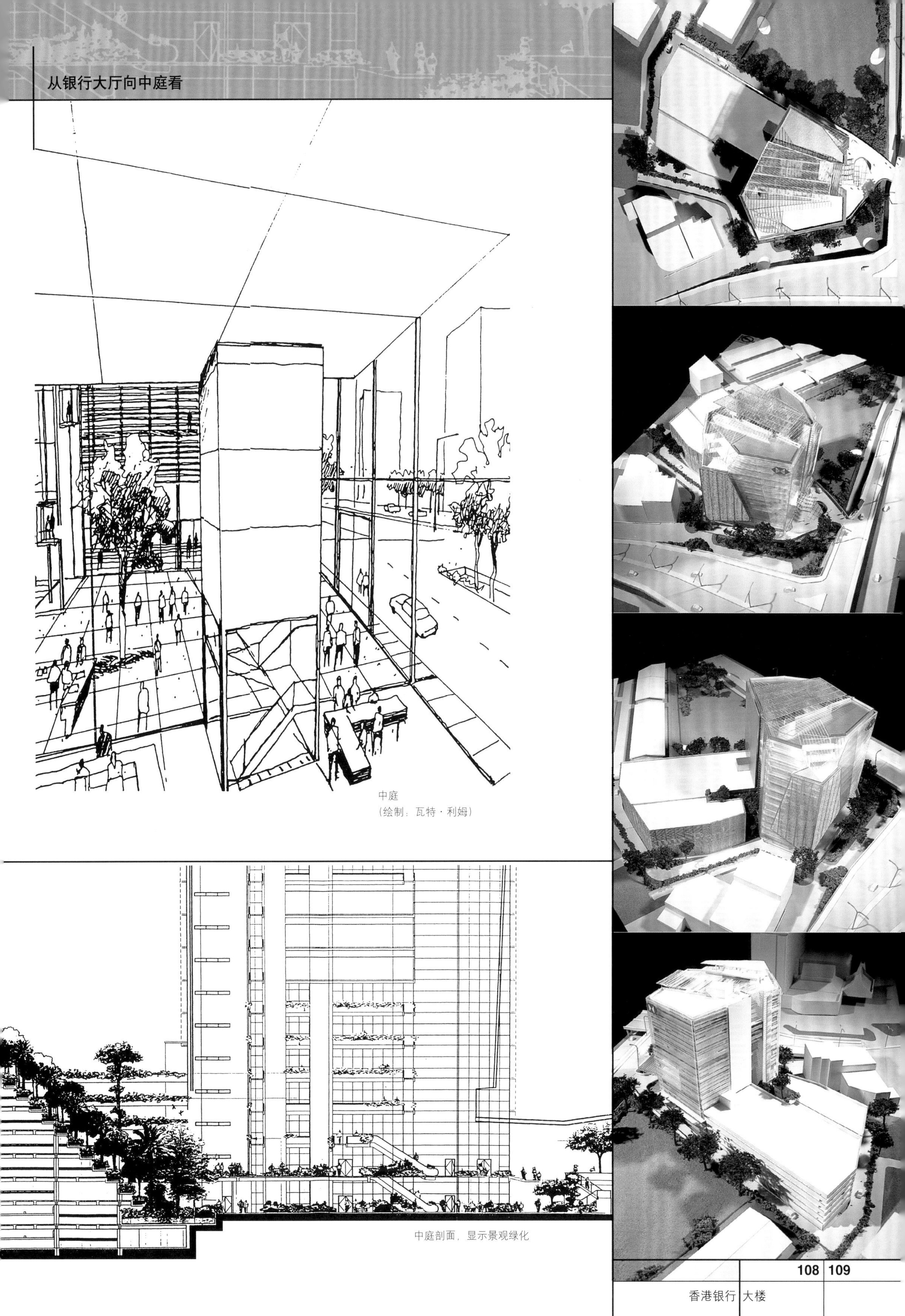

中庭
(绘制：瓦特・利姆)

中庭剖面，显示景观绿化

在某些重要的方面，EDITT大楼与BATC大厦、尤其是名古屋2005年世界博览会展厅紧密相关，即在**竖直城市主义**与**会展**功能方面所体现的共同理念。

新加坡城市开发管理局举办了一个会展建筑设计竞赛，这让杨经文又获得了一个类似于名古屋2005年世界博览会展厅的创作机会，但这个项目尺度更小，位于新加坡市区主要商业建筑集中的地区，并且是受限较多的街角地块。

业主的任务书中要求的是一个展览建筑，同时包括零售区、展览空间、会场及相关设施，杨经文满足了这些要求，并在这个基础上完整地实践了他的很多**生态建筑**方法。对这种理念的追求贯穿于他的很多项目之中，并最终清晰地勾勒出他对"绿色高层建筑"的深入且全面地理解和感知。因此，EDITT大楼就成为了**"绿色高层建筑"**的一个重要的标志性作品，在空间组合、技术实施以及循环使用等方面都带来了重要影响。

杨经文的**生态设计**的本质及其内在联系在前面的简介《**内在相互联系**》[1]中已有所涉及，而这些原则的直接运用最明显地是体现在EDITT大楼中，并且比以往任何一个项目都要全面。因此，它是杨经文的设计思想的演进及其实践中很重要的组成部分，正如梅纳拉大厦作为其早期的**生态气候学高层建筑**系列作品中的登峰之作一样。

1 介绍性短文《内在相互联系》是关于生态设计的纲要性简介，作为"绿色高层建筑"的基础，它包括了杨经文的设计方法论。

EDITT 大楼

新加坡

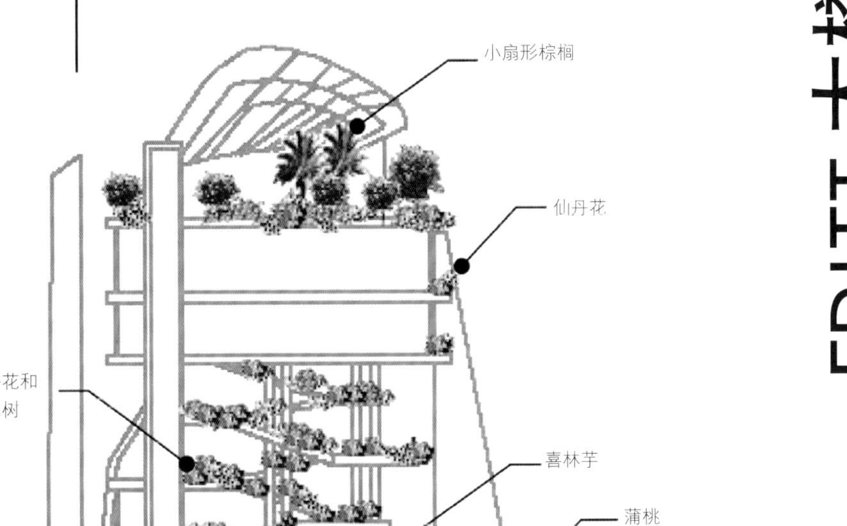

建筑中植被种类的选择依据“本地”的不同类型植物的百分比而定，由此与本地区的景观特色相呼应。这同时也保证了所选出的种类与场地周围的其他植物种类不会相互争夺资源。在植被选取中，其他一些考虑因素是：栽植的深度、轻质、养护需求程度、可接近性、朝向、导风墙/自然光渠道/特种玻璃等因素。

业主 URA（城市开发管理局）
新加坡（主办方）
EDITT（地热地区的生态设计）（主办方）
NUS（国立大学）（主办方）
地址 滑铁卢大道与维多利亚大街的交接处，新加坡
纬度 北纬 1.2°
总层数 26 层
开工时间 1998 年（设计竞赛）
竣工时间 未定
面积
总建筑面积 6033 m²
总使用面积 3567 m²
覆盖植被面积 3841 m²
场地面积 833 m²
容积率 7

设计要点•我们的设计试图展示在高层建筑设计中运用的生态方法，在满足业主对展览建筑的相关要求（即购物、展示空间、会场等用途）的同时，整个设计还包括如下一些生态适应策略：

•适应当地的生态系统

生态设计从考察当地的生态系统及其属性开始。任何设计如果不考虑到这些方面就不是一个真正的生态设计方法。一个有意义的起步是从“生态系统层次结构”中来考察整个场地。

生态系统等级结构	场地的需求数值	设计策略
•生态成熟期	完整的生态系统分析与归纳	•保护 •保存 •仅在无影响区域开发
•生态不成熟期	完整的生态系统分析与归纳	•保护 •保存 •仅在东向影响区域开发
•生态单一化阶段	完整的生态系统分析与归纳	•保护 •保存 •增加生态多样性 •仅在低影响区开发
•人工混合期	部分的生态系统分析与归纳	•增加生态多样性 •仅在低影响区开发
•单种栽培期	部分的生态系统分析与归纳	•增加生态多样性 •在无生产潜力区开发 •恢复生态系统
•零种植期	归纳总结生态系统的其余内容(即水文，剩余的树木等)	•增加生态多样性即有机体数量 •恢复生态系统

在上述的这个层次结构中，很明显，这个用地是一个城市的“零种植”区域，而且本质上是一个破坏了的生态系统，只留下了极少量的地表覆土、植被及动物群落。本设计方法试图用大体量的有机体恢复生态系统的正常演替，并与现状城市用地的非有机性相平衡。

这个方案的独特之处在于其种植大量植被的立面并使用露天平台，这使得建筑中的绿化面积接近其剩余部分的使用面积(即建筑毛面积为6033m²)。

在设计中保持整个植被区的连续性，沿一个景观步道，从地面层开始曲折向上一直到达最顶层。设计中覆盖植被的面积为3841m²，即建筑总的使用面积与绿化面积的比例为1 : 0.5。

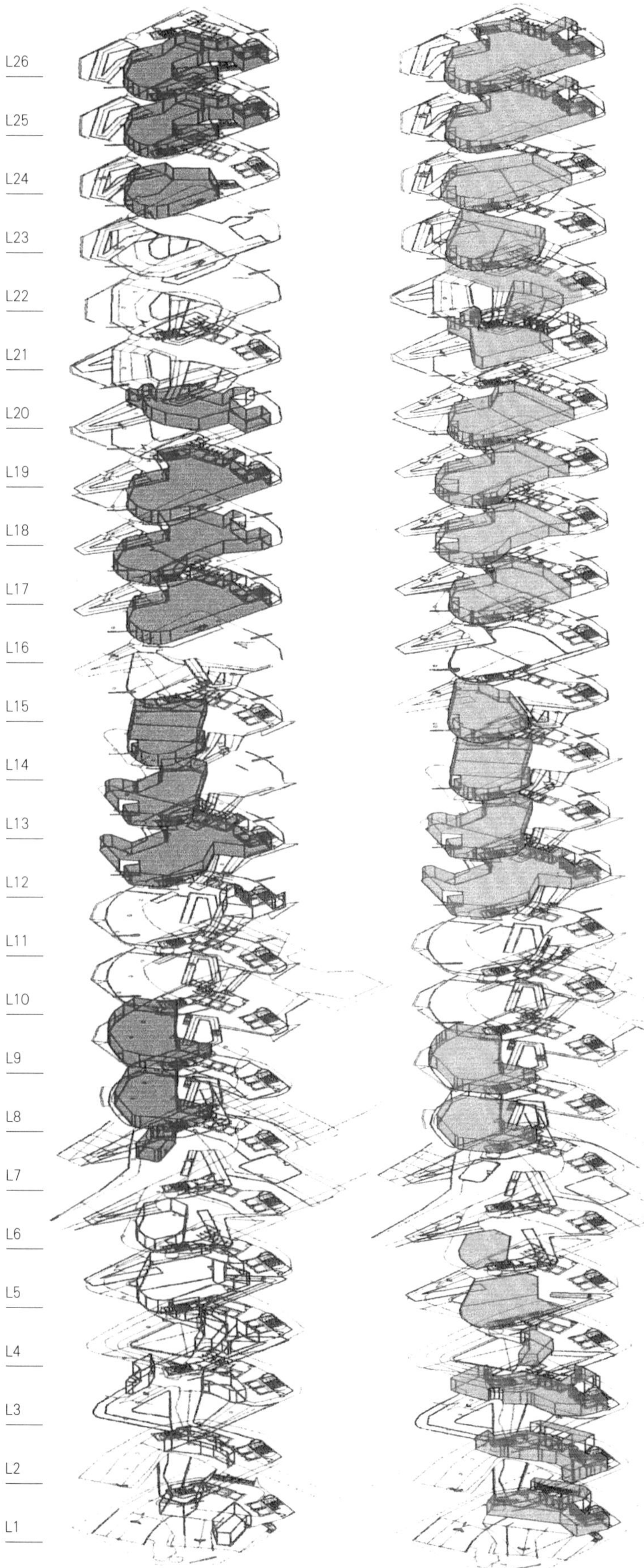

杨经文最初的分析与他所描述的"场地的生态响应"相关联，并通过 **"生态系统等级结构"** 相关分析而实现。从中他总结到：这块场地是城市中的"零种植"区域——**"一个被破坏了的生态系统，仅保存了很少量的地表覆土，植被与动物群落"**[2]。他的应对策略并不仅仅是对场地的有机体的复原，还包括了对覆盖植被的立面的引入，以及从地面层连续盘旋向上一直延续到建筑顶部的覆盖植被露天平台——一个"景观坡道"。之后，在对当地植被种属调查的基础上给出了对植被种类选取的详细建议。

连续的景观立面及露天平台的理念，这在杨经文的大多数项目中都表达完整，但是在这个建筑作品中，**竖向的景观绿化**面积大约是可使用面积的一半——这是一个特殊的高比例。选出的植被不会与附近的多样性的生物种类争夺资源，它们构成了整个景观绿化的基础，更重要的是保证了建筑立面小环境的凉爽。景观绿化的尺度与连续变换的有机平面形式共同构成了建筑在视觉上的**景观化形态**。

设计中采用了更深入的研究成果，并将一些特殊要素引入建筑之中，包括中水循环与净化、污水循环使用、太阳能利用、建筑材料回收与重复利用、自然通风与混合模式维护，以及具体的能量和CO_2分析等。所有这些研究构成了杨经文的生态设计议程的组成部分，并大体上整合到了建筑形态形成的过程之中。

例如，建筑顶部就采用了一个巨大的**雨水收集器**——一个"屋顶集水器"，它与**立面上扇贝状的接收器**共同收集流过的雨水。这都是循环中水系统的组成部分。同样，建筑立面上也安装了光电电池板，它对减少电能需求与冷却负荷是至关重要的。对每一个子系统的分析都有助于形成一个具有独特气质的**可持续的建筑**。

在竖直景观绿化之外，还有两方面的设计内容也是值得注意的——这包括 **"场所创造"** 和 **"松散组合"**[3]。此外，总平面设计中，温度较高的东立面集中了电梯、楼梯和服务设施，采用带遮阳设施的弯曲墙体形式，设计中还引入了 **"导风的墙体"**，使得室内与空中庭园环境更加宜人——这是对UMNO大楼中运用的理念的发展。平面布局也受到大面积使用的**步行坡道**的影响，它提供了额外的竖向联系，并构成建筑的形式表达中很重要的组成部分。

坡道系统也是杨经文**竖直城市主义**战略中很重要的元素。他将其描述为 **"街道的竖向延伸"**，这些活动空间试图与街道上的一些空间，如 **"……货摊、商店、咖啡馆、表演空间记及眺望台……"**[4]等连接在一起，这主要在靠近地面的6层中实现。设计中还引入了 **"视线分析"**，以保证上部楼层的使用者能感受到最好的城市景观。

2 Ken Yeang：'EDITT Tower'，Project Notes，1998
3 同上。
4 同上。

圣经中的塔楼

在这个建筑作品中，杨经文也运用了**“松散组合”**的原则，并研究了在100/150年的建筑生命周期中将其改造为办公或公寓使用的可能性。这暗示着：**“空中庭园”**改造为办公空间使用，可移动的分隔与楼层，材料的**“机械连接”**以保证将来的回收和重复利用。

建筑中体现了运用杨经文复杂的生态设计原则取得的初步成果，以及引入一个多学科设计团队的优势，对场地、建筑及其结构进行了全面深入的、相互关联的分析与评价。同时，杨经文提高了对实现真正的**绿色建筑**相关的未来期望、相关标准的各项要求。

材料的能源需求 （千焦／吨）

极高能耗		**中等能耗**		
铝	200～250	石灰		3～5
不锈钢	50～100	黏土砖和＆瓷砖		2～7
铜	100+	石膏		1～4
塑料	100+	混凝土	预制	0.8～1.5
高能耗			块体	0.8～3.5
铁	30～60		现浇	1.5～8
铅，锌	25+	**低能耗**		
玻璃	12～25	砂石砖		0.8～1.2
石膏板	8～10	砂，混凝料		＜0.5
		灰，RHA，火山灰		＜0.5
		土		＜0.5

结构设计

贝特·麦卡锡咨询工程师事务所

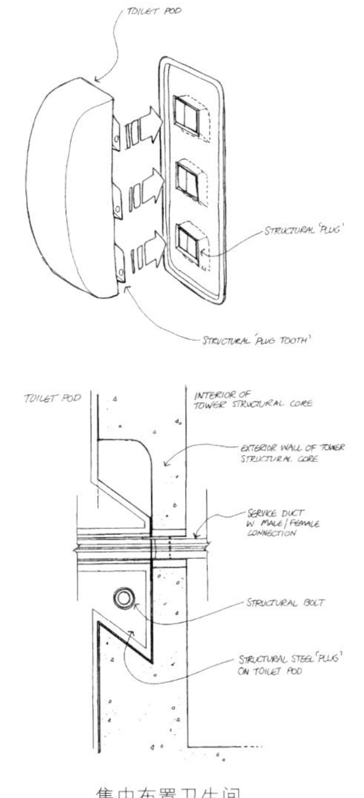

集中布置卫生间

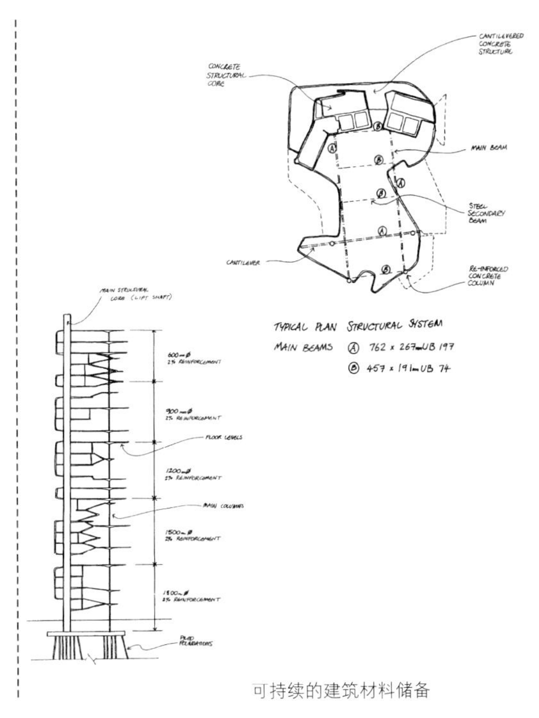

可持续的建筑材料储备

·场地的生态适应

设计的最初工作是将场地一英里半径范围内的本地植被详细地描绘在地图上，以此保证设计中所引入的树种不会与当地的植被种类发生资源争夺。

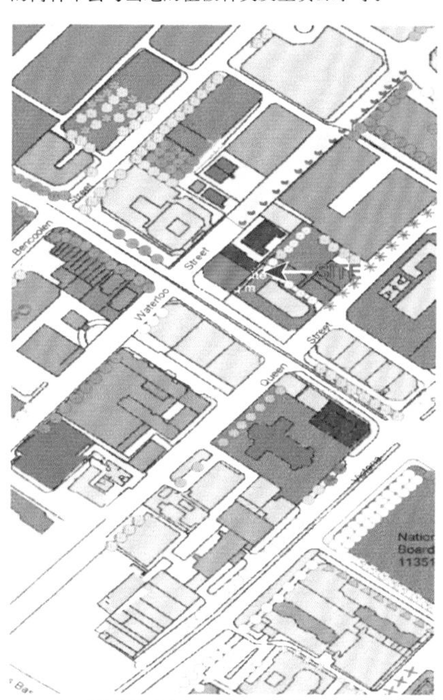

以下的平面图表示了我们对场地周围地区现存植被种类的调查（由团队中的景观建筑师进行调查）

场地周围现存树种的图例

肉桂树 大叶菊
非洲楝 海芒果
印度翅果 红色鸡蛋花
圣榕 白榕
报春花 桂树
宽叶桃花心木 杂色刺桐
火炬花 扇芭蕉
紫薇

场地周围现存棕榈的图例

皇家棕榈 中国蒲葵
茉莉榛 三角棕榈
海桃椰子

·场所创造

在高层建筑的城市设计层面上存在一个重要问题：即街道的活动空间极度缺乏与城市高层建筑的上部楼层空间的连续性。这归咎于楼层的物理隔断（高层建筑的固有问题）。城市设计中包含了“场所创造”。通过创造“竖直的场所”，我们的设计将“街道”的生活引入到建筑的上部楼层中，这借助从底层曲折向上的景观坡道来实现。坡道与街道的活动空间相连（货摊、商店、咖啡馆、表演空间及眺望台等），并贯穿于一至六层。坡道创造出一个连续的从公共到半公共的空间过渡，作为“街道的竖向延伸”解决了高层建筑固有的楼层之间的分隔问题。上部楼层的天桥将大楼与附近的建筑相连，由此强化了城市的连通性。

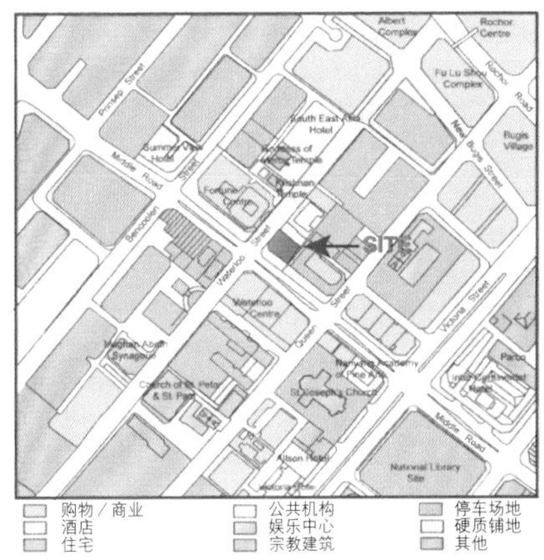

被展示的绿色

《建筑评论》
(1999年2月)

作为新一代的热带高层建筑的原型，新加坡的这个高层作品比以往任何一个项目都更全面地检验了杨经文的生态设计相关原则，融入了很多新的理念和承上启下的探索。

杨经文很早就从事有关生态和谐型高层建筑的研究，他将其称为运用生态气候学的高层建筑（参见《建筑评论》1993年2月及1994年9月的相关评论）。到目前为止，虽然他的建筑也呈现出一定的演进态势，但也不可避免地受到业主一些可理解的严格要求的限制。新加坡城市开发管理局希望他提供一个展览建筑方案，这让他有机会进行更成熟的思考，在可能实现的层面上去实践一些新的理念。建筑要求具备各种各样的展示空间，此外还要包括购物与剧场等功能。这个方案将成为他所谓的“生态建筑设计的一个原型”，从而更自由地实践他的绿色理念，并更严格地审视关于建筑生态的系列问题。

地块位于滑铁卢大街与维多利亚大街的交接处，附近是新加坡CBD的标志性建筑群——一组纤细简洁（当然绝非简陋）的高层建筑的集聚体。但是当这个26层的大楼建成时，它完全区别于附近的其他建筑：以植被覆盖，体量内切以形成室内平台与空中庭园，外立面充满阴翳并被华丽的太阳能电池板所覆盖，同时还带有很多室内坡道。后者意图创造出“竖直的场所”，使得楼层之间的过渡更加自然与柔和。对此，杨经文将传统的高层建筑描述为“高层建筑类型固有的、不可避免的楼层之间的物理分隔”。这个最重要的元素从地面一直攀升到第六或第七层，杨经文希望这成为“街道的竖向延伸”。宽阔的景观坡道将引领人们从地面的道路开始往上，同时与街道上的一些活动空间联系起来，如货摊、咖啡馆、商店、酒吧等等；并一直延续到展览建筑的下部楼层。其目的是恢复使用功能、使用者与空间的融合，这曾在上世纪中叶使得东南亚的一些发达城市（新加坡、香港甚至吉隆坡）的街道具有梦幻般的活力。建筑采用的是现代的钢筋混凝土结构，但在功能组合上（从百货商店到住宅、餐厅、工作间）却比其他任何建筑更显变化多端，生动活泼且独具特色（可悲的是，大多数情况下，现在开发的复合功能的建筑被大而空的房屋所取代了）。

杨经文的建筑总是故意追求立面上的粗野，当然这与植被的使用密切相关，他不仅将其作为宜人的环境要素来使用，同时也利用它们提供更多的阴翳空间并改善室内的微气候与氧气供给。在新加坡的这个项目中，他打算作更进一步的探讨。他认为：此块场地在生态上已经被完全“毁坏”。随后便对当地的植被种类作了细致调查，以确定哪些树种更适合于新建筑，更有利于重塑原有的生态系统。植被布置从地面街道到建筑顶部形成一个连续的外壳，环绕于坡道和整个竖直的场所空间。从屋顶及下部楼层的一系列“扇贝”集水器所采集的雨水将用于灌溉这些植被。雨水和废水经过过滤后，将储存在屋顶的一个容器之中，以满足灌溉和卫生间用水的需要。

植被将成为惟一的气候改造者。当然空调也是不可缺少的，同时也采用了内嵌的遮阳设施（分为固定的或可移动的）以及与盛行风向平行布局的导风墙（能将气流引入空中庭园和室内空间）。这些设备的引入将使得空调系统的使用率降到最低。在完整的空调系统投入使用之前，带除雾器的天花板吊扇将用于降低室内温度。光电电池用作冷却机与照明系统的能源，以减少对电力的需求。太阳能加热器将承担大部分家用热水的供给。

融入建筑设计中的一个重要理念是“松散组合”，这个理念大概已经出现了30或40年，但它很少作为设计中有意识的决定因素而出现。杨经文提出：这个建筑应该能够整体地或部分地改为办公或居住之用，并制定了一个将建筑总使用面积的75%改造为办公空间的计划，室内隔断甚至整个楼板都是可移动的，但保持足够的坚固，并可以在需要的地方设置隔声材料。

同时，杨经文还认为：整个建筑在被拆除时，应该实现能耗与材料的损耗最小化。因此，他提出对所有的结构连接采用机械的方法而不是熔接（即，在结构框架中采用螺栓连接钢材而不是焊接）。因此，整个结构的构件都是可拆卸并可重复使用，而其他构件（例如楼板）也是如此，而对于楼板，他则建议采用新型的标准化木盒制成。

当然还有很多其他富于创造性的设想：例如对建筑所产生的废弃物的处理方法（例如包装物和不可使用的食物）以及对下水道的固化废弃物等。如果所有设想能够实现的话，这将是令人惊叹的。事实上仅有3/4的设想得以实现。即使如此，这个看起来面质粗糙的高层建筑仍然是热带地区项目开发的典范。

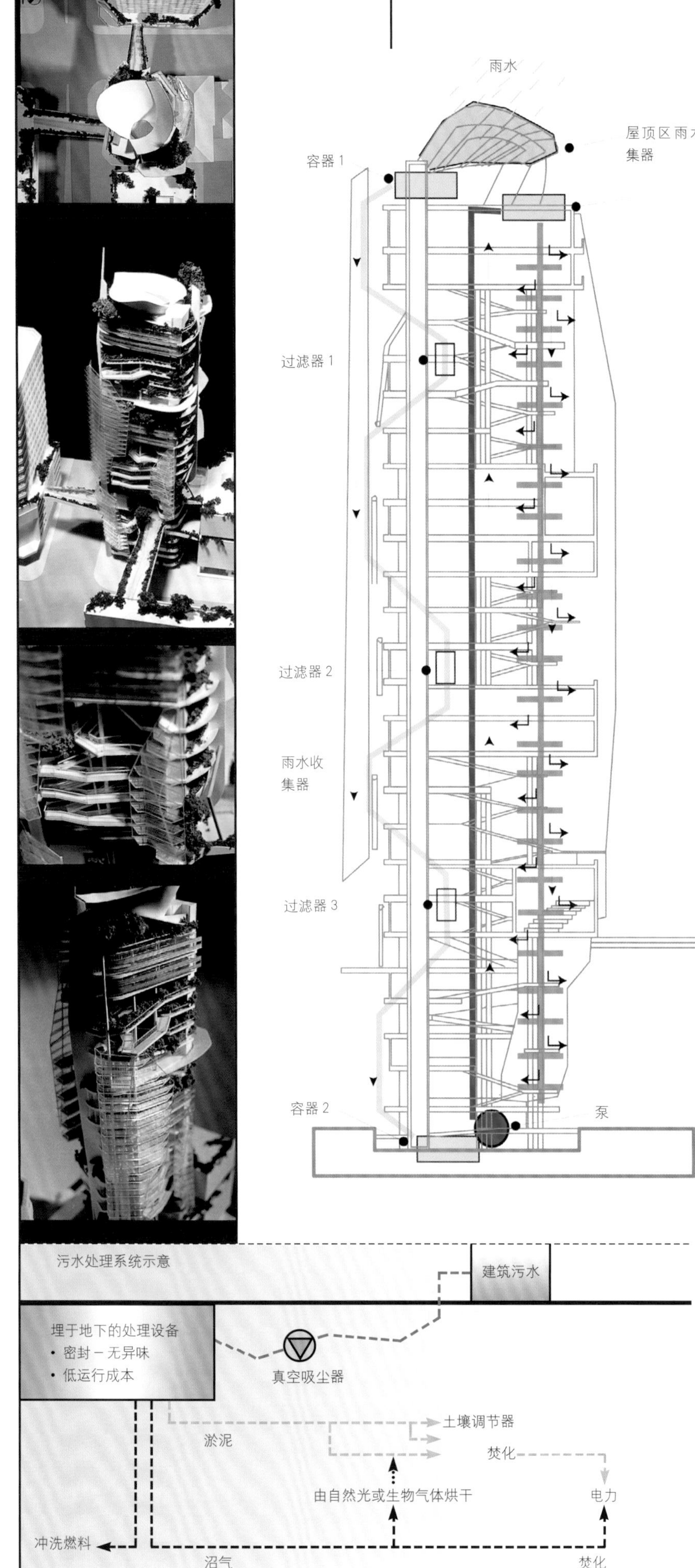

雨水收集与循环使用系统

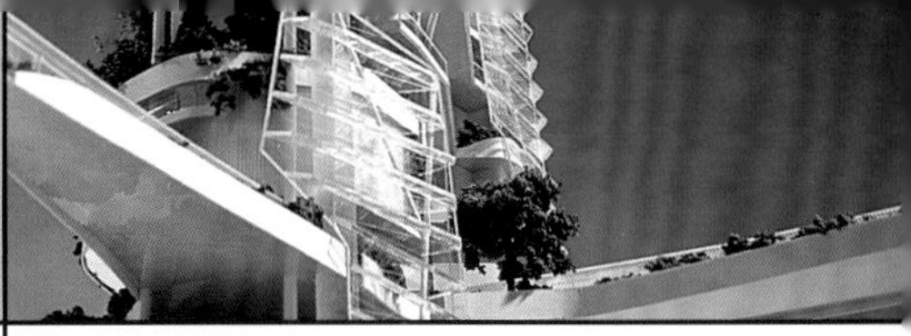

RAINWATER CATCHMENT SYSTEM
SOIL/COMPOST
FINE DRAINING SAND
SHARP OR COARSE SAND
PEA GRAVEL
FILTERED WATER PUMPED BACK UP THROUGH SERVICE CORE

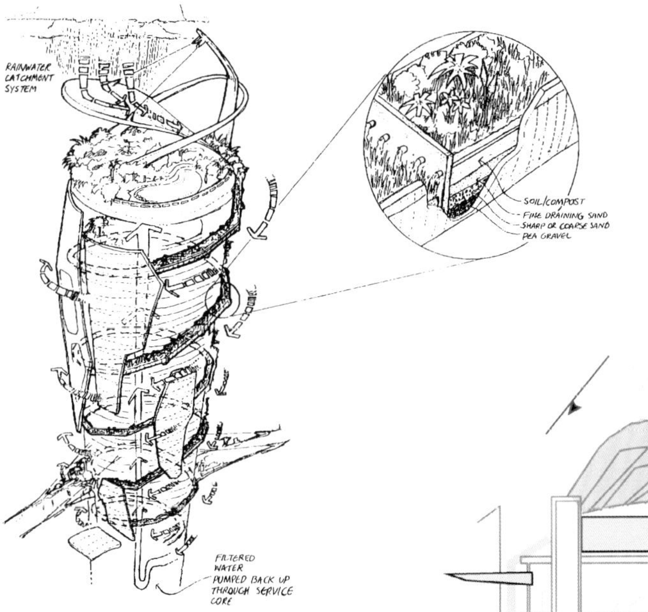

重力势能作用型灰水过滤系统

优点如下：

- 特定的场地
- 节水30%
- 低能耗系统
- 以现有的较初级的技术为基础
- 回收雨水和灰水
- 回收用水可用于
  冲洗厕所
  灌溉植被
  夏季间接蒸发以降温
- 减少建筑的主要耗水量

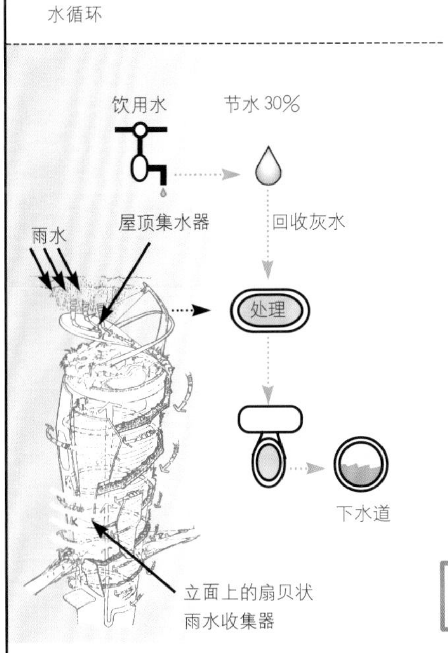

水循环
饮用水
节水30%
屋顶集水器
回收灰水
雨水
处理
下水道
立面上的扇贝状
雨水收集器

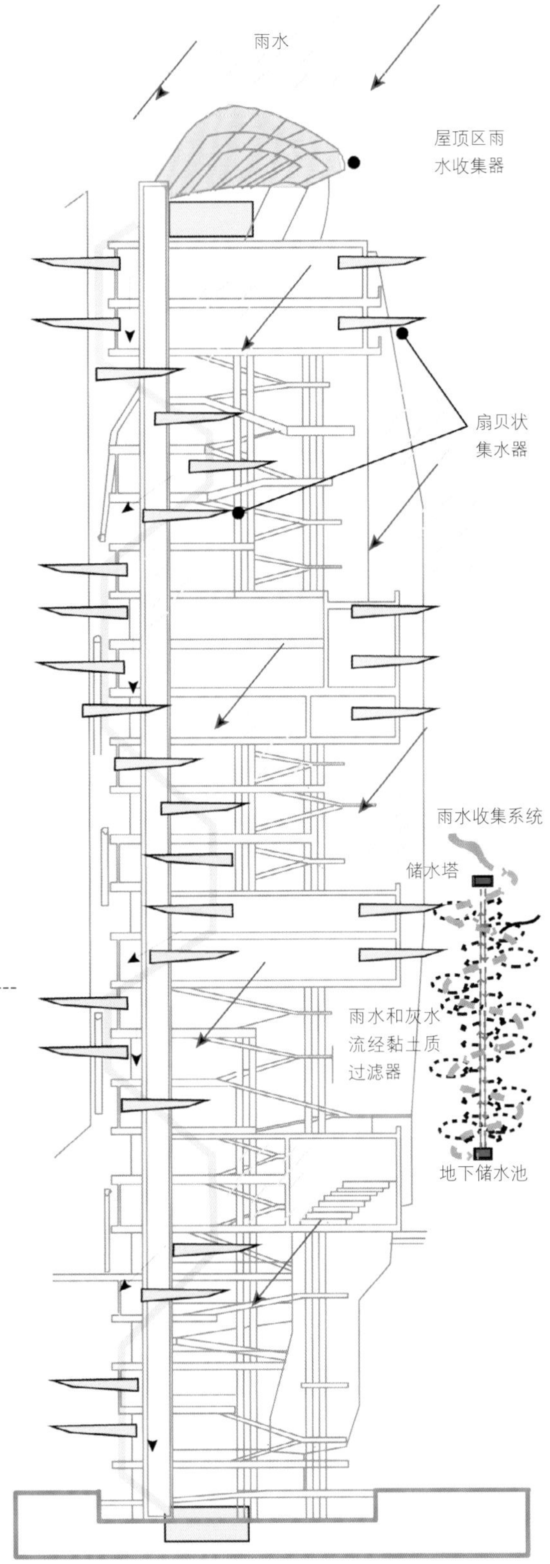

雨水
屋顶区雨
水收集器
扇贝状
集水器
雨水收集系统
储水塔
雨水和灰水
流经黏土质
过滤器
地下储水池

·竖直景观绿化

植被从街道的水平面开始环绕而上，形成一个连续的生态体，推动了生物种属的迁移，并构成一个具有多样性的而且更加稳定的生态系统，同时它也帮助实现建筑立面周边的降温。

如前所述，选择的树种并非要与周围环境中的其他物种争夺资源，“植被比例”代表了地域的景观特征。

影响植被选择的因素如下：

- 种植深度　·轻质
- 养护程度　·可接近性
- 朝向　　　·导风墙体/太阳能面板/特殊玻璃

布置在建筑不同高度的植被将对建筑中每个单独子区域的微气候产生作用

The new vertical city
Continuous linkage of ground plane to upper levels to back-up the composition of the ecosystem
upper level linkage
Fortune Centre
upper level linkage
WATERLOO STREET
MIDDLE ROAD

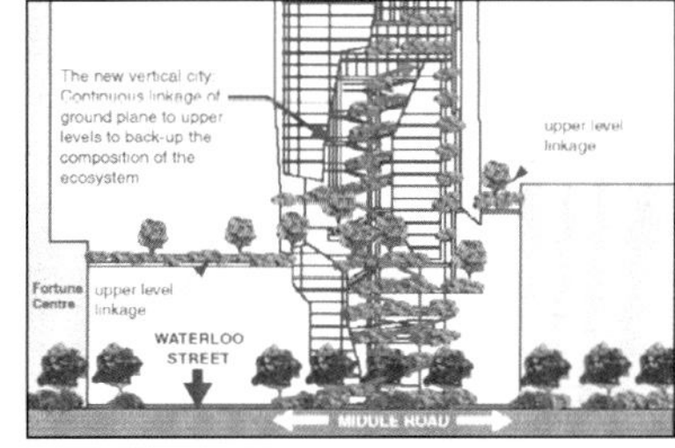

底层平面关系

植被从街道的水平面开始环绕而上，形成一个连续的生态体，推动了生物种属的迁移，并构成一个更加稳定的城市生态系统。

·建筑周围的景观

通过“视线分析”，设计中使得上部楼层能够带给使用者观赏周围环境的良好视野。

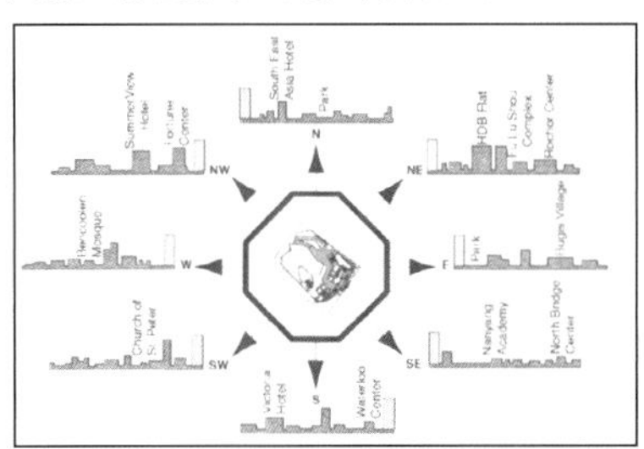

·松散组合

通常，建筑拥有一个100～150年的生命周期，并且它的用途随着时间不断发生改变。此处的设计要点为“松散组合以利于将来的重复使用”，其特点包括：

- 空中庭园（即，将来可改造为办公室使用）
- 可移动的分隔
- 可移动的楼板
- 材料的机械连接（与化学焊接相反）以便于将来的重复使用
- 有弹性的灵活设计[其最初为多用途的展览建筑，将来可用于办公（可改造面积为9288 m^2，75%的有效使用率）或是居住]。

整套平面图显示将有75%的楼层面积被准备用于改造为办公空间。

·循环用水

建筑的用水自给率（通过雨水采集）为31%

- 总使用面积　3567 m^2
- 建筑容纳人数　1人/10 m^2=3567/10=356人
- 用水量=30升/天/人
- 总需求量=30 × 356人=10680升/天
  =10.68 m^3/天 × 365天
  =3898 m^3/年
- 集水总面积=518 m^2
- 新加坡的平均年降雨量=2.344 m^3
- 集雨总量=1214 m^3/年
- 用水自给率=1214/38988 × 100=31%

·用水净化

雨水采集系统由屋顶集水器及立面上的“扇贝”集水器组成，后者可以收集流经建筑侧面的雨水。水净化系统是使用黏土为基质的过滤器，原理为雨水流经重力的作用。过滤后的水汇集于地下的储水容器中，并由水泵压运至上部楼层的储水容器中以备重复使用（例如用作灌溉植被或者冲洗厕所）。建筑的主要需水量都来自于饮用水。

固体废物回收系统

混凝土回收

贝特·麦卡锡咨询工程师事务所

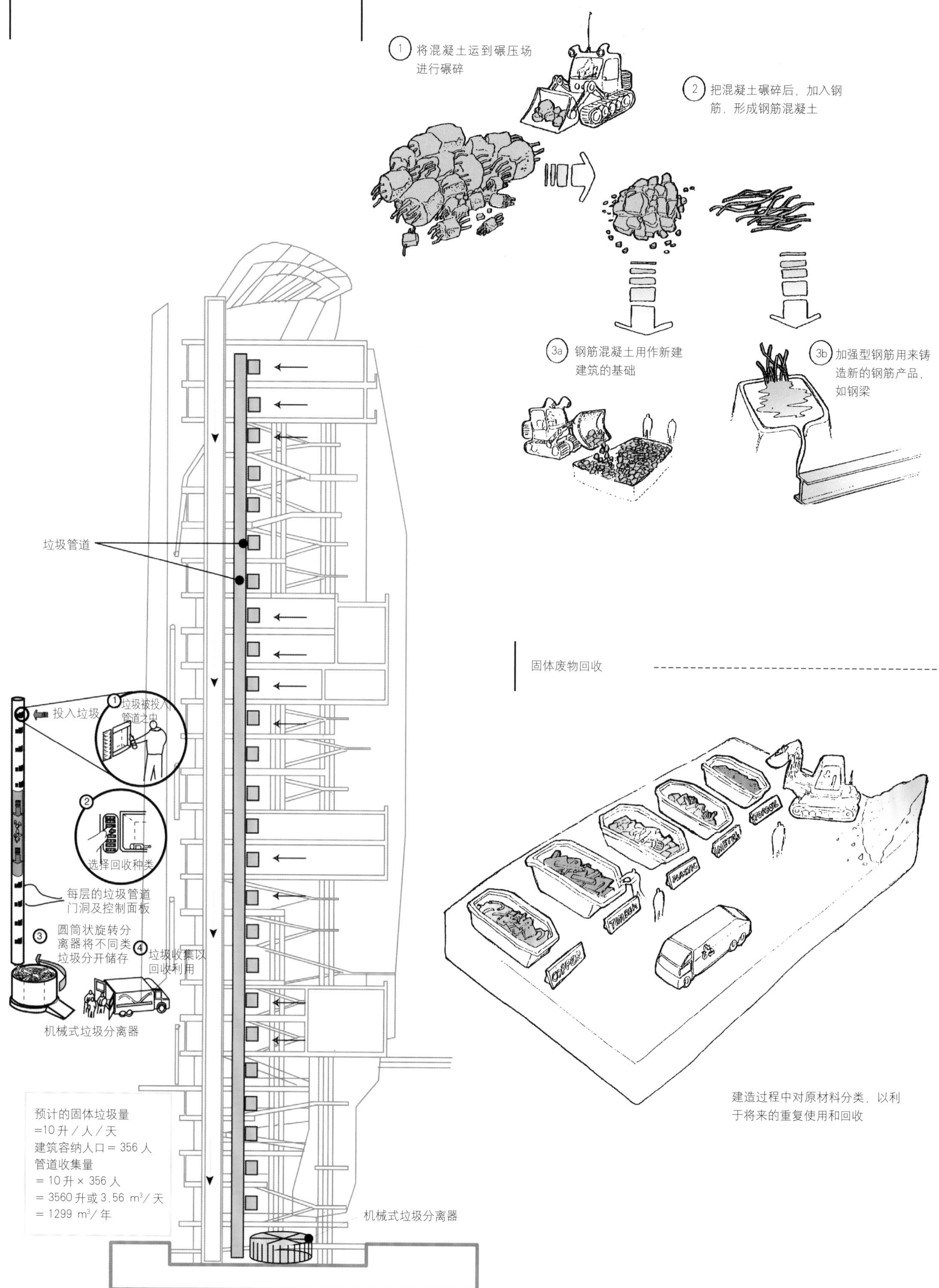

钢材回收利用

贝特·麦卡锡咨询工程师事务所

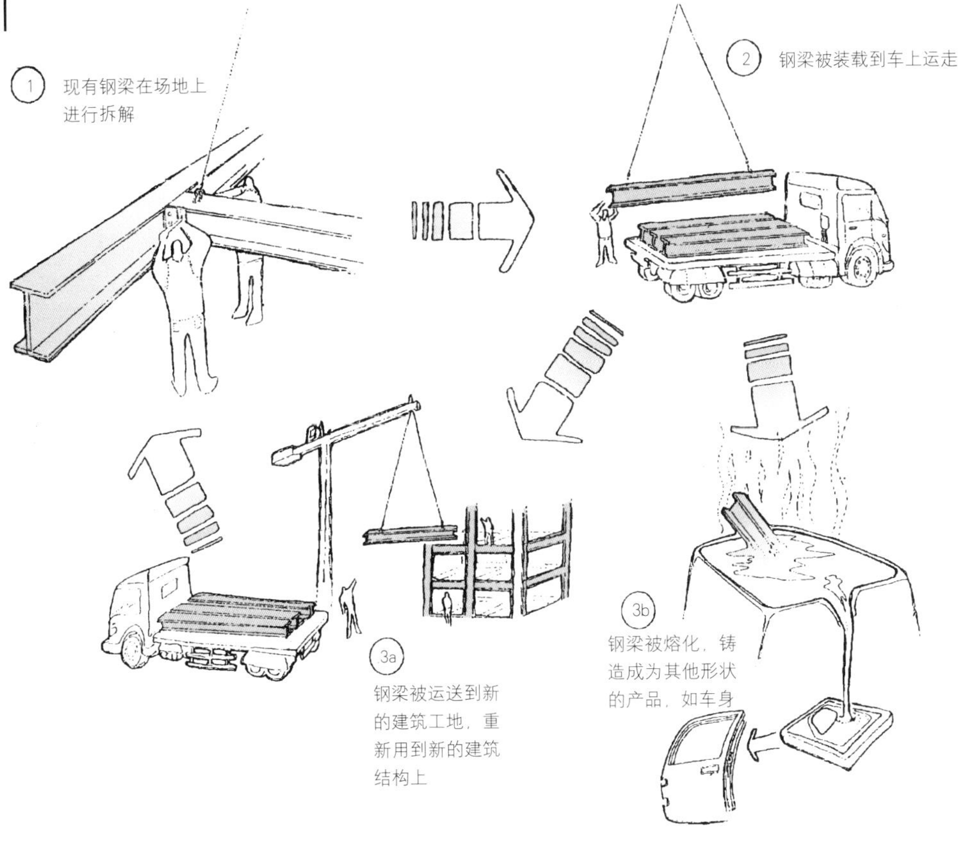

木模板回收利用

上拆卸下来

2 木模板被装载到车上运走

3a 木模板被用到新的建筑结构上

3b 木模板被分解成为木块，被用到别的结构上

3c 木块被溶解成为木浆，重新制作成为硬纸板或者纸张

• **污水回收**

设计将优化污水的回收利用

• 预计的固体垃圾量 =10 升 / 人 / 天

• 建筑容纳人口 = 356 人

• 管道收集量 = 10 升 × 356 人

= 3560 升或 3.56 m^3/ 天

= 1299 m^3/ 年

污水被处理后转化为混合肥料（在任何地方都能使用的肥料）或气体燃料。

• **污水处理**

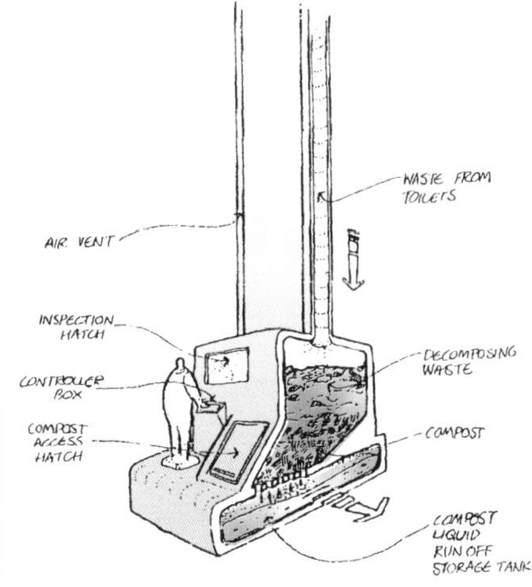

• **建筑材料回收与利用**

设计中引入了一个内嵌式的垃圾管理系统，可回收的材料在每一楼层由分离器按照来源分类。接着转到地下的垃圾分离器，然后被可回收垃圾收集车带至别处进行回收利用。

预计可回收废弃物收集量 / 年

- 纸张 / 纸板 = 41.5 吨

- 玻璃 / 陶瓷 = 7.0 吨

- 金属 = 10.4 吨

建筑的设计中材料及结构主要采用机械连接，以便于超过建筑使用年限之后的回收与重复使用。

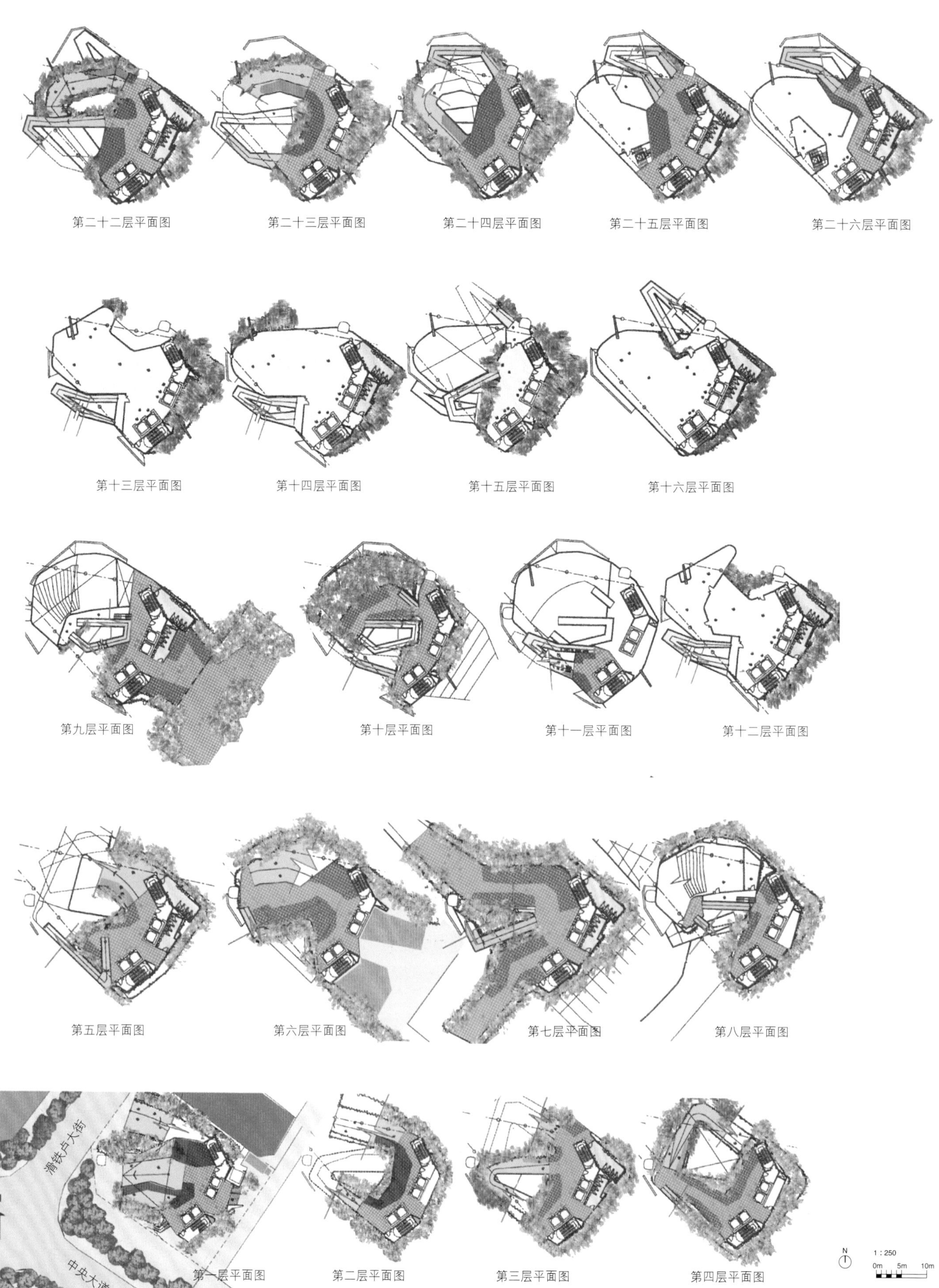

第二十二层平面图　第二十三层平面图　第二十四层平面图　第二十五层平面图　第二十六层平面图

第十三层平面图　第十四层平面图　第十五层平面图　第十六层平面图

第九层平面图　第十层平面图　第十一层平面图　第十二层平面图

第五层平面图　第六层平面图　第七层平面图　第八层平面图

第一层平面图　第二层平面图　第三层平面图　第四层平面图

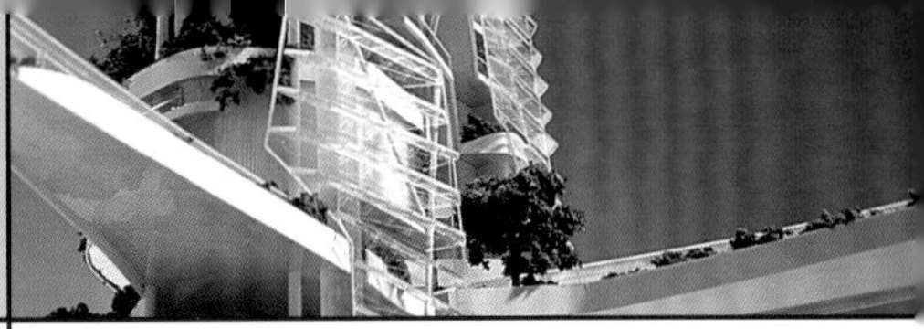

环境能源的利用（光电板）

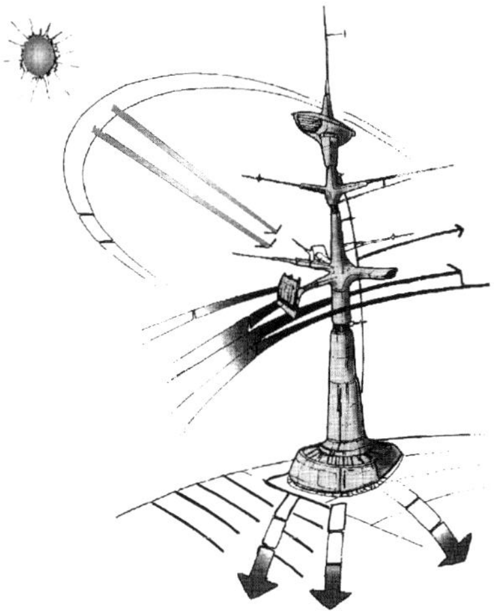

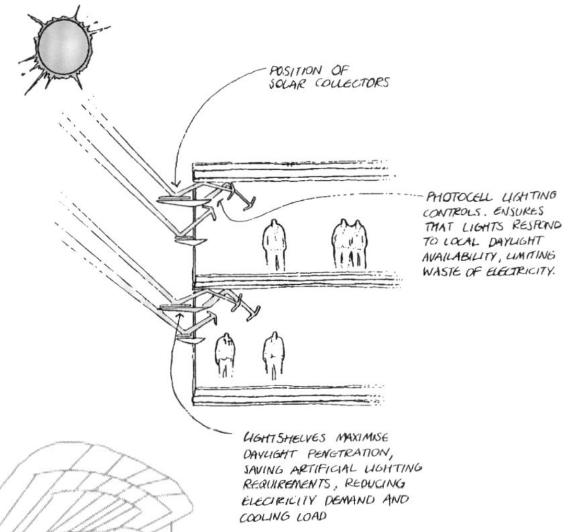

POSITION OF SOLAR COLLECTORS
PHOTOCELL LIGHTING CONTROLS. ENSURES THAT LIGHTS RESPOND TO LOCAL DAYLIGHT AVAILABILITY, LIMITING WASTE OF ELECTRICITY.
LIGHTSHELVES MAXIMISE DAYLIGHT PENETRATION, SAVING ARTIFICIAL LIGHTING REQUIREMENTS, REDUCING ELECTRICITY DEMAND AND COOLING LOAD

运用生态气候学气象站

- 湿球温度计温度
- 干球温度计温度
- 降雨量
- 相对湿度
- 太阳辐射
- 净辐射
- 大气压力

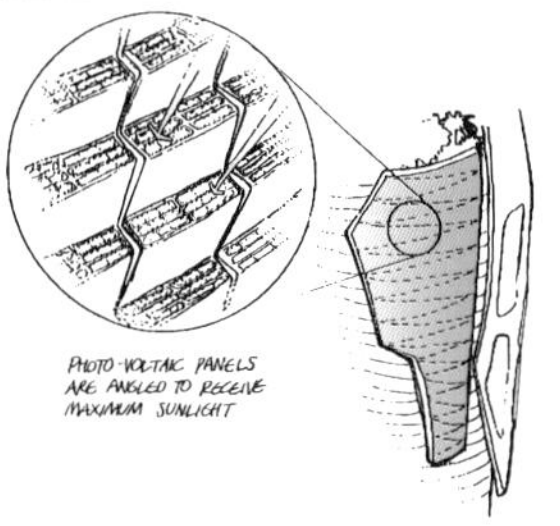

PHOTO-VOLTAIC PANELS ARE ANGLED TO RECEIVE MAXIMUM SUNLIGHT

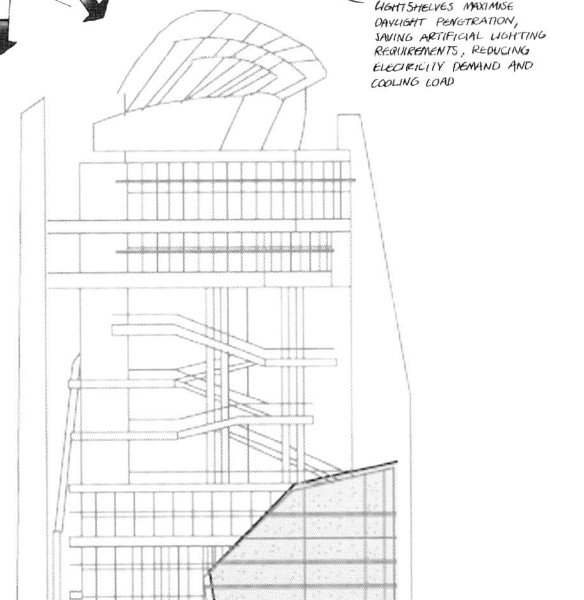

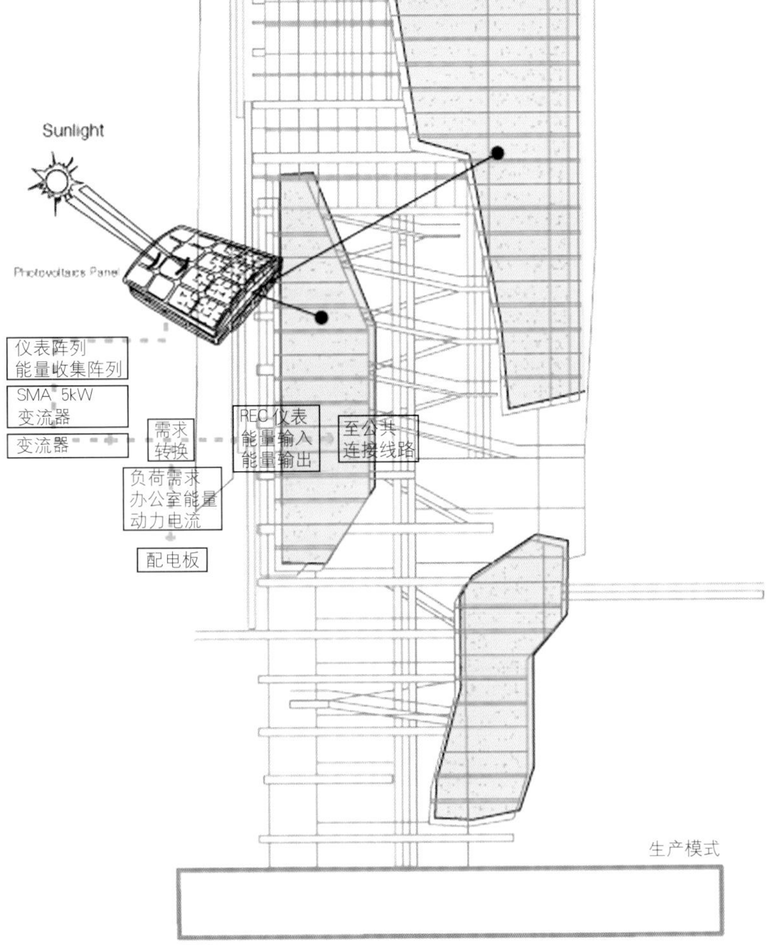

Sunlight
Photovoltaics Panel
仪表阵列
能量收集阵列
SMA 5kW
变流器
变流器
需求
转换
REC 仪表
能量输入
能量输出
至公共
连接线路
负荷需求
办公室能量
动力电流
配电板
生产模式

·利用太阳能

使用光电接收装置来增大能量的自给率：

- 光电设备单元的平均能量产出 = 0.15kWh/m²
- 总自然光时间 / 天 =7 小时
- 每日的能量产出 = 0.15 × 7 = 1.05kWh/m²
- 光电设备面积 = 855 m²

日能量总产出 = 898kWh

- 预计能耗量

@室内平均0.097kWh/m² + 室外平均0.038kWh = (0.097 × 3567 m²) + (0.038 × 2465 m²) = 439.7kWh

- 预计日耗能量 = 10 小时 × 439.7 = 4397kWh
- 能量自给百分比为 898/4397 = 20.4%

2
3
4
1
5
6
冷水
盘管
通向锅炉
1 平板接收器
（安装在屋顶）
2 自动通风口
3 泵站
4 气体膨胀室
5 控制面板
6 双层盘管
热水储存器

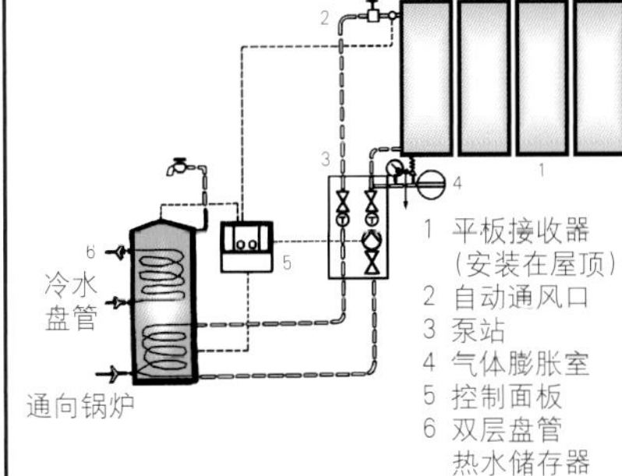

自然光热量接收器

自然光热量接收器将自然光辐射能量转化到热水之中，可用于补充建筑的热水供应。它们应该安装于建筑的屋顶层，从而成为独立的嵌板系统。

·具体能量与 CO_2 分析

建筑的具体能量分析将说明建筑将对周围环境造成的影响。其后，将对建筑原材料产生的CO_2量将进行估算。建筑的具体能量分析（由专家提供）如下：

	元素	GJ/sq m²（建筑毛面积）
结构系统	·挖方	764.0
	·钢材与混凝土	43850.2
	·建筑模板	3113.10
楼板	·钢材	13013.10
	·木材和其他材料	22648.00
	·楼梯与栏杆	1752.50
	·地面抛光	7793.00
外墙	·玻璃幕墙和砖	5550.30
	·铝质饰面层	2864.50
	·太阳能接收面板	12435.70
外墙与分隔	·砖	5482.20
	·其他材料	6078.30
屋顶与天花板	·混凝土与隔膜	5439.00
	·集水与排水设施	8439.80
	·顶棚	1390.70
配件	·门	1736.60
	·卫生设备配件	490.20
	总计	142841.20

能量来源与CO_2的产生量联系在一起，这又与具体的能量分析相关联。如果主要采用石化能源（加上一些天然气和电能），则平均的CO_2产出量是每GJ 80kg。此时整个建筑相关的CO_2的产出量为11500t。楼层总面积的具体能耗比率大概为6到8（GJ/m² 建筑毛面积），但这与所使用的方法密切相关。设计比率达到极限（4.2 GJ/m² 建筑毛面积），这与其他一些案例差别很大，具有高度能量转换的太阳能面板的使用将在很大程度上抵消建筑使用年限中运转带来的能量损耗。所采用的高储能的材料（如铝和钢铁）都很容易回收利用，而且在重复使用的过程中储能量将减半。用合成材料制作的木盒式楼板取代混凝土楼板将减少物化能量达到 10000 GJ。

比尔·劳森教授（悉尼）

本地盛行风效应

贝特·麦卡锡咨询工程师事务所

卫生间集合空间的自然通风

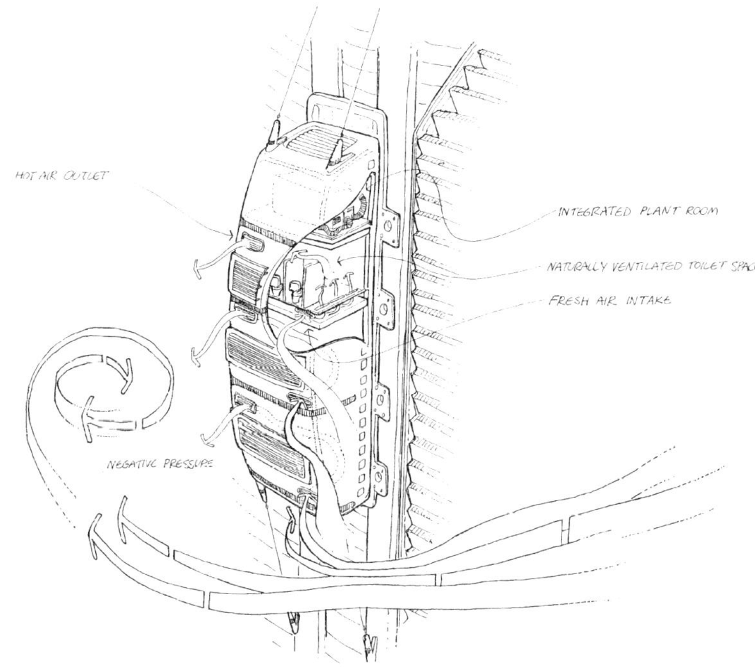

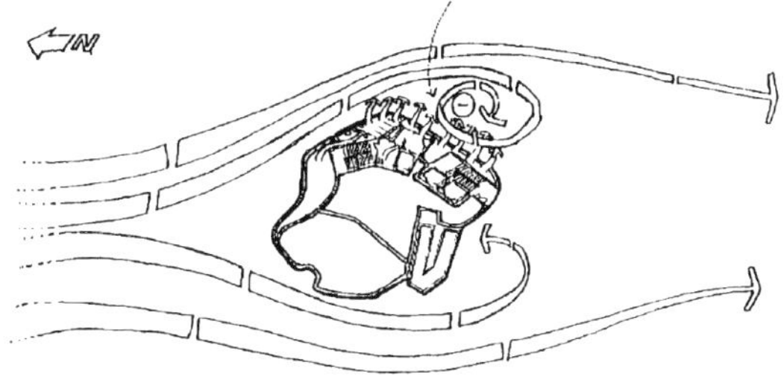

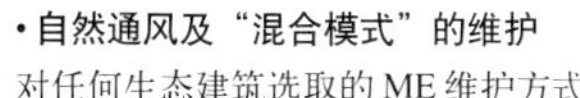

·自然通风及“混合模式”的维护

对任何生态建筑选取的ME维护方式为：

- 被动模式
- 背景（遮蔽式）模式
- 完整（专门化）模式

设计中运用“混合模式”的ME维护方法来优化局部的生态气候响应。机械空调及人工照明系统将得以简化。带除雾器的顶棚风扇将用于低能耗的适度冷却。

自然风被用于创造宜人的室内条件，这由“导风墙”实现，它平行于盛行风向布局，将自然气流引入室内空间与空中庭园以创造舒适的凉爽环境。

本地盛行风效应

计算机流休动力学模拟

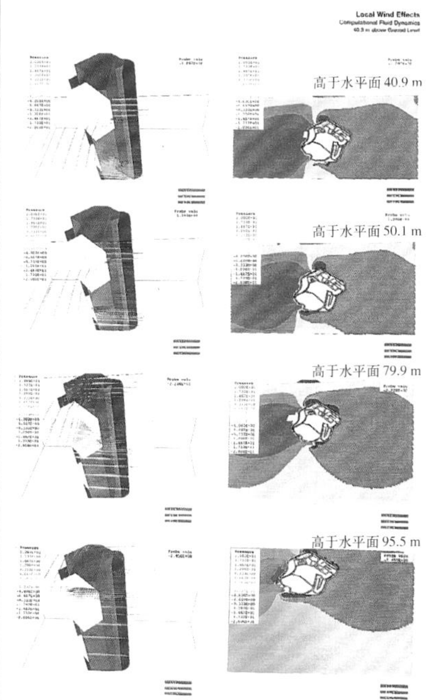

本地盛行风效应

贝特·麦卡锡咨询工程师事务所

灵活的气流处理

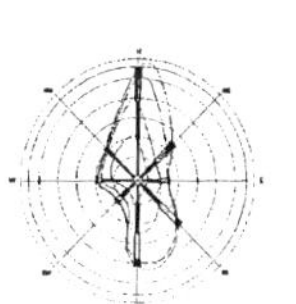

建筑立面上安装的充气式翼形“鳍”在建筑后面生成交错的漩涡

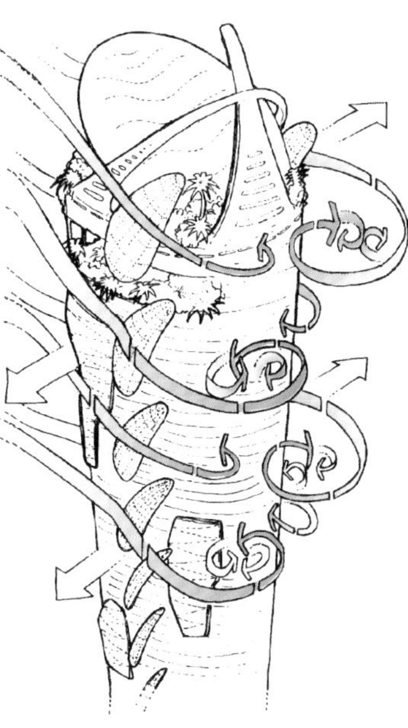

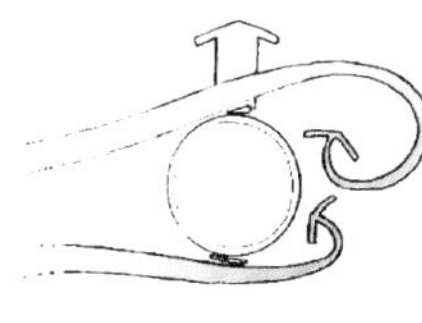

正负压力在合适的角度上对建筑形成侧力以引导自然气流

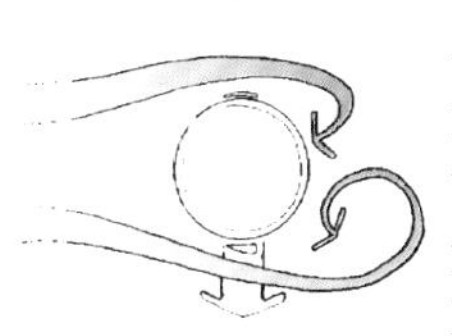

邻近的“鳍”在反方向上生成侧力，使得建筑更加稳定，并使得采用更加轻质的建造方法成为可能

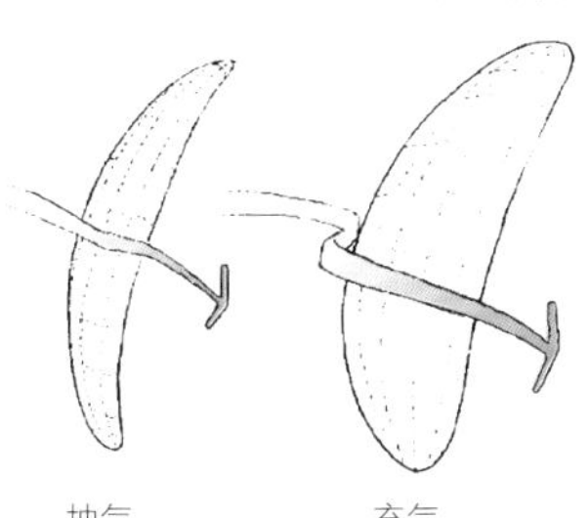

天空之城

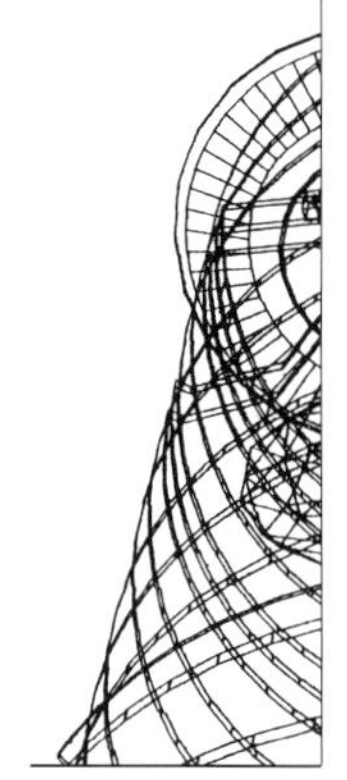

上海军械大厦的设计是希特赫尼加大厦项目的延续，它在两个方面独具特色。

第一，它故意设计为一种标志型符号，用杨经文的话来讲：

“……设计试图创造一种现代的城市（标志）形态，以反映业主锐意进取的迈向21世纪的步伐。”[1]

第二，项目策划中的建筑具有多种用途，包括酒店与办公空间。

在环境这个层面上，作为一个实际工程，这个方案超越了杨经文之前的所有作品，它引入了垂直的**室内中庭**以及**双层外皮的立面**——满足功能需求的同时也是增强**自然通风的对策**。

到1997年为止，在所有杨经文领衔的设计中，上海的这个项目仍然是形态符号与技术创新结合得最好的一个建筑案例。

在体量和形态的设计层面，这个建筑力图创造出一个完全适应于当地生态气候的有机体，同时也是一个易于运转的高效节能建筑，其首要问题是合理利用上海的沿海气候条件，使得用户能够在室内体会到季节的细微变化，同时也能充分领略到外界的城市景观。

和杨经文其他一些项目，如希特赫尼加大厦相类似，本项目中竖向等距地布置了覆盖植被的空中花园，以提供室内外空间的缓冲区域，并发挥“绿肺”的作用，改善建筑周边的微气候。除此之外，建筑曲折的圆柱形体中还包括了标志性的垂直交通系统，引入公共空间、正式交流空间以及外立面的遮蔽风雨的设备。

1 杨经文：‘Shanghai Armoury Tower’, Project Notes

上海军械大厦

上海，中华人民共和国

业主 浦东北区经济开发公司
地址 浦东金桥，上海，中华人民共和国
纬度 31.14°
总层数 36层
竣工时间 1997年（设计）
面积 建筑面积 46750 m²
场地面积 9100 m²
容积率 5.13
建筑密度 25%
建筑高度 125m
机动车停车位 137个
自行车停车场 578 m²

这些都在杨经文极具个性的朴素的草图中得到了概括。总体看来，杨经文对**竖直城市主义**理念正在得到持续不断地完善与发展。

另外，这个项目中特别值得关注的问题是：地理位置的变化对产生建筑新形式的影响，使建筑与当地气候的季节性变化相适应。双层皮的立面以及中庭空间在调节与控制自然通风和隔绝气流方面都起到重要的作用，当然，这需要以对春、夏、秋、冬四季的气候条件的研究为依据。同样的，采用大型**防风罩**能够根据适时变化的季风作出相应的调整，而遮阳设施的使用不仅能满足功能需求，还让建筑形式与语言更具表现力。

这些建筑元素的组合进行了大量创新——特别是赋予中庭空间、空中庭园和双层立面以可变功能，共同见证了杨经文建筑设计发展的一个重要时刻，同时也标志着他开始着手探求用纯粹的建筑基本元素来完成生态解决方案。

在这个演变的过程中应该给予上海军械大厦一个适当的位置。对将来的设计而言，它最具启发之处在于**适应季节变化**的形式以及隐藏于形式之后、蕴涵作为**文化象征**的信息。而在全部的技术环节上，对结构系统、运作方式、灵活性及未来适应性的分析日益精确且敏锐，并作为整个方案理念的组成部分而凸现出来。

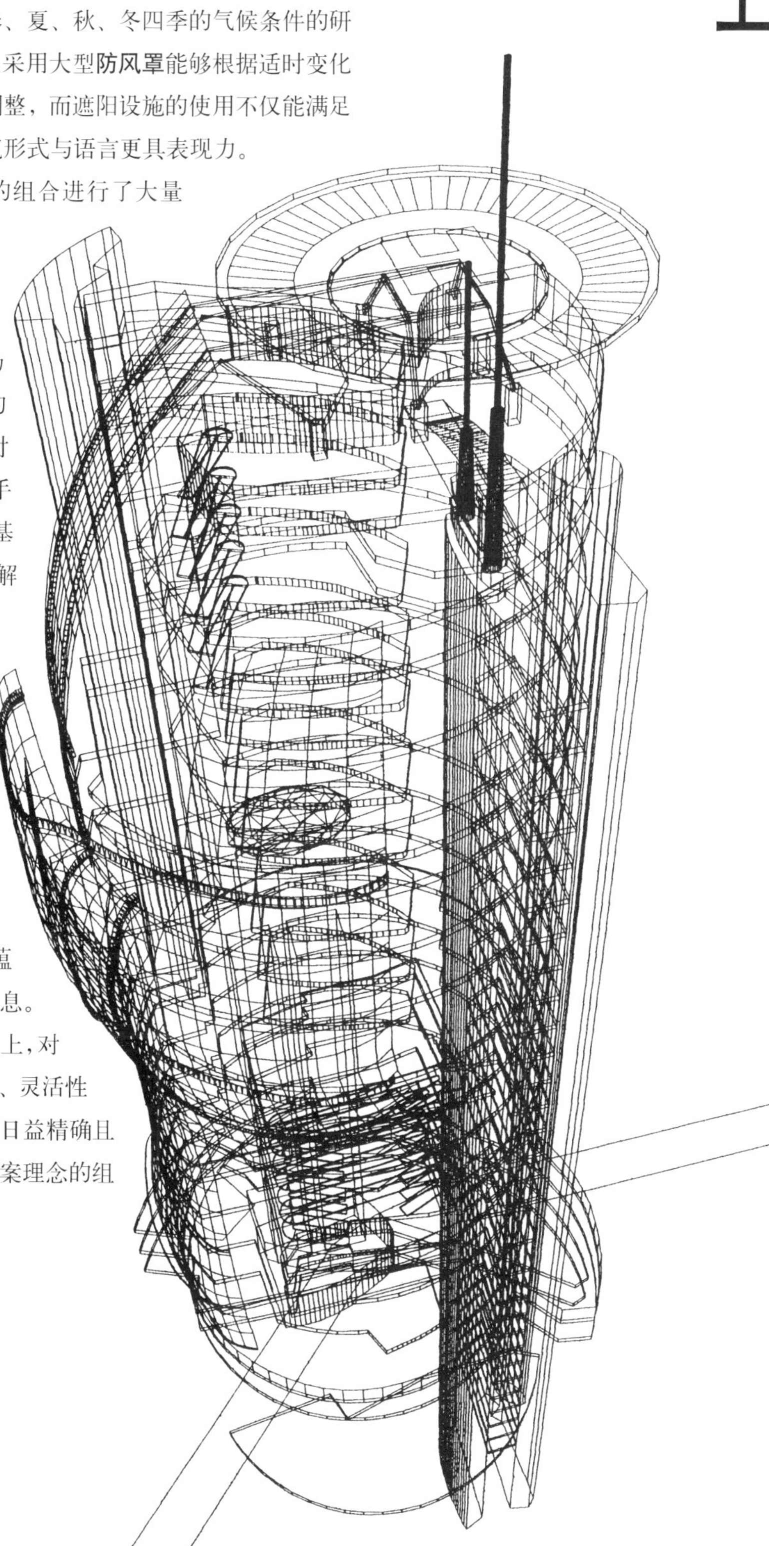

设计要点 •中国上海军械大厦坐落在上海浦东区，设计试图创造一种现代化的城市（标志）形态，以反映出业主悦意进取的迈向21世纪的步伐。

• 这个36层的高层建筑造型上是一些从军用装备中提取元素进行象征性的模拟，外立面采用大面积的金属面板，暗示着中国军人的盔甲，而占满屋顶的弯曲的太阳能电池板则象征了军用钢盔，高耸的建筑体块代表了“胜利的火炬”，楼梯的设计则暗合于枪械扳机的形态。

• 中国上海军械大厦是一个低能耗的高品质建筑。在室内外的设计中都采用了生物气候方法以得到一个易操作的高效节能的建筑，它充分利用了上海沿海的气候条件，并使得其用户能切身体会一年中气候的季节变化。

• 覆盖景观绿化的空中平台布置在建筑的重要节点，以形成室内外空间的缓冲区，此外它还能像建筑的“绿肺”一样生成氧气，以此改善建筑周围的微气候。遮蔽风雨的外部设备是一个多功能的过滤器，能够抵抗各种恶劣的天气状况，同时又保证面向周围城市空间的宽阔视野。

• 上海军械大厦将众多的运用生态气候学设备引入到建筑内部并加以组合，由此形成了一个在设计与风格上独具特色的建筑，也成为业主引以为荣的企业象征。

工程设计目标 • 为得到一个高效率、低能耗、易实施且具有较高环境品质的建筑，其工程设计将通过对材料及技术的创造性使用而实现以下的目标：

1 在如下方面使人的舒适度最大化：
- 良好的采光与视野
- 良好的空气质量
- 适当的房间隔声效果
- 良好的热量控制
- 适当的湿度控制
- 良好的安全保证与安全设施
- 良好的个人控制
- 高度可适应性

2 采取以下措施使得运行成本及能耗最小：
- 尽量使用自然能源，如自然光、太阳能、风能、降水及利用温度变化等
- 高度隔热
- 可靠且适当的控制系统
- 有效的建筑系统与植被
- 以最高的比例使用低成本的燃料
- 尽量使用低能耗的可再生材料

3 采取下列措施使得资本费用最小：
- 缩小机械维护的规模
- 有效的设计与维护
- 减少维护的复杂性
- 协调结构空间与维护空间

4 采取如下措施使得维护费用最小：
- 使用耐久材料
- 使用周期较长的设备
- 可靠且简易的环境控制系统
- 维护空间良好的可达性

5 通过以下措施使得可利用空间最大：
- 有效的规划
- 尽量缩减植被面积
- 除去临时的顶棚
- 尽量整合结构/维护系统

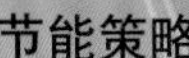

节能策略

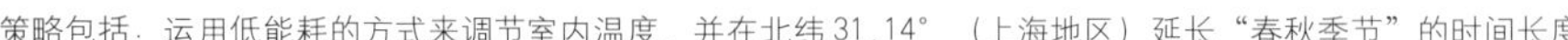

策略包括：运用低能耗的方式来调节室内温度，并在北纬31.14°（上海地区）延长“春秋季节”的时间长度

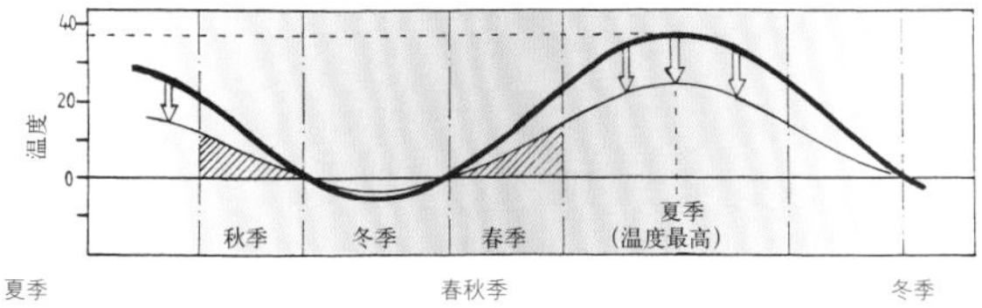

温度

40
20
0

秋季
冬季
春季
夏季
（温度最高）

夏季
春秋季
冬季

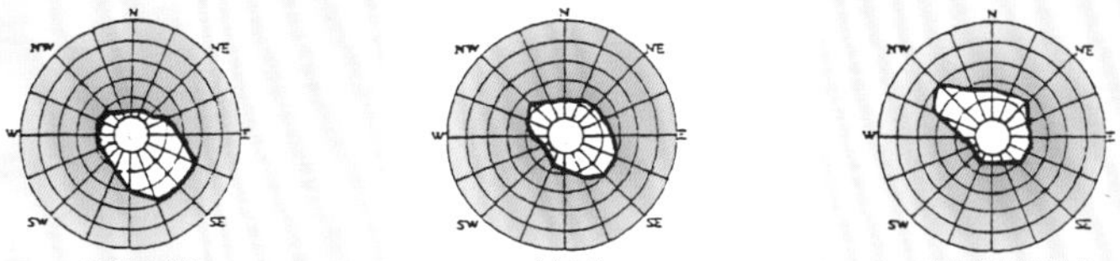

夏季风主要来自东南方向

全年风向

冬季寒冷的西北风

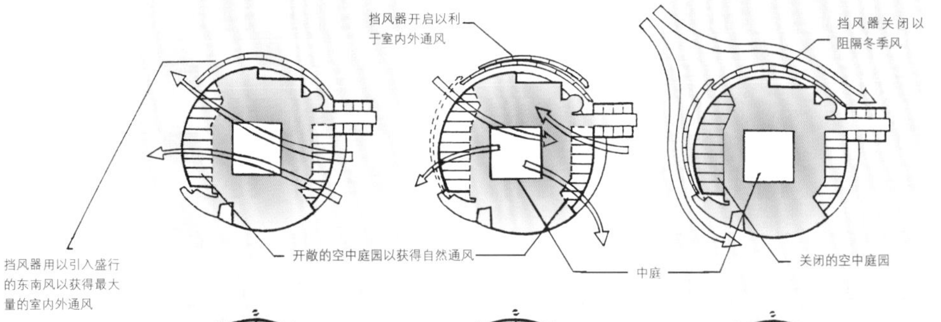

挡风器开启以利于室内外通风

挡风器关闭以阻隔冬季风

挡风器用以引入盛行的东南风以获得最大量的室内外通风

开敞的空中庭园以获得自然通风

中庭

关闭的空中庭园

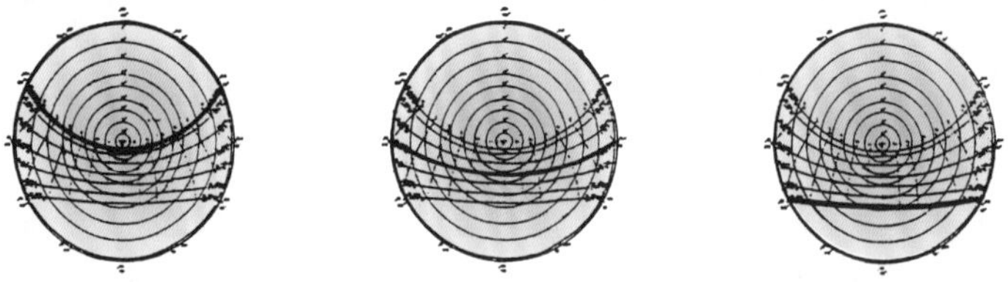

夏季的太阳轨迹（6月22日）
最大太阳高度角 -80°

太阳轨迹（3月21日/9月23日）
最大太阳高度角 -63°

冬季太阳轨迹（12月22日）
最大太阳高度角 -46°

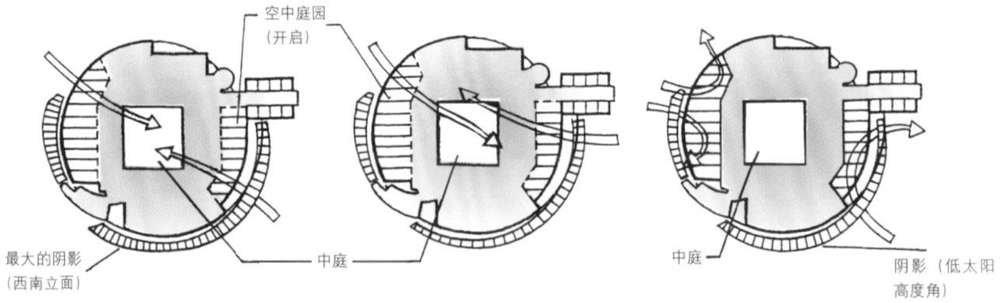

空中庭园（开启）

最大的阴影（西南立面）

中庭

中庭

阴影（低太阳高度角）

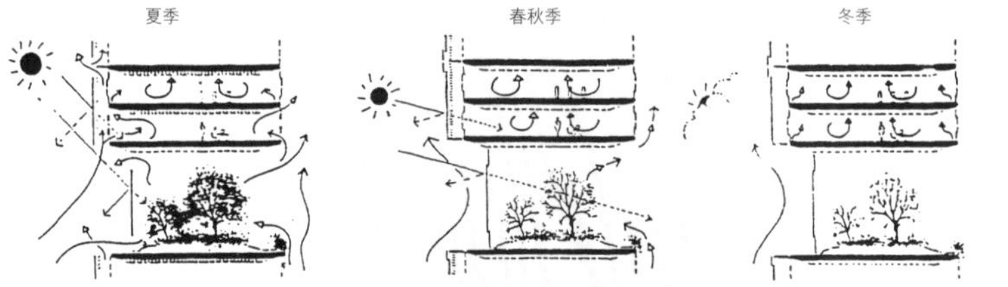

夏季

春秋季

冬季

双层外皮的立面——在夏天，建筑内窗开启以获得自然通风

双层外皮的立面——在春秋季，内外层之间的可调节百叶将控制自然气流

双层外皮的立面——在冬季，百叶窗将关闭，利用双层之间的空隙来隔离缓冲外部的气流

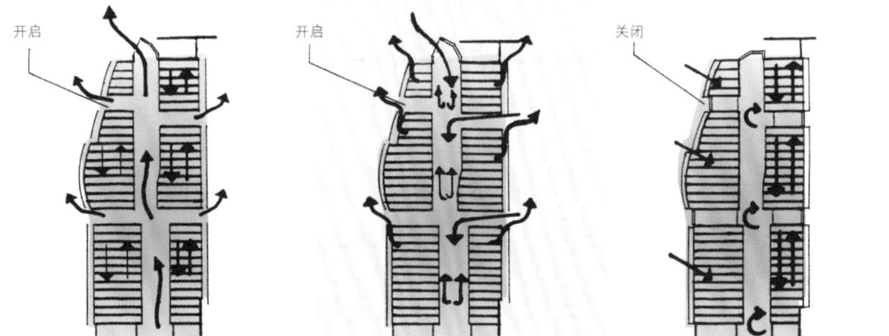

开启

开启

关闭

跨越数层的中庭让建筑获得穿堂风，此外还有办公空间的自然通风及邻近中庭的酒店走廊的自然通风

春秋季节，自然气流由以下设备进行强化或控制：
- 热通道（中庭）的热量堆栈效应
- 抽气机

冬季，机械送风量达到最小，两层皮的外立面内侧设置的百叶窗将关闭，从而形成空气中空层，使得建筑实现保温

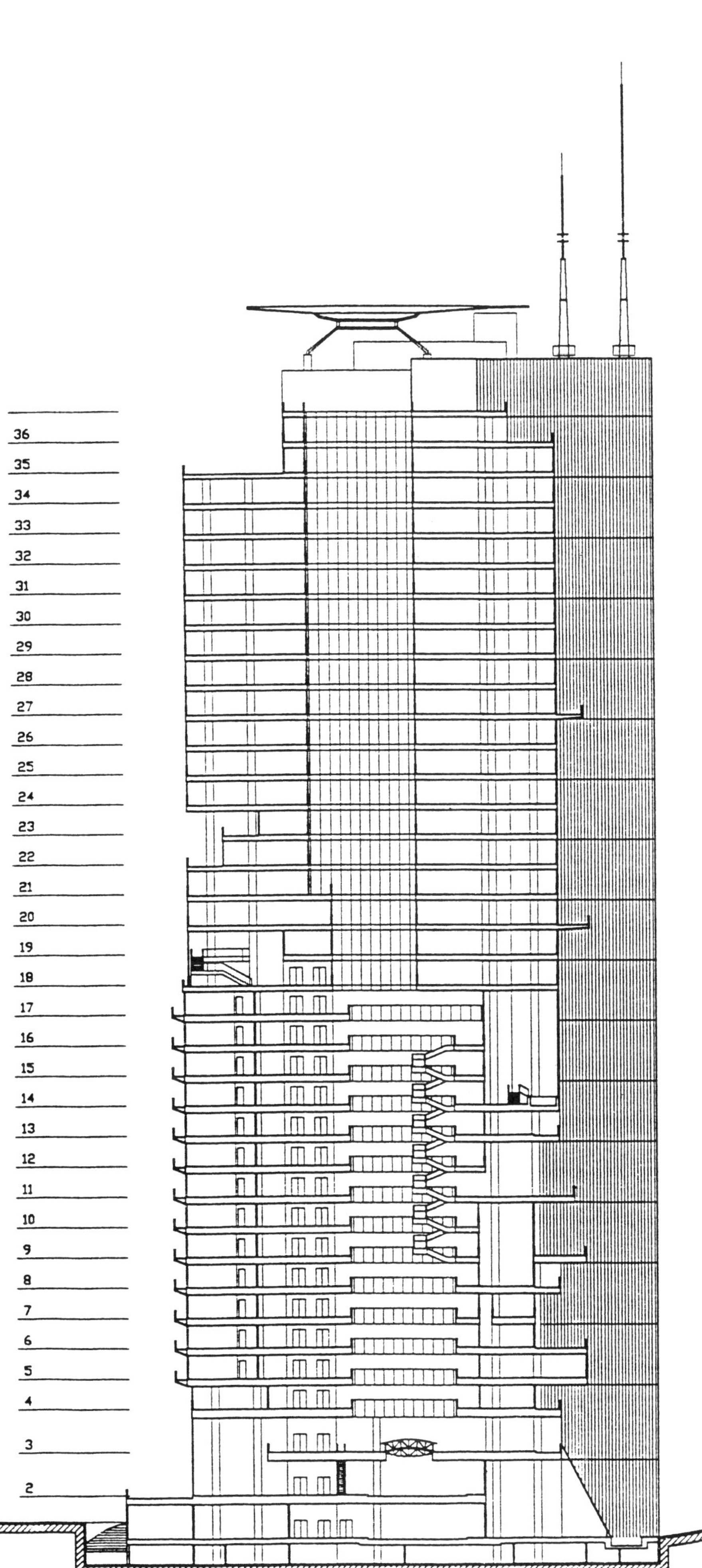

6 在以下方面的有效设计：
- 良好的朝向与视野
- 易管理的安全设施
- 可适应性与灵活性
- 高效的交通体系

7 为变化而设计：
- 简单的标准化设计以应对未来的变化
- 改变维护系统通道的便捷程度以转换功能
- 可转换的标准化设计以利于分区

8 采用以下策略使得创造性的空间最大化：
- 利用结构与材料的交互作用，加之气候因素，提供一个适合工作的空间，并增加用户对环境的感知
- 强化建筑材料的固有属性
- 表现当地手工艺的技巧

9 采用以下措施保护与提高生态价值：
- 整合当地动物群落与野生动植物
- 创造绿色（植被）与蓝色（水域）的环境
- 科学规划的景观绿化
- 收集雨水并重复使用
- 高效的废物管理与循环使用

节能策略

贝特·麦卡锡咨询工程师事务所

•高层建筑被看作是一种垂向的基础设施。借助它，人们可以在空中场所活动。

•上海军械大厦的造型被设计成为其结构框架、动力、信息通讯线路的防护“盔甲”，这通过由被楼层切割的建筑外墙的包裹来体现。

•一年中的大部分时间里，办公空间都能保持良好的自然通风。自然光诱导效应和风力作用下从建筑楼板处产生的气流将强化自然通风。

•在冬季与盛夏时期，办公空间将采用机械通风，且分别使用经过预热和预冷的空气。能量需求则由可再生的能源如太阳能、风能、及地下水制冷来提供。

•结构系统由刚性的空间框架构成，它支撑着楼层及立面的饰面层。立面饰面层由轻质的面板组成，它能缓冲室内外的能量流动。

•贯通于整个建筑的服务设施核心区为所有楼层提供服务。

能量管理

全球变暖

•排入大气中CO_2量的持续增加将使全球变暖加剧。在1992年里约热内卢及1995年柏林召开的高峰会议上，世界各国的政府首脑共同制定了减少CO_2排放量的约定。

•但在未来的15年中，世界的能量消费预计将增加40%，以满足持续增长的人口和住房标准提升的需求。

•90%的能量将产生于住宅的化学燃料（天然气、石油和煤）。这不会使得CO_2的排放量减少相反会增加30%，正如我们所知，它将对我们的生态系统带来灾难性的冲击。

•世界上50%的能耗量是用于建筑的维护。上海军械大厦证明了舒适的室内条件也可以通过生态的方法获得，而并非一定要依赖大量使用化学燃料。

节约运营成本并减少CO_2的排放量

•大楼是一个低能耗的高层建筑，它使用可再生的能源来作为化学燃料的补充。

•按照这个尺度衡量，标准办公区每年将消耗至少600kWh/m^{2}的能量，并相应产生至少400kg/m^{2}的CO_2排放量，即大约每年20000吨的总量。

•提出的这个设计方案的耗能量将不到传统的空调调节型建筑的三分之一。对鼓风机及太阳能接收器的良好隔离将大大减少CO_2的排放量，仅相当于普通建筑的四分之一。

立面选择

贝特·麦卡锡（1997年）

室内百叶窗以控制强光

外墙遮阳设施以控制阳光入射角度

清洁型生活阳台

南立面

室内百叶窗加隔热玻璃，通常情况下这已足够满足要求

所要求的良好隔热

北立面

室内百叶窗以控制强光

外墙遮阳设施以控制低角度的阳光

东／西立面选择 1

30%～40%的小尺寸或条带状的有色玻璃

东／西立面选择 2

ADJUSTABLE LOUVRES (ALUMINIUM SUNSHADES)

MULLION TO HOLD GLASS WALL

STEEL FRAME TO HOLD LOUVRES

STEEL SUPPORT FOR MULLION

DOUBLE-SKIN FACADE/

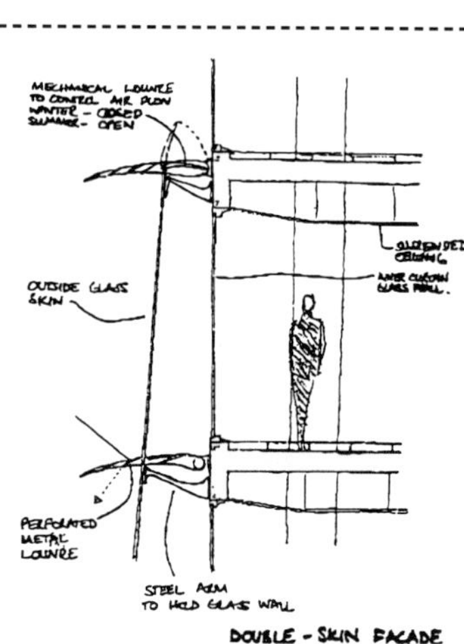

通风策略

贝特·麦卡锡（1997）

一年之中的大多数时候是处于严寒的冬季和酷热的夏季之间的气候条件，建筑拥有良好的自然通风。为了调节冬季和夏季的严酷气候，冬季日照得到最充分的利用，而在夏季则采用夜间的自然制冷降温。

暴露的混凝土楼板横梁提供了一定程度上的储热功能，更多的建筑部位是暴露于自然空气中，则强化了这种作用。

建筑利用所收集的太阳能及风塔的作用来形成办公空间内的空气流动。这与夜间的自然通风共同作用，使得办公区内的最高气温也能够保持适中。

冬季

办公区－冬季

• 在冬季，每个楼层都保证机械通风，气流在办公空间的上部被排出。

• 换热器和/或空气处理单元中的混合区将保证只需要加热最小量的新鲜空气。

• 如果需要的话，空气处理单元将处理所有的新鲜空气，以保证高水平的空气清新程度，并将温度维持在20～21℃左右。

冬季

• 整个建筑密闭起来，而机械气流将供给办公空间，以保证使用者对新鲜空气的需求量最小化。

• 空气处理单元中的热量回收装置将利用使用者的办公设备所产生的热量，同时也会利用太阳能。

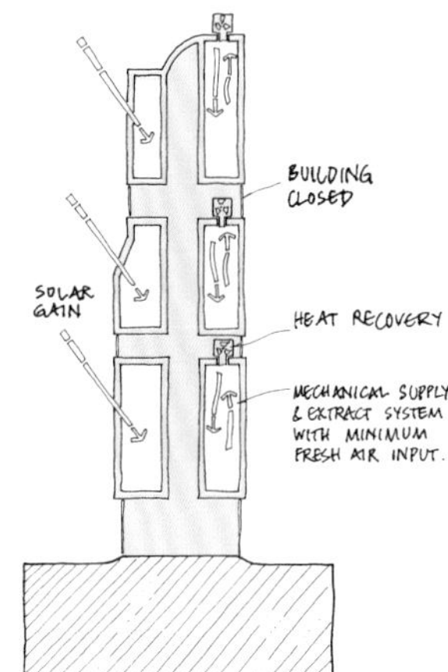

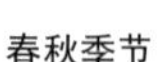

春秋季节

办公空间－春秋季节的白天

• 在天气相对温和的季节（在一年中时间占到一半以上，建筑采用机械通风取代部分的自然通风，并结合无能耗的夜间冷却结构来维持一个可接受的舒适环境）。加热系统将被关闭，而立面上开启的窗户将引入穿堂风。

• 暴露于外的混凝土拱腹，在夜间被冷却，将在白天的高温点吸收热量，以保证维持室内的舒适度。

• 在日照充足的时段，遮阳设施将控制入射办公空间的日光量。

办公空间－春秋季节的夜晚

• 晚上温度下降，上部的窗户将全部打开，以利用自然气流冷却暴露于外的混凝土拱腹。当办公空间得到足够的冷却之后，窗户就会关闭。

春秋季节－3月和9月

• 自然气流通过通风口及较低的窗户进入建筑（见图1和图2）。

• 利用太阳能加热办公室与外立面之间的空气，以此辅助通风口引导自然气流。这将产生一种负压力，使得办公空间能从外界吸入更多的空气。

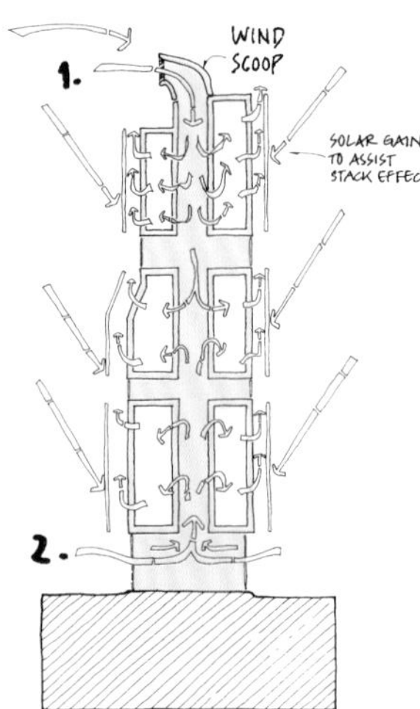

夏季

办公空间－夏季白天

• 在外界温度较高（如温度高于24℃）的季节中，建筑也会存在一种过热的倾向。

• 为保持适当的舒适程度，机械通风系统所提供的冷却气流将覆盖所有的办公空间。空气由气流处理单元供给。

• 冷却效果由气流冷却和暴露的混凝土拱腹的辐射冷却共同实现。因此，减少了对自然通风的需求量。

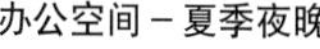

办公空间－夏季夜晚

• 在夜间，机械通风系统将运行并驱动凉爽的空气在整个办公空间里流动，混凝土楼板同时也会得到冷却，而废气则由上部排出。

夏季

• 在夏季高温的环境下，建筑采用机械通风。

• 空气处理设备使用全部的新鲜空气，但需要额外的冷却能量以消减大量的热量增加。

• 气流通过通风塔由中庭排出。

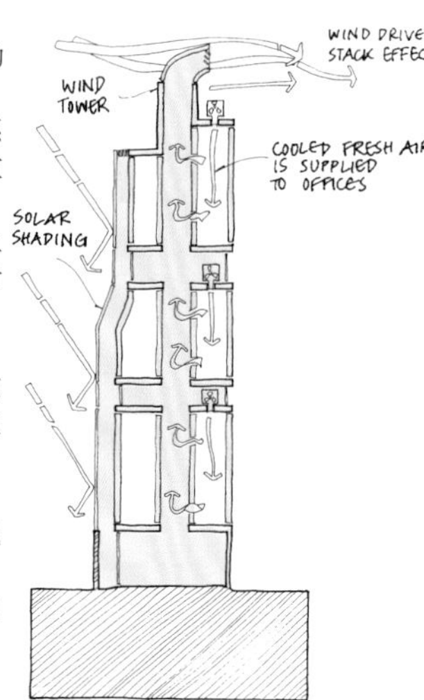
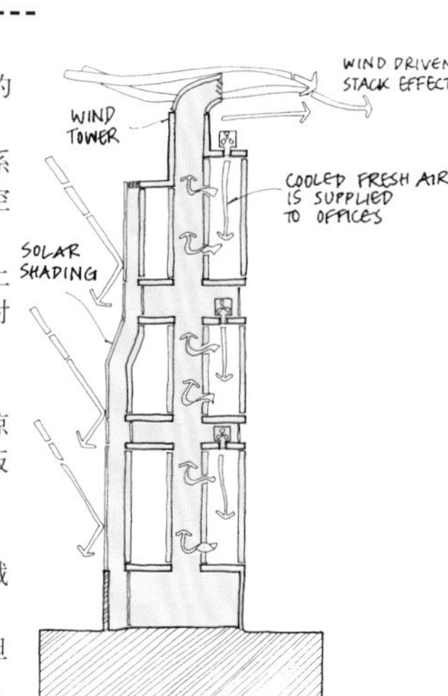

通风策略

由贝特·麦卡锡最初提议（1995年）

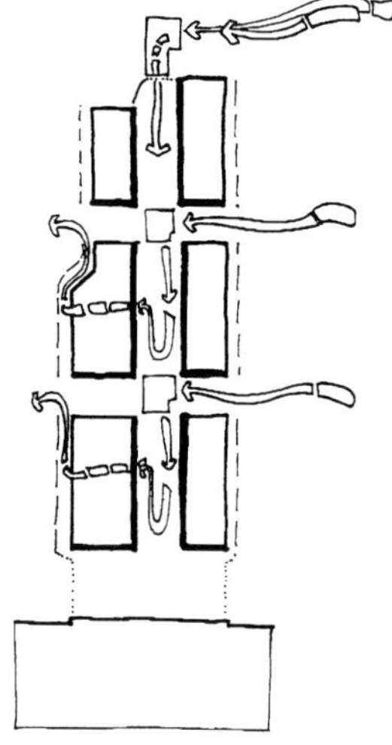

进入

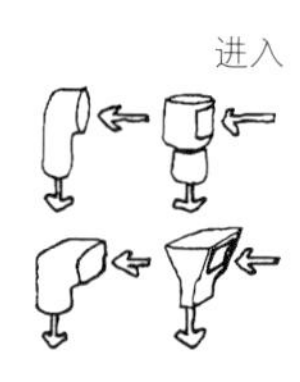

流出

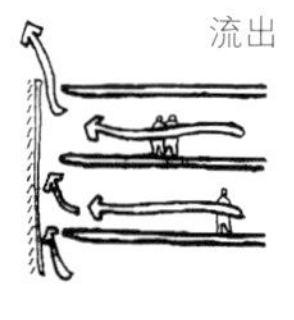

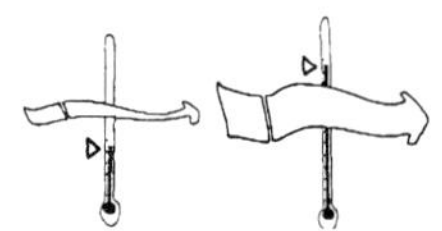

• BUILDING USERS ARE MORE TOLERANT OF HIGHER TEMPERATURES IF THERE IS GREATER AIR MOVEMENT.

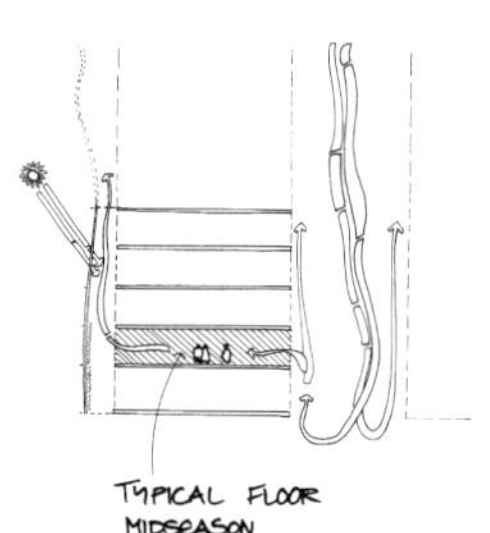

冬季

在白天，新鲜空气在加热管中得到预热，并由机械动力供给每个楼层。夜间加热管的百叶关闭以保持隔热，从而保存了在白天积累的热量。

白天

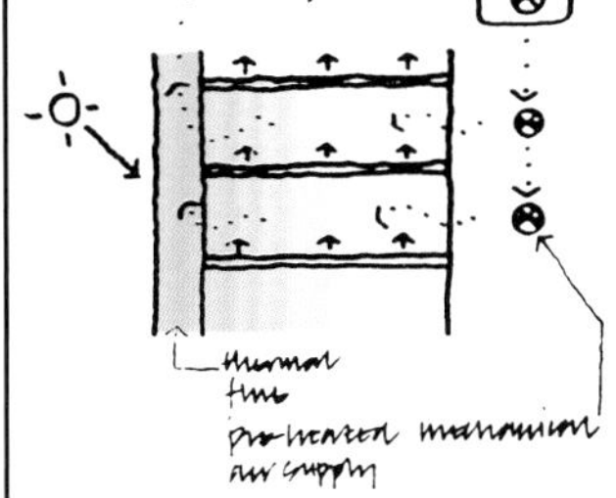

夜晚

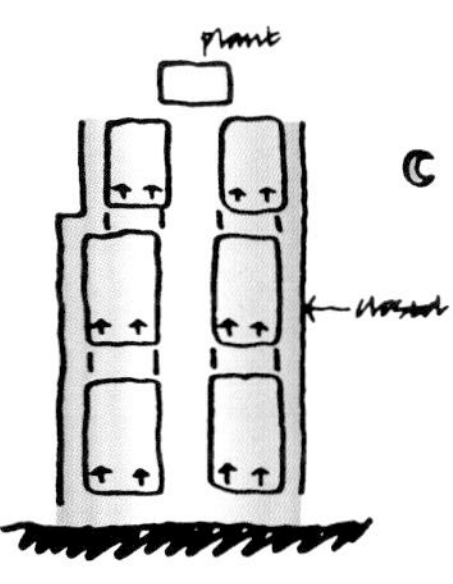

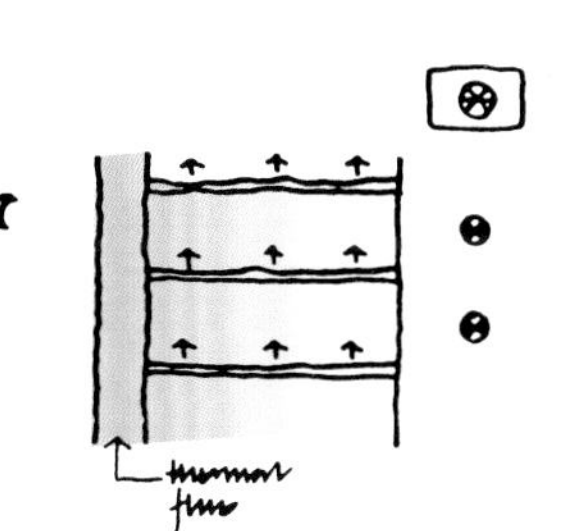

春秋季节

外界的空气温度已适合室内的要求，建筑转换为优化自然通风的最佳形式。空中庭园面向中庭开启。加热管从中庭吸入空气，整个楼层平面的热堆积效应发挥着作用。中庭顶部的进气口推动凉爽清新的气流贯穿于整个建筑。

白天

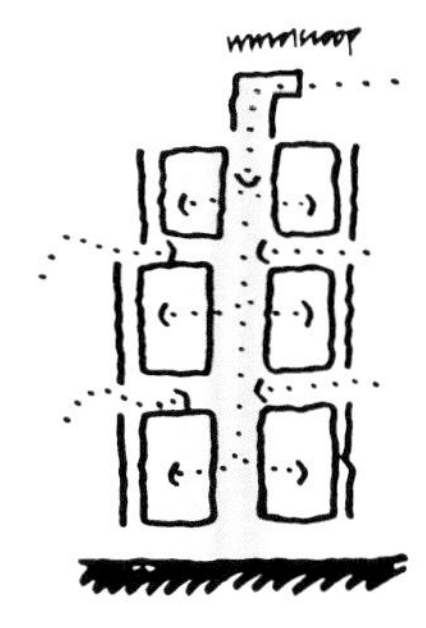

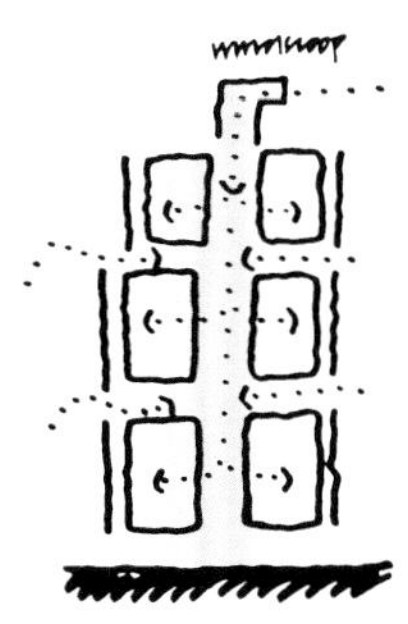

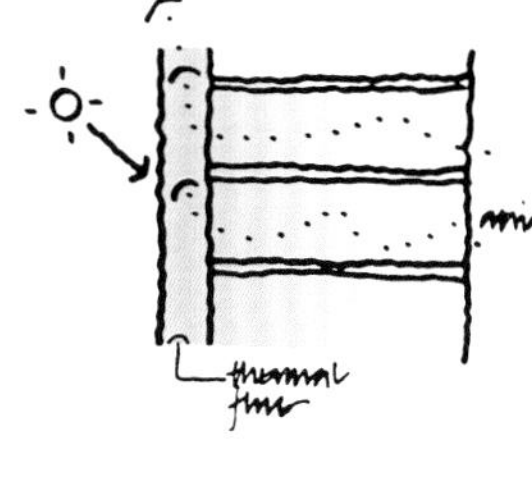

夜晚

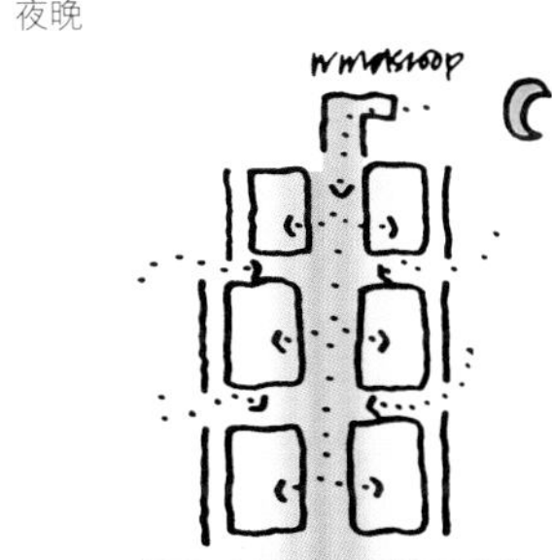

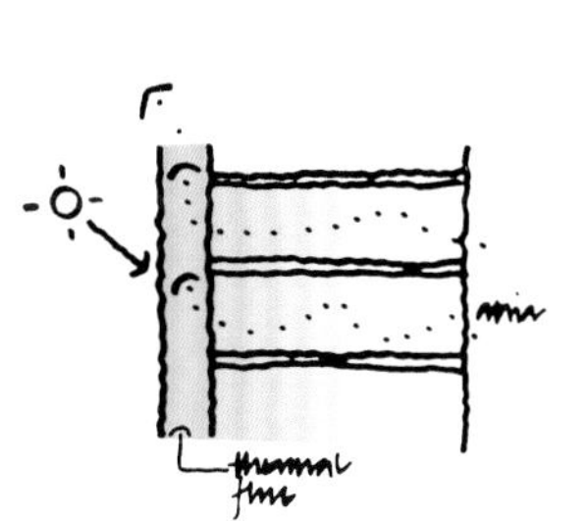

夏季

夜间空气温度下降。整晚的自然通风使得建筑物为第二天的使用做好了预冷却。在夏季极度高温的条件下，将提供机械冷却的空气，而废气则由中庭的加热管道排出。

白天

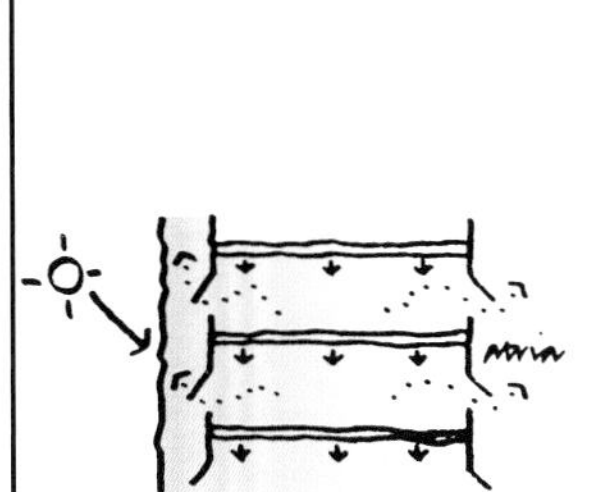

夜晚

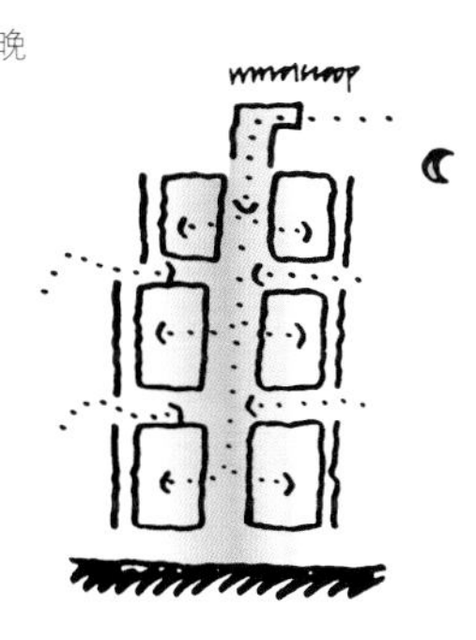

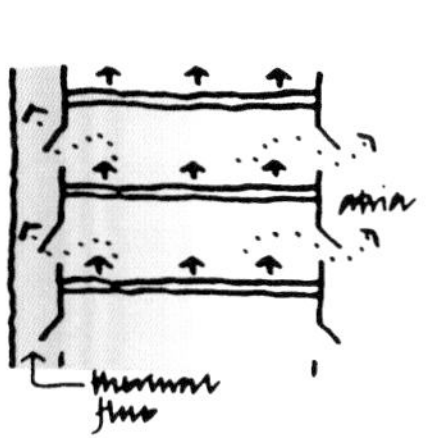

能量管理

全球变暖

• 全年及整天的能量需求都得到调节，并且能耗有所减少。

• 对于全年及每天更为合理的能量需求，使得制热、制冷和动力设备的组合模式在生态上更加可行，其大小和容量得以最小化，实现长时间的负荷运转，这使得回收期的收益令人满意。

• CHP设备由天然气作为驱动动力。不过，可再生能源如风能、太阳能和地面水储热等同样会得到利用，这将实现最小程度地使用化石燃料。

冬季

• 冬季能量需求的“最大量缩减”将通过以下的能量策略实现：

1 通过以下措施使热量损耗最小化

• 良好的隔热

• 表面积最小化

• 保护建筑外壳，增强防风能力

2 通过以下措施使得太阳能吸收最大化

• 南立面大面积的玻璃窗

• 使建筑暴露在日照下的面积最大

利用结构吸收热量的能力作为24小时的热量储备，并缓和突然的温度变化。

夏季

• 夏季能量需求的“最大量缩减”将通过以下策略实现：

1 使用适当的遮阳设施使得太阳照射最小化

2 通过以下措施使得热量获得和冷却效果损失最小

• 良好的隔热

• 防风

• 表面积最小化

3 利用结构的能量聚合作为24小时的热量标准——为第二天的使用保持夜间得到的冷却效果，并缓和突然的温度变化。

春秋季节

• 在春秋季节，没有加热或冷却的必要，建筑可以采用自然通风。

• 冬季结束以后，加热设备将关闭，并开放建筑空间，融入到一个更暖和的气候环境中。不过，随着天气变暖，室内气温开始上升，而夏天开始的时候冷却系统则需要开启。如果有良好的自然通风条件，气温高一些也是可以接受的。

• 因此，如果冷却系统推迟时间开启的话，建筑将需要尽可能地加强自然通风——风能和太阳能将被用于驱动建筑的通风，其原理为太阳能堆积效应或者气流导入的空气压力。

• 在春秋季节，建筑的自然通风来自于风能和太阳能的共同驱动。夜间的自然通风使得整个建筑在白天的上升温度大大下降——以利于第二天的使用。

楼层平面图

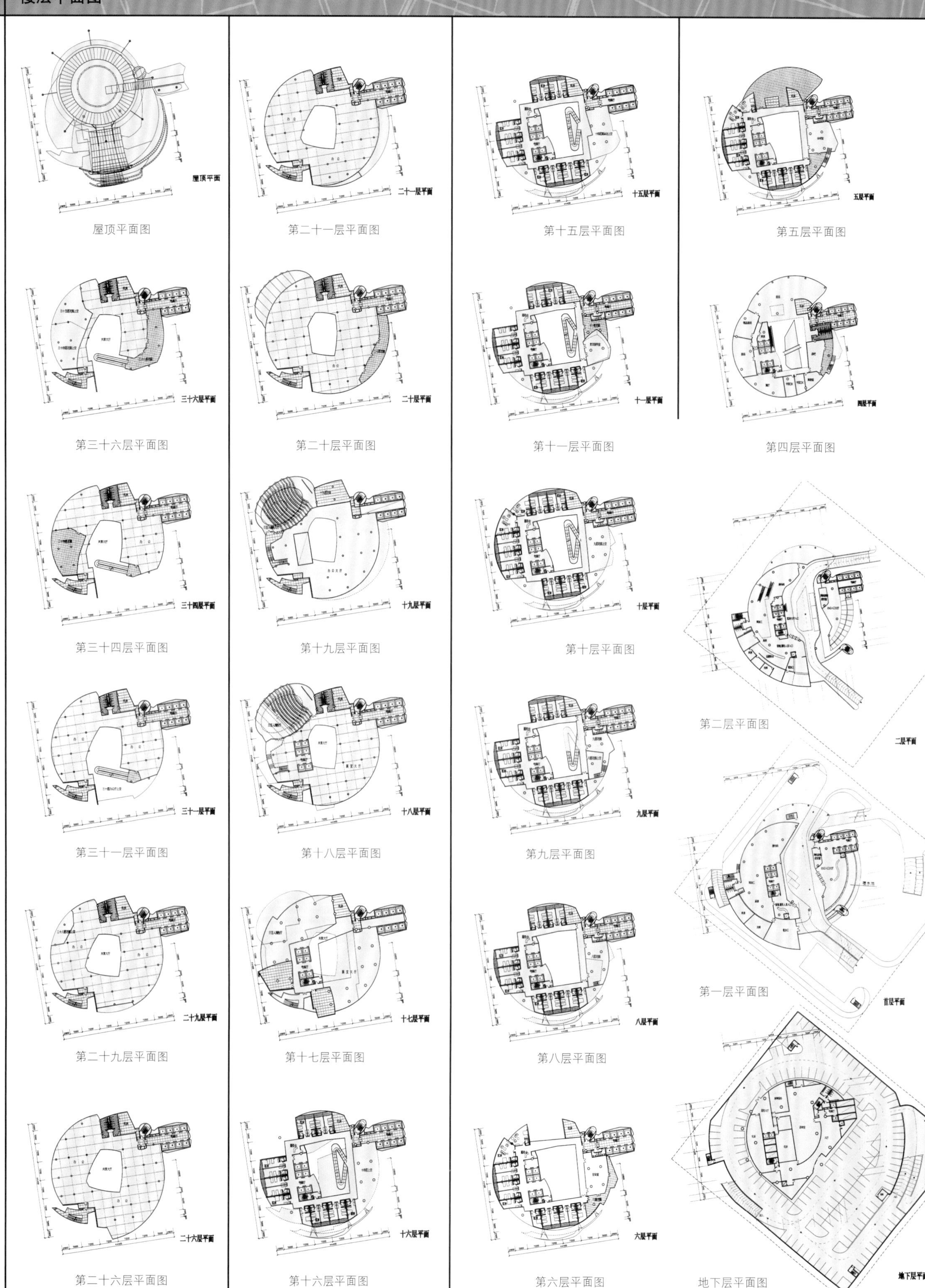

屋顶平面图　第二十一层平面图　第十五层平面图　第五层平面图

第三十六层平面图　第二十层平面图　第十一层平面图　第四层平面图

第三十四层平面图　第十九层平面图　第十层平面图　第二层平面图

第三十一层平面图　第十八层平面图　第九层平面图　第一层平面图

第二十九层平面图　第十七层平面图　第八层平面图

第二十六层平面图　第十六层平面图　第六层平面图　地下层平面图

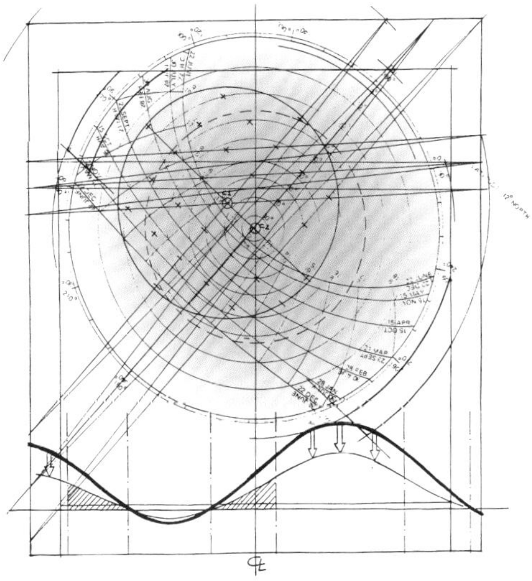

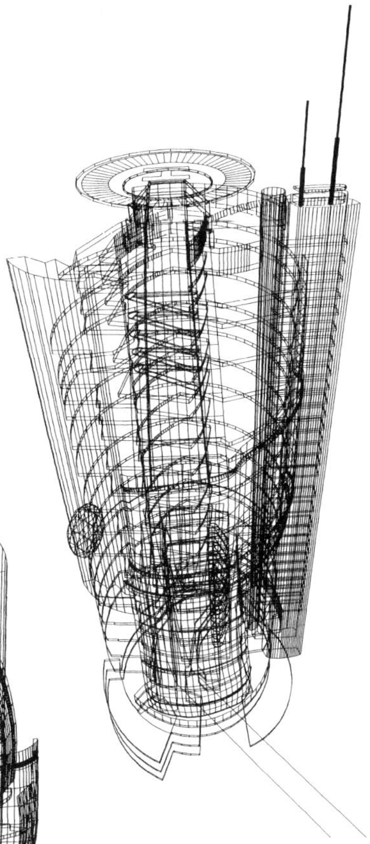

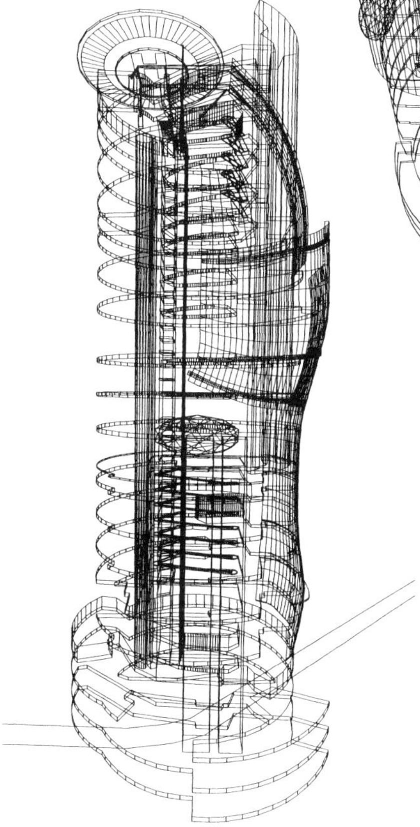

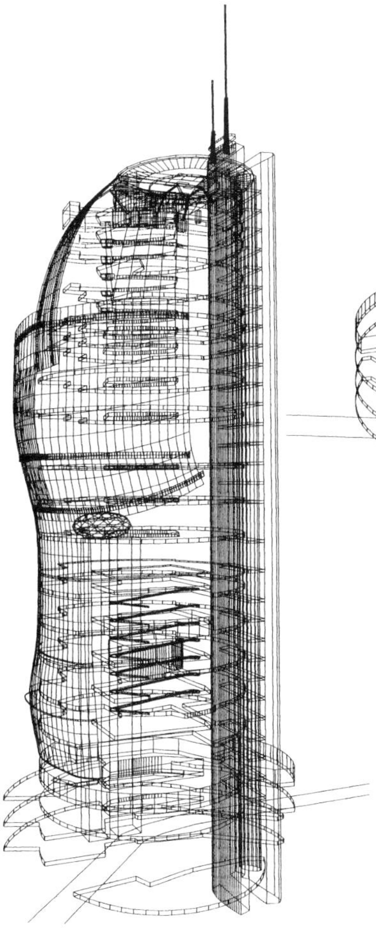

新
金
桥

办公空间配置

办公室 @ 外围空间

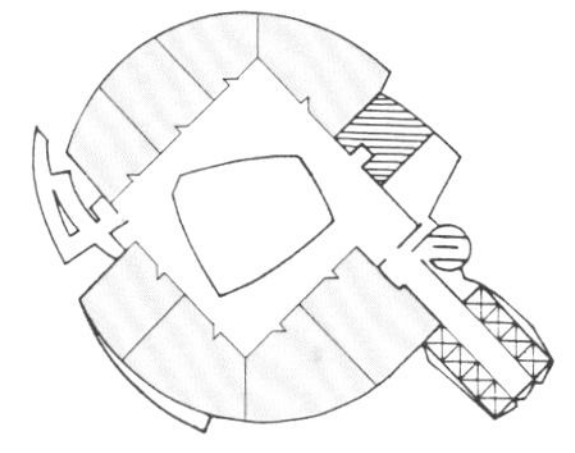

大空间

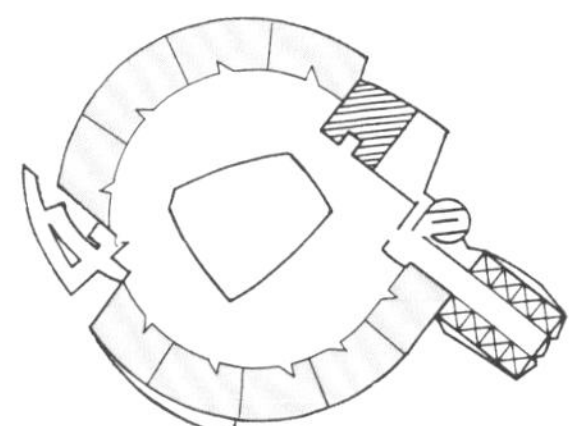

小空间

变化

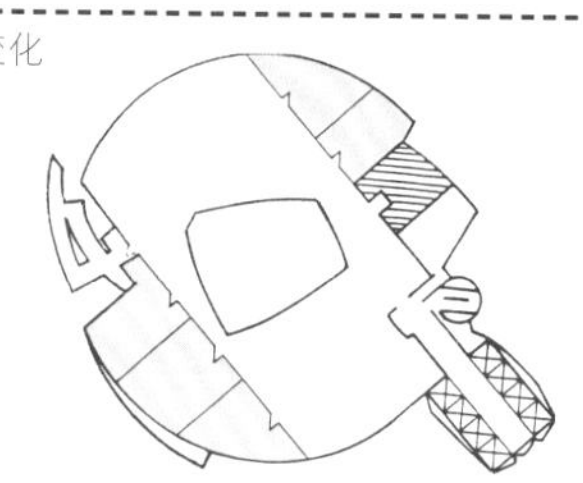

大空间

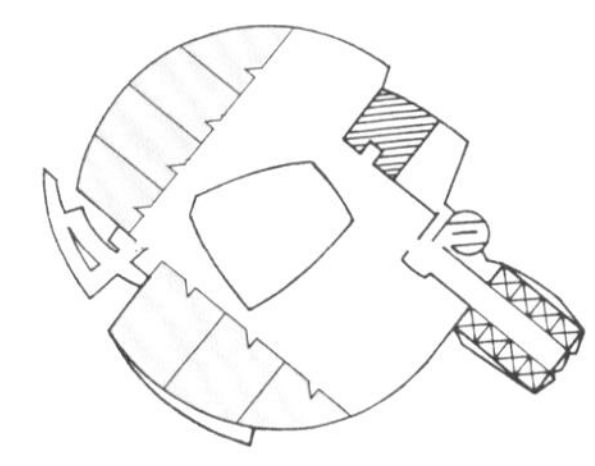

小空间

办公室 @ 中央空间

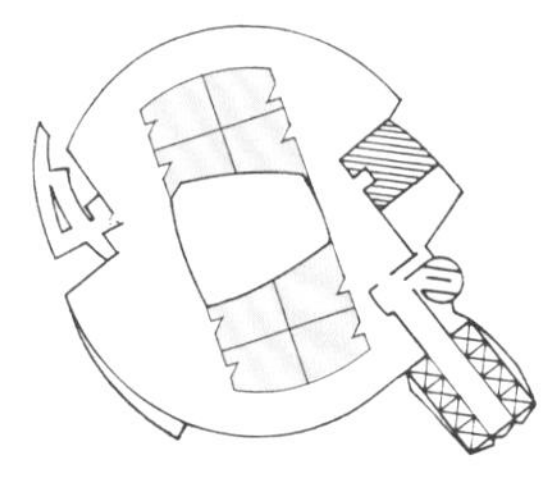

大空间

变化

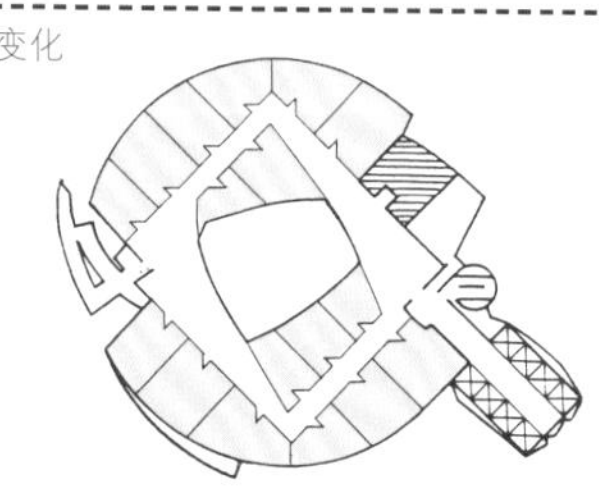

小空间

开放理念

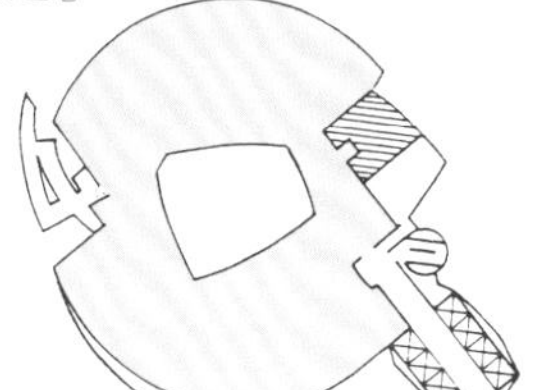

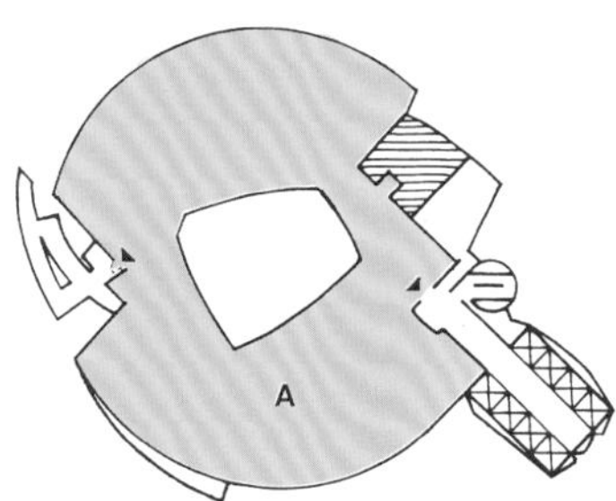

单个承租单元
布局
净出租面积 ＝ 标准层面积的 82%

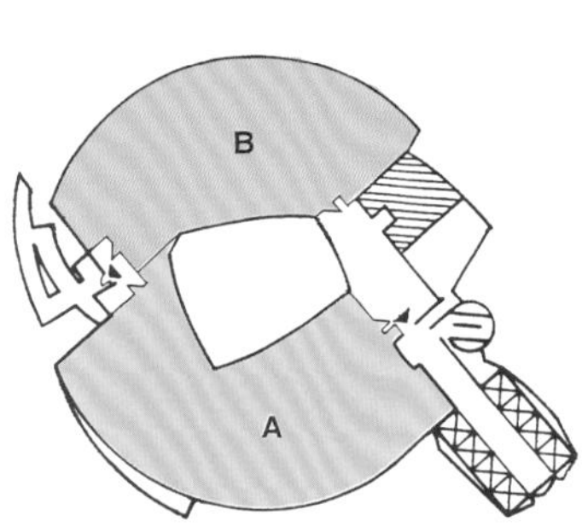

两个承租单元
布局
净出租面积＝标准层面积的 78%

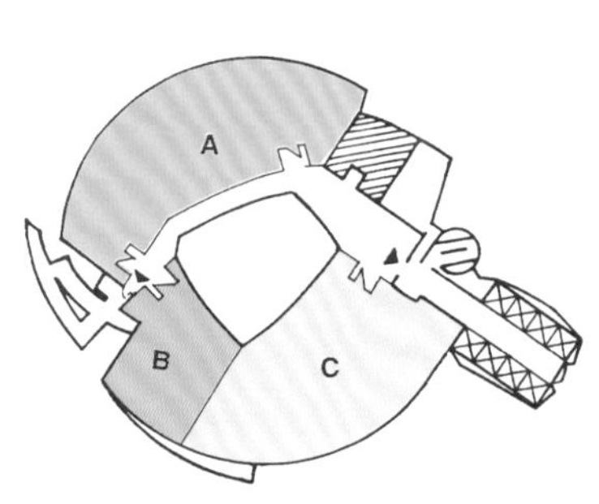

三个承租单元
布局
净出租面积＝标准层面积的 75%

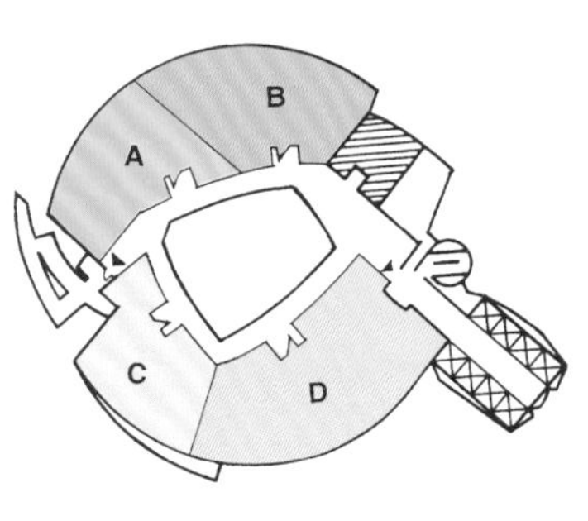

多个承租单元
布局
净出租面积 ＝ 标准层面积的 74%

垂直交通

空中庭园／花园

公共空间／领域

天气防护

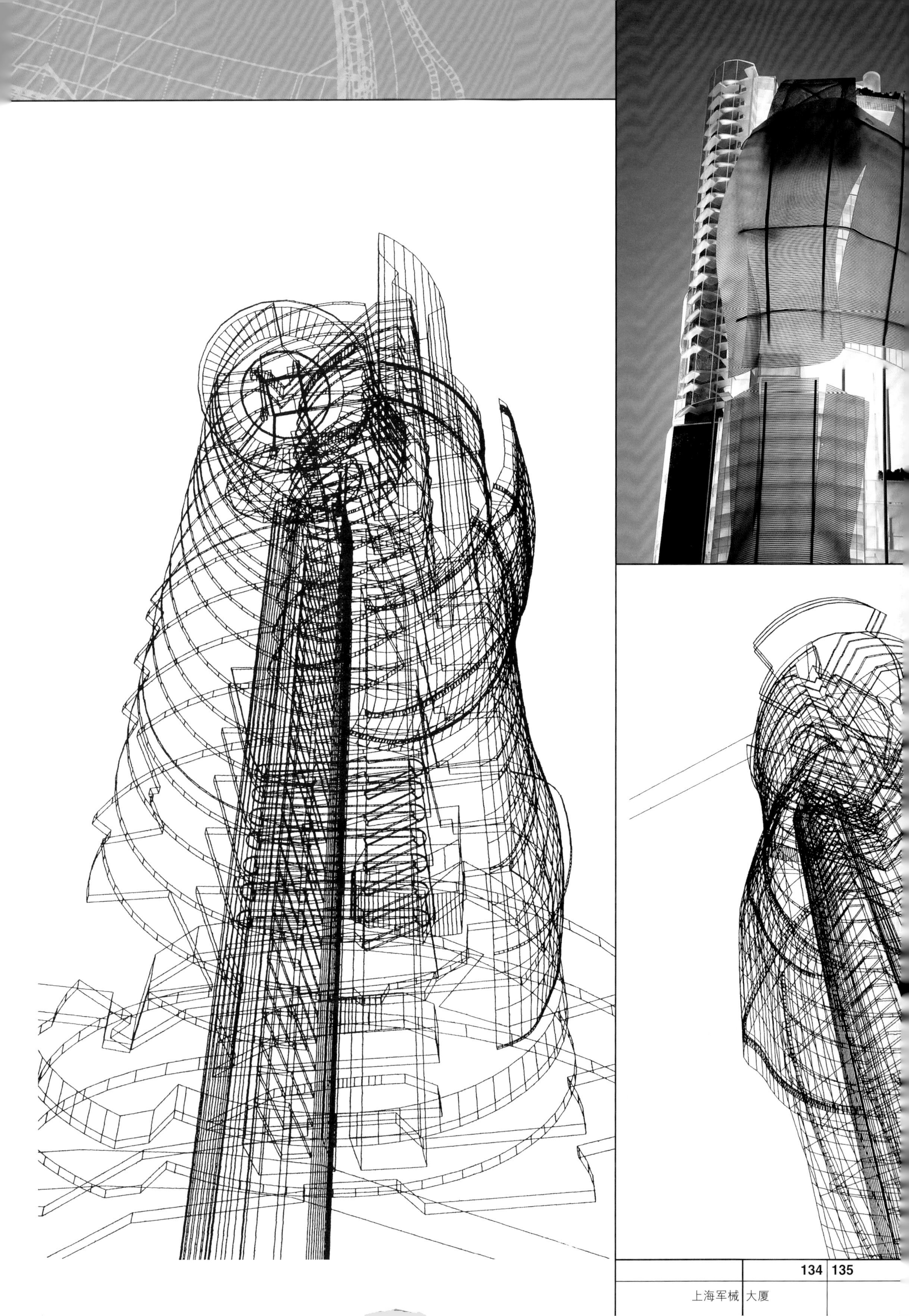

加穆达总部大楼

沙阿拉姆，马来西亚

业主 加穆达公司
地址 科拉凯穆宁商务公园，沙阿拉姆，马来西亚
纬度 北纬3.2°
总层数 10层
开工时间 1996年
竣工时间 未定
面积 总建筑面积 31800m²
场地面积 12145m²
容积率 2.6

设计要点

• 新的总部大楼的焦点在于视觉上形成令人兴奋的椭圆形中庭，这是由两个曲线状的翼型办公楼围合而成。

• 办公楼架空层高出地面12m，这使得中庭的公共空间与地面的大片水域和热带花园融为一体，后者贯穿于整个商务公园。在所有的楼层均可看到这个中央空间。

• 一个具有雕塑感的屋顶结构覆盖在中庭的上方，在遮风挡雨的同时，让自然光线能够射入，这促进了花园中绿色植物的生长。

• 同时，建筑设计也利用了盛行的季风，让中庭空间和空中庭园能够获得自然通风，由此创造出一个舒适宜人的环境。

• 不仅是地面层而且在整个建筑的设计中，景观绿化都得到了特别关注，这是通过设置多处葱郁的空中庭园、花园露天平台和屋顶花园而得以实现。

• 建筑设计中策略性地引入了遮光及滤光设备，使得日照量达到最小，由此减少能耗成本。大楼设计成一个低能耗的建筑，以响应联合国所倡导的可持续建筑的议程。

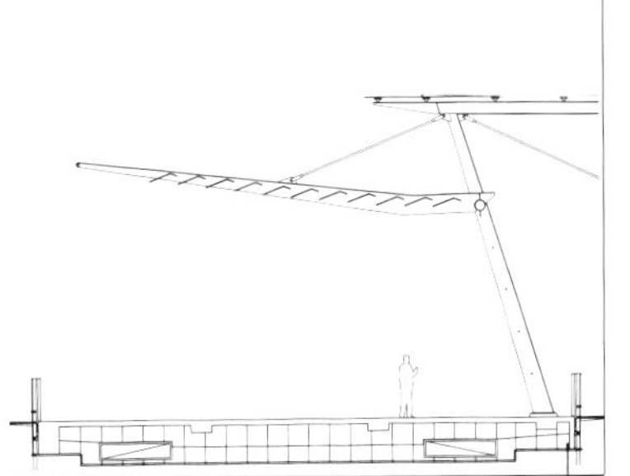

在杨经文的关于总部大楼、办公楼及附属的行政与培训楼的项目进展中，开始出现一些新的形式。最经典的例子包括梅纳拉大厦，它持久不衰的品质在以后的项目中也发生了一些变化——如上海军械大厦带中庭的设计方案。所有这些都对应于一种**圆柱形**建筑体量的构成。根据强调重点的不同，它能够衍生出一系列的相关类型。

加穆达总部大楼是这个建筑系列作品中的一个细微的进步。在一个有力的**椭圆形**体量的环绕之中，创造出一个巨大的外部公共空间——**花园中庭**。这个建筑高10层，但与之相同的基本理念和组织建构可以运用于100层甚至更高的摩天大楼中。

也就是说，这些基本原则都是一种建筑类型的构成要素，这些原则包括一个环形的外围使用空间、一个自然通风的中心区以及中心区的轻质屋顶。这是杨经文在建筑设计中逐渐衍生出的一种经典类型的主要特征。

从外观看，加穆达总部大楼的构成形式在本质上是十分简单的，它的几何构成相当纯粹，同时也适应当地的生物气候。关于朝向、遮蔽等的主要原则以及由此产生的方案元素都来自于早期的建筑范式。但在此处引人注目的变化在于**室内中庭**的集中开发——以一个巨大的尺度——以及对椭圆形的中庭以及外围设施的气流模式的研究，外围空间包括了景观化空中庭园、架高的花园露天平台以及屋顶花园。

在设计中为了使建筑能够充分利用盛行季风，椭圆形的中庭及架高的空中庭园都得益于优良的环境，其中的辅助性气流保证了使用者在一种舒适愉悦的状态中工作。由于高于地平面12m的下部办公楼层的精心设计，将景观作为方案的一个主要元素加以高度强调的理念得以提升与强化。剖面的精心设计使得椭圆形中庭的中央花园绿洲渗入到水体及热带花园体系之中并融为一体，而后者则遍布于整个商务公园。

这个方案是将一些主要原则直接且简洁地运用于建筑的一个典范：带遮蔽的核心服务设施布置在温度较高的东西向墙面末端，椭圆的几何特征决定了外墙的表面积最小化。而较长的南北面被倾斜的体量切开分为两段，都朝着中庭开放，引入自然气流并通过立面两侧的带屋顶的连桥进行引导。

风效用的评估——加穆达总部大楼

理查德·安斯利教授
澳大利亚热带建筑研究所，1997年6月

关于威斯马-卡姆达公司总部大楼设计方案的风洞试验报告被人们普遍接受，并进行了深入研究。报告中包含了大量的数据。不过，在设计阶段相比较而言，其中的一些数据更为重要。

大楼的造型与周围其他建筑类似，而它的朝向则考虑了当地的盛行风向，这取决于局部地区的风速，而后者则影响到人们的舒适度及安全度。在风洞试验中测定了每个位置的最大风速系数，并由此估算了当地的风速以及与之相关的4个等间距风速级别发生时间的百分比。此外，出于对极端情况的考虑，通过参考50年期限内的气象历史，对30 m/s的梯度风速也作了计算。

风洞模型中的面层的设计风力负荷（kPa）从141计量点开始，它建立在35m/s梯度设计风速的基础上，风洞试验报告中的表3c给出了这些数据。数据中设计气流压力的最大值是位置89的0.4844kPa。

对最小风速下的自然通风也作了估算，前者是一小时实现6次空气置换所需要的最小速度，同时还有此方向上的气流等于或超过最小风速的时间的百分比。

从由气流及排气效应决定的自然通风的估算中，我们可以清楚地看到：

- 无风状态的时间能达到45%的情况大多发生在夜间
- 外墙开启的面积需求远远大于目前所指出的面积，可能需要和与之相连的门洞面积相当。
- 在55%的存在气流的时间内，它能够在楼梯间中实现一小时6次的空气置换，而在电梯间时大约需要35%的时间。
- 在竖向联系的空间，如楼梯间中，排气效应能够实现良好的自然通风。

风洞试验中的研究表明：当地正常情况下的风速没有超过蒲福风级4级（中等风速）。然而在50年中最极端的一个情况下，在某些区位，有1个小时其蒲福级数达到9（强风），甚至达到能够吹倒物体的风速。这说明：在设计中，需要考虑如何在这样的情况下在这些位置做好对步行通道的防护，具体是指RO2、RO3和EO7这些位置。

风洞模型中的面层的设计风力负荷（kPa）从141计量点开始，它建立在35m/s梯度设计风速的基础上，风洞试验报告中的表3c给出了这些数据。数据中设计气流压力的最大值是位置89的0.4844kPa。

10m处的气流与流速效应

（1m/s =1.94 knots =2.25 英里／小时）

蒲福风级	描述	平均风速(m/s)	10m处的流速效应
B0	静风	0～0.2	
B1	轻风	0.3～1.5	不可察觉的气流
B2	微风	1.6～3.3	面部能察觉的气流
B3	和风	3.4～5.4	能使旗帜伸展的气流
B4	中等风	5.5～7.9	扬起灰尘和纸屑 打乱头发，吹起衣服
B5	微风	8.0～10.7	陆地上可接受的风力的临界
B6	大风	10.8～13.8	难以使用雨伞 身体能感觉到风的力量 喧闹，经常闪电
B7	接近强风	13.9～17.1	难以稳步行走，头发吹起竖直
B8	强风	17.2～20.7	难以前进，行走不能控制，难以保持平衡
B9	巨风	20.8～24.4	人被吹倒，难以面对风向，耳鸣，头疼，呼吸困难。一些建筑物毁坏，屋顶瓦片掀起，树枝折断。行人相当危险
B10	暴风	24.5～28.4	很少经历到的内陆风。树连根拔起；建筑结构遭到破坏

气流压力作用点位置

3级/65～98点（即7～9层）

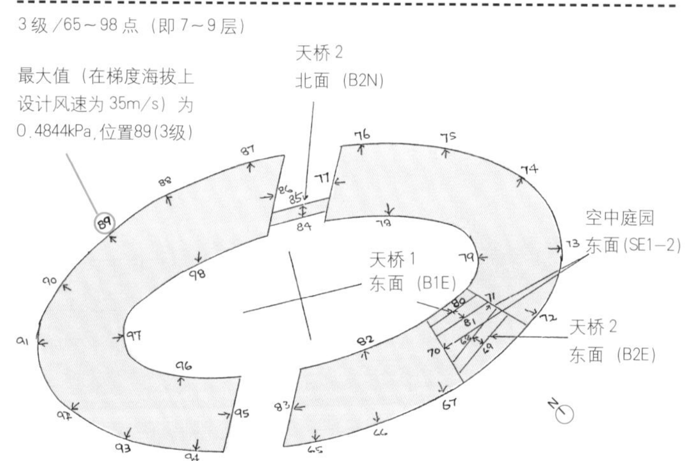

速度测量位置

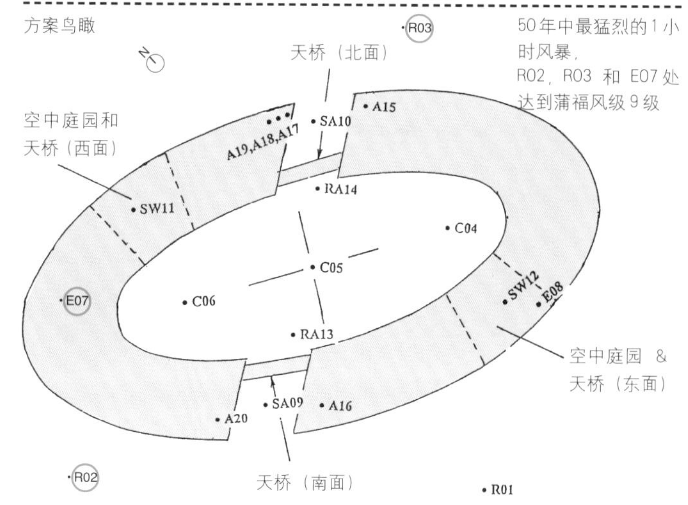

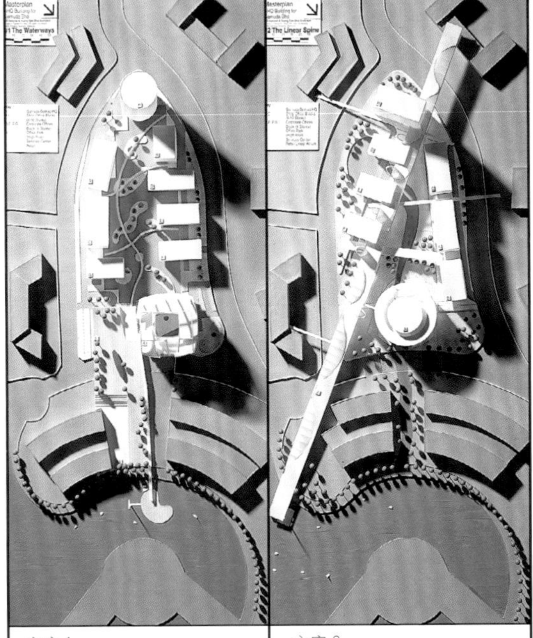

方案 1　方案 2

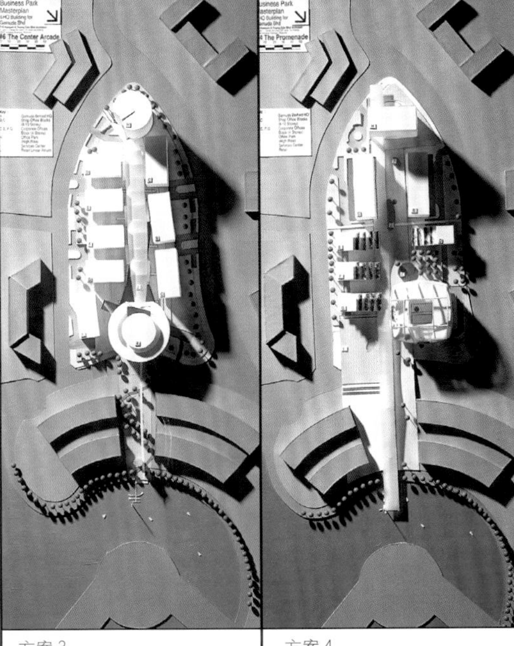

方案 3　方案 4

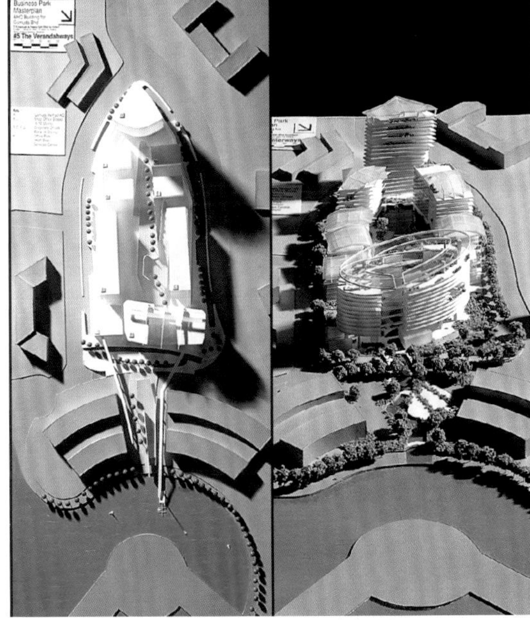

方案 5　最终选择方案

一个连续的环状单向内部交通系统对整个外围的设施空间提供服务，前者同时环抱并面向椭圆形的中庭。同样，通透的办公空间能够让视线自由地穿越交通空间，直至外部的"纤细"的建筑体量。这样的布局能获得最大限度的自然采光，同时也为所有使用者提供了一流的工作环境。

对遮光百叶装置和滤光设备的详细研究确定了适当的阳光防护标准，并调节了太阳光射入角度，同时也使得吸收热量最小化，由此缩减了能耗成本。

起决定性的主要元素是椭圆形中庭上方挑出的、形式自由的、具有雕塑感的屋顶结构。它被设计成为一个透明的遮雨伞形式，使得阳光能够穿透中庭，并到达下部的花园绿洲。同时，屋顶悬挑的支架也试图遮蔽大面积的屋顶花园。

在这个方案中，很明显，杨经文希望实现对**被动式低能耗**建筑设计的良好预演，与此相关的所有重要的建筑元素都得到体现——从自然通风的电梯厅到空中庭园以及部分开放的交通空间。在这个基本框架中，他又加入了带遮蔽的中庭以及椭圆几何形态的"重大设想"。所有这些组合起来形成了一个低能耗的建筑，以响应联合国所倡导的可持续建筑的议程，同时也是一个面向21世纪的建筑。在这个案例中（同以后其他的实例一样），杨经文引入了对主体建筑结构的**具体能耗分析**——这是他的建筑主张的一个方面，即未来的设计品质是建立在**知识**的基础上——对事实与设想的实体化，实现空间与美学的建构。

加穆达总部大楼的主体形态所体现的意义既单纯又深奥。对基本原则的持续研究以及对建筑形态的精雕细琢使得杨经文将生物气候型高层建筑改进为一系列的引人注目的新类型——**加穆达类型**，这暗示着此种类型之后的发展。在这个意义上，它和梅纳拉大厦一样，是一个里程碑式的项目。

建筑服务中心以及形态朝向的不同布局的OTTV（全部热量传输值）研究

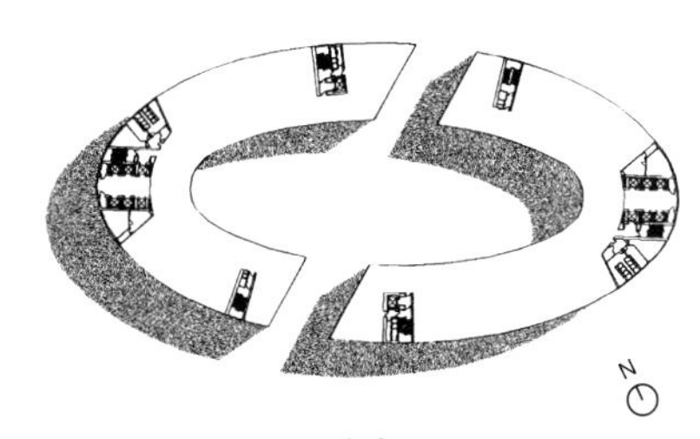

方案 1

北立面=33.8
东立面=43.1
南立面=34.9
西立面=43.4
OTTV总量=38.8W/m²
(小于90%)

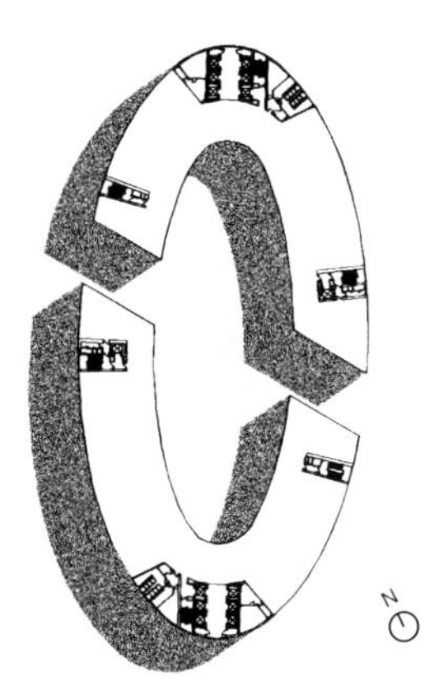

方案 2

北立面=34.2
东立面=48.6
南立面=35.0
西立面=47.6
OTTV总量=41.4W/m²
小于96%

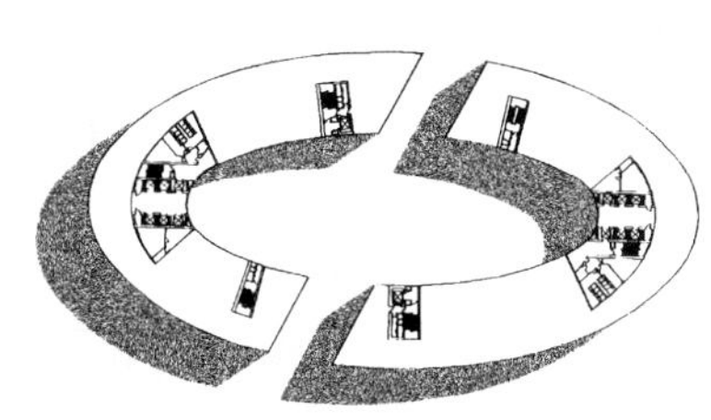

方案 3

北立面=35.3
东立面=50.2
南立面=36.0
西立面=50.3
OTTV总量=42.9W/m²
(小于100%)

风洞试验给出的气流方式

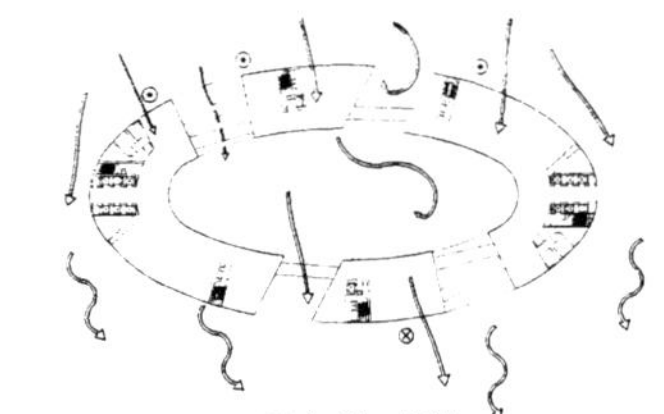

风向 01 (NN)

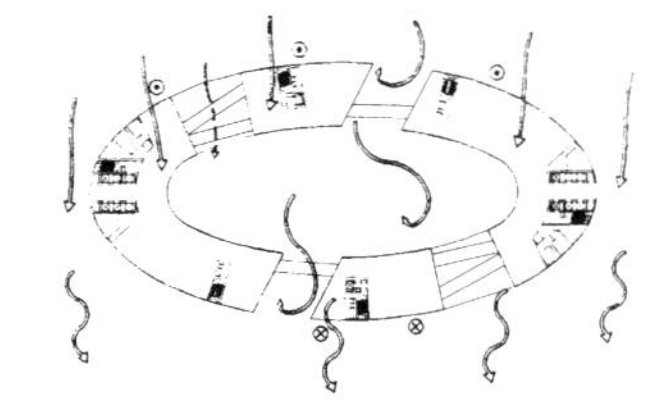

风向 02 (NNE)

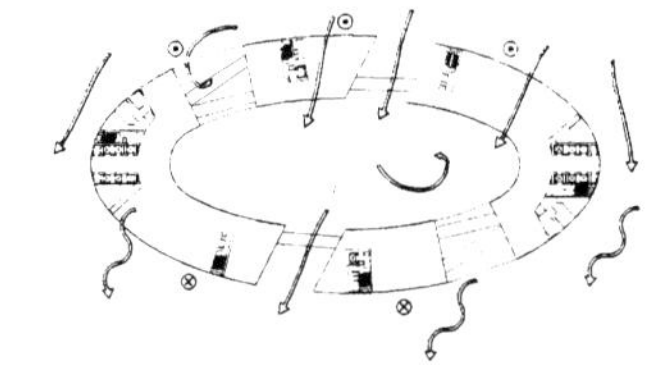

风向 03 (NE)

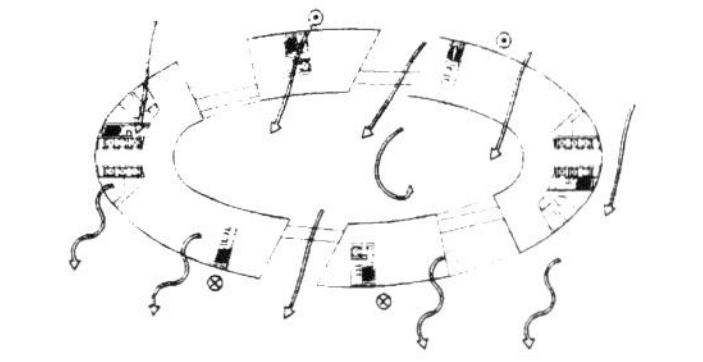

风向 04 (EEN)

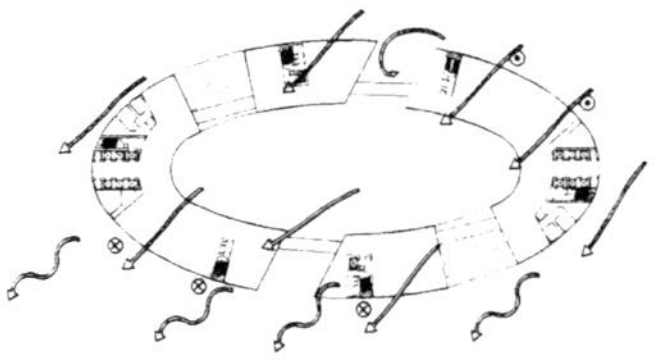

风向 05 (EE)

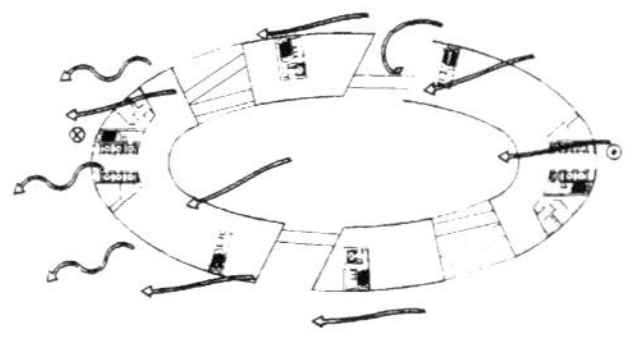

风向 06 (EES)

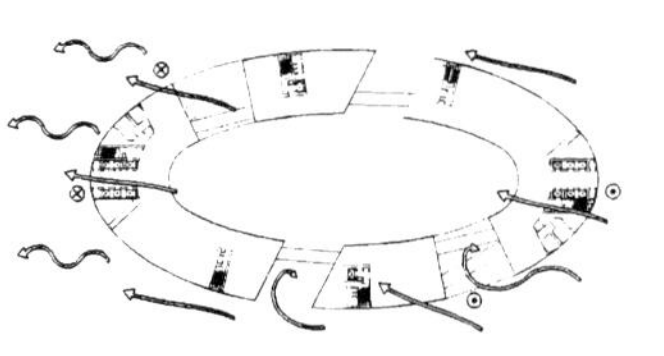

风向 07 (SE)

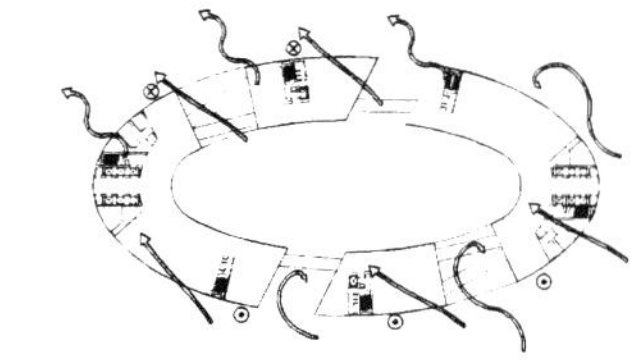

风向 08 (SSE)

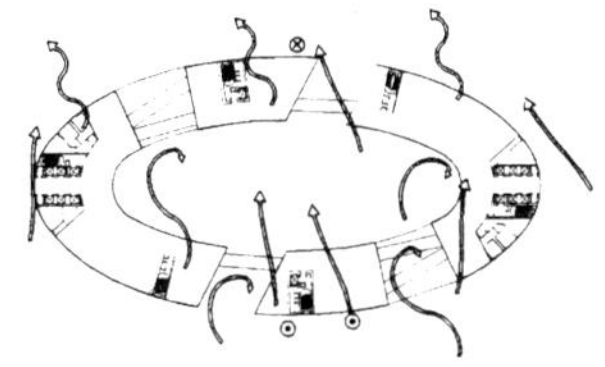

风向 09 (SS)

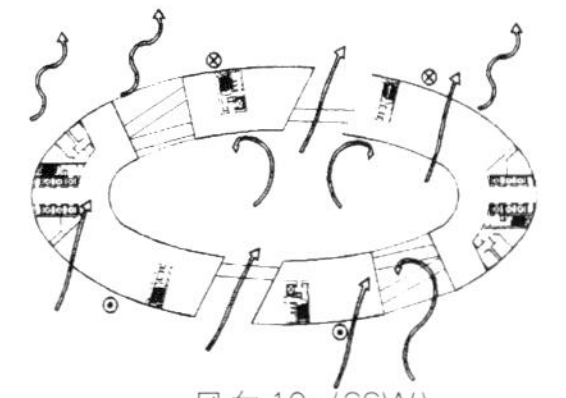

风向 10 (SSW)

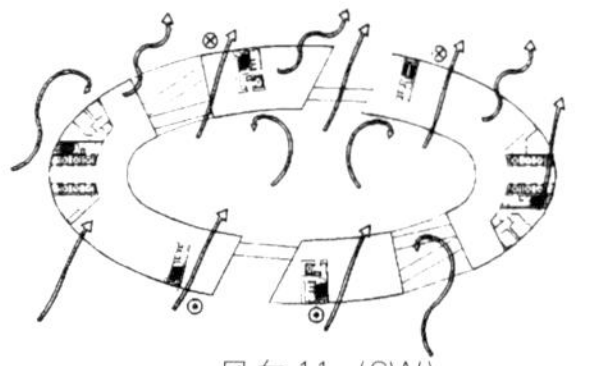

风向 11 (SW)

风向 12 (WWS)

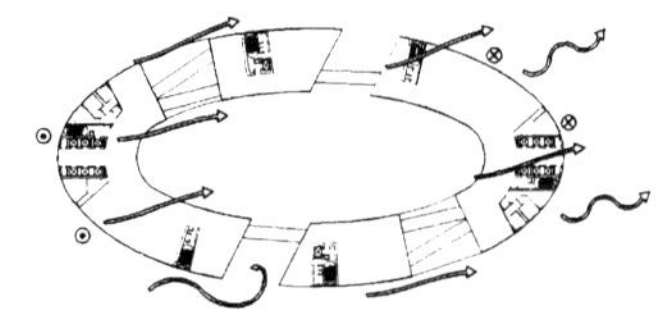

风向 13 (WW)

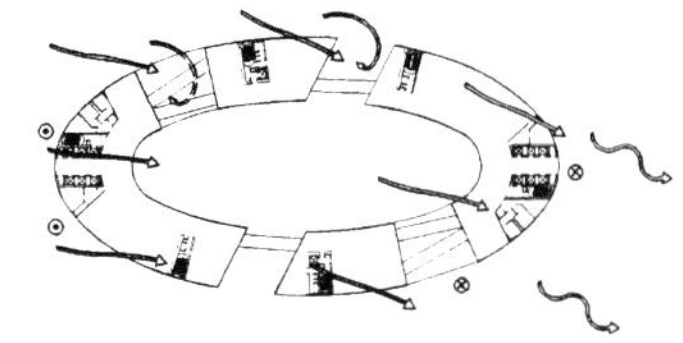

风向 14 (WWN)

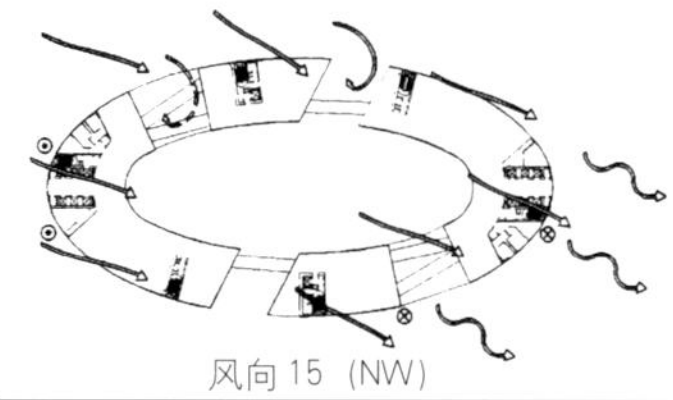

风向 15 (NW)

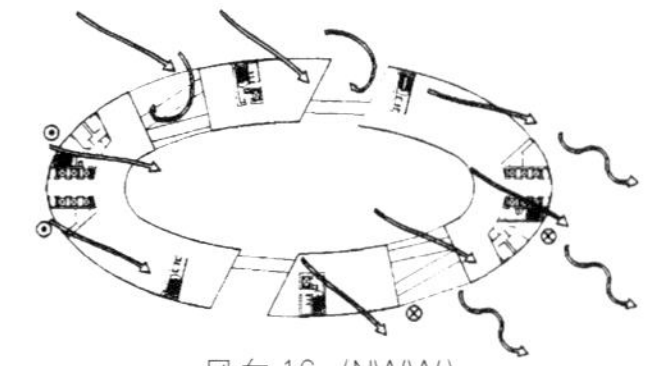

风向 16 (NWW)

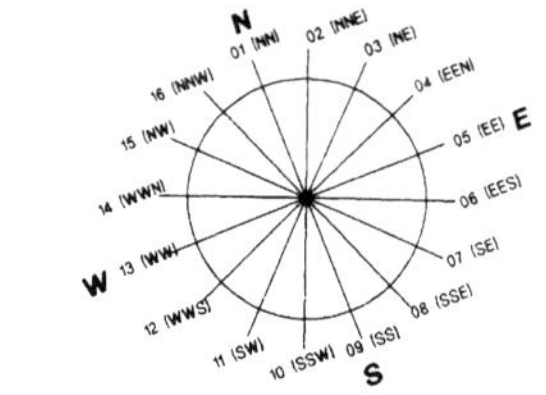

N
01 (NN)
02 (NNE)
03 (NE)
04 (EEN)
05 (EE) E
06 (EES)
07 (SE)
08 (SSE)
09 (SS)
10 (SSW)
11 (SW)
12 (WWS)
13 (WW) W
14 (WWN)
15 (NW)
16 (NWW)
S

风向 (16 nos.)

⊗ 向下的气流

⊙ 向上的气流

不稳定气流

上下之外的其他气流方向

环流

室内流动

图例

风洞试验

TS · 李教授, YT · 周教授 & 助理
新加坡国立大学工程系

制作带环境的风洞模型对大气边界层进行模拟（从南向看）

风向：02 (NNE)

测定压力的仪器

风向：03 (NE)

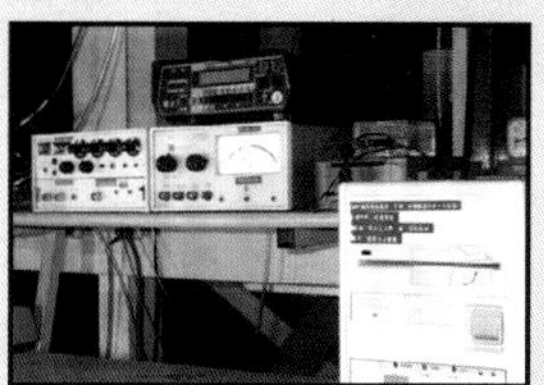

测定风速的仪器

风向：04 (EEN)

使用全向探测器测定风速

风向：05 (EE)

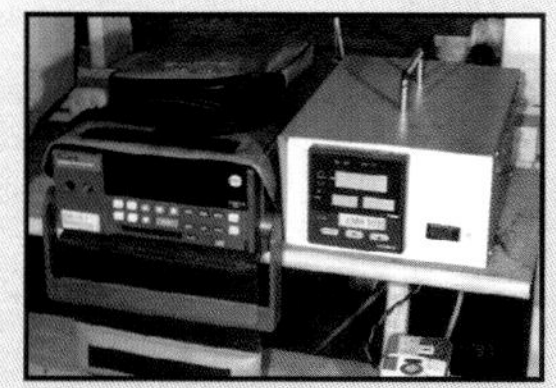

在线数据获取仪器

风向：06 (EES)

试验模型中热量组合的设定

风向：07 (SE)

风向：01 (NN)

风向：08 (SSE)

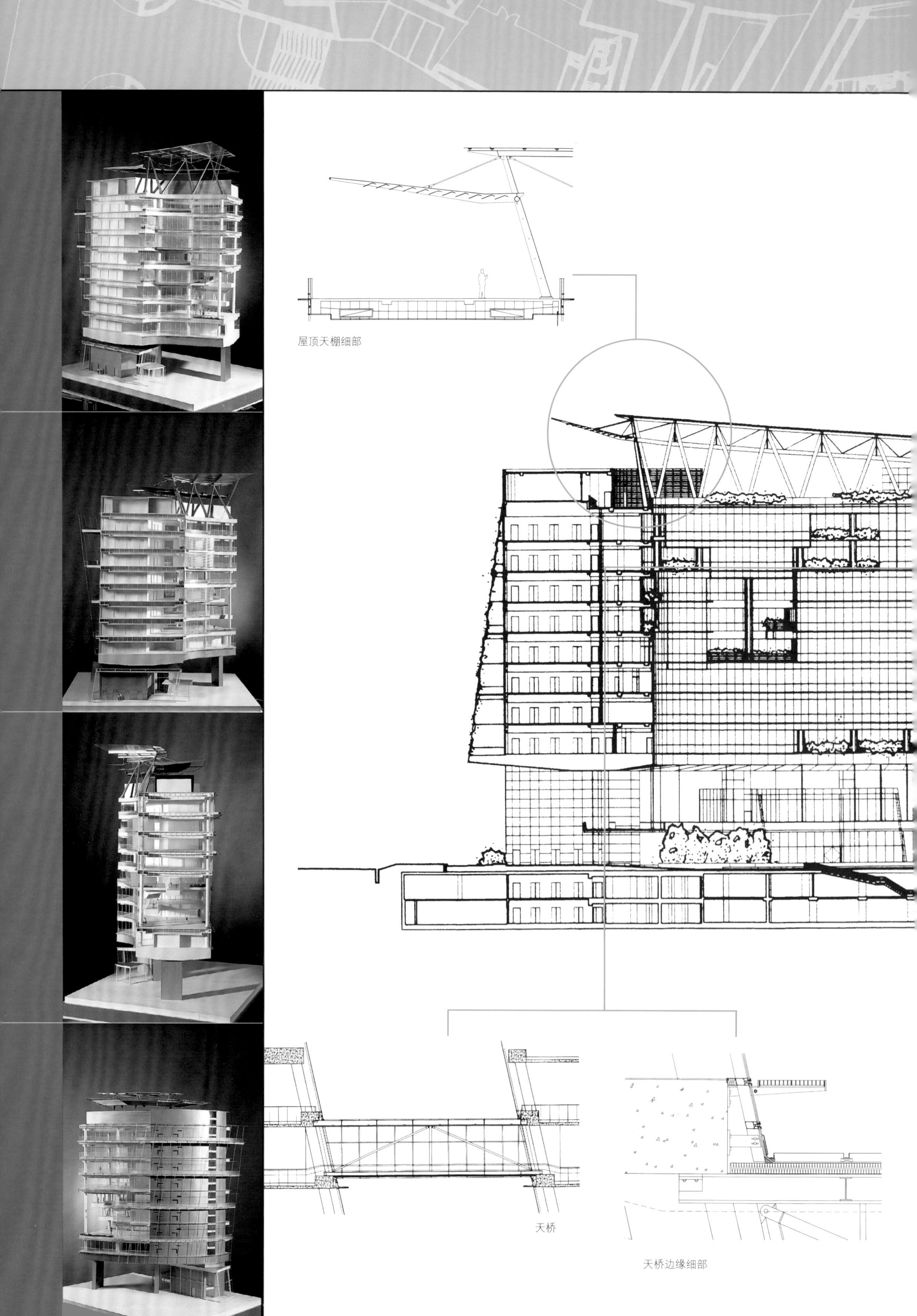
屋顶天棚细部
天桥
天桥边缘细部

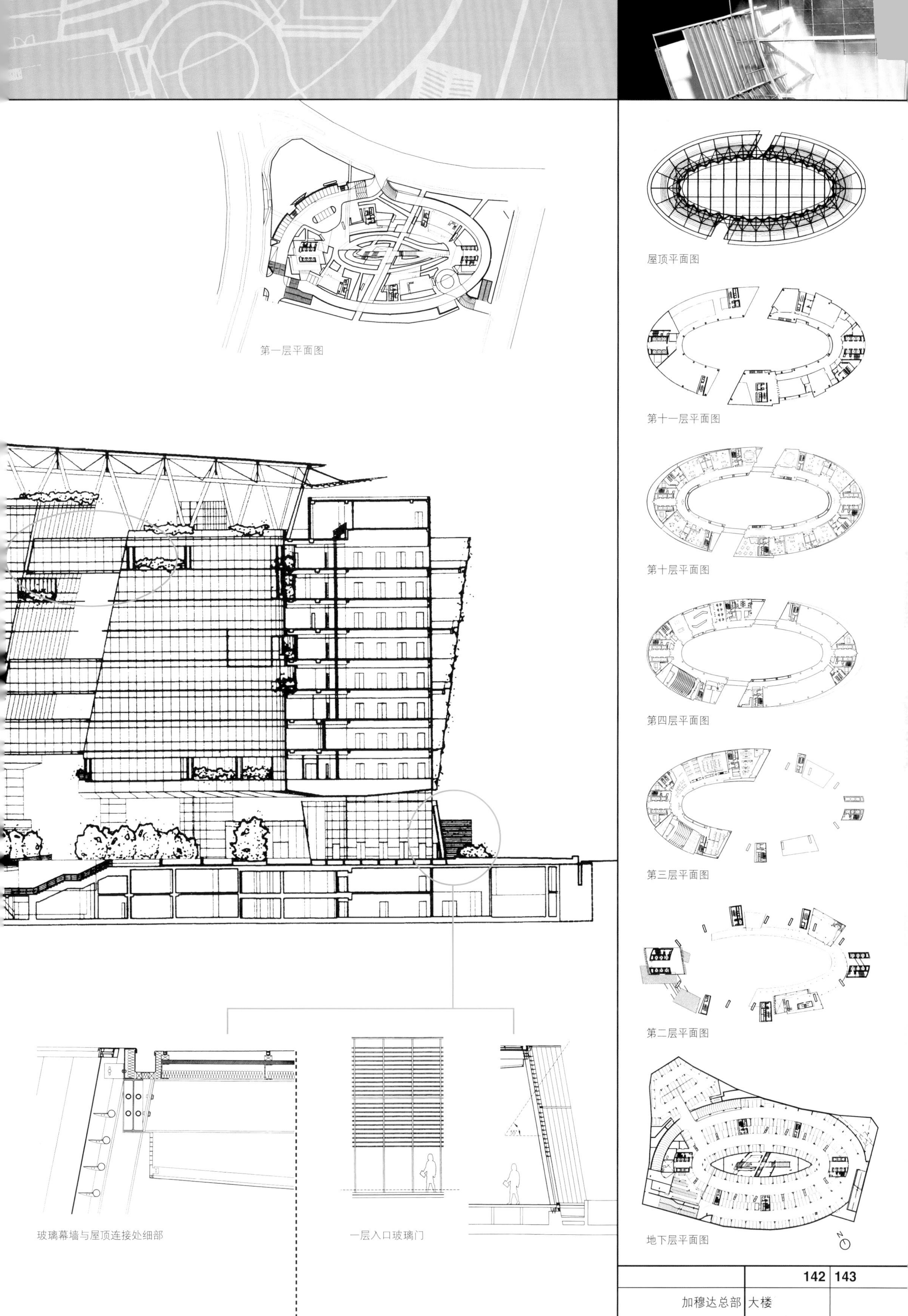
第一层平面图
屋顶平面图
第十一层平面图
第十层平面图
第四层平面图
第三层平面图
第二层平面图
地下层平面图
玻璃幕墙与屋顶连接处细部
一层入口玻璃门
55°
N

高层建筑空间利用图

(© T·R·哈姆扎和杨经文建筑师事务所 2001)

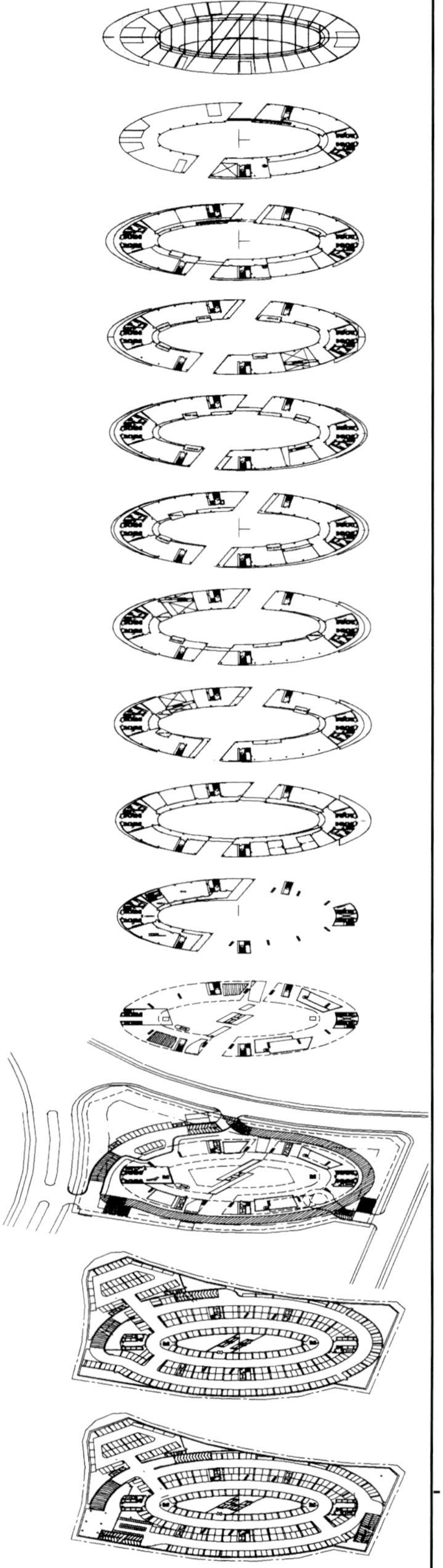

‘线状设施图’

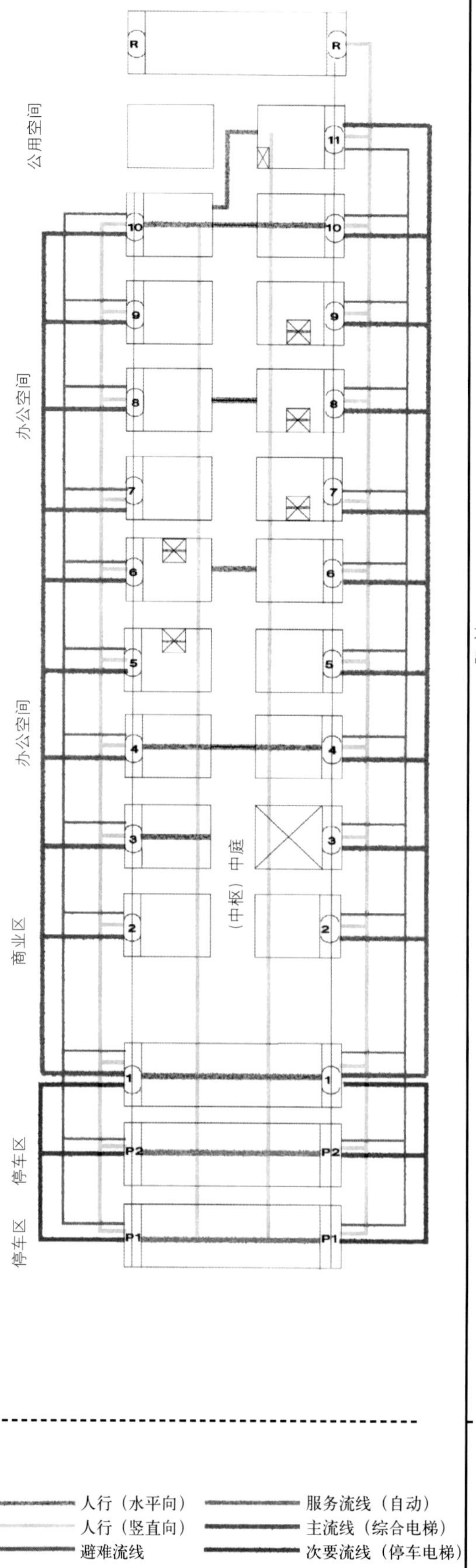

人口密度

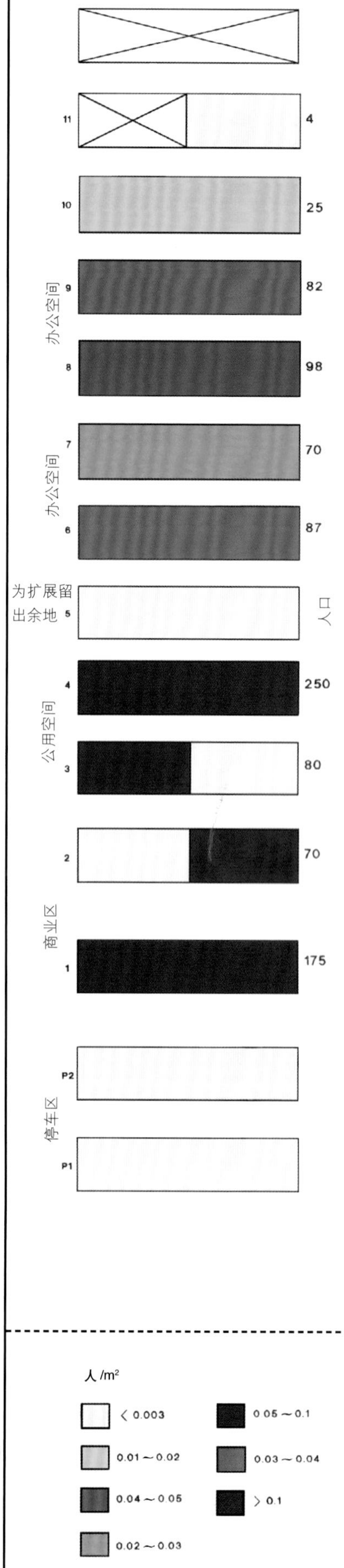

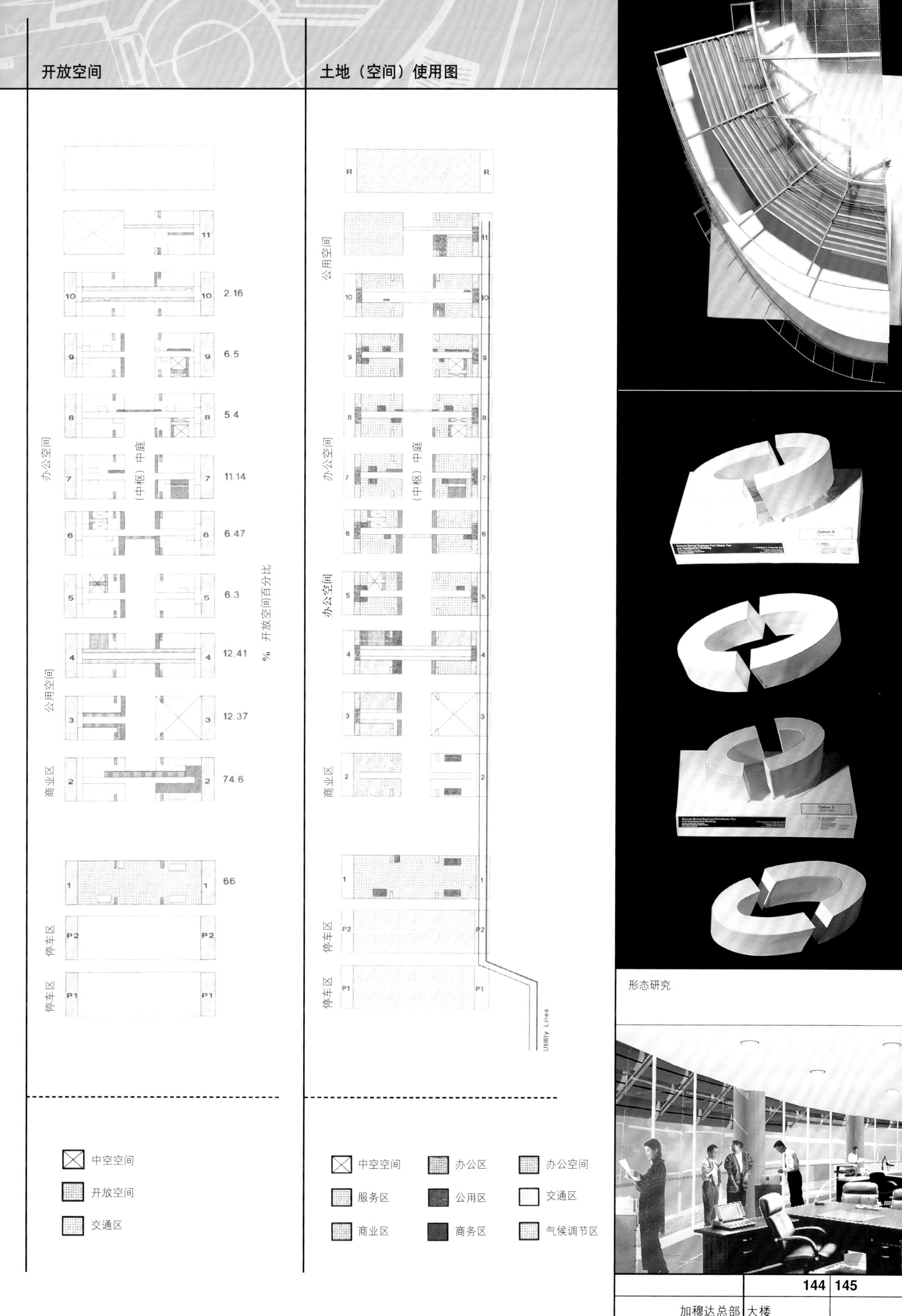
开放空间
土地（空间）使用图
R
11
10
2.16
9
6.5
8
5.4
7
11.14
6
6.47
5
6.3
4
12.41
3
12.37
2
74.6
1
66
P2
P1
办公空间
(中枢) 中庭
公用空间
商业区
停车区
% 开放空间百分比
Utility Lines
中空空间
开放空间
交通区
办公区
办公空间
服务区
公用区
商业区
商务区
气候调节区
Option A
Option D
形态研究

具体能耗研究

戴维斯·兰顿 & 珠穆朗玛顾问小组（伦敦）

1997 年 7 月

为评估设计在具体能耗方面的属性，项目咨询了戴维斯·兰顿 & 珠穆朗玛能量 & 环境顾问小组——这个团队因为在建筑材料的具体能耗及其相应而生的温室效应和酸性气体方面的研究工作而赢得了世界范围内的声誉，尤其在评估设计的整个生命周期方面富有经验。该顾问小组经常参与到整个设计过程，帮助在设计中实现具体能耗和废弃物产出的最小化，同时又不影响运作中的能耗性能。

顾问组使用了敏感性分析的技术来集中研究重要数据，并由此选择出精确且特殊的数据作为决定性的参数，而低质量或不确定的数据则用于非决定性的参数。这就保证了能以最小的精力和成本获得精确的结果。为支持这些工作的开展，他们设计了一系列的辅助工具：

- 一个包含5000多个项目的具体能耗因素的数据库，已获得国际公认。
- 对构成70%的建筑具体能耗的7种重要材料进行详细分析的电子数据表格，7种材料包括：
  - 粒料　混凝土
  - 水泥
  - 砖和黏土制品
  - 木材
  - 钢材
  - 石膏和石膏板
  - 玻璃
- 在最初及早期的设计中对具体能耗及CO_2产出量的基本估测器。估测器给出了最初及整个生命周期阶段的结果。
- 对4种最大量的及传输能量最敏感的建筑材料的具体能量输送构成进行估测的测算装置，4种材料为：
  - 粒料　混凝土
  - 水泥
  - 砖和黏土制品
  - 木材

这些材料构成了大多数建筑超过99%的质量。

方法

对生命周期的具体能量的估算方法借鉴了建筑成本估算方法。对应于设计中的不同阶段，估算可以建立在不同的详细程度上。

• 具体的能量/CO_2排放量基准能够帮助业主在纲领中设定设计目标。

• 最初的估算对设计团队在开始及草图设计阶段有所帮助。

• 随着整个设计过程的展开，不断对设计的评估做出修正。

加穆达总部大楼性能基准的可能性

因此，对于加穆达总部大楼这个著名的带空气调节的巨大介质空间/高品质的高层建筑，它被期望具有如下的性能：

表 1- 典型性能的基准

属性	单位	级别	
		低	高
初始时主要具体能耗	GJ/m^2 GFA	10	18
初始时 CO_2 具体排放量	kg CO_2/m^2 GFA	500	1000
生命周期中主要具体能耗	GJ/m^2 GFA	8	14
生命周期中 CO_2 具体排放量	kg CO_2/m^2 GFA	600	1300
运转中释放的能量	$kWhrs/m^2/yr$	100	200

因此，最小运转能量应作为最初的考虑，而优先于对具体的能耗和CO_2排放量的考虑。

主要结果概述

表2对一个更详细的设计研究结果进行了综合，这些结果说明加穆达总部大楼处于具体能耗及CO_2排放相关性能的中等水平。这个实验仅在建筑外皮和内部空间的设计阶段进行，因此，关于设备装配及服务的数据与最初的估算比较也并非十分详细。设计中使用的具体能耗和CO_2高效率的原则性方法是确保楼层的负荷不超过标准，而且在结构上行之有效。大面积使用的玻璃幕墙同样也是有益的，因为相对于选择其他建造形式而言，这具有轻质的特点。

所得经验

加穆达总部大楼天生就是一个高品质、高成本、高规格的办公建筑。因此，它的具体能耗和CO_2排放量或许会高于一个更适中的标准。它同时也是一个高技术的建筑，在工程中考虑了结构效率。这使得整个建筑的总质量保持适度，而这对于建筑具体的能耗和CO_2量是有益的。适当的物理质量（对具体的能耗和CO_2量有益）可以在不影响热量聚合的前提下实现。这是因为用于稳定一日之内的气温波动的可获得的热量储备仅需75mm厚的混凝土作为载体，而这与结构上所要求的厚度相比较已经很小了。

梦想

获得终极理想的低能耗/CO_2释放量的建筑可能会在轻质（工程）的条件下，并主要由当地可获取的一些天然的和可再生的材料（如木材）进行建造。设计能改善局部气候，却并不需要额外的能源来为建筑的使用者提供舒适、健康与生产力。所使用的材料仅需稍做处理就能适合建造的要求，并且不会涉及使用有害材料，同时在生产中也不会产生废弃物。

所建造的建筑拥有一个长期的、弹性的、可变化的使用生命周期。在其使用期结束时，这些材料可以在当地重复使用或回收利用，而这仅仅需要耗费很少能量进行处理。或者，它们可作为燃料用于加热或发电，且不会释放大量的有害气体。至少，有害材料应该是惰性的，并且通过简单的处理就能变为无毒。

很显然，实际的建筑作品必须在理想与现实因素之间取得折衷，后者包括建筑在功能、美学、物质上的全部要求以及我们在建造施工和建筑运转等方面所掌握知识的情况。

表 2- 改良后设计的基础性研究

加穆达总部大楼数据总结	面积 (m^2)	能源含量 (GJ prim)	能源含量 (GJ del)	CO_2 含量 (kg CO_2)	生命周期能源含量 (GJ prim)	生命周期能源含量 (GJ del)	生命周期 CO_2 (kg CO_2)	基本能源初始(%)	基本能源生命周期(%)
基础结构	13527	155405	98778	16795429	155405	98778	16795429	28%	13%
结构框架	24481	226882	126659	23693701	242201	139343	24884596	41%	20%
外墙和饰面	20377	40754	20377	3056550	122262	61131	9169650	7%	10%
屋面覆层	6414	11452	6449	1023177	23481	13352	1922352	2%	2%
内墙	944	415	363	35896	2492	2176	215374	0.1%	0.2%
内墙饰面	N/A	49587	28623	3665561	285424	162046	20052644	9%	23%
木装修饰面	49157	0	0	0	0	0	0	0%	0%
维护系统	49157	62291	46227	3868386	404632	291795	23839758	11%	33%
GJ/m^2	49157	546786 11.1	327476 6.7	52138700 1061	1235897 25.1	768621 15.6	96879803 1971	100%	100%

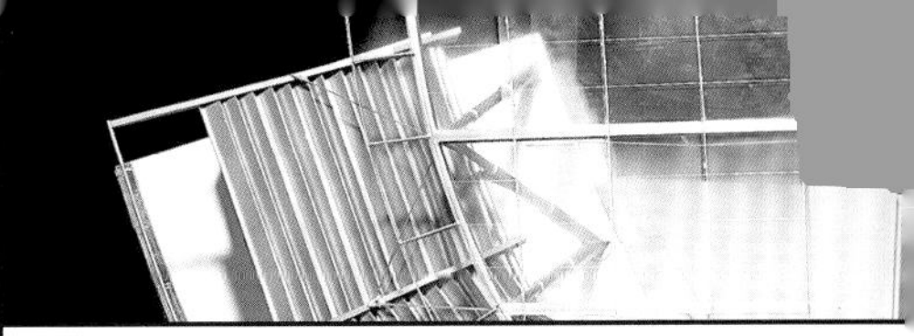

立面上遮阳设施的位置

交叉区显示了阳光角度与阳光遮蔽

交叉区域的位置

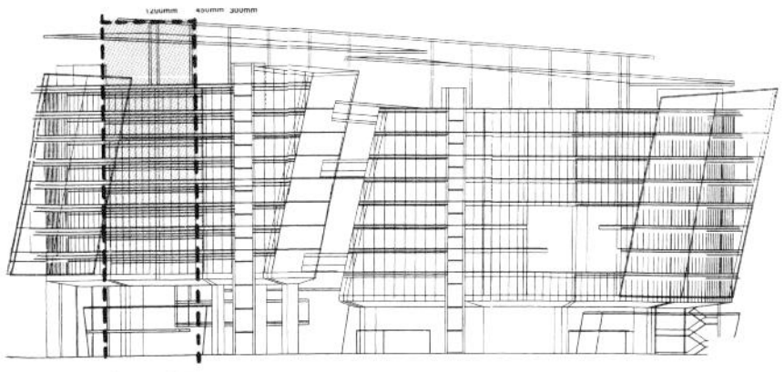

东立面图

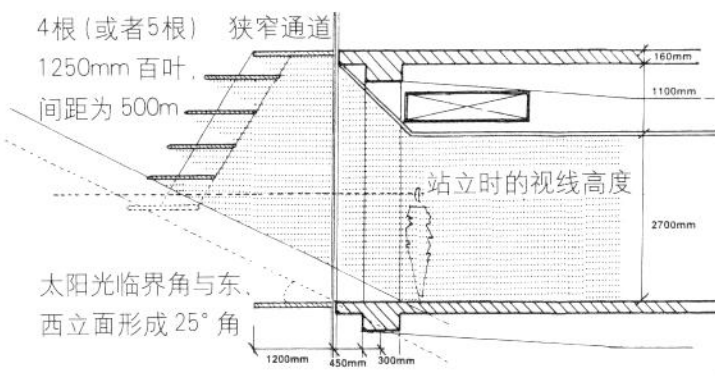

4根(或者5根)
1250mm 百叶，
间距为 500m
狭窄通道
站立时的视线高度
太阳光临界角与东、
西立面形成 25° 角
160mm
1100mm
2700mm
1200mm
450mm
300mm

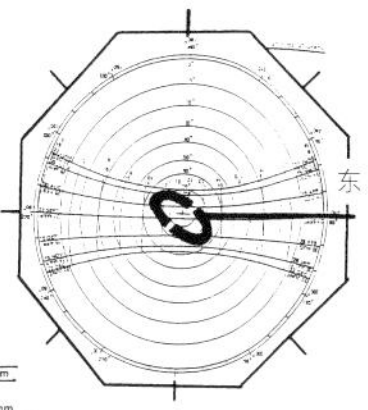

东

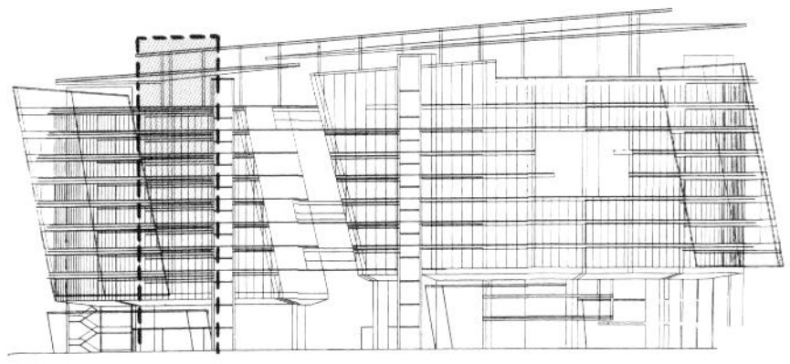

西立面图

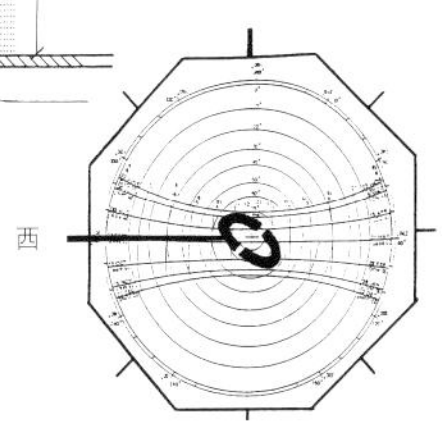

西

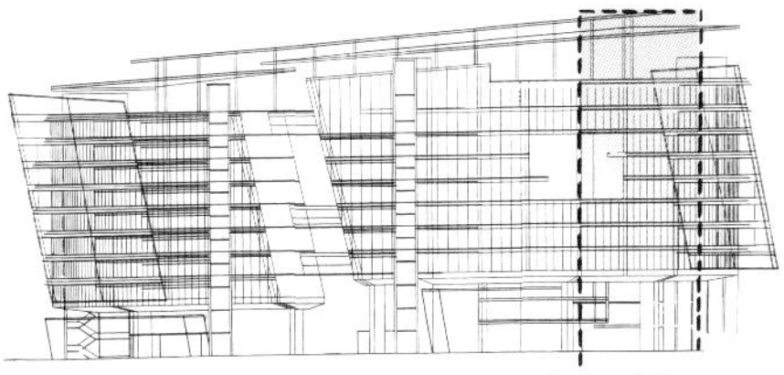

东南立面图

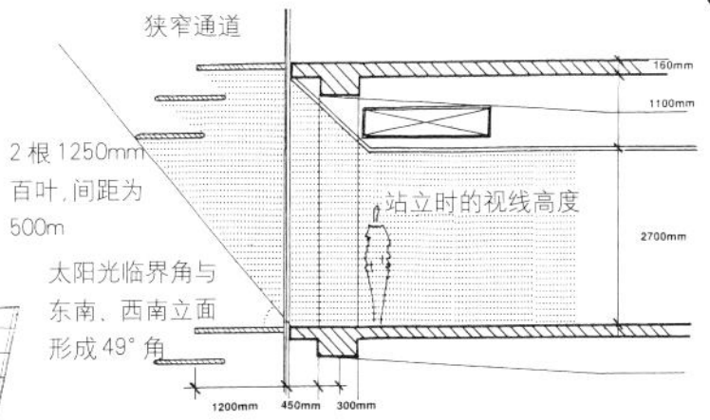

狭窄通道
2 根 1250mm
百叶，间距为
500m
站立时的视线高度
太阳光临界角与
东南、西南立面
形成 49° 角
160mm
1100mm
2700mm
1200mm
450mm
300mm

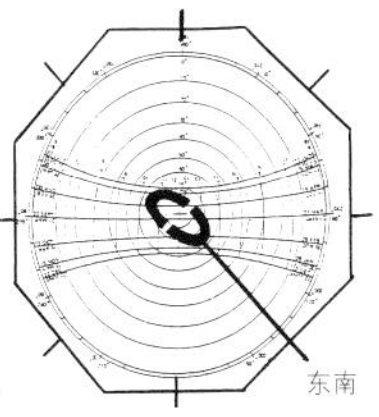

东南

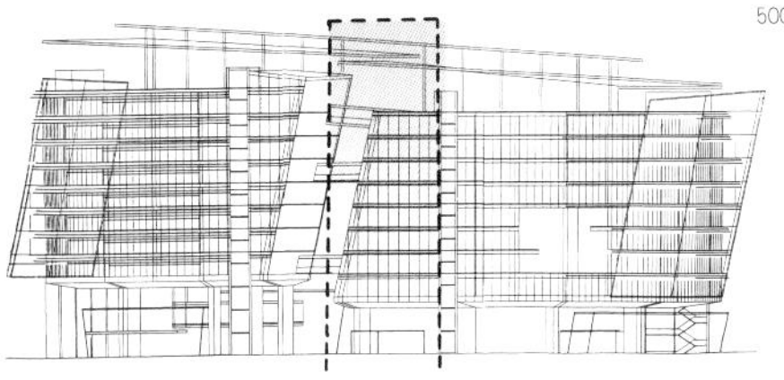

西南立面图

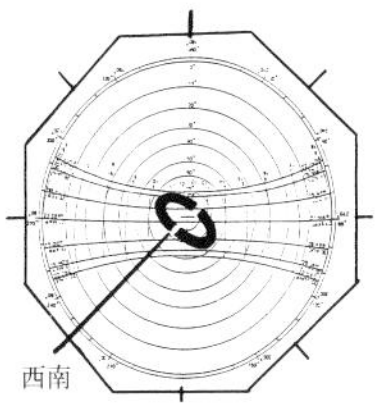

西南

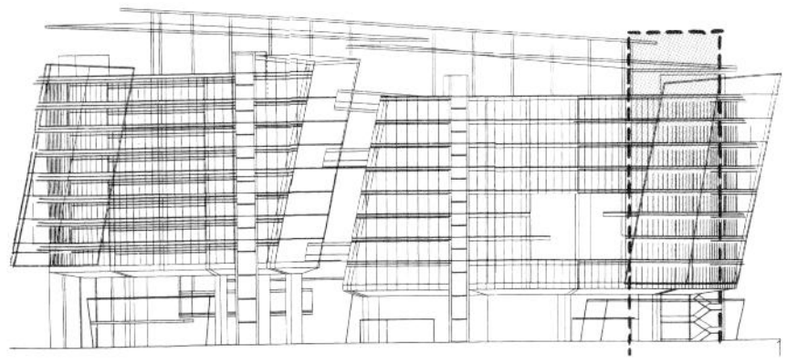

东北立面图

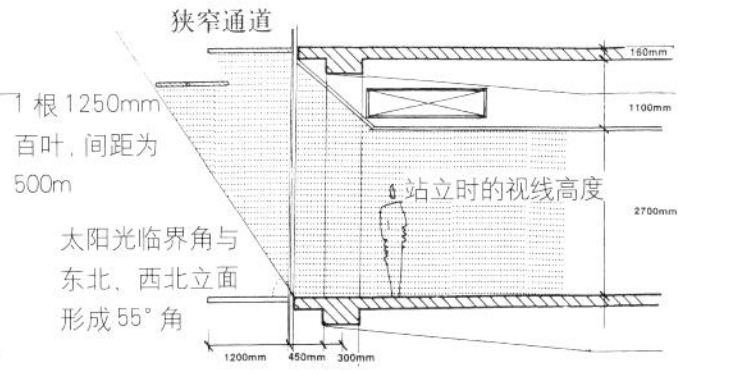

狭窄通道
1 根 1250mm
百叶，间距为
500m
站立时的视线高度
太阳光临界角与
东北、西北立面
形成 55° 角
160mm
1100mm
2700mm
1200mm
450mm
300mm

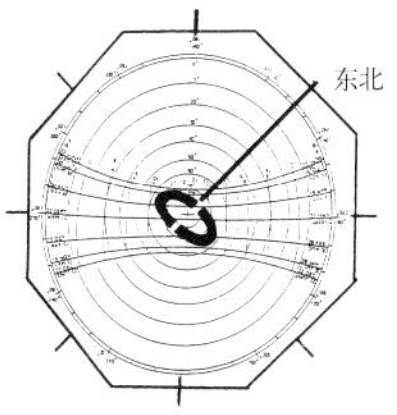

东北

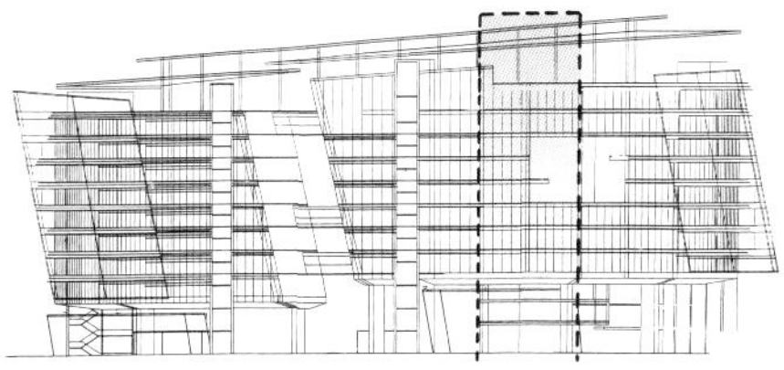

西北立面图

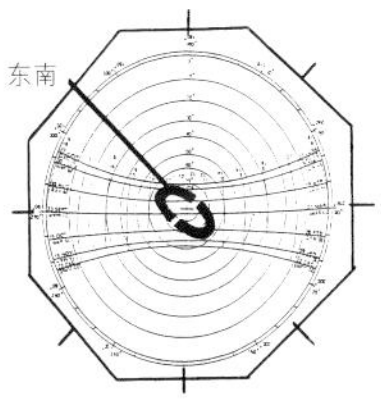

东南

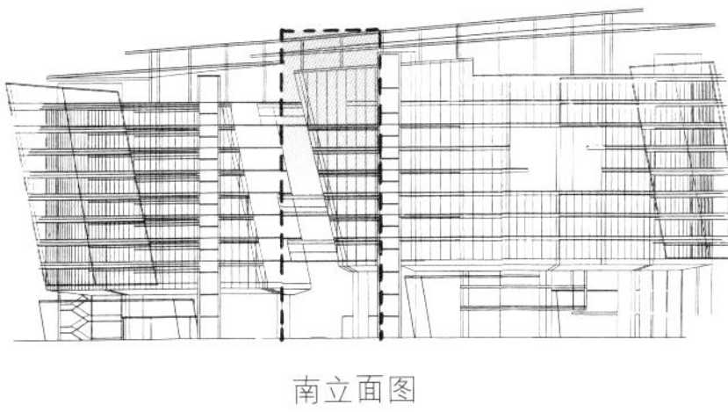

南立面图

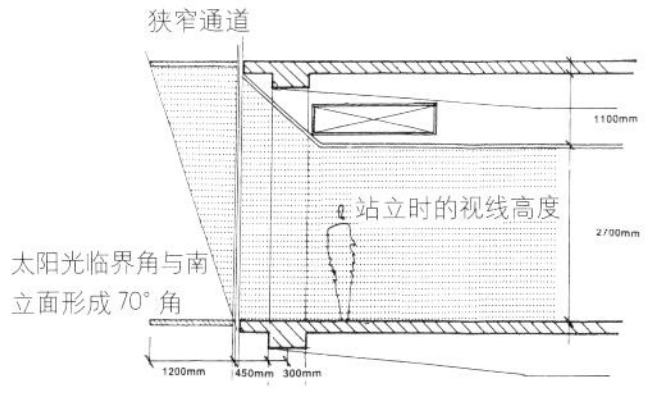

狭窄通道
站立时的视线高度
太阳光临界角与南
立面形成 70° 角
1100mm
2700mm
1200mm
450mm
300mm

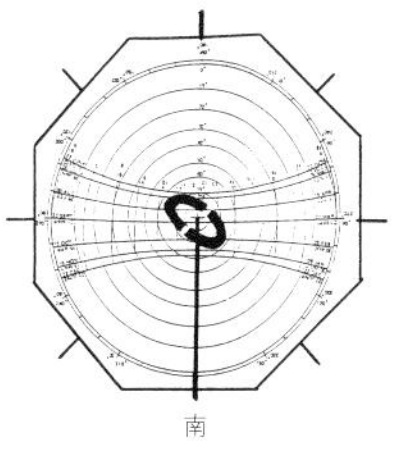

南

光线纬度

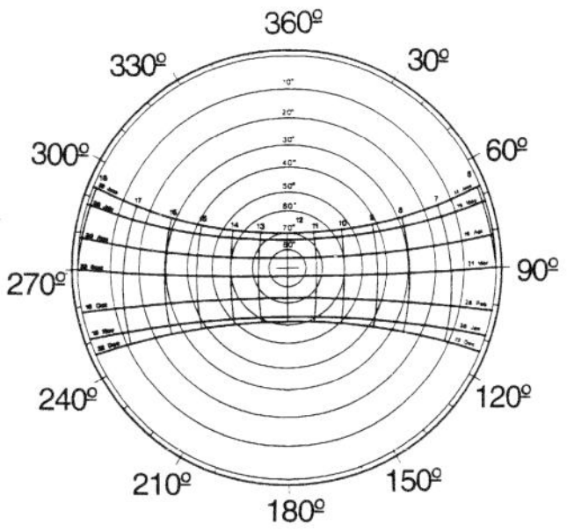

360º
330º
30º
300º
60º
270º
90º
240º
120º
210º
180º
150º

天窗位置

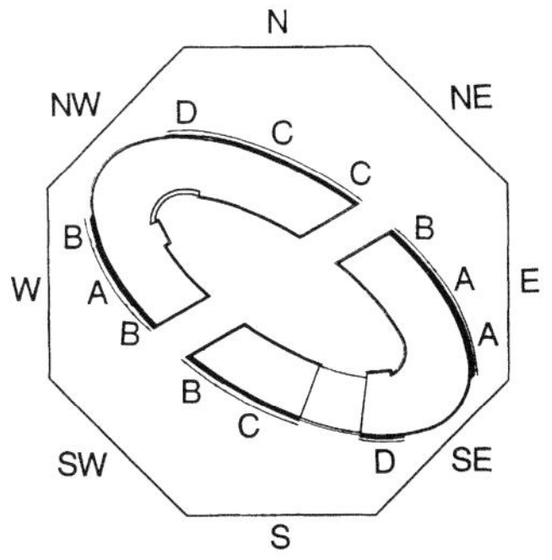

N
NW
NE
W
E
SW
SE
S
A
B
C
D

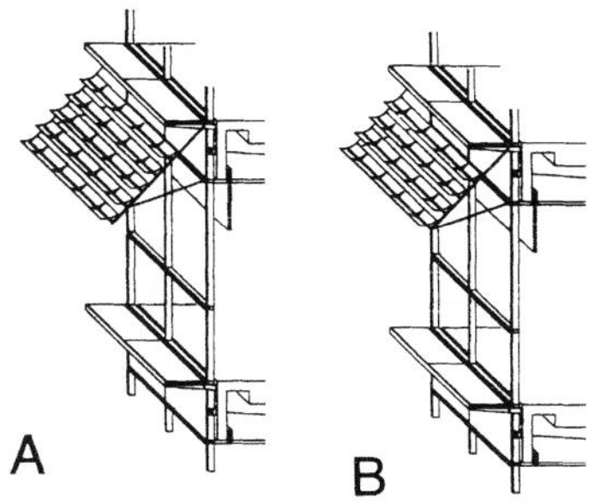

A
B

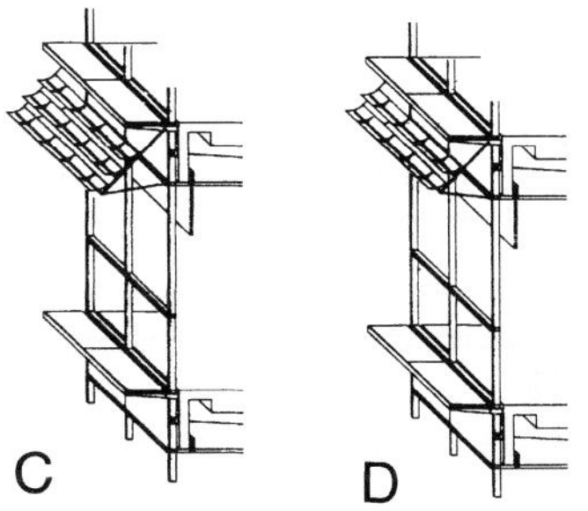

C
D

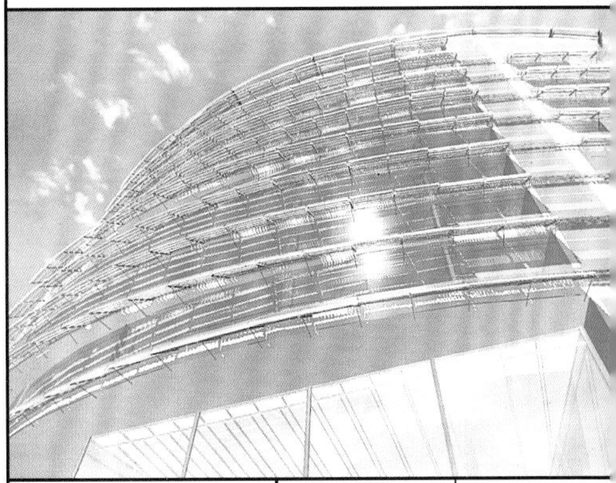

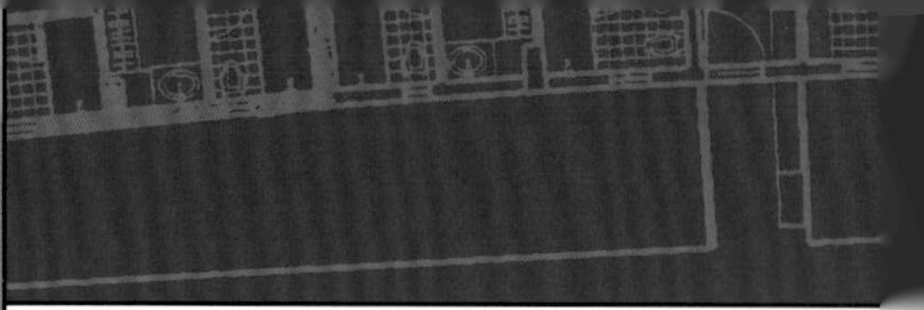

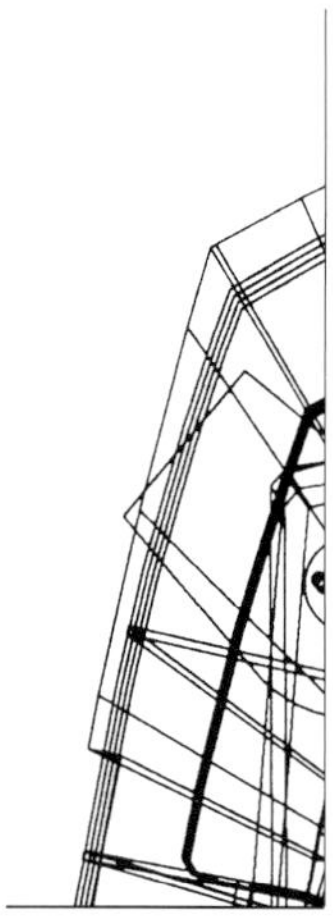

梅纳拉TA2大厦与梅纳拉TA1大厦是一个相互关联的综合开发项目，包含居住与休闲的组合功能，梅纳拉TA1大厦矗立在与之相连的一个邻近地块，也属于吉隆坡的金三角地区之内，并与石油大厦双塔紧密相接。

杨经文的高层建筑系列作品中，给人的普遍感觉是：梅纳拉TA2大厦和MBf大厦属于相同基本原则下的建筑类型，这也使得它们区别于其他项目。两者同样是住宅开发，同样将楼梯和电梯间布置在**平面中央区**，而将外围环绕的空间用作居住。两个建筑都遵循了在中枢空间内的**自然通风**原则，并由此为主要的使用区提供服务。

梅纳拉TA2大厦仍然停留在方案阶段，但其清晰的特征在城市环境中确立了一个适应**生物气候的典型形态**。整个方案由两个相互连接、空间上又相互分离的翻转的"L"型高层构成。建筑一侧为层高6m、未设隔断的大空间，而另一侧的公寓的标准层高为3.1m。两翼的公寓单元都混合有一居和两居，且每个居住单元都拥有能无阻挡地眺望整个吉隆坡城市的良好视野。

两个高层之间的空间为一个巨大的**中央庭园**，它的中央电梯和楼梯间布置在十字形交通空间的旁边，而后者直接与环状交通天桥相连，通向每层公寓的各个居住单元。这个开放式的巨大中央空间以及在拐角处竖直向上分离的建筑体量使得空气在中庭里能够自由流动，并由此带来了**自然通风**——这使得公寓里每一个单元都无需机械通风。公用设施垂向分布，贯穿于整个建筑之中，与中庭相连接，创造出一种社区的亲切感，同时也创造出**生机勃勃的竖直空间**的都市生活。

吉隆坡，马来西亚

梅纳拉 TA2 大厦

业主 TA 房地产公司
地址 金三角地区，吉隆坡，马来西亚
纬度 北纬 3.2°
总层数 42 层（加地下两层）
面积 总毛面积 39331m²
总净面积 30746 m²
总建筑面积 55495 m²
容积率 6.5

垂直分布的公用设施包括健身房、网球俱乐部、带游泳池的疗养中心、一个主会所以及各种各样的空中庭园和花园空间，此外还有一个位于高层的商务中心。七层停车区的屋顶被设计为一个多功能的公园——位于核心部分的锻炼场所以及处理公共事务的集会地点。所有这些设施加上建筑之间的空隙空间以及竖向延伸的中庭共同引导着四处流动的自然气流，同时，这些空隙以及中庭上方的透明屋顶保证了所有室内空间的自然采光。

环境的舒适感通过立面和景观的合理利用而得到强化——疗养中心、游泳池、主会所的休闲厅、餐厅及空中露天平台都拥有能够俯瞰周围城市环境的广阔视野。而对角线拐角处及处于末端的居住单元的位置尤其特殊，能眺望整个市区街景甚至更远处的景观。

可以想像这是多么惬意的一幅生活场景呀：尤其是在热带地区傍晚比较安静的时候，花园露天平台向着室内生活空间完全开放，所有的公共设施都得到有效的利用。在吉隆坡这样的城市中可能享受到的快乐生活方式，在这栋大楼里就得到了完全的实现。

就其圆润的造型和自由的布局看，这个方案不仅仅是一个“公寓大楼”——而是一个高品质的巨型居住建筑的典范，使人们有机会去体验气候带来的开放性，同时，最终形成了杨经文关于城市理想的关键性要素，这种理想作为一种新的文化形式，其中渗透了对竖直城市主义理念的释放与激励。

设计意图与特点

综合性服务的住宅/公寓大楼在设计中包含了高层居住生活模式的方方面面。坐落在“金三角”核心金融区，这个大楼以市场年轻消费团体为对象。建筑特色涉及到每一个部位，例如每个房间的光纤线路、数字商务中心、室内外的体育场、封闭的多功能运动场、会员的“天空俱乐部”、庭院露天平台以及集会广场。居住单元分为单层和跃层式公寓，后者带有跨越两层高的客厅以及带遮阳设施的落地式玻璃窗。

• 建筑形态的取舍保证了对周围丛林密布地区的广阔视野，同时也支持中庭与核心空间实现自然通风。平面被分隔为两个部分，这保证了空间的相互流通。因此，每套公寓内的每个房间、卫生间、厨房都拥有良好的自然通风。在中庭，无柱隔断的走廊将每个住宅单元都与电梯厅连接起来。

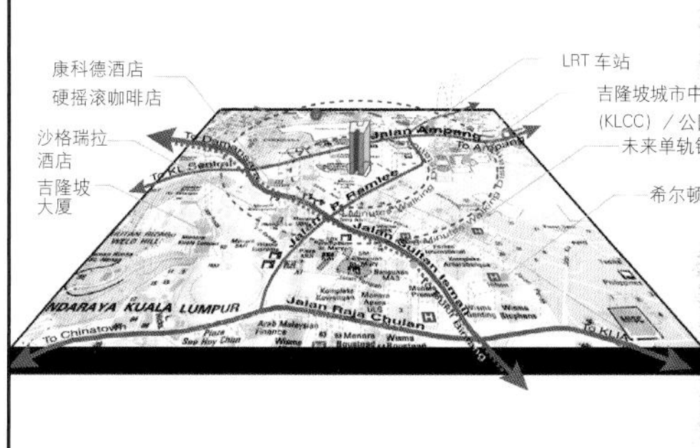

西北角

第二十七层—屋顶跃层式公寓，二居或三居

百叶窗式屋顶

覆盖景观绿化的空中露天平台

自然通风的楼梯间

第二十五层—眺望平台

第七至二十六层—特殊3居

第十六至十九层—2 居公寓 @750 平方英尺

第十六至十九层—覆盖景观绿化的空中庭园

停车场屋顶的游泳池与浴池（每平方英尺RM 400售价为基础的认购权）

第一至十五层——居公寓 @550 平方英尺

第七至二十六层—拐角单元的特殊两居

第二层—运动中心

第三至六层—带电梯的停车场

第一层—咖啡馆和零售店

位于拉瓦耶瓦斯温大街的主要入口

这个方案证明了居住和工作环境可以在城市中心区很好地结合起来，这种解决办法更优于由于功能分区而引发的郊区住宅开发的不断蔓延，而后者则伴随着交通污染和通勤不顺等问题。

梅纳拉TA1和TA2的组合形式——相互连接的公寓大厦，提出了一个在21世纪的城市建设中适合于吉隆坡这样的新兴首都实现城市化的新方法。

中间的空隙为整个内部空间提供了持续的自然采光

透明的屋顶为上部楼层提供了额外的防护

全部为阁楼的一侧@6m的层高
100个一一居单元
50个一两居单元

带多媒体设施的商务中心

康体疗养中心、换衣间、迷你吧、花园和能看到吉隆坡城市中心(KLCC)的游泳池

交通天桥将电梯和每个楼层的居住单元以及其他功能区连接在一起

带室内外设施的健身房

主会所、休闲厅、餐厅和能看到吉隆坡市中心/吉隆坡大厦的巨大空中花园

花园中庭，也为室内空间带来了自然通风

全为标准层的一侧@层高3.1m
100个一一居单元
50个一两居单元

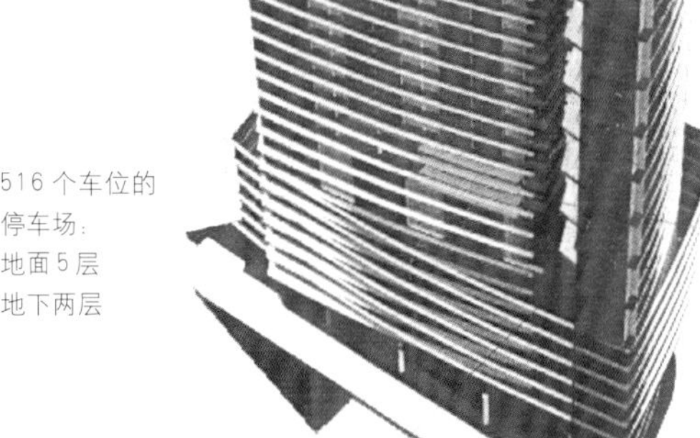

516个车位的停车场：
地面5层
地下两层

网球俱乐部与下面的停车场直接相连

多功能的公园，花园渗入其中，提供了大面积的休闲场地、活动空间和庭园

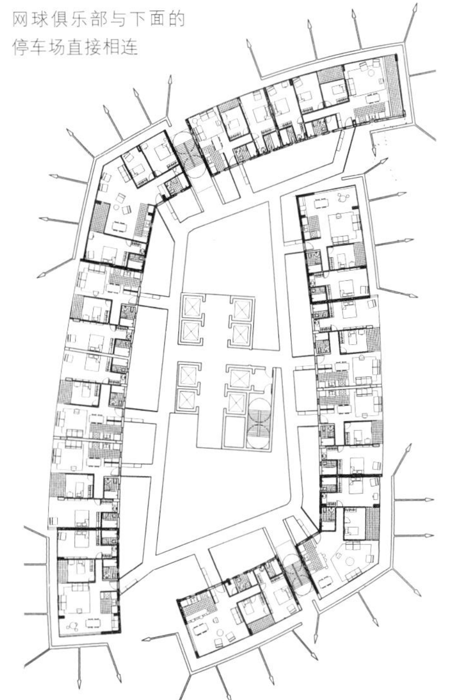

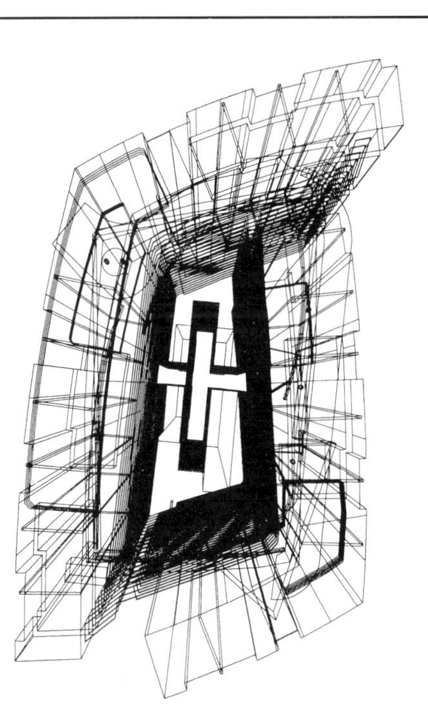

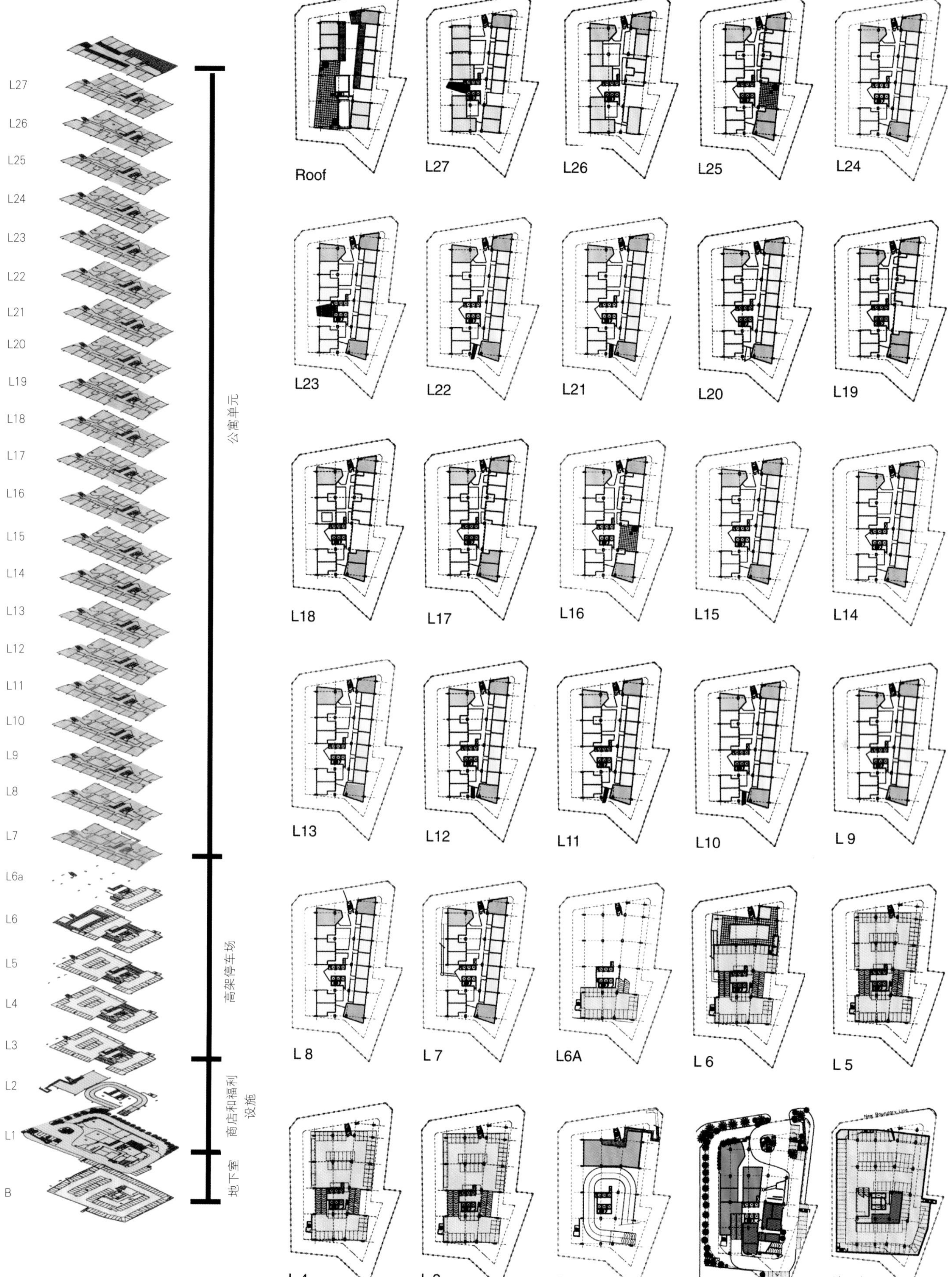
L27
L26
L25
L24
L23
L22
L21
L20
L19
L18
L17
L16
L15
L14
L13
L12
L11
L10
L9
L8
L7
L6a
L6
L5
L4
L3
L2
L1
B
公寓单元
高架停车场
商店和福利设施
地下室
Roof
L27
L26
L25
L24
L23
L22
L21
L20
L19
L18
L17
L16
L15
L14
L13
L12
L11
L10
L 9
L 8
L 7
L6A
L 6
L 5
L 4
L 3
L 2
L 1
地下室

游泳池景观

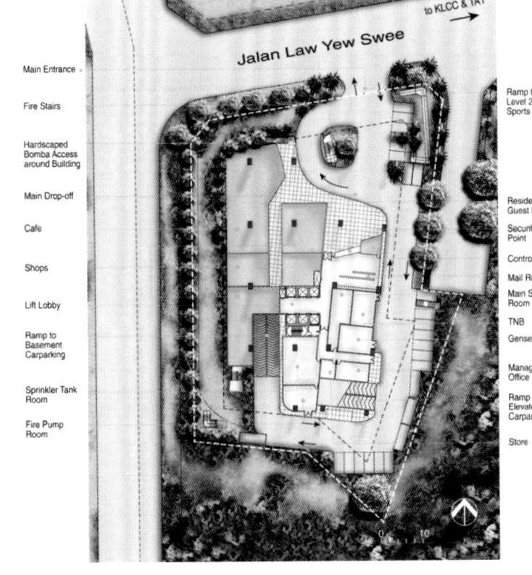

第一层平面图

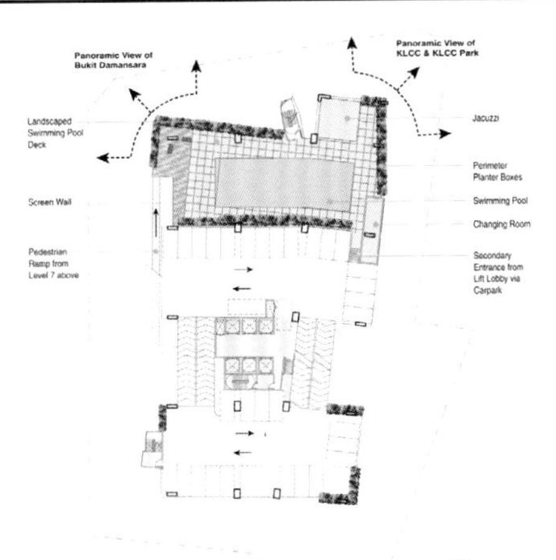

第六层平面图

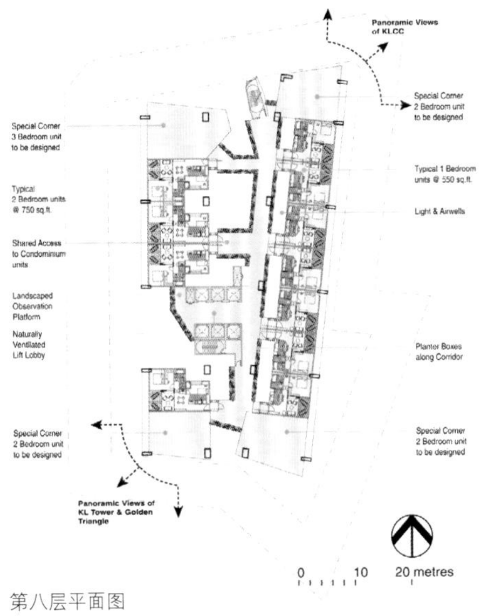

第八层平面图

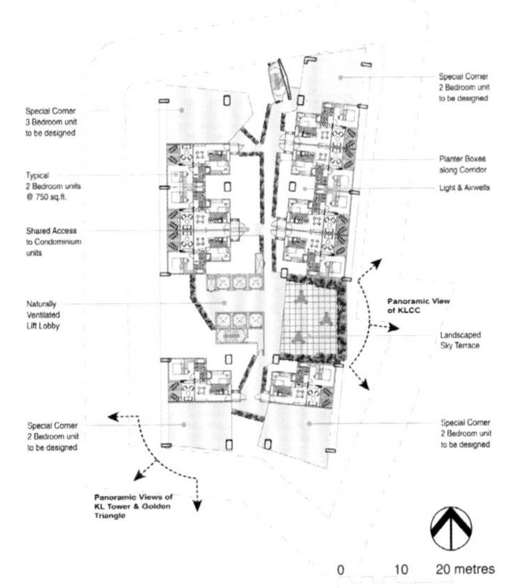

第十六层平面图

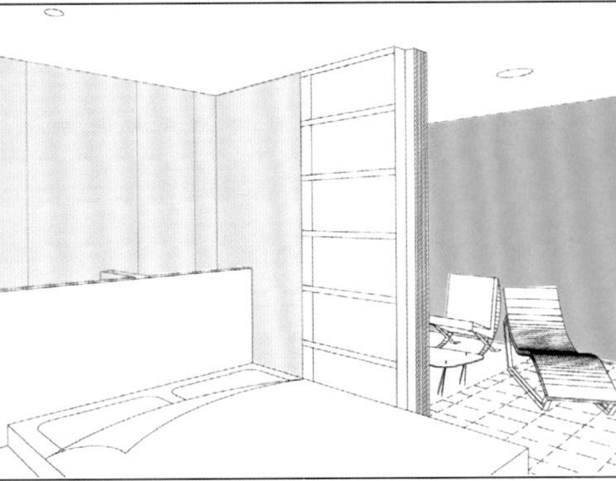

两居公寓－主卧景观

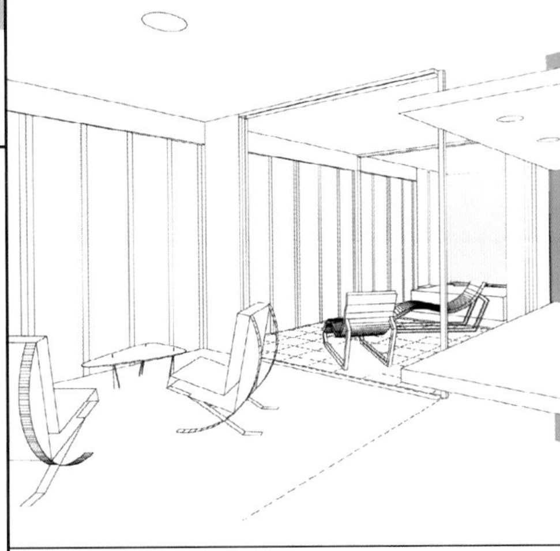

三居公寓－透视图

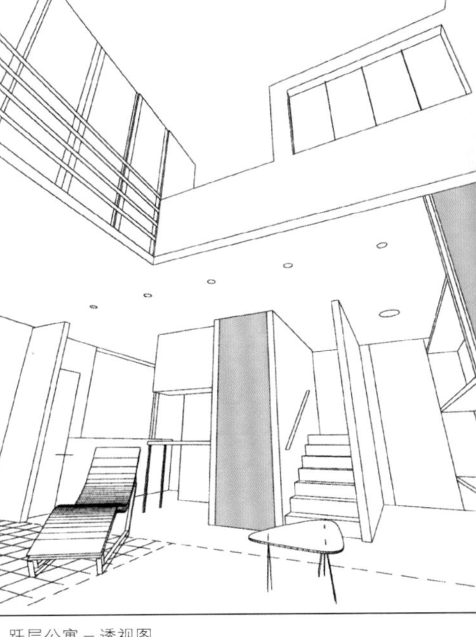

跃层公寓－透视图

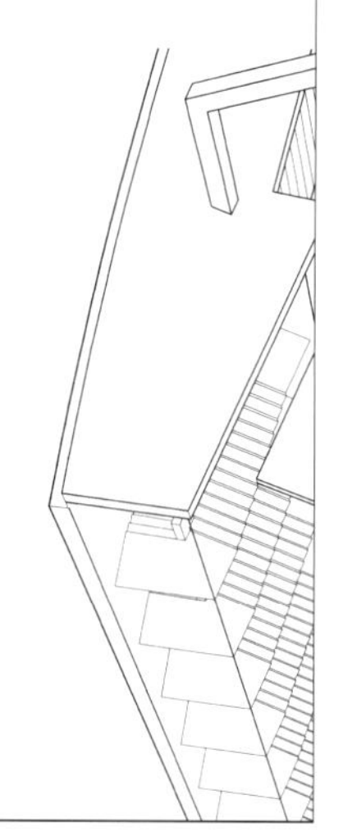

梅班克总部大楼方案在杨经文的工作进程中确定了一个转折点，从此，他设计的高层建筑的**竖向尺度**都相当宏大。

在这个案例中，竖向尺度因**热带平台**的引入而得到强化，后者也采用空中庭园的原则，将建筑在竖向上分为4个办公区域，底部是银行大厅而顶层则是覆热带植被的屋顶花园。

坐落在新加坡市区的主要建筑群之间，带有一个作为滨河步道终点的滨水广场，梅班克大厦以一种楼层交错的纤细片状体量出现。温度较高的西侧面带有遮阳外表皮，并采用大体量的垂向空间来容纳服务核心、电梯厅和楼梯间。东立面被**复杂的双层外皮**所遮蔽，能够根据时间和用户的需要改变自身的物理状态。这个立面由3个元素组成——一个外围的阳光过滤层、一个可开启的玻璃面层及其支撑结构。这种立面构成形式同时考虑了自然通风与自然采光，使得用户能够很方便地控制室内环境。可变的透明内壳发挥着玻璃状过滤器的作用，根据在一天中所处的时段及使用需要来改变其透明度，从而控制日照与自然通风。因此，**立面的工程处理**在建筑的生命周期内扮演了一个极富表现力的角色。白天，各层楼板界定出一系列的室内空间，在多孔的外墙之间呈现出隐约可见的优雅。而夜晚的灯光则展示出室内空间的多样性及其被使用的景象。这种**不透明性与多孔性**的变幻感觉，使得建筑成为一个光线交相辉映的轴状体量，这与周围其他建筑的齐整形式形成了鲜明对比。无论是在新加坡市区众多高层建筑中，还是在城市的天际线，梅班克大厦都清晰可见。正因如此，它成为一个名副其实的标志性建筑。

表达杨经文的竖直城市主义理念的建筑要素在这里清晰可见：如带有小酒店和咖啡馆等设施；有大面积的覆热带植被的露天平台，具有宽阔的视野；在竖直区域中使用坡道以强化空间的整合。所有的这些组合具备了活动和使用时的灵活性，由此形成了具有渗透性的、生机勃勃的有机体。就其本身而言，这个设计是对高层建筑的全新变革，并清晰地示范出杨经文的**生物气候学建筑**。

新加坡

梅班克新加坡总部大楼

业主 梅班克新加坡总部
地址 巴特瑞2大道，新加坡
纬度 北纬1.2°
总层数 54层（加地下四层）
场地面积 1132 m^2
面积 总毛面积 15678 m^2
总净面积 12373 m^2
总建筑面积 17507 m^2
容积率 13.8

设计要点 • 地块位于新加坡最重要的金融区之内。北边是新加坡河以及博特-奎伊步行街，南边则是富勒托广场和拉弗尔斯轻轨车站。从市区各处都能够清楚地看到这栋大楼，因此，它将对新加坡城市的天际线产生重要的影响。

设计的特点如下：

• 东西立面由3个元素构成：一个外围的阳光过滤层、一个可开启的玻璃面层及其支撑结构。这种构成让建筑的使用者能够在个人和局部的层面上控制室内环境。

• 白天，立面和各层楼板在多孔外壳之内形成特殊的空间肌理。外墙内壳采用一个透明的玻璃过滤层。根据一天中所处时段以及使用者的个体需求，能够调节其透明度以控制日照与自然通风。

• 在夜间，立面则转变为笼罩在嵌入空间上方的纤薄的蛛网状表皮。楼层地板体量形态不一，在外立面之下散射反光，展示出建筑内部空间的多样性。建筑不再是一个封闭呆板无趣的直立混凝土盒子，它提供了社会活动相互作用的空间，增加了使用者的能动性并提高了其生产力。

• 布置在西面的服务中心同时缓和了西晒的炙热阳光。曲面状的东立面全部采用玻璃，这使得自然光线能够到达每个办公楼层，同时从室内就能清楚地看到新加坡河与码头。

• 建筑不仅在白天或夜晚能够逐渐地改变表皮的透明度和孔隙率，同时它也会对人的接近和通过做出反应。在富勒托广场上，建筑入口设于长长的轴线之中，同时在空间上与博特-奎伊步行街相通，而在视觉上透过建筑实体反射出上方的湛蓝天空。

• 一个小面积的北向广场将建筑基座和入口大厅与河畔连接起来。它作为博特-奎伊滨水步行街的终点，同时也是河流和建筑之间的分界。广场是一个带遮蔽的室外场地，带有一个高档的餐厅，为梅班克银行大厅和办公室提供服务。公共广场为开放空间，并加强了曼纳湾与博特-奎伊步行街之间在空间上和视觉上的联系。

• 建筑在设计中分隔为7个竖直向上的区域，分别作为开放的公共空间和办公空间。架高的入口广场连接起3个开放公共空间——银行营业大厅可通过一系列的坡道到达；中部的转换层和咖啡厅可通过高速电梯到达，后者一直延伸到覆盖热带植被的屋顶花园。在营业厅与屋顶花园之间是分为4个区域的办公空间。

• 每个区域都与主电梯厅相连。在每个电梯厅区域还设有附加的综合空间将楼层使用的坡道连接起来。这使得每个区域的内部活动变得十分有效，同时它对多单元出租极为有利。不同的区域与相邻区域之间通过小规模的往返电梯紧密的联系起来。竖直区域之间的空间则等同于热带气候的露天平台。每个露天平台都有广阔的视野，能俯瞰整个水域及新加坡的城市天际线。

南立面图

东立面图

北立面图

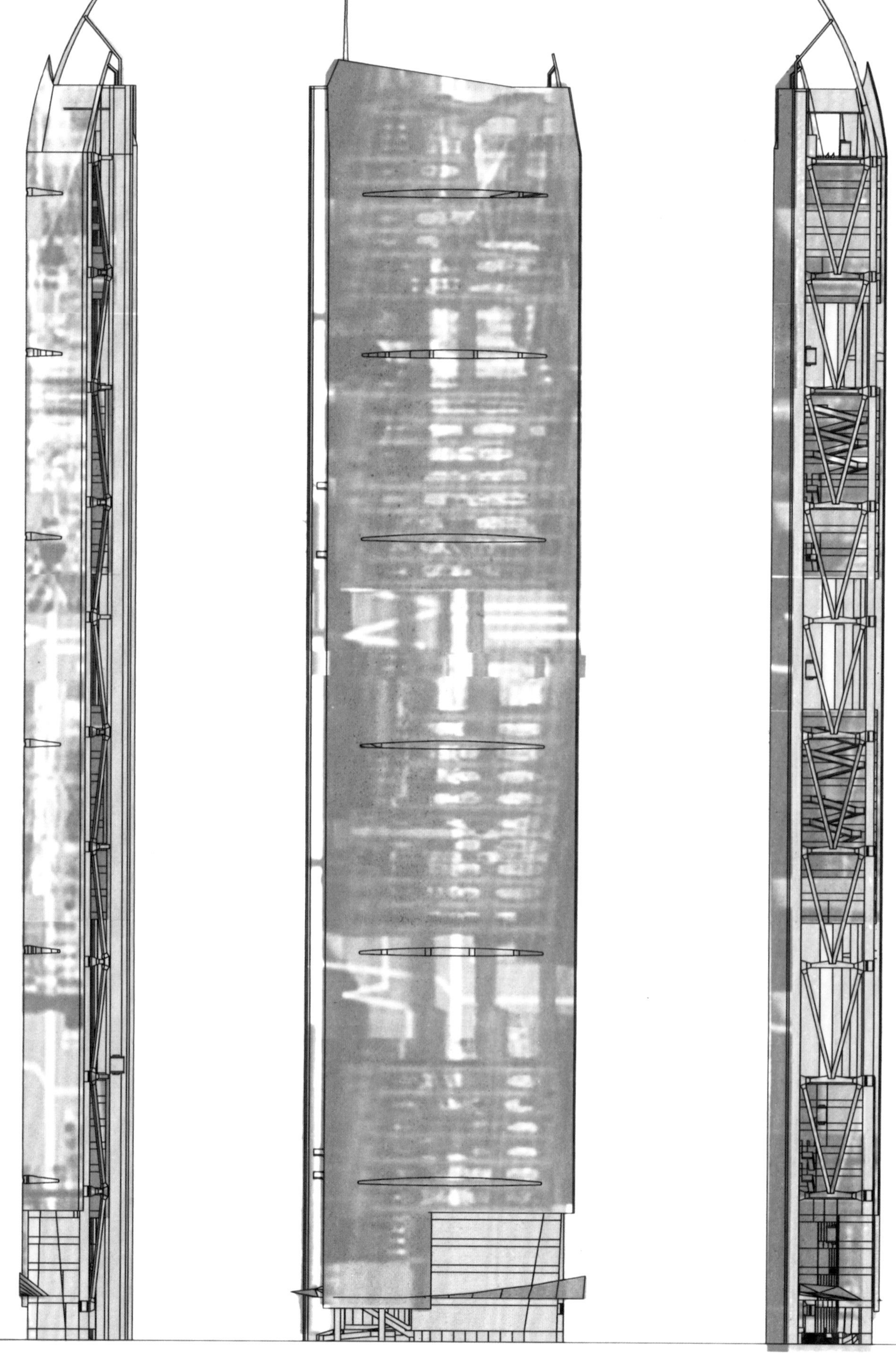

横向剖面图

1：750

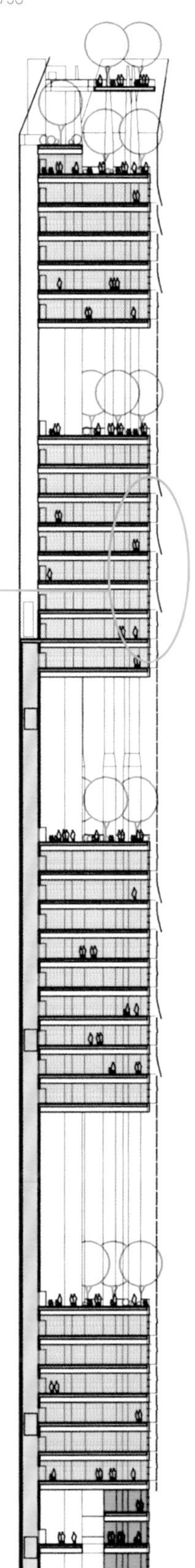

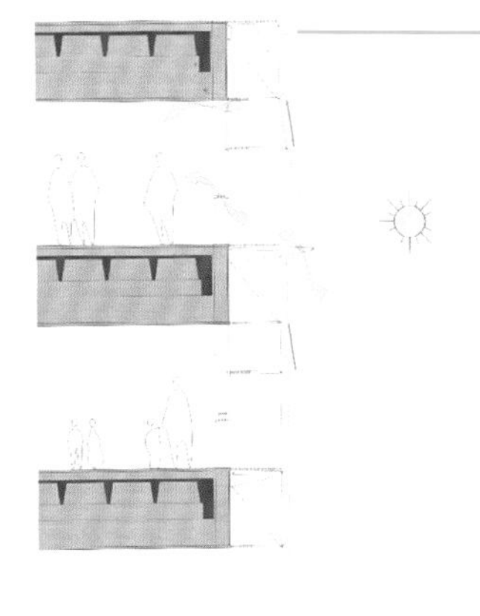

第一眼看来，这个方案清晰地带有杨经文之前一些作品的影子。整体“纤细”的造型加上明暗对比强烈的立面使人想起UMNO大楼，而南北面末端的V型绞结结构可以从中央广场大厦找到根源。同样，双层外皮的立面源自上海军械大厦，而办公空间与空中庭园的竖向集聚与分离则要追溯到希特赫尼加大厦。

在之前一系列的方案中，我们肯定能够找到这些类型元素的试验品，而此体系的不断深入研究与运用同样也让人兴奋——在这个案例中表现为双层外皮的立面——杨经文将其运用在之后的每一个设计中。模式化的研究、设计与开发方法逐渐发展成为他的核心原则，并由此维系了他的建筑作品所具有的高品质以及勇于创新的特性。

楼层平面图

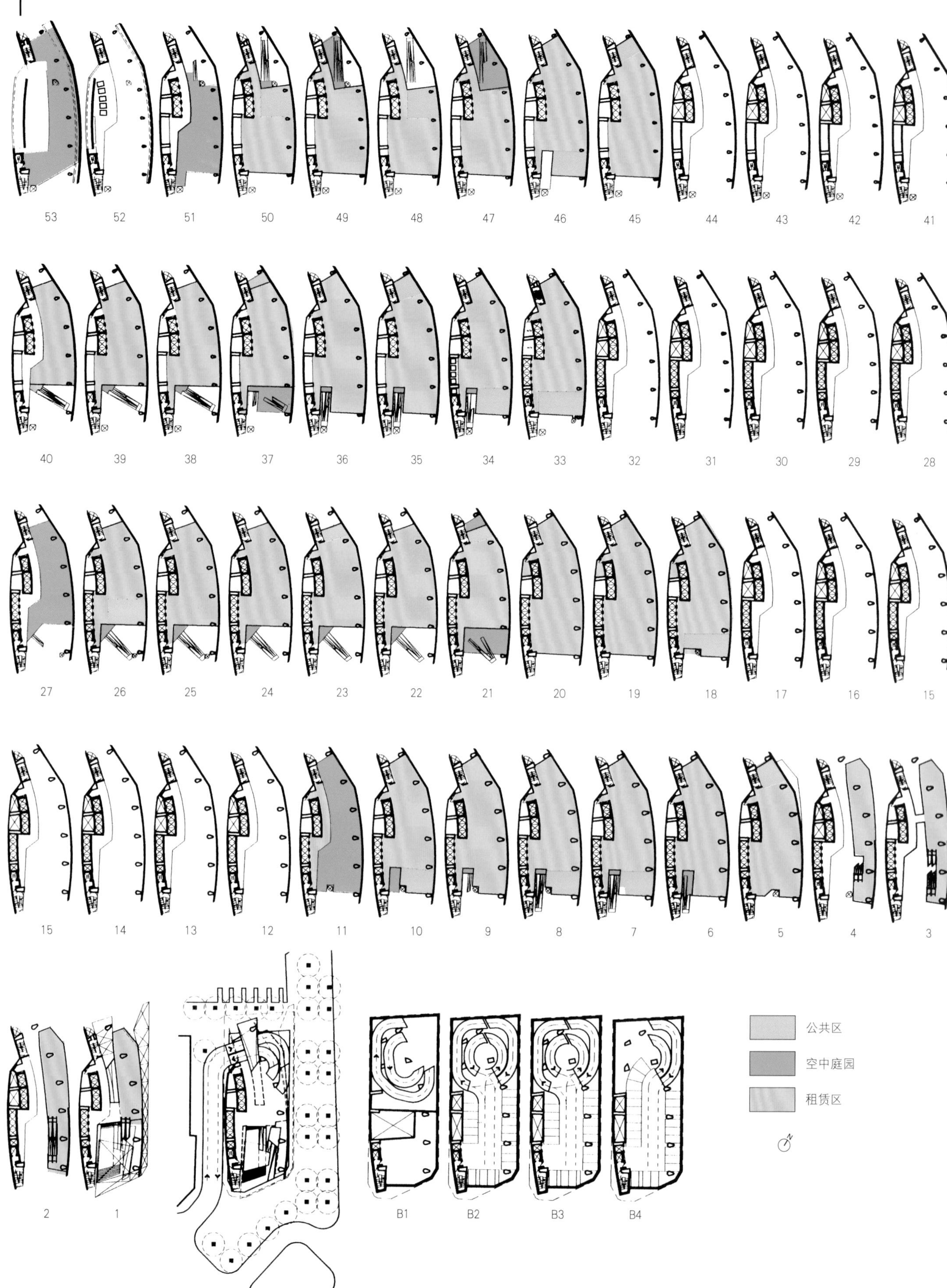

53
52
51
50
49
48
47
46
45
44
43
42
41
40
39
38
37
36
35
34
33
32
31
30
29
28
27
26
25
24
23
22
21
20
19
18
17
16
15
15
14
13
12
11
10
9
8
7
6
5
4
3
2
1
B1
B2
B3
B4
公共区
空中庭园
租赁区
0
100m

辅助交通系统

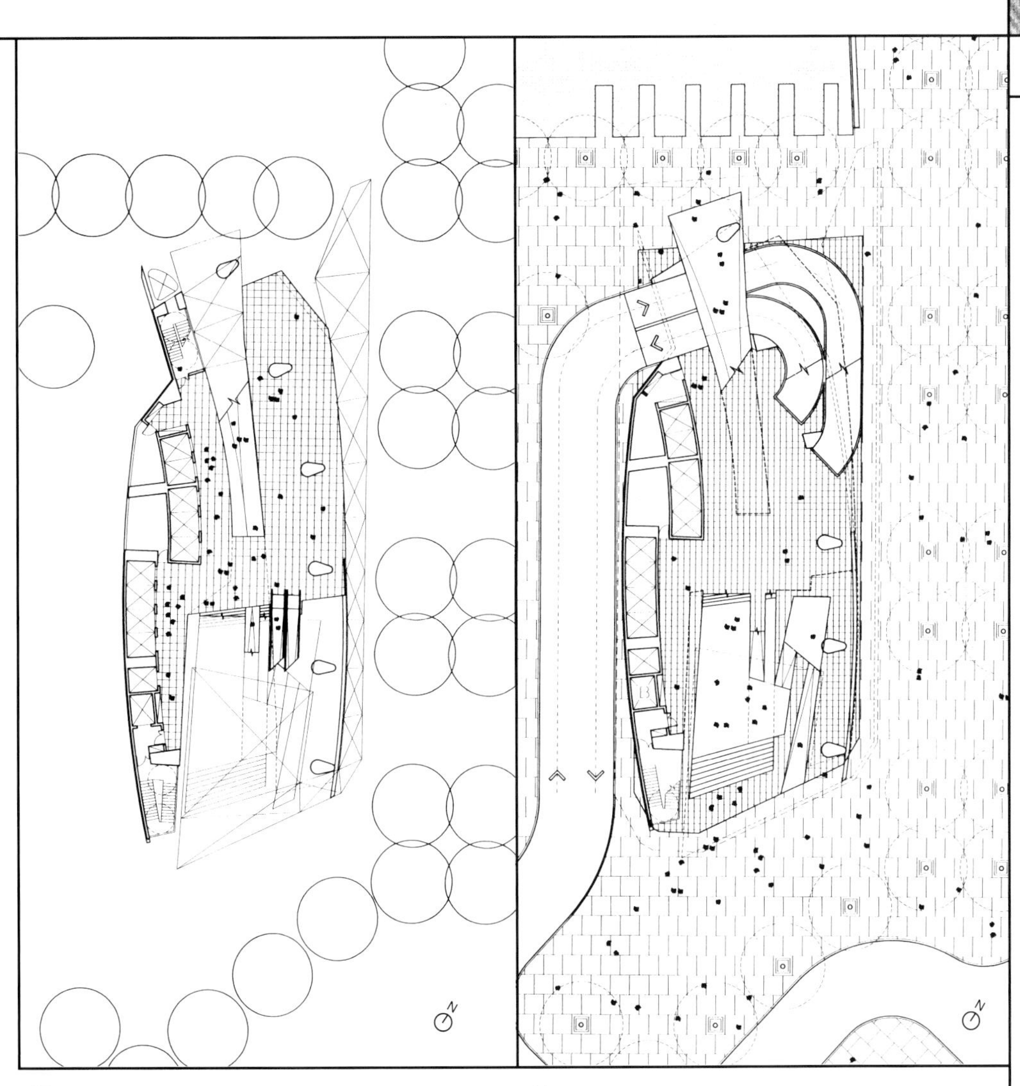

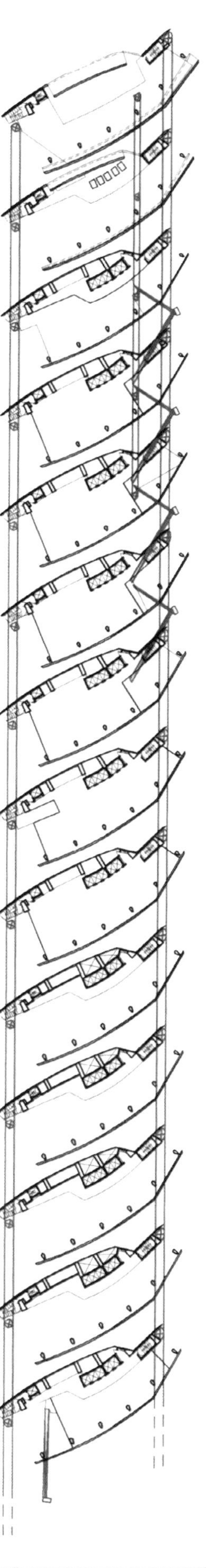

下午　　上午

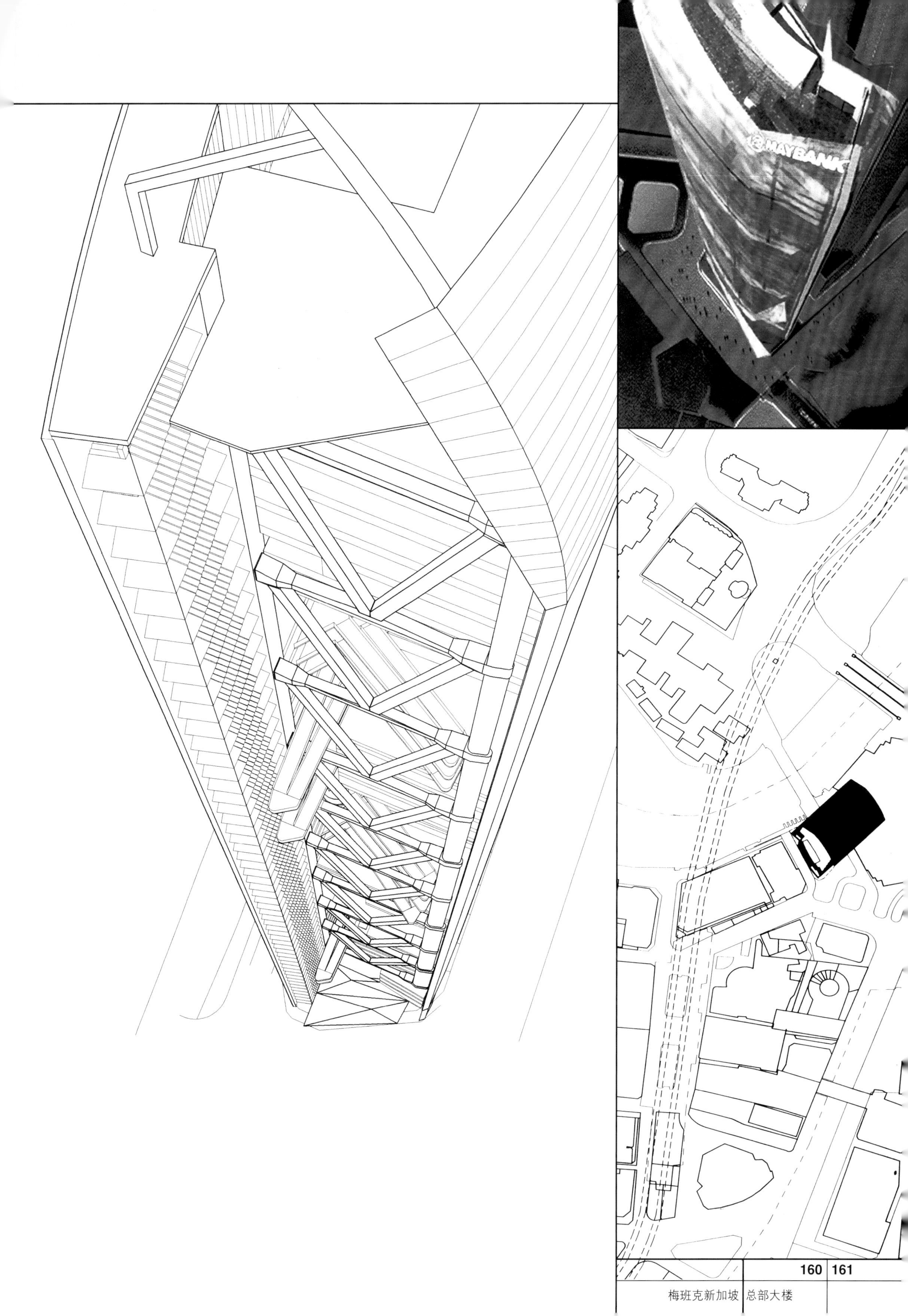
MAYBANK

滨水公寓

吉隆坡，马来西亚

这个项目本质上是一个高品质的办公建筑，体现在造型以及对以下两种元素的呼应之中，当然，它也具备杨经文的绿色高层建筑类型的普遍特征。第一个是与重要的城市区位相呼应，即吉隆坡最负盛名的城市中心区开发地块，其中包括了佩重纳斯双塔。建筑形态与吉隆坡城市中心（KLCC）、吉隆坡城市中心（KLCC）公园以及东方名流酒店相协调，并营造出大面积的景观。地块范围内的很大一部分在地面层形成一个主体公园，并包含了大面积的入口广场及步行广场，后者还带有咖啡馆及娱乐场地。其目的是让建筑的使用者和来访者对邻近的公园空间优先一饱眼福。

第二个相呼应的是考虑建筑的功能，同时在形式上也具有象征意义，它决定了**基座**、**中段**、**顶部**的建筑三段式的**竖直体量**构成。主要包含4个楼层的基座容纳了商业银行大厅和小餐厅等设施以及巨大的门厅和中庭，同时还包括第五层的空中庭园、集会厅、餐厅和俱乐部，这五个楼层内部通过大型的坡道互相连接。中段则是开放型设计的办公空间，它构成了竖向**体量**的主体。这个组合的顶部是包含4个楼层的大空间，提供给业主作为公司总部使用，带有一个层叠状跌落的跨越3层的屋顶花园。在东面还有两个帐篷式的亭榭，具有能够俯瞰全景的视野。

银行建筑的标识性表达出公司形象，上部为带天窗和水池的行政人员的公寓单元。

形式上运用了象征性手法，这可以从杨经文的描述中得到概括：

> **“……三段式的建筑形式使得每个区域在技术与环境方面的修正成为可能，同时在风水上映射了一个健康人体的抽象形态，他的双脚有力矗立于地面，健壮的身体挺拔不屈，智慧的头脑迎风高昂。它背对太阳昂然挺立，让阳光洒落到屋顶花园之上，创造出一个形成荫翳的‘遮阳帽’。”**[1]

杨经文这里所描述的既是建筑生态化的形式，同时暗示了采用独特的形态旨在城市中创造一个创新性的、适合人居的标志性建筑。

1 Ken Yeang：‘Waterfront House’，Project Notes 2000

业主 滨水公寓开发公司
地址 槟榔大街，邻近石油大厦，吉隆坡，马来西亚
纬度 北纬3.2°
总层数 28层（约高143m）
开工时间 2000年6月（设计）
竣工时间 -
面积（1号楼） 总毛面积 32436 m²
总净面积 22973 m²
空中庭园，天台和花园露天平台 3300 m²
停车场 16330 m²
场地面积 3817 m²
容积率 8.5

设计要点·这个建筑作为高品质的办公楼，被业主及建筑师视为强化其周围环境特质的对象。它位于吉隆坡的心脏地带，是极负盛名的城市中心开发地块。26层的大楼在上部楼层中容纳了业主公司的总部，同时建筑造型也代表了一种清新的、具有创新的公司形象。整个建筑由3个明显的部分构成：

• 基座主要由4个楼层构成，容纳了商业银行和小餐厅等设施。

• 中段构成了开放性设计的办公空间的主体。

• 顶部是包含4个楼层的大空间，提供给业主作为公司总部使用，带有一个层叠状跌落的跨越3层的屋顶花园。在东面还有两个帐篷式的亭榭，具有能够俯瞰全景的视野。

隐含在建筑形式之后包含了如下理念：

• 业主更希望强化而非最大化地来利用这个地块，这种压力促成了一个绿色“裙裾”的造型。大面积的景观绿化分布在车行道上方，人行道遍布在吉隆坡城市中心（KLCC）广场及周围的公园，而且它们比城市中任何机动车都享有优先权。通过遍布绿色植被的人行道进入门厅和步行广场时，人们不需要跨越机动车道，这样的设计拓展了公园的理念，对于使用者和来访者而言，建筑更容易接近。

• 类似地，基座、中段、顶部3个部分都由绿色的有机区域分隔开。为遵循花园式建筑的原则，下部跨越2层及上部跨越3层的空中庭园连同每层的天台一起，作为建筑及其周围环境的“呼吸器”而发挥着作用。这弱化了建筑对城市中心的负面影响，同时为使用者提供了公共、半公共及私密的空间。

• 通过对日照阴影进行详细分析，使得核心服务空间的热阻尼效应达到最大。根据这个研究，在设计中，将建筑的中轴线朝向正午阳光，同时用百叶窗作为遮阳设施，来实现最大效应。其目的在于减少太阳辐射热进入建筑内部，同时在详细研究机械动力系统之前，能够充分利用自然采光和通风。

• 水平方向上的荫翳被两个竖向的翼型墙体所打断并引入到邻近的楼梯间，翼型墙体对建筑立面形成保护，并切入到天台的凹进处，而天台与服务中心走廊和电梯厅相连。这些设施使得建筑获得最大量的自然气流，并强化它对建筑室内的作用。

• 由服务中心及钢筋混凝土柱列结构共同组成了大跨度的楼层平面，这让建筑具备了灵活性，能够在长期的使用过程中进行适应性调整。楼层加高以及与楼梯相连的大量预留空间避免了建筑不能适应IT业迅速发展的尴尬境况。

独特的立面特征

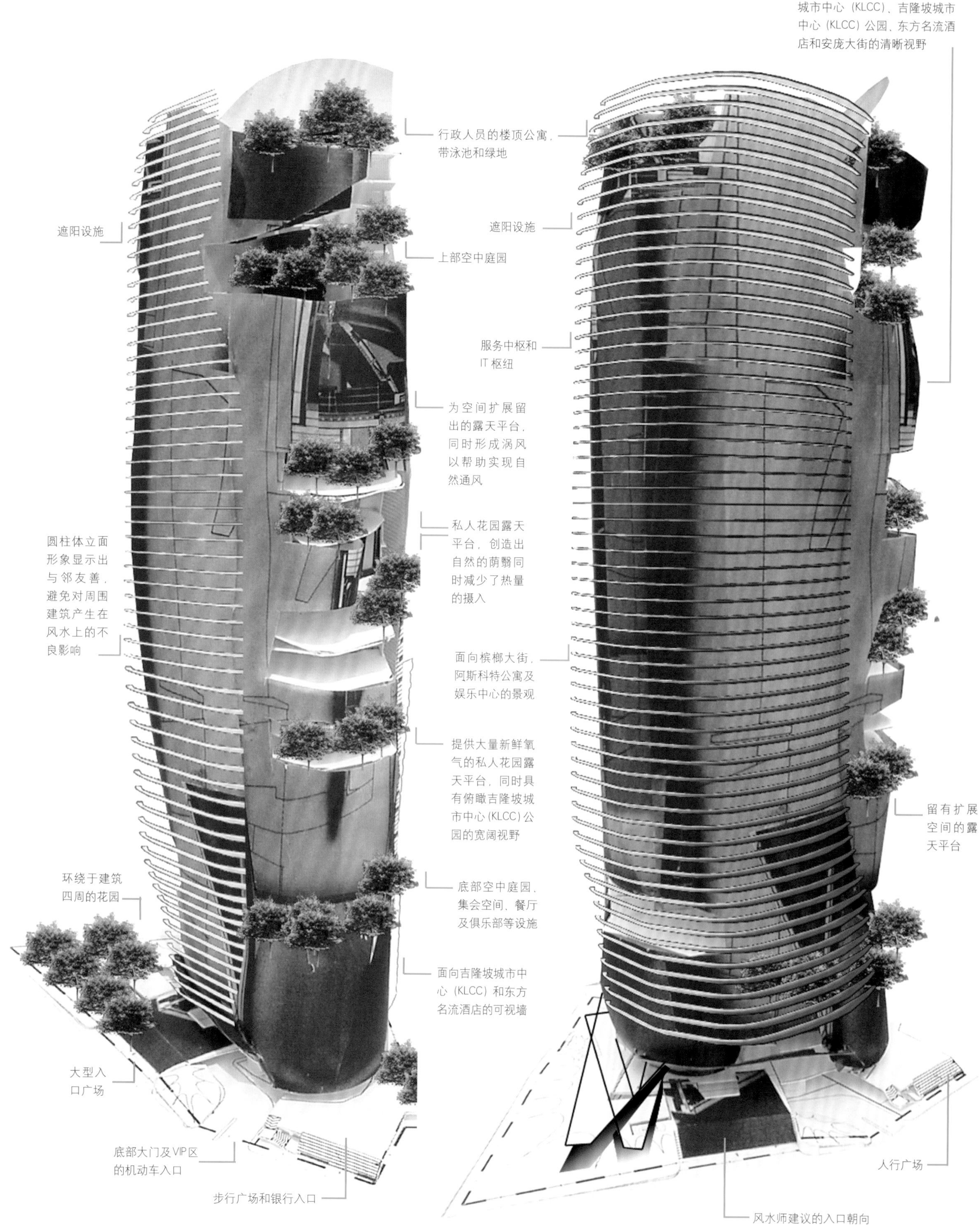

玻璃幕墙，提供了面向吉隆坡城市中心（KLCC）、吉隆坡城市中心（KLCC）公园、东方名流酒店和安庞大街的清晰视野
行政人员的楼顶公寓，带泳池和绿地
遮阳设施
遮阳设施
上部空中庭园
服务中枢和IT枢纽
为空间扩展留出的露天平台，同时形成涡风以帮助实现自然通风
私人花园露天平台，创造出自然的荫翳同时减少了热量的摄入
圆柱体立面形象显示出与邻友善，避免对周围建筑产生在风水上的不良影响
面向槟榔大街，阿斯科特公寓及娱乐中心的景观
提供大量新鲜氧气的私人花园露天平台，同时具有俯瞰吉隆坡城市中心（KLCC）公园的宽阔视野
留有扩展空间的露天平台
环绕于建筑四周的花园
底部空中庭园，集会空间，餐厅及俱乐部等设施
面向吉隆坡城市中心（KLCC）和东方名流酒店的可视墙
大型入口广场
底部大门及VIP区的机动车入口
步行广场和银行入口
人行广场
风水师建议的入口朝向

空中庭园和露天平台成为竖向组合和景观构成上最具表现力的元素：

> **"……基座、中段、顶部被绿色的有机区域分隔开来……为遵循花园式建筑的原则，下部跨越2层及上部跨越3层的空中庭园连同每层天台一起作为建筑及其周围环境的"呼吸器"发挥着作用，这弱化了建筑对城市中心的负面影响，同时为使用者提供了公共、半公共及私密的空间。"** [2]

天台也为楼层面积的拓展留下了空间，同时它引导气流以强化自然通风。同时，花园阳台和露天平台创造出自然荫翳，并提供新鲜氧气，减少热量的摄入，而且还提供了眺望整个城市和邻近公园的宽阔视野。

整个建筑外观采用的遮阳设施具有一些重要特征，从而影响了建筑的平面形态及外立面的处理方式，这包括最大程度地分析：

> **"……通过对日照阴影进行详细分析，使得核心服务空间的热阻尼效应达到最大。根据这个研究，在设计中，将建筑的中轴线朝向正午阳光，同时用百叶窗作为遮阳设施，来实现最大效应。其目的在于减少太阳辐射热进入建筑内部，同时在详细研究机械动力系统之前，能够充分利用自然采光和通风。"** [3]

方案还引入了两个挑出的**竖向翼型墙体**，将水平的阴影打断，并引入至邻近的每个楼梯间。同时，它切入到天台的凹进处，而后者与服务设施走廊及电梯厅相连。这些翼型墙体的使用让建筑高度带来的**自然气流量**最大化，同时强化了气流的作用。这些关于建筑构造、竖直景观绿化、阳光遮蔽和自然通风的基础设备切合于杨经文可持续的绿色建筑的方方面面，并且与其他很多设计特征融合在一起，这些特征都进行了图像编目说明，并作为与业主沟通的项目档案中的组成部分。这得益于杨经文对设计方法学综合全面地运用。

这些特征中比较重要的是：

> **"……由服务中心及钢筋混凝土柱列组成的结构形成了大跨度的楼层平面，这样就具备了使用的灵活性，来适应未来的长久需要。层高加高的楼层以及与楼梯板预留的空间使建筑能够迅速适应IT业不断发展所引发的问题。"** [4]

在另一个层面上，设计细致地考虑了建筑所处的**地域环境**。在底部楼层，建筑形体中融入了一个双面的**可视墙**，它朝向吉隆坡城市中心（KLCC）和东方名流酒店，并由此确定了建筑及其基座部分的曲线形。与此相平衡，建筑"与邻友善"的弯曲立面形式避免了对周围建筑在风水上的不良影响。同样，大型入口广场的朝向也根据风水师的建议而确定。

2 Ken Yeang 'Waterfront House', op cit.
3 同上。
4 同上。

• 三段式的建筑形式使得每个区域在技术与环境方面的修正成为可能，同时在风水上映射了一个健康人体的抽象形态，他的双脚有力矗立于地面，健壮的身体挺拔不屈，智慧的头脑迎风高昂。它背对太阳昂然挺立，让阳光洒落到屋顶花园之上，创造出一个形成荫翳的"遮阳帽"。这个建筑反映出建筑师对使用者和到访者的健康所作出的哲学层面的思考，同时也是建筑师奉献给大家的一个能够担负自身环境责任的现代城市元素。

首层（第1层）平面图

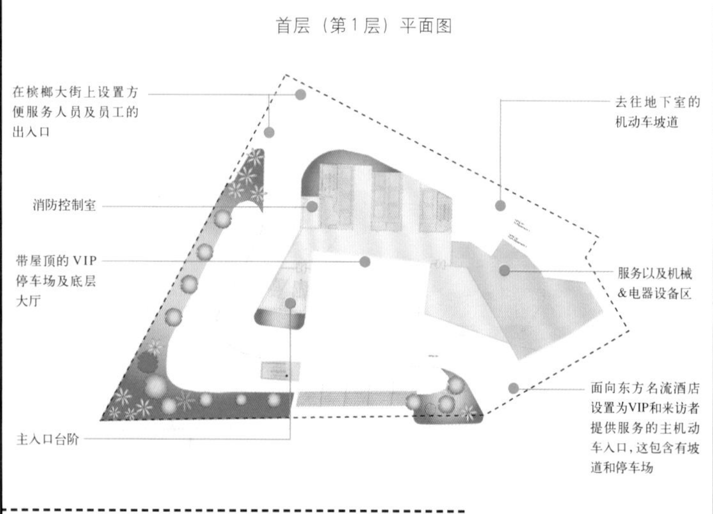

第2层平面图

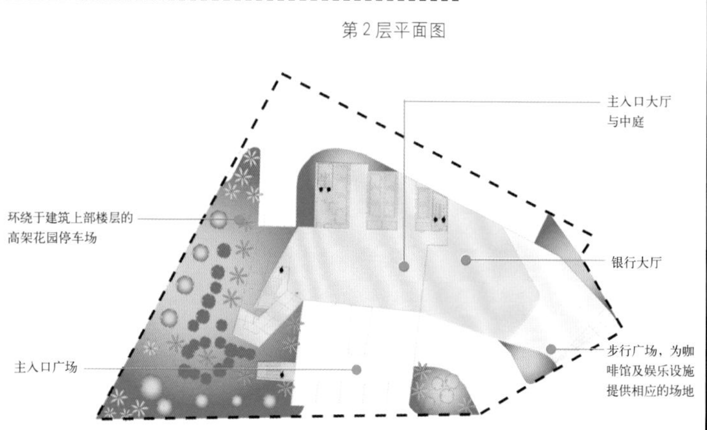

下部的标准楼层

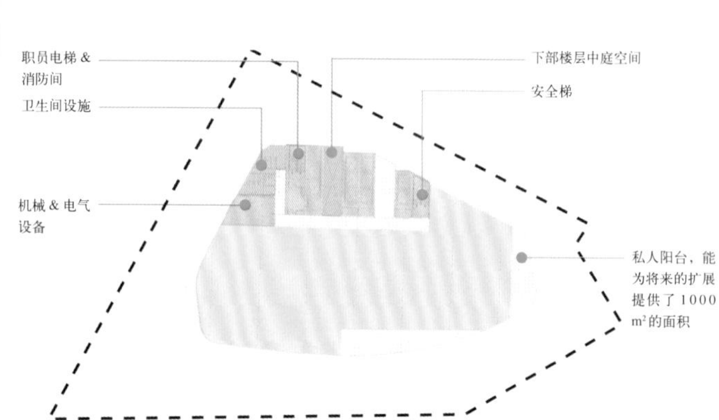

上部的标准楼层

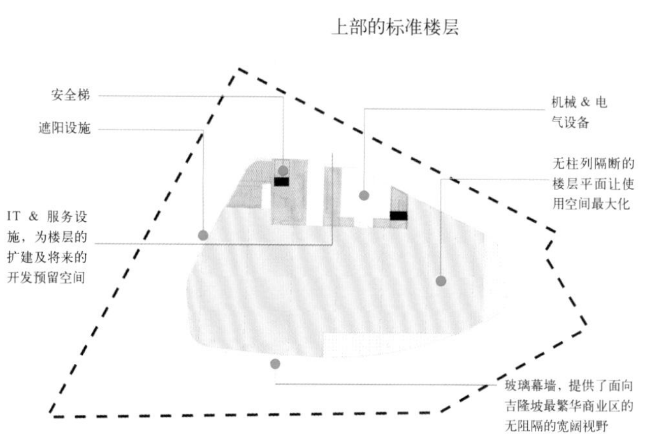

总体看来，杨经文的项目实践集中在以全面广泛探讨绿色高层建筑为基础，在这个不断延伸的系列项目中，他越发鲜明强调并且清晰表达的是技术、实用主义以及与传统之间的平衡。在滨水公寓这个实例中，他对于竖直城市主义理念的表达明显体现在空中庭园和私人花园的运用之中，而对公共用途的强调则集中体现在建筑底层部位，并提供适当的设施和空间。

在吉隆坡丰富的城市景观背景之中，这个项目作为一种形态清新、具有变革精神的办公建筑类型而出现，同时也满足了业主最初的要求，准确地映射出具有创新精神的公司形象。

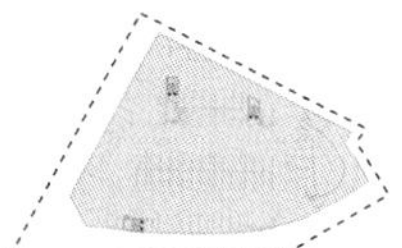
地下层标准层平面图

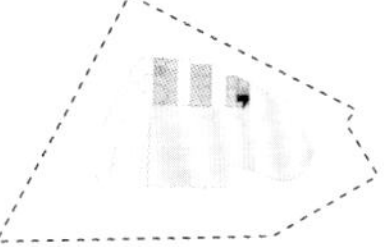
第五层平面图

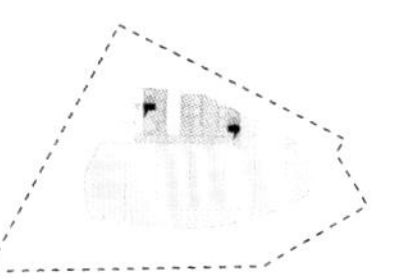
第十一层平面图

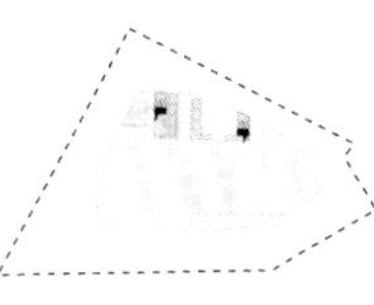
第十七层平面图

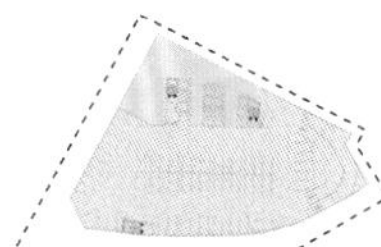
地下一层平面图

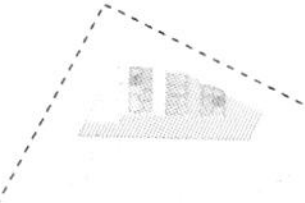
第六层平面图

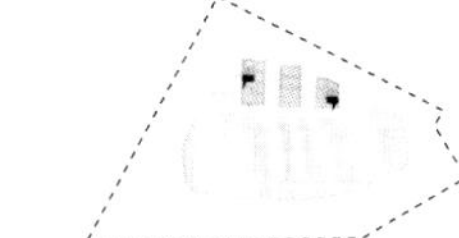
第十二层（转换层）平面图

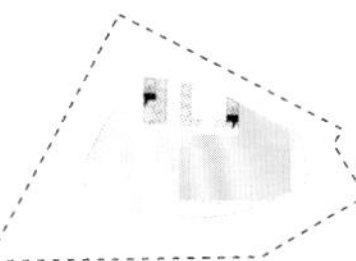
第十八层平面图

第一层平面图

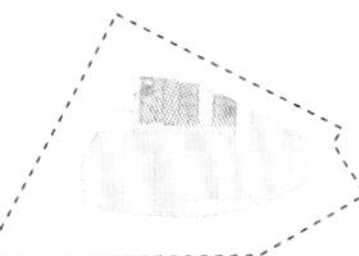
第七层平面图

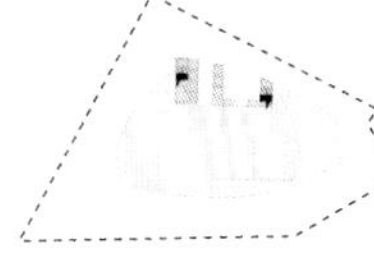
第十三层平面图

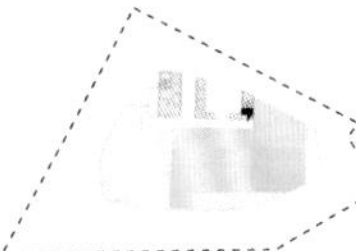
第十九层平面图

第二层平面图

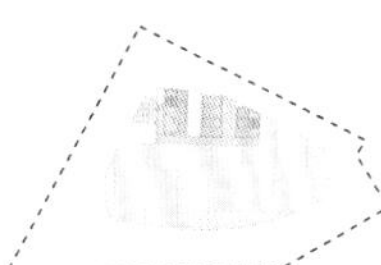
第八层平面图

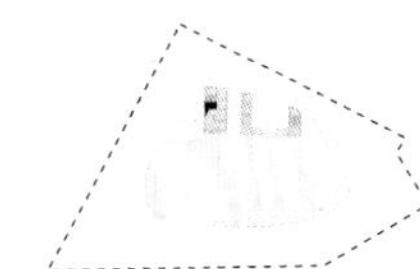
第十四层平面图

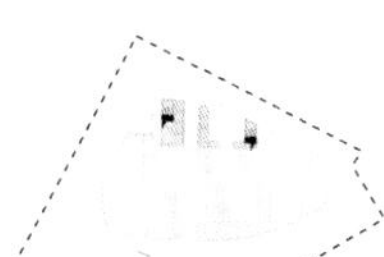
第二十层平面图

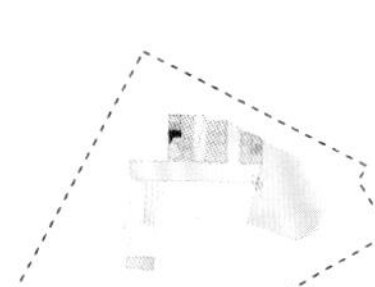
第三层平面图

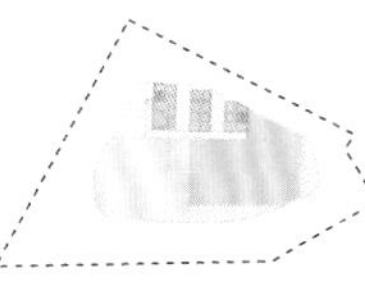
第九层平面图

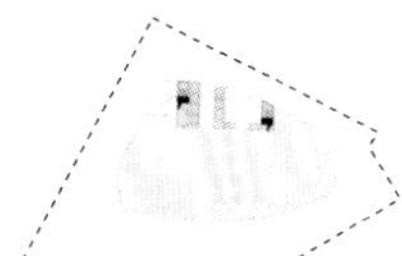
第十五层平面图

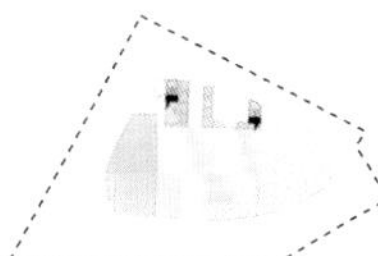
第二十一层平面图

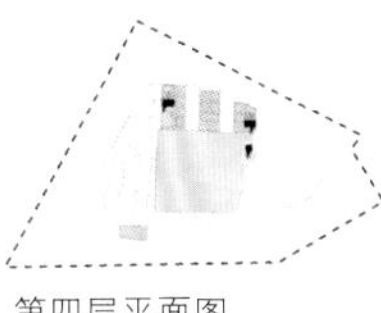
第四层平面图

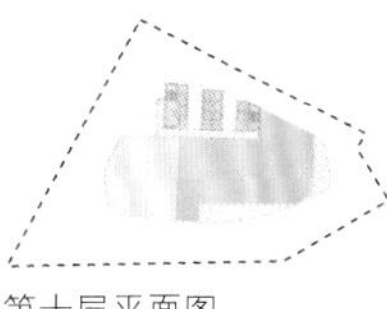
第十层平面图

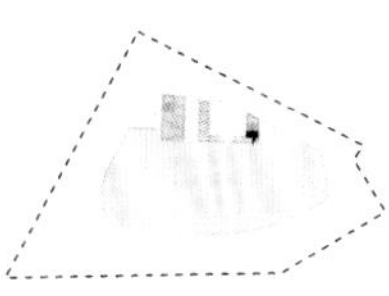
第十六层平面图

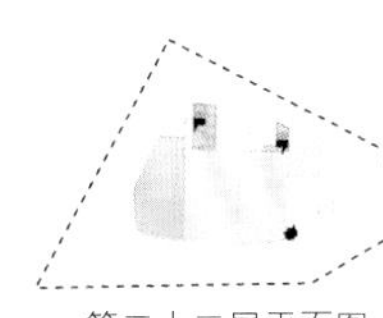
第二十二层平面图

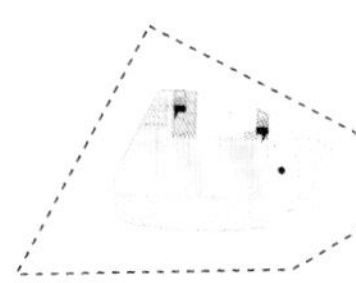
第二十三层平面图

设计体系中对生命周期内能源和材料的管理

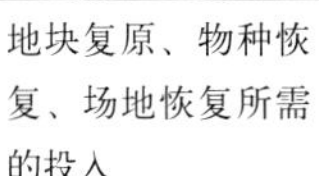

设计的系统恢复中的生态互动
- 地块复原、物种恢复、场地恢复所需的投入
- 恢复过程中需要的投入
- 为回收利用、重复使用、改造而做的准备和/或对环境的安全排放所作的处理所需要的投入
- 移除废弃物所需的投入

在恢复阶段需要的投入

设计系统的运营及消耗中的生态互动
- 建筑系统运营、维护、生态保护以及系统维修所需要的投入

运行阶段所需的投入

所设计系统的物质提供及体系构建中的生态互动
- 建设和改善场地所需要的投入（生产阶段所需的投入）
- 场地中的物资分配、储存、运输所需的投入（生产阶段所需的投入）
- 生产各个建筑元素及构件所需的投入（包括提取、准备、制造过程等）

区

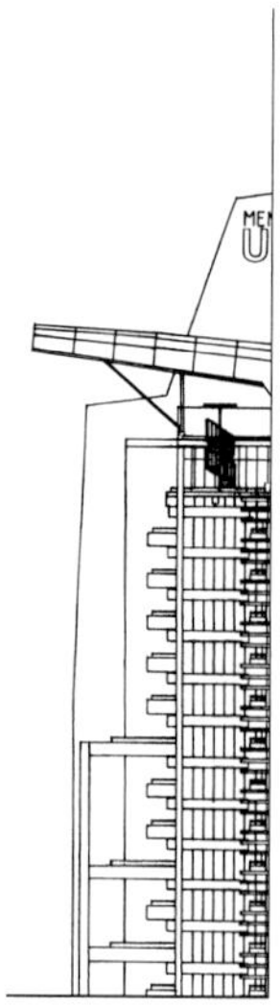

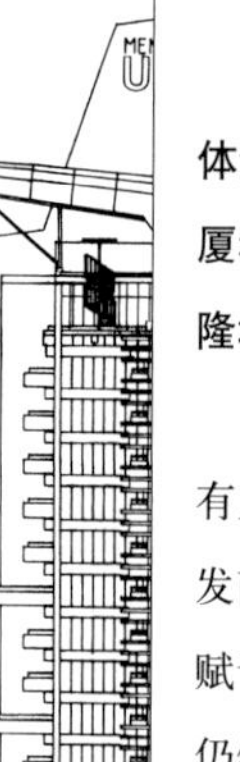

在某种意义上，UMNO大厦属于“纤细”体量类型中的一员，这个类型以中央广场大厦和梅纳拉TA1大厦为代表，两者都位于吉隆坡。

3个建筑遵循了一些共同的原则，并且有力地证明了杨经文在严酷的市场环境中开发商业产品的能力，他在业主的期望之外又赋予了建筑独特的价值。不过，UMNO大厦仍然具有独到之处，这在于运用了**自然通风**系统，表达出动力学对建筑形态所带来的影响，以及这个创新思路对杨经文系列生态建筑创作中美学追求的进展，尤其是对高层建筑而言。

UMNO大厦由基座部分及上部的14层的办公空间组成，底座部分包括了银行大厅和停车楼层。

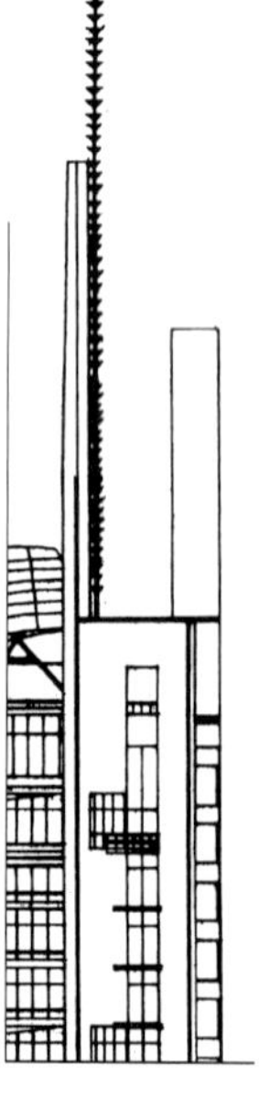

平面设计中最大限度地利用了空间的边边角角，布置了作为遮阳缓冲区域的大体量电梯、服务设施以及面向东面/东南面的楼梯，后者给室内空间提供屏蔽，使其不受太阳直射。对角位置的西/西北立面采用大面积玻璃，并受到引导光线的线性遮阳设施的遮蔽。对杨经文而言，这些设计上的变动是他的作品中非常自然的组成部分。然而，使得整个设计与众不同的还有方案空间构成中两个独特之处。

在这些关键部位，对应于风玫瑰和一年中的盛行风向，杨经文引入了高高的夹层墙体，他将其称为**“导风的翼型墙体”**。这种设计将气流导入到特定的平台区，并发挥着一个类似于带“空气锁”的气囊作用，通过可开启的落地式滑动门引入自然通风。

梅纳拉 UMNO 大厦

槟榔屿，马来西亚

业主 东南亚开发公司
地址 麦卡利斯特大街，槟榔屿，马来西亚
纬度 北纬 5.2°
总层数 21 层
开工时间 1995 年
竣工时间 1998 年（3 月）
面积 总毛面积（包括停车场） 10900 m²
总净面积 8192 m²
停车位数 94 个
场地面积 1920 m²
容积率 5.5

设计要点·位于这个地块上的方案是一个21层的高层建筑，包括位于一层的银行大厅空间以及位于六层的会议与集会用的大会堂。会堂也可以通过外部独立的楼梯到达。它的上部是14层的办公空间。

这个建筑在设计方面具有如下一些特点：

• 所有的办公层（虽然设计中采用了空调系统）都拥有良好的自然通风。

• 建筑利用导风的翼型墙体将气流引入特定的平台区，使其发挥带“空气锁”的气囊（带有可调节的通道和面板，来控制开启窗口的百分比）的作用，以实现自然通风。这个建筑很可能是第一个采用自然气流通风，并以此创造出具有舒适室内条件的高层建筑。在其他建筑中，宣称在高层里所使用的“自然通风”大多是将其作为室内新鲜空气的供给方式，而并不具备创造舒适室内环境的程度。

• 建筑初始设计中需要租户分别安装各自的空调系统，因为预算较低的租金无法支持中央空调系统的安装。不过，后来还是装上了中央空调系统。

• 所有的电梯厅、楼梯间和卫生间都拥有自然的通风和采光，这让建筑使用的安全性得到保证（即，自然采光的电梯及大厅在断电或其他紧急情况下更加安全）。同时使得建筑运营的能耗降低。

能耗

• 建筑的冷却负荷为6000773 BTU（500 RT）。

• 空调系统负荷为 126 千瓦时 /m²/ 年

• 建筑的总能耗量为 244 千瓦时 /m²/ 年

• 自然通风的情况下（即不使用空调系统），能耗量为 118 千瓦时 /m²/ 年

（资料来源：拉希尔 - 贝尔塞库图公司）

本质上，这些设备通过在进风口处的产生气压引入**自然通风**，而气压差则来自于**翼型墙体**，它有效地“捕捉”到各个方向上的气流。方案布局中翼型墙体及空气锁的位置选取以杨经文个人的判断为基础，并参考当地的常年气流数据进行修正。整体的实验体系在其后的CFD分析中得到了检验，从而给出一个肯定的结果。

这个实验的关键在于对原方案的经济分析。由于槟榔屿较低的房屋租金，原方案的设计中需要租户分别安装空调系统，为此，杨经文提出了运用**自然通风**，这不仅仅作为新鲜空气的一个供给来源，同时也是一个能带来舒适室内环境的有效的调节器。因此，杨经文有权宣称：UMNO 可能是第一个利用自然气流**通风**的高层办公建筑。对于建筑需要满足的一般性整体原则，这栋建筑也实现了室内的舒适环境。

后来，这栋建筑也安装了中央空调系统。这意味着自然通风为建筑提供了在特殊动力系统瘫痪的情况下的备用支持系统。这些因素加上服务空间和楼梯间的自然通风与采光，以及在建筑朝向上的保护性措施，共同实现了一个真正低能耗的设计方案。

方案中对技术简洁而精彩的运用纯粹来自于对**气流及太阳轨迹**的研究心得，这些都体现于杨经文以后的项目之中。除此之外，他同时也强调：在建筑的整体构成中，这些要素能够**表达**出尺度感。

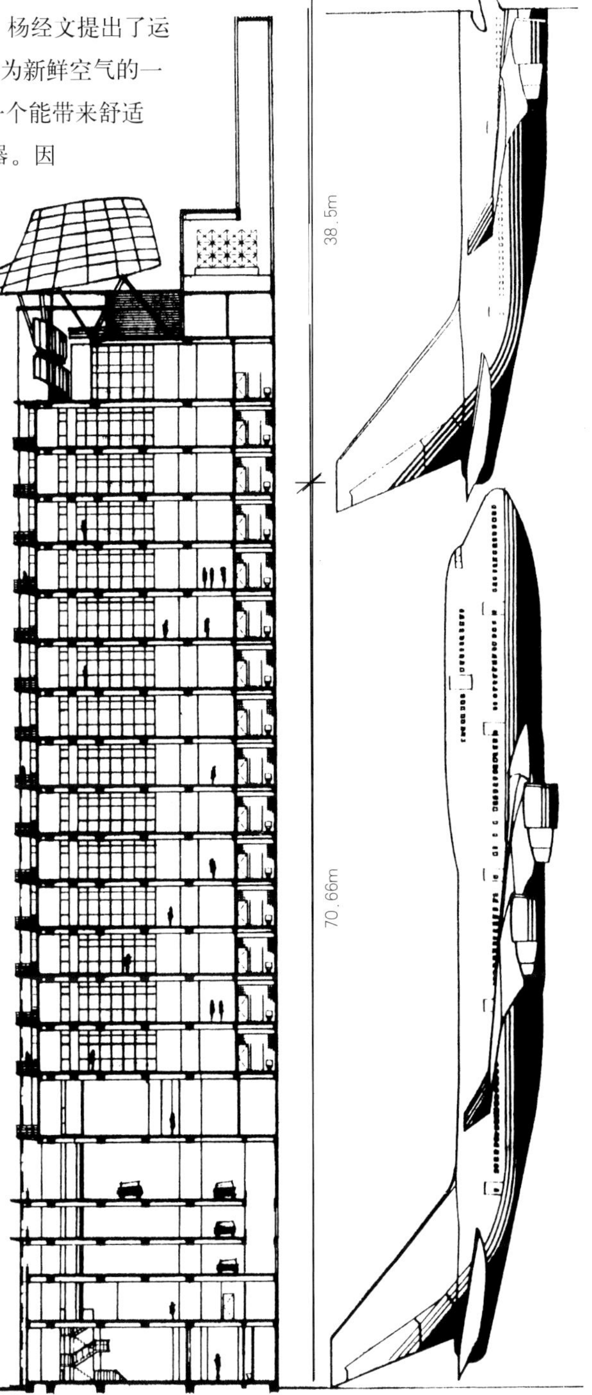

导风翼型墙体的理念

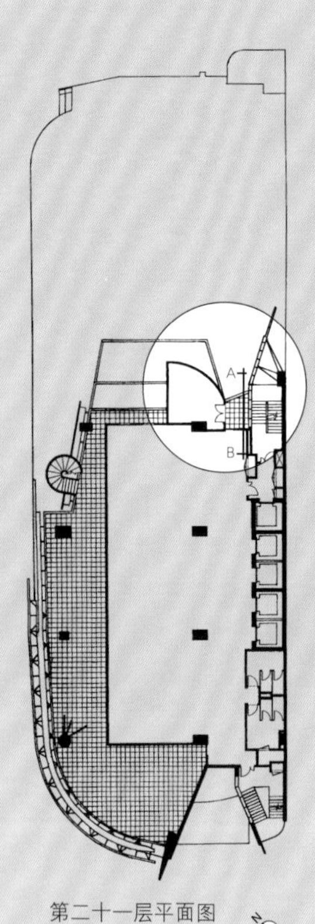
第二十一层平面图

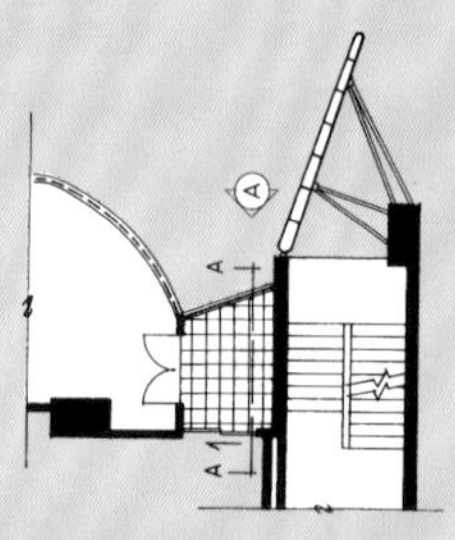
平面局部

A 立面图

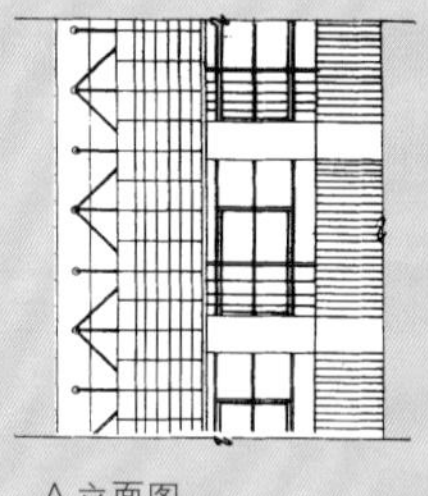
A–A 剖面图

自然通风作为一种低能耗冷却建筑的方式，增强了使用者舒适感，这是对使用者的生理直接产生作用。例如，我们可以通过开启窗户引入自然风，加速室内空气的流速，这将使得处于室内的人感觉更加凉爽。这种方法一般被称为舒适型通风。

以特定的速度将室外空气引入到建筑之中，提供一种凉爽的感觉，甚至在外界环境温度升高的情况下仍是如此。在湿度较高时这种作用尤为明显，高速流动的空气进入室内空间加剧了人们皮肤水分的蒸发，这使得他们在气候潮湿的环境中的不适感降低到最小。

从生理角度上讲，这种舒适性的通风让人感觉愉悦，甚至在室外温度高于室内时也是如此，因为随着空气流速的加快，舒适度所接受的温度上限也是上升的。因此，即使是室内温度因为温暖的室外空气的进入而实际升高时，它对使用者的舒适度感知仍然是有积极作用的。

其中很重要的原因是使用者身体表面的空气流速。空气流速可以通过开启更大面积的窗户而加大，也可在封闭的建筑中借助于类似悬挂在顶棚上的吊扇等设备来实现。

在一般的观念中，顺着外墙来引导气流能够带来更好的通风。其实不然，偏离于正常角度30°～60°的气流能为室内空间提供更好的通风条件。在气流与建筑成夹角时，迎风的墙面上会产生一定的压力梯度，而增加一个单向的翼型墙体（迎风面的一个垂直凸出物）将加大这个压力梯度。

翼型墙体与建筑开口处（即通向建筑内部的通气口）设置的形式简洁的矮墙相垂直，它与通气口结合起来，构成一种类似于气囊的设备，可以聚集并引导大范围的盛行风，以各种风频进入到建筑内部。这种设备也用于优化室内条件的舒适度（即室内空气交换、温度、湿度等）。它的设计依靠于当地盛行风向、平面进深以及建筑形态等情况，同时需要通过风洞试验或CFD（计量流体动力学）模拟来确定其有效性，并明确开启面积的大小、结构控制形式、翼型墙体的大小和形状、墙体朝向及与建筑形体相适应的平面布局等。

图1> 说明了不设翼型墙体时的情况。垂直于建筑的气流“A”触及墙体和通风口。进入通风口的气流为“a”，其宽度通常小于通风口开启的高度“x”。

图2> 说明了气流与墙体及通风口斜交时的情况。风“B”到达建筑的外墙，生成进入室内的气流“b”。假设风“A”和“B”速度相同，则气流“b”小于气流“a”，因为风“B”具有一个倾斜的入射角。

图3> 说明了加入一个垂直墙面的翼型墙体后的情况。墙体设置在通风口的旁边，使其能够聚集更大范围的盛行风。在通风口的哪一边布置翼型墙取决于设计师对当地风向数据的分析。在这个实例中，假设主要风向为“A”和“B”之间45°的入射范围，则因为翼型墙体的作用，通过通风口的气流“c”等于或大于气流“a”和“b”。

图4> 说明了在通风口的上下两侧都设计有翼型墙体的情况。在气流来自于相对建筑外墙表面90°角范围内的不同入射方向（不同的时间、方向和速度等）时，这种设计更为有效。通风口应具备可开启的面板（即落地式窗框），它可以像“阀门”一样根据当时的外界风向作出调节，同时，它应与下风向的翼型墙布置相吻合，以适应入射风向更倾斜时的情况。

接近建筑的风能够产生垂直于开口处的气流，垂直的翼型墙结构将更有效地尽可能地减缓前者的流速。此外，在每一楼层翼型墙设备还应该带有一个兼容的可调节的水平向“扰流器”，这可使得建筑立面垂向的气流最小，从而在高速自然风的情况下更有效地控制进入室内的气流。

图5> 说明了在倾斜的入射风向情况下比**图4**的方案更有效的单一翼型墙体布局方式。

图 1

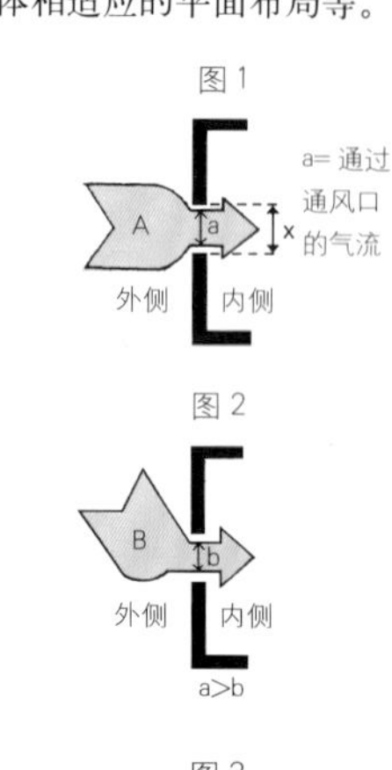

图 2

图 3

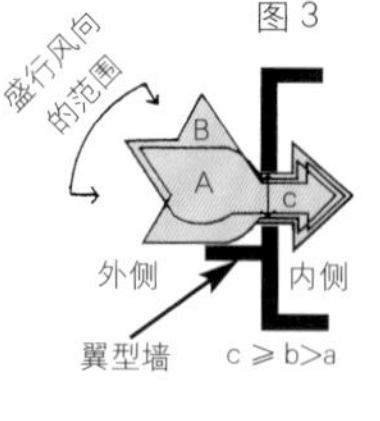

图 4

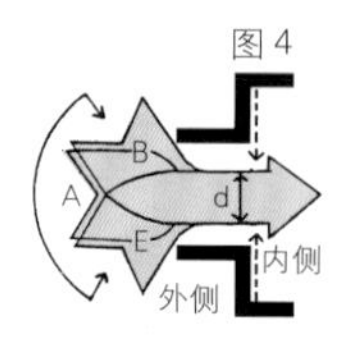

图 5

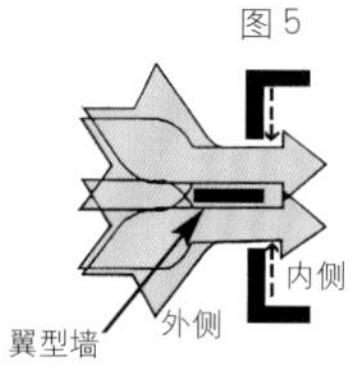

导风翼型墙体的连续向上的竖线条成为了建筑造型的标志性特征，加之东立面类似机身的生动形态，带给人一种空气动力作用下的均衡感，这又通过倾斜的屋顶天棚和顶层的墙体形式得到强化。同样，从杨经文的描述可知，可组合的建筑形态的高度与最大尺度的喷气式客机比较，是它机身高度的1.5倍。这不仅暗示了建筑对流线型的气流及机身形态的模仿，还体现出建筑形体中运用的所有元素都在追求全面彻底的生态议题——这是一个**聚集了自然风**的建筑。

有一点变得很明显，即在杨经文的接连不断的作品实践中，每一个都对接下来的项目提供帮助——通过**认知**的积累而让这个系列得以延续。

屋顶平面图

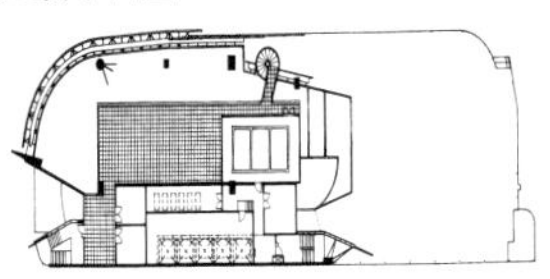

第二十一层平面图

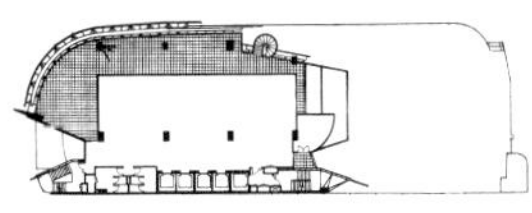

第十二层平面图

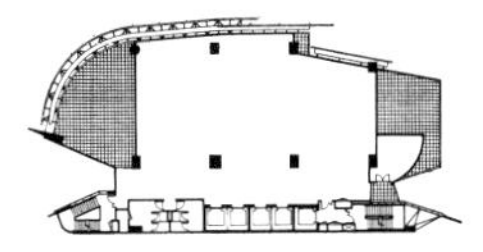

第七层平面图

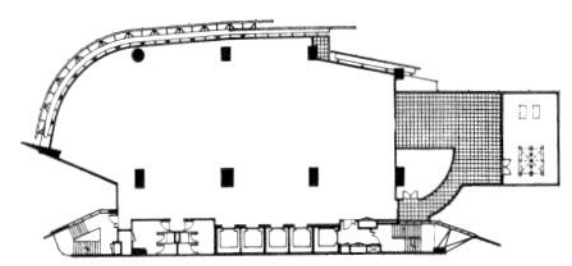

第三至五层平面图

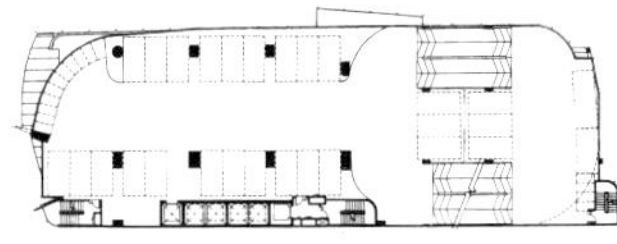

第二层平面图

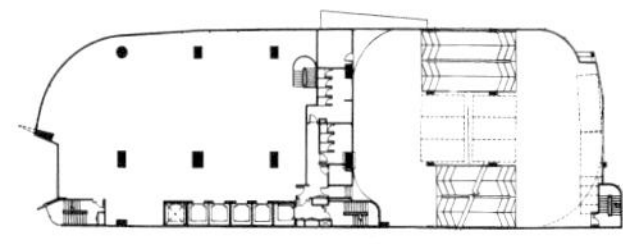

第一层平面图

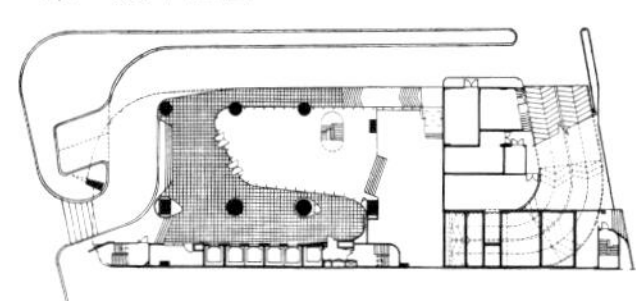

总平面图

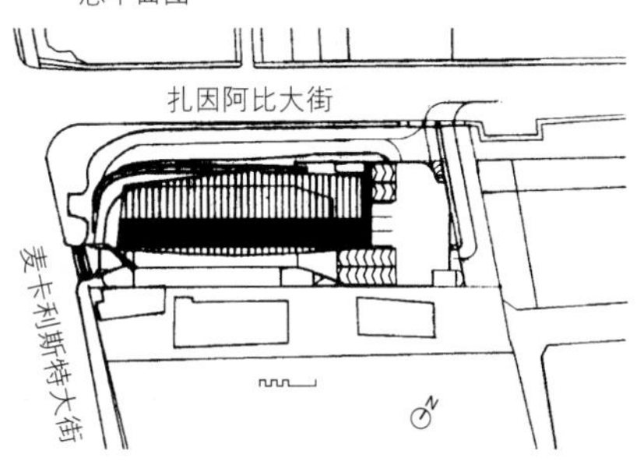

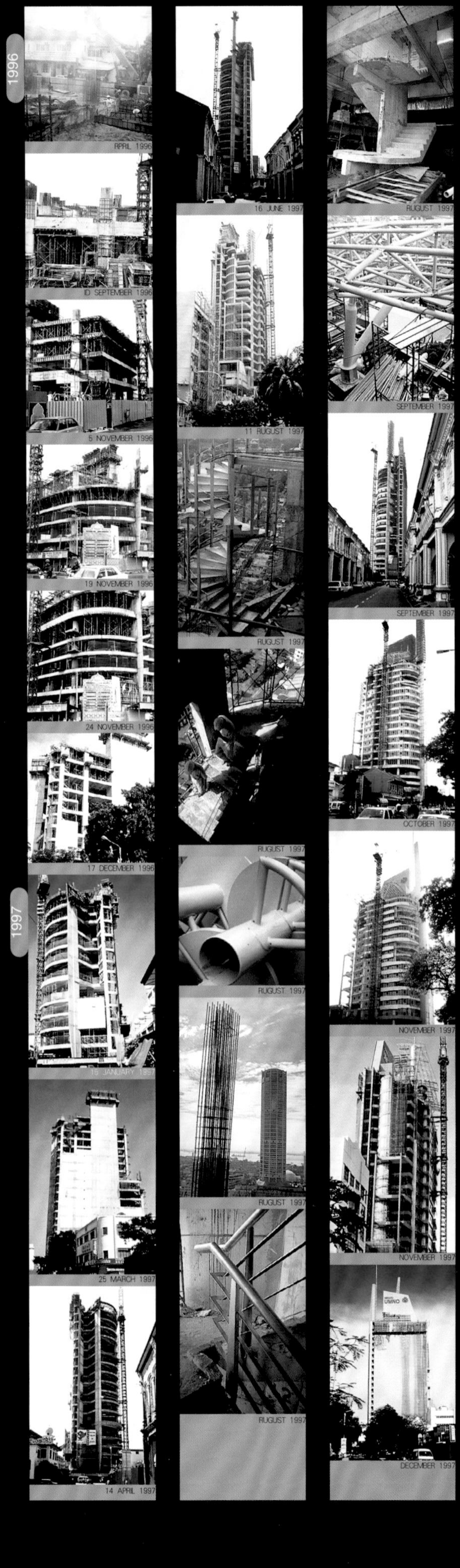

1996

APRIL 1996

10 SEPTEMBER 1996

5 NOVEMBER 1996

19 NOVEMBER 1996

24 NOVEMBER 1996

17 DECEMBER 1996

1997

16 JANUARY 1997

25 MARCH 1997

14 APRIL 1997

16 JUNE 1997

11 AUGUST 1997

AUGUST 1997

AUGUST 1997

AUGUST 1997

AUGUST 1997

AUGUST 1997

AUGUST 1997

SEPTEMBER 1997

SEPTEMBER 1997

OCTOBER 1997

NOVEMBER 1997

NOVEMBER 1997

DECEMBER 1997

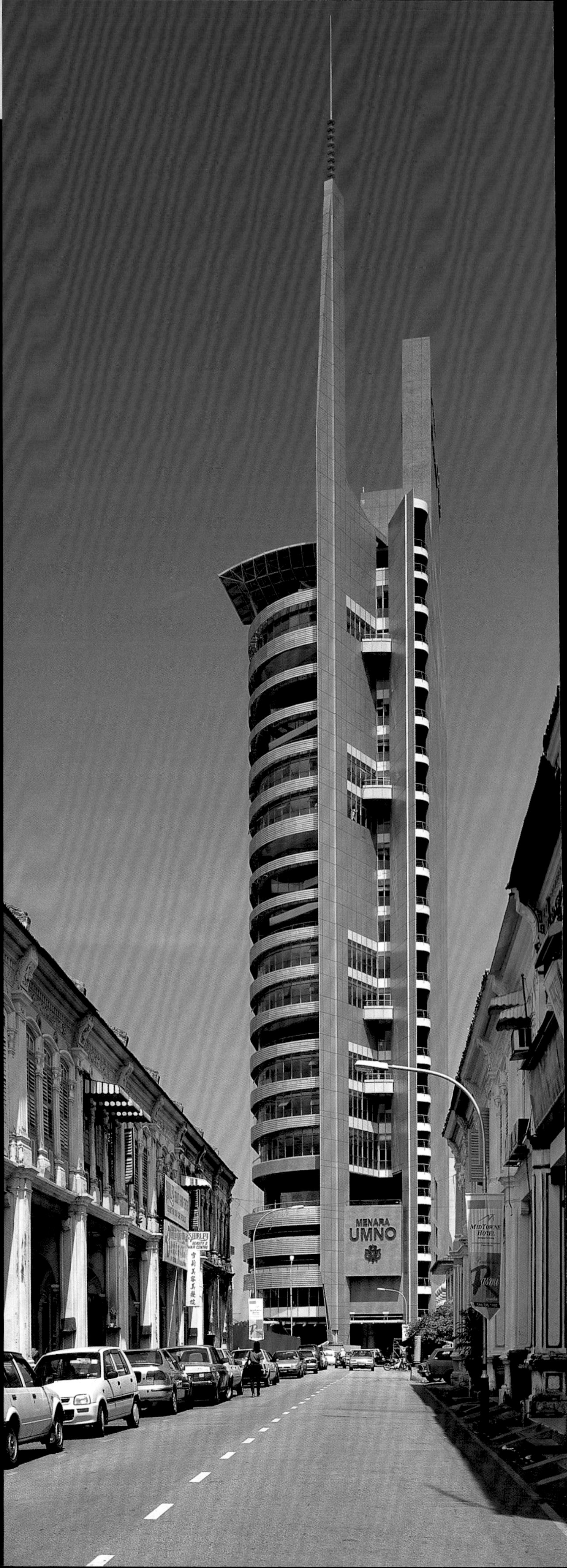

服务设施

办公空间

停车场

特殊功能

管道线

商业区
交通区
服务区
绿化区
公共区
气候缓冲区
办公区
交流区

空间利用图 © T·R·哈姆扎和杨经文建筑师事务所 (2001)

在方案开始阶段提供给业主的可行性评估报告

导言

这些记录包括了在相应地块上进行商业开发的可行性研究

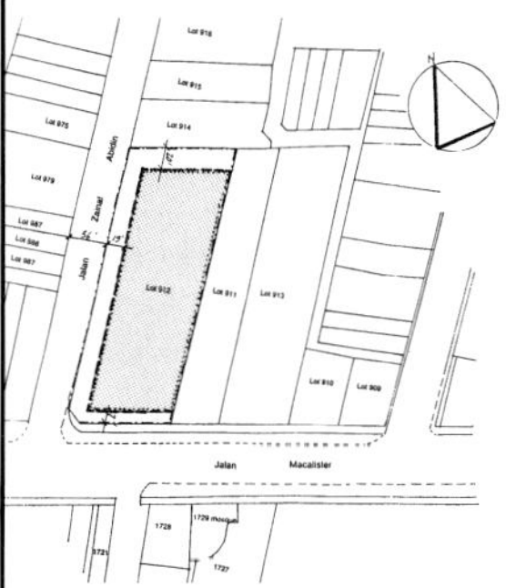

场地信息

地块位置　912 地块

地块总面积 21290 平方英尺（1977.84 m^2）

场地约束与建筑占地面积

- 场地面积　21290 平方英尺
- 满足道路拓宽，建筑后退红线及排水区保护需要后剩余的场地面积为 14357 平方英尺（约数）
- 地下室基线之外或全部的地下室占地面积 13543 平方英尺（约数）
- 允许的建筑覆盖面积 14357 平方英尺（约数）
  （以上信息是 1993 年 4 月 16 日从 MPPP 获得）
  总建筑面积
- 容积率 5
- 总建筑面积 106450 平方英尺

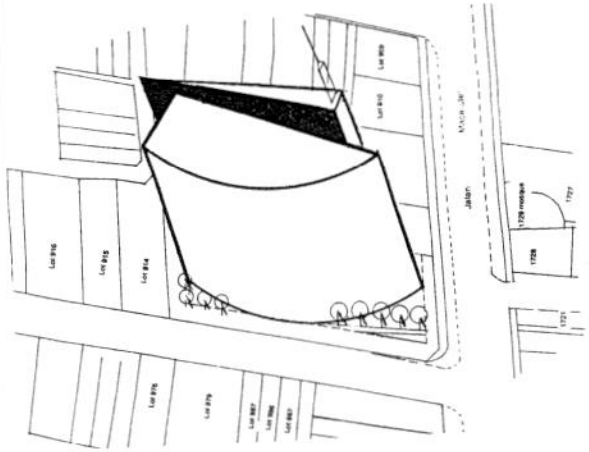

这些可行性报告以下列假设为基础：

- 以所有的边界为基准来假设后退红线
- 总场地面积为：21290 平方英尺
- 采用所提出的开发方案，其容积率为：5（经 MPPP 审核通过）
- 因此，停车场除外的总楼层毛面积为：106450 平方英尺
- 假设使用率为 75%，则净使用面积为：79837.5 平方英尺
- 假设建筑的停车位需求为：每 400 平方英尺一个车位

方案的建筑面积

- 方案的总楼层毛面积（停车场除外）：106500 平方英尺
- 假设标准层面积为 8200 平方英尺
- 106500/8200，则总层数为 13 层
- 假设建筑每单元覆盖面积为 78 英尺 × 110 英尺 =5200 平方英尺
- 总毛面积（停车场除外）　106450 平方英尺
- 假设 75% 的面积使用率，则总使用面积为 79837 平方英尺

停车面积计算

- 假设每 400 平方英尺使用面积需要一个停车位
- 则总停车位需求为 79837/400=200 个
- 假设根据马来西亚的具体情况需减少 30%，则停车位为：140 个
- 假设一个停车位为 350 平方英尺
- 则总停车面积为 140 英尺 × 350 英尺 =49000 平方英尺

方案的建筑空间构成

提出的方案中建筑空间由以下部分构成：

- 4 层的地下停车场，49000 平方英尺（140 个车位）
- 13 层的办公区
- 楼层总面积：8200 平方英尺
- 楼层使用面积：6150 平方英尺

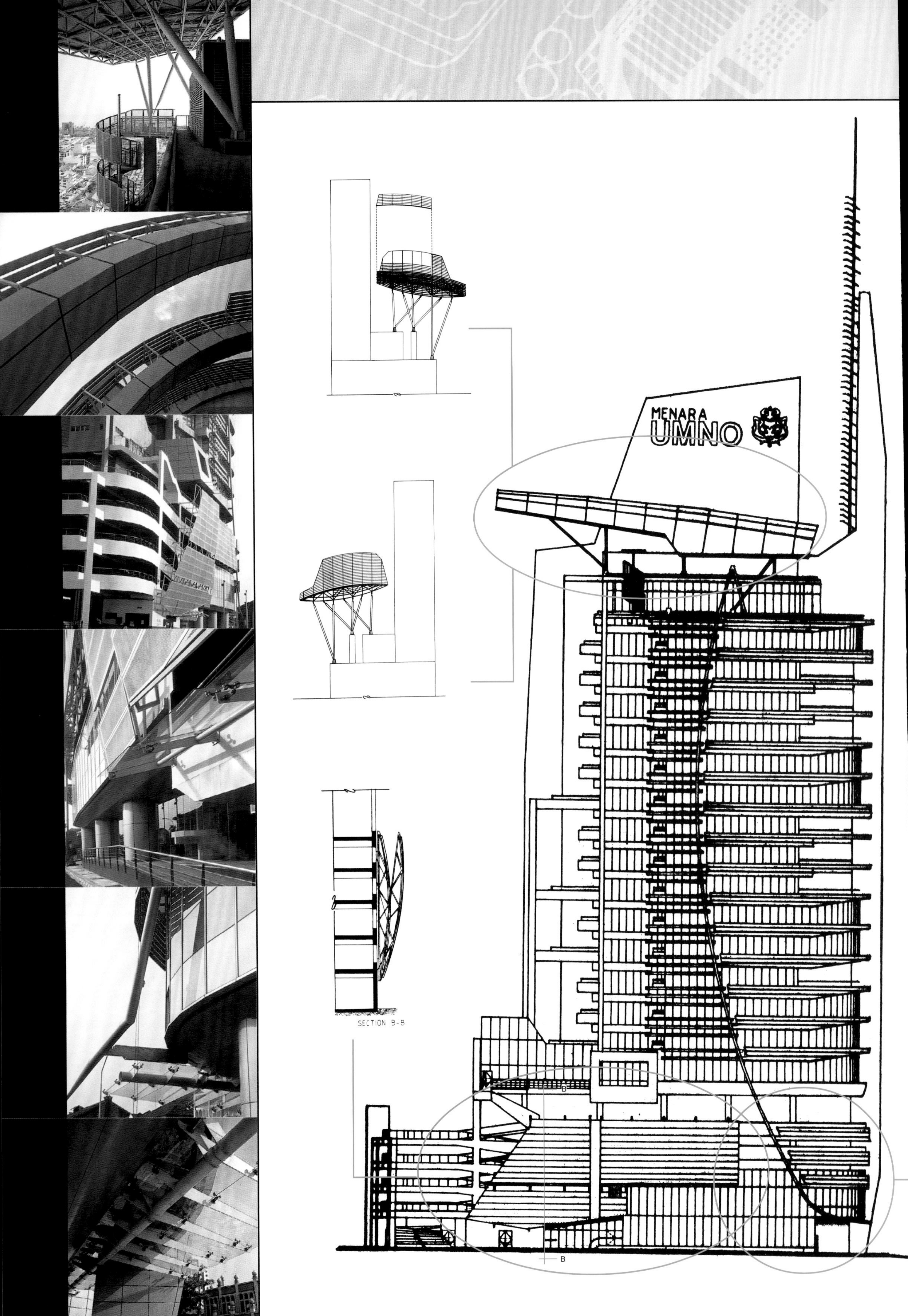
MENARA
UMNO
SECTION B-B
B
B

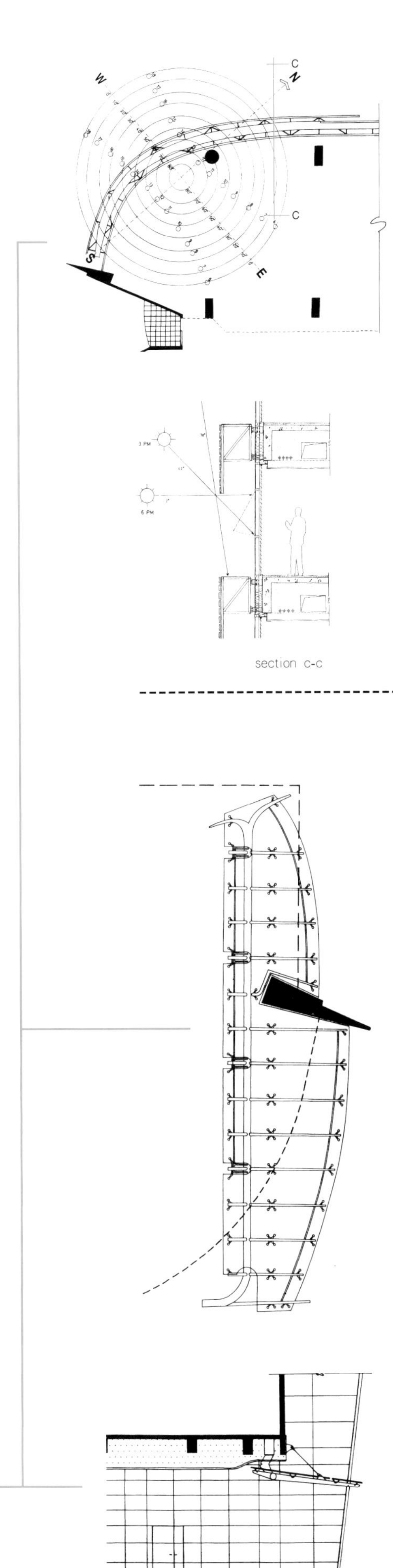

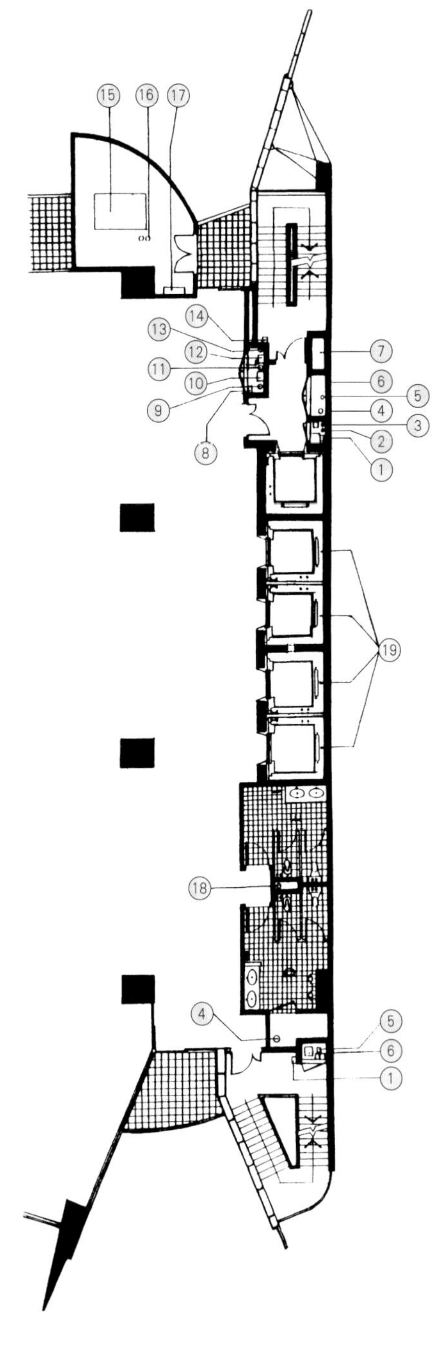

结构与基础工程

格里 · 翁博士
塔赫尔 · 翁建筑师事务所（民用建筑/结构工程师）

在基础设计中进行了4处地基钻孔测试，深度达64米。总体上，这些试验说明场地的地下土层依次为极柔软粘土、柔软粘土、中等密度泥沙、高密度泥沙、淤泥状沙质。地下水储层位于地面下2.7m～3.5m。

大间距的承重柱列负荷从1800吨到3200吨不等。对间距最小的承重柱而言，其受力负荷为740吨。

在结构基础的选择中，埋深较浅的类型，如垫式基础和木筏基础，显然不适合延伸至地下9m深的柔软土层（N值为3）。因为带淤泥的地下水层较高，同时上部土层的N值较低，钻孔桩基同样也未被采用。在建筑外壳增大钢材的使用量，同时，为了阻止孔洞坍塌，选择在如此质地的土层钻孔，从而让工程决策的价值得以体现。

考虑到这样的土层条件及中等的承重负荷，认为采用打入式的钢筋混凝土桩基较为适合。支持使用打入式RC桩基的又一原因是它比较经济（与钢质桩基相比），同时可以相对较快地完成安装。所使用的桩基具体情况如下：

尺寸　400 mm × 400 mm，加焊接处

混凝土等级　G45

平均打入长度　55m

运转负荷　185吨

桩／柱最大数　8

本质上，桩基的表面摩擦系数较大，这能较好地发挥地下30m～55m处土层的阻力作用。

理想化的结构形式是由抗力矩框架连接剪力墙共同构成。水平及垂直的RC构件以二维栅格的形式坚固地连接在一起，而构件的抗弯曲性承担了建筑侧面主要的风力负荷。结构体系的类型选择有效地强化了建筑对摇摆的适应性能。对结构的分析由计算机软件STAAD-III来实现，运算中采用了适当重力荷载和风力负荷，其结果建立在风速为35.8m/s（80mph）的假设基础之上。

计算得到最大的水平偏转为98mm，远低于H/500的偏转极限：185m/500 = 170mm。

建筑设计中采用了混凝土梁柱及楼板构件，这也是对中高层建筑而言较为经济的结构形式。地面构件所使用的混凝土（C30）和钢筋（Fy = 460 Mpa）量如下：

混凝土　5696 m^3

钢材　1195吨

为了更快建设完成电梯间的RC墙体，接下来转向电梯安装的工作阶段，建筑商采用“跳跃式”的施工方法，在8天的工期内完成了3.9m的墙体。建筑商使用这种方法完成了RC墙体的建设，而其余的部分则采用了钢材及木材结构的常规建设方法，这使得RC墙体比其他部分提前3个月完成。整个工程（包括地基工程）在22个月之内全部完成。

服务中心细部
图例

1 无线通讯设备间
2 无线通讯接口
3 音频——视频／私人助理系统接口
4 水位的主要提升装置
5 水龙带提升装置
6 水龙带卷筒
7 增压管
8 电力分线盒（用户控制装置）
9 电力竖井（主楼）
10 电力分线盒（主楼）
11 电力竖井（M&E）
12 电力分线盒（M&E）
13 防火通讯管
14 消防员电话
15 空气调节单元
16 M&E 提升装置（提升／降低）
17 空气调节控制面板
18 卫生间冲水装置
19 增压轴

A 楼梯
B 灭火水管间
C 储藏室
D 男洗手间
E 女洗手间
F 电梯
G 消防电梯
H 吸烟厅
I 电话室
J 灭火水管间
K 增压管
L 配电室
M 楼梯 2
N 空调设备间

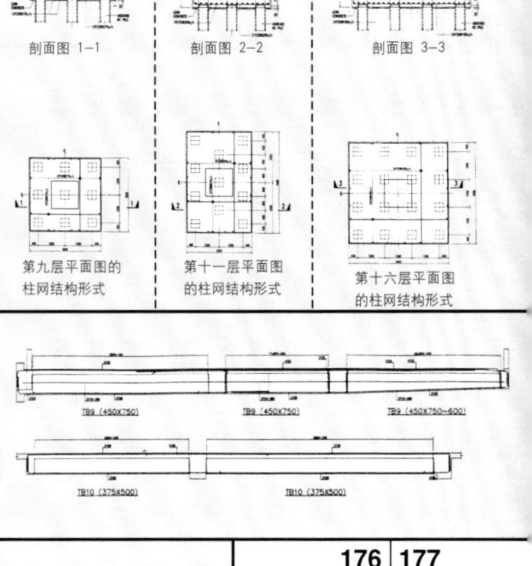

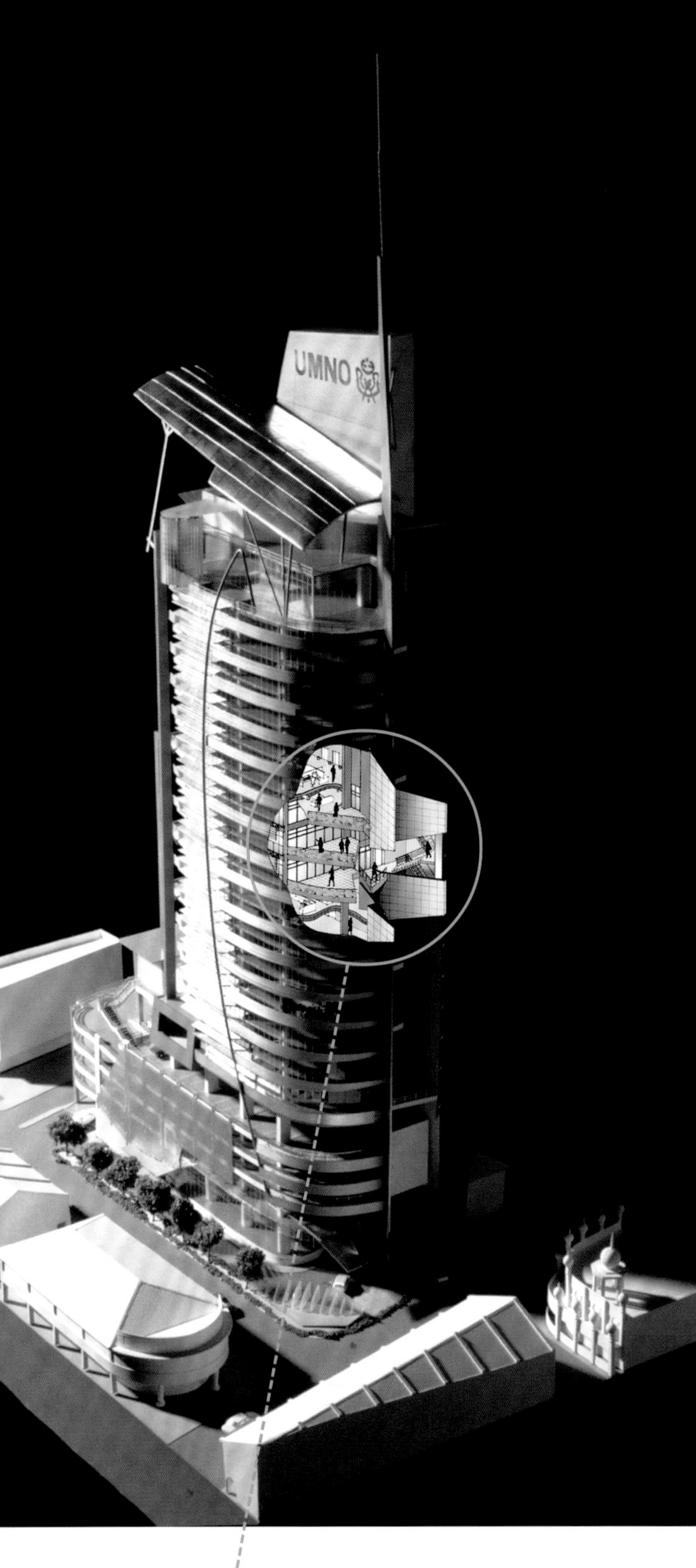

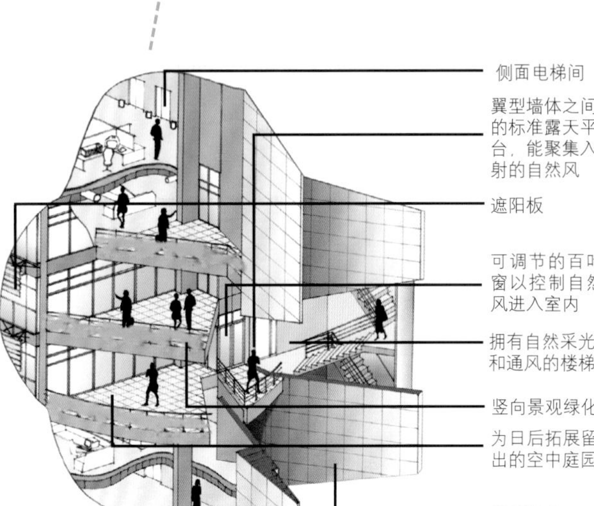

自然通风

著：菲尔·琼斯教授（加迪夫大学）

导风翼墙顺着盛行风向以“捕捉”气流，而窗户和阳台门都是可调节的，从而控制气流导入的自然通风。建筑坐落在一个开敞的场地，与其他的高层建筑互不影响。图1说明了建筑及其场地周围的情况，同时还给出了槟榔屿的风玫瑰。

这里记录的是对建筑自然通风的潜在可能性的分析。首先讨论了对自然风作用的分析，当然，这与建筑形态有关。计量流体动力学气流模型被用于预测自然风对建筑产生的压力，尤其是在通风口的位置。获得通风口的表面压力数据之后，则可用于预测空气流通率、室内空气流动及温度分布状态。获得这些预测结果后可与“静风”（即无风的静止状态）以及一系列的有风力作用下的窗户开启的状态一一对应。

通风与舒适度

室内人员的呼吸及异味的消除都需要良好的通风。同时也将释放热量，当然，一般来讲，这需要较高标准的通风。例如，对于标准的办公空间人员密度来讲，能满足通风要求的新鲜空气流通量大概为1～2ac/h。不过，在室内外温差在1℃之内时，标准办公空间释放热量所需的空气流通量大概为5ac/h或者更多。空气流动加上自然通风能使人感觉到降温带来的舒适，尤其是在马来西亚炎热潮湿的气候条件下，掠过皮肤表面的气流能增加蒸发散热。事实上，在传统的马来建筑的设计中都会设法实现较高程度的自然通风与空气流动，常用方法是在立面上设大面积的开口，以强化自然风驱动的空气对流。这与遮阳设施共同发挥作用，提供了一个室内环境有所选择的设计，这能在绝大多数时段内创造出舒适的室内条件。然而，现代建筑通常处于嘈杂而且污染严重的城市环境中，设计往往会忽视当地的气候条件而完全依赖于空调系统及人工照明。但是空调系统需要较高的能耗和运营成本，而且封闭的空调建筑中的室内环境质量及使用者的健康状态引发人们越来越多的忧虑，与之相关的是“室内亚健康综合症”及对恶劣室内空气质量的抱怨。在欧洲，越来越多的人对以某种方式综合利用自然与机械通风来发挥各自长处的建筑形式感兴趣，即仅在必需的空间和时段中使用机械通风。这个方案则提供了将这种混合方法用于环境设计的潜在可能。

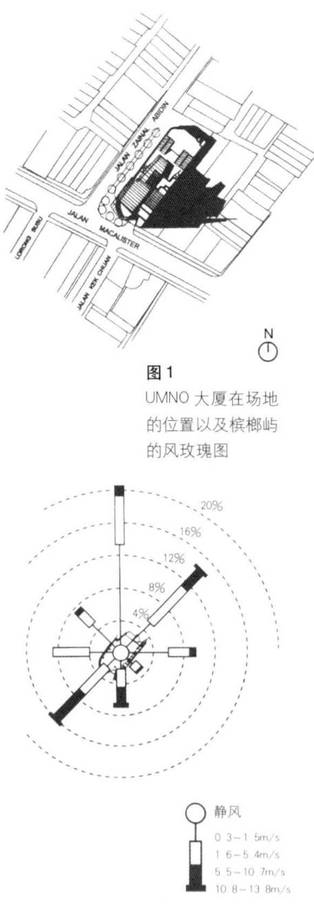

图1
UMNO大厦在场地的位置以及槟榔屿的风玫瑰图

UMNO大厦的建筑形态、朝向及通风口布局

带有翼型墙体及空中露天平台的建筑设计中将自然风压引至主要通风口处。每一层的办公空间都是开放式设计，绝大部分的工作场所都拥有可开启的窗户/门扇以及自然采光。主要的通风口以窗户和阳台的形式出现，并设置在西南与东北的立面。这保证了以盛行风为驱动力的空气对流得以实现。其他窗户沿西北立面分布，以方便用户控制通风。图2给出了标准办公层的设计方案，并且标出了主要的通风口空间。

自然风分析

根据动力作用关系，风速会随高度增加而增大，如图3所示。为了估测自然通风的潜在可能，需要测算建筑外表面通风口处的气流压力。这通常由风洞试验中的物理测度模型给出。但本设计中并未采用这种方法，而是使用了CFD气流模型及空气测距台作了更精确的风洞分析。

使用计算机构建一个关于建筑的精确计算模型，以此来测算每个通风口处的表面压力。图1中给出的当地的风玫瑰图，说明场地通常的风速为2.5m/s（在离地面10m处），且为西南风向。图3中的力学定律关系用于气流模型，以计算不断增长的高度处的上部界层的风速。

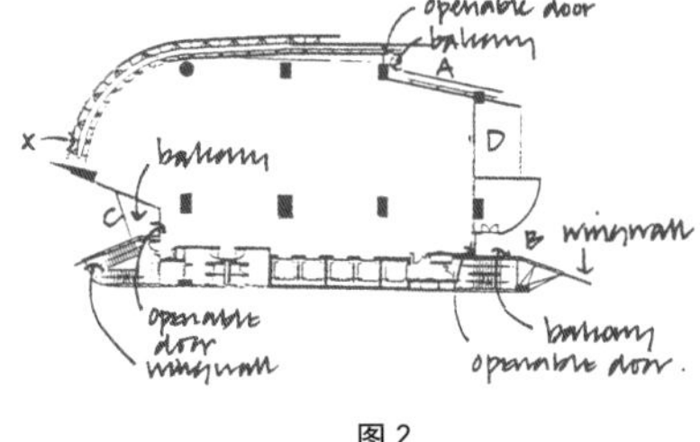

图2

模型模拟的结果如图4和图5所示。图4以气压等值线的方式描述了建筑周围现状的气流情况。在迎风面，自然风作用最强的位置大概在建筑高度的75%处，这也是适用于开阔场地的建筑的一般规则。图5表示了建筑的一个标准办公层周围的气压分布状态。

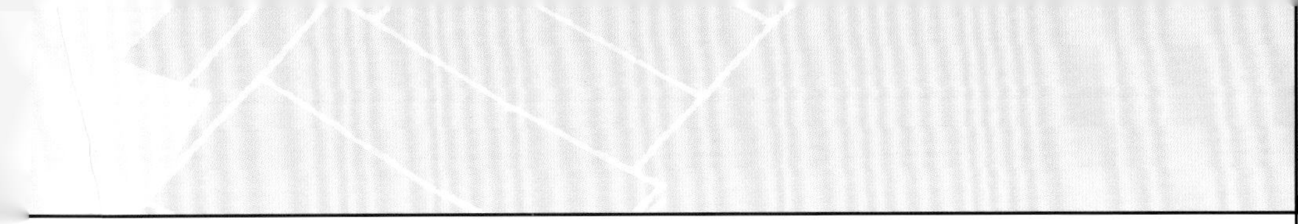

在迎风面的平台通风口处存在大约6Pa的正压强，而在背风面的平台通风口处则存在大约3Pa的负压强。这些表面的压力数据被用于室内气流的模型中，以预测在通常的风力条件下自然风的通风率。

室内气流分析

室内气流模拟的目标是预测室内通风率、气流速度及温度分布状况，以评估自然通风的潜在可能性，并为窗户的开启模式提出建议。CFD气流模型及空气测距台再次被用到，但这次是在采取了一系列的自然通风措施的条件下来预测室内的空气流动情况。根据以上的风压模拟数据为基础，这个模型可以说明通风口处的压力分界情况，同时还可以模拟室内的热量获得和内表面的热量转移，例如通过窗户所获得的热量。模拟过程以30℃的通常室外温度为条件进行。由人员、照明及小型动力设备带来的室内热量假设为35 W/m²。模拟分两阶段展开。

第一阶段

模拟过程的开展条件：

• 一个静风的天气，不存在由室内外温差产生的梯度压力来驱动自然风及空气流动。

• 平常的风力状态（2.5 m/s，西南向）及一系列的窗户开启组合情况。

模拟模型如**表1**所示。**表2**则给出了模型的主要结果。在迎风面及背风面的门窗全部开启的时候，在考虑的风力状况下存在很高的空气流通率。情形4中仅有一些小型的通风口（在X处），此时具有更易控制的空气流通率，其数值约为6.3ac/h。情形2在背风面的C处门窗开启面积减少（由完全开启的4.2 m²变为1.5 m²）的假设下进行了第二次模拟。结果表明：这使得空气流通率大大减小。

仅使用排气口的情形1，在**图6**中得到说明。**图6**同时还给出了室内1.2m高处的温度分布状态及风速向量。

图7分别给出了情形2及其重复模拟情况下的室内温度分布和风速向量。

表1 静风和有风的各种情形所带来的影响（括号中的数字表示开口面积，单位为m²）

情形		A (1.8)	B (1.8)	C (4.2)	D (5.1)	X (2.0)
1	静风	开启	开启	开启	开启	开启
2	有风	开启	开启	开启	关闭	关闭
3	有风	开启	开启	开启	开启	关闭
4	有风	开启	开启	关闭	开启	开启
5	有风	关闭	关闭	开启	开启	关闭

表2 对各种结果的总结

情形		m³/s	ac/h	室内平均温度	室内平均气流速度
1	静风	0.45	1.0	31.5	0.1
2	有风	10.8	24.0	31.0	0.47
2重复	有风	5.6	12.6	31.2	0.35
3	有风	15.2	33.8	30.9	0.57
4	有风	2.9	6.3	31.4	0.34
5	有风	12.6	28.0	30.5	0.3

第二阶段

在这些实验之后，又针对较低（10m处速度为1 m/s）及较高（10m处速度为5m/s）的风速进行了进一步的实验，以获得盛行风向上窗户开启的一些指导性原则。阶段1和阶段2的结果由**表3**给出，而根据这些数据推导而成的系列曲线则在**图8**中给出。

A,B,D 建筑中的窗户位置

表3 注解

• 在仅有排气作用时（即静风状态），所有的窗户开启，其空气流通率为1 ac/h。

• 在低风速情况下（1～1.5m/s），空气流通率约为4ac/h。

• 在中等风速的情况下（2.5m/s），空气流通率明显增大，迎风面的窗户需要关闭50%（甚至更多），或者完全关闭而开启侧面的窗户，此时的空气流通率在6～12 ac/h之间。

• 在高风速的情况下（5m/s），迎风面的窗户仅能开启20%或者更少。关闭背风面的窗户也较为重要（关闭50%仅能将空气流通率从11.9 ac/h降至10.8 ac/h）。

表3 风的利用

	逆风	侧风	顺风	Ac/H
静风	C(100%)	X(100%)	A,B,D(100%)	1.0
轻度风	C(50%)	0	A,B(100%)	2.1
	C(100%)	0	A,B(100%)	4.1
中度风	C(100%)	0	A,B(100%)	24.0
	C(50%)	0	A,B(100%)	12.6
	C(100%)	0	A,B,D(100%)	33.8
	0	×(100%)	A,B,D(100%)	6.3
	C(100%)	0	D(100%)	28.0
强度风	C(20%)		A,B(100%)	11.9
	C(20%)		A,B(50%)	10.8

结论与讨论

风力状况得到了成功的模拟，并给出了开启的门窗通风处的外部气压数值。建筑造型与盛行风向很好地对应起来。加上翼型墙体及空中平台，在建筑的迎风和背风面的通风处生成了相对的高/低压区。对盛行风向之外的其他风向而言，能够在建筑中生成的气压梯度相对较小，不过沿X面的通风口应给予足够的控制。

在静风状态下，空气流通率并不是很高，约为1ac/h。并且，在这种情况下，室内外温差最大（高于1.5℃）。这个相对较小的温差加上与堆栈效用有关的相对较低的楼层高度，并不能产生很强的空气作用力。室内的空气流速相对较低，无法产生明显舒适感的冷却效果。

对于窗户开启的情形，即迎风及背风面都有较大的通风面积，此时室内的空气流通率是相当高的（达到30ac/h）。显然，对于舒适度的要求来讲，这个速率太高了，因为其相应的室内空间流速将达到0.4～0.5m/s，这会产生一些机械运动的问题，如会吹动纸片。关闭迎风面的开启处看来是控制通风的最好解决方法，例如，情形3和2（重复的那次）提供了受到控制的通风，其室内的空气流速并不是很高。

自然风驱动室内气流的运动方式看来是受到进风口处的局限。气流进入处会形成较强的气流路径，并且与室内循环的主要回路一致，但在主要使用区的空气流动可能会减少。有必要考虑采用某种能分散“射入”气流的设备，使得气流更加平均地进行分配，并且避免出现进气与排气口之间的“简单回路”。这可以通过安装在通风处附近的“扰流器”或“变流器”来实现。

通风策略需要确保在静风或风速较低的情况下大面积开启门窗，但开启的程度应该是可调节的，以此保证在正常或高风速下（参见**表3**中的曲线）也能发挥其作用。在中等或较高风速的情况下，将迎风面的通风口调节到最小，看来是恰当的。而背风面的通风对空气流通率的作用是次要的，但它们会对室内空气的运动方式产生较大的影响。

从模拟数据中得到的关于窗户开启的指导策略的相关图表。

图3

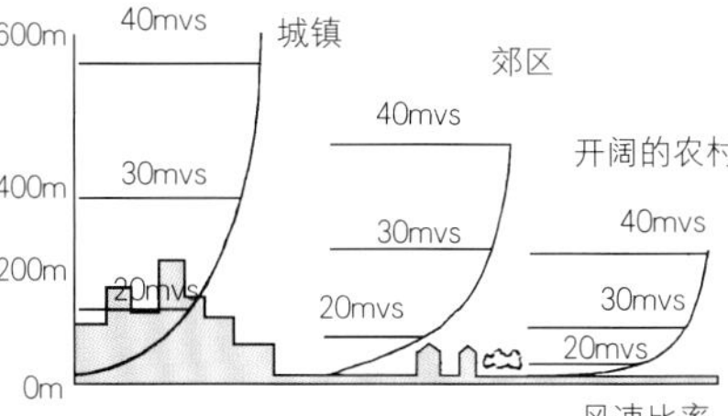

不同高度下风速的力学定律关系

图4

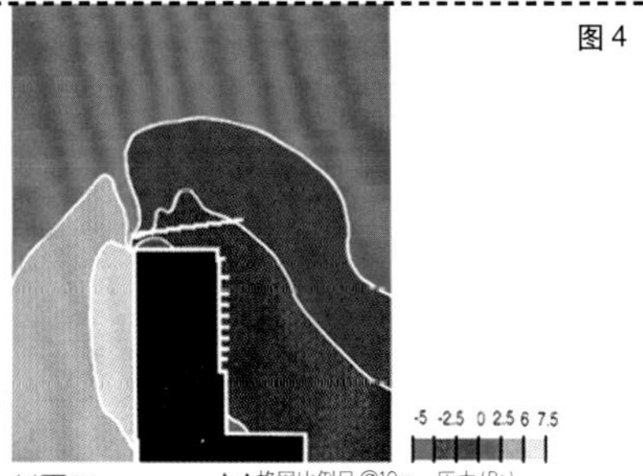

剖面图

图5

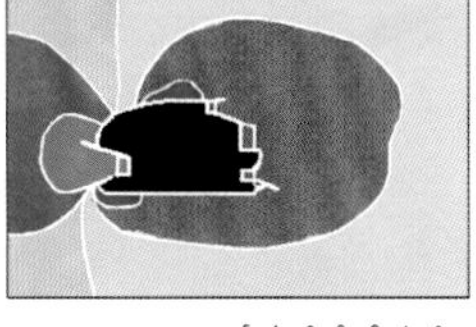

平面图

图6

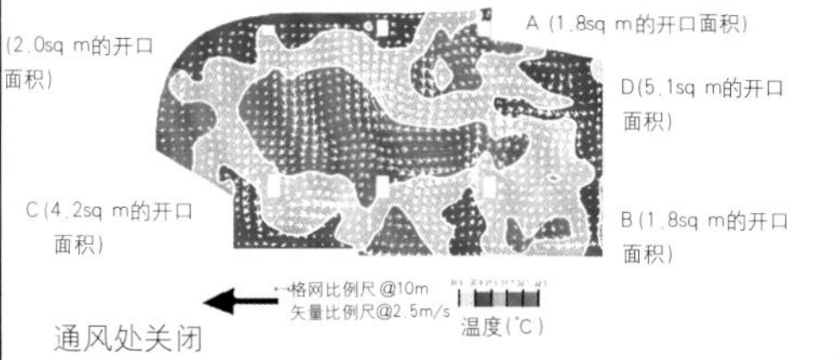

(2.0sq m的开口面积)　A (1.8sq m的开口面积)　D(5.1sq m的开口面积)　C(4.2sq m的开口面积)　B (1.8sq m的开口面积)　格网比例尺@10m　矢量比例尺@2.5m/s　温度(℃)

通风处关闭

图7

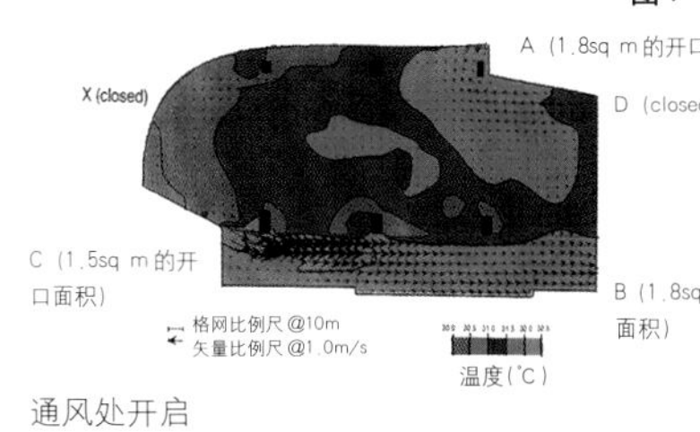

通风处开启

图8

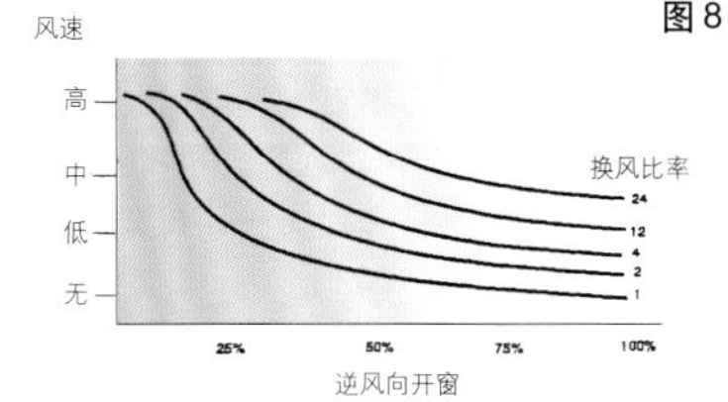

盛行风向下，对应于风速（零、低速、中速、高速）的窗户开启率、空气置换率

图9

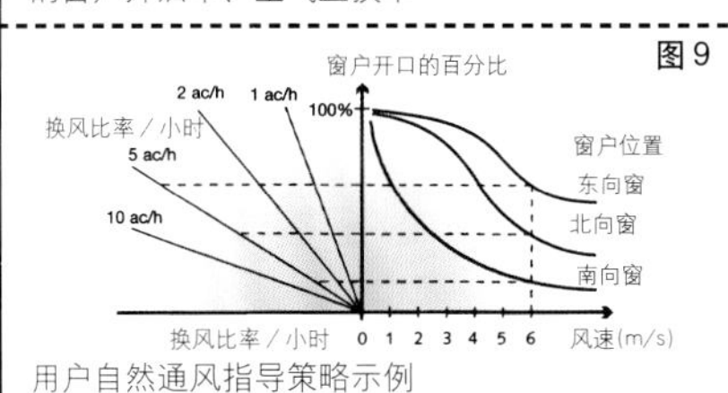

用户自然通风指导策略示例

（1图对应于每个风向，例如西北向及垂直区域）

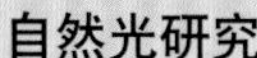

自然光研究

研究者：杰恩·凯西姆、普特里·希林（布莱登大学）

自然光模拟

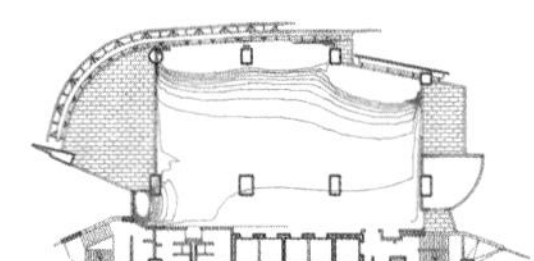

第九层平面图
10：00am

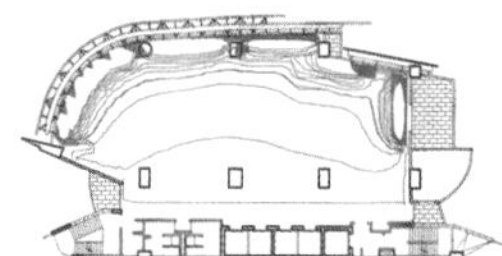

第九层平面图
3：00pm

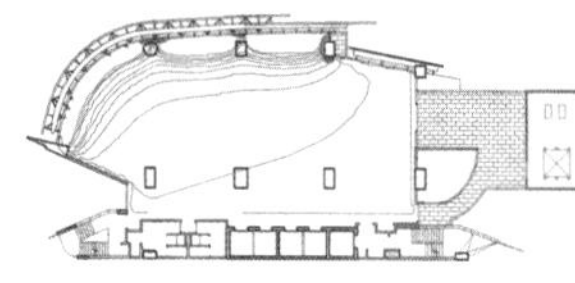

第八层平面图

10：30am

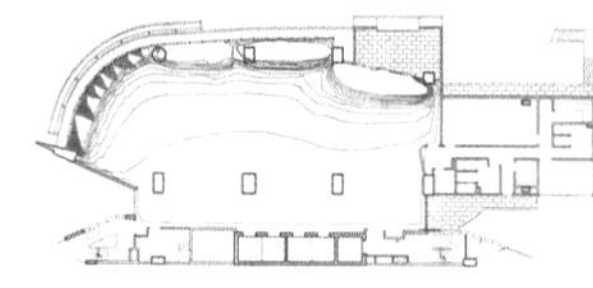

第八层平面图
3：30pm

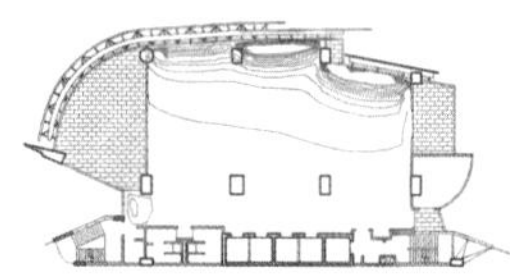

第七层平面图
9：00am

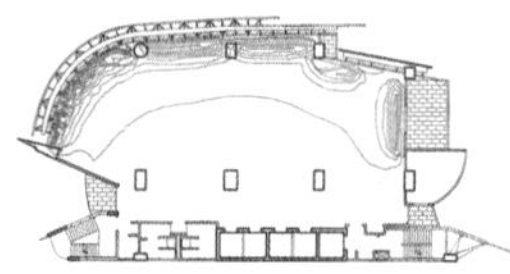

第七层平面图
4：00pm

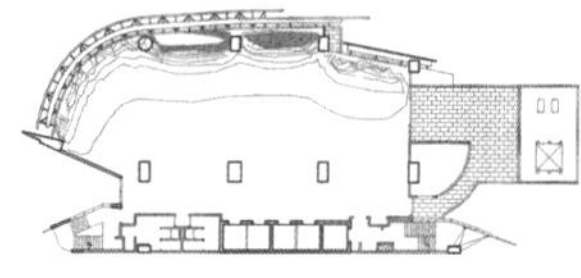

第六层平面图
10：00am

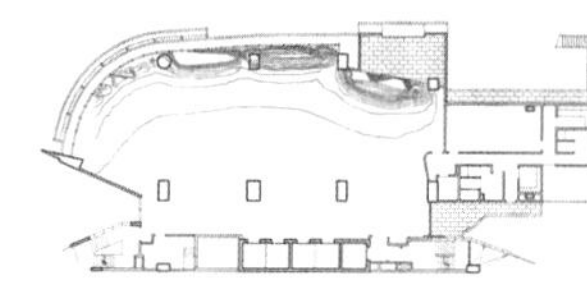

第六层平面图
4：00pm

在这种气候类型条件下，直接/全程的太阳辐射的作用是十分强烈的，而梅纳拉大厦的西墙面所采用的玻璃幕墙在气候调节方面存在着一些不足。

问题集中在立面的曲率（在正对西面的方向上），而且，幕墙设置在最需要有效遮阳设施的地方。

太阳辐射方面的气候资料也说明大约在下午4～5点的时候，阳光直射/散射的强度（同时还有气温）开始明显下降（这个时间段竖向上的定点角度大概为18°～20°）。

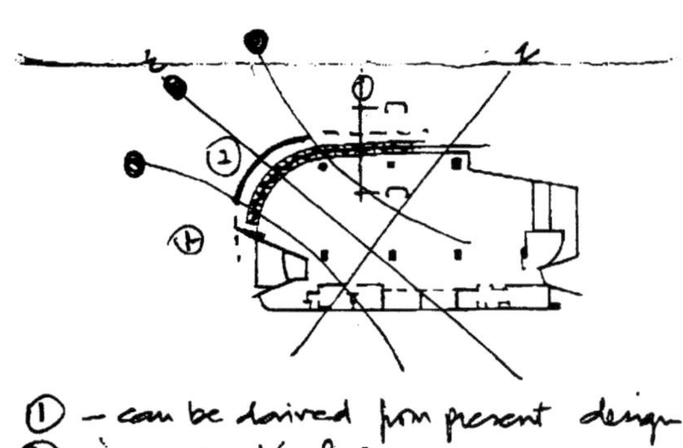

被推荐的遮阳系统由两个主要部分构成：

1 尺度/横剖面可以从现有构件中得到，

2 一个“独立”部分，是用来处理曲面处的高强度的入射阳光。

为处理好高强度的阳光直射，第二部分可以是：

1 一个竖向的遮阳系统为悬挑结构，长度是现有结构框架的2倍或1.75倍。它可能由穿孔金属板构成，以透过一定量的可利用的自然光。

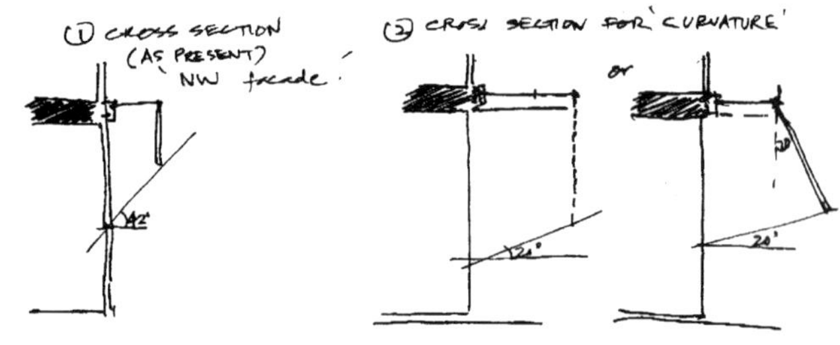

或者

2 一个倾斜的系统，带有一个偏离于垂直方向大约18°～20°的悬臂，由现有建筑材料/构件组成。第二部分在满足使用者视野的要求上可能更胜一筹。

改善“日照效率”的另一个重要举措是在设计中综合使用了光电板系统。

对夏季气温研究的结果表明：与其他遮阳设施（垂直的/水平的/倾斜的）相比较，除了将阳光反射入室内空间之外，光电板还对补充室内光线条件最差区域的照明效果更具价值。

为控制储热效用，建议在光电板面层的局部采用玻璃材料，它具有“较低”的遮光系数值。更为理想的是在幕墙部分使用效率更高（低遮光系数与高透明度）的玻璃，如彩色或反光的LOW-E玻璃。

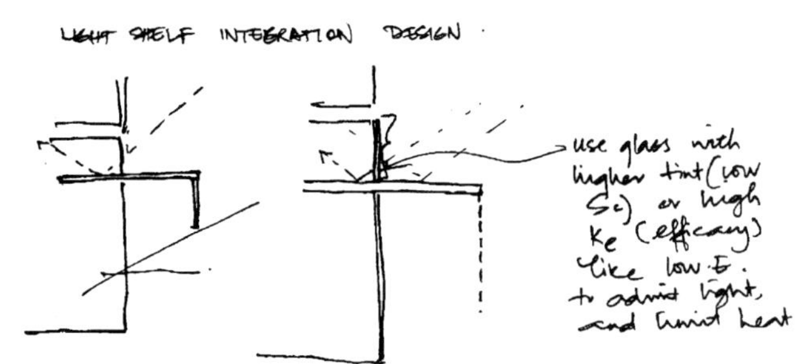

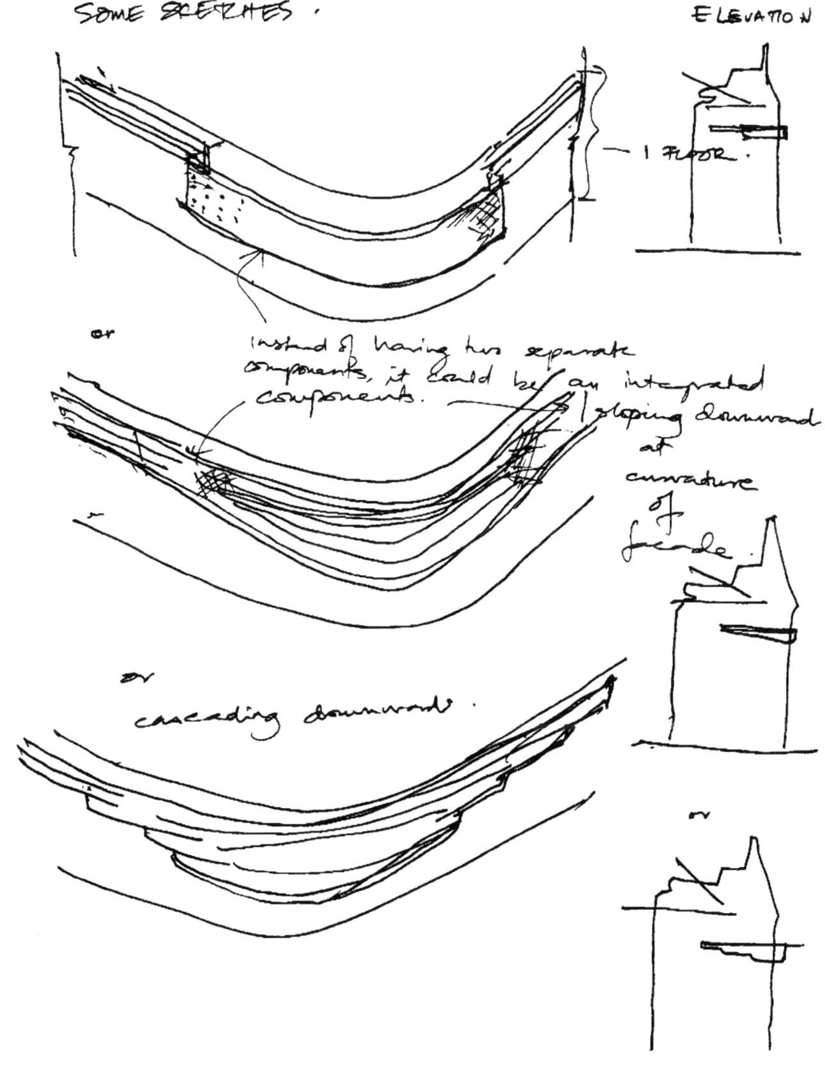

西立面遮阳设施的改进草图

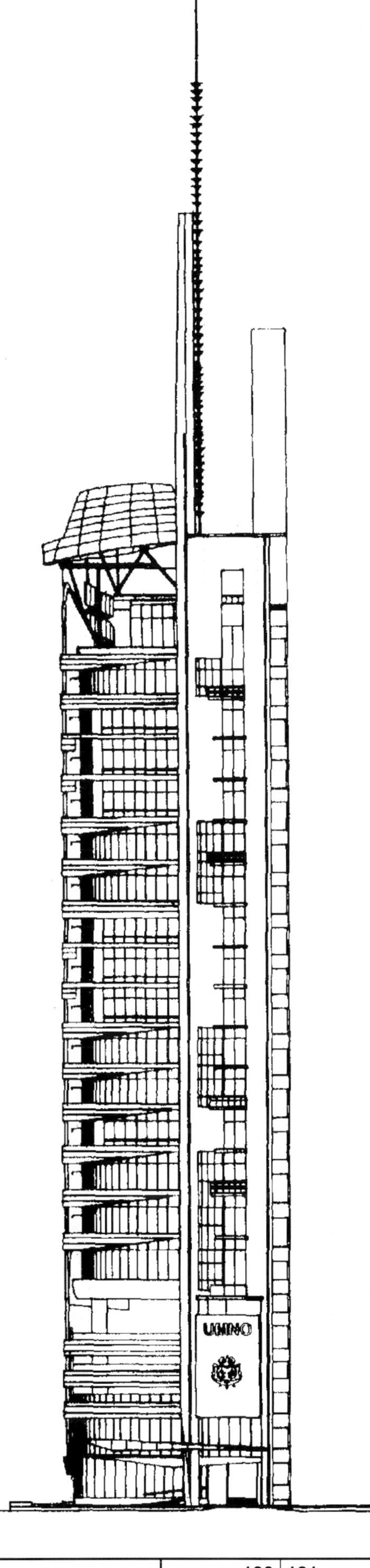

公共与私人码头
滨水居住区
步行林阴道
水上清真寺

迪拜市，阿拉伯联合酋长国

迪拜塔楼群

业主 迪拜市政府，阿拉伯联合酋长国
地址 迪拜，阿拉伯联合酋长国
纬度 北纬35.1°
总层数 最高18层（27个街区）
开工时间 1998年（设计）
竣工时间 -
面积 总建筑面积 863550 m²（毛面积）
场地面积 124688 m²
容积率 4.5

设计要点 • 项目坐落在迪拜市中心有名的滨水区，并位于5个著名的街区之间，即钟塔大厦、城市中心、迪拜国际高尔夫俱乐部、阿尔霍尔公园及阿尔马克托姆大桥。

项目所坐落的位置拥有宽阔的全景视野，能清楚地看到河对岸南面的阿尔霍尔公园，以及西南面的阿法佐公园和高尔夫俱乐部。

场地面积达到130万平方英尺，且其允许的最大容积率为5，这使得地块开发在设计和利用方面具有很大的弹性以及较丰厚的经济回报潜力。不过，此地块的建筑限高为13层或55m，这限定了建筑体量。

同时，地块位于一个交通压力很大的地区，即在阿尔马克托姆大桥换乘区与巴尼亚斯大道的交叉口处。因为接近道路交叉口，地块设在主路上的机动车入口也受到一定的限制。临街的地块也受到影响，因为西南面的边界被滨水区所占据。

设计理念提出了一个功能混合体，包括住宅、办公、旅游、商业等用途，同时还带有景观绿化区。

总体规划 • 项目总体规划的目标是处理好对临街地块及临河地块的使用。水体被引入到地块之中，让船只能够进入，同时也降低了所开发的建筑周围的环境温度（见下文）。

场地体量 • 方案中的用地规划关注以下几个方面，以改进现状的场地建设密度，并满足高度限制：

• 所有的停车空间都设置在地下，由此留出地面层用作景观绿化和娱乐游憩。采用地下停车场还可以降低建筑高度。

• 水体被引入到场地之中，从而创造出内部水景，并扩大了滨水休闲空间（如码头、滨水步道等）。

• 临水的建筑底层被架空，增加了额外空间，作为休闲用途。

• 将建筑高度提高到70m。在与民航局的非正式讨论中建议将建筑的高度限制从55m放宽到70m。

酒店 • 酒店坐落在地块北面的转角处，这是从主路上看最显眼的位置。酒店带有一个高等级的机动车垂直升降口，能够方便地到达地下停车场。酒店套房拥有欣赏西面的滨水区及北面的城市中心的宽阔视野。其马蹄形的形状构成了游泳池的顶棚，并将视线引向远处的港湾。

酒店为方案中的办公建筑带来的商务住宿的需求提供服务，同时也为到此地的游客提供服务。地块附近具有吸引力的、为旅游提供服务的建筑物，如城市中心购物广场、迪拜高尔夫俱乐部及海滨公园等，其功能都会因为策划中的滨水新区开发和购物设施的实施而得到强化。

服务型公寓 • 为便于进行统一维护，服务型公寓与酒店相连，还可共享俱乐部等设施。公寓拥有正对滨水区及港湾新码头的直接视野。

酒店及服务型公寓坐落在地块北部，并由港湾新码头将其与其他部分的开发分隔开来。这保证了它的安全性。

公寓 • 公寓位于滨水区，享有整个开发地块中的最佳视野。公寓与办公楼和零售购物广场紧密相接，这使其大为受益。

每个公寓楼都带有单独的机动车升降口通向大厅，同时也能由地下停车场直接进入。

双层玻璃的西立面　　空中庭园　　架高的绿化植被

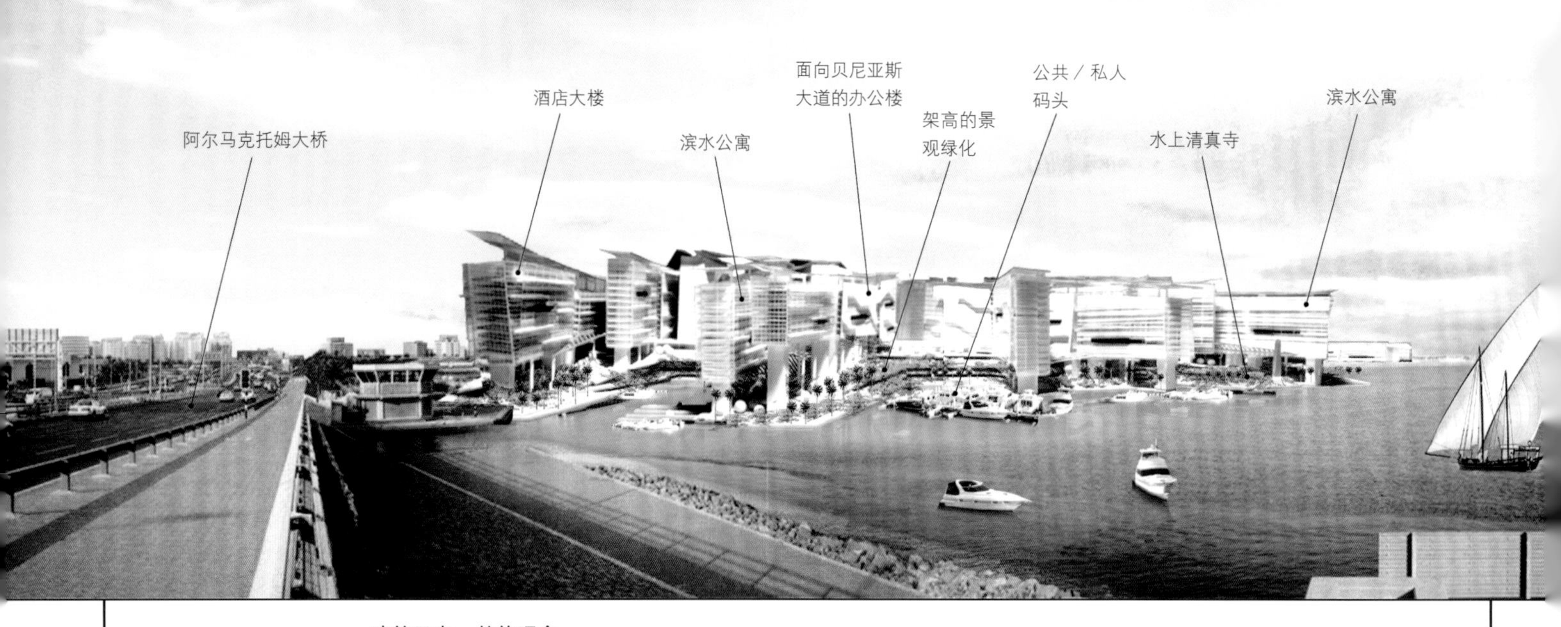

建筑元素－整体理念

总平面图

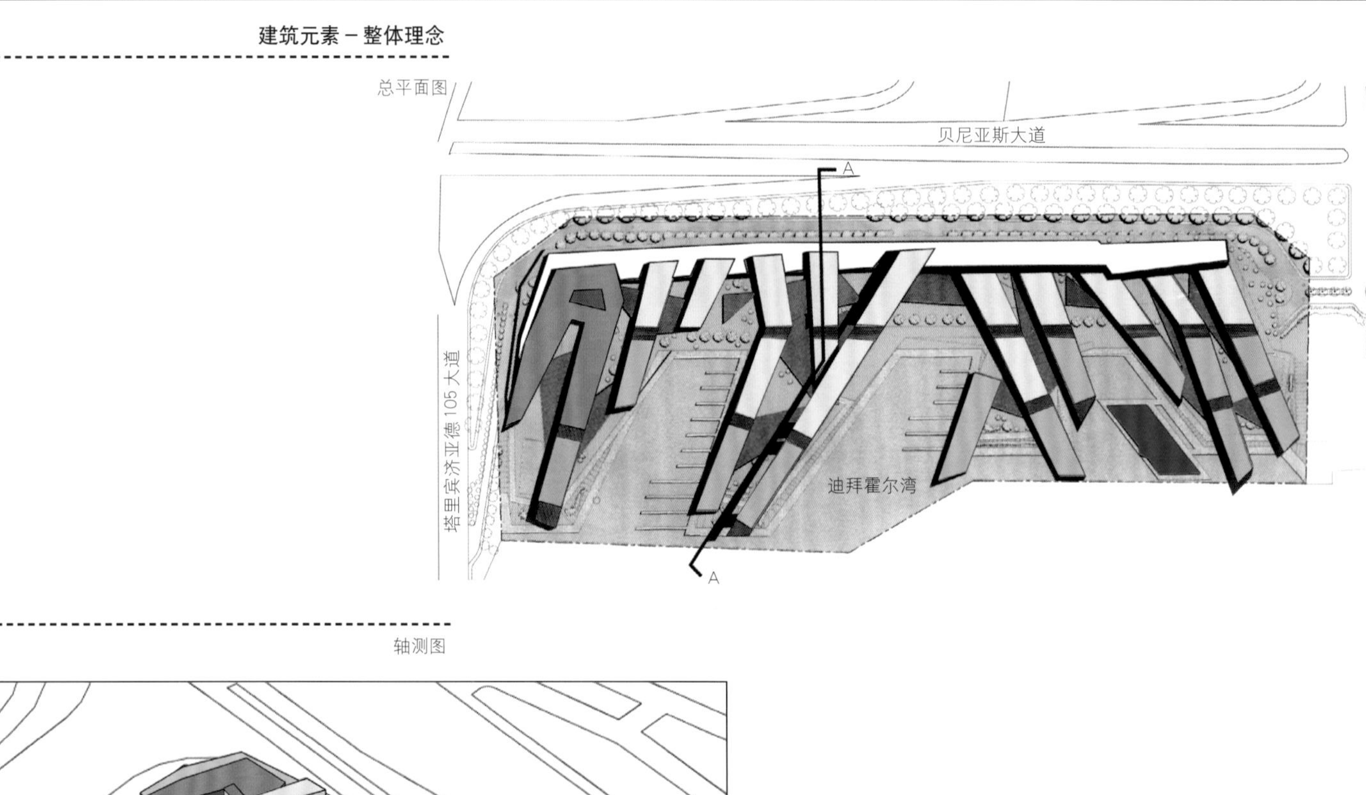

轴测图

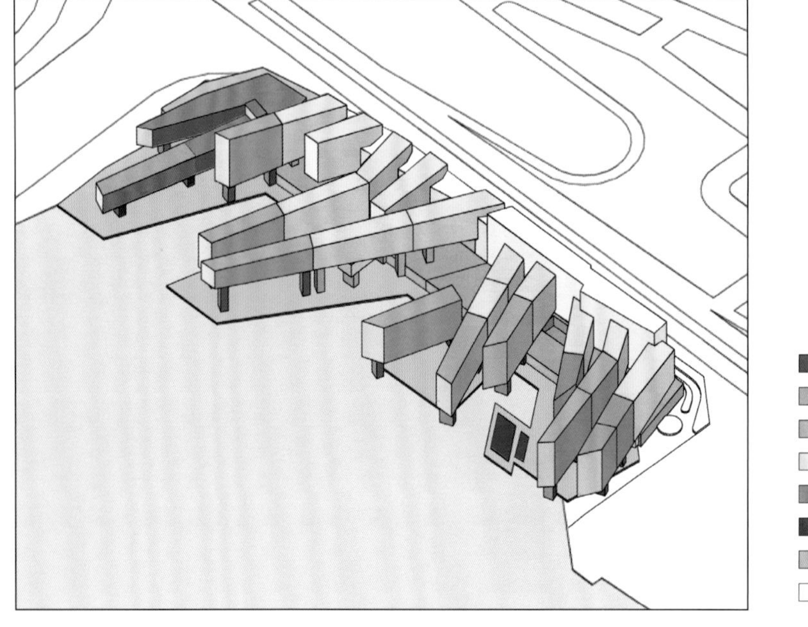

酒店
服务型公寓
零售商场
办公楼
公寓
清真寺
停车场
交通中心

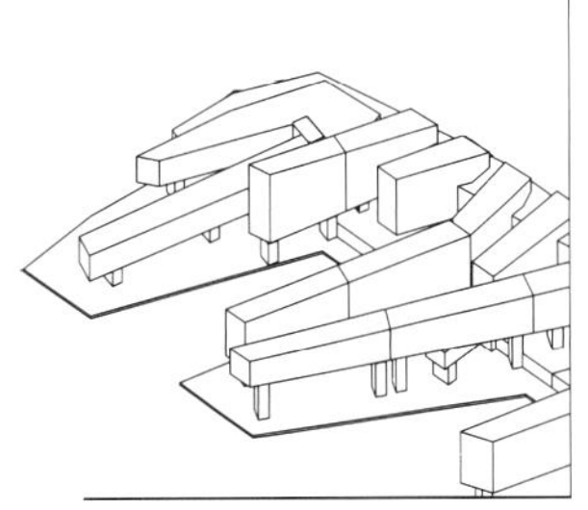

在形态及区位上，迪拜塔楼群的方案都与杨经文具有代表性的高层建筑类型有着本质的不同。

坐落在迪拜城市中心特殊的**滨水**区位，场地上的建筑拥有远眺至江对岸的公园用地的全景视野。地块允许的建筑高度被限制在70m，而在邻近巴尼亚斯大道的线状用地上设置路口也受到限制。

本质上，杨经文的设计总策略是采用一个部分埋于地下的巨大建筑底座，来提供停车场及零售购物广场等空间，并带有一个覆盖景观绿化的顶棚。它逐渐倾斜向下，与新建的滨水步道和码头相连，并将流水引入场地之中——以此美化景观并增加休闲空间。在这个巨大的景观底座之上，杨经文布置了一系列的斜向体量的**线型大楼**，底层架空，形成景观，并与滨水岸线近似于直角布局。这样布局是形成了“切片”状的建筑形态，实际上是完全出自于对**风向**和**自然通风**的考虑，同时也使得视线范围最大化。

在建筑形态设计和总体布局之中，杨经文有关**响应生物气候策略**主要包括两点：其一是线型体量的楼体之间的空气流动能够加速气流速度并强化其冷却效应，其二是线型楼体之间的辅助遮阳设施能降低辐射温度。在这些总体布局的原则之外，杨经文还采用了传统的**“风塔”**理念，通过地下停车场层的屋顶使其获得通风。因此，总体上多级分层的形体量可以看作是一个概念模型，它引入了**自然风**并促成空气流动，同时还为新引入的植被和水域提供遮蔽。杨经文的设计策略在更多的细节上得以深化：

> **“……所开发地块靠近海湾水域及其背后的城市水体，这使得自然风向在一天中产生循环的逆转变化。在下午，陆地的温度高于水体，则凉爽的海风从海面吹向陆地。而在早晨，陆地和建筑体通过夜间的辐射散热已经得到冷却，此时高密度的凉爽空气则由陆地流向水体。”**[1]

从这个论述中可以看到：设计方案得到了优化，并且在整个混合功能布局中强化了对细节的精心构思。

所有的生物气候要素中，除自然通风之外，最重要的就是**景观**绿化，它将自然有机体重新引入场地之中，并降低了周围环境微气候的温度。方案中含有地面和竖向的景观绿化，同时引入水体，覆盖了90%的场地面积。这主要归因于从步行道开始向上延伸并覆盖整个底座的大型地面景观广场。覆盖景观绿化的空中庭园也被引入到建筑的上部楼层中。

办公楼·办公楼坐落在开发地块的东面，以利用临街的区位优势。实际上，从周围的街道上都可清晰看见这栋办公楼。

办公楼坐落在零售商场裙房之上。

每个办公楼在较低的地面层（步行道层）都带有独立的机动车升降口，并且都可以从地下停车场直接进入。

零售商场·零售购物中心直接面向巴尼亚斯大道，并在街道上设置了主入口。

购物中心的屋顶装饰有购物大篷。在这里，可俯瞰码头和曼纳湾的全景。

停车场位于商场之下，可通过自动扶梯和电梯直接进入。

清真寺·清真寺坐落在直接临水的“岛屿”地块。它面向西方，即麦加的方向。

停车场·因为空间限制和高度约束，在这个地块开发中，停车场都位于较低的地面层及地下层。所提供的地面停车场极其有限，而且它的位置选取也是出于对VIP、妇女和家庭停车的考虑。

停车场的顶层（较低的地面层）是办公楼的下降层。它是一个半地下层，能够接收自然的通风与采光。它与宽阔的林阴大道相连接，后者拥有面向水域的良好视野。

分区理念·人行道和机动交通被一个竖向分隔设施隔离开来，即上方的行人与下面的机动车被分隔开。

通过这种方式，建筑之间的联系得以优化，而与外部交通状况及流通路线之间的冲突也得以避免。

生物气候层面

景观绿化·景观绿化与植栽降低了周围环境的微气候温度，同时将自然有机体重新引入到城市空间中。从本质而言，城市空间绝大部分由无机体所构成。

整个地块的开发中地面和空中的景观绿化得到了广泛的使用。这通过将景观绿化从滨水步道层沿着一个连续的平台一直延伸至购物广场的屋顶而得以实现，这个平台位于架空的建筑物之下。而覆盖有景观绿化的空中庭园也被引入到建筑的上部楼层中。

新码头修建时挖出的泥土被用于架空的建筑之间以及在地下停车场的屋顶上创造出景观地形，以此节约将泥土运出场地需要的成本。同时，泥土覆层也起到屋顶隔热的作用。

风与自然气流·与水体岸线呈近乎直角的建筑朝向使得空气能够在建筑体之间自由运动，这帮助实现了建筑的自然冷却。建筑的多孔立面特征引导气流穿越整个场地，同时，其竖直向上的空隙则像热气流管道一样促使空气垂直流动，从而为建筑的内部结构降温。

在传统建筑中也对空气流动进行了利用，例如通过“风塔”为使用空间提供自然通风。这种方法被用于地块开发中，以实现停车场层的自然通风。从底部裙房的屋顶一直延伸到地下室的大型采光通风井发挥着“通风塔”的功能，将新鲜空气引入地下室中并排出废气。

遮阳处理·对主要空间及外部空间的遮阳处理是设计中基本且重要的部分。在这个项目中，需要维持宜人的室内环境，使其不受阳光的直接照射，并以此减少建筑的环境处理系统的能耗需求，同时改善空间的整体舒适度。

遮阳结构附着在建筑立面之上，装有百叶的外遮蔽屏向外凸出。气流运动使得外遮蔽屏与窗户之间的空间得以冷却（见外墙剖面）。

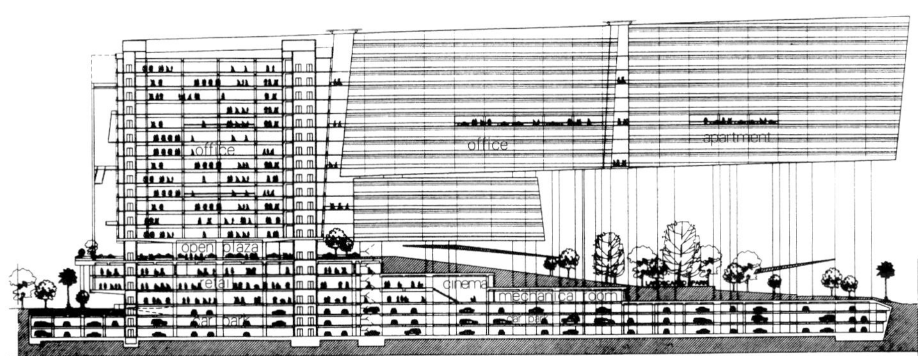

A-A 剖面图

1 Ken Yeang:‘Dubai Tower’, Project Notes 1998

项目元素

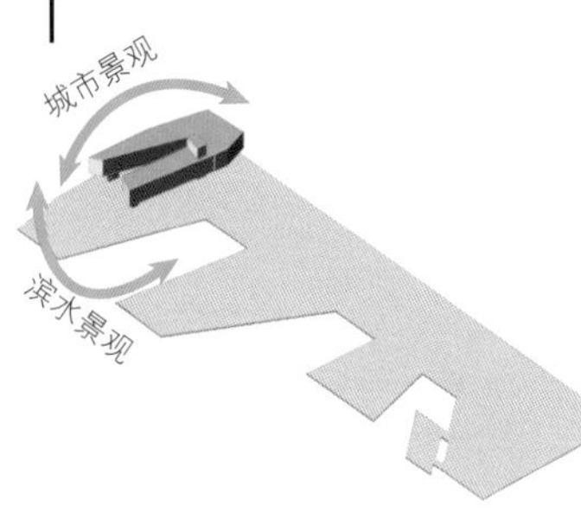

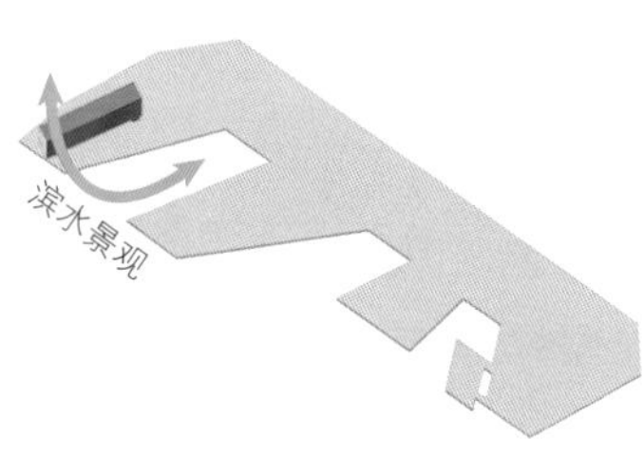

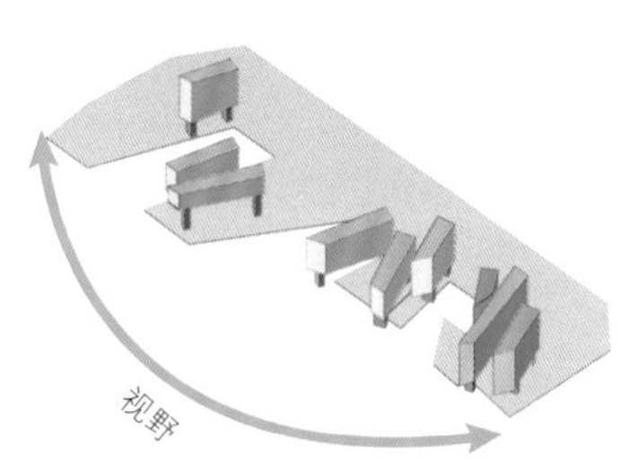

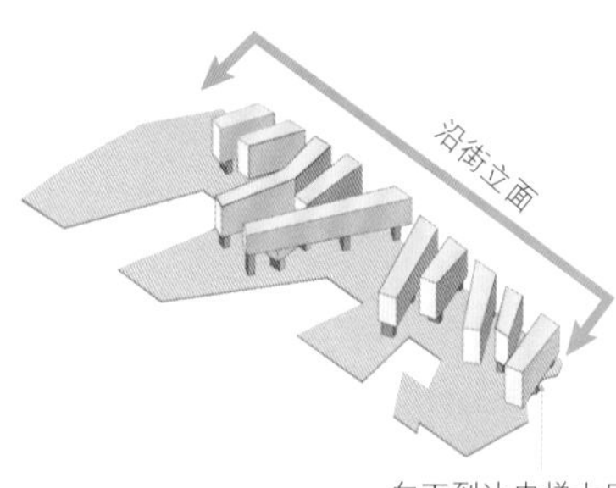

景观

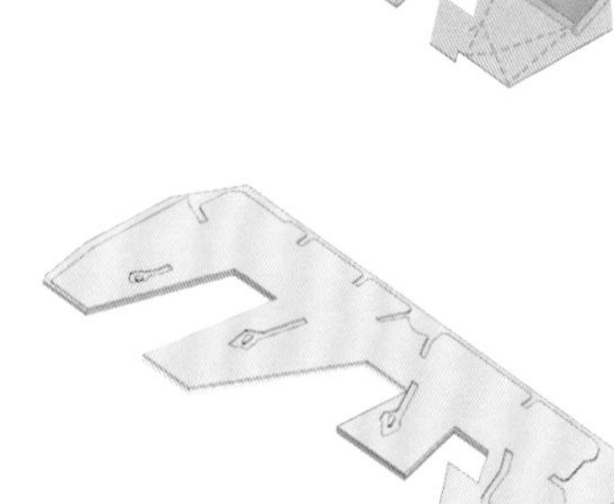

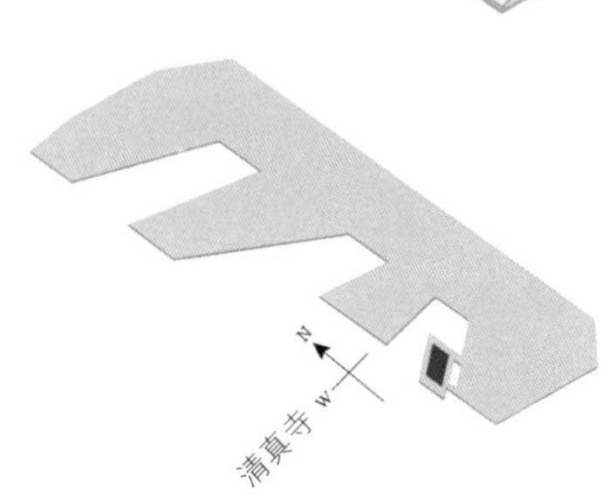

酒店

酒店坐落在地块北面的转角处，这是从主路上看最显眼的位置。酒店带有一个高等级的机动车垂直升降口，能够方便地到达地下停车场。

酒店套房拥有欣赏西面的滨水区及北面的城市中心的宽阔视野。其马蹄形的形状构成了游泳池的顶棚，并将视线引向远处的港湾。

酒店为方案中的办公建筑带来的商务住宿的需求提供服务，同时也为到此地的游客提供服务。地块附近具有吸引力的、为旅游提供服务的建筑物，如城市中心购物广场、迪拜高尔夫俱乐部及海滨公园等，其功能都会因为策划中的滨水新区开发和购物设施的实施而得到强化。

服务型公寓

为便于进行统一维护，服务型公寓与酒店相连，还可共享俱乐部等设施。公寓拥有正对滨水区及港湾新码头的直接视野。

酒店及服务型公寓坐落在地块的北部，并由港湾新码头将其与其他部分的开发分隔开来。这保证了它的安全性。

公寓

公寓位于滨水区，享有整个开发地块中的最佳视野。公寓与办公楼和零售购物广场紧密相接，这提供了极大的便捷。每个公寓楼都带有单独的机动车升降口通向大厅，同时也能由地下停车场直接进入。

办公楼

办公楼坐落在开发地块的东面，以利用临街的区位优势。实际上，从周围的街道上都可清晰看见这栋办公楼。

办公楼坐落在零售商场裙房之上。每个办公楼在较低的地面层（步行道层）都带有独立的机动车升降口，并且都可以从地下停车场直接进入。

零售商场

零售购物中心直接面向巴尼亚斯大道，并在街道上设置了主入口。购物中心的屋顶装饰有购物大蓬。在这里，可俯瞰码头和曼纳湾的全景。

停车场

因为空间限制和高度约束，这个地块开发中，停车场都位于较低的地面层及地下层。所提供的地面停车场及其有限，且它存在的地方也是出于对VIP、妇女和家庭的考虑。停车场的顶层（较低的地面层）是办公楼的下降层。它是一个半地下层，能够接收自然的通风与采光。它与宽阔的林荫大道相连接，后者拥有面向水域的良好视野。

清真寺

清真寺坐落在直接临水的“岛屿”地块。它面向西方，即麦加的方向。

使用空间

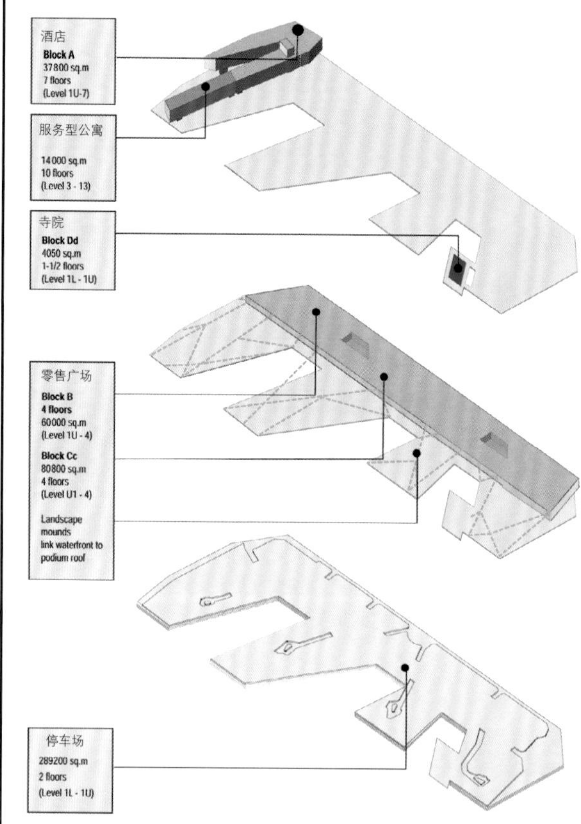

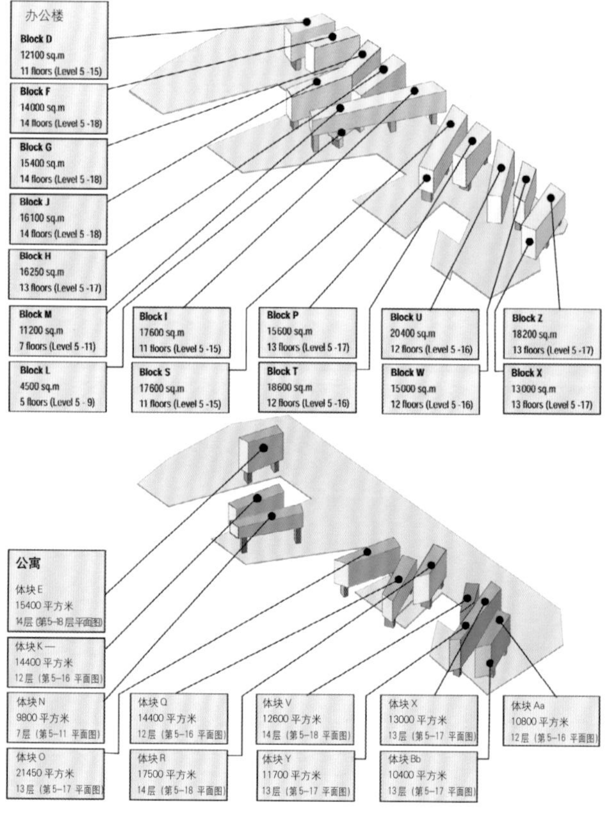

除相互独立的各栋建筑由于各自的线型体量自然生成日照阴影外，还在线型立面上安装了**遮阳结构**，装有百叶的外遮蔽屏向外凸出。在**规划和城市设计**的层面上，这个方案集中了很多种功能——带有一个大型购物广场，里面包含了百货公司、超市、食品市场及专业商店等，分布在地下停车层之上的楼层中。各栋大楼既有公寓也有办公楼，同时还包括一个加长型的“马蹄”状酒店大楼。

酒店由400个标准间和套房构成，它们环绕在一个中庭周围，还带有游泳池和室外咖啡馆。房间一侧都拥有朝外的宽阔视野，而走廊则依靠空中庭园来获得自然采光。酒店屋顶还带有露天花园平台，在这里同样也可俯瞰水域及公园的宽阔**视野**。和杨经文其他的高层建筑一样，如新加坡的EDITT大厦，获得建筑的**外部景观**和**视野**受到了优先的考虑。

整个楼群中，11栋公寓大楼都具有“纤细”的体态，这强化了贯穿于公寓室内的**空气对流**。建筑底层架空在水面之上，并包含有室内运动场、咖啡屋、设备间等设施，同时在建筑顶层还专门设有天棚。如何获得外向景观和视野再次得到了全面的考虑。办公楼也采用类似的线型体量，坐落在底层的零售区用房之上。伸展型的平面上承重柱较少，这使得内部空间的划分更具灵活性，并且为室内空间提供最大程度的**自然采光**。

方案的很多方面，如结构、入口和交通空间，都得到谨慎的改进，并综合融入到整体的理念和设计中。方案中还包括了一个清真寺，它坐落在一个安静的场所——临水的岛屿之中。它面向西方，即麦加的方向。

不过，对这个方案来讲最重要的并不仅仅是形态布局，更重要的是运用**生态气候的响应策略**——从而使得建筑布局成为气候控制的自然结果。

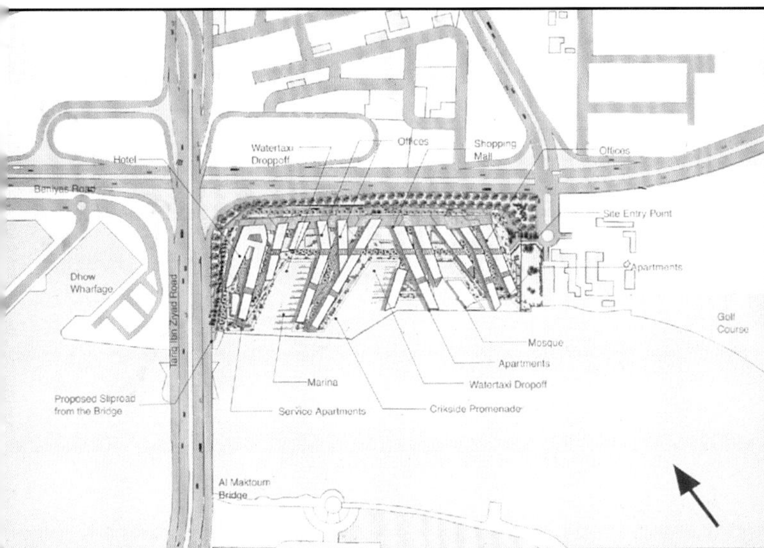

分阶段

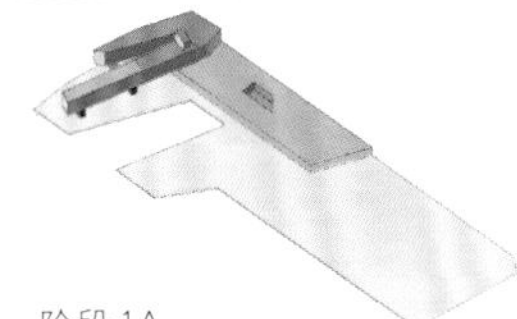

阶段1A
A • 酒店（300间客房）
B • 零售广场（阶段1）
C • 服务型公寓

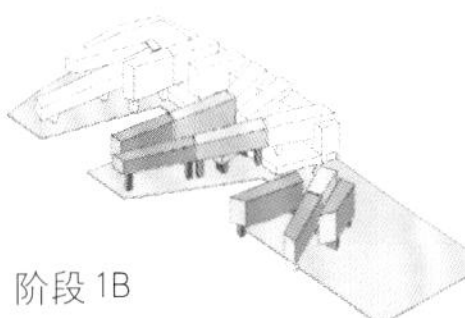

阶段1B
D • 办公楼
E • 公寓（80个单元）
F • 办公楼
G • 办公楼
H • 办公楼
I • 办公楼

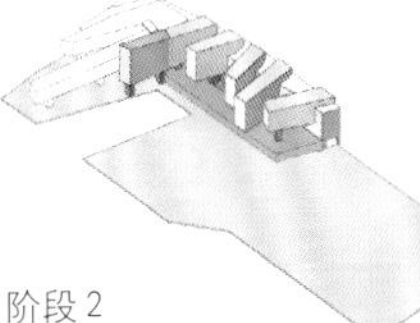

阶段2
J • 办公楼
K • 公寓（75个单元）
L • 办公楼
M • 公寓（50个单元）
N • 公寓（110个单元）
O • 办公楼
P • 办公楼
Q • 公寓（75个单元）
R • 公寓（90个单元）

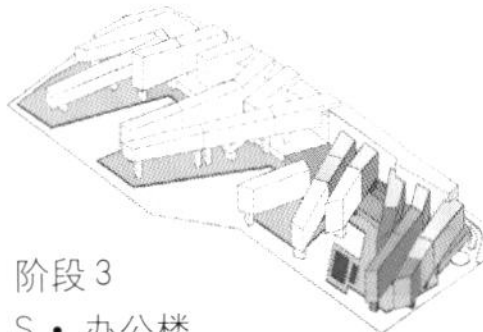

阶段3
S • 办公楼
T • 办公楼
U • 办公楼
V • 公寓（65个单元）
W • 公寓（80个单元）
X • 办公楼
Y • 公寓（60个单元）
Z • 办公楼
Aa • 办公楼
Bb • 公寓（55个单元）
Cc • 零售广场
Dc • 清真寺

建筑层面

酒店设计 • 这是五星级的高档酒店，带有400套大面积的标准间和套房。它以“马蹄”形状展开，环绕在一个中庭周围，还带有游泳池和室外咖啡馆。楼体一侧靠近中央走廊，它将房间分隔开来，同时提供了俯瞰庭园和城市中心/海湾的视野。走廊上穿插着休闲空间和空中庭园，后者提供了自然采光，并使得空间构成不再千篇一律。楼层的每一侧末端都留给豪华套房，这样，豪华套房就拥有能够欣赏整个海湾的视野。

在二层和三层的位置，酒店与零售购物广场相连。而在四层能直接到达裙房的屋顶花园，后者的平台向下一直延续到码头和滨水步道。屋顶花园的露天平台提供了俯瞰滨水区及远处海滨公园的壮观视野。

重要服务设施，如主厨房、洗衣店及服务设施入口等，都布局在“马蹄”形结构的中心区域，位于酒店的下部楼层。酒店设有一个高等级的机动车升降口，朝向巴尼亚斯大道。而地下停车场位于坡道正下方的地下楼层。

公寓设计 • 整个地块开发中有10个公寓楼和一个服务型公寓楼。它们所在场地位于面向海湾的一侧。开发项目中几乎所有的公寓单元都能够俯瞰整个水域。通过将海水引入场地中以形成新海湾，这在相当程度上增大了滨水区的面积。

实质上，公寓楼也是采用线型体量，这形成了贯穿公寓的空气对流。公寓单元可从单向的走廊到达，后者能够俯瞰到下方的景观庭园（在两栋公寓楼之间）。复式单元设计带来了空间的多样性，同时也与立面景观更为吻合，而且每两个楼层才需要一个走廊。

公寓大楼的末端悬挑在滨水区岸线之上。在其下部楼层和屋顶层的单元中容纳了一些公共设施，如室内运动场、咖啡屋以及机械设备间。这些空间在立面上作了特殊处理，在夜间也能发出亮光。

为了让滨水步道层保持一个完整空间，没有柱列的分隔，因此，公寓室内的柱子采用大楼底部5层处的空腹桁架支撑的结构形式。在这一层，公寓里的所有服务管道都转换为服务设施集中空间。

零售商场设计 • 零售购物广场的设计占据了临水的优越区位，可满足地块开发面临的多种类型人们的使用需求，包括居民、旅游者、码头工人及写字楼的上班族。

购物广场的一端是百货商店，并包括一个超市、一个国际食品展销广场、靠码头的专业游艇商店、室内和室外的咖啡馆/餐厅、纪念品商店以及其他专业商店。

购物广场选址在整个地块中最适宜的位置，它的三面都较为开阔，可见度良好，而且机动车能够方便地到达。广场布置在巴尼亚斯大道和滨水区之间，以作为视觉和噪声的缓冲区域。

零售商场设计策略 • 在远离主入口道路的地方，购物广场设有一些与巴尼亚斯大道平行、供车辆出入广场的升降口，方便购物者自动下降到停车层。广场立面采用多孔外壳形式，极具震撼力，交通坡道、空中庭园和室内购物中心都可以透过孔洞窥得一斑。立面暗示了广场之内喧闹繁华、生机勃勃的场景，同时也使得街上的人们对购物中心产生视觉上的兴趣及好奇心。

购物广场与开发项目中的其他部分，如周边的公寓、办公楼和酒店等相互连接，这通过一个景观步行系统得以实现。步行交通系统使得居住或工作于此的购物者能更方便地到达和接近零售商店。

宽阔的机动车坡道位于购物广场的末端和中间的位置。汽车从这进入到购物广场中位置较低的底层停车场以及地下一层停车场。在停车场层，购物者沿一条植被葱郁的景观“大道”驶向指定的停车位，还可欣赏沿途的滨水景观。通向购物层的竖向交通自动扶梯的入口因为巨大的采光井而变得尤为醒目。这些采光井同时也发挥着通风塔的作用，从裙房顶层引入清新空气，并将地下室的废气排出。

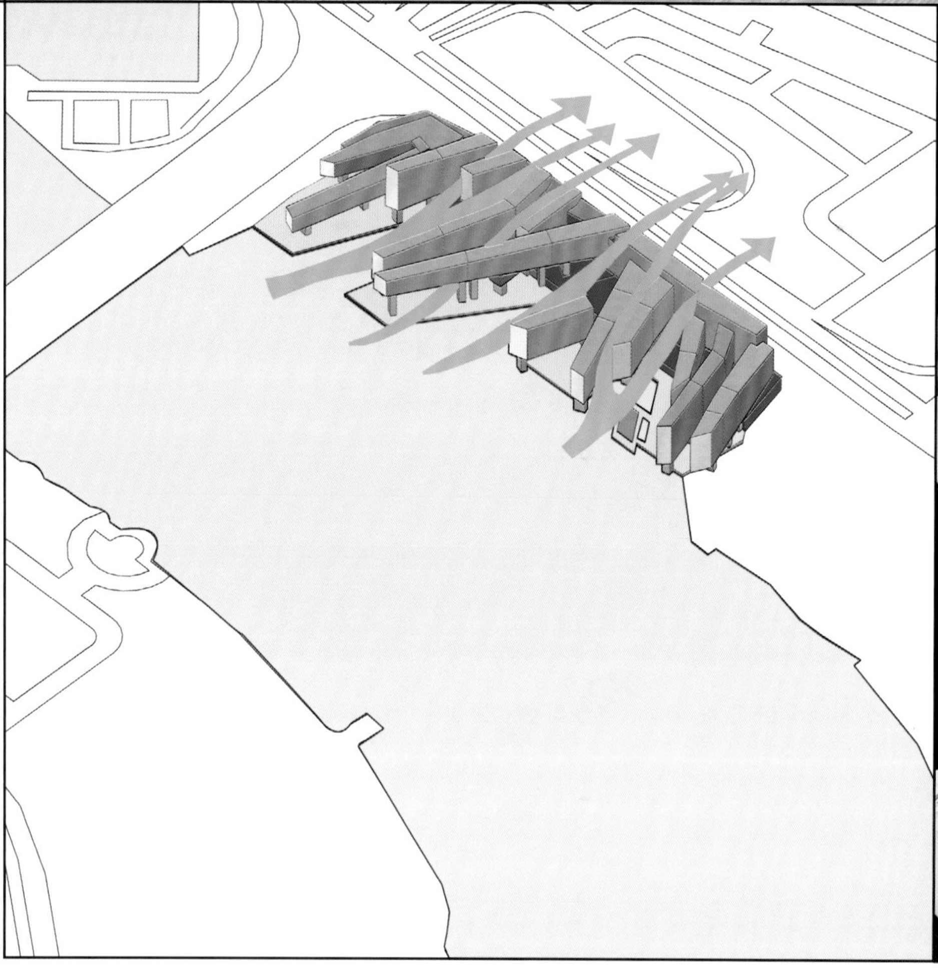

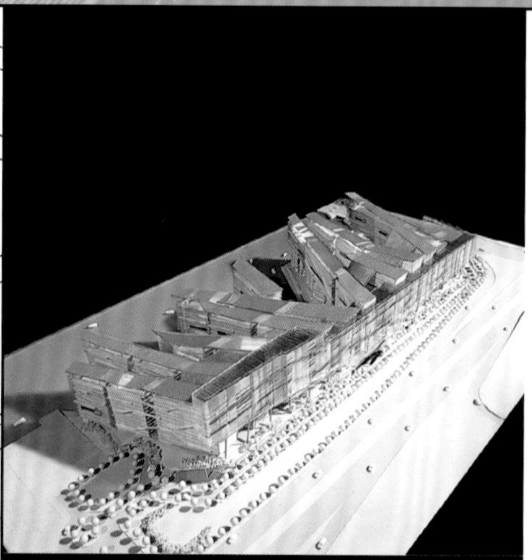

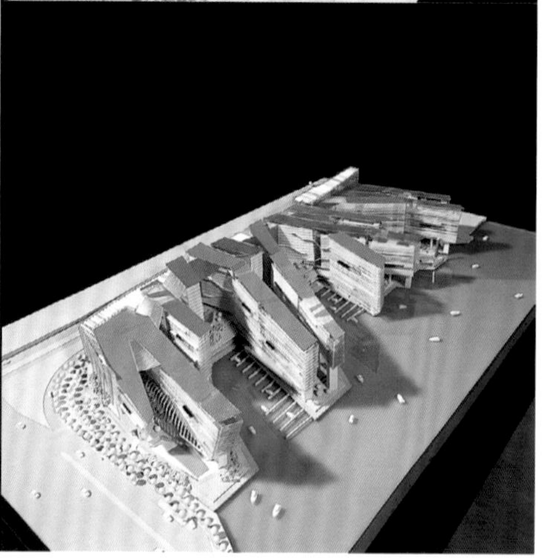

生物气候响应策略

风和自然通风

所开发地块靠近海湾水域及其背后的城市水体，这使得自然风向在一天中产生循环的逆转变化。在下午，陆地的温度高于水体，则凉爽的海风从海面吹向陆地。而在早晨，陆地和建筑体通过夜间的辐射散热已经得到冷却，此时高密度的凉爽空气则由陆地流向水体。与水体岸线呈近乎直角的建筑朝向使得空气能够在建筑体之间自由运动，这帮助实现建筑的自然冷却。

建筑的多孔立面特征引导气流穿越整个场地，同时，其竖直向上的空隙则像热气流管道一样促使空气垂直流动，从而为建筑的内部结构降温。

在传统建筑中也对空气流动进行了利用，例如通过"风塔"为使用空间提供自然通风。这种方法被用于地块开发中，以实现停车场层的自然通风。从底部裙房的屋顶一直延伸到地下室的大型采光通风井发挥着"通风塔"的功能，将新鲜空气引入地下室中并排出废气。

景观

无论从生态层面还是生物气候层面，我们都应利用景观绿化与植物栽培来降低周围环境的微气候温度，同时将自然有机体重新引入到城市空间中。从本质而言，城市空间绝大部分由无机体所构成。

整个地块开发中地面和空中的景观绿化得到了广泛的使用。所提出的方案中最令建筑师骄傲的就是整个场地面积上高达90%的景观绿化率（包括水面覆盖面积）。这是通过将景观绿化从滨水步道层沿着一个连续的平台一直延伸至购物广场的屋顶而得以实现，这个平台位于架空的建筑物之下。而覆盖有景观绿化的空中庭园也被引入到建筑的上部楼层中。

新码头修建时挖出的泥土被用于架空的建筑之间以及在地下停车场的屋顶上创造出景观地形，以此节约将泥土运出场地需要的成本。同时，泥土覆层也起到屋顶隔热的作用。

遮阳处理

对主要空间及外部空间的遮阳处理是设计中基本且重要的部分。在这个项目中，需要维持宜人的室内环境，免受阳光的直接照射，并以此减少建筑的环境处理系统的能耗需求，同时改善空间的整体舒适度。

遮阳结构附着在建筑立面之上，装有百叶的外遮蔽屏向外凸出。气流运动让外遮蔽屏与窗户之间的空间得以冷却。

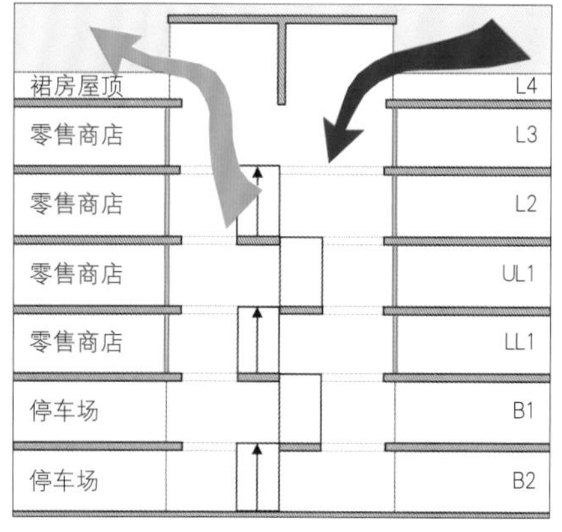

通风塔

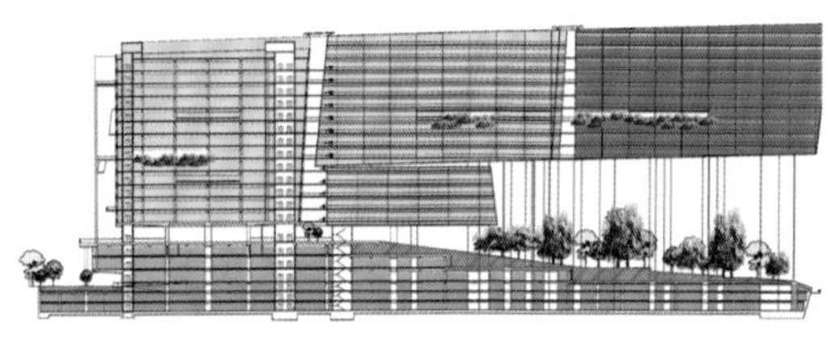
剖面图

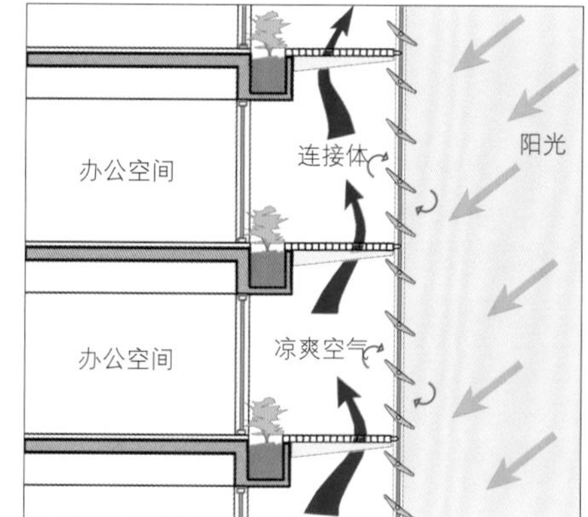

外墙剖面

购物中心的室内交通沿着纵向轴线组织形成一个环形回路。三层的百货商店、超市及食品市场位于环路的一端，而专业商店则沿着整个环路排列。

购物中心的屋顶是一个带有小型帐篷的开放式景观广场，屋顶帐篷作为餐厅和咖啡馆来使用，设有露天座位，能够俯瞰整个海湾。

办公空间设计策略・办公楼坐落在零售购物中心的裙房之上。办公楼的入口和机动车的下沉式停车场则位于裙房较低的楼层。

电梯间布置在每个建筑楼的两端，这使得租用者能够获得无阻隔的办公空间。楼层的矩形平面以及无柱列隔断的布局让室内空间划分的灵活性达到最大可能。而舒展型的平面则为室内空间提供了最大程度的自然采光。

高层办公楼之间的连接通道使得人们不需要回到地面层的门厅就能到达邻近的大楼。这也使得不同大楼之间的办公空间更容易地进行联系和融合，从而便于空间的拓展。

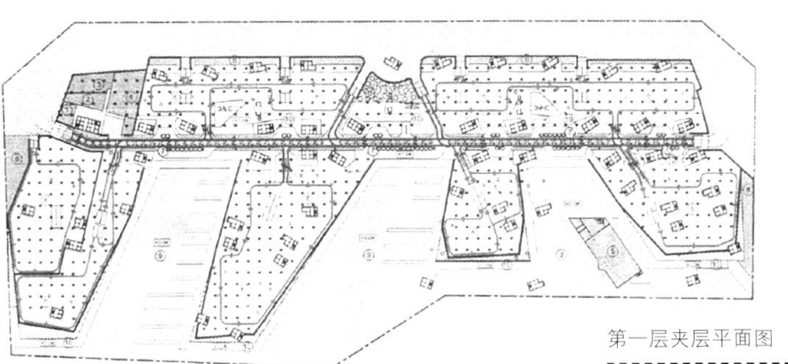
第一层夹层平面图

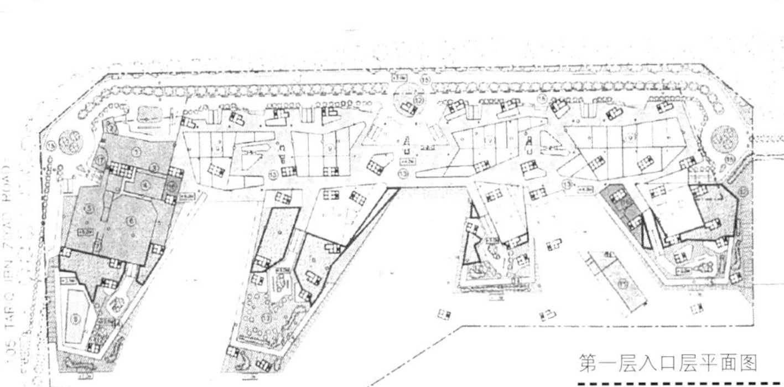
第一层入口层平面图

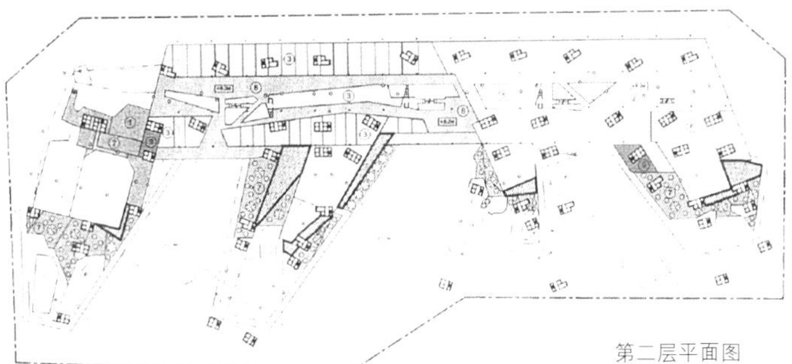
第二层平面图

第四层平面图

第十五层平面图

麦加设计方案是杨经文所有作品中规模最大的之一，而且，它所强调的重点已经转向**城市设计**以及如何与现状城市空间和地形相适应，来处理建筑整体的组合关系。

线状场地的外围被城市道路及快速路的网络所环绕，并以一个主要通道（以及用于传送的地下运输通道）组成线型的交通中枢，而建筑则位于山峰之巅，并沿交通线分布。整个空间组合都在阿海赖姆圣地的视野以及步行可达的范围之内。阿海赖姆圣地是麦加城中受整个世界朝觐的圣地。

杨经文的核心策略是创造一个

> **“……服务于朝圣者的、独特而宁静的、如绿色公园一样的环境……谨慎的规划和资源管理可以将雅巴尔-奥马尔塔楼群所在的场地变为一个绿色区域，遮蔽其外部空间并创造出舒适的环境以进行朝觐活动……它是一个阴翳的场所，从中可以看到阿海赖姆圣地。”**[1]

整个设计都源自于这么一个概念基础——它是一组位于中脊核心空间的V型建筑，带有停车场及大型**景观屋顶**覆盖下的下沉式零售购物中心。灌溉用水通过回收整个地块中的“灰水”来提供，而植被的选择则以当地的物种为基础，它们需要最少量的用水，并能在严酷的气候环境中存活。主要楼层的水平植栽和低矮岩石坡上的棕榈树林连接在一起，共同创造出一个位于雅巴尔-奥马尔塔楼群和阿海赖姆圣地之间的**“绿色海洋”**。

1 Ken Yeang: ‘Jabal Omar Tower’, Project Notes 2000

雅巴尔-奥马尔塔楼群

麦加，沙特阿拉伯

因此，杨经文的设想表现为“**绿洲**”，在大尺度上强调用地的形态，而住宅则矗立其上，将视线引导集中在阿海赖姆圣地和卡巴区的主体**景观**。

以总体构思为基础，杨经文提出：为了满足用地要求的密度，采用**高层建筑**的形式是不可避免的。在采纳这个方案之后，场地中的大部分面积都可改造为**景观绿地**。

主体建筑为9栋高层，包括7栋35层的公寓以及2栋50层的酒店，此外还有一个4层的零售购物广场以及后期将开发的4栋16层的酒店。第一阶段的详细设计以一个标志性的**50层的酒店大楼**及一个**35层的高层住宅**为中心，此外还包括所有的连接性广场、交通线路及相关设施。

杨经文对概念构思的描述揭示了他在功能安排和形态象征方面的意图：

> **“……建筑矗立于一个集会平台之上，后者聚集了交通流并通过两个坡道将人们引向祷告广场。建筑布局中尤其注意为每一个公寓单元和酒店套房及集会空间提供面向阿海赖姆圣地的清晰视野。建筑形态让人想起一部打开的可兰经，它是对神圣的朝觐活动的持久暗示[2]。”**

设计理念在一系列的研究中得到扩展，其中包括了杨经文的**生态方法**、**建筑构成和视域的组合**、**步行道及斜坡道的结合**、**旅行时段分析**及**祷告区和祷告范围**等。整体设计理念也作了分项的深入研究，将建筑的高度与周围山脉的450m的高度控制极限结合考虑，并将两个标志性的建筑放置在场地之上。杨经文提出了**未来**山脉及建筑体**边缘**的构想，将其视作一个可以从雅巴尔-奥马尔塔楼群一直延伸到周围山地的模型，因此，从这个意义上讲，这个设计方案已经超越了中心城市的范围而成为影响到整个区域的视觉形象。

高层建筑群及其详细设计尤其强调对杨经文的生态设计原则、房间平面及观赏视野的考虑，还包含步行空间和祷告区的布局。建筑总体为东西朝向，外墙采用坚固的形式，而交通设施则位于西立面和南立面，这将因建筑的结构和类型的不同而有所区别。这些高层的一个主要特征就是采用设置在屋顶层的**通风口**，通过**机械蒸发冷却**引导气流进入室内，例如在酒店中心区的设计就是如此。杨经文在笔记和文章中定义了这些原则性要素：

> **“……一个贯穿于高层建筑中心区的冷却塔构成了地块开发设计中的一部分……通风塔将暖气流引导至建筑的顶部，此处一个精巧的喷雾器就能够冷却并湿化空气。而凉爽潮湿的空气流回到通风塔中，冷却建筑中的走廊，并为所有的房间和公寓提供了新鲜空气。最后，冷却空气从屋顶花园排出，同时为花园和祷告区降温。”[3]**

2 Ibid.
3 Ibid

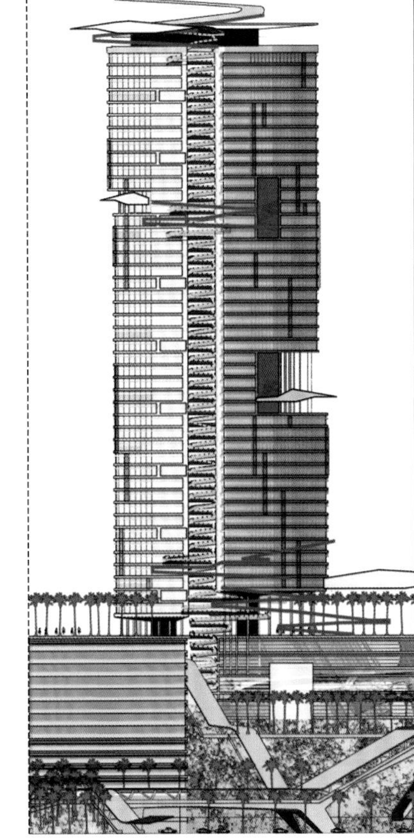

业主 麦加建设与开发公司
地址 麦加，沙特阿拉伯
纬度 北纬21.27°
总层数 7栋高层公寓 35层
2栋高层酒店 50层
零售购物广场 4层
4栋酒店大楼 16层
开工时间 2000年（设计）
面积 总毛面积 878880 m²
总净面积 565650 m²
祷告平台和景观花园面积 94000 m²
停车场面积 309000 m²
场地面积 232000 m²
容积率 3.8

设计要点·总体城市设计策略

阿海赖姆圣地位于5座山脉的环绕之中，它们围合出圣地所在区域现状的“边框”。我们的城市设计策略是建造那些受高度限制而又不得不采用高层形式的建筑，它们将环绕阿海赖姆圣地创造出新的“保护性边框”。这将避免在神圣的宗教区周围出现混乱生长的天际线。而建筑高度新的参照物则来源于周围5座山脉的平均高度——450m，它将是阿海赖姆圣地周围未来地块开发中新的高度限制。仅有一两栋坐落在预定位置的特殊建筑可以超出这个高度限制，通过模拟传统清真寺的尖塔从而创造出富于变化的天际线。

总体规划·雅巴尔-奥马尔塔楼群的开发方案利用山顶将用地划分为两个部分，其中之一面向阿海赖姆圣地，而另一个则位于远离阿海赖姆圣地的方向。面向阿海赖姆圣地的开发地块包括了集会空间和连接阿海赖姆圣地的步行道。酒店和高层公寓矗立于山顶，受“边界”新高度的约束以获得最大范围的视野。地块西面则用作停车场和机动车的入口。

阿海赖姆圣地的可达性·一个位于二层的中央步行道（即宽阔的集会广场大道）像一个“集流器”将位于塔楼的朝圣者集中于此，他们被两个“斜坡道”引向阿海赖姆圣地。电梯、自动扶梯、水平传送装置及步行通道的结合使用缩减了行进时间。对塔楼中的每个单元都作了行进时间分析，以测算到达阿海赖姆圣地所需要的时间。

面向阿海赖姆圣地的视野·单廊式房间和公寓所构成的建筑形态使得建筑立面的表面积以及面向阿海赖姆圣地的视野最大化，设计中采用了一系列的建筑形态（如A型、V型、H型、M型和复合形态）。

绿色公园·借助停车场屋顶和集会场所屋顶的景观化为朝圣者创造出如绿色公园一样的宜人环境。这些景观通过天桥相互连接。地块中的绿化灌溉用水来源于对建筑“灰水”的回收。设计构想试图在地块中创造出由生态环境的无机体和有机体共同构成的平衡“生态系统”。在极度单纯的可持续设计中，屋顶景观绿化给出了一个真正意义上的“绿色”方案。停车场的屋顶覆盖土壤和植被，这使得停车面积可以排除在建筑容积率的计算之外，因此，增大了开发中容许的商业建筑面积。

蒸发冷却通风塔·作为一个设计中的低能耗空调系统，“蒸发冷却通风塔”设置在塔楼的内部，可向交通空间和底层花园提供凉爽的空气，并作为房间空调系统的辅助设施。

可供选择的祷告区·方案中提出了一些可供人们选用的祷告区。高层酒店的中庭设有通向祷告房间的坡道，这些坡道在建筑中每5层设置一个。而集会广场屋顶的祷告平台也是一个可选择的祷告区：这是一个公共的、开放的区域，受到周围建筑和栽植的棕榈树的遮蔽，并拥有朝向阿海赖姆圣地的清晰视野。

冷却通风塔还带有一个**步行坡道**，它将各个房间与祷告厅相连，并一直延伸到底层的零售购物区，并向这儿输送凉爽的空气。此外，**屋顶花园**还布置了植被和水塘，以降低进气口处的温度，并减少空气中的扬尘。屋顶花园也形成主要的祷告区，在平面的东部边缘能清楚地看到阿海赖姆圣地。

除**蒸发冷却塔**这个主要的构件外，还有就是杨经文的绿色空中庭园，他将其运用到整个项目开发之中。

建筑设计中包含了一系列的**祷告空间**，从私人房间到祷告大厅和平台再到阿海赖姆圣地广场的祷告区。为祷告提供服务的步行系统对整个方案来讲至关重要，杨经文仔细地研究了这个问题。这个关键功能的核心是在集会广场层引入**步行道**。

> **"……这个步行道最主要的功能是当居住在雅巴尔-奥马尔塔楼群的人们进行一天5次的祷告时作为祷告人流的聚集器。所有人都会来到这个楼层，通过电梯从高层住宅中下来，或者通过自动扶梯从一共4层的集会平台中聚集过来……人流被分为4组，在下面的广场上得到分流，通过由自动扶梯和传送装置构成的斜坡道得以实现。"** [4]

这些步行道驾空在易卜拉欣-阿哈利勒大道的上方，能将朝圣者安全地送到阿海赖姆圣地。在建立起这个主要的步行传送系统之后，杨经文对**步行时间**也作了分析。这是对方案效果进行了检验，并

> **"……确定了人们能够按时到达祷告区进行每天的礼拜所需要的行进速度。"** [5]

如杨经文所有的设计一样，竖向景观绿化被等间距地引入，而在这个案例中特别考虑了和祷告房间之间的关系。

在本质上，酒店及高层公寓的**整体设计**都采用有机的建筑形式。在给人们的第一印象中，该建筑群具有汉斯·萨龙作品的某些特质。仔细观察，每个房间以及线状集聚空间的设计都受限于需要提供面向阿海赖姆圣地的**外向视野**，这通过在每个单元外缘采用分块玻璃幕墙而得以实现。

总体上看，雅巴尔-奥马尔塔楼群方案展现了杨经文的设计方法的**方方面面**，它涵盖了从创造新的城市地域特征到单个房间的详细设计的各个角度的考虑。再者，他将生态设计方法、景观重构以及人流组织等因素整合到一起，创造出**城市中的圣洁之地**，它的存在为神圣的**朝觐**以及朝觐者的真诚祷告提供服务。

4 Ibid.
5 Ibid

立面图和剖面图

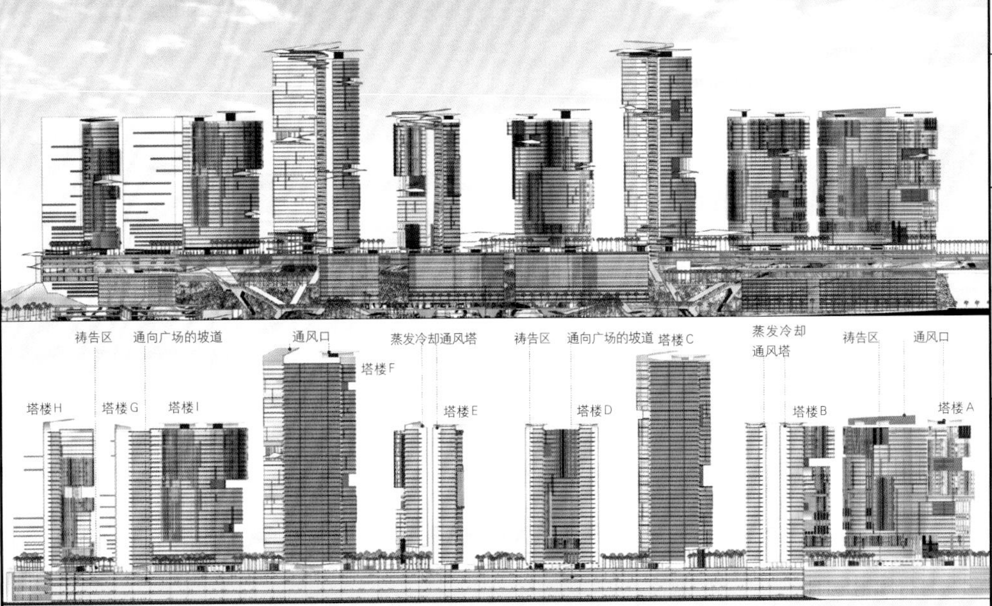

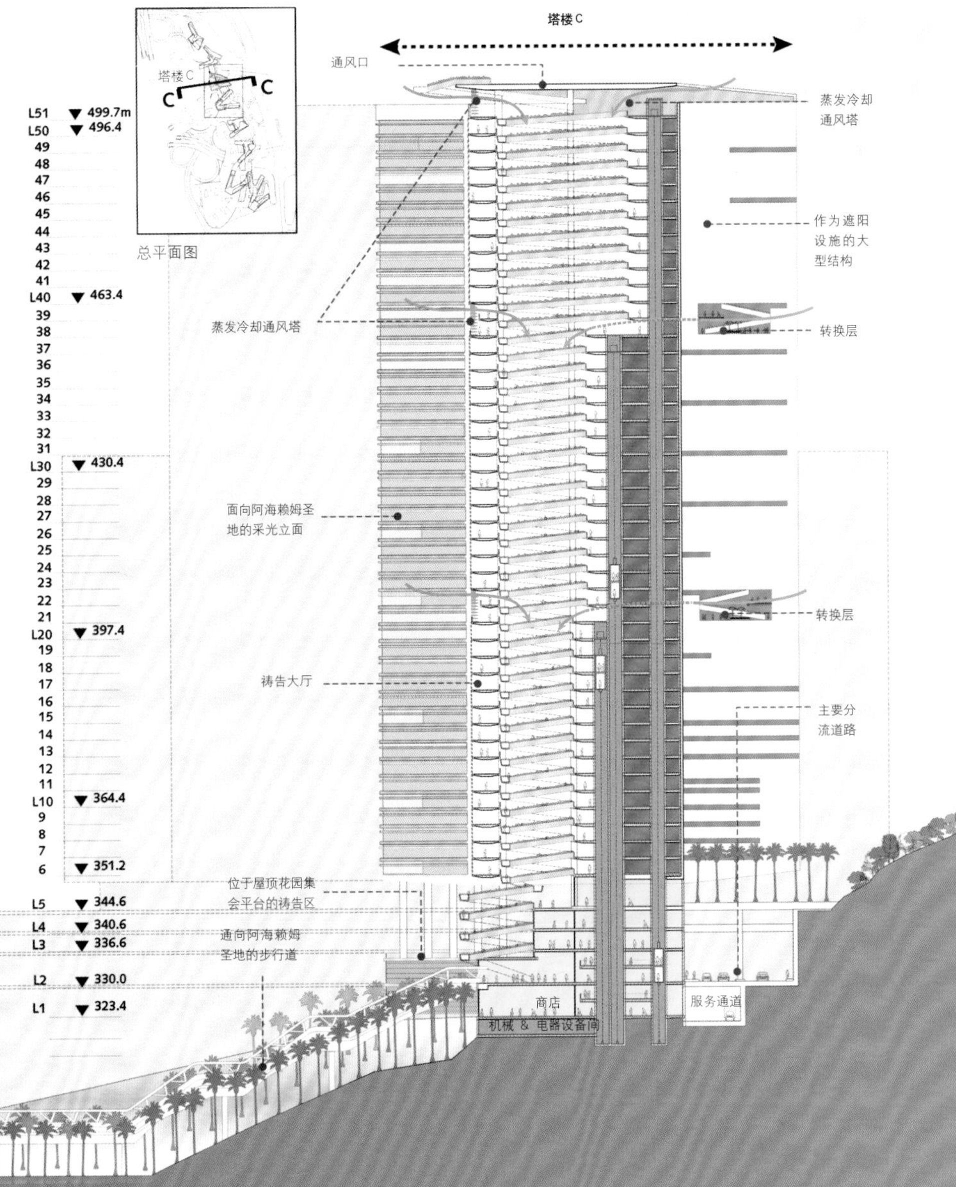

场地横向剖面图

设计构思

雅巴尔-奥马尔塔楼群所在的地块是环绕在神圣的阿海赖姆圣地周围的5块山地之一。因此，作为地块的外框，从这里可以看到整个祷告区。设计方案试图利用这个位处外框的高地，在山顶上形成一个眺望及祷告的聚集场所。

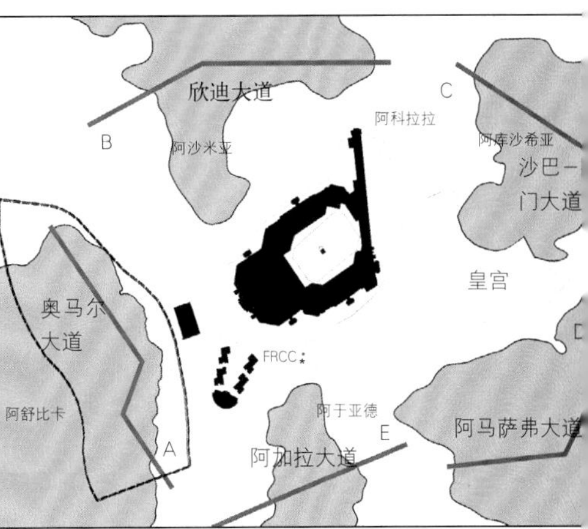

对于阿海赖姆圣地而言，周围像"外框"一样的山脉

集会广场的屋顶带有一个位于景观花园之中的祷告区。这个祷告区是位于下方的祷告平台的延伸，同时考虑了对下面斜坡地的后期开发。第三层的集会平台同时也为驾车到达者提供分流空间。

在集会场所之下的楼层设置有一个服务性便道，它为物件运送、垃圾处理及系统维护需求提供服务。

集会广场由4层的商业活动空间组成，并面向阿海赖姆圣地。其中配备有为高层建筑上部空间提供服务的接待区，同时，它还作为来自于雅巴尔-奥马尔塔楼群和邻近地区的人流的聚流器，人们从这里开始经由两条延伸到阿海赖姆圣地的主要坡道而被带入祷告区。

有两个因素暗示了阿海赖姆圣地周围山地的开发将带来一个环境严苛得如沙漠一般、由混凝土构成的野蛮世界。其一，麦加的气候炎热而干燥，且植被稀少。其二，由于聚集了大量的朝觐者，尤其是在麦加朝圣的时段内，需要为密度相当高的居住、商业及流动人口提供服务。但无论如何，通过谨慎的规划以及对本土生态系统的精巧创造能够促成植被的生长，从而为朝圣者提供一个绿色的宜人的生态环境。

如果宜人的生态环境能够遍布在周围的山地，场地外缘的绿化将创造出一片绿洲，其中容纳并烘托出卡巴区的存在。

设计理念能够贯穿在麦加5块山地的开发，借此为圣洁之地创造一个围栏，在其边界范围内提供了居住及商业活动的开发空间。

上述的这些因素使得整个方案成为能够适应当地环境的独特类型。

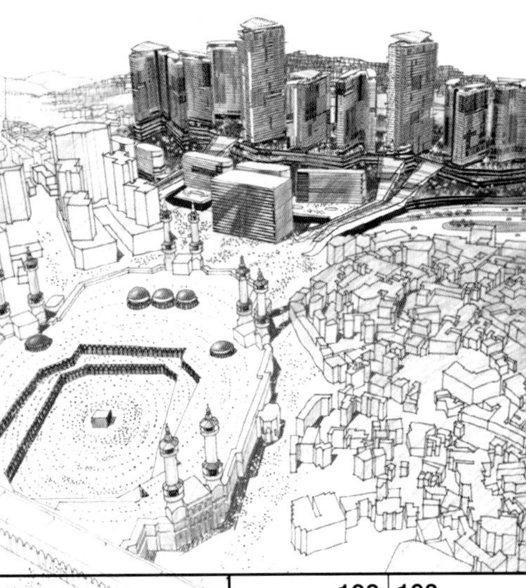

建筑形式

新区由位于山顶、矗立在集会平台之上的系列高层塔楼构成。在满足地块密度的要求下，采用高层形式是不可避免的选择。而选择高层的形式之后，场地中剩余的部分则可用于植栽。

高层矗立于一个集会平台之上，后者是人流的聚集区，并将朝圣者引至下面的两个坡道，再经由这儿到达祷告广场。

建筑设计中尤其值得注意的是应该让公寓和酒店的每一单元都附加上辅助区域，与集会平台相连，从而具有面向阿海赖姆圣地的清晰视野。建筑的形态让人想起一部打开的可兰经，它是对神圣的朝觐活动的持久暗示。

集会广场与主要分流道路相连接。在主要道路下方是用于传送的地下运输通道。

因为阿海赖姆圣地是朝觐活动的首要聚集地，因此，在场地中存在的视觉聚焦保证了开发建设高层住宅可获得高回报率。

塔楼矗立于屋顶花园的集会平台之上，使得人流可以自由进入场地并在其中任意活动，同时也保证了塔楼的私密性和安全性。

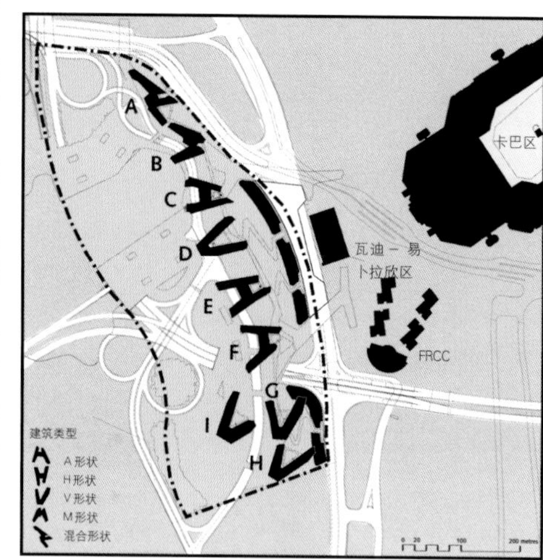

高层中朝向阿海赖姆圣地的视线

对麦加的朝圣者而言，卡巴区是核心的体验。

新区与阿海赖姆圣地之间的视觉联系是通过一组高层建筑得到确定，以此保证每一个公寓都拥有面向祷告区的视野。

确保朝圣者能够在房间中看见阿海赖姆圣地，从而顺利进行祷告活动，并且与圣洁之地之间连续的视觉联系也不会被打断。

麦加存在着多个景观层次，而卡巴区则是视线的聚焦点。在朝圣季节，当祷告区挤满人群时，视线吸引区则延伸至这个广场的边缘。

屋顶花园提供了朝向阿海赖姆圣地的视野，因此，室外祷告区可以分布在它的边缘。

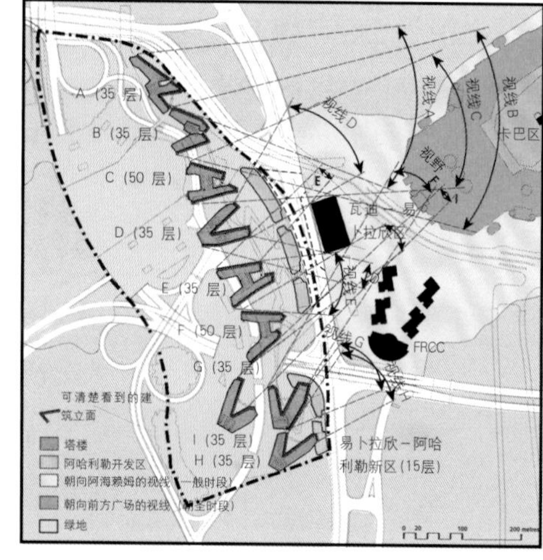

步行道作为“人流集中器” 与通向阿海赖姆圣地的斜坡道连接起来。

集会平台的主要层面带有一个宽阔的“步行道”，它将场地与周围南北的邻近地块连接在一起。步行道拥有面向阿海赖姆圣地的视野，而周围的祷告平台不断将集会平台上的人们引向朝觐活动的中心区域。

这个步行道最主要的功能是当居住在雅巴尔－奥马尔塔楼群的人们进行一天5次的祷告时作为祷告人流的聚集器。所有人都会来到这个楼层，通过电梯从高层住宅中下来，或者通过自动扶梯从一共4层的集会平台中聚集过来。

人流被分为4组，在下方的广场上得到分流，是通过由自动扶梯和传送装置构成的斜坡道得以实现。

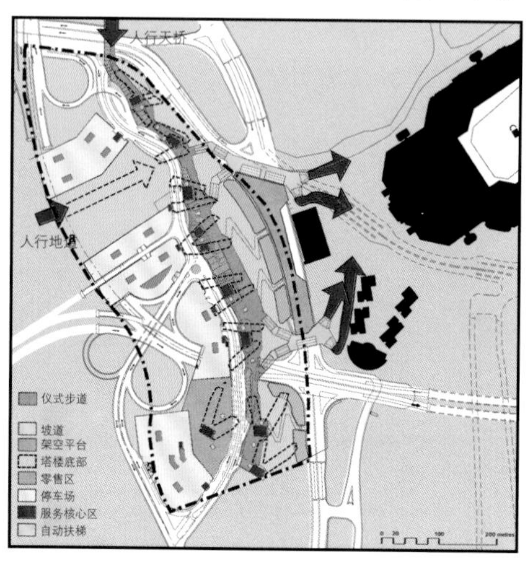

场地横向剖面图

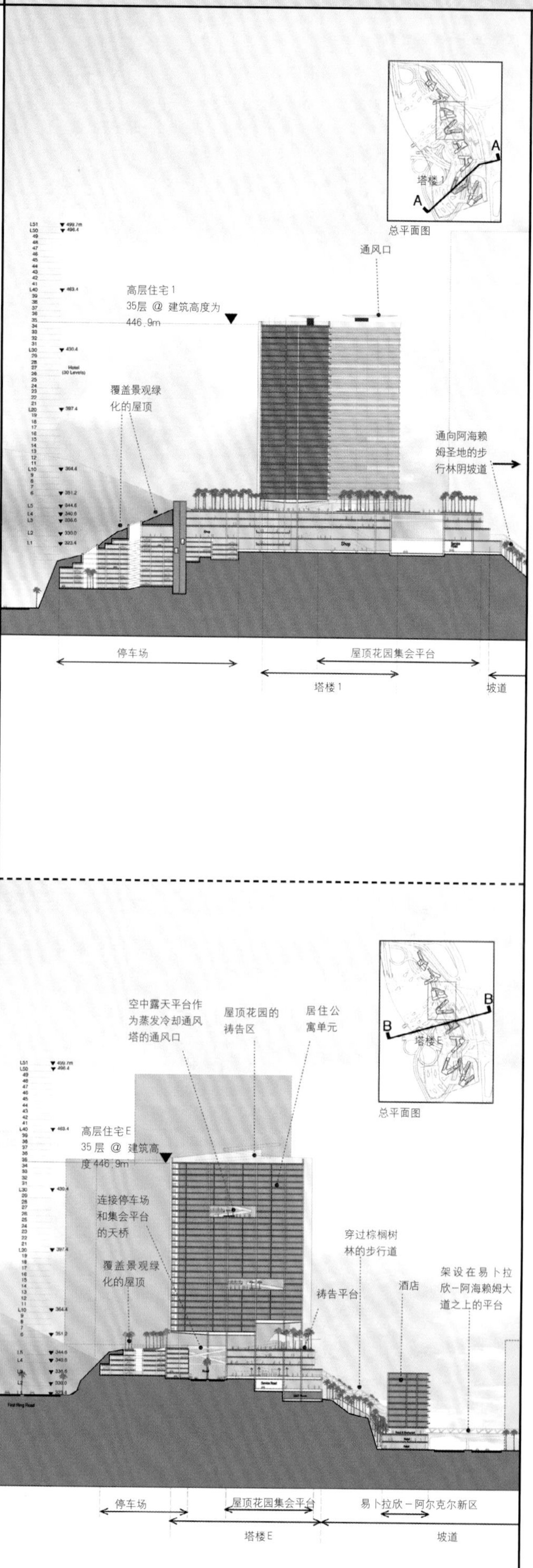

地块开发中最成功之处在于精确确定人们在每天礼拜活动中到达祷告区的行进速度。

场地中设有多个能够进行祷告的区域，从场地中的最远处到达每个祷告区的时间都进行了计算，从而保证布局的有效性，在最好及最坏的情况下所需的时间都是以分钟为单位来表示。

进入方式包括步行（从平台或下面的坡道）、电梯（位于塔楼或集会空间内部）、自动扶梯（集会空间中或者连接下面主坡道）及水平传送装置。

路线	行进模式	出发点	目的地	距离（m）竖直	水平	时间(min)
A	步道 & 坡道	标准间 @ 最上楼层	塔楼的祈祷区	10	80	3
B	电梯	标准间 @ 最上楼层	屋顶集会平台 @ 第五层	152	35	3
C	电梯	标准间 @ 最上楼层	集会平台 @ 第二层	166	35	3.50
C1	电梯	第四层	第二层	11	21	1
D	步道	电梯核 @ 第二层	坡道	/	54	1
E	电梯 & 代步工具	坡道	阿海赖姆圣地	45	142	6

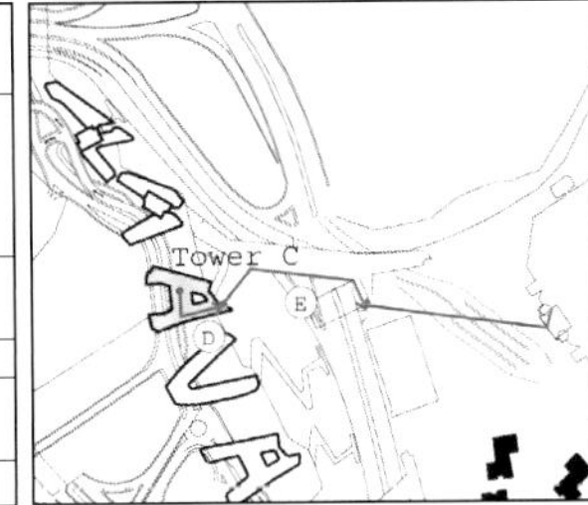

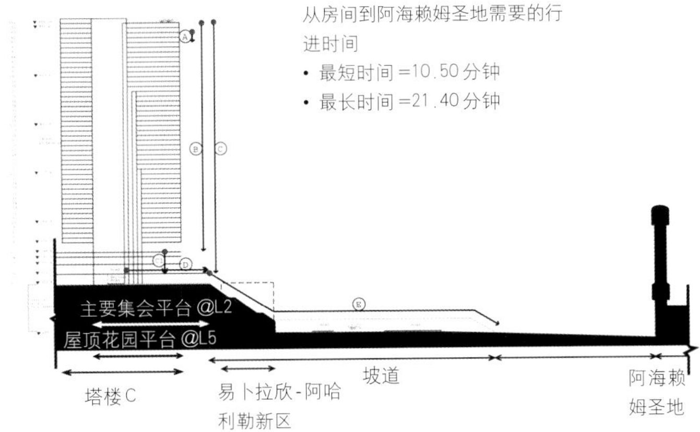

建筑冷却系统

A–A 剖面

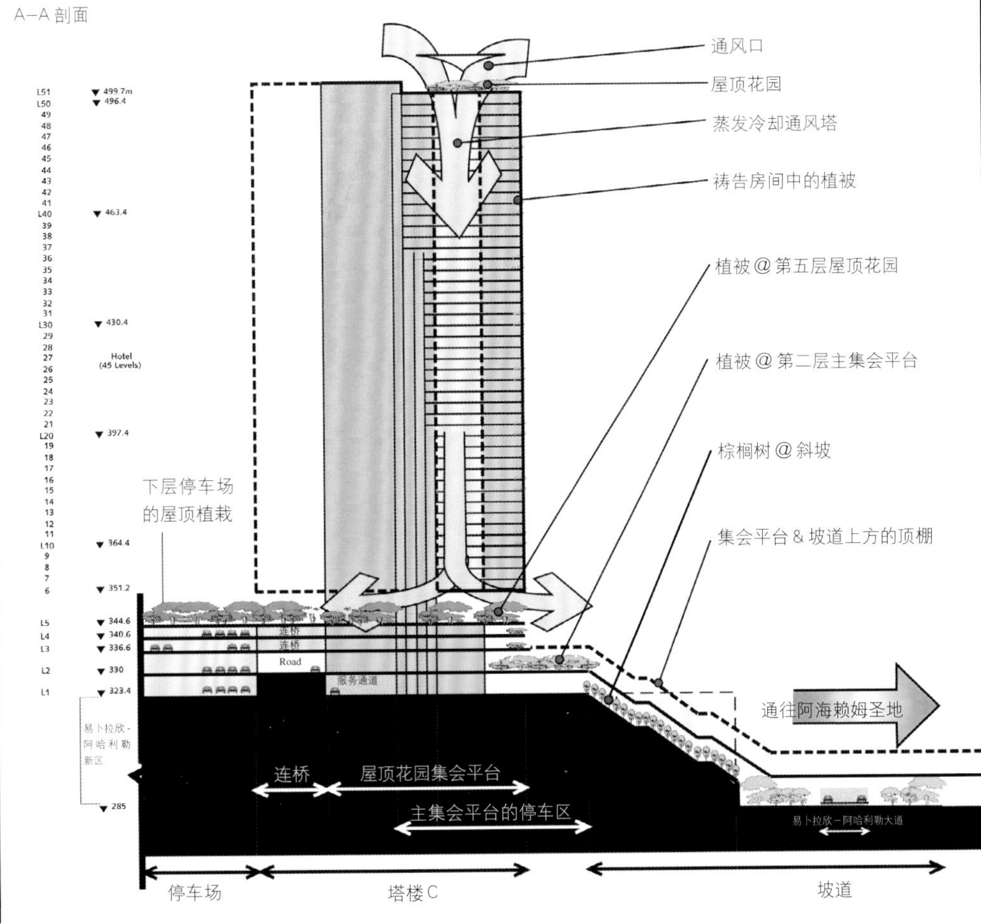

"绿色公园"

场地面积=23公顷　　绿地面积=15公顷

设计的核心理念是为朝圣者创造一个独特而宁静的、如绿色公园一样的环境。

谨慎的规划和资源管理可以将雅巴尔-奥马尔塔楼群所在场地变为一个绿色区域，遮蔽所在外部空间，并创造出舒适的环境以进行朝觐活动。

停车场及集会空间掩于景观绿化的屋顶之下，这除了在视觉上缓和了建筑的巨大尺度带来的冲击外，还创造出一个绿色景观公园作为休闲和室外商业活动的空间，同时它又是一个可以眺望阿海赖姆圣地的阴翳空间。

场地中的绿化灌溉用水来自于对建筑"灰水"的回收利用。清洗、淋浴和洗手池中产生的污水将被过滤、储存并重复使用进行浇灌，以此营造出一个经年葱郁的绿色环境。

所栽植被选用本地物种，所需的灌溉用水量都是最小的。选用能够适应严苛气候的植被种属，发挥着缓和气候的作用。开发地块较低的斜坡上处处可见裸露的岩石，以后还会在此处种植大量的棕榈树，使其变为雅巴尔-奥马尔塔楼群所在场地和阿海赖姆圣地之间的绿色海洋。

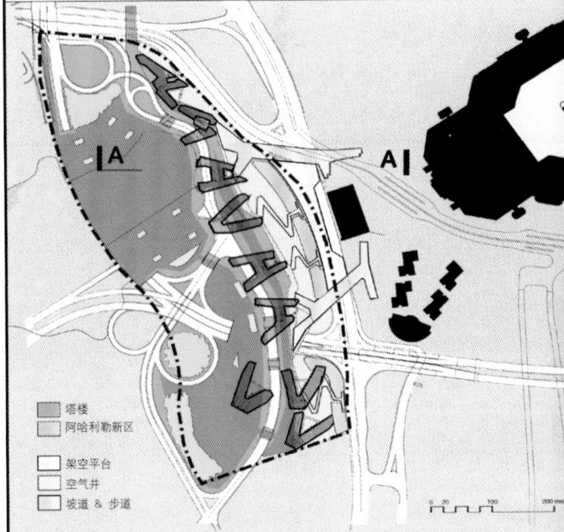

• 生态方法

一个贯穿于高层建筑中心区的冷却塔构成了地块开发设计中的组成部分。通风塔将暖气流引导至建筑顶部，此处一个精巧的喷雾器就能够冷却并湿化空气。

而凉爽潮湿的空气流回到通风塔中，将建筑中的走廊冷却，并为所有的房间和公寓提供了新鲜空气。最后，冷却空气从屋顶花园排出，同时为花园和祷告区降温。

坡道从冷却塔中一直向下延伸，直至4层的零售购物区，并将凉爽空气从上层带到此处。

植被和水池布置在建筑的屋顶，在冷却通气口吸入空气的同时减少含尘量。集会广场的屋顶花园也得到凉爽空气的冷却，这是通过沿广场长边布置的系列高层塔楼所引入的。

这个方案所关注的是：

- 低能耗
- 低能量产出
- 产出物的循环使用
- 能量的循环使用
- 将植被扩展到建筑之中

罗申花格墙细部

规划中建筑都采用东向，这使得雅巴尔-奥马尔塔楼群所在地块上能获得朝向阿海赖姆圣地的最大视野。因此，建筑立面暴露在晨曦之中，甚至中午南向的阳光也能照射到它。

尽管建筑的高度已经暗示了相当程度的私密性，罗申花格墙的细部设计仍然发挥着屏蔽与遮阳的作用。

罗申花格墙由金属和木材混合构成，木材是城市中传统的建筑元素，用到此处让立面更加柔和。

建筑的西立面显得非常坚固，仅镶嵌有狭窄的磨砂玻璃窗，这使得建筑与午后的炙热阳光相隔绝。

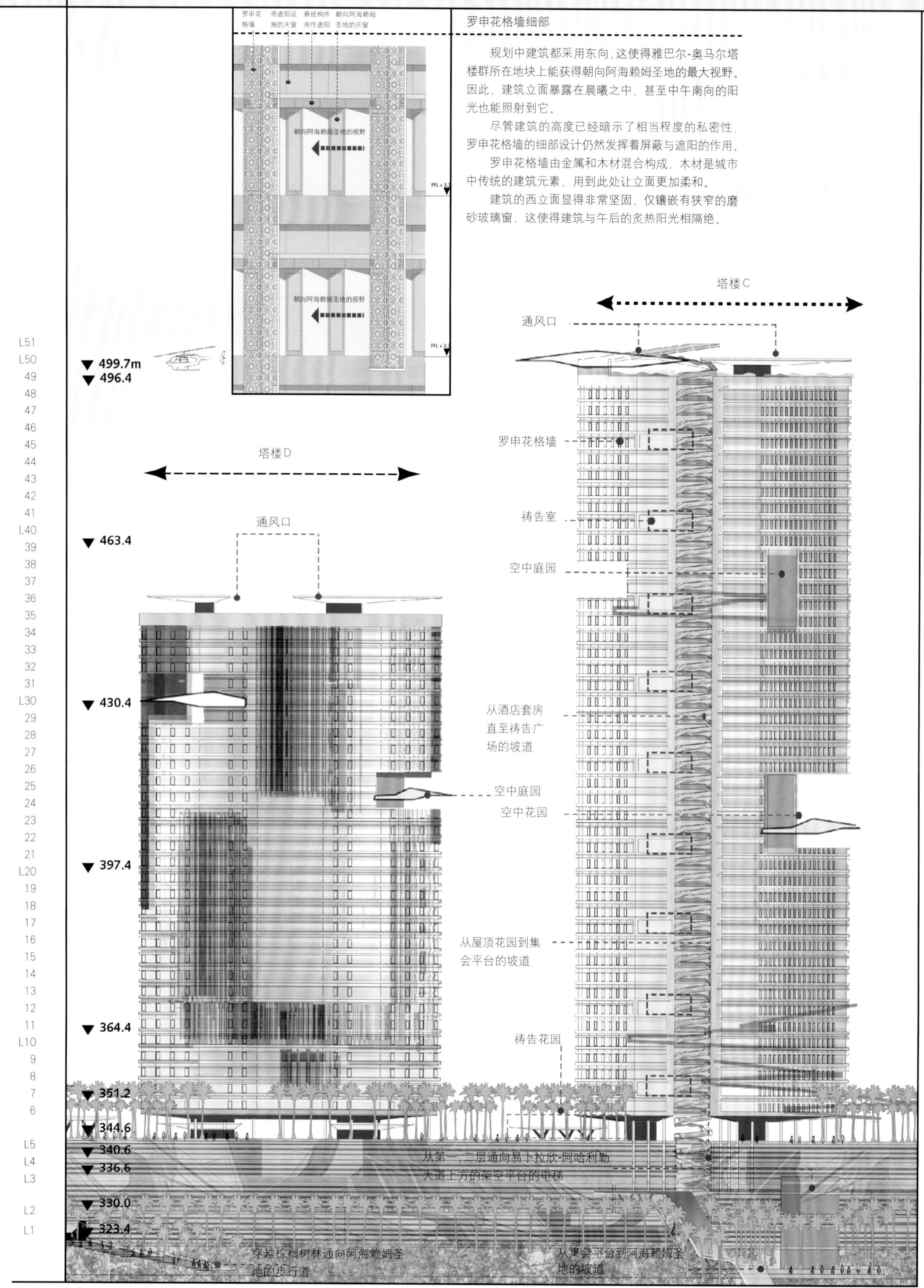

祷告区

卡巴区是所有朝觐者朝拜的中心（6），紧邻它的区域最为重要，区域的重要性呈同心圆由内向外递减。

在距离最远的区域人们会在自己的公寓或酒店房间中进行礼拜。（1）建筑的内部也设有很多专用的祷告区。（2）每栋酒店里每隔5层都设有一个祷告区，以便于人们集中进行礼拜。

第二个区域是环绕于阿海赖姆圣地的广场（5）。这个广场通过架于内环大道之上的平台与雅巴尔-奥马尔塔楼群的底部相连，形成一个架空广场作为次要的祷告区。从集会场地中延伸出来的坡道将人流引导至架空的平台上。集会场所位于五层的屋顶花园，从而提供了第4个祷告区：这是一个公共的开放空间，由周围的建筑和种植的棕榈树进行遮挡，并具有朝向阿海赖姆圣地的视野。

从建筑中的集会平台和停车场可以通过电梯和自动扶梯到达祷告区。

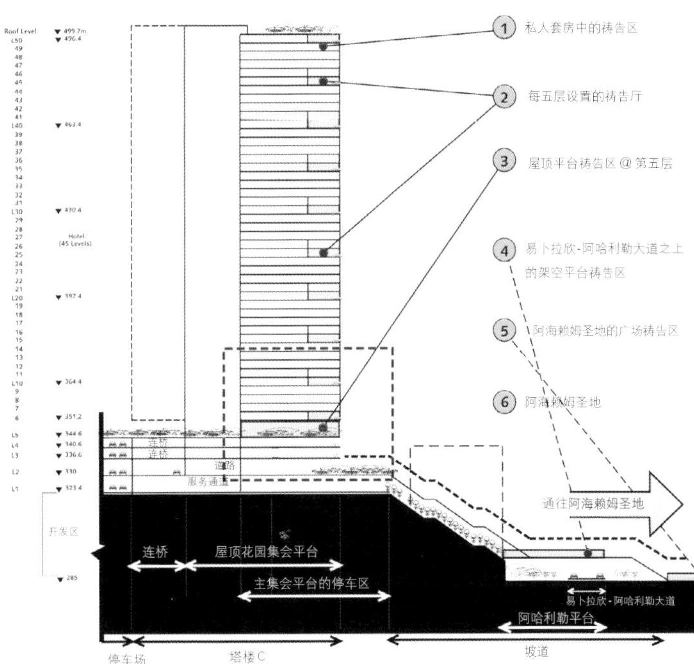

步行道作为"人流集中器"与通向阿海赖姆圣地的斜坡道连接起来

从酒店房间到公共祷告区可以通过贯穿中庭的坡道，也可以借助电梯，将人们带到酒店的祷告房间、屋顶花园中的祷告区或者主集会广场。集会广场通过天桥与停车场相连。

屋顶花园和主集会广场之间的联系由自动扶梯实现。

从集会广场到阿海赖姆圣地的主要通道是由自动扶梯和水平传送装置组成的坡道。在整个场地的范围里，设计方案都设置了为残疾人服务的专用电梯。

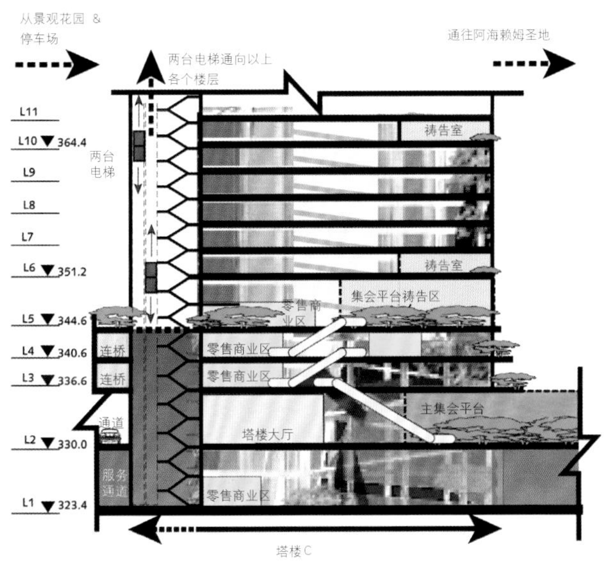

景观构想

方案中的景观分区及主要的植栽种类：

A区：前缘坡地景观区

坡地的海拔从295～325m，形成一个面向神圣的清真寺的主要开放空间。此处，单一品种的棕榈树在设计中占据了整个坡地，种植间距大约为6m。栽植坑可由岩石围成，上方覆盖地被植物。

棕榈科：手指形刺葵

地被植物及灌木：马樱丹属九重葛，匍匐马鞭草

B1区：屋顶植栽和连通性人行道

这个区域中的植被既具有装饰性，也有一定的功能——遮阳的棕榈树，装饰性的灌木以及夜间的花香，这让建筑体之间的空间充满芬芳。这个层面的植被种植在系列的架空容器中。对于棕榈树和灌木而言，种植高度是有所区别的。在这个区域中，还设有一些硬质景观元素，如步行道、祷告区的铺地、洗礼用喷泉、阶梯状平台以及就座区。

棕榈科：加那利群岛刺葵、茶碱刺葵、华盛顿扇叶葵

灌木：夹竹桃、鸡蛋花、直立黄钟花、木槿、扁豆、九重葛、茉莉花、美国龙舌兰、狭叶型龙舌兰、粗丝兰、细丝兰

地被植物：球型千日红、凤仙花、长春花、大波斯菊、紫背万年青、吊竹梅、马缨丹

B2区：屋顶植栽和连通用的步行道

朝向神圣的清真寺，种植了层叠状的植被与五颜六色的九重葛，这使得B2区的屋顶植栽和步行道产生了空中花园的效果。这个区域的植被种类类似于B1区，但实用性要强过装饰性，即更多的遮阳灌木和乔木形成了大型的生态植被，以取代B1区中的繁多花饰。

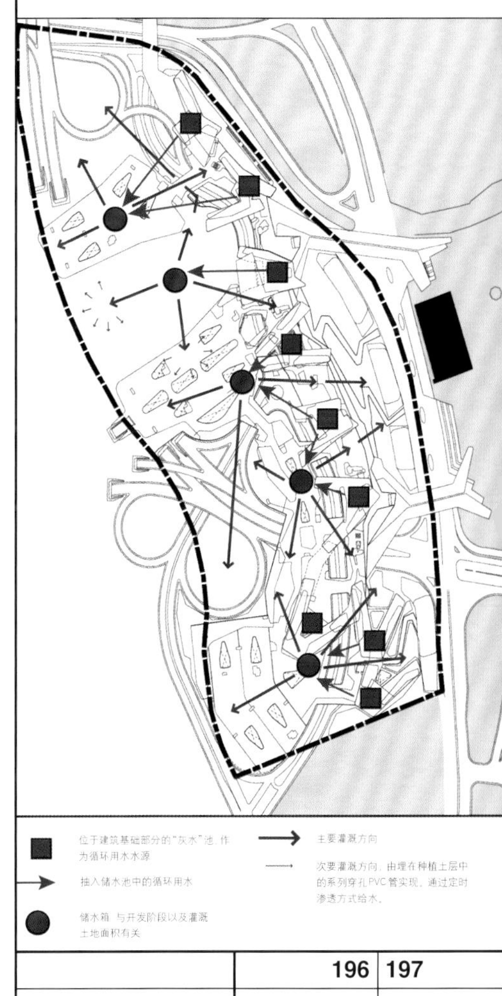

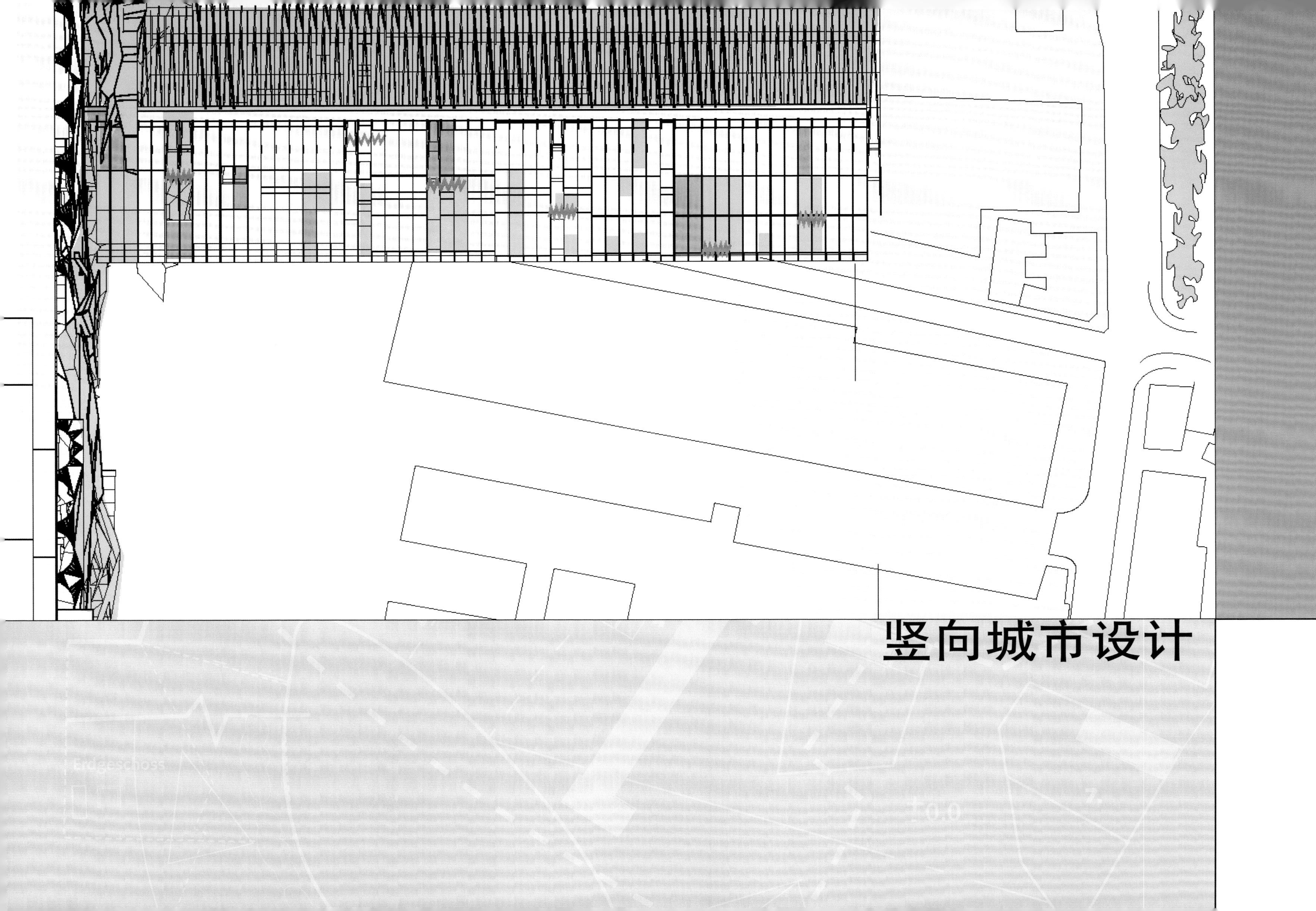

竖向城市设计
Erdgeschoss
±0,0

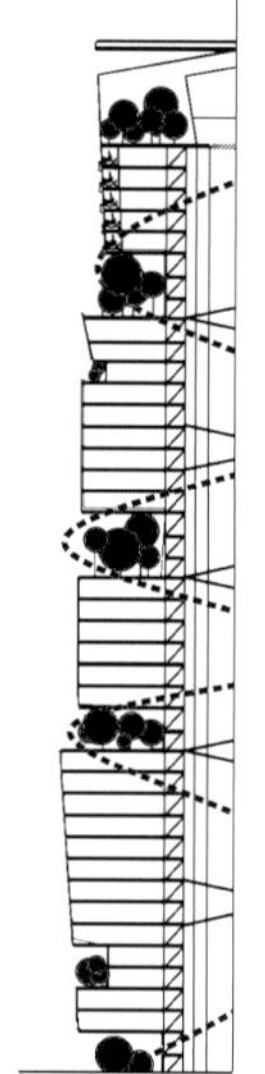

MAX大厦方案是杨经文作品中相当重要的一个，不仅仅因为它属于**“绿色高层建筑”**系列，还在于这标志着他开始进入欧洲市场，之后，他的业务在英国得到了广泛的拓展。这不仅仅说明他的建筑被一个新的市场所接纳，更重要的是，这为他的设计提供了一种完全不同的**气候背景条件**，与在远东的建筑作品所面临的气候条件相去甚远。

大厦紧邻诺曼·福斯特设计的法兰克福标志性建筑——商业银行。方案设计相当合理。这两者都定位为一种感知环境的新的建筑类型。

在杨经文的作品中，MAX大厦的方案显得与众不同，它的核心服务区位于建筑的内部，布局在**方形中庭**的两侧，而中庭作为环境适应策略的组成部分，竖直向上贯穿在整个建筑体量中，并通过内部空间的安排为办公区和交通区带来自然采光。环绕在核心服务区及中庭外围办公区的是一个宽15m、规则的带状区域，容纳了一系列的可供用户选择的室内空间组合形式，并拥有很好的自然采光条件。可变的办公空间组合通过一个室内坡道系统相互连接，后者在竖向上等间距地跨越中庭空间。这使得办公空间的设计成为一种高弹性、高效用的整体形式，而空间朝向及所面向的城市景观也多种多样。

法兰克福MAX大厦

法兰克福，德国

业主 德国地产开发管理公司
地址 格罗泽-加卢施特泽，法兰克福，美因河畔
纬度 北纬52.3°
总层数 50层
开工时间 1999年（设计）
竣工时间 -
面积 9000 m²

设计要点

• 立面上的竖向植物栽种与场地中的绿化相连，以平衡城市环境的无机属性（通过使用更多的有机元素）。

• 将地块改造为一个绿色公园，并与城市绿色系统相连。

• 建筑中竖向的植物栽种作为一个生态体系从地面层开始沿立面盘旋而上，以创造出一个连续、稳定的生态系统。

• 建筑的底部还融入到地面处起伏的土坡，并布置了嵌入式的庭园，从而与自然地形结合起来。

• 自然光线和植被通过嵌于公园地面的天窗渗入到地下室的停车场中。

• 由可开启的窗户和墙体来控制终年处于温室环境中的公共广场。

• 建筑拥有带植被的景观空中庭园、阳台和眺望平台，并且，办公空间中还设置了可移动的室内植物栽种。

• 建筑带有调节的开关（设置在空中庭园中），以控制室内办公环境，来适应季节的变化。

总体上讲，这栋建筑在技术上相当精巧，拥有众多的设备系统及细节的处理方法，如双层表皮的立面以及实现节能策略的光电设备。

不过，设计中最明显的特征以及对建筑影响最大的部分还是场地、整个建筑体量及室内空间的**绿化系统**。这在剖面和立面上体现得尤为显著。在竖向上，由螺旋状嵌入式的植物栽种体系将一个得到充分绿化的大型空中庭园贯穿起来。虽然这个特征在杨经文的作品中是相当常见的，但它在欧洲城市的高层建筑环境塑造中还是独具特色。同时，它还开放性地展示了“绿色高层建筑”的特质，并为用户提供迥然不同的环境品质。

杨经文运用这个方法是从地面层开始的——它被设计为一个绿色公园，并与建筑中连续的竖向植被栽培相连接，使得绿化区域从地面层一直延续到建筑顶部。为建立一个稳定的生态系统，杨经文描述自己的设计意图是：

“……以更多的有机体来平衡城市硬质环境的无机属性。”[1]

除此之外，建筑的底部还融入到地面处起伏的土坡，并布置了嵌入式的庭园，从而与自然地形结合起来，而自然光线和植被通过嵌于公园地面的天窗渗入到地下室的停车场中。在线型延展的大尺度底层裙房等设施中，杨经文构建了一个公共广场，玻璃围合的墙体提供了一个**“温室般的环境”**——由可开启的窗户和墙体进行控制。这个空间——类似冬季温室花园的形式——提供了终年的舒适环境，并适应多变的季风气候。

除广泛运用景观空中庭园、阳台和眺望平台等多种元素之外，杨经文还提供了一种用于办公空间的**可防尘的空中庭园**，带有可移动的室内植物栽种。这种空中庭园带有**可调节的开关**，用于控制和办公空间的连通程度，可根据季节气候条件及用户要求的舒适程度来确定。设备在一系列的设计图纸中得到详细的说明，尤其是在这个方案中，其参数进行了精确论证，同时，它还扩展了**冬季温室花园**的理念原则，这是德国城市中惯常采用的一种空间构成元素，在法兰克福和柏林都是如此。

在欧洲城市背景之下，杨经文有关**绿色高层建筑**的设计构想包括了建筑室内空间的景观绿化理念，同时将这种绿化的理念延伸到建筑外部的城市之中。这个高层建筑已经转变为一个有机的居住空间媒介——一种**生态象征**。

1 杨经文：‘Max Tower’, Project Notes, 1999

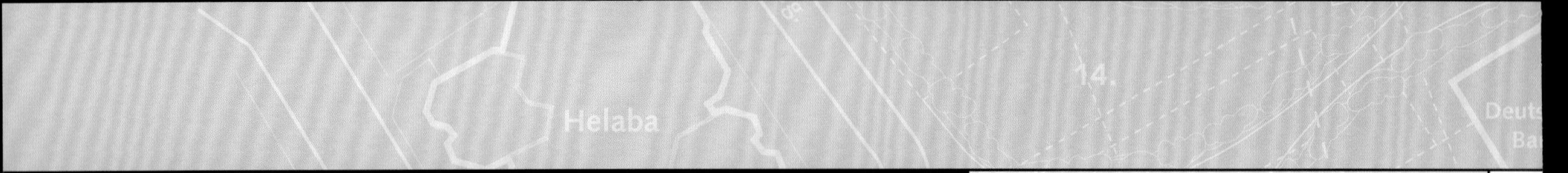

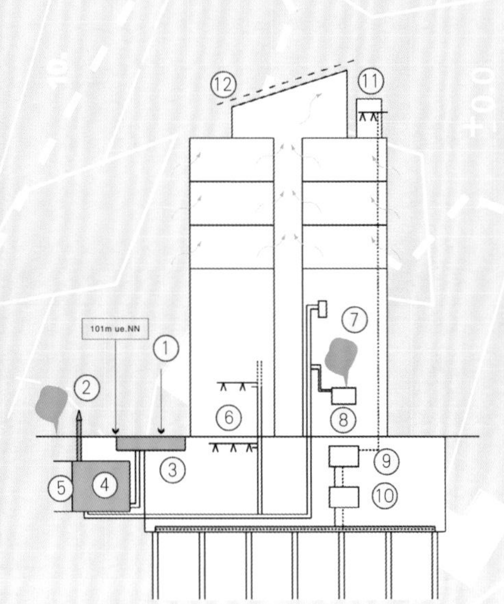

1 • 雨水渗透层
2 • 室外绿色植被
3 • 水池
4 • 地下蓄水池
5 • 基准零点以下 95m 的地下水位
6 • 自动灭火器
7 • 厕所冲洗装置
8 • 室内绿色灌溉系统
9 • 空调系统
10 • 热交换系统
11 • 雨水回冷装置
12 • 面积为 $90m^2$、功率为 12KW 的通风设备（最高处）

室内植被以改善室内空气质量（IAQ）

±0.0

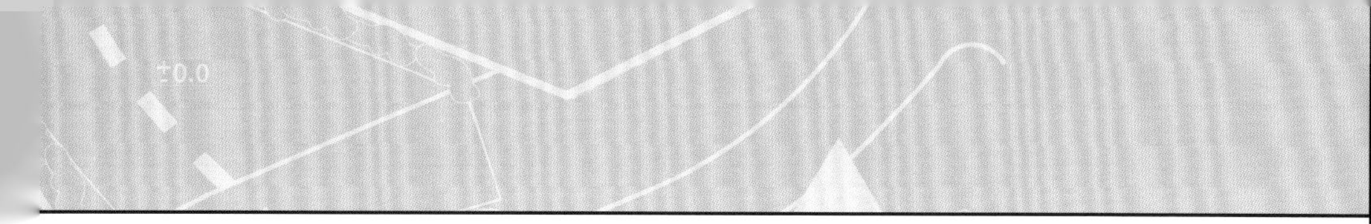

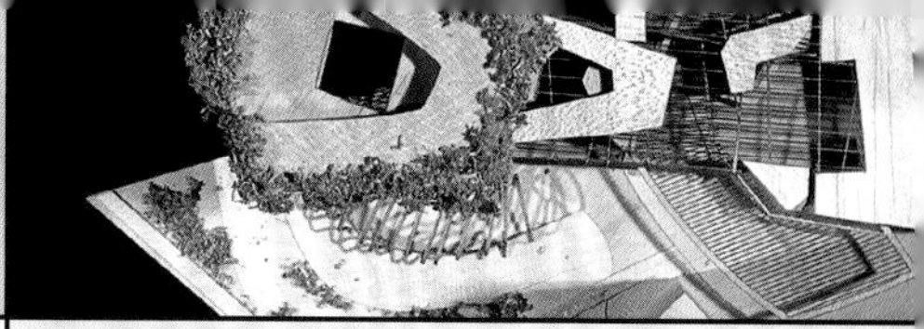

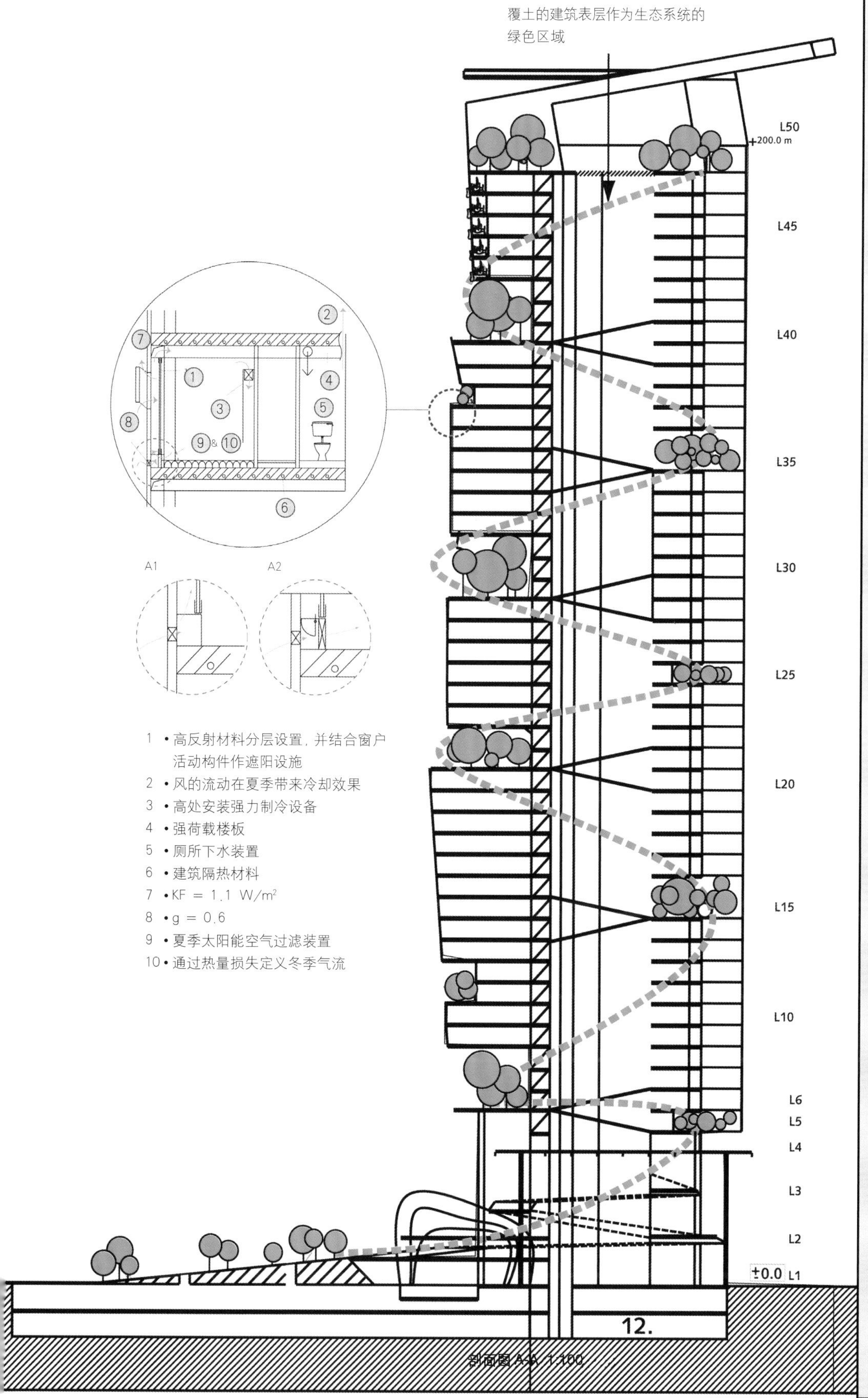

覆土的建筑表层作为生态系统的
绿色区域
L50
200.0 m
L45
L40
L35
L30
L25
L20
L15
L10
L6
L5
L4
L3
L2
±0.0 L1
12.
A1
A2
1 • 高反射材料分层设置，并结合窗户活动构件作遮阳设施
2 • 风的流动在夏季带来冷却效果
3 • 高处安装强力制冷设备
4 • 强荷载楼板
5 • 厕所下水装置
6 • 建筑隔热材料
7 • KF = 1.1 W/m²
8 • g = 0.6
9 • 夏季太阳能空气过滤装置
10 • 通过热量损失定义冬季气流

剖面图 A-A 1:100

背阴处
通风 / 秋季
向阳处
通风 / 秋季 / 冬季
夏季
背阴处
冬季
图例
耐热植物
可推拉的折叠门
敞开
关闭
建筑立面
新鲜空气
观景视野

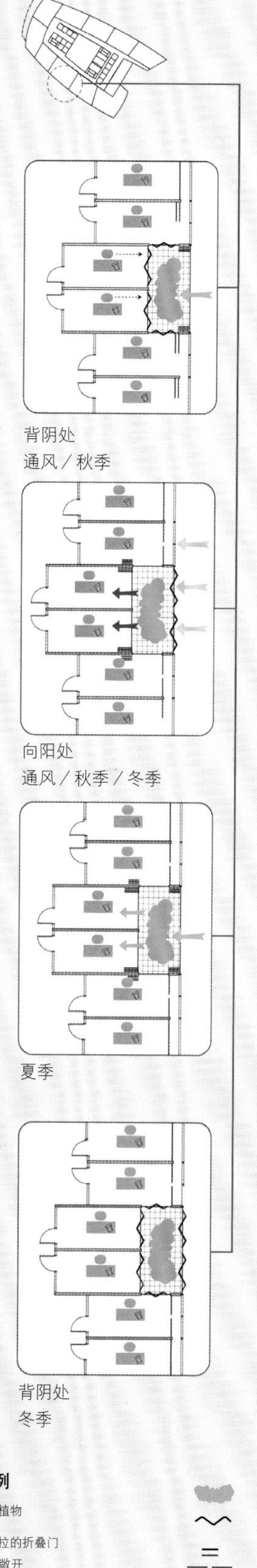

上午
下午
Helaba
14.
MAX
MAX
MAX

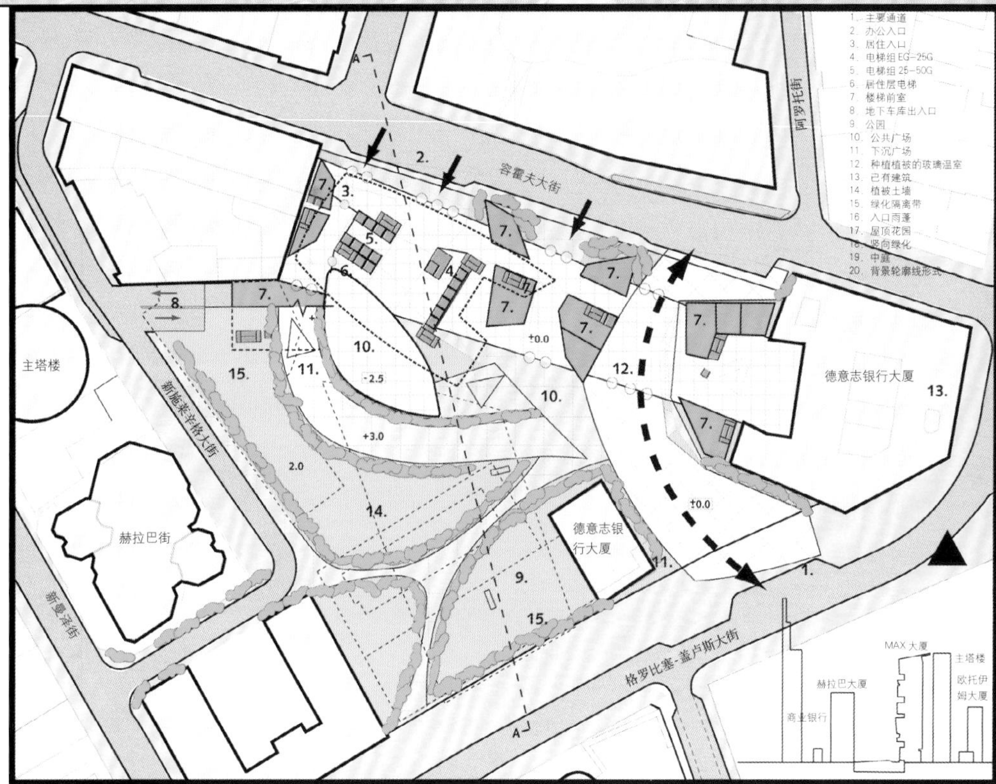

在城市结构和绿化系统之间取得平衡

- 一个可以逗留、恢复活力和聚集人气的场所
- 位于建筑立面和内部的螺旋状绿化区域
- 首层玻璃温室做为绿化区域
- 做为连接建筑基座和MAX大厦之间的开放室内绿化区域

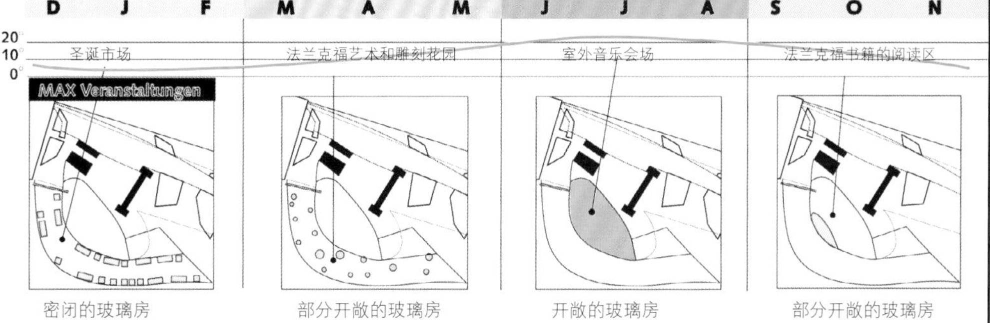

密闭的玻璃房　部分开敞的玻璃房　开敞的玻璃房　部分开敞的玻璃房

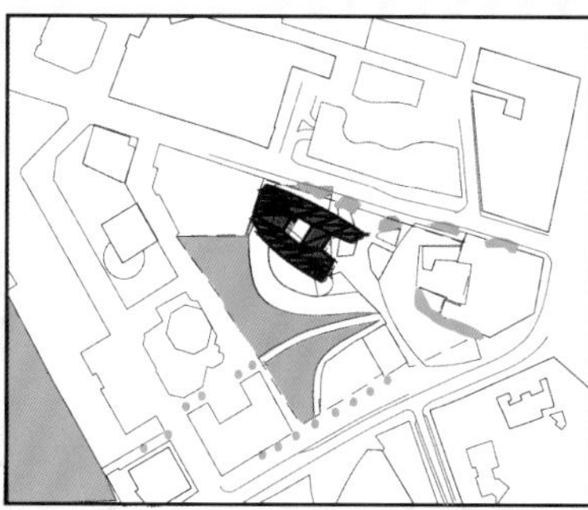
绿化系统

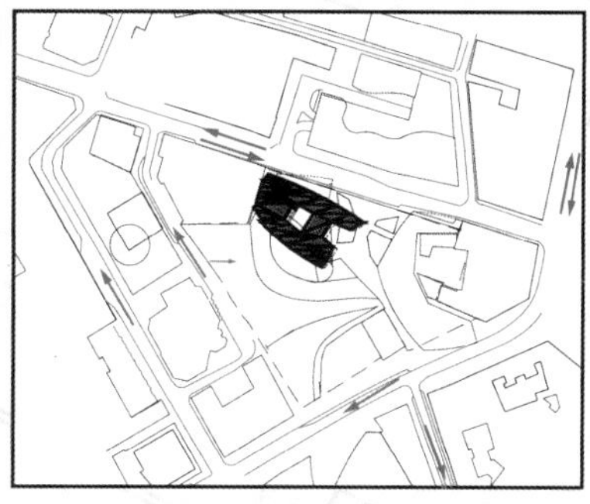
交通系统

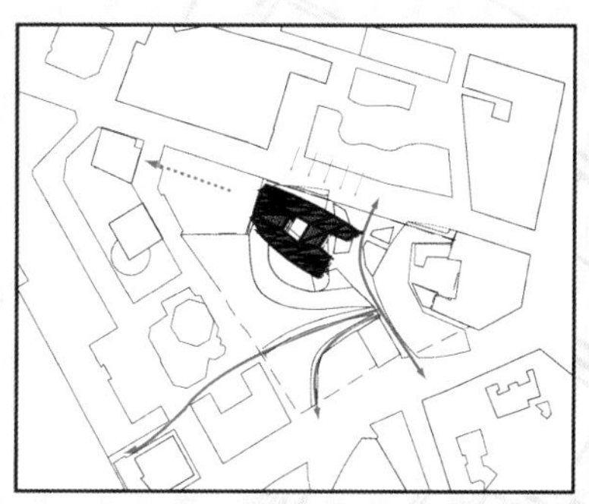
人行系统

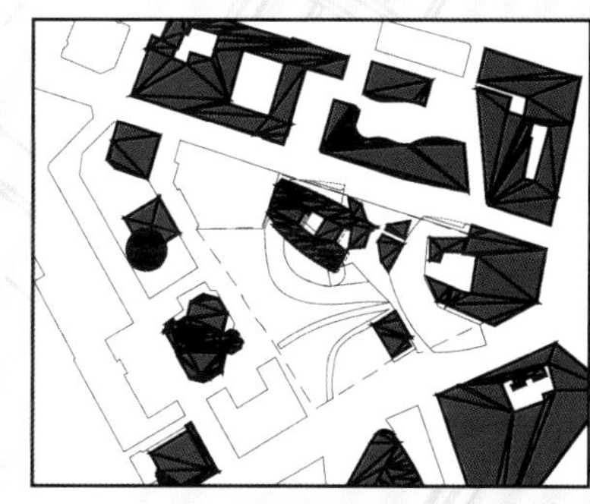
周边调研区域

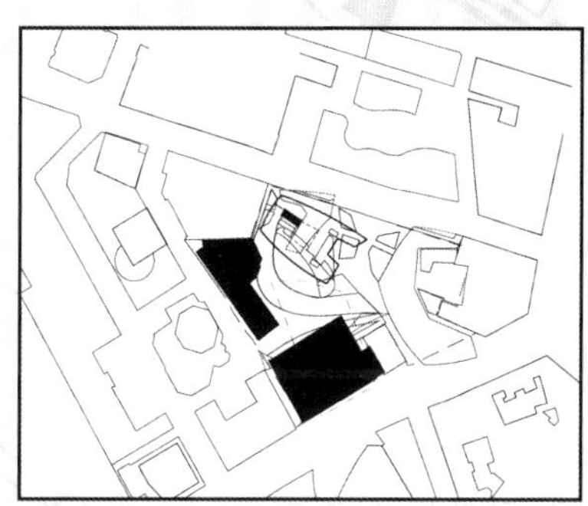
可供选择的形式：连贯的建筑形式

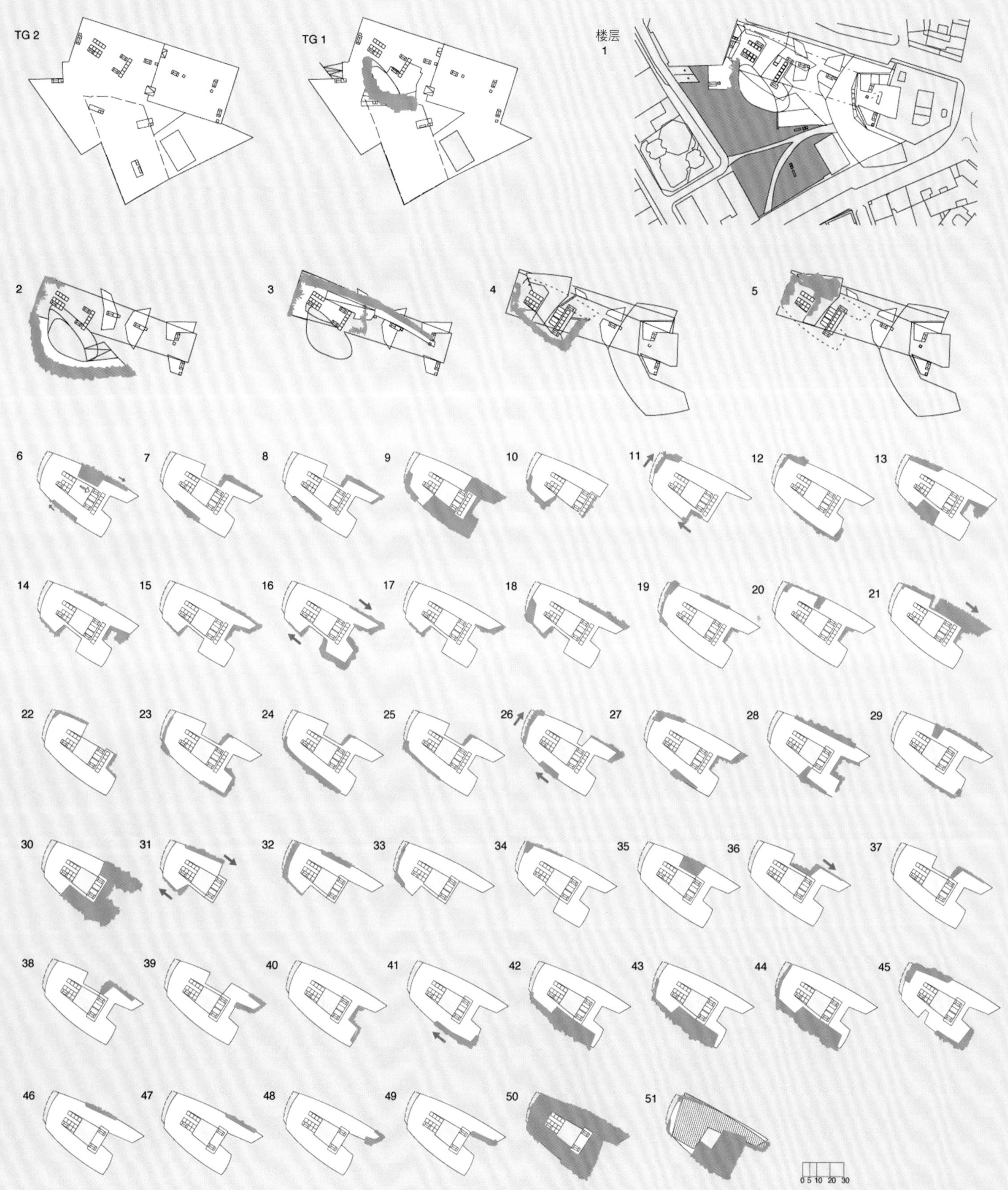
TG 2
TG 1
楼层
1
2
3
4
5
6
7
8
9
10
11
12
13
14
15
16
17
18
19
20
21
22
23
24
25
26
27
28
29
30
31
32
33
34
35
36
37
38
39
40
41
42
43
44
45
46
47
48
49
50
51
0 5 10 20 30

标准层平面图

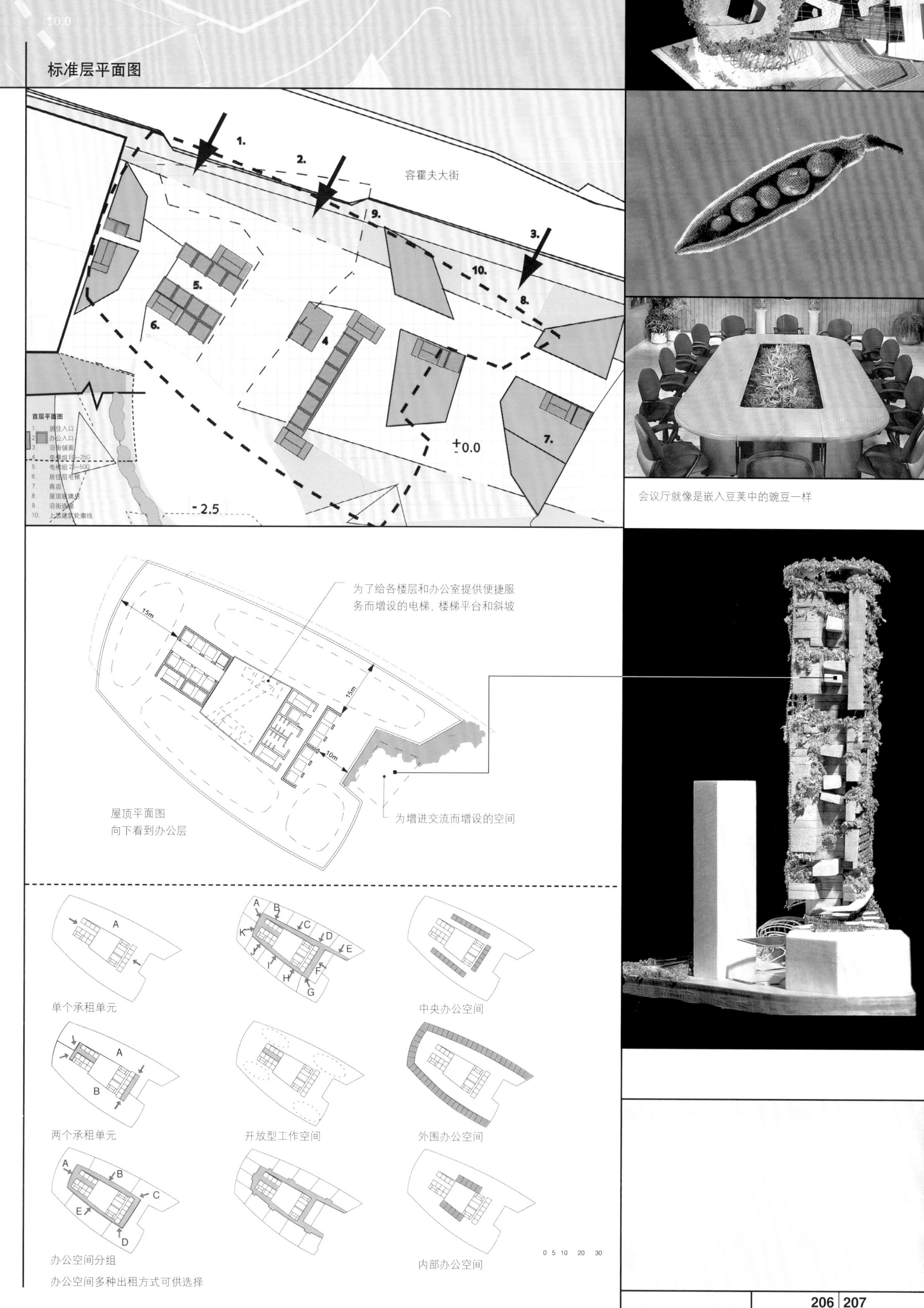

会议厅就像是嵌入豆荚中的豌豆一样

单个承租单元

中央办公空间

两个承租单元

开放型工作空间

外围办公空间

办公空间分组

内部办公空间

办公空间多种出租方式可供选择

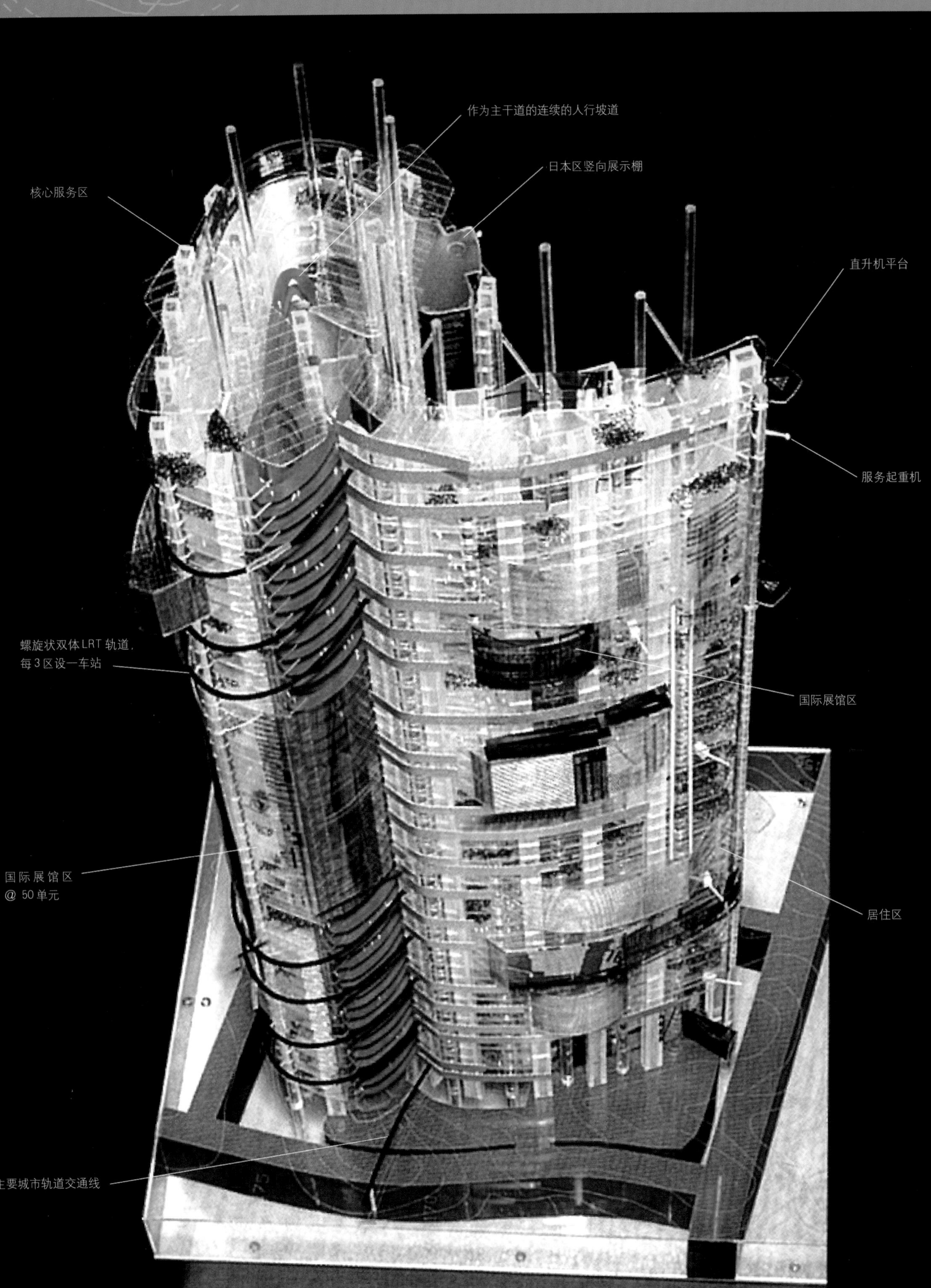
作为主干道的连续的人行坡道
日本区竖向展示棚
核心服务区
直升机平台
服务起重机
螺旋状双体LRT 轨道，
每 3 区设一车站
国际展馆区
国际展馆区
@ 50单元
居住区
主要城市轨道交通线

名古屋，日本

名古屋2005年世界博览会展厅

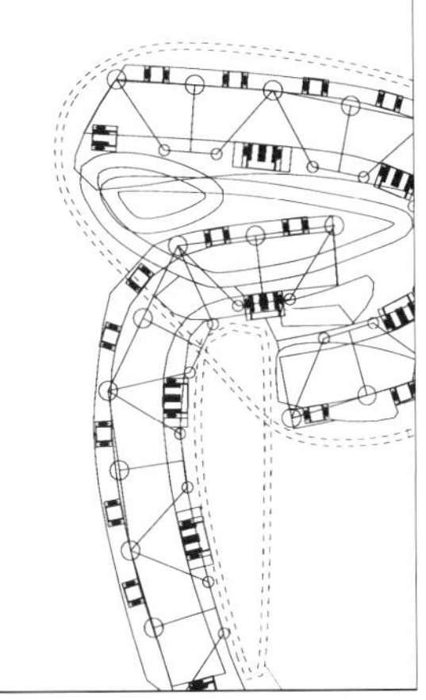

在名古屋2005年世界博览会展厅方案的核心构想中，杨经文将保存当地生态系统作为一个明确承诺。

若采用常规的**水平布局**，博览会的底层平面将几乎完全覆盖150公顷的用地，杨经文提出了一个**竖向布局**的方案以**取代**前者，其基底面积仅为两公顷，它是一个层高12m、层数50层的摩天大楼，总高度达到600m。这个方案有效地创造出了天空中的"人造土地"，因为这个巨型建筑物的每个平台都能容纳各种各样的展示棚，以满足世界博览会的要求。

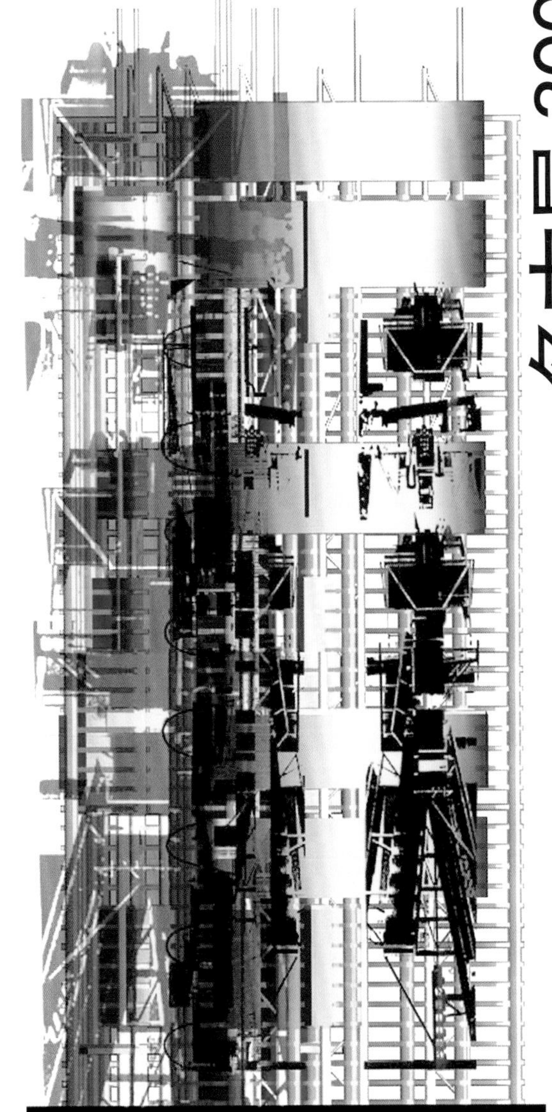

设计方案架构在两个基本设想之上：一个包含了一系列理念的**垂向巨型建筑系统**以及一套可供选择的**竖向交通体系**。这个方案完全吻合2005年世界博览会组委会确定的博览会主题。其主题为：**"……采用一种创新的态度来面对城市规划、基础设施、建筑设计及信息化，以此表达注重思考自然世界的必要性，并提出在一种生态友好的环境中建立生活质量的新标准。"**[1]

杨经文的竞赛方案遵循博览会组办者提出的主题：**"……超越开发，重新发现自然界的'智慧'"**，并强调出一些无可争议的优点：**"……采用竖向的布局，方案将使得场地中2/3以上的现状自然生态系统得到保留……从而避免大面积地清除和破坏场地中现存的成熟的生态系统。"**[2]

设计方案建立在对土地使用的分区基础上，采用了一个"水平"和"竖向"的分区体系将用地划分为50个单元。

1 Ken Yeang:'The Nagoya Expo 2005 Tower', Project Notes

2 同上。

业主 2005年世界博览会组委会
地址 爱知县，名古屋，日本
纬度 35.1°
总层数 50个楼层单元
开工时间 1998年（设计）
竣工时间
面积 总毛面积323ha
总净面积156ha
场地面积150ha

设计要点

以往在世界其他地方举办的历届世博会会馆都采用常规的水平向规划布局，而名古屋2005年世界博览会展厅则提出了一个可供选择的竖向布局的方案。此方案正在被2005年世界博览会组委会所考虑。组委会之前已经宣布本届博览会的主题为："采用一种创新的态度来面对城市规划、基础设施、建筑设计及信息化，以此表达注重思考自然世界的必要性，并提出在一种生态友好的环境中建立生活质量的新标准。"地块靠近日本名古屋的濑户，面积150ha，场地中保存了天然的成熟的生态系统（处于二级生态演替阶段之后）。有人认为：在这个地块上建造新的博览会设施将带来预期中的2500万游客对场地的生态系统的扰乱和破坏，而这显然有悖于博览会组委会所宣布的主题。它很可能引起环境保护论者在世界范围内的强烈反应。而杨经文采用的垂向空间的解决方案则通过创造天空中的"人造土地"来解决场地的生态敏感性问题。采用竖向布局，方案将使得场地中2/3以上的现状自然生态系统得到保留。竖向方案的最大优点是使得地平面的建筑基底面积大大减小（与水平布局的占地面积150ha相比，此种方案仅占地2ha）。

因此，竖向生长的博览会展馆能够避免大面积地清除和破坏场地中现存的成熟的生态系统。实际上，这个设计方案成为了日本建设部门正在讨论和研究的"1000m超高层建筑方案"的原型。建筑总高度将达到600m，带有50个层高为12m的平台，每个平台上都能搭建各种各样的展馆（高达三层）。建筑内部50个平台单元的功能分区将建立在一个"水平"及"竖直"的使用体系的基础上。水平分区使得展馆及相关设施能够布局在12m高的一个或多个平台单元上；而竖向分区让从所有的楼层都能方便到达某些特定的展馆和设施（如国际馆、日本馆、管理/安全/服务设施等）。主要的交通系统采用螺旋状的单轨铁路形式，其双体轨道布置在建筑的外围，且每六层设置一个"车站"(即"车站"之间的运行时间为两分钟)。该设施与地面层的LRT系统连接起来。此外，建筑还带有辅助性的电梯、自动扶梯、倾斜传输带系统。不过，同大多数的博览会展馆一样，建筑中还需要设置一个主要的步行道，让步行者可以从这里到达所有的展示区。建筑中的步行道将以大型平缓坡道的形式出现，从地面层开始，往返于内部空间直至建筑顶层。此项城市开发活动给我们提供了一个检验全新设计理念的机会，是对与国际博览会相关的当地资源、环境要求及特殊需求进行竖向的组织与整合。建筑及环境系统的运转将以技术响应的方式来尊重并顺应自然，即采用清洁高效的能源技术与回收体系，以此来面对21世纪的挑战。2005年世博会的主题将论证一种新型政策，即保存自然环境以及留出现有的城市景观用于植被种植。它很有可能成为未来城市空间扩展的范式。比如，日本政府部门迁出东京进行重新布局。

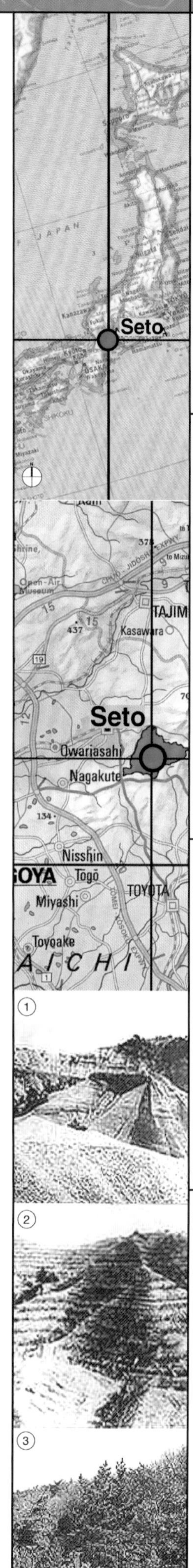

日本国土覆盖了4个主要的岛屿（北海道、本州、四国和九州），面积为378000平方公里，大部分地区处于温带，是湿润的季风气候。国土在纬度上南北跨越25°，因此存在相当大的温差，北部的北海道的冬季平均温度为－3°，而南部的冲绳群岛的夏季平均温度为28°。

日本总人口是1亿2500万，拥有全世界最高的人口密度，为335人/平方公里（美国为28人/平方公里），这使得可耕种用地和居住用地的资源迅速锐减。

容纳高密度人口的同时保护自然环境并避免占用有价值的耕地（如稻田）进行建设的最简单的方法就是向空中发展。这是一个不仅是日本，而且全世界都需要认真对待的重大问题。2005年世博会展厅成为这个讨论的一个理想平台，同时也提供了目前对于高密度建筑的态度和理念进行再评价的机会。针对这些问题，方案采用了“竖向发展”的解决方法。

濑户爱知县的基础设施

爱知县位于日本最大的3个都市区之一——名古屋的区域内。所在的中心区位使其拥有全国范围内良好的通达性。名古屋位于从东京到大阪的新干线的重要中间位置。迈星高速路使得名古屋与大阪相连，而中部托梅高速路则将其与东京相连。名古屋和丰桥的港口为整个区域提供服务，而规划中位于中部的国际机场进一步保证并增强了区域未来的增长力。

到主要城市所需时间

	子弹头列车	汽车
东京	96min	4h
京都	36min	2h
大阪	52min	2.6h

竖向生长的展馆采用一种新型螺旋状SRT系统，让水平向的轨道交通系统在竖向上得到延续，SRT在展示性高层建筑的立面螺旋上升。

沙托亚马林地

濑户位于名古屋东南方20km处，作为制陶业的中心已经有1300年的历史。在漫长的制陶过程中，该地区的土地不断被采掘来用作粘土原料，而树木则不断砍伐作为烧窑的能源。这种对当地自然资源的掠夺性开发导致了森林遭到砍伐的恶性循环，促使人们从1940年开始植树造林运动并一直持续到今天。

随着森林保护意识的加强，使用替代化石能源的新能源以及开展大规模植树造林计划，整个区域已经恢复成为一个具有可持续增长能力的成熟的森林环境系统。地块中可持续生态系统指的是沙托亚马林地。此处插图说明了成功的生态演替的结果，这是在原来已破坏的地块上重新进行植树造林运动。

爱知县的植物与动物群落

沙托亚马林地以及位于名古屋市郊的卡伊绍森林是适合各种植被、鸟类及昆虫生存的自然环境。在这片森林中保存有800种以上的植物。

最近的一个研究中已经观测到61种蝴蝶、41种蜻蜓、300种蛾类、121种鸟类以及15种两栖和爬行动物，其中很多物种都是珍贵的濒危动物。例如，此处发现的星型木兰在日本仅有不到100处的地方可以找到。苍鹰（鹰属）也繁衍生息于这片土地。这种动物因其自然栖息地的持续减少而在日本已经相当稀少。另一个濒危物种是稀有蝴蝶，它仅产于日本。

2005年世博会展厅方案试图超前考虑对这些本土物种的保护。毫无疑问，一个水平向的展馆布局将使得这些有价值的物种中的大部分从此消失。

与“水平”展馆相比较的、可供选择的可持续方案

最近20年来，现代博览建筑大多占满整个巨大场地、采用低层形式或由典型的展馆构成，并通常与铁路、公路甚至海运组成的大型交通运输网络相连接。水平向的建筑体量对场地的负面影响是明显的，它将导致对成熟生态系统的大面积的破坏。

为寻求一个可供选择的规划布局，并明确地提出建筑形体对现存的林地和本土野生动植物的最小化影响，传统的水平向设计方案改用“竖向”结构从而重新理解功能定位并进行空间组织。场地中建筑基底面积的比较如下所示。很显然“竖向”方案要大大优于“水平”方案，因其在生态系统成熟的场地中占用了更少的建筑基底面积。

沙托亚马林地

水平与竖向的规划构思的两种情况下，建筑覆盖面积的比较如下：

A 2005年世博会展厅水平布局方案：

• 总场地面积 = 540ha 100.0%
• 建议开发面积 = 75ha 14.0%
• 自然环境保存面积 = 455ha 86.0%

B 2005年世博会展厅竖向布局方案：

• 总场地面积 = 540ha 100.0%
• 建议开发面积 = 75 ha 14.0%
• 方案中建筑基底面积
  @ 25层 = 75 ÷ 25 = 3ha 0.5%
• 自然环境保存面积 = 537ha 99.5%
• 保存自然环境增加面积 =147ha 18.0%

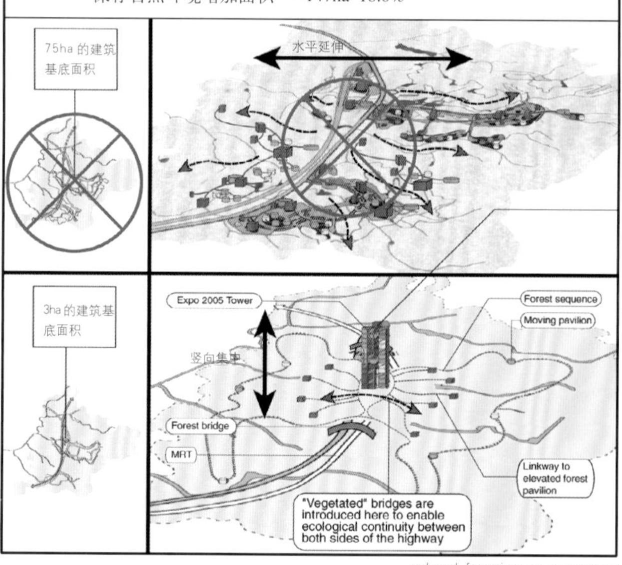

reduced footpring on ecosystems

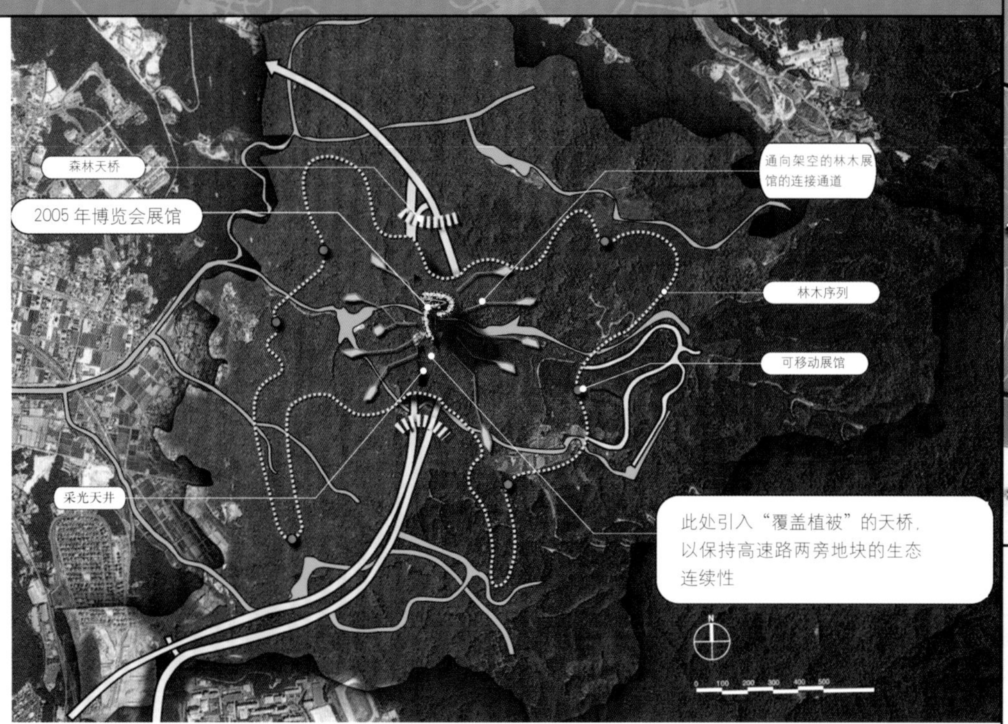

2005 年世博会展厅是一个“竖直”布局、可供选择的方案，这与历届世博会中会场所采用的常规的水平向布局形成对比。它考虑到环境保护和激增的世界人口等问题，这与2005年世博会的主题目标相契合。

此外，这里的“竖向”解决方案也符合博览会试图发展一种新型的人类、技术与自然之间互动关系的目标，这涉及到对自然环境的保护，比如对沙托亚马林地的保护。

通过在规划中的高速路（它将林地切为两块）之上设置连接平台，“竖向”博览会场方案加强了生态联系，因为平台作为覆盖植被的天桥将附近的林地连通起来。这些连接设备（内嵌入大型采光天井）将重新建立地面的迁徙路径，并促成物种的具体栖息地之间的迁移。它将建立一个更稳定的生态系统，并强化所在地域及附近的沙托亚马林地的生物多样性。

本质上，这使得水平划分的展馆可布置在一个或多个12m的竖向空间中，或者让竖直划分的展馆能够占据多层空间，如国际馆和日本馆。

主体的规划布局——一个相互绞结的U型和L型的体块——被确定来容纳多种设备系统。其中最重要的是**螺旋状单轨铁路**，它的双体轨道布置在建筑的外围空间，而车站则等间距地频繁出现。整套系统与地面层的LRT相连接。这个基础设施的辅助构件包括电梯、自动扶梯和斜向传输道。此外，展示区之间还引入了一个步行系统，宽阔平缓的坡道从地面层一直延续到建筑顶部。

在某些方面，名古屋2005年世界博览会展厅类似于杨经文早期的东京-奈良大厦方案，例如展厅的**竖直景观**绿化策略以及三角形的**巨型结构**、水平向的支撑横梁。不过，这个方案中尤为特殊的元素是楼板结构，它构成了每个竖向空间进行再建设的基础。同样，杨经文也以特例证明了**分区**的运用方式：在水平向设计了办公管理、轻工业、居住单元及城市基础设施，而在竖直向布置了展馆、酒店及商业设施单元。

在这些混合功能之外又加入了一些接待设施，包括艺术与手工艺村、会议大厅以及剧场。U型曲线平面中的朝向选择使得人们可欣赏到外界景观，并接触到自然光线，其视野范围远至富士山和名古屋海湾伊势圣殿。

就像杨经文所有的设计方案一样，此处也强调：作为一个生态建筑“**……建筑及环境系统的运转将以技术响应的方式来尊重并顺应自然，即采用清洁高效的能源技术与回收体系，以此来面对21世纪的挑战。**”[3] 关于这个方案，他提出：也可以被看作未来城市空间扩展的范式。比如，日本政府部门迁出东京进行重新布局。

在对当地生态系统的谨慎而敏感的响应中，这个设计超越了杨经文之前的所有作品。它不仅仅是一个超高层建筑方案，同时也标志着设计师开始主动考虑整个区域的自然环境。它应该得以实施。

3 同上。

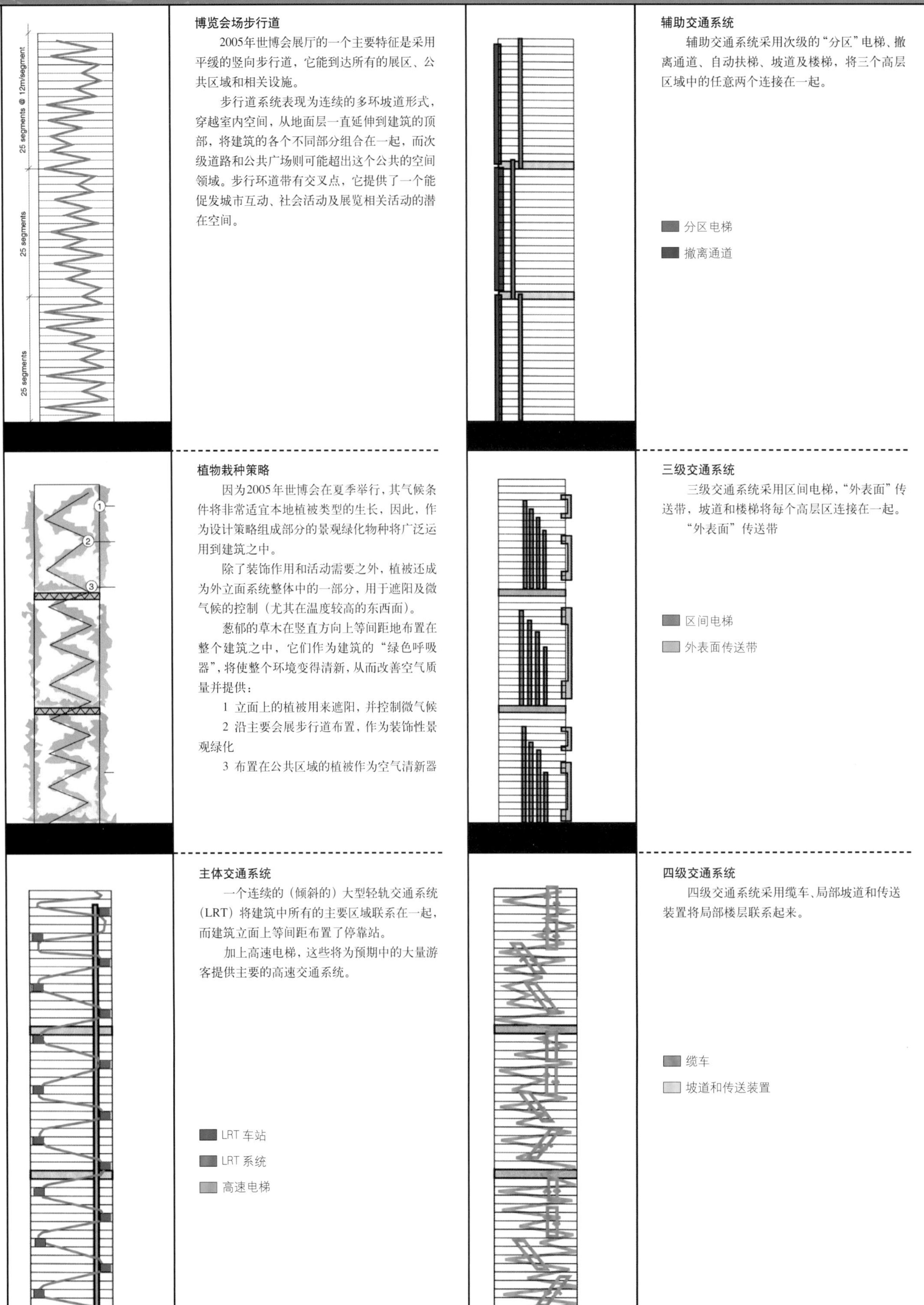

博览会场步行道

2005年世博会展厅的一个主要特征是采用平缓的竖向步行道，它能到达所有的展区、公共区域和相关设施。

步行道系统表现为连续的多环坡道形式，穿越室内空间，从地面层一直延伸到建筑的顶部，将建筑的各个不同部分组合在一起，而次级道路和公共广场则可能超出这个公共的空间领域。步行环道带有交叉点，它提供了一个能促发城市互动、社会活动及展览相关活动的潜在空间。

辅助交通系统

辅助交通系统采用次级的“分区”电梯、撤离通道、自动扶梯、坡道及楼梯，将三个高层区域中的任意两个连接在一起。

分区电梯

撤离通道

植物栽种策略

因为2005年世博会在夏季举行，其气候条件将非常适宜本地植被类型的生长，因此，作为设计策略组成部分的景观绿化物种将广泛运用到建筑之中。

除了装饰作用和活动需要之外，植被还成为外立面系统整体中的一部分，用于遮阳及微气候的控制（尤其在温度较高的东西面）。

葱郁的草木在竖直方向上等间距地布置在整个建筑之中，它们作为建筑的“绿色呼吸器”，将使整个环境变得清新，从而改善空气质量并提供：

1 立面上的植被用来遮阳，并控制微气候

2 沿主要会展步行道布置，作为装饰性景观绿化

3 布置在公共区域的植被作为空气清新器

三级交通系统

三级交通系统采用区间电梯，“外表面”传送带，坡道和楼梯将每个高层区连接在一起。

“外表面”传送带

区间电梯

外表面传送带

主体交通系统

一个连续的（倾斜的）大型轻轨交通系统（LRT）将建筑中所有的主要区域联系在一起，而建筑立面上等间距布置了停靠站。

加上高速电梯，这些将为预期中的大量游客提供主要的高速交通系统。

LRT 车站

LRT 系统

高速电梯

四级交通系统

四级交通系统采用缆车、局部坡道和传送装置将局部楼层联系起来。

缆车

坡道和传送装置

交通系统构想

主体的交通系统以螺旋状的单轨铁路（高层建筑快速运输系统）形式出现，它的双体轨道布置在建筑的外表面，而且3个分区的分隔处设置一个车站（即车站之间的运行时间为两分钟）。整套设备与地面层的LRT系统相连。

此外，竖直形式的2005年世博会展厅还将拥有一个三维的交通系统，它沿水平和竖向进行组织以满足高速客货运的需求。建筑内部的交通系统构成一个多层的等级结构体系。

主体交通系统

功能：连接建筑中所有主要的主题展区，并通过入口将建筑与外围环境相连。

特征：连续的SRT系统，全自动的双体轨道列车，每3层（36m）设置一个车站。连接入口与主要展示棚的高速电梯。

辅助交通系统

功能：分区（由隔离区分隔的15层单元）之间的交通

特征：连接隔离区的撤离通道以及每个终止于隔离区的分区区内电梯

三级交通系统

功能：每个分区之内的交通

特征：为每层提供服务的区间电梯，连接每三至五层的外表面传送带。

四级交通系统

功能：层内交通

特征：往返于每3个楼层之间的连续的缆车系统，贯穿在每一层的连续的坡道及传送系统。

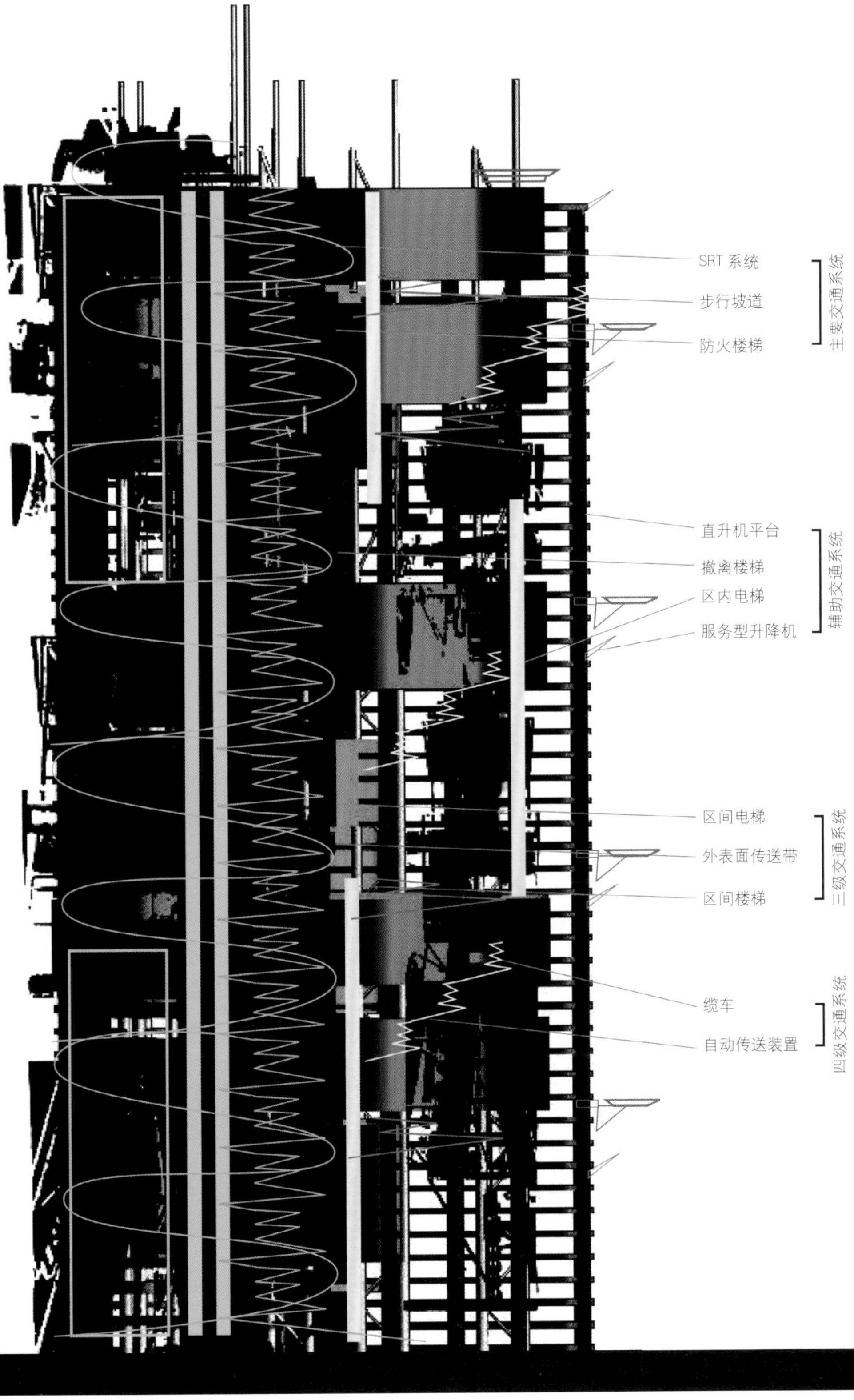

分区构想

建筑高600m，将分为50个层高为12m的楼层平台，每个平台中都可建造各种各样的展馆（最多可划分为3层）。50个单元之内的功能划分将以“水平”和“竖向”的分区为基础。

“水平”分区运用在单个展馆（如国家、公司和非政府组织）以及一个或多个层高为12m的单元中。对于某些展馆和设施，“竖直”分区的优势在于可从任意一层到达这儿（如博览会主题馆、日本馆、专用森林馆、服务及安全设施等）。

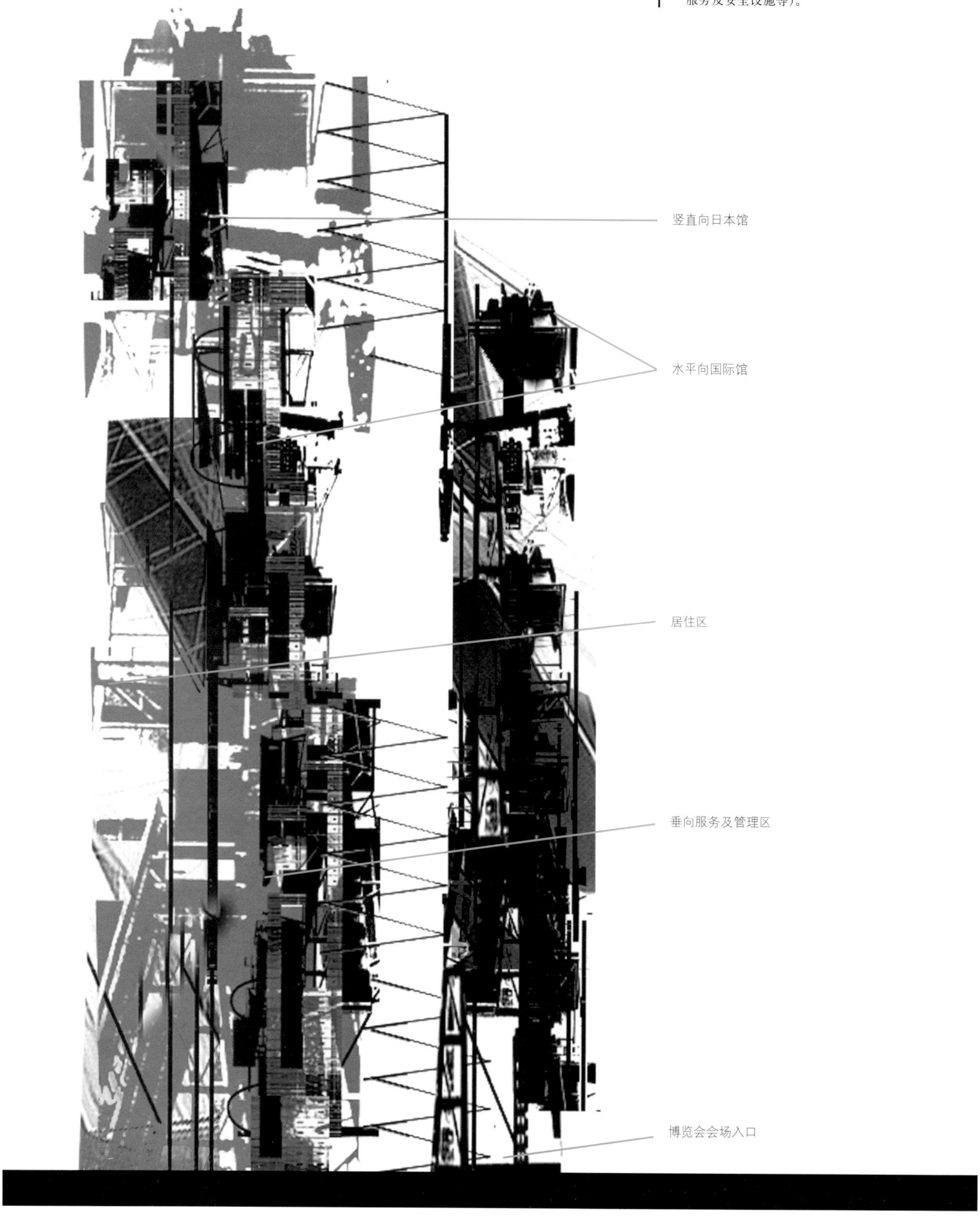

竖直向日本馆

水平向国际馆

居住区

垂向服务及管理区

博览会会场入口

水平及竖向分区

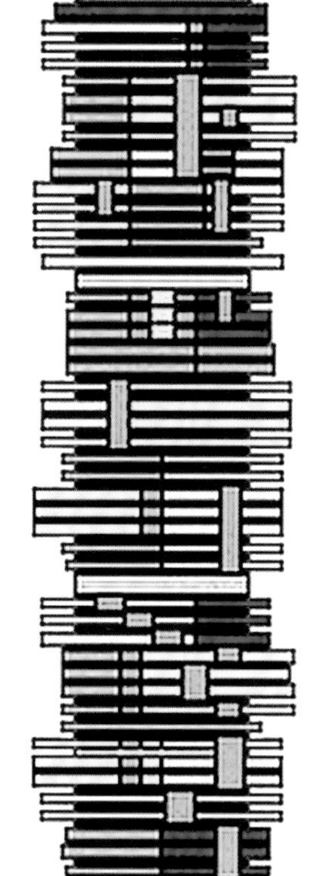

与常规的楼层分层方式不同的是，2005年世博会展厅既有功能的水平分区，也有竖向分区。某些功能在竖向上相连，并为所有楼层提供服务。

分区	面积（m^2）	%
1 **世博会展馆**	200000	9%
• 国际区（展馆）		
• 当地政府区，日本馆		
• 主题馆		
• 艺术及手工艺村（主题区）		
2 **酒店与商业设施**	188000	8.4%
• 会议大厅		
• 剧场		
• 活动室		
• 酒店（住宿单元）		
3 „« °„	462000	20.7%
• 国际机构区		
• 管理（办公），安全，医疗设施		
• 入口设施		
4 **轻工业**	19500	0.9%
5 **住宅楼**	1215000	54.5%
• 套房数　12000		
• 居住人口　25000		
• 工作人口　15000		
6 **城市基础设施**	146000	6.5%
• 公共交通区及广场		
• 服务性道路		
• 步行道		
• 公交车站		
• 通往铁路的主通道		
• 通往公交车的主通道		
• 干线公路		
• 步行道		
总建筑面积：	2230500	100%

分区构想

方案的基本优点在于将大大减少建筑基底面积，从而最小限度地占用场地（即与水平布局的75公顷相比，仅需3公顷的面积）。因此，这个竖向的会展大楼将避免大面积地清除和破坏场地中现存的成熟的生态系统。在对博览会设定的目标之一——“环境创造型的城镇规划”的实践中，2005年世博会展厅被设计为“天空之城”，即它将水平布局的城市结构中所有常规元素（如交通网络、商业与居住设施、服务与福利设施、市政公共设施、休闲娱乐区、公用设施与空间等）都包括进来，并将它们在竖向上重新组合。这将有效地保护森林覆盖的地面，使其免遭生态破坏，同时也是对现存的沙托亚马林地更适宜的处理方式。

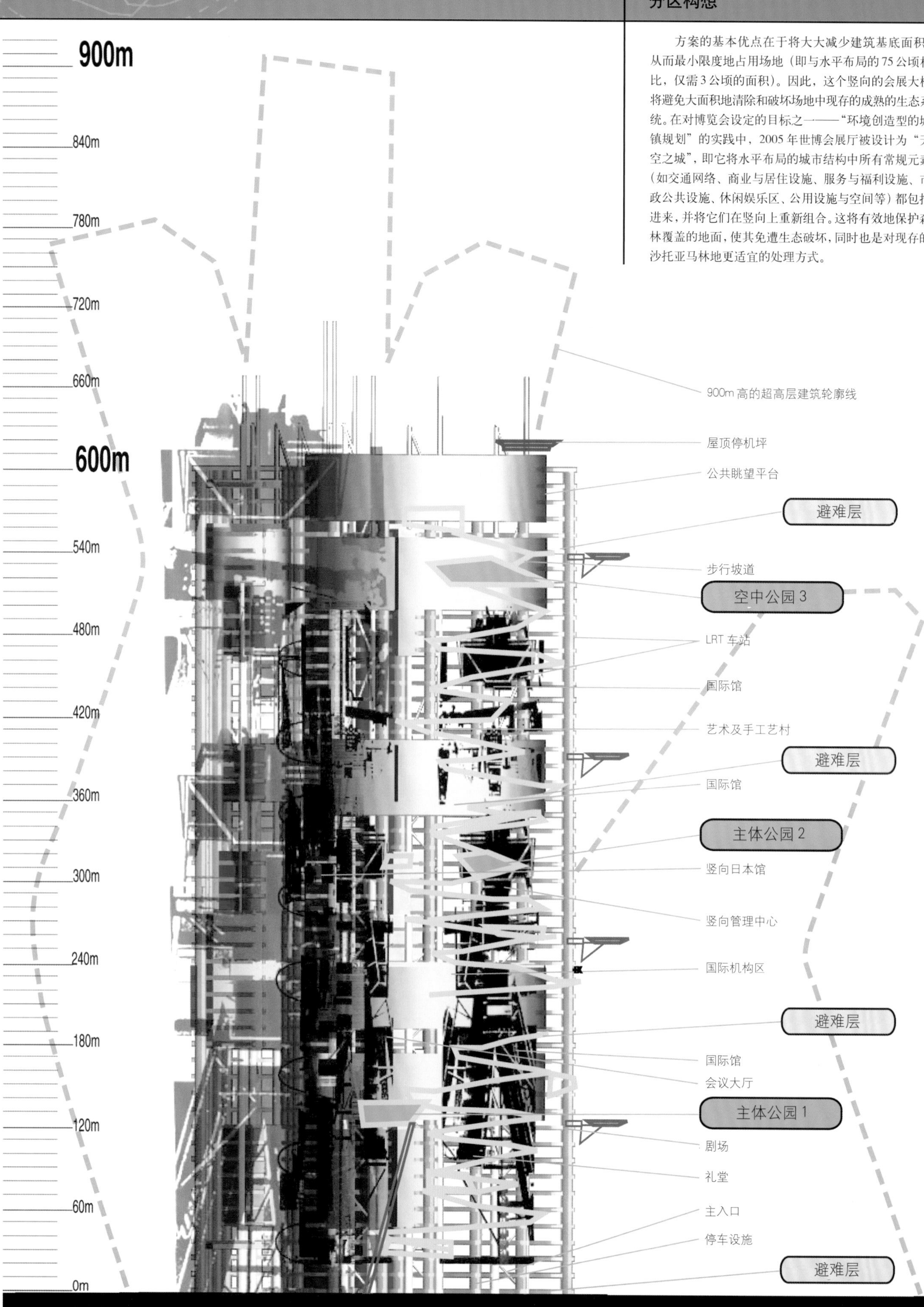

标准层设计

楼板进深控制在30m之内，以保证自然光能够渗入室内展示空间。曲线形的建筑体量也使得外立面的表面积最大化，从而更加有利于自然采光和通风换气。此外，宽阔的外立面使人们能够俯瞰附近的沙托亚马林地及邻接区域的壮美景观。

设计中在3层高的楼层单元有效提供了“人造土地”，让用户可以在主体结构中建造3层或4层的子建筑。

因此，该方案是一个“长生命周期”和“自由组合”的生态化的合理存在。

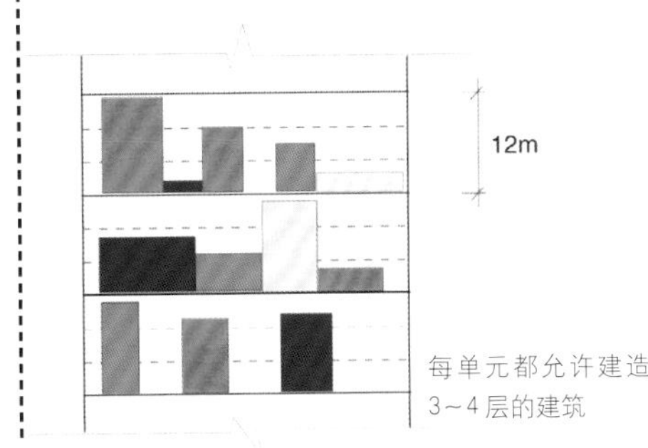

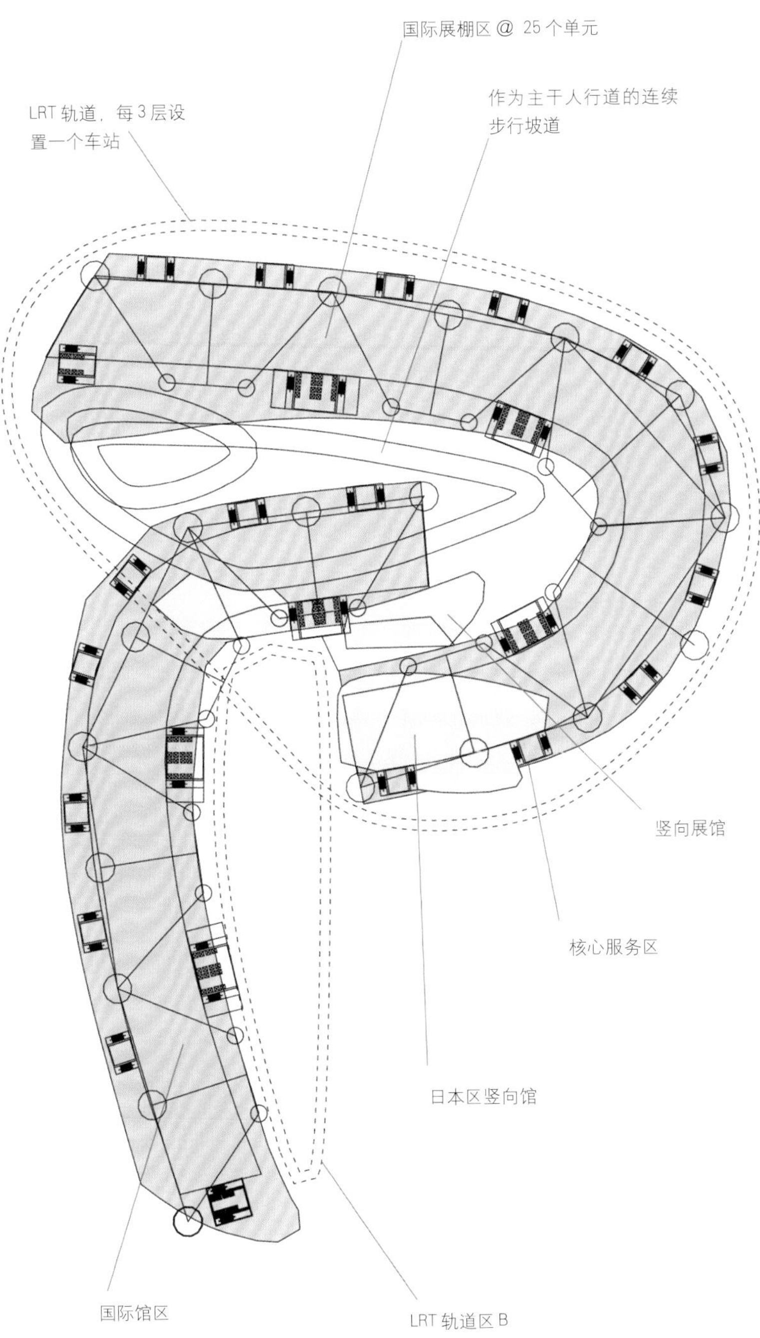

场地相关信息

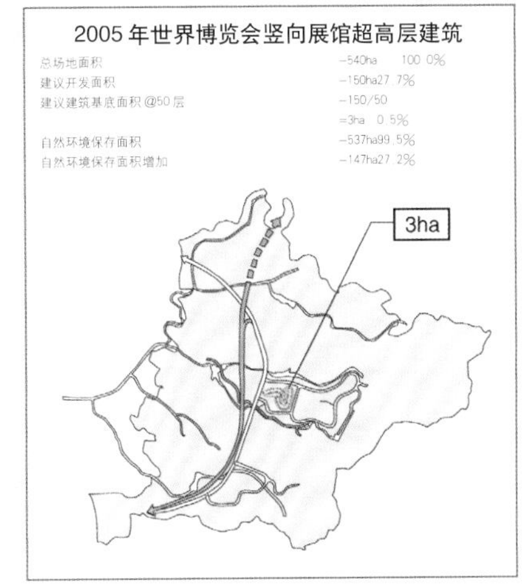

现状的自然生态系统

空间构想

每个层高为12m的单元（见下图）能容纳建造三层高的展示棚，同时也能容纳独立的四级交通系统。在2005年世博会结束以后，这些空间将被改造为“天空中的房地产”。

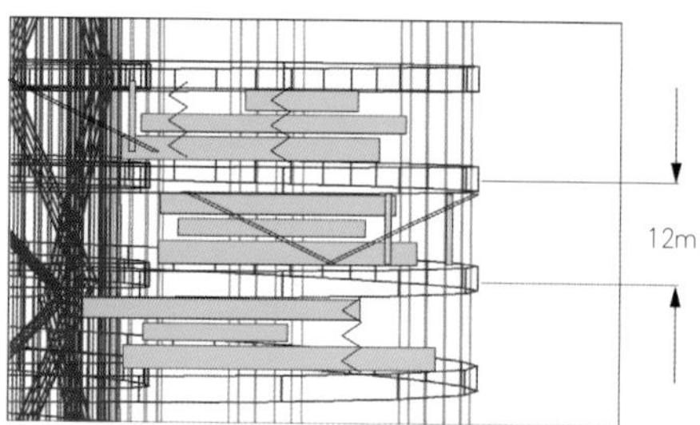

对这个空间配置方案与里斯本1998年世博会会场的土地利用分配方案进行比较。对预期人口密度的估算如下：

- 预计游客人数
  =1200万/6个月
  =200万/月
  =64500人/天
- 预计职员数
  =游客数的20%
  =12900职员
- 预计建筑容纳总人数
  =世博会中约77400人/天

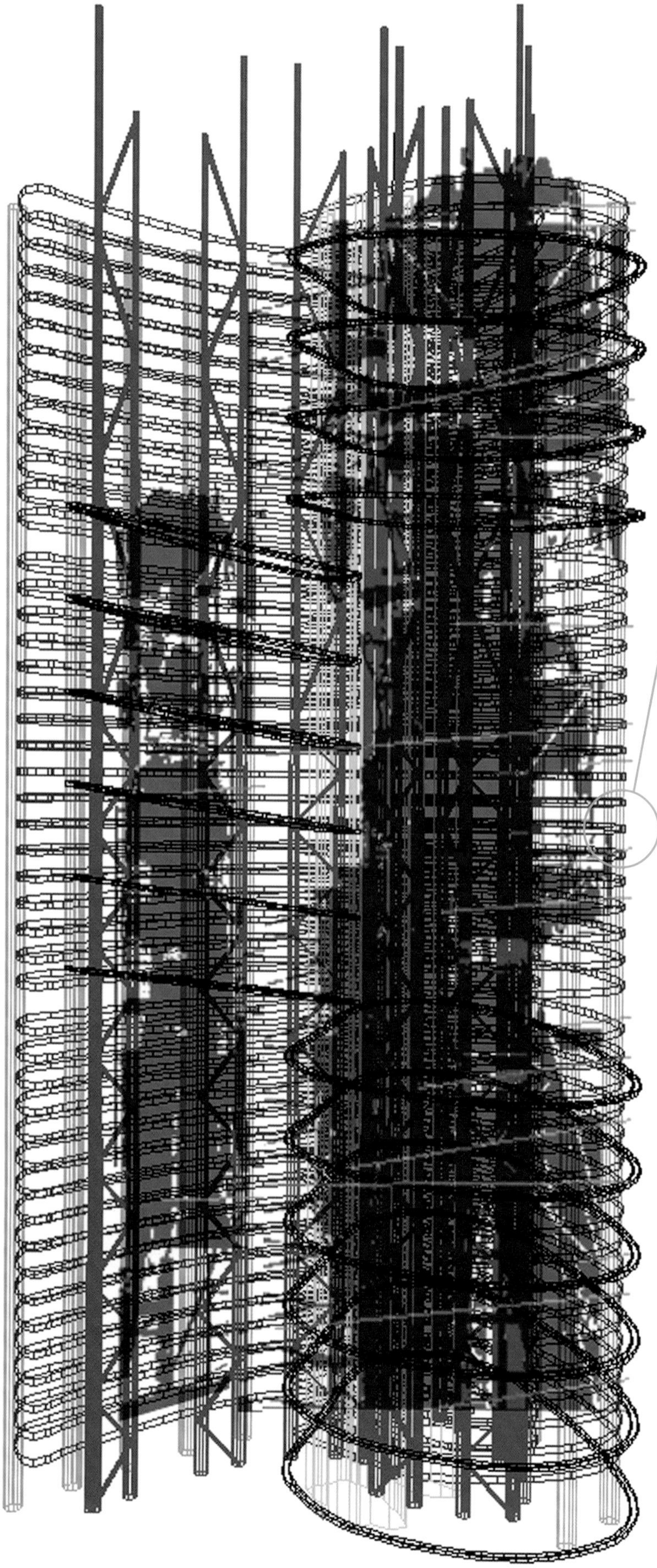

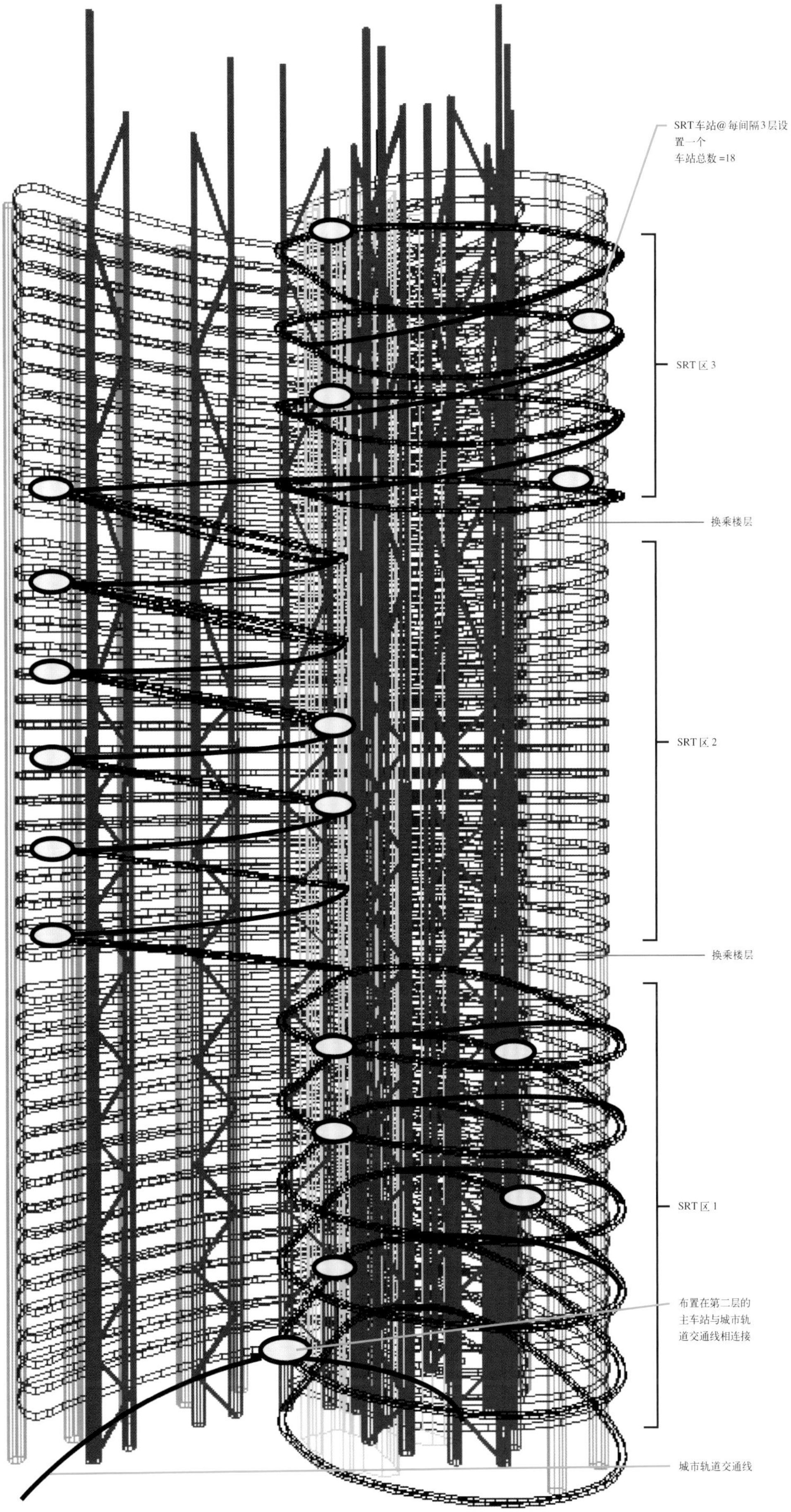

SRT车站@每间隔3层设置一个
车站总数=18

SRT区3

换乘楼层

SRT区2

换乘楼层

SRT区1

布置在第二层的主车站与城市轨道交通线相连接

城市轨道交通线

场地信息

在2005年世博会展厅中，将采用全自动的连续的SRT（高层建筑快速运输）系统，将不同的主题展区连接成为一个环状的公共区域，而辅助用的街道和公共广场则有可能超出这个公共区域的范围。SRT系统由一对单轨双体列车构成（一个向上，一个向下），每3层即36m作一次完全的转向。SRT车站每3层设置一个转换点，通向主要的展示区及相关区域。

Pedestrian Entry
Convention Entry
Office Drop-Off
Studios

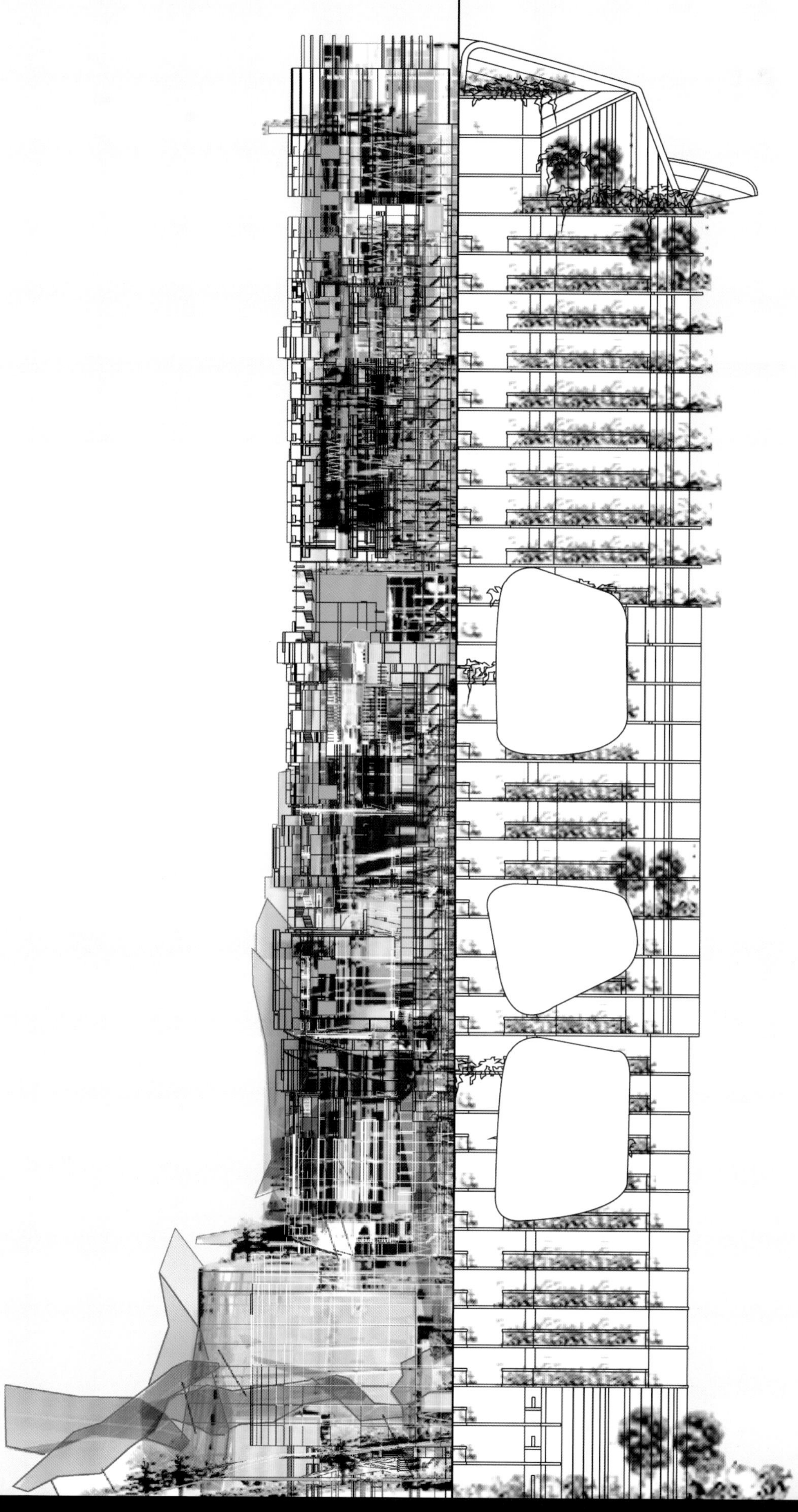

毕晓普斯加特塔楼群 象堡生态塔楼群

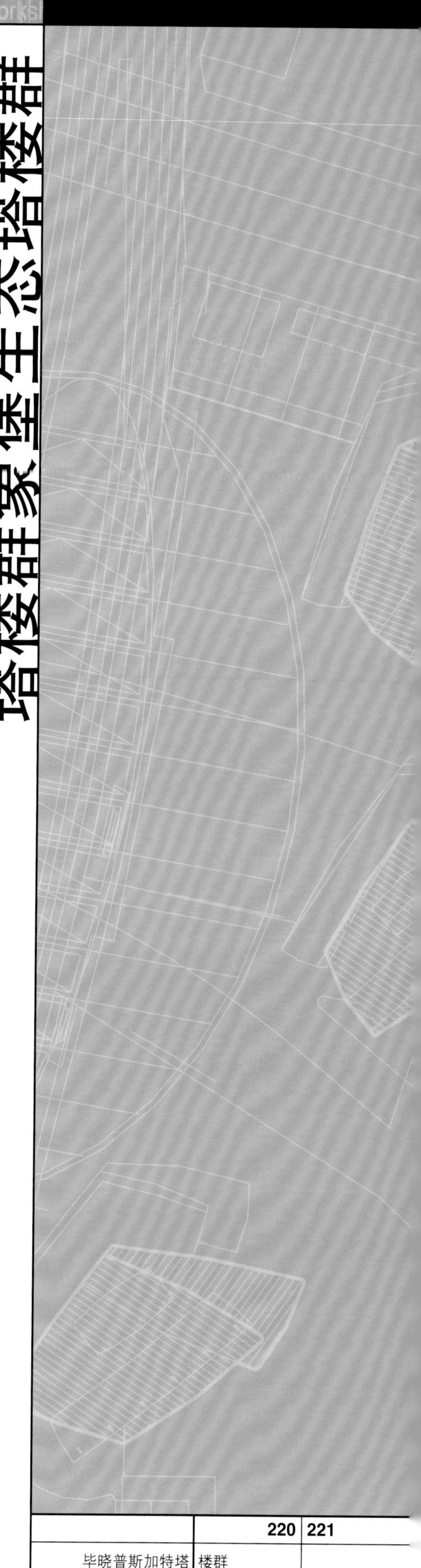

毕晓普斯加特塔楼群和象堡生态塔楼群这两个方案的功能都是居住及其他混合用途，属竞赛题目。它们位于城市中的重要区位，标志着杨经文已开始进入英国市场。

虽然在开发主题和场地上的细节有所不同，但本质上两者都是围绕一个中心设施来布局外围建筑，例如毕晓普斯加特塔楼群就是围绕着场地中购物广场、交通中转站和集散广场等来布置。两个建筑都与轨道交通相连，或位于边缘地带，或位于中心位置。从逻辑上分析，因为两个建筑都位于伦敦，分别在泰晤士河的南北岸，而且两者的开发策划中同样强调**居住用途**，因此，杨经文在两个方案中采用了类似的设计理念、标准和方法。设计中的这些要素展现了杨经文的**“绿色高层建筑”**的特有属性及**竖直城市主义**的思想。

杨经文的设计方法以3个主要出发点作为解决问题的基础，这包括**社会可持续性**、**环境可持续性**以及**低能耗响应策略**。在细节完善以后，这构成了整个设计方案的框架和内容。杨经文的**“天空之城”**的控制性理念反复出现在他几乎所有的高层建筑作品中。他将高层建筑视作**“……城市中的微观世界，其中包含了城市街区中的固有元素……公园、商店、娱乐中心、社区设施、公共住宅”……**[1]以及其他的住宅形式等。

之后，杨经文指出了这种**强化的竖直城市形态**的优点：因混合功能带来的本地就业岗位，由收入及住宅功能决定的居住混合体，以及共享的公共设施如公园和购物街等。这样的布局使得一些基本的福利设施，如便民商店、邮局和药店等，都可以在建筑内部解决。此外，作为重要属性，杨经文还强调创造健康的景观环境，通过**“……从公共开放空间（空中花园）到半私密空间（入口庭院）再到私人开放（阳台）空间的序列空间拓展”**[2]而得以实现。

在两个方案中，杨经文对环境可持续性的讨论是相同的。这直接来源于他的**“绿色高层建筑”**的理论以及他的**开放性总体框架结构**。[3]

这包括了相互联系的外部-内部依赖性，同时还有外部-内部的物质及能量交换，反之亦然，最后还有设计系统中的能量及物质输出。为此，杨经文加入了对**被动式低能耗响应策略**的考虑，这通过建筑外形、朝向选择以及景观绿化和植物栽种来共同实现。因此，两个设计尽管在细节上有所不同，但它们都建立在杨经文对**生态建筑**的全面讨论的基础上，而两者又同时受到伦敦**温带气候**的影响。

在共有的理念基础上，这两个方案可以被视作两种**紧密相关的类型**而给予独立的评价。

1 Ken Yeang: 'Bishopsgate Towers, and Elephant and Castle Eco-Towers', Project Notes 2000

2 同上。

3 Ken Yeang: 'The Green Skyscraper,' op cit.

Pedestrian Entry

Convention Entry

Office Drop-Off

Studios

毕晓普斯加特塔楼群

毕古大街，伦敦

业主 建筑基金会（与）英国钢铁皮博迪(Peabody)信托（投资者）
地址 毕古大街，伦敦
纬度 北纬51.3°
总层数 塔楼1和2 65层
塔楼3 50层
开工时间 1999年（设计）
竣工时间
面积（3栋塔楼） 总毛面积 157000 m^2
总净面积 117000 m^2
绿化与交通面积 110000 m^2
场地面积 约3.4ha（8.4英亩）
容积率 1：5

毕晓普斯加特塔楼群包括两栋65层的高层住宅，以及与会议中心相连的一栋50层的办公楼和酒店。住宅楼位于新建商业广场的南侧边缘，后者包括一个线形的购物复合体，里面带有咖啡馆/餐馆、艺术与手工艺中心及工作室等，形成邻里社区的一个新的文化中心。

两栋住宅楼拥有同样的**平面形式**，为放射状布局，公寓单元呈“扇形”排列在南北两个方位。外围公寓围合形成一个**内部中庭**，在竖向上贯穿整个建筑并被一个连续的**景观坡道**所环绕。这个主要的步行交通系统构成了建筑的主元素，实质上是一种放射状的螺旋形态。中庭的**景观**绿化通过覆盖植被的立面和露天平台得到扩展，共同发挥作用，使得杨经文所定义的场地中的“破碎的生态系统”得以复原。

混合功能的设施从建筑底部开始向上延续数层，并在上部楼层（如23层处）再次出现，杨经文将其描述为高空中的街道，包含有商店、咖啡馆和酒吧。总体上，设计中广泛运用了这种多功能空间，杨经文将它们都组合到**水平和竖向的分区**中，并构思为竖直方向的土地利用形式，以控制整栋建筑中各种功能和空间的分区。

因为被构思为**“绿色高层建筑”**，这些建筑展示了杨经文生态设计方法的方方面面，这与EDITT大厦的设计原则类似，但根据温带气候作了相应的改进，来满足高密度设计方案的可持续目标。这些设计研究中最引人注目的是杨经文的**被动式低能耗响应策略**。特别值得一提的是，建筑的整体形态由场地中的太阳轨迹及冬夏季的盛行风向所决定。

本质上，每个建筑都被分为两个体块，并带有一个气候防护的绿化核心，建筑的朝向选择**“……使得在冬季及春秋季室内空间能获得最多的日照，而在夏季则获得最大面积的日照遮蔽。”**[4]

4 Ken Yeang：‘Bishopsgate Towers’，Project Notes，1999

设计要点•开发纲要提出，需要获得一个“不同功能混合的、不同收入人群混合的、可持续的高密度住宅”设计方案。设计从以下方面综合考虑了这些问题：

社会可持续性

a. 理念-“天空之城”

设计采用了城市地理区域的典型系统，将其内在体系、功能分区及社会基础设施的竖向组合融入到高层建筑之中。在这里，高层建筑被视作微观的城市系统，其中包含了城市街区中的固有元素，如公园、商店、娱乐中心、社区设施、公共住宅，中档及高档住宅等。

“天空之城”的构想：

• 因多种功能的混合提供了本地就业岗位，在地面层及上部楼层中均有分布。

• 形成了同一建筑中不同居民积极的混居状态。通过“竖向分区”，住宅类型根据收入（决定于其承受能力）及居住条件（单身公寓、家庭户型、豪宅等）得以重新组合，而公共设施（如公园、商业街等）也得以共享。

• 保证了基本福利设施的便捷可达性，如便民杂货店、邮局、药店等。它们都布置在同一栋建筑中。

• 提供了一个宜人的景观环境，并从公共开放空间（空中公园）向半私密空间（前院）再向私人开放空间（后院）拓展。

b. 密度

采用高层建筑的形式使得方案的人口密度达到750人/公顷。这在低层和中高层建筑中是无法实现的。

c. 用户

因为提供了多种类型的住宅，从而实现满足不同年龄、收入、职业和家庭构成的居民混合居住形态。这包括公共住宅、经济型住宅（两居或三居）形式、单身公寓、两居公寓、三居公寓和高档公寓等。

d. 功能

开发策划将包括居住、零售、公共设施、商业及娱乐，它们分布在地面层及上部楼层。住宅的位置将紧邻工作岗位、零售、休闲及公共设施，这将减少对公共交通的依赖。

e. 开放空间需求/户外空间

设计试图在天空中创造出地面环境的特征，如每个住宅单元带有前后花园，住宅组团中共享的二级和三级景观开放空间等。这些开放空间与建筑中盘旋向上的中心景观坡道连接在一起。

f. 与邻接环境的关系

城市连通性是设计中的一个重要理念。方案中引入周围街道上空架设的天桥，并在已有的高架铁路之上筑堤。这弱化了由于现存的铁路和道路造成的场地与周围环境的物理隔断，并保证了步行者和骑脚踏车者在场地之中可以自由地多向穿行。

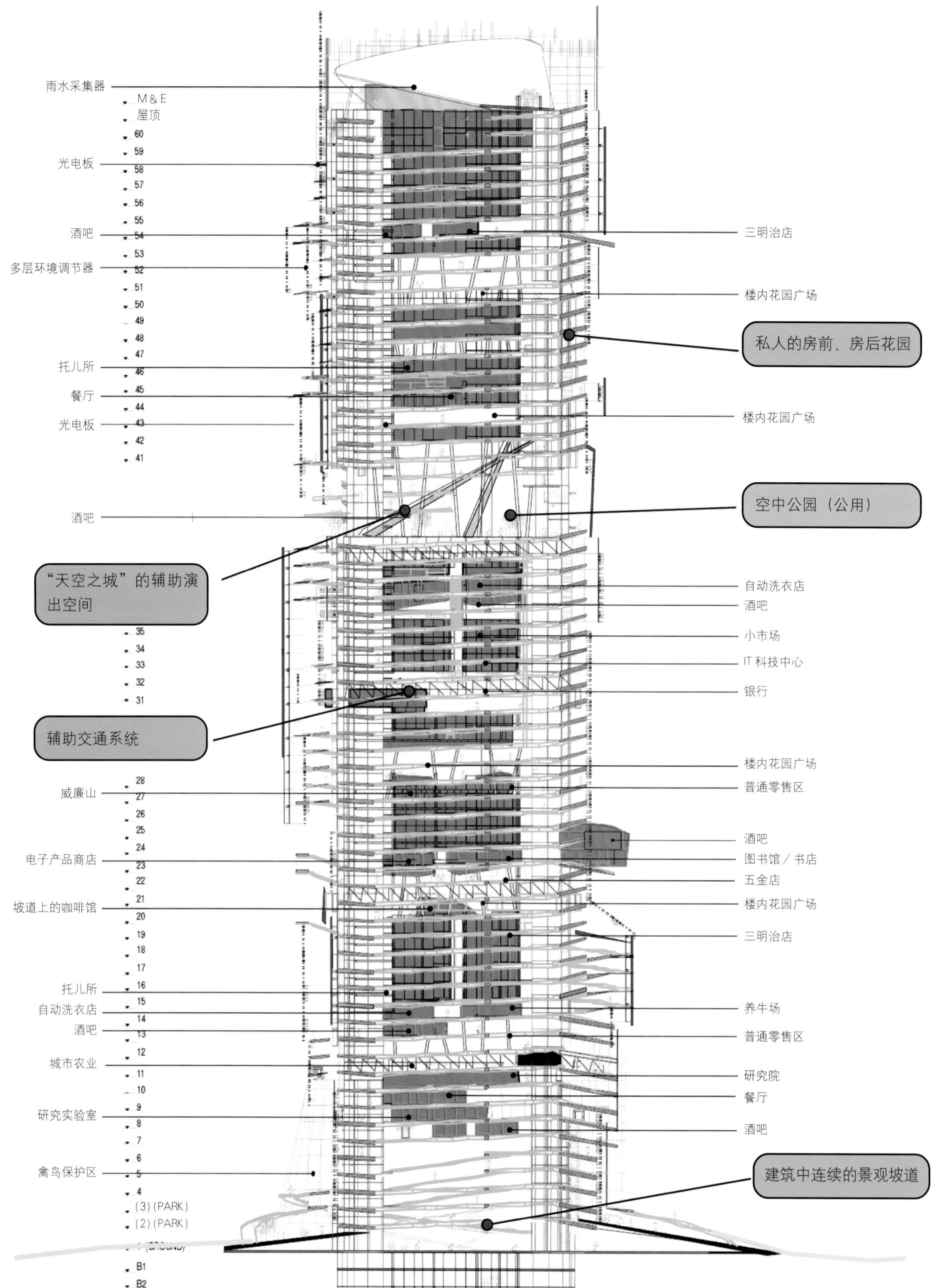

Pedestrian Entry
Convention Entry
Office Drop-Off
Studios
雨水采集器
M & E
屋顶
60
59
光电板
58
57
56
55
酒吧
54
53
多层环境调节器
52
51
50
49
48
47
托儿所
46
餐厅
45
44
光电板
43
42
41
酒吧
"天空之城"的辅助演出空间
35
34
33
32
31
辅助交通系统
28
威廉山
27
26
25
24
电子产品商店
23
22
21
坡道上的咖啡馆
20
19
18
17
托儿所
16
自动洗衣店
15
14
酒吧
13
12
城市农业
11
10
9
研究实验室
8
7
6
禽鸟保护区
5
4
(3) (PARK)
(2) (PARK)
B1
B2
B3
三明治店
楼内花园广场
私人的房前、房后花园
楼内花园广场
空中公园（公用）
自动洗衣店
酒吧
小市场
IT 科技中心
银行
楼内花园广场
普通零售区
酒吧
图书馆／书店
五金店
楼内花园广场
三明治店
养牛场
普通零售区
研究院
餐厅
酒吧
建筑中连续的景观坡道

总平面图和剖面图

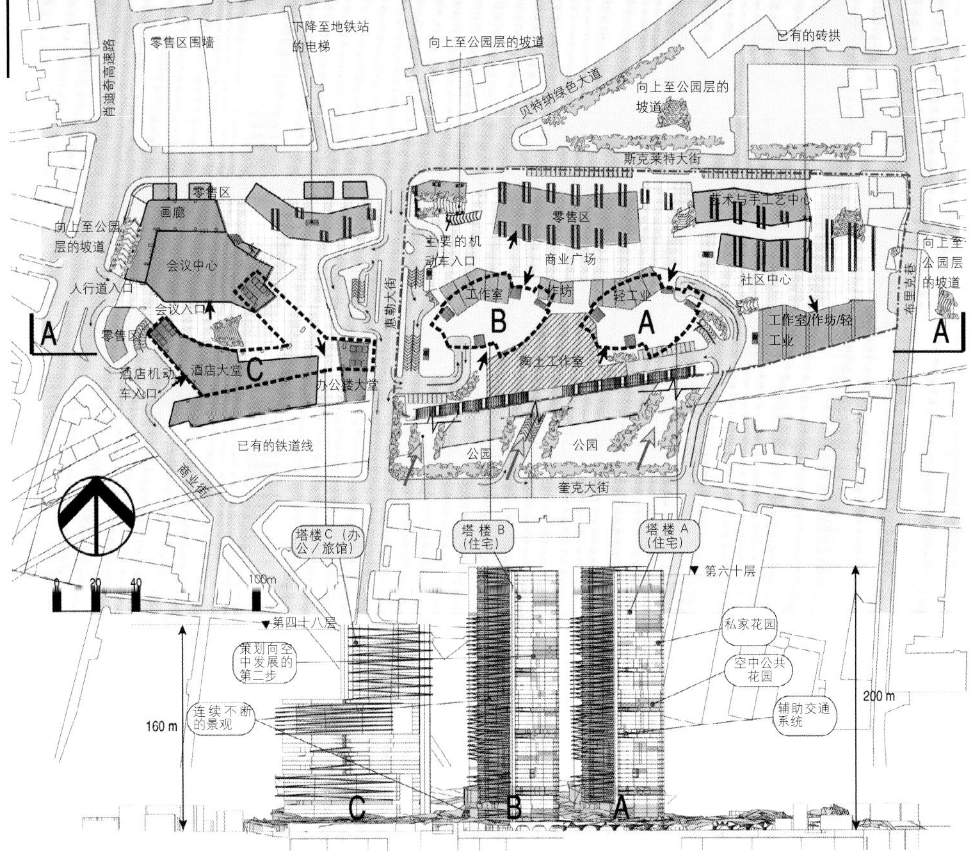

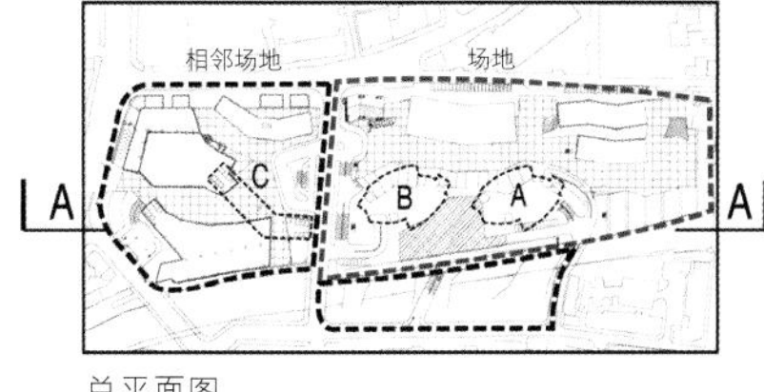

总平面图

图例

- 办公空间和酒店
- 零售区和工厂
- 广场
- 植被
- 核心服务区
- 公园和铺地
- 道路

在这个方案中，电梯被集中安排在东北及西立面，以作为夏季日照防护的**缓冲区**。相反，在冬季，低角度的阳光能够渗入到景观化的交通中庭中，而面向东南的居住单元也能获得最大量的日照。在满足这些基本的原则之外，杨经文对**立面设计**、尤其是立面与居住单元的关系作了特别考虑。

本质上，立面设计保证了最大量的自然光线能进入室内空间，同时它采用**多层外墙**来阻隔寒风。外墙庇护了私人花园露天平台及居住单元。在细部设计中，引入了啮合防风屏以减少强气流的侵入，同时还设有能在夜间进行调节的保温隔热闸门。此结构因采用大型的双层玻璃窗和室内百叶窗而强化功能。最后，私人花园及公共空中花园中的景观绿化与植被也发挥着作用，在缓冲气流的同时还屏蔽夏季的太阳辐射。

总体上看，居住单元类型的详细设计——比如三居的跃式公寓，其中每两层就设有坡道——都带有各式各样的连接空间及具有创意的布局，并可根据业主的不同情况进行灵活组合。

当杨经文创新性地拓展了许多设计元素时，如中庭的通风变化、面南的光电板结合防雨装置或雨水采集器使用等有关**绿色议程**的方方面面，那么，对居住要素附加的详细设计将成为这个方案的标志性特征。反之，对**就业行为及生活方式**的仔细考虑又使得杨经文的**生态建筑**上升到一个前所未有的层面。

g. 补贴性住宅与商品住宅的比例

方案实现了设计纲要提出的公共住宅及低档住宅的最小供给量的要求：

- 20% 的公共住宅
- 15% 的低档住宅
- 65% 的商品住宅

环境可持续性

此处实现环境可持续性是采用一种整体方法，即它将建筑周围环境的所有系统和功能都列入考虑范畴之中。

建筑师认为，生态设计必须考虑如下一些方面：

- 所设计的系统与其外部环境及生态之间的相互依赖关系。
- 所设计系统的内部关系、活动及运作之间的内在依存关系。
- 其外部到内部的能量与物质交换——以及所设计系统的能量与物质输入。
- 其内部到外部的能量与物质交换——以及设计系统的能量与物质输出。

（参见“Yeang, K. (1999), The Green Skyscraper, Prestel (Munich, Germany)”64～65页）

a. 外部依赖因素：场地的生态系统

在考虑所设计系统的外部生态及环境依存体系时，我们从考察场地的生态系统及其相关属性开始着手。很明显，这个地块是一个完全城市化了的“零文化”区。从本质上而言，它是一个完全破碎的生态系统，其原生的地表覆土及动植物群落基本没有得到保存。

因此，整个设计策略试图通过对场地的重新绿化来增加有机体量及生态多样性，并以此恢复整个地块的生态系统。这通过在地面上设置公园及在建筑中采用连续的植栽系统（作为“竖向景观绿化”）来实现。

b. 内部依存：建筑的运转系统

内部依存与建筑的环境处理系统有关。

有4个层次的内部环境处理系统：

- 被动模式（即不使用任何电子-机械设备的低能耗设计）
- 混合模式（即最大化地利用本地环境能量，并以电子-机械设备作为辅助系统）
- 完全模式（即低能耗及环境影响较小的动力系统）
- 生产模式（即产生即时能量的系统，如：光电太阳能系统）

我们的设计策略应该是最大化地利用低能耗的系统（即最低水平的能耗），而多余的能量需求则由混合模式系统、完全模式系统及生产模式系统提供（在有承受能力的地区）。

生态策略

生态设计从考察场地生态系统及其相关属性着手。任何不考虑场地属性的设计本质上都不属于生态设计方法。

一个有意义的开始是以"生态系统层次结构"的视角来考察整个场地（见右图）。

从层次结构看来，很明显，这个地块是一个完全城市化了的"零文化"区。从本质上而言，它是一个完全破碎的生态系统，其原生的地表覆土及动植物群落基本没有得到保存。设计方案试图运用绿色有机体来促使生态演替的重新开始，并以此平衡城市地块的无机属性。

此方案独特的设计特征在于植被覆盖良好的立面与露天平台，这使得绿化区的面积接近于建筑总的使用面积（即建筑毛面积为42820 m²）。

植栽区在设计中保持了连续性，从地面层开始沿景观坡道向上一直延伸到建筑的最高层。设计方案中的植栽面积达40700m²，这使得总绿化面积与总使用面积之间的比例接近于1：1。

生态系统层次结构

生态系统层级	地块数据要求	设计策略
生态成熟状态	完整的生态系统分析与制图	• 保护 • 保存 • 仅在无影响区进行开发
生态不成熟状态	完整的生态系统分析与制图	• 保护 • 保存 • 仅在影响最小的地区开发
生态单一化状态	完整的生态系统分析与制图	• 保护 • 保存 • 增强生物多样性 • 仅在低影响区开发
人工混合状态	局部生态系统分析与制图	• 增强生物多样性 • 仅在低影响区开发
单质文化状态	局部生态系统分析与制图	• 增强生物多样性 • 在无生产潜力区开发 • 恢复生态系统
零文化状态	残余生态系统成分图示（如水文状态，剩余的树木等）	• 增加生物多样性与有机体量 • 恢复生态系统

连续的景观绿化

交通系统

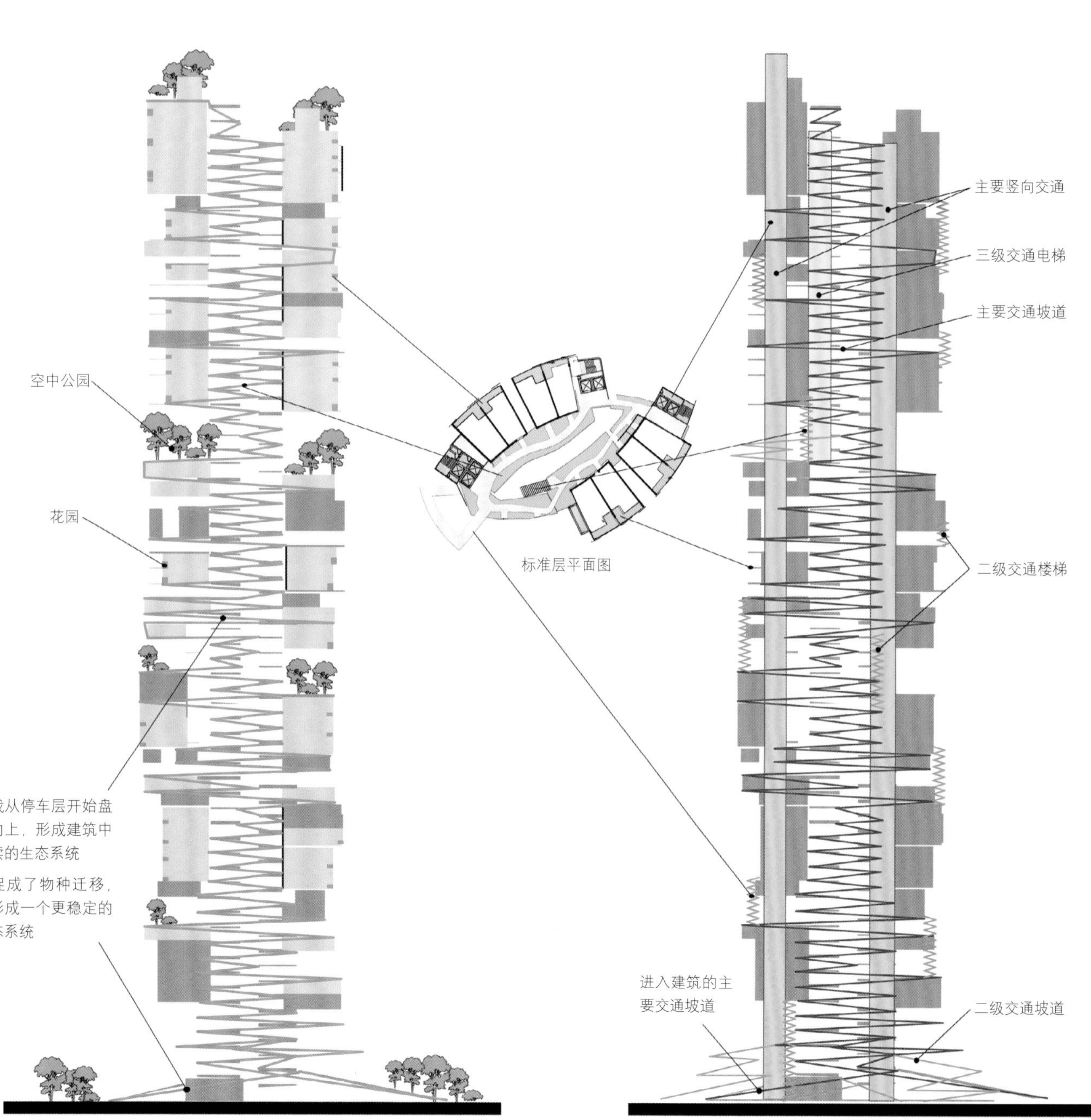

能源与材料投入：生产模式构想

太阳能光电系统

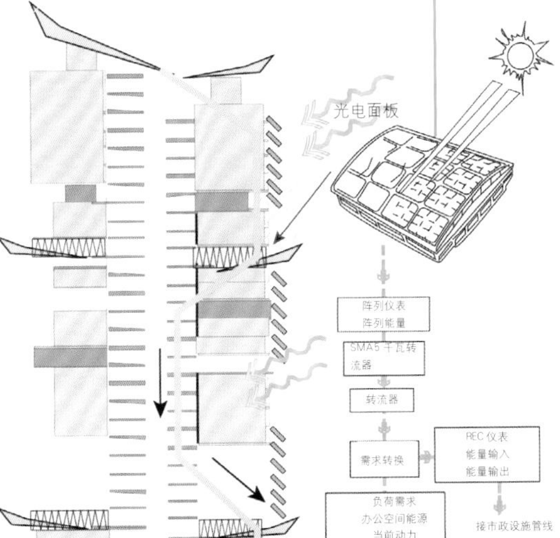

屋顶气流发生器的安装(备选)

• 场地（即屋顶）被称为在城市环境中布局这种设施的"理想"场所。最佳朝向偏离于正北向220°，因为主要的盛行风来自这个方向。

• 使用最广泛的风力涡轮机(即最经济适用的类型）是逆风的三叶水平轴涡轮。转叶位于大楼前方，以平行于地平面的方向旋转。在能量生产方面，生成上升气流的竖向转轴涡轮（如草图中所示的模型）成效并不十分明显。但它们可作为大楼整体设计中的一种建筑元素而使用。

• 为获得足够的动力（50kW)，单个涡轮的标准尺寸为转轴30m，而叶片10～15m。显然，这种类型的设备不适合这块场地。

• 小型风力涡轮机（6～10kW）的尺寸最大为4.5m（转叶），这更适合用于毕晓普斯加特大厦。此外，大多数设备使用尾翼调整转叶朝向气流方向。

• 能获得建筑一年中能耗需求的大约1%。

• 负荷（70MWh）可能选择以下两种组合方式：7 × 6kW 单元，10000 MWh/ 单元或者 5 × 10kW 单元，15000 MWh/ 单元。

• 需要坚固的刚性支撑来保护这些设备，使其能抵抗强风。

• 噪声可能成为另一个潜在问题，它能达到35～45 dB。

• 成本估算：£75.000。假设单价为£1.700/kW

• 气流发生器的投资回收期大约为23年。

光电设备

光电设备可用于实现更高的能量自给率。

对两栋50层的多功能高层住宅的环境影响评估如下：

一年中的建筑能耗

类型	面积	单位能耗	年能耗量
住宅	22990	200	4580
零售商场	8660	250	2165
			6745

数据以住宅的业主"合理"的能量使用为基础。

在东南立面安装光电电池

• 光电电池的最佳安装位置：南向，倾斜30°。

• 这个方案中，可选择位置为：或覆盖西南立面的倾斜坡道（如图所示），或覆盖建筑的整个东南立面，并倾斜30°，如图所示（光电板带安装在立面上每个楼层的下部)。

• 假设第二方案，即覆盖面积更大的一个方案，其覆盖面积为：

31 m × 0.5 m ×（50 – 层数）$=775\ m^2$

• 假设光电电池的有效使用率为13%，可能的动力产出量为：100kW（最高）。

• 假设不受周围建筑遮蔽，且采用最佳的朝向和角度，则100kWp的最高动力源能产出的能量为：70 MWh。在扣除周围建筑的影响及完成面板配置之后（以东南向取代东向），其产出能量为50 MWh。

• 这占到建筑全部能耗负荷的0.7%。

• 成本估计：£500000，假设安装的面板成本为£5000/kWp。

• 光电设备的投资回收期要远超出建筑预期的使用寿命，这使得安装该种设备将成为一种不经济的选择。

• 不过，它还是做为建筑备选的一种生产模式被提出。

c．外部到内部的能量与物质交换（建筑的能量与物质输入）

这包括了建筑使用的能源和材料对环境能量及生态的具体影响，它反映了材料及构件的生产（本地或全球）对其产地的影响，以及它们运输至建设场地和最终的回收利用（在其有效使用年限结束时）中所产生的一系列联动效应。

最初的设计策略是根据材料回收利用的潜在可能性来进行选择，以此减少对自然环境的影响，并积极地更新、恢复与改善自然环境。最先选择的是那些曾经使用过的（即来自于先前建筑中的"废料"）或者是回收利用的材料。这立竿见影地减少了建筑整体的具体能耗指标。

d．内部到外部的能量与物质交换（系统输出）（系统对环境输出量的管理）

这将包含对建筑生命周期中所产生的废弃物及其处理的综合考虑。

我们设计方法的核心目标是限制建筑释放到自然环境中的能量及物质量。在材料的选择中，我们应避免选用污染环境的材料。

另一个考虑的事项是在建筑的使用寿命结束时对建筑材料和构件的重复使用及回收利用，以及合理处理在建筑的使用周期中所产生的废弃物（即通过垃圾分离器回收利用废弃物等)。

输出物与重复利用：水循环与净化

废水收集与重复利用系统

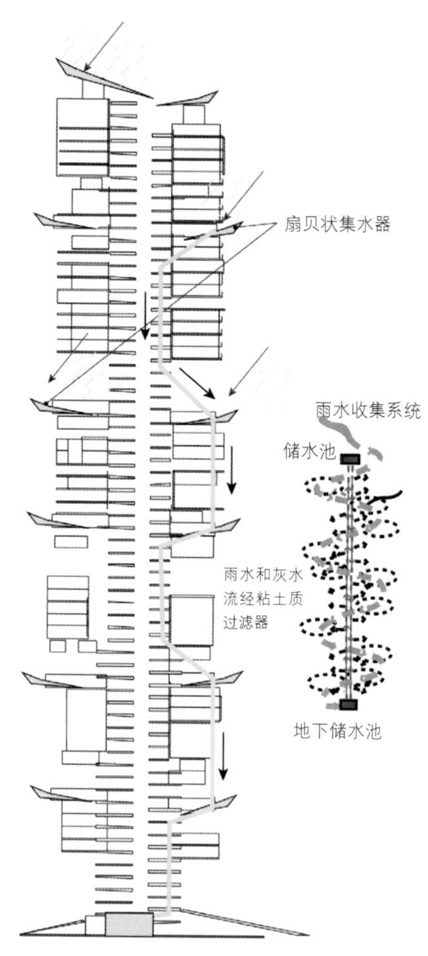

雨水净化系统

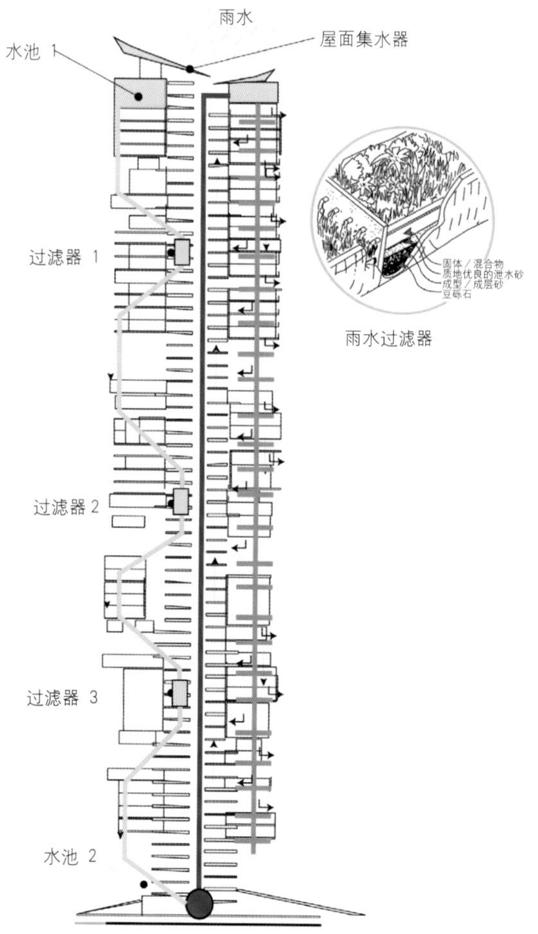

重要区域概述（塔楼A）

- 总居住面积 =22980 m^2
- 商店及其他面积 = 8660 m^2
- 住宅单元分类
- 公共住宅 = 41 套
- 低档住宅 = 28 套
- 商品住宅 = 109 套
- 总共 178 套

居住人口

a.可容纳人口：

人口 @ 两个卧室 / 套（平均）× 2 人 / 卧室 × 178 套 = 712 人

b. 零售区 / 商业从业人口

- 零售区 / 商业总面积 = 8660 m^2
- 人口 @ 1 人 /10 m^2=866 人

c. 总人口（每栋住宅楼） = 712 + 866 = 1578 人

水回收利用系统

建筑的用水自给率为 2.9%（依靠雨水采集）。

（注：对中水的回收利用将进一步增大用水自给率）

- 建筑容纳人口 = 1578 人
- 耗水量 = 60 升 / 天 / 人
- 总需水量 = 60 × 1578 = 94680 升 / 天
  = 9468 m^3 / 天 × 365 天
  = 34558 m^3/ 年
- 雨水汇集面积 = 1200 m^2(屋顶) + 500 m^2(扇贝状集水器) = 1700 m^2
- 伦敦的平均年降水量 = 0.593m
- 雨水采集总量 = 1008 m^3/ 年
- 雨水采集带来的用水自给率 = 1.0084/34558 × 100% = 2.9%

雨水净化

雨水采集系统由"屋顶集水盘"及分层的"扇贝状集水器"组成，后者布置在建筑立面上，以采集从两侧流下的雨水。雨水流经重力作用的水净化系统，采用粘土层过滤器。

过滤后的雨水汇集在地下室的储水池中，并被压至上部楼层的蓄水箱中作重复使用（即用作植被灌溉与厕所冲洗）。自来水在这里仅满足饮用需要。

天然（地下）水

雨水 / 中水系统之外另一个需要关注的问题是天然地下水的利用。伦敦埋深较大的地下水层以一种令人担忧的速率上升，利用这种水源进行卫生间的清洁成为一种合理的选择。为此，我们显然需要进行深入的调查以确定地下开凿能获得足够的出水量。

注释：

建筑本身的属性十分适合中水回收利用，尽管人们观念中对使用中水的接受程度可能成为一种障碍。

中水仅能存贮很短的时间（它比黑色污水更易变质）。因此，它的存贮以24～28小时的流通为基础，而雨水可以单独存储较长的时间，这保证了集水系统能从较为稀少的降水中收集到所需要的水量。

• 据估计，两栋高层每一栋的中水需求量大概在31000升/天的范围内。推荐使用一种独立的 3m × 3m × 2m 的雨水收集器或等体积的储水容器，此外还有约为 4m × 4m × 2 m 的中水存储箱及 2m × 2m × 2 m 的净化水存储箱可供选择。

能量与物质输入：低能耗响应策略（高层塔楼A）

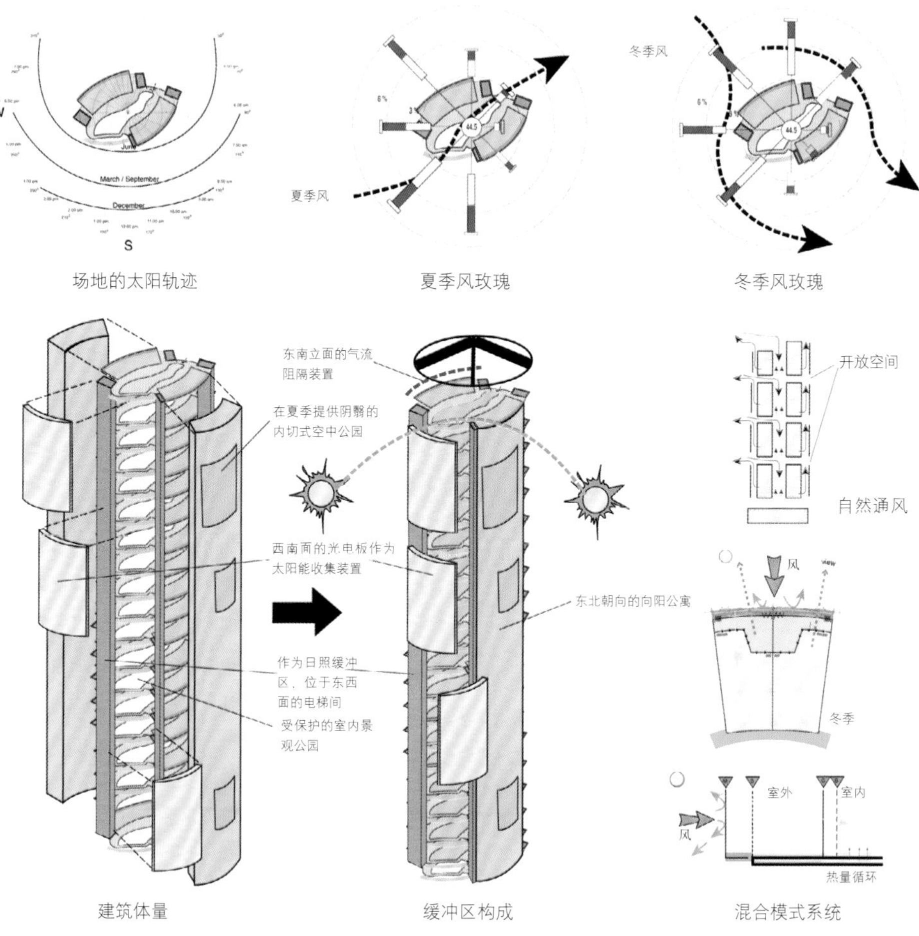

场地的太阳轨迹　夏季风玫瑰　冬季风玫瑰

建筑体量　缓冲区构成　混合模式系统

被动式低能耗策略

设计从最大化开发各种被动模式的可能性开始（即最大化地利用周围环境能量），后者与场地温和的气候相关。所采用的低能耗策略如下所述：

a. 通过建筑体量的组合实现

建筑由两个体块及其围合形成的、受到遮蔽的中央景观空间共同组成。

b. 通过建筑朝向实现

建筑朝向的选取使得在冬季和春秋季时室内空间能够获得最大量的日照，而在夏季则实现最大程度的日照遮蔽。

• 电梯间布局在建筑的东北及西侧，从而在夏季提供日照屏蔽。

• 在冬季太阳高度角较低，这使得景观化的交通空间和东南向的公寓能获得最大量的日照。

c. 由立面设计实现

立面设计使得最大量的自然光线能够进入到室内空间，同时将寒冷的气流拒之墙外，这通过多层的外墙来实现，它带有：

• 网状气流阻隔器以减少强风的侵入

• 夜间通过隔热阀门来保持建筑的热量

• 大面积的双层玻璃窗

• 室内百叶窗

d. 由景观绿化和植栽实现

私人花园和空中公园的景观绿化和植栽发挥着气流缓冲器的作用，同时也为用户提供了一个更人性化的环境。

在夏季，竖向景观绿化阻隔、吸收并反射了大部分的太阳辐射，由此降低了环境温度。草木及土壤的潮湿表面也有助于形成一个更凉爽及健康的建筑环境。

能量与物质输入：混合模式构想

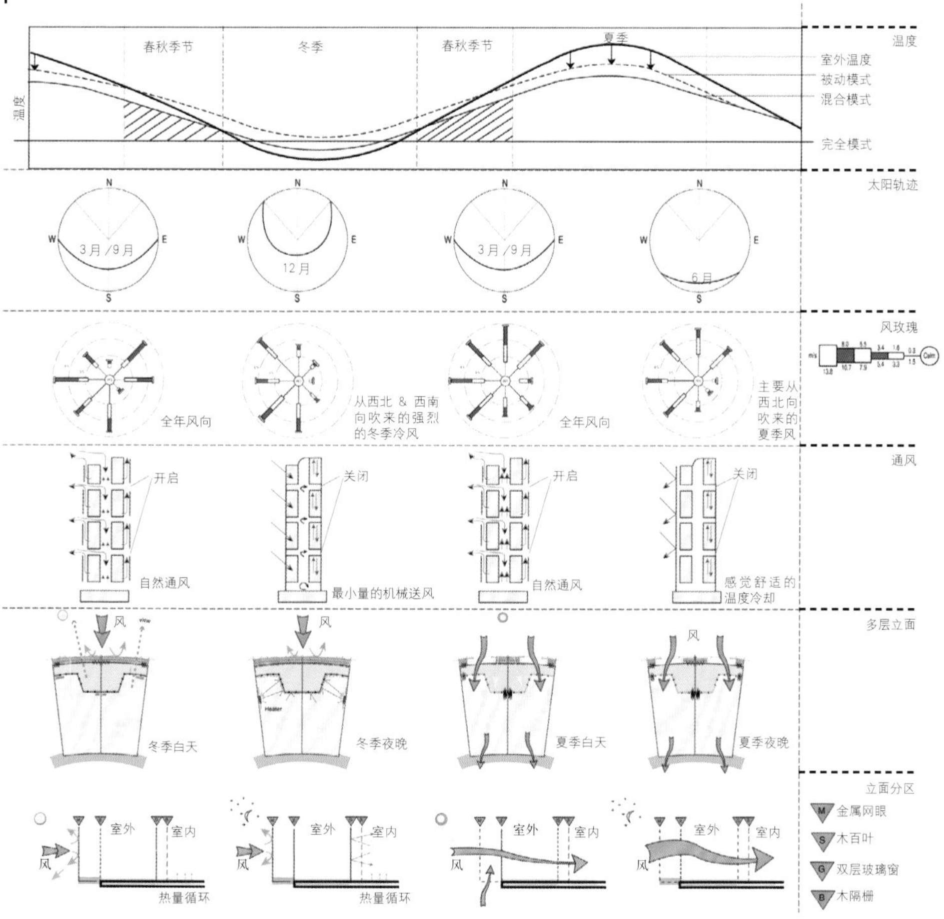

混合模式构想

此处混合模式的基本策略是：在夏季及春秋季室外温度较为适中的时间段加强自然通风；而在冬季时为了让能量损失最少，转而使用机械辅助的通风系统。

针对伦敦的城市环境，在进行公寓单元的外立面设计时，从生物气候及美学要求进行了考虑。外立面采用多层外墙形式，最外层为网状穿孔金属板构成的活动防风墙，在需要通风的地方可以开启以增大自然气流。

其次是木质的折叠门，在夏天，它能完全或呈一定角度关闭，从而为天台提供日照，同时又能够保证向外的视野。

第三层采用双层玻璃以强化隔热效果。最后，所有的公寓单元都配有可调节的木质百叶窗以保证更好的隔热。

在多风的冬季白天，防风屏蔽关闭，而因为太阳的高度角较低，光线得以透过穿孔金属网并渗入开启的室内百叶窗。

在寒冷的冬夜，所有的可调节层都关闭，以保证更高的储热效率。

在微风轻拂的夏季白天，防风墙及玻璃门都开启，从而将气流引入公寓单元，而木质折叠门使得必需的阳光通过开启的玻璃门进入室内，以保证露天平台的良好环境。活动的楼层栅格也被移开，从而让作为日照屏蔽设备的金属网冷却。

在炎热的夏夜，所有的立面层都开启，以满足最大程度的自然冷却与交互通风。

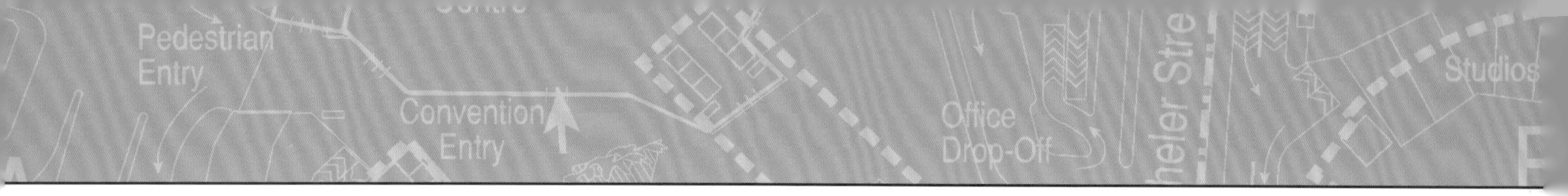

Pedestrian Entry

Convention Entry

Office Drop-Off

Studios

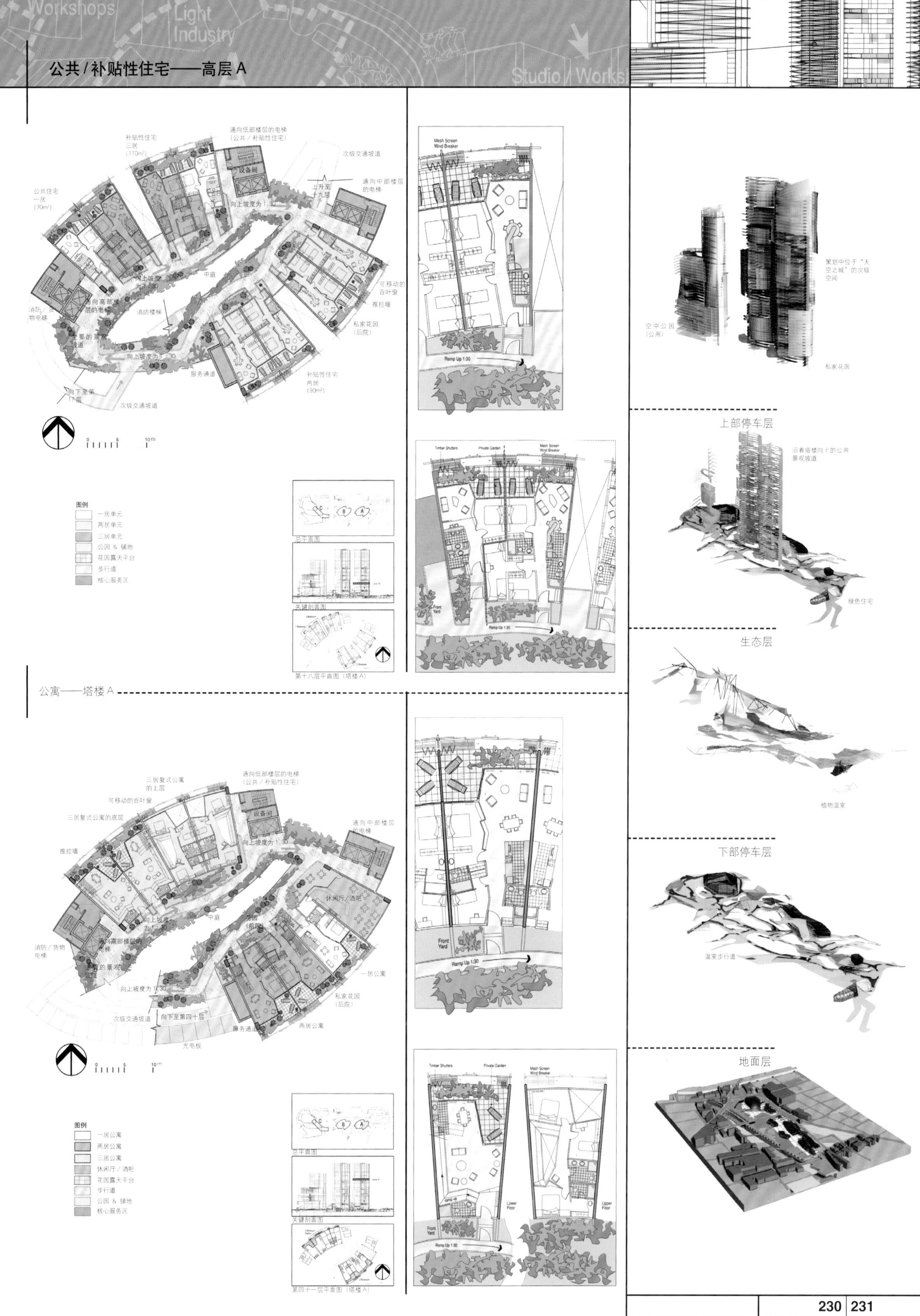
Community Centre
Workshops
Light Industry
Studio/ Works
补贴性住宅
三居
(110m²)
通向低部楼层的电梯
(公共/补贴性住宅)
次级交通坡道
公共住宅
一居
(70m²)
设备间
上升至十九层
通向中部楼层的电梯
向上坡度为1:30
中庭
可移动的百叶窗
推拉墙
私家花园
(后院)
消防楼梯
服务通道
补贴性住宅
两居
(90m²)
向下至第17层
图例
一居单元
两居单元
三居单元
公园 & 铺地
花园露天平台
步行道
核心服务区
总平面图
关键剖面图
第十八层平面图(塔楼A)
Mesh Screen Wind Breaker
Ramp Up 1:30
Timber Shutters
Private Garden
Front Yard
公寓——塔楼A
三居复式公寓的上层
三居复式公寓的底层
休闲厅/酒吧
一居公寓
两居公寓
向下至第四十层
光电板
一居公寓
两居公寓
三居公寓
休闲厅/酒吧
第四十一层平面图(塔楼A)
Lower Floor
Upper Floor
空中公园
(公用)
私家花园
上部停车层
绿色住宅
生态层
植物温室
下部停车层
温室步行道
地面层

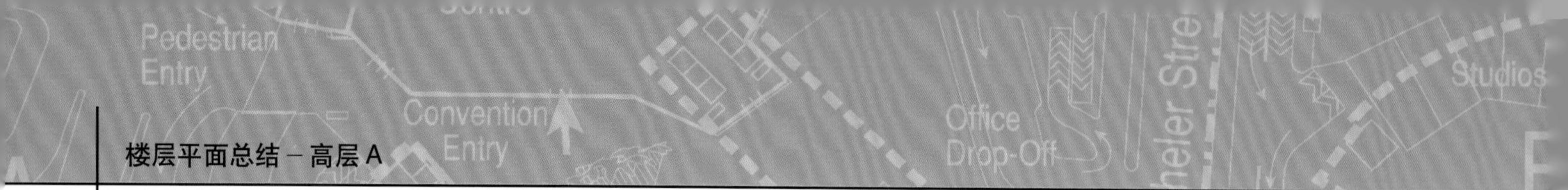

楼层平面总结－高层 A

公共设施 & 住宅单元图例

1. 开放型鸟舍／鸟禽保护区
2. 鸟禽综合商店
3. 研究实验室
4. 眺望平台
5. 城市农业区
6. 公共庭园／广场花园
7. 酒吧
8. 托儿所
9. 语言学校
10. 报亭
11. 自动洗衣店
12. 咖啡馆
13. 三明治店
14. 邮局
15. 银行
16. 自动提款机
17. 威廉山
18. 五金店
19. 电子／IT
20. IT 科技中心
21. 普通零售商业区
22. 图书馆／书店
23. 餐厅
24. 迷你商场
25. 慈善商店

A. 公共住宅
一居
两居
B. 补贴性住宅
两居
三居
C. 公寓
一居
两居
三居
D. 屋顶公寓

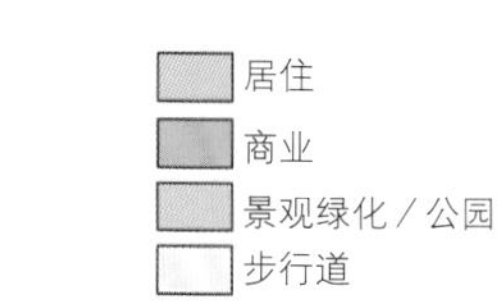

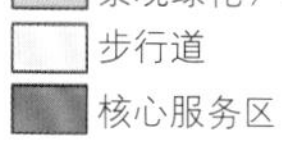

居住
商业
景观绿化／公园
步行道
核心服务区

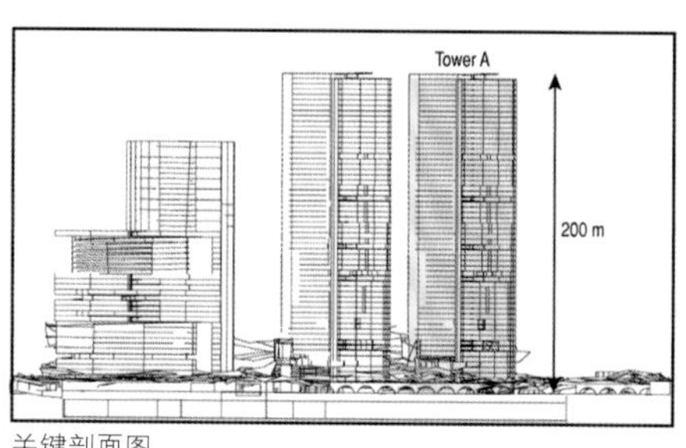

关键剖面图

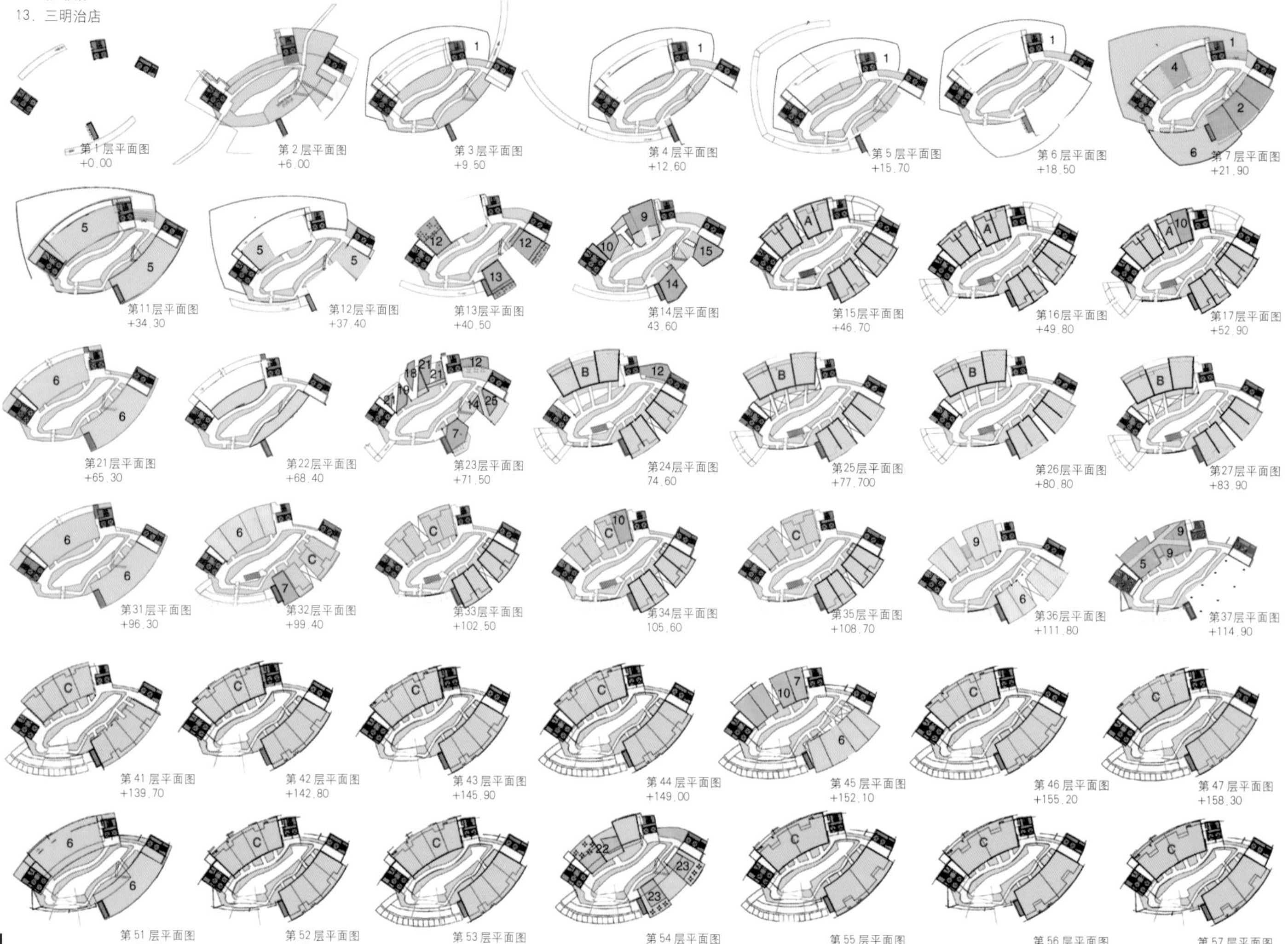

第 1 层平面图 +0.00
第 2 层平面图 +6.00
第 3 层平面图 +9.50
第 4 层平面图 +12.60
第 5 层平面图 +15.70
第 6 层平面图 +18.50
第 7 层平面图 +21.90

第11层平面图 +34.30
第12层平面图 +37.40
第13层平面图 +40.50
第14层平面图 43.60
第15层平面图 +46.70
第16层平面图 +49.80
第17层平面图 +52.90

第21层平面图 +65.30
第22层平面图 +68.40
第23层平面图 +71.50
第24层平面图 74.60
第25层平面图 +77.700
第26层平面图 +80.80
第27层平面图 +83.90

第31层平面图 +96.30
第32层平面图 +99.40
第33层平面图 +102.50
第34层平面图 105.60
第35层平面图 +108.70
第36层平面图 +111.80
第37层平面图 +114.90

第 41 层平面图 +139.70
第 42 层平面图 +142.80
第 43 层平面图 +145.90
第 44 层平面图 +149.00
第 45 层平面图 +152.10
第 46 层平面图 +155.20
第 47 层平面图 +158.30

第 51 层平面图 +170.70
第 52 层平面图 +173.80
第 53 层平面图 +176.90
第 54 层平面图 +180.00
第 55 层平面图 +183.10
第 56 层平面图 +186.20
第 57 层平面图 +189.30

第二、三层平面图

中心公园布置在街道层，可通过景观坡道到达。公园和建筑高层的植被发挥着场地“绿色呼吸器”的作用。借助高层的架空天桥，公园如“绿色楔入体”一样延伸至邻近地块，这实现了良好的城市连通性，并保证了自行车道和步行道构成的人行交通系统不受机动车的影响。

公园范围内设置有商店、游憩空间、城市农业区及苗圃（在玻璃温室内），以及位于高层底部的鸟舍。

公园通过螺旋状上升的景观坡道延续至高层之中，使地面到建筑空间的过渡更加自然和谐。

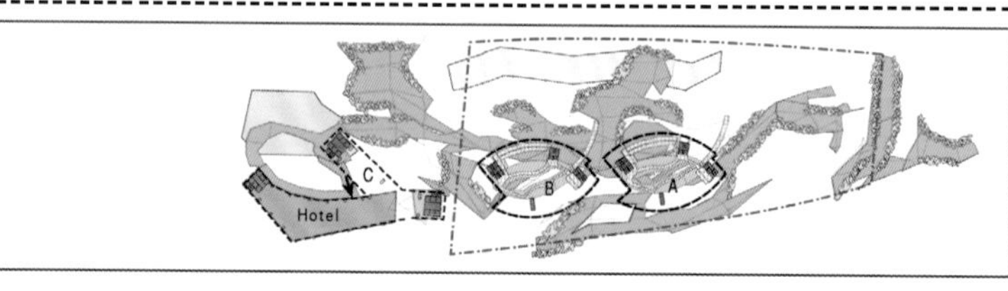

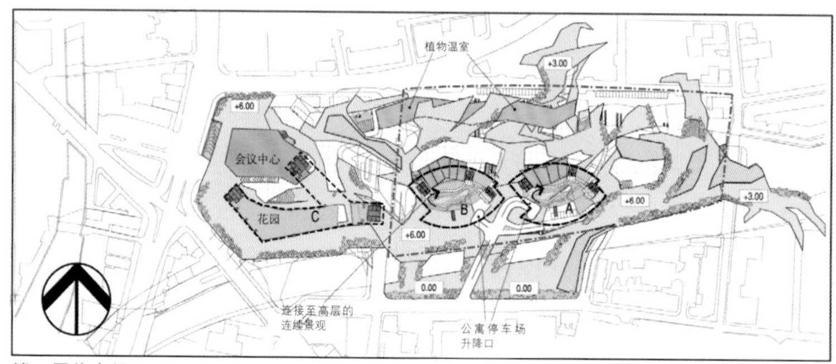

第二层停车场

总平面图

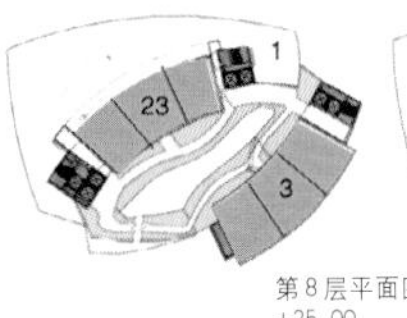
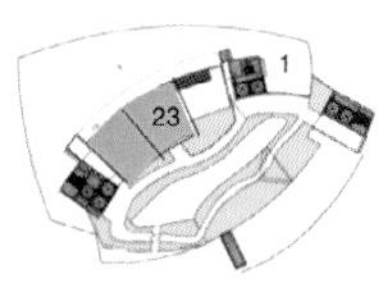
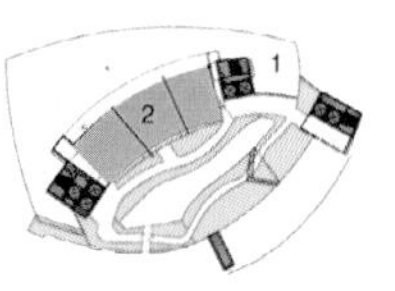

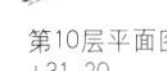

第8层平面图 +25.00　第9层平面图 +28.10　第10层平面图 +31.20

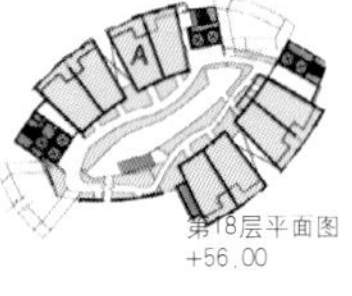
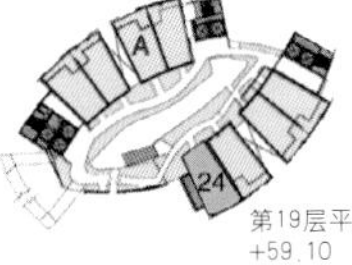
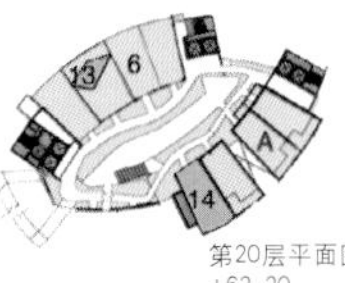

第18层平面图 +56.00　第19层平面图 +59.10　第20层平面图 +62.20

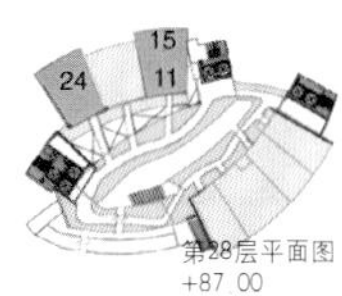
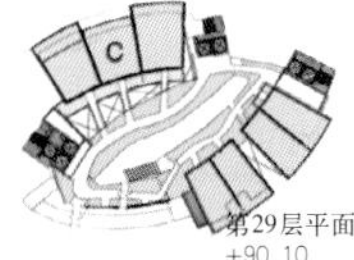
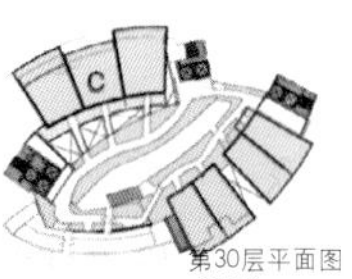

第28层平面图 +87.00　第29层平面图 +90.10　第30层平面图 +93.20

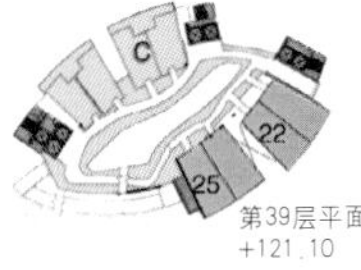
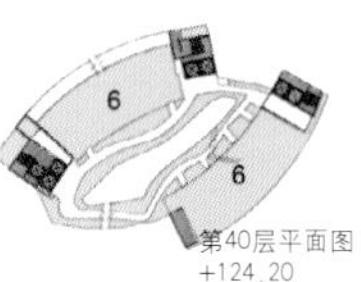

第38层平面图 +118.000　第39层平面图 +121.10　第40层平面图 +124.20

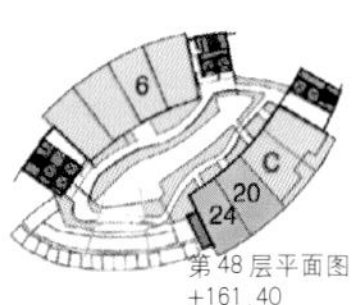
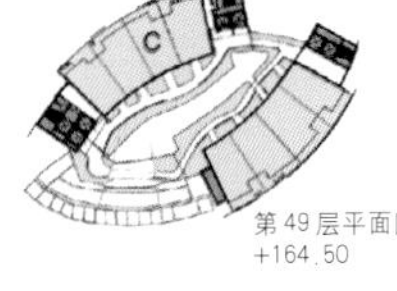
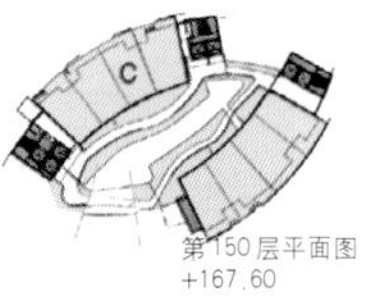

第48层平面图 +161.40　第49层平面图 +164.50　第150层平面图 +167.60

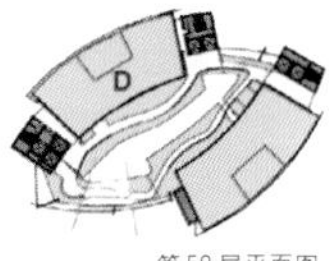
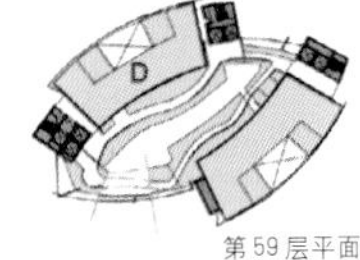
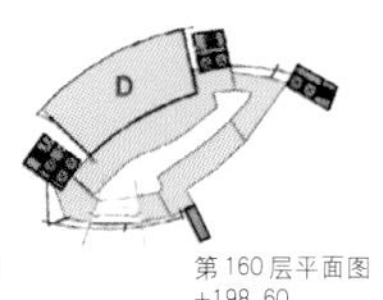

第58层平面图 +182.40　第59层平面图 +195.50　第160层平面图 +198.60

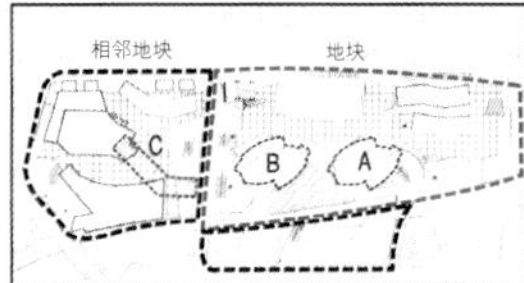

总平面图

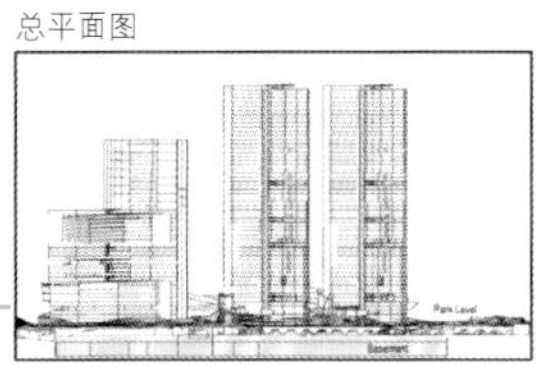

关键剖面图

图例

- 办公空间 & 酒店
- 零售区
- 公园
- 核心服务区
- 绿色住宅
- 地下停车场

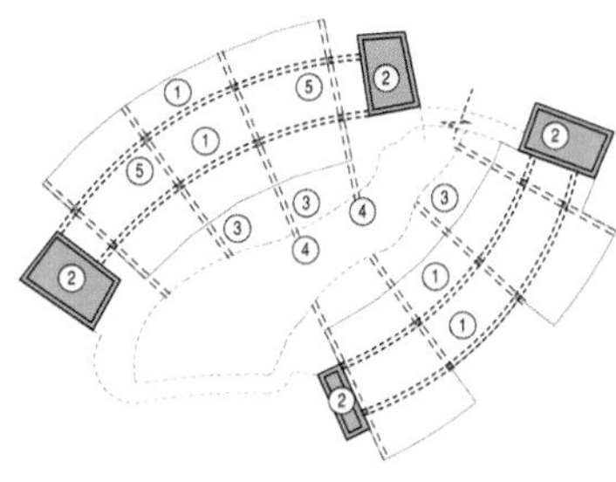

转换结构层

① 大跨度（楼层高度）桁架横跨电梯厅与核心服务区。

② RC电梯与核心服务区承载了转换桁架的负荷，并将其传导至地基。

③ 副桁架悬挑延伸至边缘及步行道区。

④ 马卡路钢筋悬杆支撑起第十层的步行区。

⑤ 承重柱承载了第十层的楼板负荷并将其传导至转换桁架。

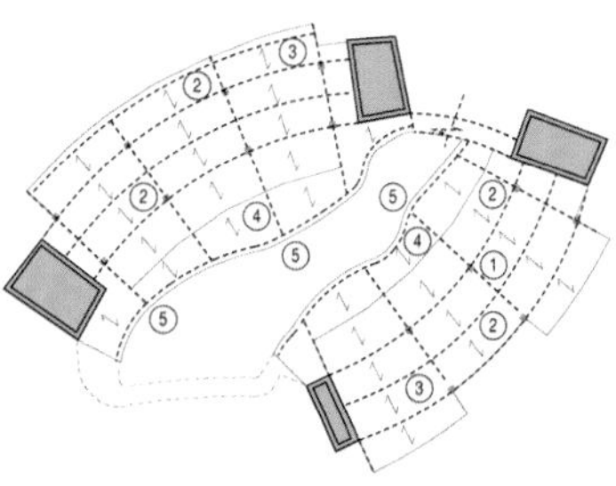

标准层平面图

① 轧钢UB构件作为主要的楼层承重梁，架设在柱列及楼板边缘之上。

② 轧钢UB楼层副梁约为6.0m c/c。

③ 预制木质楼板将架设在副UB之上，并采取相应的防火措施。

④ 在结构楼板中预留位置，以用做人行道。

⑤ 步行道由转换层的马卡路钢筋悬杆来支撑。

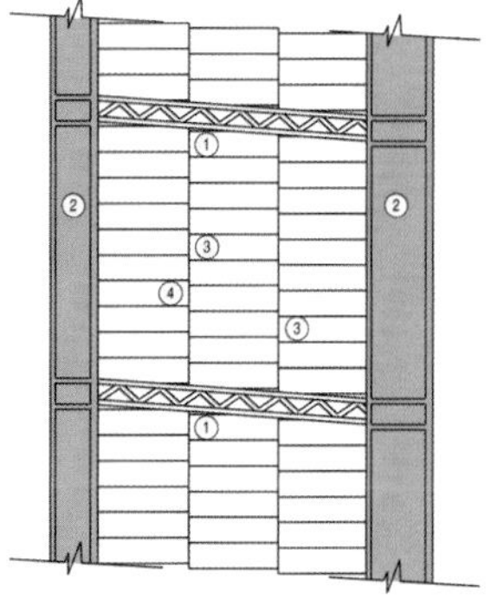

标准“10层区”及转换层

① 大跨度（楼层高度）桁架横跨电梯厅与核心服务区。

② RC电梯与核心服务区将转换桁架的负荷传导至地基。

③ 钢柱（UC）承载了第十层的楼板负荷并将其传导至转换桁架。

④ 马卡路钢筋悬杆支撑起步行区。

结构

著：布罗·哈波尔德咨询工程师事务所（伦敦）

这个高度的高层建筑采用何种结构系统更多地是由侧向（风力）负荷而非竖向（重力）负荷来决定。中心承重的内部框架也许不是这种高层建筑最有效的结构解决方案，而采用外围的支撑结构（如立面承重墙）可能是最有效的方法。

所设计的结构系统在每10层设置一个转换层，来分配核心区的重力负荷。转换层可与设备/植被楼层同时出现，这样就不会占用宝贵的公共空间。核心区可发挥一个大型空心柱的作用。

4个核心服务区变成了建筑的“支撑腿”，承载起外围结构的竖向负荷，同时对侧向负荷而言也更加稳固。应注意到：它在结构上将建筑的两个部分连接起来。核心服务区由高强度的钢筋混凝土建成。而下部楼层中每个核心区都需要10～15m见方断面的混凝土构件。

这个由4条“支撑腿”即每10层设置的转换层组合而成“巨型结构”框架将构成多层的建筑平台，以悬挂/支撑各种形状的楼板及倾斜层。这种每10层设置的内嵌楼层将在主体结构之后建造完工，而且日后可在不损坏主体结构的情况下进行改建/重建。

这个“巨型结构”框架在对角线方向将建筑拉牢。因为伦敦有着较厚的黏土层，所以这种地基难以支撑如此大规模的建筑物。建筑的桩基将深达40～50m，使其能够支撑在粒状沙质之上。为避免沉降，桩基将用水泥浆填充。建筑的每个支撑腿之下都需要巨大的桩基集束，其面积接近于核心区基底面积的两倍。桩基盖板深度将达到数米。

基础不深将使得支撑起侧向负荷更加困难，因此，增加了所需桩基的数量。在现有的铁路线附近建造这些桩基组并保证其正常运转是相当困难的，所以设计中，建筑尤其是“支撑腿”的位置选取都尽量远离铁路线。

结构详述及生态优势

基础 - RC桩基

结构 - 钢框架结构

- 可使用机械焊接技术（有利于到达建筑使用寿命以后的重复使用和回收利用）
- 建设的速度与效率
- 轻质（减少结构负荷）
- 保证大跨度的实现

RC电梯井

楼板系统 - 防火木质楼板盒

- 低能耗
- 100%的回收使用率
- 可在场地内便捷装配

外墙 - 抹灰及涂漆AAC砖

- 低能耗使用（充气的高压混凝土）
- 原材料低消耗
- 高效隔热（减少冷却及加热成本）
- 轻质（减少结构负荷）
- 不产生对环境有害的废弃物

窗户 - 回收铝和玻璃的双层玻璃窗

- 高效隔音
- 回收铝减少了具体能耗
- 大面积玻璃窗改善了自然采光

门 - 木质外框的合成板门

室外地面 - 陶瓷砖和水泥地板结合

室内墙面 - 带内层石膏隔板的木质墙板

- 低能耗

室内地面 - 通常采用地毯

天花板 - 矿物纤维天花板（公共住宅）

- 高回收率的材料成分
- 石膏天花板（其他）

土地使用的竖直及水平分区——塔楼 A

功能分区

空间利用的竖向及水平分区

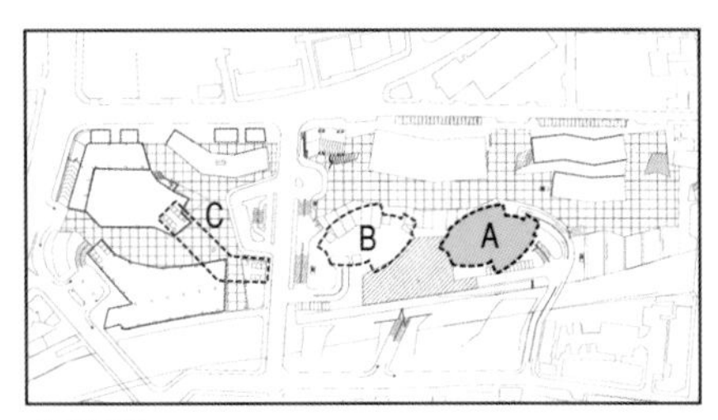

总平面图

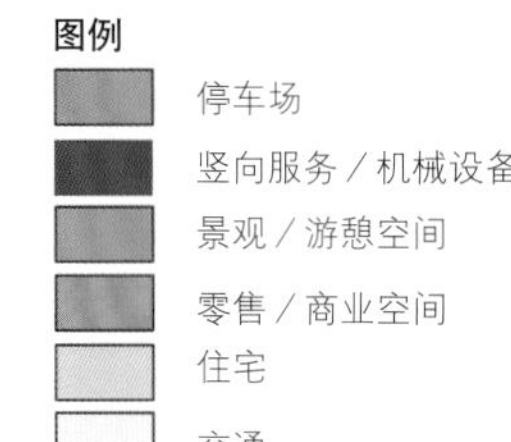

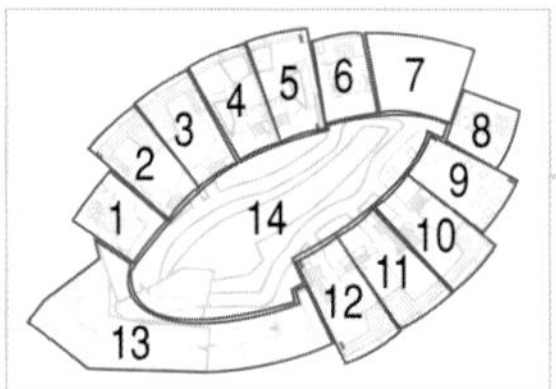

1 2 3 4 5 6 7 8 9 10 11 12 13 14

分区总平面图

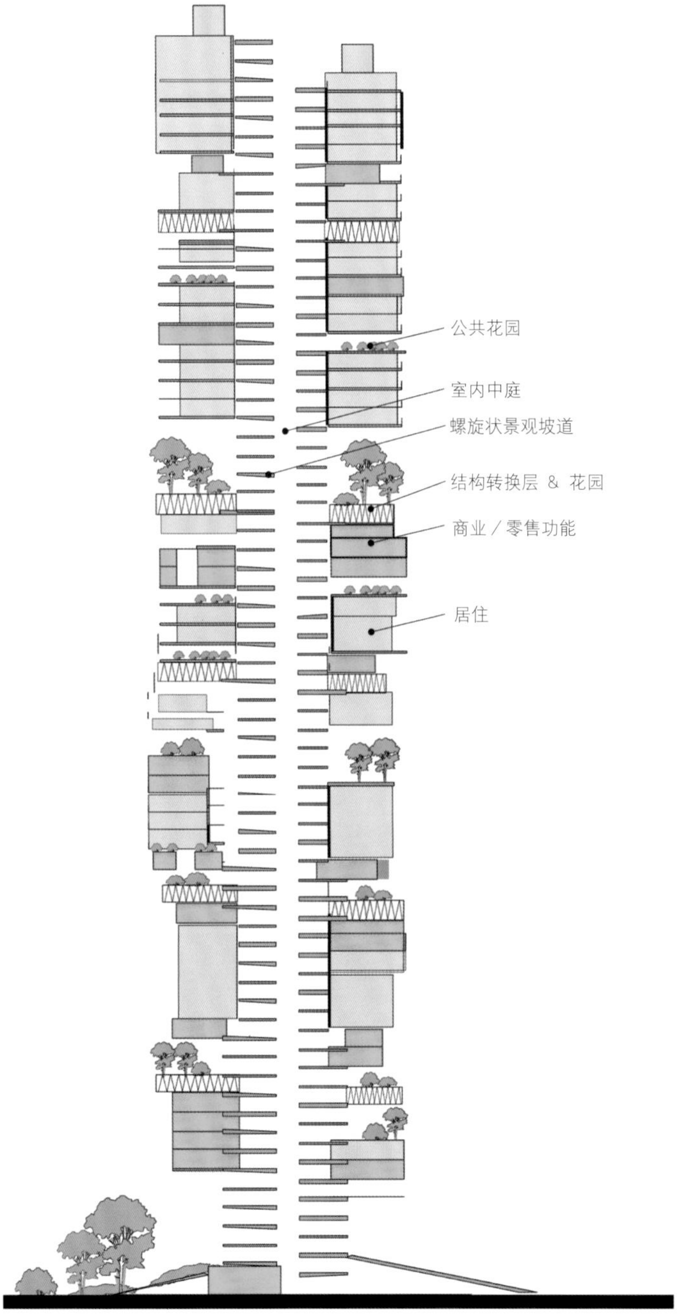

公共花园

室内中庭

螺旋状景观坡道

结构转换层 & 花园

商业／零售功能

居住

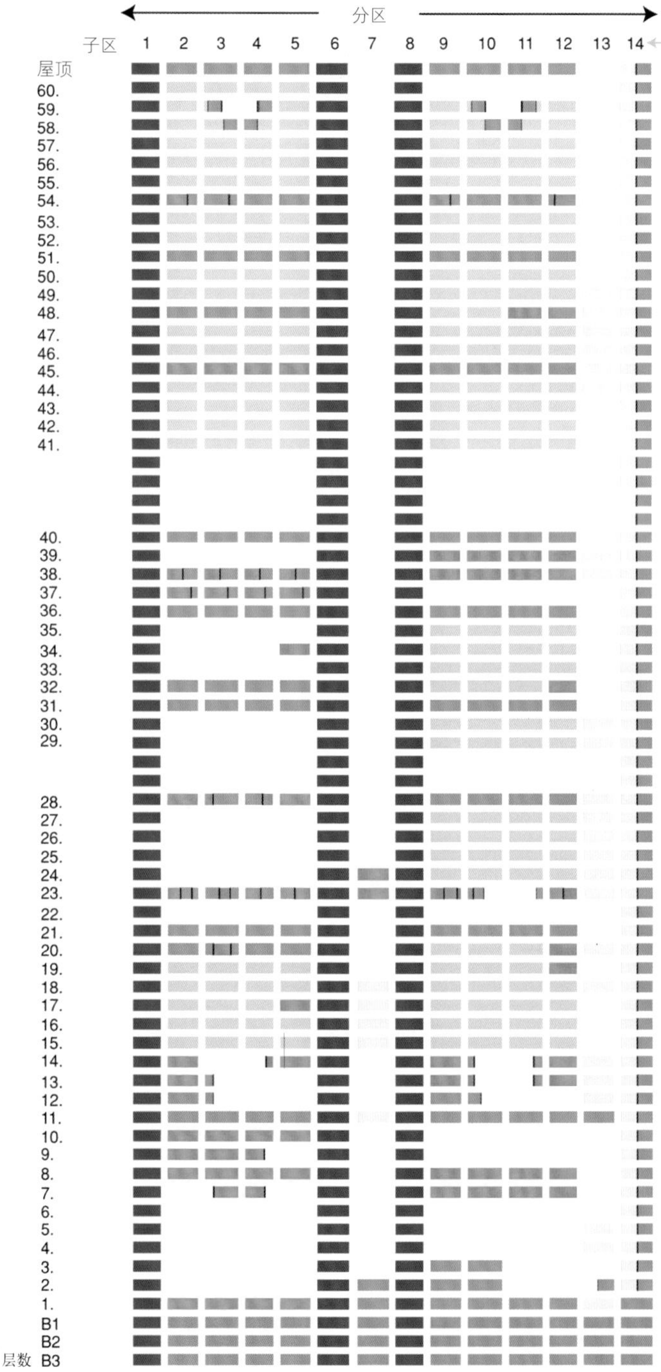

分区

子区 1 2 3 4 5 6 7 8 9 10 11 12 13 14

屋顶
60.
59.
58.
57.
56.
55.
54.
53.
52.
51.
50.
49.
48.
47.
46.
45.
44.
43.
42.
41.
40.
39.
38.
37.
36.
35.
34.
33.
32.
31.
30.
29.
28.
27.
26.
25.
24.
23.
22.
21.
20.
19.
18.
17.
16.
15.
14.
13.
12.
11.
10.
9.
8.
7.
6.
5.
4.
3.
2.
1.
B1
B2
层数 B3

商场

机动交通及步行通道

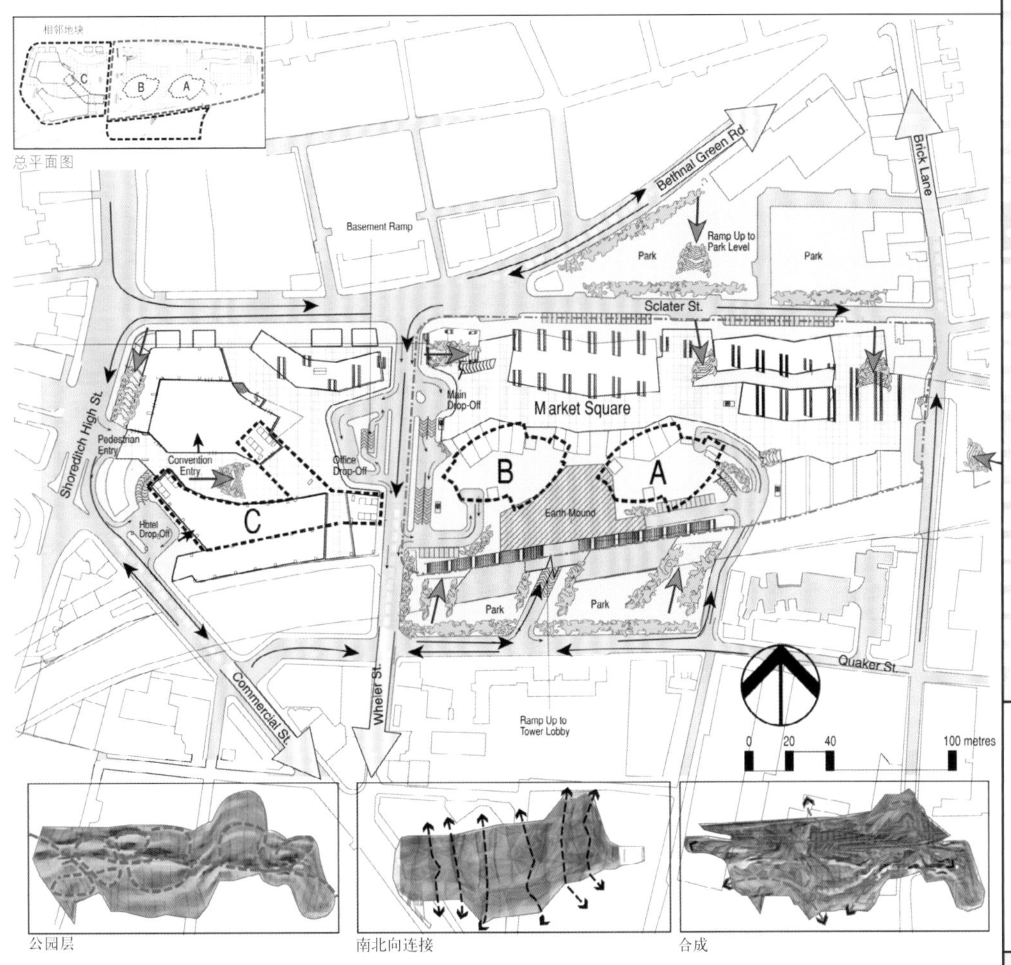

总平面图

公园层

南北向连接

合成

机动车入口

居住区的主入口设在南面，可从桂格大街上进入。建议修建横跨现有高架铁路的坡状天桥，来连接住宅楼的停车场大厅。

通向邻近商业地块的机动车主入口位于惠勒大街上。

停车场

公共及住宅停车场位于地下室。最低的地下层应接近于较浅的铁轨深度。在斯克莱特大街上提供一些有限的路边停车场。

东伦敦的地铁站设置在地块之中，这将使得更多的居民及工作人员选择公共交通出行。因为靠近地块中设置的便利公共设施，预期此开发项目所需的停车空间将有一定减少。

步行系统

场地的北面、西面和东面被设计为“多门户的通透”形式，方便步行者进入内部的零售区及商业区。

整个设计属于“步行友善型”，借助步行和自行车的方式，人们可以方便舒适地出行。

商场设施的屋顶是一个绿化公园，它设有高架景观通道，与邻近的地块和公园相连接。

图例

- 广场
- 植栽
- 公园和铺地
- 道路
- 通向公园层的景观坡道
- 交通流向

象堡生态塔楼群

象堡，伦敦

业主 南沃克土地开发上市公司
地址 象堡，伦敦-铁路线西侧
纬度 北纬51.3°
总层数 建筑1-35层
建筑2和3-12层
开工时间 2000年（设计）
竣工时间
面积（建筑1） 总毛面积 276304平方英尺
总净面积 232095平方英尺
绿化及交通面积 44209平方英尺
面积（建筑2&3） 总毛面积 95765平方英尺
总净面积 79485平方英尺
绿化及交通面积 16280平方英尺
场地面积 170英亩

开发要点·象堡塔楼群方案包含的构想是将伦敦中心区南部180多英亩的地块进行改造，从而能够提供：

- 超过100万平方英尺的购物与游憩面积
- 3500套商品房
- 超过1100套公共住宅
- 新设的公交中转站
- 面积为500000平方英尺的写字楼
- 一个酒店
- 面积为800000平方英尺的职工宿舍
- 新的公共设施
- 3个大型公园（每个15英亩）

设计要点·象堡街区更新方案由几位设计师共同完成。新建的轨道交通换乘站将地块分为两个部分。铁道西侧的项目由福斯特及其合伙人设计，而东侧的居住公寓则由T·R·哈姆扎和杨经文建筑师事务所、HTA建筑师事务所以及本诺尼有限责任公司共同完成。本诺尼有限责任公司设计了商业空间，而T·R·哈姆扎和杨经文建筑师事务所及HTA建筑师事务所共同完成了住宅部分。

开发纲要要求在零售及商业空间上修建3栋生态居住建筑。我们的设计集中关注以下一些主要问题：

社会可持续

a.理念－“天空之城”

设计采用了城市地理区域的典型系统，将其内在体系、功能分区及社会基础设施竖向组合融入到高层建筑之中。高层建筑在此处被视作微观的城市系统，其中包含了城市街区中的固有元素，如公园、商店、娱乐中心、社区设施、公共住宅，中档及高档住宅等。“天空之城”的构想是：

•因多种功能的混合提供了本地就业岗位，在地面层及上部楼层中均有分布。

•形成了同一建筑中不同居民积极的混居状态。通过“竖直分区”，住宅类型根据收入（决定于其承受能力）及居住条件（单身公寓、家庭户型、豪宅等）得以重新组合，而公共设施（如公园、商业街等）也得以共享。

•保证了基本福利设施的便捷可达性，如便民杂货店、邮局、药店等。它们都布置在同一栋建筑中。

•提供了一个宜人的景观环境，并从公共开放空间（空中公园）向半私密空间（入口庭园）再向私人开放空间（阳台）逐渐拓展。

b.朝向

建筑充分利用南向立面来接收冬季日照。而面向北侧城市景观的视野同样也非常开阔。室内空间和步行道的设置源于对日照的考虑，形成一系列采光天井，从而为公寓的服务空间提供照明。在夏季建筑的侧翼能引导凉爽气流进入中庭，而在冬季则屏蔽掉寒风。

c.用户

因为提供了多种类型的住宅，从而满足不同年龄、收入、职业和家庭构成的居民混合居住要求。这包括公共住宅、经济型住宅（两居或三居）形式、单身公寓、两居公寓、三居公寓和高档公寓等。

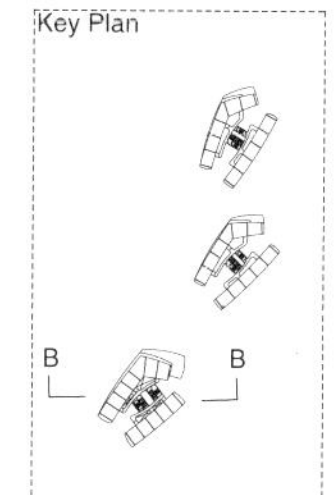

象堡塔楼群的大规模街区更新项目包括：东面由杨经文设计的3栋生态建筑、中间的轨道交通换乘站，以及西面由福斯特及其合伙人设计的开发方案，这都是环绕着一个主广场来布置。整个开发中还包括了公共住宅，其资金来源于对住宅私有房产主所征的房产税。在大型的购物和休闲设施以及其他公共建筑之外，方案还规划了3个大型公园。

杨经文的3个建筑被称之为**花园高层建筑**，这是他在伦敦的设计竞赛中获得的首次成功，也许会发展成为一种新的建设类型。这些建筑高12～35层不等，在大多数的细节设计上，它都重复了先前在毕晓普斯加特大厦采用的相关理念。也就是说，在建筑构成、朝向、立面设计及景观策略上直接反映出先前范例的种种思考。不过在这个方案中，电梯厅和楼梯间以一种更紧凑的方式组合起来，但还是保留一个位于中央区域，覆盖景观绿化且带通廊的中庭。标准楼层平面，如生态高层1，同样也是两侧式的布局，这提供了多样化的建筑朝向与外向视野。整体形态上，除了**空中庭院**和**公寓阳台**等元素之外，杨经文还加入了大量的“**空中豆荚**”空间以容纳公共设施，而屋顶则引入了一个大型**冬季温室花园**，它突出地体现出建筑的生态属性。

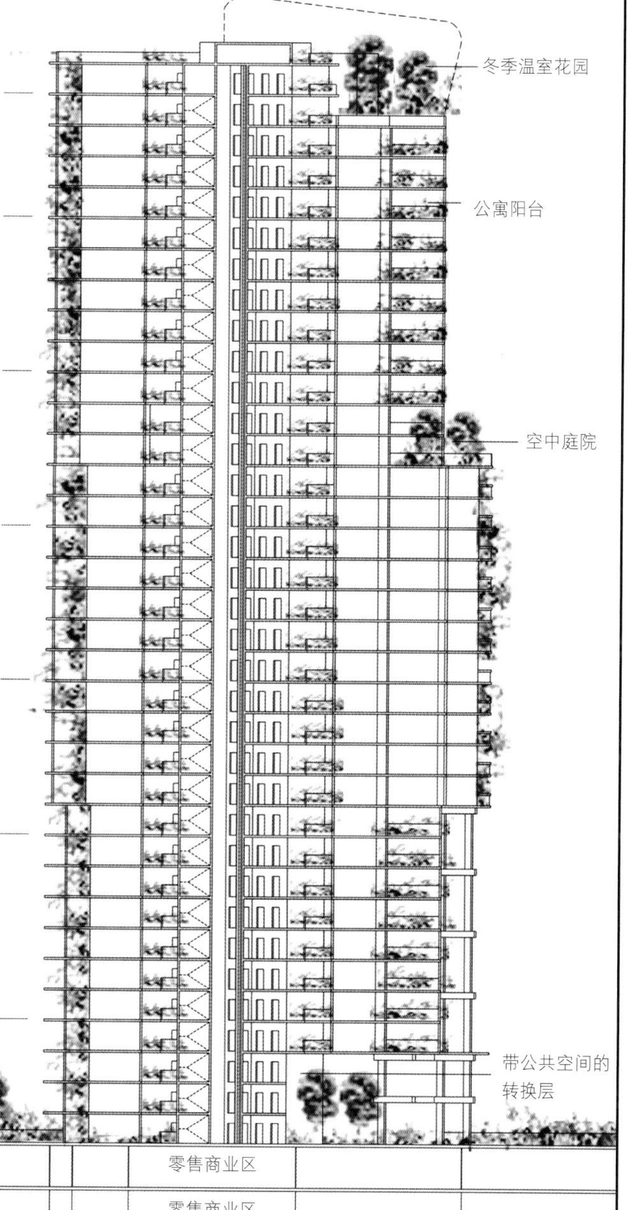

塔楼 1

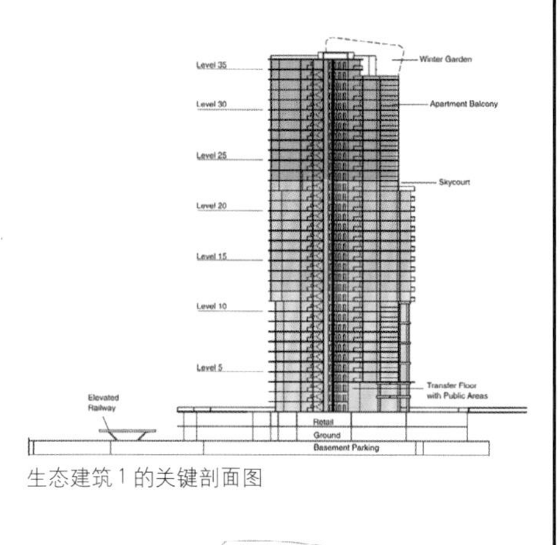

生态建筑 1 的关键剖面图

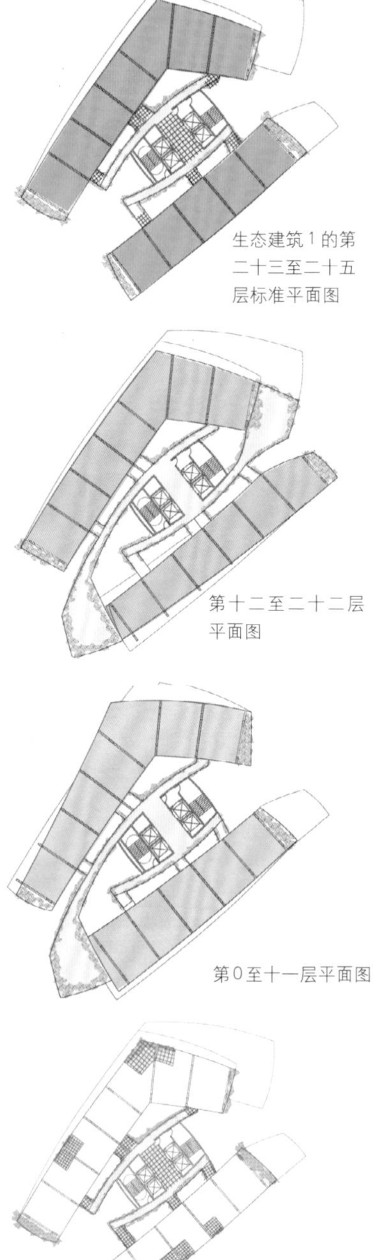

生态建筑 1 的第二十三至二十五层标准平面图

第十二至二十二层平面图

第 0 至十一层平面图

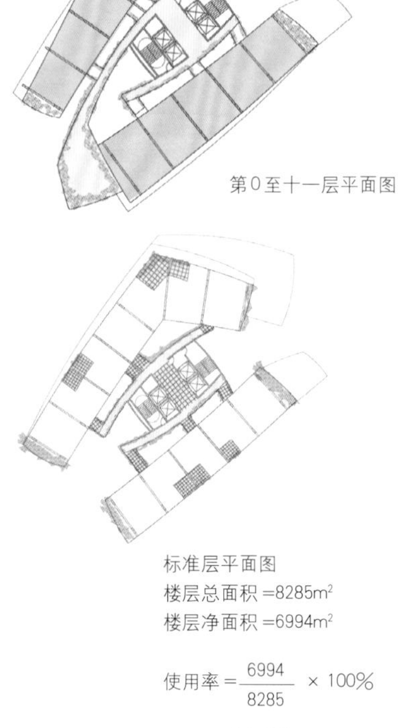

标准层平面图

楼层总面积 =8285m²

楼层净面积 =6994m²

$$使用率 = \frac{6994}{8285} \times 100\%$$

=84.4%

塔楼 2 和 3

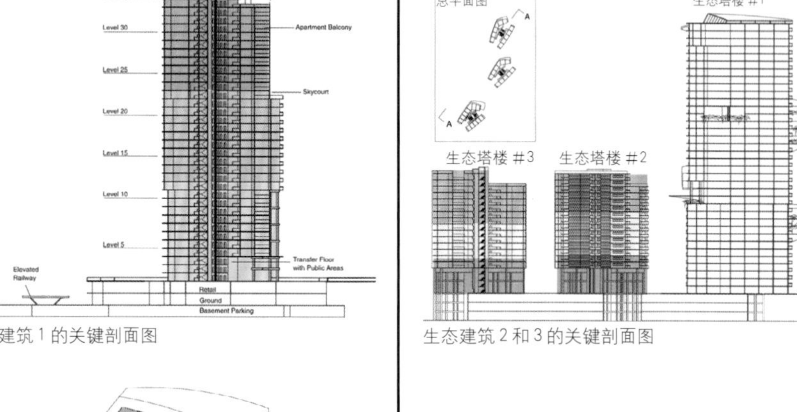

生态建筑 2 和 3 的关键剖面图

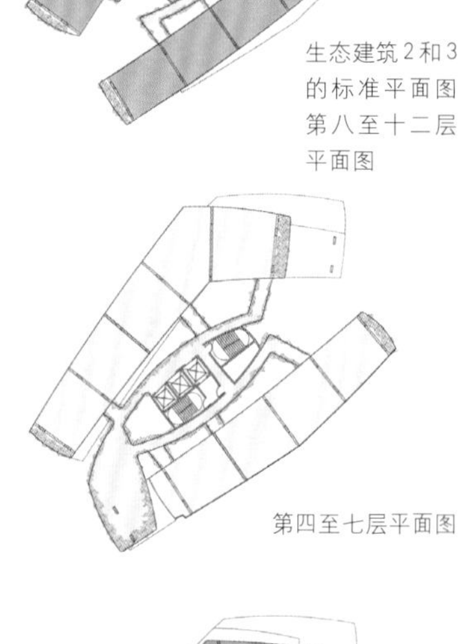

生态建筑 2 和 3 的标准平面图第八至十二层平面图

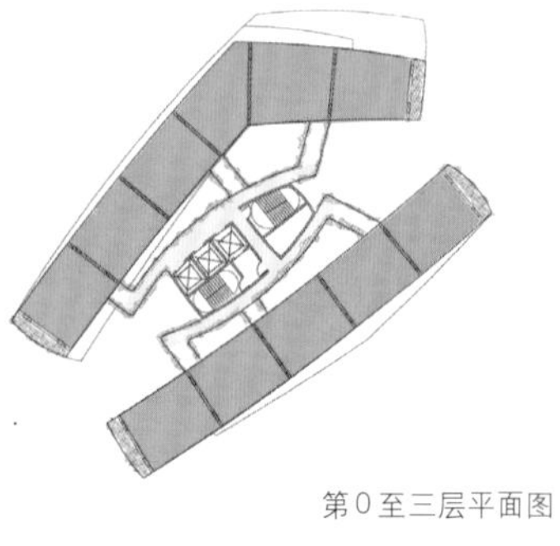

第四至七层平面图

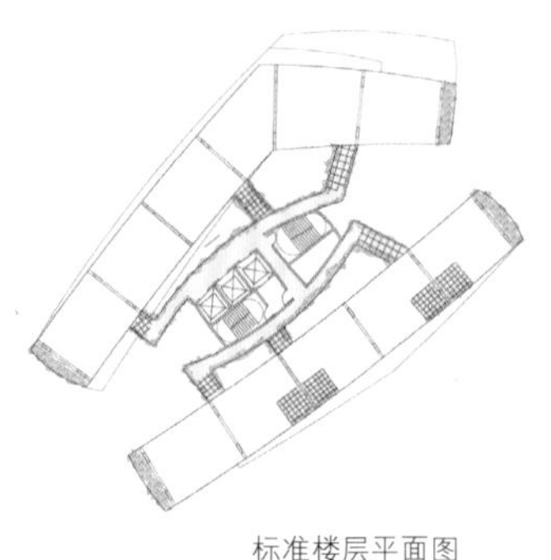

第 0 至三层平面图

标准楼层平面图

楼层总面积 =7177m²

楼层净面积 =5950m²

$$使用率 = \frac{5950}{7177} \times 100\%$$

=83%

与毕晓普斯加特塔楼方案相比，惟一的区别在于：本建筑以常规的楼层设计取代了螺旋状的坡道解决方案。同样，楼层公寓的平面也被调整为直线形式，但它同样带有**冬季温室花园**和阳台，这与毕晓普斯加特塔楼所遵循的原则是一致的。

这里很充分地表现出杨经文在形态处理上的娴熟技巧以及由此决定了建筑简洁明快的属性。这些建筑是杨经文在思想不断演化的过程中对**生态建筑**理解和追求的充分反映，并发展出独特的美学特征——主要表现为**竖向的景观绿化**及显著的社会开放性。倘若这些生态建筑能以与设计相匹配进行高质量**建造**，则有望成为伦敦城市更新中的新标志性建筑物。

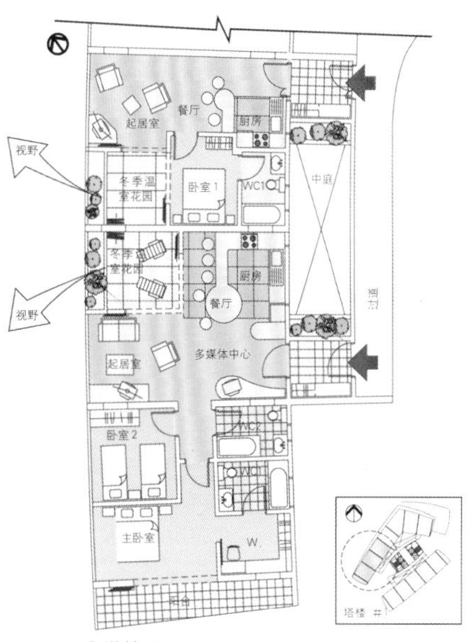

生态塔楼 1

生态系统层级	地块数据要求	设计策略
生态成熟状态	完整的生态系统分析与制图	• 保护 • 保存 • 仅无影响区开发
生态不成熟状态	完整的生态系统分析与制图	• 保护 • 保存 • 仅在影响最小的地区开发
生态单一化状态	完整的生态系统分析与制图	• 保护 • 保存 • 增强生物多样性 • 仅在低影响区开发
人工混合状态	局部生态系统分析与制图	• 增强生物多样性 • 仅在低影响区开发
单质文化状态	局部生态系统分析与制图	• 增强生物多样性 • 在无生产潜力区开发 • 恢复生态系统
零文化状态	残余生态系统成分图示（如水文状态、剩余的树木等）	• 增加生物多样性与有机体量 • 恢复生态系统

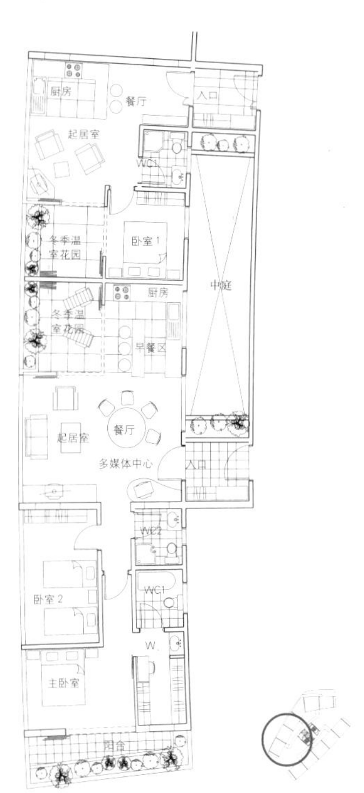

生态塔楼 2和3

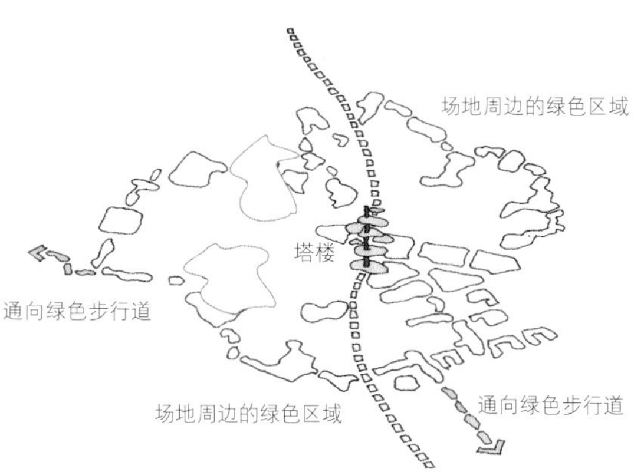

d. 功能

开发策划将包括居住、零售、公共设施、商业及娱乐，它们分布在地面层及上部楼层。住宅的位置将紧邻工作岗位、零售、休闲及公共设施，这将减少对公共交通的依赖。

e. 开放空间需求 / 户外空间

设计试图在天空中创造出地面环境的特征，如：每个住宅单元带的入口门厅、采光天井及露天平台；住宅组团中共享的二级和三级景观开放空间；以及住宅组团中以空中庭园和公共设施形式出现的荚状空间。而零售商场的屋顶被设计为花园。

f. 与邻接环境的关系

城市连通性是设计中的一个重要理念。方案中引入了在规划中的火车站上空架设的天桥，以及设置连接花园露天平台和零售区的直接通道。

环境可持续性

此处实现环境可持续性的方法是采用一种整体方法，即它将建筑周围环境的所有系统和功能都列入考虑范畴之中。

建筑师认为，生态设计必须考虑如下一些方面：

• 所设计的系统与其外部环境及生态之间的相互依赖关系。

• 所设计系统的内部关系、活动及运作之间的内在依存关系。

• 其外部到内部的能量与物质交换——以及所设计系统的能量与物质输入。

• 其内部到外部的能量与物质交换——以及设计系统的能量与物质输出。

[参见“Yeang, K. (1999), The Green Skyscraper, Prestel (Munich, Germany)” 64～65页]

a. 外部依赖因素：场地的生态系统

在考虑所设计系统的外部生态及环境依存体系时，我们从考察场地的生态系统及其相关属性开始着手。很明显，这个地块是一个完全城市化了的“零文化”区。从本质上而言，它是一个完全破碎的生态系统，其原生的地表覆土及动植物群落基本没有得到保存。

因此，整个设计策略试图通过对场地的重新绿化来增加有机体量及生态多样性，并以此恢复整个地块的生态系统。这通过在地面上设置公园及在建筑中采用连续的植栽系统（作为“竖向景观绿化”）来实现。

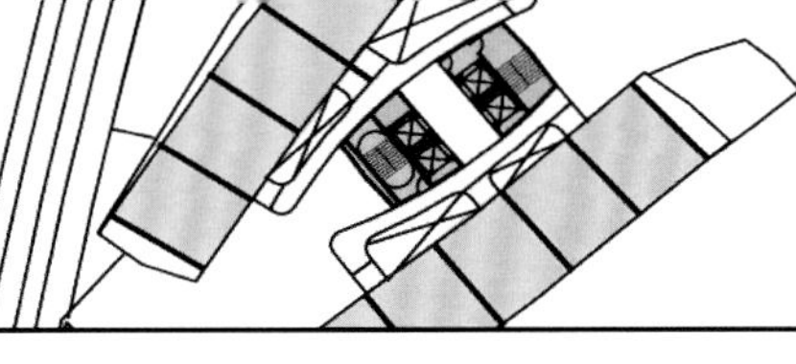

在所设计系统在进行恢复过程中的生态相互作用

- 用于场地复原、物种再生、生态恢复的投入
- 生态恢复过程中的投入
- 用于循环使用、重复利用、重新建设等的投入，以及对处理过的废物的安全排放
- 用于废物清理的投入

恢复阶段的投入

所设计系统在进行运转及消费中的生态相互作用

- 建筑系统运转、维持、生态保护及系统优化需要的投入

运转阶段的投入

在物质提供及系统形成中的生态相互作用

- 建设与场地优化中的投入

建设阶段的投入

- 场地中的分配、储存、运输所需的投入
- 建筑元件与构件生产中所需的投入（包括提取、准备和制造过程等）

生产阶段的投入

绘图：HTA 建筑师事务所

不同建筑类型的综合单位能耗及单位 CO_2 产出量

建筑类型	释放的单位能量	基本能量	单位 CO_2 产出量
办公建筑	5~10	10~18	500~1000
住宅建筑	4.5~8	9~13	800~1200
公寓建筑	5~10	10~18	500~1000
工业建筑	4~7	7~12	400~70
道路设施	1~5	2~10	130~650

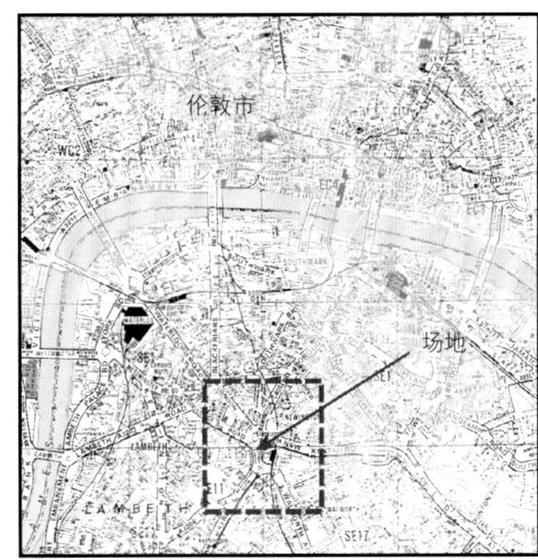

用地规划图

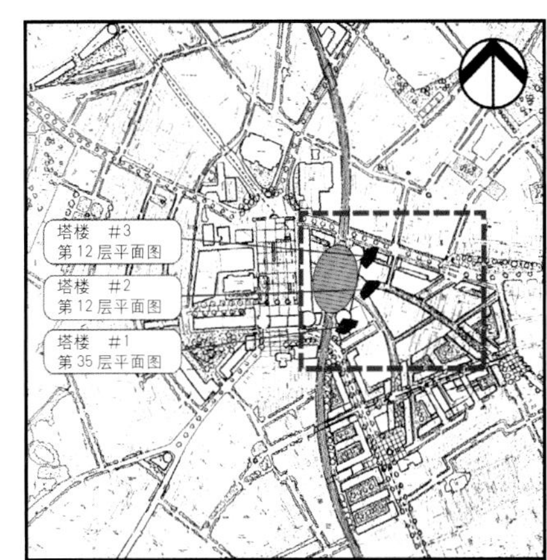

总体规划图 1：7500

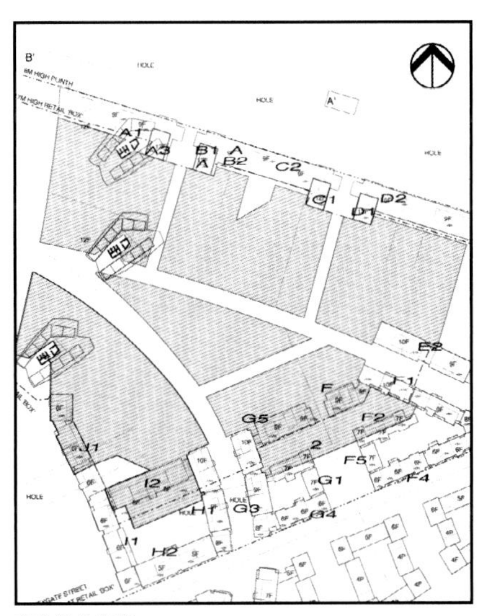

商业设施规划

西南立面

东南立面

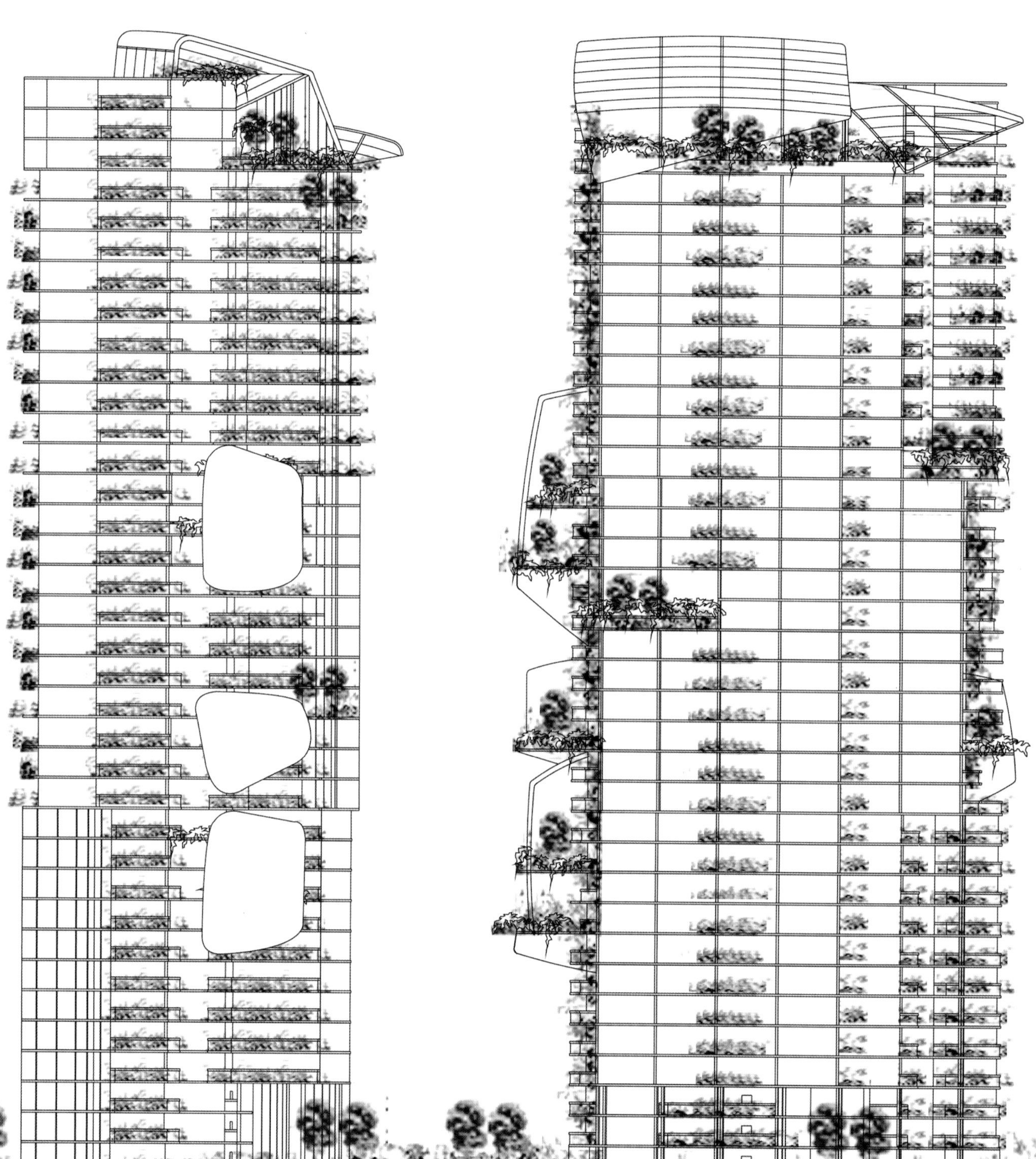

比例尺 1：500

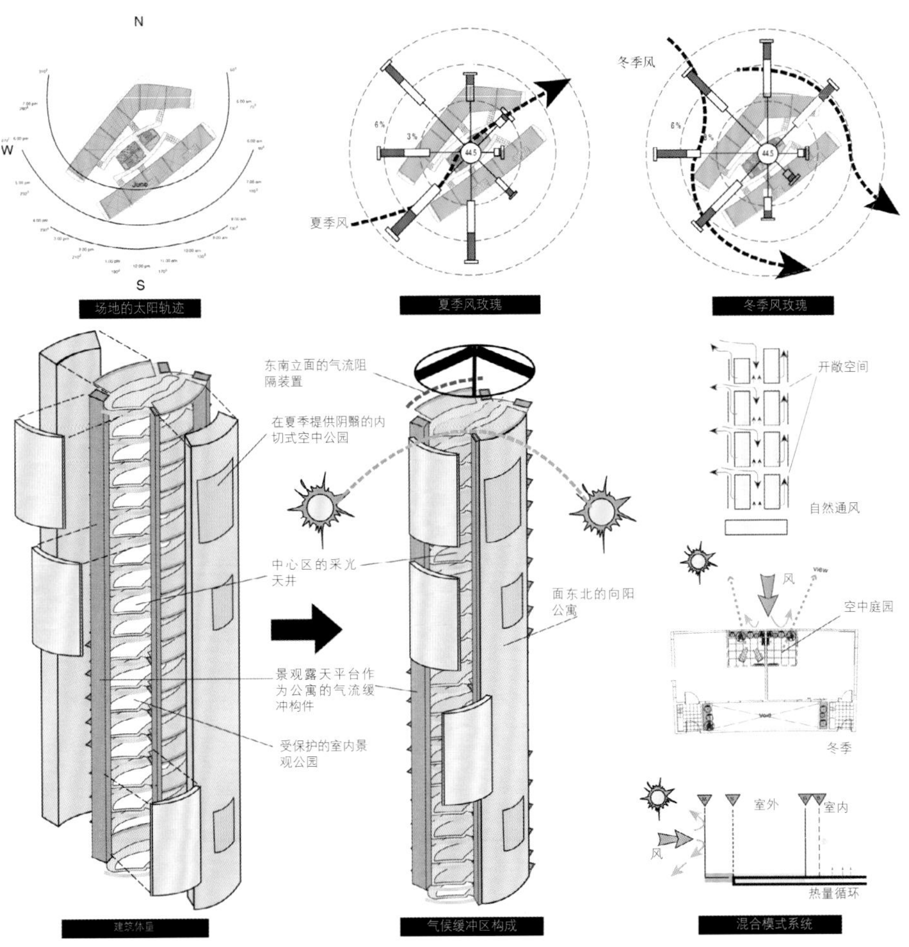

b.内部依存：建筑的运转系统

内部依存与建筑的环境处理系统有关。

有4个层次的内部环境处理系统：

•被动模式（即不使用任何电子-机械设备的低能耗设计）

•混合模式（即最大化地利用本地环境能量、并以电子-机械设备作为辅助手段的系统）

•完全模式（即低能耗及环境影响较小的动力系统）

•生产模式（即产生即时能量的系统，如：光电太阳能系统）

我们的设计策略应该是最大化地利用低能耗系统（即最低水平的能耗），而多余的能量需求则由混合模式系统、完全模式系统及生产模式系统提供（在经济能够承受的地区）。

运转系统的模式类型

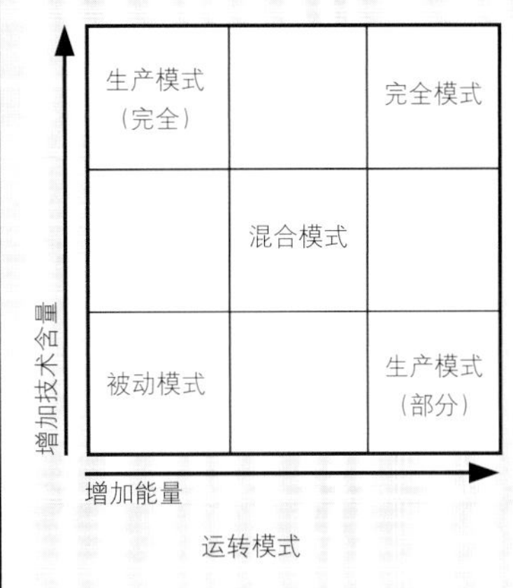

运转模式

不同模式的舒适度排序

混合模式构想

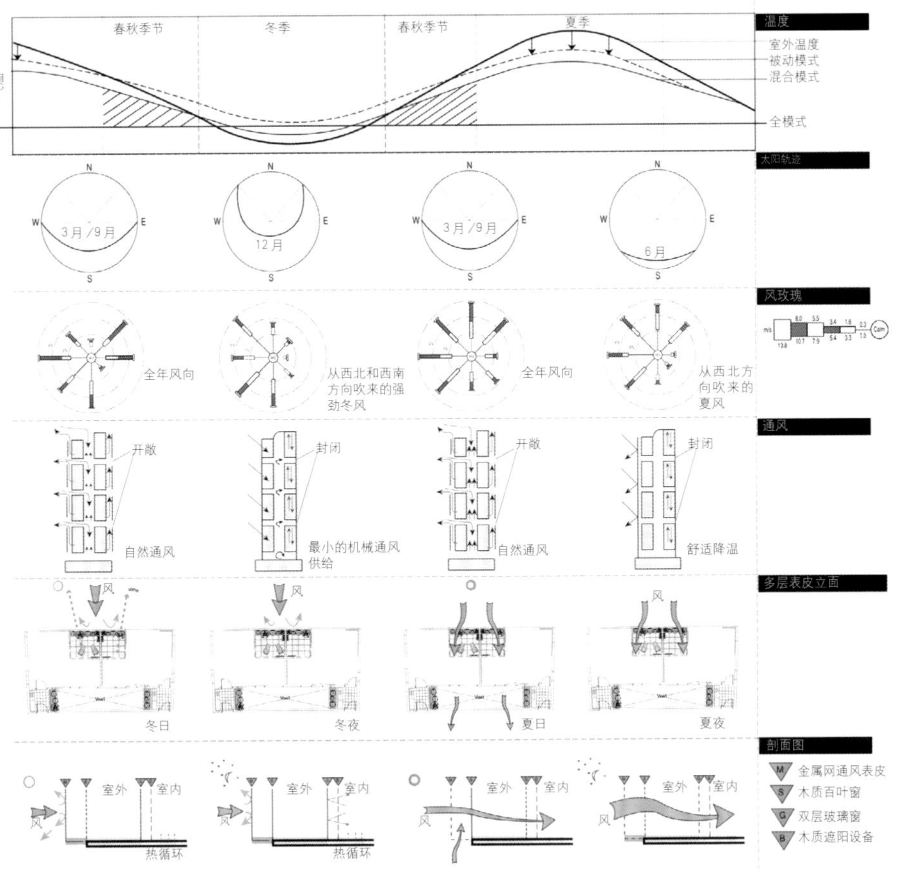

被动式低能耗策略

设计从最大化开发各种被动模式的可能性开始（即最大化的利用周围环境的能量），后者与场地温和的气候相关。所采用的低能耗策略如下所述：

a．通过建筑体量的组合实现

建筑由两个体块及其围合形成的、受到遮蔽的中央景观空间共同组成。

b．通过建筑朝向实现

建筑朝向的选取使得在冬季和春秋季室内空间能够获得最大量的日照，而在夏季则实现最大程度的日照遮蔽。

•在冬季太阳高度角较低，这使得景观化的交通空间和东南向的公寓能获得最大量的日照。

•公共设施与荚状空间设置在便于接受南向日照的位置。

c．由景观绿化和植栽实现

私人花园和空中公园的景观绿化和植栽发挥着气流缓冲器的作用，同时也为用户提供了一个更人性化的环境。

在夏季，竖向景观绿化阻隔、吸收并反射大部分的太阳辐射，由此降低环境温度。草木及土壤的潮湿表面也有助于形成一个更凉爽、更健康的建筑环境。

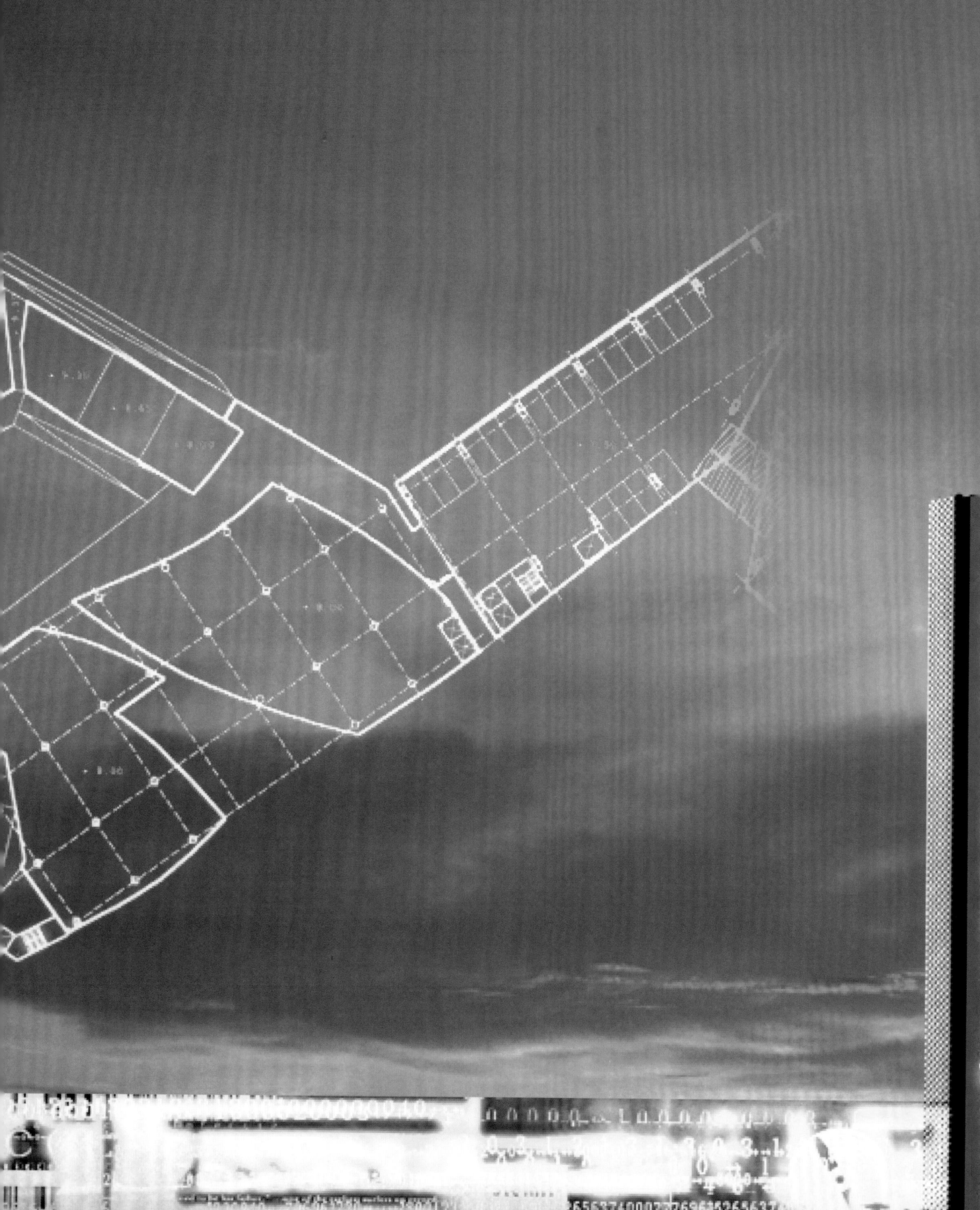

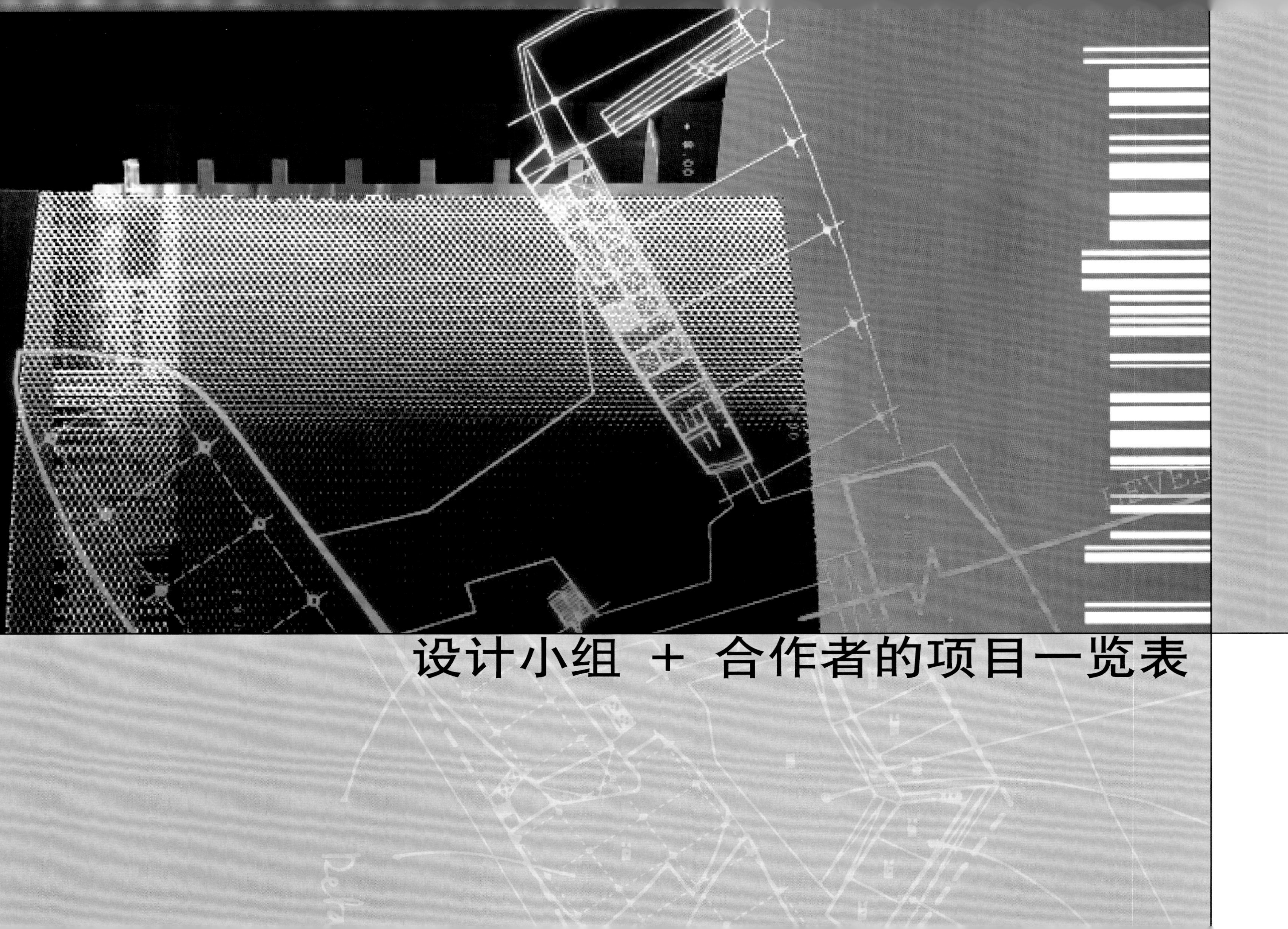

设计小组 + 合作者的项目一览表

梅纳拉大厦

项目负责人 • Too Ka Hose
建筑设计师 • Heng Jee Seng, Seow Ji Nee
项目工作组 • Michael Simmonds, Don Ismail Allan, Emmy Lim, Yusoff Zainal Abidin, Yeoh Gim Seong, Yap Sait Lin, Azmin Abdullah, Ooi Poh Lye
土建工程师 • Reka Perunding Sdn Bhd
设备工程师 • Norman Disney & Young Sdn Bhd
质量监理 • Baharuddin Ali & Low Sdn

梅纳拉 TA1 大厦

项目负责人 • Ahmand Kamil Mustapha, Seow Ji Nee, Chong Voon Wee
建筑设计师 • Normala Ariffin, Paul Mathews
项目工作组 • Ken Wong, Ooi Poh Lye
土建工程师 • Reka Perunding Sdn Bhd
设备工程师 • Jurutera Perunding LC Sdn Bhd
质量监理 • Baharuddin Ali & Low Sdn

中央广场大厦

项目负责人 • Yew Ai Choo, Lim Piek Boon
建筑设计师 • Rachel Athis, Azahari Muhammad
项目工作组 • Ng Wai Tuck, Paul Brady, Tim Mellor, Russell Harnnet
土建工程师 • Reka Perunding Sdn Bhd
设备工程师 • Jurutera Perunding LC Sdn Bhd
质量监理 • Baharuddin Ali & Low Sdn

卡萨德索尔公寓

项目负责人 • Andy Chong, Chong Voon Wee
建筑设计师 • Heng Jee Seng, Mariani Abdullah
项目工作组 • Ooi Poh Lye, Rahimah Lassim
土建工程师 • H P Lee & Rakan-Rakan
设备工程师 • Suffian Lee Perunding
质量监理 • Kumpulan Kuantikonsult
景观建筑师 • Malik Lip & Associates

希特赫尼加大厦

项目负责人 • Sacha Noordin
建筑设计师 • Sacha Noordin
项目工作组 • Ooi Poh Lye
模型制作师 • Technibuilt Sdn Bhd

MBf 大厦

项目负责人 • Lawrence Lim
建筑设计师 • Hadlina Ali
项目工作组 • Don Ismail Allan Ooi Poh Lye
土建工程师 • Reka Perunding Sdn Bhd
设备工程师 • Jurutera Perunding LC Sdn Bhd
质量监理 • Kuantibina Sdn Bhd

广场中庭大厦

项目负责人 • Chee Soo Teng
建筑设计师 • Rahim Din
项目工作组 • Mak Meng Fook
土建工程师 • Sentosa Reka Sdn. Bhd.
设备工程师 • Jurutera Perunding LC Sdn Bhd
质量监理 • Baharuddin Ali & Low Sdn

东京－奈良大厦

建筑设计师 • Puvan Selvanathan, Vincent Le Feuvre
项目工作组 • Syahril Nizam b. Kamaruddin Roshan Gurung

IBM 广场大厦

项目负责人 • Chee Soo Teng
建筑设计师 • Woon Chung Nam
项目工作组 • Mak Meng Fook
土建工程师 • Wan Mohamed & Khoo Sdn Bhd
设备工程师 • Juaraconsult Sdn Bhd
质量监理 • Juru Ukur Bahan Malaysia(KL0

梅纳拉－鲍斯特德大厦

项目负责人 • Chee Soo Teng, Yeoh Soon Teik
建筑设计师 • Chand Sin Seng, Mun Khai Yip
项目工作组 • David Fu, Rahimah Lasim
土建工程师 • Raja Dzulkifli Tun Uda & G Rahulan
设备工程师 • Khanafiah YL Jurutera Perunding Sdn Bhd
质量监理 • Baharuddin Ali & Low Sdn

商务及高技术中心（BATC）

项目负责人 • Tim Mellor
建筑设计师 • Ridzwa Fathan, Chuck Yeoh Thiam Yew, Sam Jacoby, Ravin Ponniah, James Douglas Gerwin
模型制作师 • Technibuilt Sdn Bhd

阿海拉利大厦

项目负责人 • Seow Ji Nee
建筑设计师 • Ridzwa Fathan
项目工作组 • Dana Cupkova
土建和设备工程师 • Battle McCarthy Consulting Engineers(London)
质量监理 • Juru Ukur Bahan Malaysia(KL)
模型制作师 • Technibuilt Sdn Bhd

香港银行大厦

项目负责人 • Eddie Chan
建筑设计师 • Rdzwa Fathan
项目工作组 • Jason Yeang, Huat Lim, Stephanie Lee, Margaret Ng
土建工程师 • Ranhill Bersekutu Sdn Bhd
设备工程师 • Norman Disney & Young Sdn Bhd
质量监理 • Juru Ukur Bahan Malaysia(KL)
模型制作师 • Technibuilt Sdn Bhd

EDITT 大厦

项目负责人 • Andy Chong
建筑设计师 • Claudia Ritsch, Ridzwa Fathan
项目工作组 • Azman Che Mat, Azuddin Sulaiman, See Ee Ling
制图 • Sze Tho Kok Cheng
土建和设备工程师 • Battle McCarthy Consulting Engineers(London)
能源专家 • Prof Bill Lawson(University of NSW)
模型制作师 • Technibuilt Sdn Bhd

上海军械大厦

项目负责人 • Eddie Chan
建筑设计师 • Ridzwa Fathan
项目工作组 • Dang Wei Dong(North Hamzah Yeang) Roshan Gurung, Yvonne Ho, Margaret Ng
土建工程师 • Battle McCarthy Consulting Engineers(London)
模型制作师 • Technibuilt Sdn Bhd

加穆达总部大楼

项目负责人 • Eddie Chan, Chong Voon Wee
建筑设计师 • Ann Save DeBeaurecueili
项目工作组 • Matthias Schoberth, Grace Tan, Jonathan Fishlock, Paul Wiste, Rodney Ng, Louise Waters, Nik Hasliza Suriati, Ooi Poh Lye
土建工程师 • Ranhill Bersekutu Sdn Bhd
设备工程师 • Ranhill Bersekutu Sdn Bhd
质量监理 • Juru Ukur Bahan Malaysia(KL)
模型制作师 • Technibuilt Sdn Bhd

梅纳拉 TA2 大厦

项目负责人 • Eddie Chan
建筑设计师 • Ridzwa Fathan
项目工作组 • Timothy Harold Wort, Alun White
土建工程师 • Ranhill Bersekutu Sdn Bhd
设备工程师 • CY Tay Perunding
质量监理 • Juru Ukur Bahan Malaysia(KL)

梅班克新加坡总部大楼

项目负责人 • Ridzwa Fathan
建筑设计师 • Ridzwa Fathan
项目工作组 • Timothy Harold Wort, Strachan Forgan, Mark Lucas, Alun White

滨水公寓

项目负责人 • Neil Harris, Andy Chong
建筑设计师 • Ridzwa Fathan
项目工作组 • Renee Lee, Wong Yee Wah, Sharul Kamaruddin, Voon Quek Wah
土建和设备工程师 • Ranhill Bersekutu Sdn Bhd
风水顾问 • Jerry Too

UMNO 大厦

项目负责人 • Shamsul Baharin, Mohamad Pital
建筑设计师 • Tim Mellor, Ang Chee Cheong
项目工作组 • Azman Che Mat, Jason Ng, Mike Jamieson, Andy Piles, Malcolm Walker, Huw Meredith Rees, Eray Bozkurt, Richard Coutts, Ooi Poh Lye, Yap Yow Kong
土建工程师 • Tahir Wong Sdn Bhd
设备工程师 • Ranhill Bersekutu Sdn Bhd
质量监理 • Jrur Ukur Bahan Malaysia(KL & Penang)
模型制作师 • Technibuilt Sdn Bhd

迪拜塔楼群

项目负责人 • Andy Chong
建筑设计师 • Yvonne Ho, Ridzwa Fathan
项目工作组 • Stephanie Lee, See Ee Ling, Azman Che Mat, Christian Kienapfel, Carene Chen, Paul Campbell, Loh Mun Chee, Margaret Ng
土建和设备工程师 • Buro Happold Consulting Engineers(London)
质量监理 • Davis Langdon & Seah
模型制作师 • Technibuilt Sdn Bhd

雅巴尔-奥马尔塔楼群

项目负责人 • Andy Chong
建筑设计师 • Ahmad Ridzwa Fathan, Portia Reynolds, Kenneth Cheong
项目工作组 • Ong Eng Huat, Ng Chee Hui, Lena Ng, Peter Fajak, Loh Hock Jin, Shahrul Kamaruddin, Maulud Tawang, Wong Yee Wah, Celine Verissimo, Mah Lek, Loh Mun Chee, Margaret Ng
土建和设备工程师 • Saudi Consulting Services(Riyadh)
环境设计顾问 Consultants • Battle McCarthy Consulting Engineers(London), Professor Baruch Givoni
质量监理 • Davis Langdon & Seah
模型制作师 • Technibuilt Sdn Bhd

法兰克福 MAX 大厦

项目负责人 • Andy Chong
建筑设计师 • Ridzwa Fathan, Fred Mollring(LOG ID) Kenneth Cheong, Mona Lundborg
项目工作组 • Azril Amir Jaafar, Ong Eng Huat,Stephanie Lee, Tung Swee Puan, Ho Choon Sin, Margaret Ng
合作建筑师 • Dieter Schempp, LOG ID(Tubingen)
土建工程师 • Planungsgruppe M+M AG(Boblingen)
设备工程师 • Dittrich
模型制作师 • Technibuilt Sdn Bhd

名古屋 2005 年世界博览会展厅

项目负责人 • Eddie Chan
建筑设计师 • Ridzwa Fathan
超高层项目负责人 • Kiyonori Kikutake
巨型结构设计师 • Shizuo Harada
模型制作师 • Technibuilt Sdn Bhd

毕晓普斯加特塔楼群

项目负责人 • And Chong
建筑设计师 • Chuck Yeoh, Ridzwa Fathan, Jason Yeang
项目工作组 • Ong Eng Huat, Gezin Andicen, Ooi Tee Lee, Loh Mun Chee
土建、设备工程师 & 城市规划师 • Buro Happold Consulting Engineers(London)
质量监理 • Davis Langdon & Everest(London)
模型制作师 • Technibuilt Sdn Bhd

象堡塔楼群

建筑师 • Chong Voon Wee, Andy Chong
建筑设计师 • Ridzwa Fathan, Portia Reyuolds
项目工作组 • Ooi Tee Lee, Loh Hock Jin, Ong Eng Huat
合作建筑师 • HTA Architects Limited
土建、设备工程师 • Battle McCarthy Consulting Engineers(London)
模型制作师 • Technibuilt Sdn Bhd

译者致谢

本书在翻译过程中，得到汪碧衡、刘杰、许帅、汪玉玉、陈睿、徐勤政、蒋丕彦、许环强、符爱金、王义武、梁晓曦等多位师长亲友的帮助，在此特表示感谢。

——译者注

译者简介

汪芳：现任教于北京大学城市与区域规划系

（北京大学城市规划博士后，清华大学建筑设计博士）

张翼：北京大学城市与区域规划系研究生